최신 **출제기준** 반영

名品

종자기능사

권현준 저

필기 / 실기

BEST
명품강의 보러가기
www.kisa.co.kr

실시간 카톡문의
@kisa
1544-8509

2026 최신개정

PREFACE

종자를 공부하는데 있어 처음 입문하는 사람에게는 용어 및 개념에 어려움이 많은 학문입니다. 단순히 종자의 종류만 알고 암기하는 것이 아니라 우리나라에 조건에 적합한 종자를 선택하고 새로운 산업군에 어울리는 종자를 개발하는 것까지 종자, 육종 나아가 작물에 대해서까지 학습을 해야하는 분야입니다.

이러한 종자라는 학문을 접하는데 있어 좀더 쉽게 그리고 즐겁게 시작하는 것이 중요하다고 판단했습니다.

이 책은 깊고 복잡하게 공부를 시작하기보다 쉽게 종자를 이해하고 나아가 관련 자격증을 취득하기 위한 **기출문제** 및 **CBT문제**를 수록하였습니다. 이론의 경우 이러한 문제의 출제율에 맞추어 자격증 취득에 좀더 중점을 두고 반드시 알아야 하는 필수 이론을 쉽게 공부하기 위해 **요약 정리**해두었습니다

그래서 처음 이론을 접하시는 분들이 어렵게 접근하기보다 대략적인 종자에 대한 이해를 도모하고 차후 문제를 통해 심도 있는 학습을 하고자 구성하였습니다. 실제 관련 문제에 필요한 내용들을 첨부하여 공부하는데 책을 하나하나 찾아보는 수고를 줄이고 효율적인 공부가 가능하도록 구성하였습니다.

앞으로 종자분야는 사람들의 생활에 있어 식량문제를 해결하는 중요한 학문이 될것이고 이것을 인지하고 있기에 관련 법규도 개설하여 운영을 하고 있습니다.

지금부터 이책을 통해 많은 분들이 자격증 합격 분만 아니라 종자의 발전과 본인의 행복한 미래를 위한 밑거름이 되길 기원합니다.

지은이

자격시험안내

01 개요

농업 생산성을 증가시키고 농가 소득을 증대시키기 위한 정책적 배려에서 작물재배가 크게 장려되어 우수한 작물품종의 개발 및 보급이 요구되었다. 이에 전문적인 지식과 일정한 자격을 갖춘 자로 하여금 작물종자의 채종과 생산업무를 수행하도록 하기 위하여 자격제도 제정.

02 시행기관 및 원서접수

한국산업인력공단(www.q-net.or.kr)

03 진로 및 전망

- 작물시험장, 원예시험장, 종자생산업체, 국립종자원, 원예재배농장, 자영농, 종묘상, 농촌진흥청 등의 관련 분야 공무원으로 진출할 수 있다. 「종자산업법」에 따라 종자관리사로 진출할 수 있다.
- 최근 응시자와 합격자수가 증가하는 추세이며, 합격률도 높은 편이다.

04 시험과목 및 검정방법

구분	시험과목	검정방법
필기	① 종자생산 ② 재배 ③ 육종	객관식 4지 택일형 60문항(60분)
실기	종자생산작업	필답형 (2시간 정도)

05 합격기준

필기 · 실기 : 100점 만점에 60점 이상 득점자

06 응시절차

필기원서접수
- Q-net를 통한 인터넷 원수접수
- 필기접수 기간 내 수험원서 인터넷 제출
- 사진(6개월 이내에 촬영한 90×120픽셀 사진파일(JPG)), 수수료 전자결제
- 시험장소 본인 선택(선착순)

필기시험
수험표, 신분증, 필기구(흑색 싸인펜 등) 지참

합격자 발표
- Q-net를 통한 합격확인(마이페이지 등)
- 응시자격(기술사, 기능장, 산업기사, 서비스 분야 일부 종목)
- 제한종목은 합격예정자 발표일부터 8일 이내에(토, 공휴일 제외)
- 반드시 응시자격서류를 제출하여야 되며 단, 실기접수는 4일임.

실기원수 접수
- 실기접수기간 내 수험원서 인터넷(www.q-net.or.kr) 제출
- 사진(6개월 이내에 촬영한 반명함판 사진파일(JPG), 수수료(정액)
- 시험일시, 장소, 본인 선택(선착순)
  단, 기술사 면접시험은 시행 10일 전 공고

실기시험
수험표, 신분증, 필기구, 수험자 지참준비물(작업형 시험한정) 지참

최종합격자 발표
Q-net를 통한 합격 확인(마이페이지 등)

자격증 발급
- (인터넷) 공인인증 등을 통한 발급, 택배 가능
- (방문수령) 여권규격사진 및 신분확인 서류

모두 바르게 빨리 **올배움** 한다.

이러닝교육기관 올배움이 특별한 이유!

01 SINCE 1997 국가기술자격증 이러닝교육기관 올배움
02 고객이 신뢰하는 브랜드대상 수상기관
03 합격생이 인정하는 최고의 명품강의

올배움 www.kisa.co.kr 📞 1544-8509 TALK 카톡 ID : kisa

07 전국 한국산업인력공단 안내

기관명	주소	연락처
서울지역본부	(02512)서울 동대문구 장안벚꽃로 279(휘경동 49-35)	02-2137-0590
서울서부지사	(03302)서울 은평구 진관3로 36(진관동 산100-23)	02-2024-1700
서울남부지사	(07225)서울시 영등포구 버드나루로 110(당산동)	02-876-8322
서울강남지사	(06193)서울시 강남구 테헤란로 412 알레르망타워 15층(대치동)	02-2161-9100
인천지사	(21634)인천시 남동구 남동서로 209(고잔동)	032-820-8600
경인지역본부	(16626)경기도 수원시 권선구 호매실로 46-68(탑동)	031-249-1201
경기동부지사	(13313)경기 성남시 수정구 성남대로 1214 광우빌딩(1~7층)	031-750-6200
경기서부지사	(14488) 경기도 부천시 길주로 463번길 69(춘의동)	032-719-0800
경기남부지사	(17561)경기 안성시 공도읍 공도로 51-23	031-615-9000
경기북부지사	(11801)경기도 의정부시 바대논길 21 해인프라자 3~5층(고산동)	031-850-9100
강원지사	(24408)강원특별자치도 춘천시 동내면 원창 고개길 135(학곡리)	033-248-8500
강원동부지사	(25440)강원특별자치도 강릉시 사천면 방동길 60(방동리)	033-650-5700
부산지역본부	(46519)부산시 북구 금곡대로 441번길 26(금곡동)	051-330-1910
부산남부지사	(48518)부산시 남구 신선로 454-18(용당동)	051-620-1910
경남지사	(51519)경남 창원시 성산구 두대로 239(중앙동)	055-212-7200
경남서부지사	(52733)경남 진주시 남강로 1689(초전동 260)	055-791-0700
울산지사	(44538)울산광역시 중구 종가로 347(교동)	052-220-3277
대구지역본부	(42704)대구시 달서구 성서공단로 213(갈산동)	053-580-2300
경북지사	(36616)경북 안동시 서후면 학가산 온천길 42(명리)	054-840-3000
경북동부지사	(37580)경북 포항시 북구 법원로 140번길 9(장성동)	054-230-3200
경북서부지사	(39371)경상북도 구미시 산호대로 253(구미첨단의료 기술타워 2층)	054-713-3000
광주지역본부	(61008)광주광역시 북구 첨단벤처로 82(대촌동)	062-970-1700
전북지사	(54852)전북특별자치도 전주시 덕진구 유상로 69(팔복동)	063-210-9200
전북서부지사	(54098)전북특별자치도 군산시 공단대로 197번길 풍산빌딩 2층(수송동)	063-731-5500
전남지사	(57948)전남 순천시 순광로 35-2(조례동)	061-720-8500
전남서부지사	(58604)전남 목포시 영산로 820(대양동)	061-288-3300
대전지역본부	(35000)대전광역시 중구 서문로 25번길 1(문화동)	042-580-9100
충북지사	(28456)충북 청주시 흥덕구 1순환로 394번길 81(신봉동)	043-279-9000
충북북부지사	(27480)충북 충주시 호암수청2로 14 (호암동) 충주농협 호암행복지점 3~4층	043-722-4300
충남지사	(31081)충남 천안시 서북구 상고1길 27(신당동)	041-620-7600
세종지사	(30128)세종특별자치시 한누리대로 296(나성동)	044-410-8000
제주지사	(63220)제주 제주시 복지로 19(도남동)	064-729-0701

08 출제기준

종자기능사

직무 분야	농림어업	중직무 분야	농업	자격 종목	종자기능사	적용 기간	2025.1.1. ~2028.12.31.

○ 직무내용
 농작물의 우수한 성능을 가진 품종의 종묘를 효율적으로 생산·번식·수확·저장 관리를 수행하는 직무이다.

필기검정방법	객관식	문제수	60	시험시간	1시간

필기 과목명	주요 항목	세부항목	세세항목
종자생산, 재배, 육종	1. 종자생산	1. 종자의 형성과 발달	1. 종자의 형성 2. 종자의 발달
		2. 종자의 구조와 형태	1. 종자의 구조 2. 종자의 형태
		3. 종자의 발아	1. 발아에 관여하는 요인 2. 종자의 발아과정 3. 발아의 촉진 및 억제
		4. 종자의 휴면	1. 휴면의 형태 2. 휴면의 원인 3. 휴면의 타파방법
		5. 종자의 병해충	1. 종자전염 병해충의 종류 2. 종자 전염성 병의 검정 3. 종자 전염 병해충의 방제
		6. 종자의 생산공급	1. 포장조성 및 관리 2. 종자의 생산 및 증식 3. 수확 및 건조 4. 수확 후 관리
		7. 종자의 수명과 퇴화	1. 종자의 수명 2. 종자의 저장 3. 종자의 퇴화
		8. 종자검사	1. 종자검사
	2. 재배	1. 작물의 개념 및 현황	1. 작물의 뜻 2. 작물의 기원 3. 작물의 분화 4. 작물재배 현황
		2. 작물의 분류	1. 작물의 종류 2. 작물의 분류 방법 3. 재배작물의 선택
		3. 재배 환경	1. 토양 2. 수분 3. 온도 4. 공기 5. 광
		4. 재배기술	1. 재배방법 2. 종자의 선택 및 발아 3. 파종 및 육묘 4. 재배관리 및 재해방지 5. 시비관리 6. 병해충 및 생리적 장해
		5. 생력 재배	1. 생력 재배 정의 2. 생력 재배 방법 3. 생력 재배의 효과
		6. 수확과 저장	1. 수확방법 및 수확 후 처리 2. 수확물의 저장 관리

필기 과목명	주요 항목	세부항목	세세항목
종자생산, 재배, 육종	3. 육종	1. 육종	1. 육종의 역할　　2. 농업환경과 육종
		2. 유전	1. 질적형질과 양적형질　2. 멘델의 유전법칙 3. 연관유전
		3. 품종	1. 품종의 개념　　2. 품종의 변천 3. 품종의 구비조건
		4. 생식세포의 형성	1. 생식세포의 분열　2. 화기의 구조 3. 배우자 형성 4. 웅성불임성 및 자가불화합성
		5. 품종의 선발	1. 선발에 이용되는 유전　2. 품종선발의 지표
		6. 육종방법	1. 육종방법의 종류　　2. 육종과정 3. 유전자원 보존·관리
		7. 품종의 유지 및 증식	1. 품종의 검정　　2. 품종의 유지 및 증식

PART 01 종자생산

1. 종자의 형성과 발달	1.1 종자의 형성	2
	1.2 종자의 발달	11
2. 종자의 구조와 형태	2.1 종자의 구조	16
	2.2 종자의 형태	17
3. 종자의 발아	3.1 발아에 관여하는 요인	18
	3.2 종자의 발아과정	20
	3.3 발아의 촉진 및 억제	22
4. 종자의 휴면	4.1 휴면의 형태	24
	4.2 휴면의 원인	25
	4.3 휴면의 타파방법	26
5. 종자의 생산공급	5.1 종자의 생산	28
	5.2 채종지 선정 및 채종포관리	31
	5.3 수확·정선	35
	5.4 종자건조	36
6. 종자의 수명과 퇴화	6.1 종자의 수명	37
	6.2 종자의 저장	38
	6.3 종자의 퇴화	39
7. 종자검사	7.1 종자검사	41
1단원 OX 50제	단원 문제 및 해설	65
1단원 기본 50제	단원 문제 및 해설	73

PART 02 육종

1. 육종
1.1 육종의 역할 ············· 84

2. 유전
2.1 유전자의 개념 ············· 86
2.2 세포질 유전 ············· 88
2.3 질적형질과 양적형질 ············· 89
2.4 멘델의 유전법칙 ············· 92
2.5 연관유전 ············· 94

3. 변이
3.1 변이 ············· 97
3.2 변이의 종류와 감별 ············· 97
3.3 유전자원의 수집, 평가 및 보존 ············· 98

4. 품종
4.1 품종의 개념 ············· 100
4.2 품종의 분류 ············· 102

5. 생식세포의 형성
5.1 생식세포의 분열 ············· 104
5.2 불임성 ············· 107
5.3 웅성불임성 ············· 107
5.4 자가불화합성 ············· 108

6. 육종방법
6.1 도입육종법 ············· 111
6.2 분리육종법 ············· 111
6.3 교잡육종법 ············· 113
6.4 잡종강세육종법 ············· 116
6.5 배수성육종법 ············· 120
6.6 돌연변이육종법 ············· 121

7. 품종의 유지 및 증식
7.1 형질의 특성검정 ············· 123
7.2 조기 검정법 ············· 124
7.3 품질검정 ············· 125
7.4 생산력 및 지역적응성 검정 ············· 125

2단원 OX 50제
단원 문제 및 해설 ············· 128

2단원 기본 50제
단원 문제 및 해설 ············· 137

PART 03 재배

1. 작물의 개념 및 현황
1.1 작물의 뜻 ··· 150
1.2 작물의 기원 및 분화 ···································· 151

2. 작물의 분류
2.1 작물의 종류 ·· 153

3. 작물재배 환경
3.1 작물재배 환경 ··· 156
3.2 수분 ··· 169
3.3 공기 ··· 171
3.4 온도 ··· 174
3.5 광 ··· 176
3.6 상적 발육과 환경 ·· 180

4. 작물의 재배기술
4.1 재배방법 ··· 183
4.2 영양번식 ··· 186
4.3 육묘 ··· 187
4.4 정지 ··· 189
4.5 파종 ··· 190
4.6 이식 ··· 191
4.7 생력재배 ··· 192
4.8 재배관리 ··· 194
4.9 벼의 재배 ··· 197

5. 수확, 건조 및 저장과 도정
5.1 수확 ··· 200
5.2 수확 후 처리 ··· 201
5.3 저장 ··· 203
5.4 포장 ··· 204
5.5 수량구성요소 ·· 206

6. 각종 재해
6.1 각종재해 ··· 207

7. 식물의 병해 및 생리적 장해

- 7.1 병의 성립 ········· 213
- 7.2 병원학과 종류 ········· 218
- 7.3 식물병의 진단 ········· 220
- 7.4 병원성과 저항성 ········· 223
- 7.5 식물병해의 방제법 ········· 224
- 7.6 병해 ········· 228
- 7.7 기타 생리장해 ········· 231

8. 병해충

- 8.1 해충의 방제 ········· 233
- 8.2 해충의 방제법 종류 ········· 234
- 8.3 주요 해충 ········· 238

9. 잡초

- 9.1 잡초일반 ········· 240
- 9.2 잡초의 생리생태 ········· 241

10. 농약

- 10.1 농약의 정의와 중요성 ········· 245
- 10.2 농약의 분류 ········· 245
- 10.3 농약의 이화학적 특성 ········· 248
- 10.4 농약의 사용법 ········· 249

3단원 OX 50제

단원 문제 및 해설 ········· 252

3단원 기본 50제

단원 문제 및 해설 ········· 260

PART 04 종자기능사 필기 과년도문제

1. 종자기능사 필기문제

2011년 제1회	272
2012년 제1회	281
제4회	290
2013년 제1회	300
제4회	309
2014년 제1회	318
제4회	327
2015년 제1회	336
제4회	345
2016년 제1회	354

2. 종자기능사 CBT문제

CBT 1회	363
CBT 2회	373
CBT 3회	382
CBT 4회	392
CBT 5회	401
CBT 6회	410
CBT 7회	419
CBT 8회	428
CBT 9회	437
CBT 10회	446

PART 05 종자기능사 실기 이론

1. 종자생산작업

1.1	종자의 식별하기	456
1.2	작물병해충의 식별하기	460
1.3	번식 작업하기	488
1.4	육종과 채종작업 하기	494
1.5	종자의 검사하기	500

PART 06 종자기능사 실기 복원문제

1. 종자기능사 실기문제

2021년	제1회	506
	제2회	511
	제3회	516
2022년	제1회	520
	제2회	525
	제3회	530
2023년	제1회	535
	제2회	540
	제3회	545
2024년	제1회	550
	제2회	555
	제3회	560
2025년	제1회	565
	제2회	570
	제3회	575

PART 1
종자생산

PART 01 > **종자생산**

01 종자의 형성과 발달

1. 종자의 형성

(1) 화아유도와 분화
① 식물의 기본 구성 단위는 세포이고 세포가 분열과 신장을 통해 기관을 형성하며 기관은 식물체를 형성하게 된다.
② 식물은 뿌리, 줄기, 잎의 영양기관과 꽃, 종자, 과실의 생식기관으로 분류된다.
③ 화아분화
  ㉠ 화아분화(꽃눈의 분화)는 식물의 생장점이나 엽맥에 꽃으로 발달할 원기가 생기는 것으로 영양생장에서 생식생장으로 전환하는 것을 말한다.
  ㉡ 화아분화에 영향을 주는 요인으로 일장, 온도(춘화처리 등), 습도 등의 외부환경요인이 있으며 내적요인으로는 식물의 성숙도, 영양상태(C/N율 등), 식물호르몬 등이 있다.
  ㉢ 작물에 있어 잎줄기채소와 뿌리채소는 영양기관을 수확하는 것이기에 화아분화가 늦을수록 유리하지만 채종을 위한 재배의 경우 화아분화가 빠를수록 유리하다.
  ㉣ 열매채소는 꽃에서 나온 열매를 목적으로 하기에 화아분화를 유도한다.
  ㉤ 보통 화아분화가 시작되면 잎줄기채소는 잎의 수의 변화가 없고 생장속도가 둔해진다.
  ㉥ 화아분화 시기에는 뿌리채소는 뿌리의 비대가 불량해진다.

(2) 화아분화의 영향인자
① 일장
  ㉠ 식물은 일장에 의해 화아분화가 유도되며 이러한 현상을 일장효과 혹은 광주성이라 한다.
  ㉡ 화아분화의 유도는 낮보다는 밤의 길이가 더 많은 영향을 미친다.
  ㉢ 일장에 자극을 받는 부위는 잎으로 노엽이나 미성엽은 자극에 둔하지만 어리고 충분히 전개된 잎은 반응을 잘 하는 편이다.
  ㉣ 일장의 자극을 받은 잎에서 생성된 화성물질은 사부를 통해 생장점으로 이동한다.

ⓐ 개화를 결정하는 일장을 한계일장이라 하며 보통 장일성 식물은 한계일장 이상, 단일성 식물은 한계일장 이하의 빛을 받아야 개화가 유도된다.
ⓑ 일장에 대한 개화 반응 및 관련 작물은 다음과 같다.

장일식물	· 한계일장보다 더 긴 일장에서 개화하는 식물 · 보리, 시금치, 상추, 양파, 감자 등
단일식물	· 한계일장보다 짧은 일장에서 개화하는 식물 · 콩, 옥수수, 담배, 고구마, 들깨, 국화, 코스모스 등
중성식물	· 개화에 일장의 영향을 받지 않는 식물 · 오이, 호박, 고추, 토마토, 가지, 완두콩 등
정일식물	· 특정 일장이나 일정 범위 내에서만 개화하는 식물 · 사탕수수
장단일식물	· 장일조건 후 단일조건에서 개화하는 식물 · 달리아
단장일식물	· 단일조건 후 장일조건에서 개화하는 식물 · 페튜니아

② 온도
  ㉠ 작물의 화아유도를 위해 저온이 필요한 현상을 춘화라 한다.
  ㉡ 생육 초기에 일정기간 인위적 저온처리를 하는 것을 버널리제이션(춘화처리)라고 한다.
  ㉢ 춘화처리는 보통 5°C 정도에서 가장 효과적인데 예외적으로 상추의 경우 고온에서 화아분화가 촉진된다. 월년생 장일식물은 0~10°C 저온 조건에서 유효하고 단일식물은 10~30°C 정도의 고온조건에서 유효하다.
  ㉣ 식물체가 온도에 자극을 받는 감응부위는 생장점이나 세포분열이 왕성한 부위이다.
  ㉤ 식물의 춘화형은 생육단계별 감온에 따라 종자춘화형, 녹식물춘화형, 무춘화형으로 구분된다.

종자춘화형	· 최아종자의 시기에 저온에 감응하여 개화 · 완두, 잠두, 무, 배추 등
녹식물춘화형	· 유묘의 시기에 저온에 감응하여 개화 · 양파, 파, 양배추, 당근, 담배, 사탕무 등
무춘화형	· 개화에 저온을 요구하지 않고 일장반응에 따라 개화 · 갓 등

③ C/N 율
  ㉠ C/N 율은 식물체 내의 탄수화물(C)와 질소(N)의 비율로서 식물의 영양상태를 나타내고 성장에 영향을 주는 요인이 된다.
  ㉡ C/N 율이 높을 경우 화성이 유도되고 C/N 율이 낮을 경우 영양생장이 이루어진다.

④ 화학물질
  ㉠ 식물호르몬이나 외부에서 공급되는 화학물질 등에 의해 화아분화에 영향을 받으며 대표적으로 옥신, 지베렐린 등이 있다.
  ㉡ 옥신에서 IAA, NAA 등은 장일식물의 개화를 촉진하나 단일식물의 개화는 억제한다.
  ㉢ 지베렐린은 저온이나 장일을 대체하여 개화를 유도 및 촉진한다.
  ㉣ 시토키닌, 에틸렌 등은 개화를 촉진하고 말릭하이드라자이드(MH, maleic hydrazide)는 개화를 억제한다.

(3) 체세포분열

① 유사분열
  ㉠ 유사분열은 몸의 크기를 증가시키기 위해 염색체와 방추사가 나타나는 분열로 체세포분열에 해당한다.
  ㉡ 유사분열 과정은 전기, 중기, 후기, 종기의 순서로 세포 내 염색체가 유사분열에 의해 복제 후 배가 되고, 딸세포는 복제 배가 되어 쌍을 이루게 되어 모든 염색체 1개씩을 받게 된다.

전기	• 염색사의 나선화로 염색체가 굵고 짧아진다. • 각 염색체는 2개씩의 염색분체를 구성하고 인과 핵막이 소실된다.
중기	• 세포의 양극에서 방추사가 형성되며 방추사가 동원체에 부착하여 각 염색체가 적도판에 배열된다. • 중기는 분열주기 중에서 가장 짧은 시기에 해당한다.
후기	• 각 염색체에서 동원체가 종단되고 염색분체의 종단된 동원체를 따라 분리되며 분리된 동원체는 방추사에 의해 각각 다른 극으로 이동하게 된다.
종기	• 염색체들의 각 한 벌씩이 양극에 접합하고 나선화가 풀리면서 핵막이 형성된다. 인이 다시 생성되며 방추사가 소실되고 세포판의 형성으로 세포질이 분열된다.

② 세포주기
  ㉠ 유사분열하는 세포의 일생을 유사분열기간과 중간기를 포함하여 세포주기라 한다
  ㉡ 중간기는 DNA 및 여러 물질이 합성되는 시기로 DNA 합성 시기에 따라 G_1기, S기 G_2기 로 분류한다
  ㉢ 세포주기는 M기, G_1기, S기, G_2기, M기 순으로 반복된다

M기	유사분열이 진행되는 기간, 전기가 가장 길고 중기가 가장 짧다.
G_1기	유사분열이 끝나고 DNA가 합성될 때까지 기간을 말한다.
S기	DNA 복제 기간, DNA 합성은 각 염색체상의 여러 부위에서 동시에 시작된다.
G_2기	DNA가 복제되어 유사분열이 시작되기까지의 기간을 말한다.

(4) 생식세포분열

① **감수분열**
  ㉠ 감수분열은 암수의 생식기관에서 생식모세포의 염색체 수가 반감되는 세포분열을 말한다.
  ㉡ 이 과정을 통하여 염색체는 수적으로 반감될 뿐 아니라 각 상동염색체까지 서로 분리되게 된다.
  ㉢ 감수분열의 경과는 제1감수분열과 제2감수분열로 구분되는데, 제1감수분열은 한 개의 2배체 세포로부터 2개의 반수체세포를 형성하는 감수분열이고 제2감수분열은 반수체세포에서 자매동원체를 분리시키는 동형분열이다
  ㉣ 제1분열과 제2분열의 짧은 사이기간을 분열간기라 하는데, 이 시기에는 일반적인 유사분열이나 제1감수분열의 간기와는 달리 DNA 복제가 일어나지 않는다.
  ㉤ 감수분열의 과정은 간기, 전기, 중기, 후기, 말기의 과정을 거친다.

간기	DNA가 복제되어 유전물질의 양이 2배가 된다.
전기	염색사가 염색체로 변하고 상동염색체 한 쌍이 대합하여 2가염색체를 형성한다.
중기	2가염색체가 적도면에 배열되고 양극에서 방추사가 나와 2가염색체에 붙는다.
후기	2가염색체가 갈라져 양극으로 이동하고 염색체 수가 반으로 줄어든다.
말기	핵막이 형성되고 세포질이 분열하여 2개의 딸세포로 분리된다.

(5) 화기구조

① **꽃의 구조**
  ㉠ 꽃은 대개 꽃잎, 꽃받침, 수술, 암술로 구성되며 꽃눈은 꽃받침, 꽃잎, 수술, 암술의 순서로 안쪽으로 분화해 들어간다.
    • 꽃잎은 암술과 수술의 보호 역할과 수분매개 시 곤충의 유인하는 역할을 한다.
    • 꽃받침은 꽃잎을 아래쪽에서 받쳐 전체를 보호한다.

- 수술은 꽃가루를 만드는 기관으로 꽃밥과 수술대로 구성되어 있다.
- 암술은 수술의 꽃가루를 받아 열매를 만드는 곳으로 암술머리, 암술대, 씨방으로 구성되어 있다.

ⓒ 단자엽식물
- 단자엽식물은 외떡잎식물이라 하며 자엽 1개와 3배수의 화기구조를 가진 식물이다.
- 벼, 보리, 밀, 옥수수, 피, 갈대, 억새풀 등이 해당된다.

ⓒ 쌍자엽식물
- 쌍떡잎식물이라 하며 자엽 2개와 4~5배수의 화기구조를 가진 식물이다.
- 완두콩, 녹두, 팥, 무, 배추, 상추, 당근, 사과나무, 토마토, 감자 등이 해당된다.

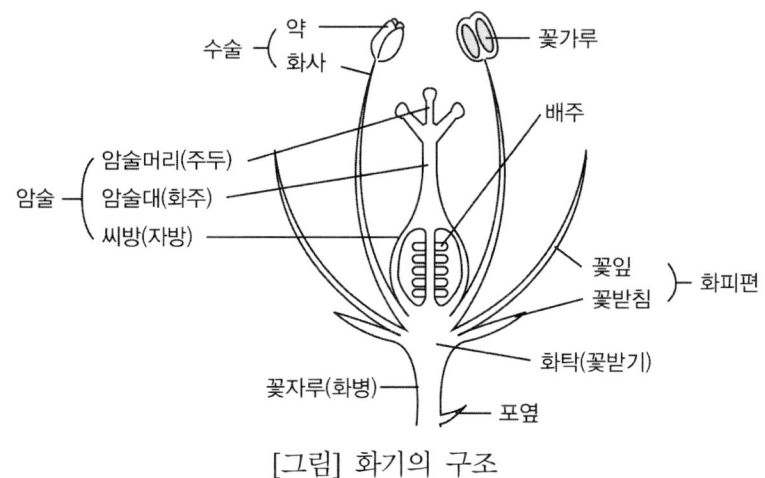

[그림] 화기의 구조

(6) 꽃가루 형성

① 화분
ⓐ 화분(꽃가루)는 종자식물의 꽃밥에서 만들어진 가루모양의 웅성 배우체이며 개개의 입자를 가리킬 때에는 화분립(pollen grain)이라고 한다.
ⓑ 종자식물에서는 종에 따라 화분이 형태, 구성성분, 발아공의 수 등이 서로 다르며 특히 유사한 분류군에서는 서로 유사한 화분의 특성을 가지고 있으므로 식물을 분류하는데 중요한 특징이 된다.
ⓒ 화분립의 크기와 형태는 다양한데 일반적으로 직경이 25 ~ 100μm 정도이다.

② 화분의 형성
ⓐ 화분은 꽃의 웅성기관인 수술의 꽃밥에서 생성된다.
ⓑ 2배체 화분모세포가 제 1감수분열을 진행하여 반수체 2개의 화분을 만들고 이들은 다시 2감수분열을 통해 반수체인 4개의 화분을 만든다.

(7) 배낭의 형성

① 배낭은 식물의 자성배우자로 염색체 조성은 n 상태이며 대포자라고 한다
② 속씨식물의 배낭은 배주(밑씨)속 배낭모세포(2n)가 감수분열을 통해 4개의 배낭세포(n)를 만드는데 3개는 퇴화되고 1개만 성숙하게 된다. 연속되어 3회의 핵분열을 거치게 되면서 8개의 핵(n)을 갖는 배낭이 형성되는데 1개는 알세포(n), 2개 조세포, 2개의 극핵(2n), 3개의 반족세포가 나타난다.
③ 겉씨식물은 배낭모세포에서 감수분열을 통해 배낭이 되고 무수한 핵분열 과정을 거쳐 2개의 알세포(n)가 만들어지는 2개의 핵이 나타나고 나머지 핵들의 경우 배젖을 형성하는데 이 배젖들은 수정을 하지는 않는다.

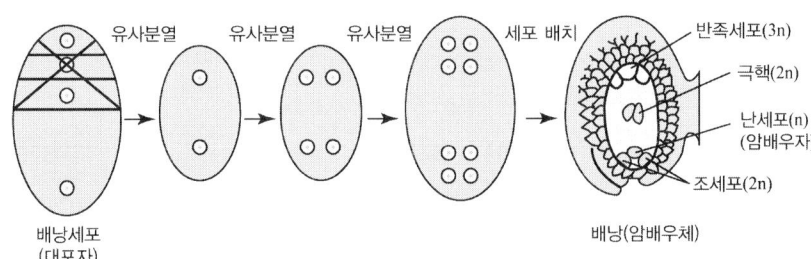

[그림] 배낭의 형성

(8) 수분(受粉)

① 정핵의 형성
  ㉠ 꽃가루(화분)는 소포자실에서 만들어지며 꽃밥 속의 화분모세포는 감수분열하여 꽃가루 4분자(n)가 되고, 성숙하여 꽃가루(n)가 된다.
  ㉡ 정핵(웅핵)은 꽃가루가 발아하면 그 속의 핵이 분열하면서 꽃가루관핵(n)과 생식핵(n)이 되고 생식핵이 다시 분열하여 2개의 정핵(n)이 된다.

② 수분
  ㉠ 성숙된 화분이 수술의 꽃밥에서 터져 나와 암술머리로 옮겨지는 과정을 수분이라 한다.
  ㉡ 수분 시 꽃가루의 발아에 영향을 주는 요인에는 당분, 칼슘, 붕소, 식물호르몬 등이 있다.
  ㉢ 수분을 위해 꽃가루를 매개하는 방법에는 충매화, 풍매화, 조매화, 수매화가 있다.

충매화	· 곤충이나 벌레가 꽃가루를 옮겨준다. · 분꽃, 무꽃, 벚꽃, 장미꽃 등
풍매화	· 바람에 의해 꽃가루가 옮겨진다. · 소나무꽃, 옥수수꽃, 은행나무꽃 등
조매화	· 새가 꽃가루를 옮겨 준다. · 동백꽃 등
수매화	· 물이나 조류에 의해 꽃가루가 옮겨진다. · 연꽃, 나사말꽃, 검정말꽃 등

③ 수분 방식

㉠ 한 개체의 화분이 같은 개체의 주두에 옮겨지는 자가수분이 있으며 벼, 보리, 콩, 밀, 토마토 등이 대표적이다.

㉡ 타가수분은 한 꽃에서 형성된 화분이 다른 개체의 주두로 옮겨지는 것으로 무, 배추, 양배추, 시금치, 호밀 등이 대표적이다.

㉢ 피망, 갓, 수수 등은 자가수분이 원칙이나 타가수분이 가능하다.

㉣ 타가수분의 원인에는 화기의 구조적 원인, 자웅이숙, 자가불화합성, 웅성불임성, 자웅이주 등이 있다.

자가불화합성	동일개체 내의 암·수 생식세포 간에 수정이 이루어지지 않는 현상
자웅이숙	암술과 수술의 성숙 시기가 서로 달라 같은 꽃에서 자가수분이 일어나지 못한다.
자웅이주	암그루와 수그루가 따로 있는 경우로 시금치, 은행나무 등이 있다.
자웅동주	한 그루에 암꽃과 수꽃이 각각 피기 때문에 다른 꽃의 꽃가루가 전달되어야 하며 오이, 수박, 호박 등이 있다.
이형예	한 꽃 속에 있는 암술과 수술의 길이가 다른 것으로 보통은 이형예 단독으로 인하여 타가수분이 나타나기 보다 자가불화합성과 자웅이숙이 함께 작용하는 경우가 많다.
장벽수정	꽃밥이 암술대의 움푹한 곳에 위치하여 자가수정이 어려운 경우가 있다.

㉤ 폐화수분은 양성화 식물 중 꽃이 열리기도 전에 수술의 꽃가루가 나와 자가 수분이 되는 경우를 말한다. 콩류, 상추, 우엉 등이 여기에 속하며 자가수분에 해당된다.

(9) 수정(무수정생식 포함)

① 수정

㉠ 수정은 화분의 정핵과 배낭의 난핵이 융합하는 현상이다.

㉡ 배낭은 식물의 자성배우자(암배우자)로 대포자라 하며 화분은 웅성배우자(수배우자)로 소포자라 한다. 수정의 경우 자성배우자와 웅성배우자가 완전히 성숙했을

때 가능하다.
ⓒ 수분된 화분은 암술머리에서 발아하여 화주의 유도조직 내로 화분관을 신장하고 화분관이 배주의 주공에 도달하여 정핵이 이동하고 배낭 속에서 정핵과 난핵이 융합하게 된다.
ⓔ 수정으로 접합자가 이루어질 때 접합자의 핵은 양친의 배우자가 융합하여 만들어진다. 세포질은 배낭이 가지고 있던 것으로 화분세포의 세포질은 후대에는 전해지지 않는다.
ⓜ 피자식물(속씨식물)의 수정은 배낭 내로 들어간 2개의 정핵 중 하나는 난핵과 융합하여 2n 인 배를 형성하고 다른 하나는 2개의 극핵과 융합하여 3n 의 배유를 형성한다

② **중복수정**
ⓐ 중복수정은 배와 배유의 형성이 한 배낭 내에서 동시에 이루어지는 것을 말한다.
ⓑ 피자식물에서 꽃가루가 암술머리에 붙어 수분이 이루어지면 꽃가루가 발아하여 꽃가루관이 뻗어 나와 암술대를 통과하여 배낭으로 들어간다. 꽃가루에 있던 2개의 정핵 중 1개는 난핵과 결합하여 배가 되고 다른 1개는 2개의 극핵과 결합해서 배젖(배유)이 된다.

- 정핵(n) + 난핵(n) → 배(2n)
- 정핵(n) + 2개 극핵(2n) → 배젖(3n)

ⓒ 나자식물(겉씨식물)은 2개의 정핵 중에서 1개만이 난핵과 결합하여 배가 되고 배젖은 수정을 거치지 않고 배낭세포에서 유래한다.

- 정핵(n) + 난핵(n) → 배(2n)
- 배낭세포 → 배젖(n)

ⓓ 속씨식물(피자식물)의 중복수정은 정핵(n)과 2개의 극핵(2n)이 만나 배젖(3n)의 유전자조성에서 부친의 유전자 1개가 모친의 유전자 2개보다 우성을 나타낼 경우 배젖의 형질이 부친 쪽을 닮게 되는데 이때 모체의 일부분인 배젖에 부친의 영향이 직접 당대에 나타나는 경우를 크세니아(Xenia)라고 한다.
ⓔ 크세니아의 경우 예를 들어 찰벼와 메벼를 교잡하여 얻은 교잡종자의 경우 배유가 메벼의 성질이 나타나는 경우를 말한다. 주로 찰성벼, 보리, 밀, 옥수수 등에서 나타난다.

③ 무수정생식
　㉠ 정핵과 난핵의 합작 없이 일어나는 생식으로 유성생식의 일종이지만 수정 없이 발생되는 생식으로 단위 생식을 의미한다.
　㉡ 무수정생식(아포믹시스, appomixis)는 난핵과 정핵의 결합이 없는 무성생식이다.
　㉢ 식물에서 감수분열과 수정의 결과로 배가 생기지 않고 배주안에 있는 2배체 세포에서 생기는 경우가 있는데 이러한 경우 어미에 해당되는 식물체의 세포와 유전적으로 동일한 개체가 만들어진다.

④ 무수정생식 유형
　㉠ 복상포자생식(Diplospory)
　　• 복상포자생식은 배주, 주심, 표피 내의 포원세포가 분화되고 대포자모세포로 발달하여 정상적으로 분화되지만 감수분열을 처음부터 생략하거나 감수분열 과정이 진행되는 도중 분열에 문제가 생겨 발생한다.
　　• 복상포자생식에서 난세포가 수정 없이 배발생을 하고 극핵도 수정 없이 단독으로 배유 형성을 한다.
　　• 즉 복상포자생식에 의해 형성된 난세포는 수정 없이 배발생을 해서 모체의 유전자형과 동일한 종자를 형성하게 된다.
　㉡ 무포자생식(Apospory)
　　• 배가 발생하는 배낭이 하나의 배주에서 2개 이상 발생하는 경우, 난세포에서 유래된 배낭은 퇴화를 하고 배낭을 둘러싸고 있는 일반적인 체세포에서 발생한 배낭이 정상적인 종자를 형성하게 된다.
　　• 무포자생식은 대포자가 아닌 체세포에서 생긴다고 하여 이름이 붙여졌다.
　　• 무포자생식의 경우 복상포자생식에 비해 비교적 세포학적 관찰이 쉬운 편이다.
　㉢ 부정배 형성
　　• 배낭을 둘러싸고 있는 많은 체세포들이 여러 개의 배가 발생하는 경우 부정배형성이라 한다. 자연상태에서 감귤류의 주심세포나 주피의 세포가 단위생식으로 부정배를 형성하기도 한다.
　　• 대표적으로 감귤류, 선인장 등에서 주로 관찰이 된다.

2. 종자의 발달

(1) 꽃의 형태와 분류

① 꽃의 형태
  ㉠ 완전화, 불완전화
   • 꽃잎, 꽃받침, 암술, 수술 등을 모두 갖추고 있는 경우를 완전화라고 하며 콩, 감자, 담배, 목화, 사과나무 등이 해당된다.
   • 꽃잎, 꽃받침, 암술, 수술 중에서 하나라도 갖추지 않은 경우 불완전화라고 한다. 벼, 밀, 보리, 갈대 등은 꽃잎이 없는 불완전화이고, 튤립, 둥글레 등은 꽃받침이 없는 불완전화이다.
  ㉡ 양성화, 단성화
   • 한 꽃에 암술과 수술이 함께 있는 경우 양성화(자웅동화)라고 하며 암술과 수술이 같은 꽃에 있지 않은 경우는 단성화(자웅이화)라고 한다
   • 양성화를 가진 식물은 자가수정에 유리하고 단성화를 가진 식물은 타가수정이 유리하다.
   • 양성화의 경우 자가불화합성이 나타내지 않기에 자식률이 매우 높은 편이다.
   • 양성화에서 암술이 먼저 성숙하는 것을 자예선숙이라 하며 질경이, 목련, 달맞이꽃 등에서 관찰된다.
  ㉢ 자웅이화
   • 암꽃과 수꽃이 동일한 개체에 있는 경우 자웅동주라 하며 오이, 호박, 참외, 수박, 옥수수, 소나무 등이 있다.
   • 암꽃과 수꽃이 서로 다른 개체에 있는 경우 자웅이주라하며 시금치, 아스파라거스, 주목, 은행나무 등이 있다.

② 꽃의 분류
  ㉠ 유한화서
   • 화서는 꽃이 줄기의 맨 끝에 위치하는 유한화서가 있는데 식물의 성장이 꽃이 핌으로써 거의 정지하게 된다.
   • 단정화서, 단집산화서, 복집산화서, 전갈꼬리형화서, 집단화서 등이 있다.
   • 단정화서는 화서축의 선단에 1개의 꽃을 피우는 종류로 목련, 장미, 튤립 등이 있다.
   • 단집산화서는 가운데 꽃이 맨 먼저 피고 다음 측지 또는 소화경에서 꽃이 핀다.

- 복집산화서는 2차지경 위에 꽃이 피는 것으로 작살나무 등이 있다.
ⓒ 무한화서
- 꽃이 측지에 착생하고 개화 후 다른 줄기들도 지속적으로 신장하는 것을 무한화서라 한다.
- 무한화서에는 총상화서, 원추화서, 수상화서, 유이화서, 육수화서, 산방화서, 산형화서, 두상화서 등이 있다.
- 두상화서는 꽃차례축의 끝이 원형판으로 되어 그 위에 작은 꽃자루가 없는 꽃들이 밀집하여 모여 달리는 머리모양을 띠고 있다.
- 총상화서는 긴 화경에 여러 개의 작은 소화경이 붙어 꽃이 배열되어 개화하는 형태이다.
- 산형화서는 화서축의 선단부에 우산살 모양의 소화경이 발생하며 화서의 선단부는 둥근 것이 특징으로 파, 양파, 부추 등이 있다.
- 수상화서는 길고 가느다란 꽃차례 축에 작은 꽃자루가 없는 꽃이 조밀하게 달린 꽃차례로 보리가 해당된다.
- 유이화서는 수꽃이나 암꽃이 따로 모여 있는 화서로 수상화서가 변형된 것이다.

(2) 과실의 발달과 종류

① 과실의 발달
㉠ 과실은 성숙한 씨방으로 씨방은 배주를 가지고 있고 이 배주가 종자로 발달하게 된다.
㉡ 과실은 꽃의 발육에 따라 진과와 위과로 분류한다.
㉢ 진과는 암술의 양쪽 벽이 비대한 것으로 감, 포도, 복숭아, 매실, 은행, 자두 등이 여기에 해당된다.
㉣ 위과는 꽃받침이 발달해 과실이 되는 것으로 사과, 배, 무화과 등이 있다.
㉤ 복과는 많은 꽃의 자방들이 모여 하나의 덩어리를 이루는 것으로 라즈베리, 파인애플 등이 있다.
㉥ 그 외에 취과(집합과)는 여러 개의 심피가 1개의 열매처럼 되어 있으며 단과는 단지 1개의 씨방이 자라서 열매를 맺는 것이다.

② 과실의 분류
㉠ 과수는 형태적 분류에 따라 인과류, 핵과류, 장과류, 준인과류, 각과류로 분류된다.
㉡ 꽃받침이 발달하는 인과류에는 사과, 배, 비파 등이 대표적이다.

ⓒ 중과피가 발달하는 특징이 있는 핵과류는 복숭아, 매실, 살구, 자두 등이 있다.
ⓓ 씨방이 발달한 준인과류는 감귤, 감 등이 있다.
ⓔ 씨방의 외과피가 발달한 장과류는 포도, 무화과, 딸기 등이 있다.
ⓕ 각과류는 씨의 자엽부분을 식용하는 밤, 호두 등이 대표적이다.

③ 단위결과
ⓐ 수정이 되고 종자가 생기지 않아도 과실이 형성되는 경우가 있는데 이를 단위결과라 한다.
ⓑ 단위결과는 염색체의 조성이 복잡하여 정상적인 배우자를 형성할 수 없는 경우 발생하는데 대표적으로 바나나, 포도, 오이, 감귤류 등이 해당된다.
ⓒ 단위결과는 화분의 자극이나 생장조절물질의 조절, 배수성 등을 이용하여 인위적으로 유발할 수 있다.
ⓓ 채소류 중 단위결과성이 높은 오이 등을 제외하고 단위결과로 정상과가 어려우므로 과실의 비대발육에 수정과 종자의 발달, 착과제 처리 등의 과정이 필요하다.
ⓔ 착과제 처리
  · 착과제 처리 목적은 수분 및 수정이 불확실할 때 단위결과를 유기시키는 것이다.
  · 보통 과실은 수정의 결과 이루어지는 종자의 형성과 함께 발육하나 수정이 되지 않고 자방이 발육하여 과실을 형성하는 단위결과가 발생하기도 한다.
  · 포도, 수박 등 단위결과를 유도하여 씨 없는 과실을 생산할 수 있다.

④ 종자와 과실의 정의
ⓐ 식물학에서 배주가 수정하여 자란 것을 종자라 정의하고 수정 후에 자방과 관련기관이 비대한 것을 과실이라 한다.
ⓑ 식물학상 종자에 해당되는 종류에는 목화, 담배, 참깨, 유채, 두류 등이 있다.
ⓒ 식물학상 과실에 해당하고 나출된 것으로 밀, 쌀보리, 옥수수, 박하, 제충국 등이 있으며 과실의 외측이 내영, 외영에 싸여 있는 것으로 벼, 귀리, 겉보리 등이 있다.

(3) 종자의 발달과 성숙

① 종자의 발달
ⓐ 종자는 종피와 배, 저장양분을 함유한 배유 등으로 구성되어 있으며 종자의 발달 관계는 다음과 같다.

> - 씨방(자방) → 열매
> - 밑씨(배주) → 종자
> - 주피 → 씨껍질(종피)
> - 주심 → 내종피
> - 극핵(2개)+정핵 → 배젖(속씨식물)
> - 난핵 + 정핵 → 배

ⓒ 종자는 세포분열과 신장을 위한 양분과 수분 흡수로 중량이 무거워지는데 종자에서는 배젖이 무게의 대부분을 차지한다. 수정 직후의 건물중은 과피가 가장 무거우나 약 1주일 정도 지나면 배젖이 종자무게의 대부분을 차지한다.

ⓒ 배젖이 발달함에 따라 종자 내의 당 함량이 감소하고 탄수화물 함량이 증가하며 외종피 또는 과피의 DNA, RNA 함량은 종자의 발달 과정 중에 변화가 거의 없다.

ⓔ 주심은 포원세포에서 자성배우체가 되는 기원으로 자방조직에서 유래하며 포원세포가 발달한다.

② 배의 발달

㉠ 배(2n)은 배낭 속의 난핵과 정핵이 수정한 결과 발생하며 이후 식물체가 되는 접합자이다. 접합자의 첫 세포분열까지는 약 5시간 내외정도가 소요된다.

㉡ 쌍자엽식물은 분열에 의해 접합자가 정단세포와 기부세포로 나뉘고 분열과 발달을 계속하여 성숙한 배가 형성된다.

㉢ 기부세포가 분열하여 생성된 배병세포는 발육 중인 배에게 양분과 지베렐린 등을 공급한다.

㉣ 배의 발생 법칙에는 절약의 법칙, 기원의 법칙, 수의 법칙, 목적지불변의 법칙 등이 있으며 내용은 다음과 같다.

절약의 법칙	필요 이상의 세포는 만들지 않는다.
기원의 법칙	세포의 형성과 발달순서는 유전적으로 정해져 있으므로 어떤 세포의 기원은 이전의 세포에 의해 결정된다.
수의 법칙	세포의 수는 식물의 정에 따라 다르며 동일 세대에 있는 세포들은 세포분열 속도에 따라 다르다.
목적불변의 법칙	미리 정해진 방향에 따라 분열하고 미래에 발휘할 기능에 따라 일정한 위치를 정한다.

③ 배유(배젖)의 발생

㉠ 배유(배젖, 3n)은 배낭 속 2개의 극핵과 정핵이 수정한 다음 세포분열을 통해 많은 저장물질이 축적되어 만들어지는데 주변 조직으로부터 얻은 양분을 배에

공급하게 된다.
- ⓒ 쌍자엽식물은 배유가 형성되나 발달과정에서 퇴화를 하며 성숙한 종자는 배로 구성된다. 이와 같은 무배유종자들은 떡잎이 발달하고 여기에 저장물질이 있다.
- ⓒ 외떡잎식물의 배젖은 종자 발아 시 양분을 공급해 준다.
- ⓔ 배젖은 발달하여 주공이나 합점 끝에 형성된 기생근을 통해 주위의 양분을 흡수한다.
- ⓜ 성숙한 배젖은 바깥쪽 호분층에 단백질을 저장한다. 이 단백질은 주로 전분을 분해하는 가수분해효소들이다. 단자엽식물의 경우 배에서 생성된 지베렐린은 배반을 통해 방출되어 호분층으로 이동한다.
- ⓗ 피자식물(속씨식물)의 종자 핵형은 배유 3n, 배 2n, 종피 2n 으로 구성되게 된다.

④ 종자의 성숙
- ⓐ 종자의 성숙은 크게 배의 발달, 양분의 축적, 종자의 성숙으로 이루어진다.
- ⓑ 양분의 축적 단계에는 광합성을 통해 생성된 양분이 성숙 중인 종자로 이동되어 축적된다. 종자의 수분함량은 50% 정도 수준이며 배의 세포 분열이 정지되고 크기만 증가한다.
- ⓒ 종자의 성숙 단계에서는 종자가 건조되어 수분 함량이 약 15% 내외 정도가 유지된다. 이때는 엽록소의 기능이 떨어지거나 상실되고 배유의 구조 변화가 나타난다.
- ⓓ 종자의 성숙 단계에서 배유의 변화에 따라 유숙기, 호숙기, 황숙기, 완숙기, 고숙기로 구분된다.

02 종자의 구조와 형태

1. 종자의 구조

(1) 종자의 외곽부
① 종피는 배주를 싸고 있는 주피가 변화하면서 만들어진 것으로 경층, 팽창층, 색소층 등으로 구성되어 있다.
② 종피는 모체의 일부이며 종자의 내부를 보호하는데 휴면이나 발아지연을 유발하기도 한다.
③ 종피의 표면은 식물에 따라 차이가 있는데 파 종자의 경우 주름이 있고 토마토 종자는 털이 있으며 소나무 종자는 날개가 있기도 하다.

(2) 저장조직과 배
① 종자의 저장조직
  ㉠ 종자의 저장조직은 배유, 외배유, 자엽으로 구성되어 있으며 양분을 저장하는 배유종자와 배유가 없거나 퇴화된 무배유종자가 있다.

배유종자	• 배유에는 양분이 저장되고 배는 잎, 생장점, 줄기, 뿌리 등의 어린 조직이 모두 구비된다. • 벼, 보리, 밀, 옥수수, 양파, 당근, 토마토 등
무배유종자	• 자엽에 양분이 저장되어 있고 배는 유아, 배축, 유근의 세부분으로 형성되어 있다. • 콩, 완두, 팥, 녹두, 클로버 등의 콩과식물 및 수박, 오이, 호박, 상추, 배추 등

  ㉡ 종자의 저장물질은 전분(탄수화물), 단백질, 지방, 유기산 등이 있으며 배유, 자엽, 배축, 외배유 등에 주로 저장되며 소량은 종자 전체 분포하기도 한다.
  ㉢ 외배유는 주심(중앙의 유조직)조직의 일부가 수정 후 발달해 영양을 저장한다.
  ㉣ 자엽에 양분을 저장하는 것으로 콩과식물은 단백질과 탄수화물을 저장하고 오이, 호박, 상추, 배추 등은 지방과 단백질을 저장한다.
  ㉤ 배유에 양분을 저장하는 것으로 단백질과 탄수화물을 저장하는 벼, 보리, 밀, 옥수수 등이 있고 지방을 저장하는 들깨, 참깨 등이 있다.

② 배
  배는 유아, 떡잎, 배축, 유근 등으로 구성된다.

유아	배의 끝에 있는 눈으로 신장발달을 통해 지방부의 줄기, 잎을 형성한다.
떡잎	양분의 저장기관으로 종자가 발아할 때 본엽 출현 시까지 배에 양분을 공급한다.
배축	배에 있는 줄기 모양의 주축으로 배축 중 자엽 윗부분을 상배축, 자엽 아랫부분을 하배축이라 한다.
유근	뿌리가 될 부분으로 발아에 의해 신장한다.

2. 종자의 형태

(1) 외형적 특징

① 종자의 크기는 식물종에 따라 수 mm ~ 수십 cm 까지 다양하다.
② 종자의 형상은 원형이나 타원형이나 식물의 종류에 따라 다양하게 나타난다.

형상	종류	형상	종류
타원형	벼, 밀, 팥, 콩	능각형	메밀, 삼
구형	배추, 양배추	난형	고추, 무, 레드클로버
방추형	보리, 모시풀	도란형	목화
방패형	파, 양파, 부추	난원형	은행나무
접시형	굴참나무	신장형	양귀비, 닭풀

③ 식물종에 따라 종자의 이동을 위한 편모나 날개가 있다.
④ 종자에 따라 고유색이나 무늬가 다양하게 나타난다.

(2) 외형에 나타나는 특수기관

① 성숙종자에는 제(배꼽), 주공(발아공), 봉선, 합점, 우류 등의 특수기관이 있다.
② 종자의 배병이나 태좌에 붙어있던 흔적인 제(배꼽)는 식물의 종류에 따라 위치가 다르다. 배추, 시금치는 종자의 끝에 위치하고 상추, 쑥갓은 종자의 기부에 위치한다. 콩의 경우 종자의 뒷면에 위치하는 것이 특징이다.
③ 주공은 제(배꼽)의 끝에 위치하며 꽃가루의 침입구이다.
④ 봉선은 가는 선이나 홈을 이룬 것으로 종피와 다른 색을 띠며 길이를 통해 종자의 구분이 가능하다.
⑤ 합점은 봉선의 가장 끝에 있는 혹 같은 점으로 여기서부터 관다발이 갈라지면서 종자의 내부로 들어간다.
⑥ 우류는 종자의 제 옆에 있는 주름이다.

03 종자의 발아

1. 발아에 관여하는 요인

(1) 종자 조건

① 수분
- ㉠ 종자는 수분을 흡수하여 발아를 하는데 종피가 수분을 흡수하면서 연해지고 배, 배유 등이 팽창하면서 파열되기 쉽게 된다.
- ㉡ 연해진 종피는 가스교환이 쉽게 일어나고 산소가 종자의 내부로 공급되면서 호흡이 시작되고 효소가 활성화되면서 이산화탄소도 발생하게 된다.
- ㉢ 수분이 흡수된 상태에서 내부세포의 원형질 농도가 낮아지고 저장물질의 이동이 활발해진다.
- ㉣ 수분의 함량이 너무 높을 경우 오히려 종자의 발아율은 감소하게 된다.
- ㉤ 식물의 종류에 따라 종자가 발아하기 위해 요구되는 수분 함량에 차이가 있다. 완두 59.8%, 콩 50%, 밀 40.8%, 사탕무 31%, 옥수수 30.5%, 벼 26.5% 정도이다.
- ㉥ 수중에서도 발아가 잘되는 것으로 벼, 상추, 당근, 셀러리 등이 있다. 반대로 수중에서 발아가 잘 안되는 종자에는 밀, 콩, 무, 귀리, 양배추, 가지, 고추 등이 있다.
- ㉦ 발아에 필요한 종자의 수분 흡수량은 종자무게 대비 벼 23%, 밀 30%, 콩 100% 정도이다.

② 온도
- ㉠ 종자의 발아는 온도의 영향을 받으며 최적온도 20~30°C에서 가장 빠르다.
- ㉡ 종자가 발아 가능한 최저온도 조건은 0~10°C, 최고온도는 35~40°C 정도이다. 너무 고온이나 저온은 발아에 불리하며 발아가 되지 않는 경우도 발생한다.
- ㉢ 식물에 따라 온도의 주기적 변화를 주는 변온조건에서 발아가 촉진되는 경우도 있다.
- ㉣ 저온작물은 고온작물에 비해 발아 온도가 낮고 파종기의 기온이나 지온은 발아의 최저온도보다 높고 최적온도보다 낮다.
- ㉤ 저온에서 발아하는 종자에는 시금치, 상추, 부추 등이 있다.
- ㉥ 고온에서 발아하는 종자에는 토마토, 가지, 고추 등이 있으며 옥수수는 40°C 내외의 최고온도 조건을 가진다.

③ 산소
　㉠ 식물의 종자는 대부분 충분한 산소가 공급되어야 호흡이 이루어지면서 발아를 할 수 있다.
　㉡ 종자에 따라 요구되는 산소 요구량이 다른데 벼, 상추 등의 종자는 산소가 없을 경우 무기호흡에 의해 발아하기도 한다.

산소가 없이 발아되는 종자	벼, 상추, 당근, 셀러리
산소가 없으면 발아가 감퇴하는 종자	담배, 토마토
산소가 없으면 발아하지 못하는 종자	밀, 무, 배추, 가지, 고추

④ 광(光)
　㉠ 식물의 종류에 따라 광선에 의해 종자가 발아되거나 억제되는 경우가 있다.
　㉡ 광을 주어야 발아하는 호광성 종자는 담배, 상추, 우엉 등이 있으며 광을 싫어하는 혐광성 종자에는 호박, 고추, 양파, 오이 등이 있다.

호광성종자	담배, 상추, 우엉, 뽕나무, 베고니아, 셀러리
혐광성종자	호박, 토마토, 고추, 양파, 가지, 오이, 무, 부추

　㉢ 호광성 종자의 경우 발아를 촉진하는 광파장은 적색부분(660~700nm)이며 660~670nm 파장에서 가장 활성화된다. 반대로 적외선 파장(730nm) 부근에서는 발아가 억제되는 현상을 보인다.
　㉣ 종자 발아에 있어 광의 효과에는 종자의 나이, 침윤시간, 침윤온도, 발아온도 등에 영향을 받는다.
　㉤ 식물에 존재하는 색소단백질인 파이토크롬(phytochrome)은 특정 파장을 흡수하여 광가역 반응을 일으킨다. 파이토크롬의 특징은 다음과 같다.
　　• 광흡수색소로서 일장효과에 관여하며 Pr은 호광성 종자의 발아를 억제한다.
　　• 종자발아, 화아유도 등의 생리학적 조절에 관여한다.
　　• 적색광에 의해 가능한 반응이 적색광에 이어 바로 근적외광을 처리하면 무효화된다는 것을 광가역성이라 한다.
　　• 적색광, 근적외광을 교대로 처리하면 마지막에 조사한 빛에 의해 발아율이 좌우된다.

2. 종자의 발아과정

(1) 종자의 발아

① 발아는 종피를 뚫고 유아 및 유근이 출현하는 것으로 자엽 및 저장기관의 위치에 따라 지상발아, 지하발아로 분류된다.

지상발아	• 자엽이 지반 외부로 나와 생장점에 양분이 공급한다. • 콩, 오이, 녹두, 강낭콩 등
지하발아	• 자엽 및 양분저장기관이 지하에 남고 유아는 지상으로 나온다. • 벼, 보리, 옥수수, 팥, 완두, 잠두 등

② 종자의 발아의 내적 요인에는 유전성, 육종, 선발효과, 종자 성숙도 등이 있다.
③ 종자의 발아에 관여하는 외적 요인에는 수분, 온도, 산소, 광 등이 있다.
④ 종자의 발아과정은 다음과 같다.

발아 과정	특징
1단계 : 수분 흡수	• 수분을 흡수하여 표면이 연해져 발아가 용이해진다. • 가스교환이 쉬워진다.
2단계 : 효소의 활성 3단계 : 배의 생장	• 배유와 자엽에 보유된 전분, 단백질, 지방 등의 양분이 효소작용으로 활성화된다.
4단계 : 종피의 파열 5단계 : 유묘의 형성	• 발아시 어린뿌리가 나와 땅속에 뿌리를 내리고 종피에서 떡잎과 어린줄기가 출현한다. • 유근과 유아의 출현은 보통 유근이 먼저 출현한다. • 세포의 신장, 세포의 분열을 통해 유근이나 유아, 자엽 등의 생장이 일어난다.

(2) 흡수(침윤)

① 종자의 발아는 과피의 주공을 통해 물을 흡수하면서 시작된다. 종자의 흡수량 및 흡수속도는 종자 내부의 화학성분, 종피의 투과성, 작물의 종류, 온도 등에 영향을 받는다.
② 종자의 흡수는 물의 침윤과 삼투에 의해 이루어지며 발아 전에 모관현상이나 침윤에 의해 첫 번째 흡수가 되어 발아가 시작되면 삼투에 의해 2번째 흡수가 이루어진다.
③ 침윤 종자의 수분 흡수에 영향을 주는 요인에는 세포의 수분 흡수 능력에 있으며 세포의 수분장력, 세포의 삼투압, 세포의 팽압 등이 있다.
④ 종자의 흡수에 영향을 주는 불투성은 종피에 지질, 타닌, 펙틴 등의 물질이 영향을 주기 때문이다.

(3) 저장양분 분해효소의 생성과 활성

① 종자의 수분 흡수를 기점으로 효소 활성기, 저장조직 분해기, 뿌리 신장기로 크게 3단계로 나눌 수 있다.

효소활성기	효소가 활성화 되면서 호흡을 시작한다.
저장조직분해기	저장조직이 분해되고 양분을 생장점으로 전류시켜 새로운 성분을 합성하고 호흡량이 증가하며 종자의 건물중이 감소한다.
뿌리 신장기	종자의 발아, 뿌리의 신장 등이 시작되고 뿌리의 수분 및 양분의 흡수가 가능하게 된다.

② 단자엽식물에서는 배에서 생성된 지베렐린이 호반층으로 이동되어 아밀라아제, 프로테아제, 리파아제 등의 가수분해효소를 합성하도록 유도한다.
③ 종자 내의 수분은 결합수, 흡착수, 유리수 등의 다양한 형태로 존재한다.
④ 종자발아에서 지질대사 분해는 리파아제(lipase)에 의해 지방산, 글리세롤로 분해된다.

(4) 저장양분의 분해·전류 및 재합성

① 종자 발아를 위한 저장조직 분해에는 탄수화물, 지질, 단백질 대사가 관여한다.
② 종자의 저장양분은 탄수화물, 지방, 단백질은 분자량이 큰 물질이라 초직 내에 이동이 어렵다. 분자량이 큰 물질들은 가수분해를 통해 분자량이 작아지고 물에 녹는 가용성 물질로 변해 운반이 가능해진다.
③ 배나, 생장점으로 이동한 물질은 원형질이나 세포막 물질이 합성되고 세포의 신장, 세포의 분열을 통해 유근, 유아, 자엽 등의 생장이 이루어진다.
④ 광합성산물의 종자로 전류는 수크로스(sucrose)로 이루어지며 수크로스(sucrose)는 전분 합성의 기초가 된다. 종자의 저장탄수화물은 전분이며 전분합성은 배유세포의 전분체(amyloplast) 내에서 이루어진다.

3. 발아의 촉진 및 억제

(1) 발아촉진

① 발아촉진은 종자가 일정하게 발아하도록 종자휴면을 타파하는 것이다.
② 발아를 촉진하는 물질에는 지베렐린, 시토키닌, 에틸렌, 과산화수소, 질산칼륨, 티오요소 등이 있다.

지베렐린 (gibberellin)	• 지베렐린은 종자의 휴면타파의 효과가 있는 식물생장조절제로 옥신과 함께 사용시 효과가 극대화된다. • 지베렐린은 휴면하지 않는 종자에는 발아촉진효과가 있다. • 지베렐린은 극성이 없으며 미숙종자에 다량 포함되어 있다. • 주로 GA_3 이 많이 이용되고 있다.
시토키닌 (cytokinin)	• 시토키닌은 주로 뿌리에서 합성되며 옥신과 함께 작용하여 세포분열을 촉진한다. 주로 물관을 통해 이동하며 측지발생 및 세포의 분열에 관여한다. • 어린종자나 과일에도 시토키닌이 많으나 열매가 성숙할수록 시토키닌의 함량은 감소한다. • 키네틴(kinethin)은 호광성종자의 암발아를 유도한다.
에틸렌	• 과실의 성숙을 촉진하는 물질로 주로 기체상태로 존재하며 전구물질은 메티오닌(methionine)이다. • 에틸렌은 0.1 ppm 정도의 낮은 농도로서 식물의 생장에 영향을 미친다. • 에틸렌을 생성하며 식물의 노화 및 과일의 숙기에 영향을 주는 약제를 에테폰이라 한다.
과산화수소	• 과산화수소(H_2O_2)는 콩과식물, 토마토, 보리 등의 발아를 촉진시키고 종자의 살균 역할도 한다.
질산칼륨	• 발아촉진에 사용되며 화본과 목초의 발아에 효과적이다.
티오요소	• 발아 촉진에 이용되며 발아에 필요한 광, 온도를 대체하는 효과가 있다.

(2) 발아억제

① 발아억제는 종자가 싹이 트는 것이 저해되는 것으로 외부 환경적 요인 및 발아억제물질로 인하여 발아가 억제 된다.
② 발아 억제 물질은 종자의 과피의 껍질에 존재하며 암모니아(NH_3), 시안화수소(HCN), 쿠마린, 페놀산, 아브시스산(ABA, abscisic acid) 등이 있다.
③ 발아억제물질인 쿠마린(coumarin)의 경우 보리의 영 부위에 존재하면서 보리의 발아를 억제하기도 한다.

(3) 발아에 관여하는 물리적요인

① 삼투압

종자의 발아 용액의 삼투압이 높으면 침윤이 어렵게 되어 발아가 억제된다.

② 수소이온농도

대부분의 종자는 pH 4.0 ~ 7.6 사이에서 종자의 발아가 이루어진다.

③ 온도

저온은 수확 전 작물의 종자 발아의 활성화를 낮춘다.

④ 방사선

감마선에 조사된 종자는 발아율이 떨어진다.

⑤ 기계적 손상

종자의 수분 함량이 감소될수록 기계적 손상을 입을 가능성이 높아진다.

04 종자의 휴면

1. 휴면의 형태

(1) 종자 휴면

① 휴면은 작물이 일시적으로 생장활동을 멈추는 현상으로 식물이 불리한 환경을 극복하기 위한 수단이다.
② 성숙한 종자가 발아조건이 되어도 발아하지 않을 경우 휴면이라 하며 생육의 일시적 정지상태라 할 수 있다.
③ 종자의 휴면기간

> - 벼 : 1주일 ~ 6개월
> - 맥류 : 거의 없음 ~ 3개월
> - 감자 : 수일 ~ 5개월
> - 경실종자 : 수개월 ~ 수년

④ 야생종은 재배종에 비해 휴면성이 강한 편이다.

(2) 휴면의 효과

① 작물재배나 육종에 있어 휴면을 통해 다양한 효과를 얻을 수 있다.
② 우량종자의 안전한 장기저장이 가능하다.
③ 맥류의 수발아 억제가 가능하다.
④ 괴근, 괴경 등 영양기관 맹아억제 및 추대를 방지한다.
⑤ 과수류의 동상해 응급대책의 효과가 있다.

(3) 휴면의 형태

① 자발적 휴면(내적휴면)은 외적 조건이 생육에 부적당하지 않을 때, 내적 원인에 의해 유발되는 휴면으로 생리적 휴면, 미숙 배 휴면, 종피 휴면 등이 있으며 종피에 발아억제 물질이 많이 함유하여 휴면하는 경우도 포함된다.
② 타발적 휴면(외적휴면, 타발휴면)은 발아력을 가진 종자에 수분, 광, 가스, 온도 등의 외적 조건에 의해 유발되는 휴면이다.
③ 자발적 휴면과 타발적 휴면을 1차 휴면이라 하고 성숙한 종자가 불리한 환경조건에서 장기간 보존되어 휴면이 새로이 발생하는 경우를 2차 휴면이라 한다.

2. 휴면의 원인

(1) 종피 불투수성
① 장기간 발아하지 않는 종자를 경실이라 하는데 종피가 수분의 투과를 저해하여 발아를 시작하지 못하는 경우를 말한다.
② 물의 투과성 저해로 인한 경실 종자에는 자운영, 고구마, 나팔꽃 등이 있다.

(2) 종피 불투기성
① 종피의 불투기성으로 산소 흡수가 저해되어 발아하지 못하는 경우가 있다.
② 보리, 귀리, 도꼬마리 등에서 주로 나타난다.

(3) 종피의 기계적 저항
잡초종자에서 종피가 기계적 저항으로 배의 늘어남이 억제되어 휴면하게 된다.

(4) 발아 억제 물질
① 종실이나 과피에 발아 억제 물질이 존재하는 경우 휴면하는 경우가 있다.
② 순무종자는 과피, 옥수수종자는 배유, 토마토, 오이 등의 장과류는 장과에 발아억제물질이 존재한다.
③ 종피휴면을 하는 식물에서 벼는 영에, 보리는 영과 과피, 도꼬마리는 내종피에 발아억제물질이 존재한다.

(5) 배의 미숙
① 장미과식물에서 종자가 모주를 이탈할 때 배의 발육이 미숙하여 발아하지 못하는 경우가 있다.
② 배의 성숙에는 수 주일 ~ 수 개월의 기간이 필요한 경우가 있는데 이러한 기간 및 과정을 후숙이라 한다.
③ 후숙은 휴면하는 종자의 발아를 위해 종자의 수분함량을 조절하고, 다량의 산소를 공급하는 등의 작업을 하게 된다.
④ 화곡류 종자는 온도 15~20℃, 1~2개월 후숙을 하면 최대 발아율을 나타낸다.

(6) 배유의 미숙
① 배는 완숙되었지만 종자의 저장물질인 배유가 미숙하면 휴면이 발생하기도 한다.
② 배유가 미숙하면 저장물질의 변화에 필요한 가수분해효소, 호흡에 필요한 산화환원효

소가 불활성되어 휴면이 발생하게 된다.

(7) 발아 촉진 물질(생장소)의 부족

배유에서 배로, 자엽에서 유아 및 유근으로 생장촉진물질의 공급이 저해되면 휴면이 발생한다.

(8) 식물호르몬 불균형

생장억제물질인 ABA와 생장촉진물질인 지베렐린의 함량비로 인하여 휴면이 발생되거나 조기에 타파되기도 한다.

3. 휴면의 타파방법

(1) 종피파상법

① 경실의 휴면 타파를 통해 발아를 촉진시키기 위한 방법으로 종피에 상처를 내는 방법이다.
② 자운영 경실종자는 모래와 섞어 절구에 가볍게 찧어 상처를 내며 고구마 종자는 손톱깎이를 이용하여 상처를 낸다.

(2) 생장조절제

① 지베렐린, 시토키닌, 에틸렌, 질산칼륨, 티오요소, 키네틴, 과산화수소 등의 생장조절제를 처리하여 휴면을 타파할 수 있다.
② 지베렐린은 땅콩, 앵두, 셀러리, 씨감자 등 시토키닌은 상추에 효과가 있다.

(3) 광 처리

① 광발아종자는 광이 휴면을 타파한다.
② 가시광선 파장영역에서 600~700nm의 적색광 파장영역은 휴면을 타파시킨다. 반대로 청색광(420~500nm)은 휴면을 유도하고 초적색광(720~780nm)에서는 휴면이 발생한다.

(4) 온도 처리

① 종자가 침윤하기 전에 저온처리하면 휴면이 타파되고 이후 고온 처리를 하면 발아가 촉진된다.
② 배 휴면을 하는 종자는 0~6°C 조건의 저온에서 수 일~수 개월 저장하면 휴면이 타파된다.

③ 배휴면을 하는 종자를 저온습윤처리를 하면 불용성 물질이 분해되어 가용성 물질로 변화된다. 이때 삼투압이 낮아지면서 배의 물질이동이 쉬워지고 휴면이 타파되며 새로운 조직의 형성을 위한 당류, 아미노산 등의 유기물질들이 나타난다.

(5) 작물별 휴면타파

① 벼 종자는 40°C 의 고온에서 3주 정도 처리한다.
② 맥류 종자의 경우 0.5 ~ 1% 과산화수소용액에 24시간 침지 후 저온(5 ~ 10°C) 조건에서 처리한다.
③ 감자는 최아법, 박피절단법, 지베렐린 처리(GA처리), 에틸렌-클로로하이드린 처리를 한다. 지베렐린처리는 2ppm 에 30 ~ 60분 정도 침지하고 그늘에 말리도록 한다.
④ 화본과 목초는 파종 전에 질산칼륨이나 지베렐린으로 처리한다.
⑤ 시금치는 60°C 고온에서 3 ~ 5일 정도 처리한다.
⑥ 상추 및 자작나무의 경우 저온 및 광처리를 통해 휴면을 타파한다.

(6) 층적처리

① 층적처리는 휴면의 타파 뿐만 아니라 발아력 저하방지, 발아억제물질 제거, 후숙 방지 등의 효과가 있다. 배휴면 종자의 경우 휴면타파를 위해 층적처리를 하면 휴면이 타파되는 종자가 있다.
② 나무상자나 나무통에 습기가 있는 모래 혹은 톱밥과 종자를 층을 만들어 종자를 넣어 저온저장고에 보관한다. 일반적으로 모래 4cm, 종자 2cm로 층을 쌓는다.

05 종자의 생산공급

1. 종자의 생산

(1) 생식의 양식과 채종

① 종자 채종
  ㉠ 채종재배를 위해서 주요 작물별 적절한 집단 채종포를 선정한다. 종자의 생리적, 병리적, 유전적 퇴화 방지를 위해 지리적 격리지(섬, 산간지 등)의 인위적 격리가 요구된다.
  ㉡ 채종재배에 공용할 종자는 원종포 등에서 생산 관리된 우량종자를 선택한다.
  ㉢ 종자를 충실하게 하기 위해 영양생장을 억제할 필요가 있으며 질소 과용을 피하고 인산 및 칼륨을 충분히 공급한다.
  ㉣ 작물의 특성은 특정 생육 시기 및 특정 환경에서 발현되기에 모본의 선택 및 이형주의 도태는 생육 초기에서 후기에 걸쳐 실시한다.
  ㉤ 작물의 종자생산 관리체계는 기본식물, 원원종, 원종, 채종포(보급종), 농가의 순이다.
  ㉥ 채종재배는 결론적으로 품종의 순도와 활력을 위해 재배지 선정, 재배법, 비배관리, 종자의 선택과 처리, 수확 및 조제에 대한 전반적인 관리가 요구되며 그 중에서도 종자의 순도와 활력을 유지하는 것이 가장 기본이 된다.
  ㉦ 채종재배에서 종자를 증식하고자 할 때는 박파, 다비, 소비재배 등의 방법을 통해 증식률을 높일 수 있다.

② 수정 양식 및 생식
  ㉠ 유성생식 작물은 자가수정작물과 타가수정작물 및 자가수정과 타가수정을 함께하는 작물로 구분된다.
  ㉡ 자가수정작물(자식성작물)에는 벼, 보리, 밀, 귀리, 조, 콩, 담배, 토마토, 가지, 고추, 상추, 완두 등이 있다. 자가수정작물은 약간 거리를 두거나 격리하지 않아도 좋으며 자연교잡률은 4% 이하를 기준으로 한다.
  ㉢ 자식성 작물의 경우 다른 꽃가루와 수정이 잘 이루어지지 않도록 꽃이 열리지 않거나 암술머리가 꽃잎에 가려있는 등 선천적으로 자기 꽃 내에서의 수정이 용이한 구조를 가진다.
  ㉣ 타식성작물에는 옥수수, 호밀, 메밀, 딸기, 양파, 마늘, 시금치, 아스파라거스 등이

있다. 타가수정작물은 격리해서 채종하며 자가수정률은 5% 정도를 기준으로 하며 자웅이주, 자웅동주이화, 자웅동주동화로 분류된다.

자웅이주	시금치, 아스파라거스
자웅동주이화	옥수수, 호박, 수박, 오이
자웅동주동화	무, 배추, 양배추

ⓜ 타식성 작물은 자가수분이 방해되는 화기구조를 가지고 있거나 꽃가루와 암술머리의 성숙기가 다른 특성을 지닌다.

ⓗ 유전적으로 순수하지 않은 타식성 작물은 자식을 계속하면 유전적으로 순수해지지만 후대에 자식약세 현상(자가열세)이 나타난다.

ⓢ 자식과 타식을 겸하는 작물도 있는데 주로 자가수정을 하며 자연교잡률이 높은 것이 특징이다. 작물에는 목화, 수수, 유채 등이 있다.

(2) 1대잡종 종자의 양산

① 잡종강세

㉠ 잡종강세는 잡종 자손의 형질이 부모보다 우수하게 나타나는 현상이다. 즉 다른 계통 간에 교잡을 하였을 때 잡종 1세대 부모보다 질병, 환경 등에 대한 저항성, 생산력, 성장 등이 뛰어나게 나타나는 현상이다

㉡ 1대 잡종은 값이 비싸고 매년 바꾸어야 하는 단점이 있으나 다수확성, 품질 균일성, 강건성, 내병성으로 많이 이용되고 있다

㉢ 1대 잡종에서 수확한 종자를 다시 심으면 변이가 일어나 균일성이 떨어지기에 매년 구입하여 사용하는 것이 좋다

㉣ 1대 잡종 종자 생산을 위해서는 웅성불임성, 자가불화합성 등의 유전적 특성을 활용하고 개화기를 일치시키는 등의 노력이 필요하다

㉤ 잡종강세 이용에 필요한 요건

- 1회의 교잡에 의해 많은 종자를 생산할 수 있어야 한다.
- 단위 면적당 재배에 요구하는 종자량이 적어야 한다.
- 1대 잡종을 재배하는 이익이 1대 잡종을 생산하는 경비보다 커야 한다.
- 교잡 조작이 용이해야 한다.

② 웅성불임성

㉠ 웅성불임성은 웅성기관에 이상이 발생하여 불임이 생기는 현상이다.

㉡ 웅성불임은 꽃밥이나 꽃가루가 기형이나 미발육으로 인하여 수정기능이 결여되어

있는 상태이지만 외관상으로는 정상으로 보이기도 한다.
ⓒ 유전적 원인에 의한 웅성불임성은 육종적으로 활용가능한데 웅성불임 품종을 모계로 하고 조합능력이 높은 다른 품종을 부계로 하여 제웅(자가수정 방지를 위한 작업) 등의 교배작업 없이 1대 잡종 종자를 얻을 수 있다.
ⓔ 제웅은 자가수정을 방지하기 위해 꽃망울 상태에서 모계의 수술을 제거해 주는 것으로 제웅 시 꽃가루가 일부 남아 있으면 자식(自殖)이 될 수 있어 꽃밥을 완전 제거하도록 한다.
ⓜ 양파, 당근, 고추, 토마토, 옥수수 등의 종자생산에는 웅성불임성을 이용한다.
ⓗ 제웅법에는 절영법, 개열법, 화판인발법 등의 기술이 있다.

절영법	• 영의 선단 부위를 가위로 잘라 핀셋으로 수술을 끄집어 낸다. • 벼, 보리, 밀 등에 적합하다
개열법	• 꽃봉오리의 꽃잎을 꽃망울 때 핀셋으로 밀어 내고 꽃밥을 제거한다. • 콩, 고구마, 감자 등에 적용한다.
화판인발법	• 꽃봉오리 끝을 손으로 눌러 잡아당겨 꽃잎과 꽃밥을 함께 제거한다. • 콩, 자운영 등에 적용한다.

ⓢ 웅성불임성은 작용기작에 따라 세포질 유전자적 웅성불임, 세포질적 웅성불임, 유전자적 웅성불임 등으로 구분된다.
ⓞ 세포질 유전자적 웅성불임은 잡종강세를 이용하기 위해 웅성불임친과 그 웅성불임성을 유지하는 유지친, 웅성불임성의 임성을 회복시켜 주는 회복인자친이 있어야 한다.

③ **자가불화합성**
  ㉠ 생식기관에 이상이 없이 수분까지 정상적으로 이루어지나 수정이 안되어 결실이 불가능한 경우를 불화합성이라 한다. 이때 자가수분 또는 같은 계통 간에 결실을 못하는 경우를 자가불화합성이라 한다.
  ㉡ 자가불화합성을 이용하여 잡종강세를 나타내는 무, 배추 등의 1대 잡종 종자의 대량 생산이 가능하다.
  ㉢ 교배양친을 유지하기 위해 자식하려면 자가불화합성을 일시적으로 타파해야 하며 뇌수분, 노화수분, 지연수분, 고온처리, 전기 자극, 이산화탄소 처리 등의 방법을 활용한다.
  ㉣ 뇌수분의 경우 자가수정률이 높은 편이며 양배추, 무 등의 식물에 적합하다. 배추 F_1 의 원종 채종 시 뇌수분을 실시하는 이유도 개화 시에 자가불화합성이 나타나기 때문이다.

2. 채종지 선정 및 채종포관리

(1) 채종지의 조건

① 기후
- ㉠ 강우량이 많으면 임실률이 떨어지기에 강우량 및 습도가 적당해야 한다. 양파의 경우 공중습도가 높은 경우 수정이 잘 안되기에 강우가 적은 곳을 채종지로 선택하기도 한다.
- ㉡ 개화기에는 다소 건조한 것이 좋다.
- ㉢ 온도가 너무 높은 곳은 꽃가루가 건조하여 임실률이 떨어진다.
- ㉣ 겨울에는 기온이 온화하고 등숙기에 기온의 교차가 큰 곳이 좋다.

② 토양 및 포장
- ㉠ 토양의 경우 유기질이 풍부한 식양토~사양토가 적당하다.
- ㉡ 배수가 양호하고 지력이 좋은 곳을 선정한다.
- ㉢ 토양의 산도는 중성이 좋으며 pH 가 낮을 경우 석회를 이용하여 pH 6~7 정도로 조절해준다.
- ㉣ 토양병원균 및 토양 해충의 발생밀도가 낮은 곳을 선정한다.
- ㉤ 유해잡초 발생지는 피하도록 한다.

(2) 채종포의 관리

① 채종지 선정
- ㉠ 채종재배는 작물별로 적절한 집단채종포를 선정해야 한다.
- ㉡ 종자의 퇴화 방지를 위해 씨감자는 고랭지에서, 옥수수 및 십자화과작물 등과 같은 타가수정을 원칙으로 하는 작물은 유전적 퇴화 방지를 위해 섬이나 산간지에서 인위적 격절이 필요하다.
- ㉢ 벼, 맥류 등의 화본과작물은 과도한 비옥지 및 척박지 토양은 피하도록 한다.
- ㉣ 채종포 관리에 있어 가장 우선적으로 고려해야 할 사항은 자연적 교잡과 이품종 혼입에 대한 방지이다.
- ㉤ 겨울 기온이 온화하며 등숙기에 기온의 교차가 큰 곳을 선정한다.
- ㉥ 채종포는 꽃 피는 시기와 종자의 등숙기에 비가 적고 건조한 곳이어야 한다.

② 종자의 처리
- ㉠ 채종재배에 공용할 종자는 원종포 등에서 생산 관리된 우량종자를 선택한다.

ⓒ 생리적 퇴화 방지를 위해 선종과 종자소독 등 필요한 처리를 하고 파종하도록 한다.
　　ⓒ 감자는 바이러스 병 등과 같은 전염 방지를 위해 바이러스 검정법을 적용하도록 한다.

③ **파종과 정식**
　　㉠ 파종은 주로 조파(줄뿌림)으로 한다. 조파는 종자의 소요량이 적고 고르게 파종할 수 있어 이형주를 제거하거나 관찰할 경우 통로로도 이용할 수 있다.
　　ⓒ 파종기는 지역 및 품종에 따라 조정하되 너무 빠르거나 늦지 않도록 한다.
　　ⓒ 파종 시에는 종자열의 간격을 유지하고 단위면적당 파종량을 조절한다.
　　ⓒ 재식밀도는 토성, 비옥도, 가용수분 함량 등을 고려하여 결정하며 밀식보다는 소식하여 충실한 종자를 생산하도록 한다.

④ **격리재배**
　　㉠ 채종재배는 다른 품종과의 교잡으로 퇴화의 가능성이 있기에 품종특성 유지를 고려한다면 다른 품종과 채종포장과의 격리를 해야 한다.
　　ⓒ 격리거리는 작물별에 차이가 포장 검사 및 종자검사의 검사기준에 의거한다.

작물	포장격리
벼, 겉보리, 쌀보리, 맥주보리, 밀, 콩, 고구마, 팥, 땅콩, 녹두	• 원원종포·원종포는 이품종으로부터 3m이상 격리되어야 하고, 채종포는 이품종으로부터 1m이상 격리되어야 한다. 다만, 각 포장과 이품종이 논둑등으로 구획되어 있는 경우에는 그러하지 아니하다.
옥수수	• 원원종, 원종의 자식계통 및 채종용 단교잡종 : 원원종, 원종의 자식계통은 이품종으로부터 300m 이상, 채종용 단교잡종은 200m 이상 격리되어야 한다. 다만, 건물 또는 산림 등의 보호물이 있을 때는 200m 로 단축할 수 있다. • 복교잡종, 삼계교잡종 : 이품종 또는 유사품종으로부터 200m 이상 격리되어야 한다
감자	• 원원종포 : 불합격포장, 비채종포장으로부터 50m 이상 격리되어야 한다. • 원종포 : 불합격포장, 비채종포장으로부터 20m 이상 격리되어야 한다. • 채종포 : 비채종포장으로부터 5m이상 격리되어야 한다. • 십자화과, 가지과, 장미과, 복숭아나무, 무궁화나무, 기타 숙주로부터 10m 이상 격리되어야 한다. • 다른 채종단계의 포장으로부터 1m이상 격리되어야 한다. • 망실재배를 하는 원원종포·원종포 또는 채종포의 경우에는 격리거리를 포장격리기준의 10분 1로 단축할 수 있다.

작물	포장격리
참깨	• 이품종으로부터 500m 이상 격리되어야 한다. 다만, 동일 종피색 품종간의 격리거리는 5m 이상으로 하며, 망실재배시에는 격리거리를 적용하지 아니 한다.
들깨	• 이품종으로부터 5m 이상 격리되어야 한다.
유채	• 원원종은 망실재배를 원칙으로 하며, 이때 격리거리는 필요없다. • 원종, 보급종은 이품종으로부터 1,000m 이상 격리되어야 한다. 다만, 산림 등 보호물이 있을 때에는 500m 까지 단축할 수 있다.
화훼 구근류	• 불합격 포장, 다른 구근류 재배포장으로부터 20m 이상 격리되어야 한다. 다만, 망실재배를 하는 포장의 경우에는 10분의 1로 단축할 수 있다.

ⓒ 채소작물의 포장격리 기준은 다음의 내용에 따른다.

작물명	격리거리(m)	포장 내지 식물로부터 격리되어야 하는 것
무	1,000	① ②
배추	1,000	① ②
양배추	1,000	① ②
고추	500	① ②
토마토	300	① ②
오이	1,000	① ②
참외	1,000	① ②
수박	1,000	① ②
호박(박)	1,000	① ②
파	1,000	① ②
양파	1,000	① ② ③
당근	1,000	① ②
상추	60	① ②
시금치	1,000	① ②

① 같은 종의 다른 품종
② 바람이나 곤충에 의해 전파된 치명적인 특정병 또는 기타병에 감염된 같은 작물이나 다른 숙주식물
③ 교잡양파 양친계통 : ① ②로부터 1,600m
  위의 격리거리 요건은 다른 종자작물과 종자포장에서 같은 시기에 개화하는 채소 생산작물에 적용된다. 종자포장내지 단지가 자연적 또는 인위적인 방어물로 불필요한 화분립원과 종자전파성 질병을 충분히 방어할 수 있고 다른 작물에 의한 수분이 불가능 할 때는 무시한다.
(예, "온실재배, 교배모본에 인위적 교배장치를 한 재배"등)

⑤ 시비와 관개
　㉠ 채종재배는 종자에 충실하기 위해 질소과용을 피하고 인산 및 칼륨을 충분히 공급한다.
　㉡ 채종재배 시 질소의 공급을 일찍 끊게 되면 개화 및 채종기가 빨라진다.
　㉢ 퇴비는 토성에 따라 충분히 부숙된 퇴비를 사용하도록 한다.
　㉣ 채종포가 건조하면 발아 및 유묘 출현이 불량하기에 충분히 물을 공급한다.
　㉤ 충분한 양분이 공급되지 못할 경우 신장 억제 및 꽃가루의 생산능력이 떨어지게 된다.
　　• 무, 배추, 양배추 등은 붕소가 결핍되면 화주가 돌출되고 개화가 불균일하게 된다.
　　• 완두, 옥수수, 멜론 등은 몰리브덴이 부족할 경우 꽃가루 생산능력이 떨어진다.
　㉥ 토양이 비옥하고 배수가 양호하며 보수력이 좋은 토양이 좋다.

⑥ 결실 조절
　㉠ 한 그루에 너무 많은 열매가 있으면 충분한 양분 공급이 어려워 생산된 종자의 활력이 떨어지고 수명이 짧다. 이러한 경우 적심, 적과, 가지치기 등을 통해 결실량을 조절하여 종자에 충분한 양분이 공급되도록 유도한다.
　㉡ 가능하면 균등하게 성숙시켜 수확기간을 단축하도록 한다.
　㉢ 적심은 성장과 결실을 조절하기 위하여 식물의 눈이나 생장점을 따 내는 작업으로 순따기 혹은 순지르기라고 한다. 과채류, 두류 등에 실시하기 좋으며 담배, 상추 등의 작물에 적용할 수 있다.

⑦ 이형주 제거
　㉠ 이형주는 동일 품종 내에서 고유한 특성을 갖지 않은 개체를 말한다. 이러한 개체는 빨리 제거해야 정상적인 식물체에 수분되는 것을 막아 품종의 유전적 순도를 높이거나 유지할 수 있다.
　㉡ 이형주는 출수개화기나 성숙기에 걸쳐 제거하도록 한다.

3. 수확·정선

(1) 수확

① 종자가 충분히 성숙된 단계에서 채종을 실시하는데 식물에 따라 채종적기에 차이가 있다.

② 곡물류의 채종적기는 황숙기이며 십자화과작물(채소류)는 갈숙기에 적기이다.

> - 곡물류 성숙과정 : 유숙기 → 호숙기 → 황숙기 → 완숙기 → 고숙기
> - 채소류 성숙과정 : 백숙기 → 녹숙기 → 갈숙기 → 고숙기

③ 종자를 적절한 시기보다 빨리 수확하면 정선과정에서 등숙정지립이 많고 저장 시 빨리 퇴화하게 된다. 또한 건조 과정을 거치는 동안 위축되는 종자가 많아진다.

④ 종자를 적기보다 늦게 수확하게 되면 탈곡제조 과정에서 손실이 발생한다.

⑤ 채종재배를 위한 종자의 수확적기
  ㉠ 성숙하여 최고의 건물중일 때
  ㉡ 안전한 저장이 가능한 수준으로 수분 함량이 낮을 때
  ㉢ 발아력이 생성되었을 때
  ㉣ 채종량과 품질을 동시에 고려한 시기

⑥ 수확 종자의 관리
  ㉠ 탈곡한 종자는 즉시 펴서 골고루 말리도록 한다.
  ㉡ 건조를 할 때는 맑은 날에 마른 바닥에 펴주고 자주 뒤섞어준다.
  ㉢ 수분 함량이 많은 종자는 온도를 낮추고 오랫동안 건조한다.
  ㉣ 직사광선이 과도할 경우 피하도록 하고 너무 온도가 높지 않도록 주의한다.

⑦ 채종과수 및 채종량
  ㉠ 1포기당 채종과수는 수박, 오이가 3~4과, 호박이 4~5과, 토마토가 3~4과 정도이다.
  ㉡ 작물별 10a 기준 채종량 기준은 다음과 같다.

작물명	채종량(kg/10a)	작물명	채종량(kg/10a)
벼	550	감자	1600~1700
보리	300	옥수수	130~200
콩	140	삼계교잡종	460

(2) 정선

① 종자의 크기가 크고 충실하며 발아 및 생육에 좋은 종자를 가려내는 과정으로 종자의 용적, 중량, 비중, 색 등을 통해 이물질, 피해립, 중량이 가볍고 작은 종자 등을 선별하도록 한다.

② 종자를 정선할 때는 보통 대략정선, 건조, 정밀정선, 비중정선, 소독, 포장의 순서로 실시한다.

대략정선	바람과 적정 체에 의한 선별로 종자에 포함한 줄기, 잎, 죽은 곤충, 모래 등 이물과 종자로서 활용가치가 없는 미숙립 등을 대략적으로 선별한다.
정밀정선	바람과 적정 체에 의한 선별로 정상종자보다 작거나 큰 종자, 피해립(파쇄립, 현미 등) 등을 정밀하게 선별한다.
비중정선	종자의 무게에 의한 선별로 갑판의 진동과 바람의 세기에 의해 정상종자보다 가볍거나 무거운 종자를 선별한다.

③ 종자 정선에서 표면조직에 의한 선발에는 알팔파, 새삼 등이 적합하고 완충력을 이용한 선발에는 티머시, 액체친화성을 이용한 선발에는 클로버가 있다.

4. 종자건조

(1) 자연건조

① 종자는 함수율이 높아 부패하거나 용기 속에 그대로 장기간 보관하면 자연열로 인해 발아력을 상실하기도 한다.

② 일반적인 자연건조법에는 양광건조법과 반음건조법이 있다.

양광건조법	햇빛이 충분한 곳에 종자를 얇게 펴고 하루에 2~3회 뒤집어 건조시켜 준다. 주로 단백질, 지방을 저장 양분으로 하는 작은 종자에 적합한 방법이다.
반음건조법	햇볕에 약한 종자를 통풍이 잘되는 옥내에 얇게 펴서 건조하는 방법이다.

(2) 열풍건조(인공건조)

① 열풍건조기를 이용하여 건조시키는 방법으로 종자의 양이 많을 경우 이용한다.

② 열풍건조법을 이용하면 외부의 날씨에 영향을 받지 않고 원하는 시기에 건조할 수 있는 장점이 있다.

③ 열풍건조의 경우 보통 25 ~ 40°C 온도를 유지하여 건조하며 50°C 이상으로는 올리지 않는다.

06 종자의 수명과 퇴화

1. 종자의 수명

(1) 종자 수명

① 종자의 수명은 종자가 발아할 수 있는 발아력을 가지고 있는 기간을 말한다. 종자의 수명에 따라 단명종자, 중명종자, 장명종자로 분류할 수 있다.

단명종자(1~2년)	양파, 파, 콩, 땅콩, 당근, 메밀, 고추, 상추, 우엉 등
중명(상명)종자(2~3년)	벼, 밀, 보리, 무, 완두 등
장명종자 (4~6년, 6년 이상)	· 비트, 수박, 호박, 오이, 배추, 가지, 토마토, 알팔파, 클로버 등 · 화훼류의 장명종자 : 스토크, 백일홍, 안개초, 봉선화 등

② 종자의 수명에 관여하는 요인
   ㉠ 종자의 유전성 및 성숙도
   ㉡ 종자의 기계적 손상 정도
   ㉢ 종자 저장고의 공기조성 및 환경
   ㉣ 온도 및 상대습도
     · 저장기간 중에 종자의 수명이 짧아지는 요인으로 고온, 고습이 있다.
     · 대부분 종자는 80% 상대습도, 25~30℃ 온도에 저장하면 발아력이 빨리 저하되나 50% 이하의 상대습도, 5℃ 이하의 온도에서 저장하면 발아력을 유지할 수 있다. 장기저장을 위한 최적은 상대습도는 20~30% 이다.
   ㉤ 종자의 수분함량
     · 종자가 더 이상 수분을 흡수하지 않고, 잃지 않는 상태를 수분평형이라 한다.
     · 종자를 저장하려면 종자를 최소한 평형수분함량까지 건조시켜야 한다. 전분종자의 평형수분함량은 약 14%이고, 유료종자의 평형수분함량은 8% 정도이다.
     · 안전하게 저장하기 위한 종자의 최대수분함량은 일반종자 5~7%, 유지종자 3~5% 정도이다.
     · 안전저장을 위한 종자 최대수분함량은 대략 벼 15%, 보리 13%, 콩 11%, 시금치 9%, 배추 5%, 고추 4.5% 정도이며 토마토는 일반적인 종자들보다 더 낮은 수준으로 해야 한다.

2. 종자의 저장

(1) 종자 저장

① 종자 저장은 호흡작용을 억제하여 종자의 활력을 유지하는 것이며 가장 중요한 외적요인은 온도와 상대습도이며 내적요인은 수분함량이다.
② 종자의 저장을 위한 건조제에는 실리카겔, 염화칼슘(염화석회), 생석회, 나뭇재 등이 활용된다.
③ 장기 보관용 종자 저장고의 습도는 20~30% 정도에서 저장할 때 종자의 수명이 가장 길어진다.
④ 종자 저장을 위해 사용되는 훈증제는 알루미늄포스파이드 훈증제, 메틸브로마이드 훈증제 등이 종자 소독 후 저장하는데 활용된다.
⑤ 종자 저장 시 철제용기가 종이재료 용기보다 종자의 안전저장에 유리한 이유는 철제용기가 수분의 함량을 유지시키는데 가장 효과적이기 때문이다. 캔과 같은 알루미늄 철제용기는 수분함량을 5% 수준으로 유지시킨다.
⑥ 저장종자의 발아력 상실 원인은 다음과 같다.
　㉠ 종자 단백질의 변성
　㉡ 호흡에 의한 종자의 저장물질의 소모
　㉢ 저장기간 동안 저장고 온도 및 습도의 상승 혹은 급격한 변화
⑦ 종자 저장시 수분의 함량이 많을 경우 나타나는 문제점은 다음과 같다.
　㉠ 저장 중 양분의 손실이 발생한다.
　㉡ 호흡의 증가로 종자 사멸 및 발아 곤란하다.
　㉢ 곰팡이가 번식한다.
　㉣ 곤충의 번식장소가 되기도 한다.
　㉤ 종자의 기계적 피해가 발생한다.

(2) 종자의 저장방법과 설비

① 종자의 저장방법
　㉠ 건조저장법
　　• 수분함량 12~14% 이하로 건조시켜 저장하도록 한다.
　　• 건조한 종자를 저온, 저습, 밀폐된 상태로 저장하면 수명이 연장된다.
　㉡ 상온저장법
　　• 상온저장법은 실온저장법이라 하며 종자를 건조시켜 용기에 담아 0~10℃ 정도의

실온에서 보관하는 방법이다.
- 기온과 습도를 낮게 유지하는 것이 좋고 가을에서 이듬해 봄까지 저장한다.
- 장기간 저장하는 방법으로는 적합하지 않다.

ⓒ 밀봉(저온)저장법
- 종자를 건조시키고 탈기하여 진공상태로 밀봉시켜 냉장고와 같은 저장소에 보관하는 방법이다.
- 함수율 5~7% 이하로 유지한 종자를 밀봉용기에 보관하는데 실리카겔과 같은 건조제와 황산칼륨과 같은 활력억제제를 종자 무게의 10% 정도 함께 넣어 보관하면 효과가 극대화 된다.
- 수년 ~ 수십년까지 발아력을 유지할 수 있다.

3. 종자의 퇴화

(1) 종자의 퇴화

① 작물 재배에서 연수가 경과하는 동안 유전적, 생리적으로 생산력이 감퇴하는 경우 종자의 퇴화라고 한다.

② 종자의 퇴화 증상

• 종자의 호흡감소 • 종자 내부의 효소 활성 감소 • 발아율의 저하 • 발아조건 감소 • 변색	• 발육 저하 • 저항력 저하 • 균일성 및 수량의 감소 • 유리지방산 증가 • 종자침출액 증가

(2) 종자 퇴화의 원인

① 유전적 퇴화
㉠ 세대가 경과함에 따라 유전적으로 변이가 발생하거나 순수하지 못해 유전적으로 퇴화하는 경우가 있다.
㉡ 돌연변이, 자연교잡, 근교약세 등이 있다.

돌연변이	원래의 특성을 잃고 세대가 경과되어 누적된다.
자연교잡	번식체계, 격리거리, 종자생산 규모, 꽃가루 매개 방법 등이 퇴화 정도를 결정하게 된다.
이형유전자의 분류	열성유전자 분리
근교약세	타식성 작물을 계속 자식시키면 세력이 약해진다.

기회적 부동	재식 개체수가 적거나 채종 개체수가 적은 경우 특정 유전자형만 채종되어 다음 세대 유전자의 비율이 달라지게 된다.
이형종자의 기계적 혼입	파종, 이앙, 수확 등의 작업과정에서 다른 품종이 혼입되는 경우가 있다.
역도태	수량과 품질이 개화, 추대로 쇠약해지면서 역도태가 된다.

② 생리적 퇴화
  ㉠ 생산지의 환경이 나쁘면 생리적 조건이 불량해지면서 퇴화하게 된다.
  ㉡ 콩 등은 동일 장소에서 재배 및 채종을 계속하면 미량원소가 결핍되고 다음해의 수량이 감소하게 되는데 이러한 퇴화를 후작용에 의한 퇴화라 한다.
  ㉢ 온도와 일장에 의한 퇴화가 있는데 벼의 경우 고랭지에서 2년 정도 채종을 되풀이한 것을 난지에 재배하였을 때 재래종에 비해 출수가 늦고 수량이 적어지게 된다.

③ 병리적 퇴화
  종자로 전염하는 병해로 인하여 병리적으로 퇴화하는 것을 말한다.

④ 기타 종자 퇴화

• 종자 저장 양분의 고갈 • 분열조직세포의 기아 • 유해물질의 축적 • 발아유도기구의 분해 • 리보솜 분리의 저해	• 효소의 분해와 불활성 • 지질의 자동산화 • 가수분해효소의 형성과 활성화 • 병균의 침입 • 기능상 구조변화

(3) 종자 퇴화의 방지

① 유전적 퇴화의 방지
  ㉠ 격리재배를 통해 자연교잡을 방지한다.
  ㉡ 이형종자의 혼입을 막기 위해 낙수 제거, 채종포 변경, 완숙퇴비 사용한다.

② 생리적 퇴화의 방지
  ㉠ 재배적 조건이 불량해도 종자는 생리적으로 퇴화할 수 있기에 이를 막으려면 재배시기의 조절, 비배관리의 개선, 착과수의 제한, 종자의 선별 등의 작업이 필요하다.
  ㉡ 벼 종자는 분지의 비옥한 점질토양이 좋으며, 감자의 경우 고랭지에서 채종하도록 한다.

③ 병리적 퇴화의 방지
  ㉠ 무병지에서 채종하는 것이 좋다.
  ㉡ 종자의 소독, 이병주 및 이병수를 제거하도록 한다.

07 종자검사

1. 종자검사

(1) 검사신청

① 검사대상은 포장검사에 합격한 포장에서 생산한 종자로 한다.
② 검사신청서는 종자산업법 시행규칙 별지 종자검사신청서 및 재검사신청서 서식에 따라 제출하되 일괄 신청할 때는 품종별, 생산자별(생산계획량과 검사신청량 표시)로 명세표를 첨부하여야 한다.
③ 신청서는 검사희망일 3일전까지 관할 검사기관에 제출하여야 하며, 재검사 신청서는 종자검사결과 통보를 받은 날로부터 15일 이내에 통보서 사본을 첨부하여 신청한다.
④ 종자검사 신청서를 접수한 관할 검사기관에서는 검사신청자가 요구한 검사 희망일에 검사함을 원칙으로 하되, 업무형편을 고려하여 검사신청자와 협의한 후 조정할 수 있으며, 검사희망일로부터 20일 이내 검사를 완료하여야 한다. 단, 발아시험 기간 등으로 20일 이내에 검사가 완료되지 않을 때에는 그 사유를 신청자에게 중간 통보하여야 한다.
⑤ 검정용 시료가 규정된 양보다 적을 때에는 신청자에게 통지하고 분석을 중지한다. 다만, 비싼 종자일 때에는 그러하지 아니할 수 있다.
⑥ 사전준비
　㉠ 검사신청자는 검사현장에 필요한 저울, 시트, 깔판 등 기자재를 준비 하여야 한다.
　㉡ 시료채취에 필요한 운반, 계량, 해장, 기타 필요한 비용은 해당 검사 신청자가 부담한다.

(2) 시료추출

① 소집단(lot)
　㉠ 소집단의 구성
　　• 작물별, 생산자별, 품종별, 품위별로 편성하되 소집단(lot)의 크기는 제시된 소집단의 최대중량을 기준하여 5% 허용범위를 넘지 않아야 하며, 감자 등 서류작물은 최대 40톤 단위로 한다.
　　• 과수 원종 및 모수는 묘목 한 주를 한 개의 소집단으로 한다. 보급종은 과종별·생산자별·품종별·품위별로 편성하되 소집단 크기가 10,000주를 초과하지 않아야 한다.

- 소집단은 시료추출과 검사표시가 용이하도록 적재되어야 한다.
- 소집단의 시료채취는 대표성이 있어야 하며 그 시료의 품위가 확연히 불균일할 때에는 시료채취를 거부하여야 한다. 다만, 검사신청자가 희망할 경우 품위별로 소집단을 다시 편성하게 한 후 시료를 채취할 수 있다. 채취된 시료는 혼합, 교반하여 균일하게 한다.

ⓒ 소집단의 포장(용기)
- 포장(용기)은 봉인할 수 있거나 자동 봉인되는 것이어야 한다.
- 소집단의 시료 추출 시 모든 용기는 소집단 내용을 증명하는 표시나 꼬리표가 있어야 하며, 소집단 식별 표시는 종자 검사기관에 의해 허가 또는 지정된 것이어야 한다.
- 봉인은 포장할 경우 자동적으로 봉인이 되는 것 또는 종자검사기관(또는 검사원)이 인정하는 봉인이어야 한다. 만약 그렇지 않으면 시료 채취원의 통제에 따라 공인된 봉인 도장을 찍거나, 지울 수 없는 표시를 하거나, 개봉하면 파손 또는 흔적이 남는 라벨을 붙여야 한다. 시료가 채취된 종자 소집단이나 그 일부가 미봉인 상태로 있어서는 안된다.

② 포장(용기)검사

소집단의 포장재, 포장상태, 표시사항 등의 적정여부를 검사한다.

③ 중량검사

중량검사는 임의추출 방법에 의하되 소집단별 실 중량의 조사수량과 비율은 다음과 같다. 단, 포장재 중량이 균일한 것은 일정량의 포장재를 계량하여 포장재 평균 중량으로 실 중량을 추정할 수 있다.

소집단 크기	100대 까지	101~500대	501대 이상
조사수량 또는 비율	5대 이상	5% 이상	3% 이상 (최소 25대 이상)

④ 시료 추출
ⓐ 시료채취는 수검자 입회하에 시료채취원이 행한다.
ⓑ 시료 추출 밀도 및 추출량
- 소집단별 1차시료 추출은 다음 기준에 따르며, 합성시료의 양은 제출시료의 최소 중량 이상이어야 한다. 단, 고가품 종자이거나 이종종자 등을 판정하지 않는 경우에는 그러하지 아니할 수 있다.

가) 종 실(Seed)
- 15kg~100kg까지의 포장물에서 시료채취

소집단의 크기	채취해야 할 1차 시료의 개수	합성시료
1~4대	매 포장에서 3개소 이상의 1차 시료	1점
5~8대	매 포장에서 2개소 이상의 1차 시료	1점
9~15대	매 포장에서 1개소 이상의 1차 시료	1점
16~30대	총 15개소 이상의 1차 시료	1점
31~59대	총 20개소 이상의 1차 시료	1점
60대 이상	총 30개소 이상의 1차 시료	1점

※ 15kg 미만의 소형 포장물에서는 최대 100kg이 넘지 않도록 재구성하여 이를 1대의 소집단으로(5kg×20개, 10kg×10개 등) 보고 위의 기준에 따라 시료를 추출한다.

- 100kg을 초과하는 포장물이나 포장과정(주입과정)에서의 시료채취

소집단의 크기	채취해야 할 1차 시료의 개수	합성 시료
500kg 까지	5개소 이상	1점
501~3,000kg	매 300kg 당 1개소 이상, 합계 최소 5개소 이상	1점
3,001~20,000kg	매 500kg 당 1개소 이상, 합계 최소 10개소 이상	1점
20,001kg 이상	매 700kg 당 1개소 이상, 합계 최소 40개소 이상	1점

나) 종서류

구분		시료채취	시료 1점당 중량
포장물 또는 산물	10M/T 까지	5점 이상	20kg 이상 (포장물일 경우 포장단위로 채취하여 전량품위 계측)
	20M/T 까지	8점 이상	
	40M/T 까지	12점 이상	

다) 과수(묘목)류
- 바이러스 검정항목

원원종·원종(포)의 소집단 조사시료 크기는 전수, 모수(포)는 10%, 보급종(증식포) 및 대목은 1%로 하며 소집단 크기에 따라 최소표본의 크기(표본추출 99% 신뢰수준, 5% 검출 수준) 이상으로 한다. 단, 모수의 경우 100주 이하는 전수조사 한다.

- 기타 검정항목
  원원종·원종(포)의 소집단 조사시료 크기는 전수, 모수(포)는 10%로 한다. 보급종 묘목의 시료추출량은 아래와 같다.

소집단의 크기	추출 주수
100주 이하	소집단 전체
101~1,000주	최소 100주 이상 또는 소집단 20% 중 많은 주수 (최소 10개소 이상에서 추출)
1,001~3,000주	최소 200주 이상 또는 소집단 10% 중 많은 주수 (최소 20개소 이상에서 추출)
3,001~10,000주	최소 300주 이상 또는 소집단 5% 중 많은 주수 (최소 30개소 이상에서 추출)

(3) 순도분석(Purity Analysis)

① 목 적

순도분석의 목적은 시료의 구성요소(정립, 이종종자, 이물)를 중량백분율로 산출하여 소집단 전체의 구성요소를 추정하고, 품종의 동일성과 종자에 섞여 있는 이물질을 확인하는데 있다.

② 정 의

㉠ 정립(Pure seed)

정립은 검사(검정)신청자가 신청서에 명시한 대상작물로, 해당종의 모든 식물학적 변종과 품종이 포함되며 다음의 것을 포함한다.

- 미숙립, 발아립, 주름진립, 소립
- 원래 크기의 1/2보다 큰 종자 쇄립
- 병해립(맥각병해립, 균핵병해립, 깜부기병해립 및 선충에 의한 충영립은 제외)
- 기타 세부사항은 별표 4의 2에 있는 각 속 또는 종의 정립종자 정의에 따른다.

㉡ 이종종자(Other seeds)

- 이종종자는 대상작물 이외의 다른 작물의 종자를 말한다.
- 정립종자 정의 별표 4의 1에서 기술된 특성들은 다음의 경우를 제외하고 이종종자와 이물의 분류에도 적용된다. 복수발아 종자는 분리하고 단수종자는 제3장 7. 나. 정립의 정의에 따라 구분한다.
- 별표 4에 정립종자 정의가 없는 종과 속의 종자는 제3장 7. 나. 정립의 정의를 적용한다.
- 별표 4에 정립종자 정의에 명시된 경우를 제외하고는 복합구조, 껍질, 꼬투리는 열어서 종자는 분리하고 종자가 아닌 것은 이물에 포함시킨다.

ⓒ 이물(inert matter)

이물은 정립과 이종종자(잡초종자 포함)로 구분되지 않은 종자구조를 가졌거나 모든 다른 물질로서 다음의 것을 포함한다.

- 진실종자가 아닌 종자
- 볏과 종자에서 내영 길이의 1/3미만인 영과가 있는 소화(라이그라스, 페스큐, 개밀)
- 임실소화에 붙은 불임소화는 아래 명시된 속을 제외하고는 떼어내어 이물로 처리한다 - 귀리, 오차드그라스, 페스큐, 브로움그라스, 수수, 수단그라스, 라이그라스
- 원래크기의 절반 미만인 쇄립 또는 피해립
- 부속물은 정립종자 정의에서 정립종자로 구분되지 않은 것. 정립종자정의에서 언급되지 않은 부속물은 떼어내어 이물에 포함한다.
- 종피가 완전히 벗겨진 콩과, 십자화과의 종자
- 콩과에서 분리된 자엽
- 회백색 또는 회갈색으로 변한 새삼과 종자
- 배아가 없는 잡초종자
- 떨어진 불임소화, 쭉정이, 줄기, 바깥껍질(外穎), 안 껍질(內穎), 포(苞), 줄기, 잎, 솔방울, 인편, 날개, 줄기껍질, 꽃, 선충충영과, 맥각, 공막, 깜부기 같은 균체, 흙, 모래, 돌 등 종자가 아닌 모든 물질

③ 일반원칙

검사시료는 정립, 이종종자, 이물의 세 부분으로 구분하고 각 부분의 비율은 무게로 정한다. 가능한 모든 종자의 종과 각 이물의 종류를 동정하여야 하며 필요하면 이들 각각에 대한 중량의 백분율을 산출하여야 한다.

④ 검사용 기기

조명기구, 체, 확대경, 현미경 등과 같은 기구를 사용하여 검사시료의 구성 부분을 구분할 수 있다.

⑤ 절 차

㉠ 검사시료

- 순도분석은 제출시료를 균분하여 채취한 1개의 검사시료 또는 2개의 반량시료(검사시료량의 반 이상인 분할시료)로 한다.
- 검사시료(또는 반량시료)는 그 구성요소의 백분율을 소수점 이하 한 자리까지 계산하는데 필요한 자리 수까지 그램(g)으로 칭량하여야 하며 그 기준은 다음과 같다.

검사시료 또는 반량시료의 중량(g)	총중량 및 구성요소 중량의 칭량시 소수점 이하 자릿수	표시방법(g)
1 미만	4	~0.9999
1이상~10미만	3	1.000~9.999
10이상~100미만	2	10.00~99.99
100이상~1,000미만	1	100.0~999.9
1,000 이상	0	1000 ~

ⓒ 분류
- 계량한 검사시료(또는 반량시료)는 순도분석 정의에 따라 항목별로 분류한다.
- 정립계측은 육안계측 또는 발아능력에 손상을 주지 않는 기계 또는 압력을 이용한 방법을 기본으로 해야 한다.
- 종간의 식별이 어렵거나 불가능할 때는 별표 4의5.라 에 정한 절차의 하나를 따른다.

⑥ 결과의 계산과 표현
ⓐ 1개의 검사시료를 분석한 경우
- 분석기간 중의 시료중량의 증감조사
  각 항목의 무게를 합한 총중량을 원래의 중량과 비교하여 증감 여부를 확인하고 원래의 중량에서 5% 이상 차이가 있을 때는 재분석을 실시하고 그 결과를 분석치로 사용한다.
- 백분율
  각 항목의 중량 비율은 소수점 아래 1자리로 한다. 비율은 원래의 중량이 아닌 구성요소의 무게를 합한 총중량을 기준으로 해야 한다. 정립이 아닌 다른 특정 식물종이나 특정 이물의 백분율은 요청 받은 것이 아니면 계산할 필요가 없다.
- 사사오입

> - 모든 항목의 비율을 합하여 100.0% 이어야 하며, 만약 합이 100.0%가 안 되면(예 : 99.9, 100.1%) 큰쪽(보통 정립종자부분)에서 가감한다.
> - 흔적 또는 TR(trace)로 기록되는 항목은 이 계산에서 제외한다.
> - 0.1%를 넘게 차이가 날 때에는 계산착오에 대한 조사가 필요하다.

ⓑ 2개의 반량시료를 분석한 경우(반량검사)
- 분석기간 중의 시료중량의 증감에 대한 확인은 1개의 검사시료를 분석한 경우와 같다.

・ 백분율

각 항목의 중량 비율은 소수점 이하 2자리까지 산출하여 허용오차를 조사한다.

ⓒ 2개의 반량시료간의 차이 검정

・2개의 반량시료 각 항목의 차이는 허용오차를 초과해서는 안 된다. 모든 구성요소가 허용범위 내에 있으면 각 항목의 평균을 계산한다. 만약 한 항목이 오차를 넘으면 다음 절차를 밟는다.

> ・모든 항목의 차이가 허용범위 내에 들어오는 쌍이 얻어질 때까지 새로운 반량시료를 조제하여 추가 분석을 실시한다. (총 4쌍까지)
> ・반량시료간 각 항목의 차이가 허용 한계의 두 배가 넘는 시료는 버린다.
> ・최종적으로 보고되는 각 항목의 백분율은 허용 범위 내에 있는 시료의 중량 평균으로부터 산출된 것으로 한다.

ⓔ 2개 이상의 검사시료를 분석한 경우

・전량 검사시료를 가지고 다시 검사를 해야 할 필요가 있을 경우에 관한 것이다. 두 번째 검사가 실시될 때는 다음의 과정을 밟아야 한다.

> 가) 시료간 차이 검정
> ・반량검사 시료에 대한 분석에서와 같은 과정을 밟는다.
> ・만약 허용오차를 넘는 경우에는 최대 4개 검사시료 내에서 허용오차 범위 이내가 될 때까지 분석한다.
> ・오류에 의해 산출된 결과가 없고 무작위 추출에 의한 변이만 발생한 경우에, 최고치와 최저치의 차가 허용치의 2배를 넘지 않는 시료의 중량평균으로 기록한다.
> 나) 사사오입
> 항목별로 각 시료의 중량을 합하여 백분율을 산출하고 사사오입하여 정리한다.

⑦ 기타 검사항목

㉠ 이품종(Other varieties)

・검사신청자가 신청서에 명시한 것과 동일한 작물로 정립에 포함되나 품종이 다른 종자를 말한다.

・이품종은 육안으로 형태학적 특성을 비교하여 검사하되, 보조수단으로 유전자분석을 활용할 수 있다.

㉡ 피해립(damaged grain)

・발아립, 부패립, 충해립, 열손립, 박피립, 상해립 및 기타 기계적 손상립을 말한다.

$$피해립률(\%) = \frac{피해립 중량(g)}{검사시료 중량(g)} \times 100$$

- 벼에서 발아립을 검사하기 위하여 재현하는 경우에는 시료를 별도로 추출(70~77g)하여 검사하되 제현은 벼 상태 검사시료에서 피해립을 제외한 시료로 하며 다음과 같이 계산한다.

$$피해립률(\%) = (\frac{피해립 중량(g)}{벼상태 검사시료 중량(g)} + \frac{발아립 중량(g)}{현미 상태 검사시료 중량(g)}) \times 100$$

- 피해립 무게환산 : 검사시료량 × 피해립률

ⓒ 병해립(diseased seed)
- 병해립은 병에 의하여 해를 입은 종자를 말하며 정립종자 400립 이상으로 판정하여 다음과 같이 계산한다.

$$병해립률(\%) = \frac{병에 의해 해를 입은 종자수}{검사된 총 종자수(400립)} \times 100$$

ⓓ 잡초종자(weed seed)
- 종자관리요강에서 정의한 작물별 해초에 해당하는 잡초의 종자를 말한다.

⑧ 결과의 기록

순도분석의 결과는 소수점 이하 한 자리로 하고 모든 항목의 합은 100.0 이어야 하며 구성이 0.05%미만일 때는 "흔적 또는 TR(trace)"로 기록한다. 어떤 항목이 전무일 때는 해당란에 "0.0"으로 기록한다. 단, 종자검사부에 기록할 경우에는 종자관리요강의 검사규격에 따라 종자검사부의 해당란에 기록하되 검사규격이 "무"일 경우에는 "무"로 기록한다.

⑨ 용어
- 종피.종의(種皮.種衣, aril arillus, pl. arilli) : 주병 또는 배주의 기부로 부터 자라나온 다육질이며 간혹 유색인 종자의 피막 또는 부속기관.
- 망(芒, awn, arista) : 가늘고 곧거나 굽은 강모, 벼과에서는 통상 외영 또는 호영(glumes)의 중앙맥의 연장임.
- 부리(beak, beaked) : 과실의 길고 뾰족한 연장부.

- 포엽(包葉, bract) : 꽃 또는 볏과식물의 소수(spikelet)를 감싸고 있는 퇴화한 잎 또는 인편상의 구조물.
- 강모(剛毛, bristle) : 뻣뻣한 털, 간혹 까락(毛) 이 굽어 있을 때 윗부분을 지칭 하기도 함.
- 악판(꽃받침, calyx, pl. calyces) : 꽃받침조각으로 이루어진 꽃의 바깥쪽 덮개.
- 두상 화서(頭狀花序, capitulum) : 통상 무병화(sessile)가 밀집한 화서
- 씨혹(caruncle) : 주공(珠孔, micropylar)부분의 조그마한 돌기.
- 영과(潁果, caryopsis) : 외종피가 과피와 합쳐진 벼과 식물의 나출과.
- 화방(花房, cluster) : 빽빽히 군집한 화서 또는 근대 속에서는 화서의 일부.
- 석과(石果.核果實, drupe) : 단단한 내과피(endocarp)와 다육질의 외층을 가진 비열개성의 단립종자를 가진 과실.
- 배(胚, embryo) : 종자 안에 감싸인 어린 식물.
- 속생(束生, fascicle) : 대체로 같은 장소에서 발생한 가지의 뭉치.
- 임실의(fertile) : 기능적인 성기관을 가지고 있는(벼과식물에서 영과를 가지고 있는 소화)
- 소화(小花, floret) : 벼과의 자예와 웅예를 감싸고 있는 외영과 내영 또는 성숙한 영과. 본 규정의 목적상 여기서 소화란 부수적인 불임외영이 있거나 없는 임성 소화를 가리킴.
- 포영(苞潁, glume) : 벼과 소수의 기부에서 발생한 통상적으로 불임인 2개의 포엽 중에 하나.
- 모(毛, hair) : 단생 또는 복생하는 표피상의 돌기.
- 화탁(花托, hypanthium) : 자방을 둘러싸고 그 위에 꽃받침, 꽃잎 및 웅예를 발생하는 환상, 배상 또는 관상의 구조물.
- 미열개(indehiscent) : 열리지 않는, 성숙해도 열개하지 않는 과실.
- 주피(珠皮, integument) : 나중에 종피나 내종 피가 되는 배주를 감싸는 주머니(보통 2개의 주피가 있음)
- 2차 총포(2차 總苞, involucel) : 2차적인 총포, 종종 꽃송이 주변에 생긴다.
- 총포(總苞, involucre) : 화서의 기부를 감싸는 포엽 또는 강모의 환.
- 외영(外潁, lemma) : 벼과 소화의 바깥쪽(아래쪽) 포 때로는 꽃피는 호영 또는 하(外)내영으로도 불리움. 영과를 바깥쪽(등쪽)에서 싸고 있는 포(葉).
- 실(實.房, locule) : 종자를 포함한 자방의 소구획.
- 분과(分果, mericarp) : 분열과의 일부.
- 소견과(小堅果, nutlet) : 소형의 견과(nut).
- 내영(內潁, palea) : 목초류의 소화의 윗부분(안쪽)의 포엽, 때로는 inner 또는 upper

palea라 부르기도 한다. 영과의 안쪽을 감싸고 있는 포(苞).
- 관모(冠毛, pappus) : 수과의 끝부분에 환상으로 붙어 있고, 가는 링으로 우모상의 털이 있는 조각.
- 화병(花柄, pedicel) : 화서에 있어서 각각의 단일 꽃의 병(stalk).
- 화피(花被, perianth) : 두 종류의 꽃잎(악편과 花변) 또는 그들 중의 하나.
- 과피(果皮, pericarp, fruit coat) : 성숙한 자방 혹은 과실의 벽.
- 협(茨, pod) : 열개한 건과. 특히 두과.
- 핵(核, pyrene) : 석과의 딱딱한 내과 피를 포함하는 종자(혹은 복수의 종자를 가진 과실에서 볼 수 있는 유사의 구조물).
- 지경(枝梗, rachila, rhachilla) : 2차의 화서 줄기. 특히 목초류에 있어서는 소화에 생긴 축을 말함.
- 종자단위(seed unit) : 보통 볼 수 있는 번식단위, 즉 수과 및 유사의 과실, 분리과, 소화 등.
- 화서경(花序莖, rachis, rhachis, rachides) : 화서의 주축.
- 무병의(無柄, sessile) : 화병(pedicel) 또는 줄기(stalk)가 없는 것.
- 분리과(分離果, schizocarp) : 성숙해서 2개 혹은 그 이상의 단위(分果mericarp)내에 분리되는 건과.
- 장각과(長角果, siliqua) : 열개성 건과, 2개의 심피로 유래된 2실의 과실. 예) Brassicaceae속 (Cruciferae과)
- 소수(小穗, spikelet) : 한개 또는 두 개의 불임호영으로 감싸인 한 개 또는 그 이상의 소화를 갖고있는 벼과 화서의 부분. 본 규정의 목적상 소수 라는 말은 임실 소화를 뜻하고, 1개 또는 그 이상의 부가적인 임실 또는 완전한 불임소화 혹은 포영을 포함한다.
- 경(莖, stalk) : 식물기관의 줄기(stem).
- 웅화(雄花, staminate) : 수꽃만을 가진 꽃.
- 불임의(不稔, sterile) : 기능을 가진 생식기관이 없는(목초류의 소화에는 영과가 없다).
- 작은 가종피(strophiole) : 사마귀 모양의 돌기
- 외종피(外種皮, testa) : 종피(seed coat).
- 익(翼, wing) : 과실 또는 종자에서 생긴 평평한 막상의 돌기.
- 수과(瘦果, achene, achenium) : 미나리아재비과(Ranunculaceae)와 같이 하나의 심피(carpel)에서 형성되어 과피와 종피가 구분된 비열개성 건과.
- 약(葯, anther) : 수술(stamens)에서 꽃가루(pollen)를 만들어내는 부분.

(4) 발아검사

① 목 적

발아검정의 궁극적인 목적은 종자집단의 최대 발아능력을 판정함으로써 포장 출현율에 대한 정보를 얻고, 또한 다른 소집단간의 품질을 비교할 수 있게 하는 데 있다.

② 정 의

㉠ 발 아

실험실에서 발아란 알맞은 토양조건에서 장차 완전한 식물로 생장할 수 있는지의 여부를 보여주는 유묘 단계까지 필수구조들이 출현하고 발달된 것을 말한다.

㉡ 발아율

기간과 조건에서 정상묘로 분류되는 종자의 숫자 비율을 말하며 종자검사부에 기록한다.

- 발아시 : 파종된 종자 중 최초 1개체가 발아한 날
- 발아기 : 전체 종자수의 약 50%가 발아한 날

㉢ 유묘의 필수구조

완전한 식물로 묘가 계속 성장할 수 있는 필수구조는 뿌리, 싹, 떡잎, 끝눈, 초엽(벼과)이다.

㉣ 정상묘

정상묘는 질 좋은 흙과, 적당한 수분, 온도, 광의 조건에서 식물로 계속 자랄 수 있는 능력을 보이는 것으로 다음과 같이 구분된다.

- 완전묘 : 모든 필수 구조가 잘 발달하고 무병하며 균형이 완전한 묘
- 경 결함묘 : 완전묘와 비교하여 균형 있게 발달하고 다른 조건도 만족할 만한 묘이지만 필수구조에 가벼운 결함이 있는 묘
- 2차 감염묘 : 완전묘, 경결함 묘로서 종자 자체의 전염이 아닌 외부의 다른 원인으로 진균이나 세균의 감염을 받은 묘

㉤ 비 정상묘(Abnormal Seedlings)

적당한 수분, 온도, 광과 좋은 토양에서 정상 식물로 자랄 수 있는 가능성이 없는 묘로 다음의 것을 포함할 수 있다.

- 피해묘 : 어떤 필수 구조가 없거나 균형 있는 성장을 기대할 수 없는 심한 장해를 받은 묘
- 모양을 갖추지 못 했거나(기형) 또는 부정형묘 : 약하게 생장했거나 생리적인 손상 또는 필수구조가 형을 갖추지 못 했거나 균형을 잃은 묘
- 부패묘 : 필수구조가 종자 자체로부터 감염되어 발병 또는 부패로 정상 발달이 어려운 묘

ⓑ 복수 발아종자 단위(Multigerm seed units)
  - 한 개의 종자 중에서 두 개 이상의 묘가 나오는 것을 말한다.
  - 진실종자가 두 개 이상 들어있는 단위
    [예. 복수발아종자인 오차드그래스, 페스큐, 귀리, 분리되지 않은 산형과의 분열과, 근대, 사탕무의 화방(cluster) 등]
  - 두개 이상의 배가 들어있는 진실종자
    [어떤 종(복배) 또는 예외적인 다른 종(쌍둥이)에서 정상적으로 일어나고 쌍둥이는 보통 묘의 하나가 약하고 길쭉하나 간혹 둘 다 정상크기에 가까울 때도 있다.]
  - 융합배(간혹 한 종자에서 함께 붙은 두 개의 묘가 나온다)
ⓢ 불발아 종자
  시험기간이 끝나도 발아하지 않는 종자로 다음과 같이 구분된다.

> - 경실종자 : 물을 흡수하지 못하여 시험기간이 끝나도 단단하게 남은 종자
> - 신선종자 : 경실이 아닌 종자로 주어진 조건에서 발아하지는 못하였으나 깨끗하고 건실하여 확실히 활력이 있는 종자
> - 죽은종자 : 경실 종자도 신선종자도 아니면서 시험기간이 끝나도 묘의 어느 부분도 출현하지 않은 종자
> - 기타범주 : 종자 속이 비었거나 발아하지 않은 종자로 자세한 범주는 별표 5의 분류에 따른다.

③ 일반원칙
  ㉠ 발아시험은 순도분석을 끝낸 정립종자로 실시한다.
  ㉡ 발아촉진처리 방법에 따라 전처리를 행하여야 한다. 만약 다른 전처리 후 추가시험을 했을 때에는 전처리 사항과 그 결과를 발아검정대장 및 종자검사부에 기록해야 한다.
  ㉢ 반복으로 배열된 종자는 배지, 온도, 발아조사 조건에 따라 적당한 수분 조건하에서 발아검정을 실시한다.

④ 재 료
  ㉠ 흙 또는 인공토양은 기본시험 배지로 추천되지 않았으나 특별한 경우에 허용된다.
  ㉡ 종이배지
    - 구성 : 종이의 섬유는 화성목재, 면 또는 기타 정제한 채소섬유로 제조된 것이어야 하며, 진균, 세균, 독물질이 없어 묘의 발달과 평가를 방해하지 않아야 한다.
    - 조직 : 종이는 다공성 재질이어야 하나 묘 뿌리가 종이 속으로 들어가지 않고

위에서 자라야 한다.
- 강도 : 시험 조작 중 찢어짐에 견디도록 충분한 강도를 가져야 한다.
- 보수력 : 종이는 전 기간을 통하여 종자에 계속적으로 수분을 공급할 수 있는 충분한 수분 보유력을 가져야 한다.
- pH : 범위는 6.0~7.5이어야 한다. 또는 이 범위 밖의 pH가 발아시험 결과에 어떠한 영향도 미치지 않았음을 증명할 수 있어야 한다.
- 저장 : 가능하면 관계 습도가 낮은 저온실에 보관하며, 저장 기간 중 피해와 더러워짐에 보호될 수 있는 알맞은 포장이어야 한다.
- 살균소독 : 저장 중 번식하는 균류를 제거하기 위해 종이의 소독이 필요할 수도 있다.

ⓒ 모래
- 구성 : 모래의 크기는 적당한 크기로 일정해야 하며, 큰 알맹이와 매우 작은 것이 없어야 한다. 거의 모든 알맹이는 직경 0.8mm 그물눈체를 통과하고 0.05mm 체위에 남아야 한다. 모래에는 종자의 발아, 묘의 생장, 또는 평가를 방해하는 다른 종자, 곰팡이, 박테리아, 독물질이 없어야 한다.
- 보수력 : 알맞은 양의 물을 주었을 때 모래알은 종자와 묘에 물을 계속 공급할 수 있는 충분한 물을 가지는 능력이어야 하나, 가장 알맞은 발아와 뿌리 발육을 위한 공기 순환에 필요한 공극이 있어야 한다.
- pH : 범위는 6.0~7.5이어야 한다. 또는 이 범위 밖의 pH가 발아시험 결과에 어떠한 영향도 미치지 않았음을 증명할 수 있어야 한다.
- 살균소독 : 깨끗하게 하기 위하여 사용 전에 모래를 씻고 소독이 필요 하다. 소독은 종자 본래의 병해 조직을 죽이거나 억제하는 화학약품이 남아 있지 않은 방법으로 한다.
- 재사용 : 몇 번 더 재사용할 수 있으나 미리 씻어 말리고 다시 소독해야 한다. 화학 처리한 시료를 시험했을 때에는 재사용하지 않고 버린다. 그러나 재사용할 때는 모래에 약품이 축적되어 식물독 증상이 일어나지 않는지 확인해야 한다.

ⓒ 흙
- 구성 : 흙은 질이 좋고 뭉치지 않고 굵은 알맹이가 없어야 한다. 종자의 발아묘 생장 또는 평가를 방해하는 다른 종자, 세균, 진균, 선충, 독물질이 없어야 한다.
- 보수력 : 알맞은 물을 함유토록 조정하여 발아와 뿌리생육에 적당한 공기순환을 도모해야 한다.
- pH : 범위는 6.0~7.5이어야 한다. 또는 이 범위 밖의 pH가 발아시험 결과에

어떠한 영향도 미치지 않았음을 증명할 수 있어야 한다.
- 살균소독 : 깨끗하게 하기 위하여 사용 전에 소독이 필요하다. 소독은 종자 본래의 병해 조직을 죽이거나 억제하는 화학약품이 남아 있지 않은 방법으로 한다.
- 재사용 : 한번만 사용하기를 권한다.

ⓜ 혼합물
- 구성 : 질이 좋은 무토양 혼합물이어야 한다. 무토양 혼합물은 10%의 모래(예를 들어)를 더한 유기물질(예를 들면 토탄)이 포함되어야 한다. 다른 구성물(예를 들면 진주암, 질석)이 첨가될 수도 있다.
- 보수력 : 적정 수분함량으로 조절할 때, 보수력이 점검되어야 한다.
- pH : 범위는 6.0~7.5이어야 한다. 또는 이 범위 밖의 pH가 발아시험 결과에 어떠한 영향도 미치지 않았음을 증명할 수 있어야 한다.
- 살균소독 : 발아시험 결과에 부정적인 영향을 미치지 않는 방법으로 한다.
- 재사용해서는 안 된다.

ⓑ 물
- 깨끗함 : 배지에 사용하는 물은 유기, 무기의 불순물이 없어야 한다.
- 품질 : 공급하는 보통의 물이 만족스럽지 못할 때는 증류수 또는 이온 정화수를 사용할 수 있다.
- pH : 범위는 6.0~7.5이어야 한다. 또는 이 범위 밖의 pH가 발아시험 결과에 어떠한 영향도 미치지 않았음을 증명할 수 있어야 한다.

⑤ 방 법
㉠ 정립종자 중에서 무작위로 100입씩 반복하여 400입을 추출하여 일정한 공간과 알맞은 간격을 유지하여 젖은 배지 위에 놓는다. 반복은 종자크기와 종자 사이의 간격 유지에 따라 50 또는 25입인 준 반복으로 나눌 수 있다. 복수발아종자는 분리하지 않으며 단일종자로 취급한다.
㉡ 시험조건
- 허용된 배지(발아상), 온도, 기간, 추가적인 조치, 휴면종자에 대한 특수처리는 배지, 온도, 시험기간 등 규정된 방법을 사용하여야 한다.
㉢ 발아촉진 처리
- 시험기간이 끝난 후 경실, 신선종자가 남아 있을 때는 특별처리와 발아촉진처리를 적용하여 재시험한다.

⑥ 시험기간
  ㉠ 시험기간 중이나 시험 전 휴면타파 처리기간은 시험기간에 포함하지 않는다.
  ㉡ 발아시험은 마감일 전이라도 검사규격 기준 이상 발아되었고 검사신청자의 요구가 있을 경우에는 발아시험을 종료하고 그 결과를 통보할 수 있다.

⑦ 재시험
  ㉠ 다음과 같은 상황으로 판단될 때는 통보를 보류하고 동일한 방법 또는 다른 지정된 방법으로 재시험을 해야 한다.

  - 휴면으로 여겨질 때(신선종자)
  - 시험결과가 독물질이나 진균, 세균의 번식으로 신빙성이 없을 때
  - 상당수의 묘에 대해 정확한 평가를 하기 어려울 때
  - 시험조건, 묘평가, 계산에 확실한 잘못이 있을 때
  - 100입씩 반복간 차이가 최대허용오차를 넘을 때

  ㉡ 재시험 상세 절차 및 기록
   · 100입으로 4반복의 발아시험에서의 반복간 최대허용범위 (2.5% 유의 수준에서의 이원 검정)
   · 이 표는 확률 0.025 수준에서의 무작위 표본변이를 받아들이는 반복간 발아율의 최대허용범위(최고치 와 최저치간의 차이)를 나타낸다.
   · 최대허용범위를 찾기 위해서는 4반복의 평균발아율을 정수까지로 반올림하여 구하되 필요하다면 발아상내에서 가장 인접한 50입 또는 25입으로 세분된 반복들을 모아 100입 1반복으로 재구성할 수 도 있다.
   · 평균을 제1항 또는 2항에서 찾고 반대편 제3항의 최대 허용범위를 읽는다.

평균 발아율		허용범위	평균 발아율		허용범위
1	2	3	1	2	3
99	2	5	87 to 88	13 to 14	13
98	3	6	84 to 86	15 to 17	14
97	4	7	81 to 83	18 to 20	15
96	5	8	78 to 80	21 to 23	16
95	6	9	73 to 77	24 to 28	17
93 to 94	7 to 8	10	67 to 72	29 to 34	18
91 to 92	9 to 10	11	56 to 66	35 to 45	19
89 to 90	11 to 12	12	51 to 55	46 to 50	20

⑧ 결과의 계산과 표현
　㉠ 결과는 개수 비율로 나타낸다.
　㉡ 100입씩 4반복 시험은 최대 허용오차 이내이어야 하고, 평균 발아율을 종자검사부에 반올림한 정수로 기록한다.

⑨ 결과의 기록
발아검정 결과는 서식으로 작성하여 보관하고, 아래 항목이 발아검정대장 해당란에 표시되어야 한다.

- 시험기간
- 정상묘, 비정상묘, 경실, 신선종자, 죽은 종자의 비율. 어느 항목이 전무일 때는 "0"으로 표시한다.
- 재시험을 한 경우 그 사유를 검사부 특기사항 란에 반드시 기재하여야 한다.

(5) 활력의 생화학적 검사

① 목 적
　㉠ 일반적으로 종자의 활력(특히 휴면성)을 신속하게 평가하고 발아시험 종료시 높은 휴면율을 보이는 특수시료의 경우 개개의 휴면종자나 검사시료의 활력을 판정하며, 신속한 발아능력의 판정이 필요한 경우 국내용 종자 수매 검사시 발아율 조사를 대신할 수 있다.

② 적용대상
별표 6에 방법이 설명된 종과 ISTA가 인정하는 종에 적용한다.

③ 시 약
　㉠ 0.1~1.0%의 테트라졸리움(이하 "TZ"라 한다)용액을 사용한다.
　㉡ 사용하는 증류수가 pH 6.5~7.5범위가 아닐 때는 아래와 같이 완충시켜야 한다.

- 용액1 : 물 1,000mL에 9.078g의 KH_2PO_4를 녹인다.
- 용액2 : 물 1,000mL에 9.472g의 Na_2HPO_4나 혹은 11.876g의 $Na_2HPO_4 \times 2H_2O$를 녹인다.
- 용액1과 용액2를 2 : 3 비율로 섞는데, pH가 6.5~7.5사이에 있는지를 점검 하여야 한다.

④ 방 법
  ㉠ 검사시료
    검사는 100입씩 4반복으로 하는데 정립종자에서 무작위로 추출하거나 발아시험 종료시에 나온 하나의 휴면종자로 한다.
  ㉡ 종자의 조제와 처리
    • 종자는 TZ용액의 침투를 촉진하기 위하여 전처리를 한다.
    • 전처리 한 종자 또는 배 부위를 규정된 시간과 온도로 TZ용액에 완전히 담근다.
    • 규정된 시간이 지나면 용액은 버리고 종자를 물에 행군 후 조사한다.
    • 각 종자의 조사는 염색상태와 조직의 건전도에 따라 활력과 비활력으로 평가한다.
    • 일반적으로 활력 종자의 조직은 호흡으로 생긴 탈수소효소가 산화상태의 테트라졸륨과 결합하면 붉은색 계통을 띄게 된다.

⑤ 결과의 계산과 표현
  ㉠ 시료의 검사에서 활력으로 간주하는 종자의 숫자는 각 반복구 별로 판정한다.
  ㉡ 반복간의 차에 대한 최대 허용오차 범위는 발아율 조사 때와 같다.

⑥ 결과의 기록
  ㉠ 검사부 발아조사 항목의 활력과 비활력 란에 구분 기록한다.
  ㉡ 기타 쭉정이, 충해, 부서진 종자 또는 부패종자는 검사자의 재량으로 기록할 수 있다.

⑦ 생화학적 검사 방법
  ㉠ 착색법
    종자의 죽은 조직과 산 조직이 다르게 착색된다.
  ㉡ 효소활성 측정법
    침윤시킨 종자의 효소활성을 측정하여 발아능을 추정하며 산화효소법, 과산화수소법, 탈수소효소법, 말라차이트법 등이 있다.
  ㉢ ferric chloride 법
    기계적 상처를 입은 콩과작물의 종자를 20% $FeCl_3$ 용액에 15분간 처리하여 손상을 입은 종자는 검은색으로 나타난다.
  ㉣ indoxyl acetate 법
    상처를 입은 종자의 종피는 녹자색으로 변하지만 정상의 종자는 자엽이 황백색으로 보인다. 저장 중인 종자의 활력평가에 효과적인 방법으로 색상의 변화가 뚜렷하여 판별이 용이하다.

(6) 종자병 검정

① 종자전염성 병원
   ㉠ 진균
   • 균체는 실모양의 균사체로 되어 있다.
   • 균사체 가지의 일부분을 균사라 하고 진균을 사상균이나 곰팡이라 하며 종자에서 가장 많은 질병을 일으키는 병원균은 진균이다.
   ㉡ 세균
   • 원핵생물로 세포벽을 가지고 있으며 이분법에 의해 증식한다.
   • 세균에 의한 종자전염병으로 벼 세균성줄무늬병, 벼 세균성알마름병 등이 있다.
   • 세균의 경우 종피에 많이 존재하나 배, 배유 등에도 침입한다.
   ㉢ 바이러스
   • 식물바이러스는 핵산과 단백질로 구성된 핵단백질로 세포벽이 없다.
   • 인공배양이 어렵고 살아있는 세포 내에서 증식이 가능하다.
   • 바이러스의 경우 미숙한 종자에 많이 분포한다.

② 종자병 검정
   ㉠ 배양법
   • 한천배지검정은 종자전염병균 검정에 있어 가장 간단하고 보편적인 방법으로 검정하려는 종자의 표면을 소독하고 종자 내부의 병원균을 배양하여 포자를 형성하여 상태를 조사한다.
   • 흡수지 배양검정은 종자를 수분이 있는 흡수지나 여과지 위에 놓고 균류의 성장을 촉진시키는 배양 방법이다.
   ㉡ 박테리오파지 검정
   • 박테리오파지 바이러스를 이용하여 특정 세균의 특이성에 의해 계통 세균의 존재 및 월동 장소를 파악할 수 있다.
   • 세균과 바이러스의 영양관계로 배지상에 맑은 파지상이 나타난다.
   ㉢ 혈청학적 검정
   • 병원체에 대한 혈청을 만들어 진단하는 방법이다. 주로 세균과 바이러스를 검정하는데 이용된다.
   • 혈청학적 검정에는 면역이중확산법, 방사형 확산검정법, 형광항체법, 효소결합항체법(ELISA) 등이 있다.
   • 효소결합항체법(ELISA)는 항체에 효소를 결합시켜 바이러스를 반응시켰을 경우

노란색이 나타나는 정도를 통해 감염여부 및 정도를 알수 있다.

(7) 수분함량 검사

① 정의 및 원리

　㉠ 수분함량은 이 규정에 따라 건조할 때 중량상의 감량을 말하며 원래 시료의 중량에 대한 백분율로 나타낸다.

　㉡ 규정된 방법은 수분의 감소가 이루어지는 동안 산화, 분해, 기타 휘발성분의 손실을 최소화 하도록 마련된 것이다.

② 장비

　수분을 측정하는 데는 분쇄기, 항온기, 수분측정관 및 데시케이터 등 부속품, 분석용 저울, 체, 간이 수분측정기가 필요하다.

③ 방법

　㉠ 주의사항
- 측정은 시료 접수 후 가능한 한 빨리 시작해야 한다.
- 측정하는 동안 시료의 노출을 가급적 피해야 하며 분쇄가 필수적이 아닌 종은 시료가 접수된 상태의 용기에서 꺼내어 건조용기에 집어넣을 때까지 2분 이상을 경과해서는 안 된다.

　㉡ 계량

　　중량은 그램(g)으로 나타내며 소수점 아래 세 자리까지 단다.

　㉢ 측정시료

> 가) 검정실에 접수된 시료에서 독립적으로 두 점을 채취하여 중복 실시한다. 시료의 양은 측정관의 직경에 따라 다음과 같다.
> - 직경 8cm 미만 4~5g
> - 직경 8cm 이상 10g
>
> 나) 측정용 시료를 추출하기 전에 다음 중 한 가지 방법으로 시료를 충분히 혼합한다.
> - 스푼으로 용기 안의 시료를 휘젓는다.
> - 시료가 담긴 용기의 열린 곳에 다른 용기를 열어 맞대고 두 용기사이에 종자 쏟기를 반복한다. 측정용 시료는 규정에 의한 방법으로 추출하고 시료를 외부에 30초 이상 노출시키지 않는다.

　㉣ 분 쇄
- 분쇄가 필수적인 종에는 귀리, 콩, 땅콩, 메밀, 목화, 보리, 벼, 밀, 옥수수, 피마자,

호밀, 기장, 수수, 수단그라스, 벳지, 수박, 팥이 있다
- 곱게 마쇄하여야 하는 종은 분쇄된 것이 0.50mm 그물체를 최소한 50%통과하고 남는 것이 1.00mm 그물체 위에 10% 이하이어야 한다. 거칠게 마쇄하여야 하는 종은 4.00mm 그물체를 최소한 50%는 통과하고 2.00mm체 위에 55% 이상 남아야 한다. 필요한 크기의 가루를 얻기 위해 분쇄기를 조정하고 견본의 적은 양을 분쇄하고 그것을 쏟아내야 한다. 분쇄 시간이 2분을 초과해서는 안 된다.
- 단, 유분함량이 높아 분쇄가 어려운 것 또는 산화로 중량이 늘어나기 쉬운 것(특히 요오드가 높은 유분을 가진 아마와 같은 종자)은 제외한다.

ⓜ 예비 건조
- 분쇄가 필요한 종으로서 수분이 17% 이상(콩은 10%, 벼는 13%)인 것은 예비건조를 해야 한다.
- 예비건조용 시료량은 각각 25±1g으로 하며, 예비건조는 수분 17% 이하(콩은 10%, 벼는 13%)가 되도록 한다.
- 예비건조 후 건조비율을 알기 위해 용기 안에 넣은 채 다시 칭량하여 예비 건조비율을 측정하고 즉시 예비건조된 두 개의 시료를 별도로 분쇄하여 수분측정 작업을 계속한다.

ⓗ 측정방법

> 가) 저온항온 건조기법
> - 측정용 시료는 수분측정관의 표면에 평평하게 편다.
> - 시료를 채우기 전후에 수분측정관(덮개 포함)의 무게를 달아둔다.
> - 수분측정관을 103±2℃로 유지되는 항온기에 신속하게 넣은 후 17±1시간동안 측정관 덮개를 열고 건조시킨다. 건조의 시작은 필요한 온도에 도달하여서부터이다. 규정시간이 끝나면 수분측정관의 뚜껑을 닫고 데시케이터에 넣어 30~45분간 식힌다.
> - 식힌 후 뚜껑을 닫은 채로 칭량한다.
> - 측정 중 시험실 주변 공기의 관계 습도는 70% 이하이여야 한다.
> - 이 방법은 마늘, 파, 부추, 콩, 땅콩, 배추씨, 유채, 고추, 목화, 피마자, 참깨, 아마, 겨자, 무에 적용한다.

나) 고온항온 건조기법
- 절차는 위와 같으나 단지 건조기의 온도를 130~133°C로 유지하고 건조시간을 옥수수 4시간, 다른 곡류는 2시간, 기타 종은 1시간으로 하고, 측정 중 시험실 주변 공기의 관계습도는 특별한 요구가 없다.
- 이 방법은 근대, 당근, 메론, 버뮤다그라스, 벌노랑이, 상추, 시금치, 아스파라거스, 알팔파, 오이, 오차드그라스, 이탈리안라이그라스, 페레니얼라이그라스, 조, 참외, 치커리, 켄터키블루그라스, 크로바, 크리핑레드페스큐, 톨페스큐, 토마토, 티머시, 호박, 수박, 강낭콩, 완두, 잠두, 녹두, 팥(1시간), 기장, 벼, 귀리, 메밀, 보리, 호밀, 수수, 수단그라스(2시간), 옥수수(4시간)에 적용한다.

ⓐ 보조 수분측정법

가) 수분은 저온 및 고온항온 건조기법에 의하여 측정함을 원칙으로 하되 이와 동등한 측정결과를 얻을 수 있는 전기저항식 수분계, 전열건조식수분계, 적외선 조사식 수분계 등 간이수분측정기에 의한 측정을 보조 방법으로 채택할 수 있다.

나) 보조 측정방법으로 사용되는 수분계는 반드시 원칙적 방법에 의한 기준값과 대비하여 점검하고 정확한 측정결과를 얻을 수 있도록 수시로 조정하되, 최소한 매년 1회 이상 이루어져야 한다.
- 간이수분측정기를 이용한 측정은 3회 이상 측정하여 근사치 범위 내에 있는 것의 평균값을 적용한다.
- 단립식 수분계 측정의 경우는 100립 이상 측정한다.
- 콩, 옥수수의 경우 저온항온건조법으로 측정하되, 간이 수분측정기를 사용할 경우 저온항온건조법으로 측정한 값으로 보정한 후 측정한다. 또한 수분계에 남아있는 유분을 수시로 제거하여야 한다.

◎ 결과의 계산

> 가) 항온 건조기법
>   수분함량은 다음 식으로 소수점 아래 1단위로 계산하며 중량비율로 한다.
> $$\frac{M2 - M3}{M2 - M1} \times 100$$
>
>   M1 = 수분 측정관과 덮개의 무게(g)
>   M2 = 건조전 총 무게(g)
>   M3 = 건조후 총 무게(g)
>
> 나) 예비 건조한 것은 처음(예비건조)과 두번째 결과를 계산하여 수분함량으로 한다. S1이 처음단계 수분 건조비율(%)이고 S2가 두 번째 수분건조비율(%)이라면 원시료의 수분함량(%)의 계산은
> $$(S1 + S2) - \frac{S1 \times S2}{100}$$
>
> 다) 허용오차
>   두 측정 사이의 차가 0.2%를 넘지 않으면 반복측정의 산술평균 결과로 하고 넘으면 반복측정을 다시 한다.

(8) 천립중 검사

① 목적 및 원칙
  ㉠ 제시된 시료의 천립중을 결정하는 것이다.
  ㉡ 정립종자에서 종자 수를 세고 계량하여 천립중을 계산한다.
  ㉢ 적당한 계립기나 계립장비를 사용할 수 있다.

② 방법
  ㉠ 측정시료
    순도분석시의 정립종자로 한다.
  ㉡ 측정시료 전량의 계수
    • 기계에 검사시료 전량을 넣고 표시기의 종자숫자를 읽는다.
    • 계량은 순도분석 수치처리 요령에 따라 실시한다.
  ㉢ 반복 구의 계수
    • 검사시료로부터 무작위로 100입씩 추출한 여덟 개의 반복을 손 또는 계수기를 사용하여 계수하며 변이, 표준편차, 변이계수의 계산은 다음과 같다.

> - 분산(변이) = $\dfrac{n(\sum X^2) - (\sum X)^2}{n(n-1)}$
>
> x = 각 반복의 중량(g)
> n = 반복수
> ∑ = 합계
>
> - 표준편차 (S) = $\sqrt{분산(변이)}$
>
> - 변이계수 = $\dfrac{S}{X} \times 100$
> X = 100입의 평균 중량

- 거친 목초종자의 경우에는 변이 계수가 6.0을 기타종자의 경우에는 4.0을 넘지 않으면 그 측정결과로 계산한다. 변이계수가 한계를 넘으면 재차 8반복을 계수, 계량하고 16반복의 표준편차를 산출한다. 그렇게 산출된 표준편차보다 평균으로부터 두 배 이상 차이가 나는 반복의 측정치는 버린다.

ⓓ 결과의 계산과 표현
- 기계로 세었다면 전체 검사시료의 총 중량으로부터 천립중을 산출한다.
- 반복으로 세었다면 100립씩 8반복 이상의 중량으로 1,000립의 평균중량을 계산한다.
- 결과는 소수점으로 표현한다.

(9) 종자건전도 검사(Seed Health Testing)

① 목적

종자의 건전도 검정의 목적은 종자 시료의 병해 상태의 이상유무를 판정하고 종자의 가치를 비교하는데 쓰인다.

> - 종자전염은 포장에서 병의 전파를 가져오며 작물의 상업적 가치를 저하시킨다.
> - 수입된 종자는 새로운 지역에 새로운 병을 퍼트린다. 격리시험은 이 때문에 필요하다.
> - 종자의 건전도 검사는 묘의 평가와 낮은 발아율 또는 입모율의 원인을 밝혀 발아율 검사를 보충한다.

② 정의

㉠ 종자의 건전도(seed health)

종자의 건전도는 필수성분 결핍과 같은 생리적 조건이 포함된 피해와 진균, 세균,

바이러스, 선충, 해충과 같이 병을 일으키는 병원의 유무로 평가한다.
ⓒ 전처리

시험을 촉진시키기 위해 배양 전에 실험실에서 행하는 모든 물리, 화학적 처리를 말한다.

ⓒ 처리

시험을 위해 실시하는 모든 물리화학적인 과정을 말한다.

③ 원칙

㉠ 종자건전도검정은 의도하고자 하는 목적에 적합한 방법과 기기를 이용하여 실시해야 한다.

ⓒ 필요한 숙련도, 검사기기, 감수성 및 재현성이 다양하므로 여러 다른 검정방법이 이용될 수 있다.

ⓒ 이용하고자 하는 방법은 조사할 병원균 또는 조건, 종자의 종류와 검정의 목적에 의해 결정되며, 종자 소집단에 가한 처리는 판정에 영향을 줄 수 있다.

④ 방법

- 시험방법에 따라 제출시료 전부나 일부를 검사시료로 사용한다.
- 예외적으로 많은 제출시료가 필요할 때에는 적당한 양의 시료를 1차 시료 추출시 더 추출한다.
- 보통 검사시료는 정립종자 400입 이상이거나 동등한 중량 또는 특정 종에 명시된 방법에 따른 개수 이상이어야 한다.
- 지정된 종자 숫자로의 반복은 충분히 섞은 후 분할시료에서 무작위로 추출한다.

PART 1 1단원 OX 50제

01 보리, 감자, 국화는 장일 식물에 해당한다.
답 (   )

02 완두콩, 팥, 무 는 쌍자엽식물이다.
답 (   )

03 화분은 꽃의 웅성기관인 수술의 꽃밥에서 생성된다.
답 (   )

04 감수분열은 암수의 생식기관에서 생식모세포의 염색체 수가 반감되는 세포분열을 말한다.
답 (   )

05 단정화서는 무한화서에 속한다.
답 (   )

06 씨껍질은 주피에서 발달하였다.
답 (   )

07 세포의 양극에서 방추사가 형성되는 시기는 전기이다.
답 (   )

08 배와 배유의 형성이 한 배낭 내에서 동시에 이루어지는 것을 중복수정이라 한다.
답 (   )

09 동일개체 내의 암·수 생식세포 간에 수정이 이루어지지 않는 현상을 자웅이숙이라 한다.
답 (   )

10 배낭은 대포자라하고 화분은 소포자라 한다.
답 (   )

11 양성화는 자가불화합성으로 인하여 자식률이 높다.
답 (   )

12 식물의 뿌리, 줄기, 잎은 생식기관에 해당한다.
답 (   )

13 종자의 수분함량이 30% 정도가 되면 세포분열이 정지하고 크기만 증가한다.
답 (   )

14 토마토는 무배유종자이다.
답 (   )

15 종자의 봉선은 가는 선 혹은 홈을 이룬 것이다.
답 (   )

16 암술은 꽃밥과 수술대로 구성되어 있다.
답 (   )

17 밀은 수중에서 발아가 잘되는 수종이다.
답 (   )

18 씨껍질은 주피에서 발달하였다.
답 (   )

19 산소가 없으면 발아하지 못하는 종자에는 무, 가지가 있다.
답 (   )

20 화아분화에 있어 온도는 내적요인에 해당한다.
답 (   )

21 사과는 인과류에 속한다.
답 (   )

22 완전화에는 감자가 벼가 있다.
답 (   )

23 인위적 저온처리를 춘화처리라 한다.
답 (   )

24 수정이 되고 종자가 생기지 않아도 과실이 형성되는 경우가 있는데 이를 단위결과라 한다.
답 (   )

25 무수정생식은 난핵과 정핵의 결합이 없는 무성생식이다.
답 (   )

26 유사분열 과정은 전기, 중기, 후기, 종기의 순서로 진행된다.
답 (   )

27 배는 유아, 떡잎, 배축, 유근으로 구성되어 있다.
답 (   )

28 저온에서 발아하는 종자에 시금치가 있다.
답 (   )

29 한 꽃에 암술과 수술이 함께 있는 경우 자웅이화라 한다.
답 (   )

30 단자엽식물에는 벼, 보리, 밀 등이 있다.
답 ( )

31 광을 주어야 발아하는 종자를 호광성 종자라 한다.
답 ( )

31 벼, 보리는 지상발아에 해당한다.
답 ( )

33 지베렐린은 휴면타파 효과가 있다.
답 ( )

34 휴면은 작물이 불리한 환경을 극복하기 위한 수단이다.
답 ( )

35 경실의 휴면 타파는 생장조절제를 이용하는 것이 효과적이다.
답 ( )

36 종자에 적색광을 비추면 휴면이 타파된다.
답 ( )

37 종자가 온도에 의해 휴면을 하는 경우 자발적 휴면에 해당한다.
답 ( )

38 ABA는 발아 촉진물질이다.
답 ( )

39 종자의 발아에 관여하는 외적 요인에는 수분, 온도, 산소, 광이 있다.
답 ( )

40 지하발아는 자엽이 지반 외부로 나와 생장점에 양분이 공급한다.
답 ( )

41 에틸렌은 식물의 생장을 촉진한다.
답 ( )

42 종자 휴면을 통해 맥류의 수발아 억제가 가능하다.
답 ( )

43 안전저장을 위한 벼의 최대수분함량은 약 15% 정도이다.
답 ( )

44 수박은 단명종자에 해당한다.
답 ( )

45 종자가 퇴화하면 종자의 호흡이 증가한다.
답 ( )

46 층적처리는 발아억제물질을 생산을 촉진한다.

　　　　　　　　　답 (　　)

47 형광항체법은 혈청학적 검정에 속한다.

　　　　　　　　　답 (　　)

48 주공은 제(배꼽)의 끝에 위치한다.

　　　　　　　　　답 (　　)

49 단정화서는 무한화서에 속한다.

　　　　　　　　　답 (　　)

50 배의 성숙과정을 후숙이라 한다.

　　　　　　　　　답 (　　)

PART 1　1단원 OX 50제

01 보리, 감자, 국화는 장일 식물에 해당한다.
　해설　보리, 감자는 장일식물에, 국화는 단일식물에 해당한다.
　답　×

02 완두콩, 팥, 무 는 쌍자엽식물이다.
　답　○

03 화분은 꽃의 웅성기관인 수술의 꽃밥에서 생성된다.
　답　○

04 감수분열은 암수의 생식기관에서 생식모세포의 염색체 수가 반감되는 세포분열을 말한다.
　답　○

05 단정화서는 무한화서에 속한다.
　해설　단정화서는 유한화서이다.
　답　×

06 씨껍질은 주피에서 발달하였다.
　답　○

07 세포의 양극에서 방추사가 형성되는 시기는 전기이다.
　해설　세포의 양극에서 방추사가 형성되는 시기는 중기이다.
　답　×

08 배와 배유의 형성이 한 배낭 내에서 동시에 이루어지는 것을 중복수정이라 한다.
　답　○

09 동일개체 내의 암·수 생식세포 간에 수정이 이루어지지 않는 현상을 자웅이숙이라 한다.
　해설　동일개체 내의 암·수 생식세포 간에 수정이 이루어지지 않는 현상을 자가불화합성이라 한다.
　답　×

10 배낭은 대포자라하고 화분은 소포자라 한다.
　답　○

11 양성화는 자가불화합성으로 인하여 자식률이 높다.
　해설　양성화는 자가불화합성이 나타내지 않기에 자식률이 매우 높다.
　답　×

12 식물의 뿌리, 줄기, 잎은 생식기관에 해당한다.
　해설　식물은 뿌리, 줄기, 잎의 영양기관과 꽃, 종자, 과실의 생식기관에 해당한다.
　답　×

13 종자의 수분함량이 30% 정도가 되면 세포분열이 정지하고 크기만 증가한다.
　해설　종자의 수분함량이 50% 정도가 되면 세포분열이 정지하고 크기만 증가한다.
　답　×

14 토마토는 무배유종자이다.
　해설　토마토는 배유종자이다.
　답　×

15 종자의 봉선은 가는 선 혹은 홈을 이룬 것이다.
　답　○

16 암술은 꽃밥과 수술대로 구성되어 있다.
　해설　암술은 암술머리, 암술대, 씨방으로 구성되어 있다.
　답　×

17 밀은 수중에서 발아가 잘되는 수종이다.
　해설　밀은 수중에서 발아가 잘 안되는 수종이다.
　답　×

18 씨껍질은 주피에서 발달하였다.
　답　○

19 산소가 없으면 발아하지 못하는 종자에는 무, 가지가 있다.
　답　○

20 화아분화에 있어 온도는 내적요인에 해당한다.
　해설　화아분화에 있어 온도는 외적요인에 해당한다.
　답　×

21 사과는 인과류에 속한다.
　답　○

22 완전화에는 감자가 벼가 있다.
　해설　벼는 불완전화에 속한다.
　답　×

23 인위적 저온처리를 춘화처리라 한다.
　답　○

24 수정이 되고 종자가 생기지 않아도 과실이 형성되는 경우가 있는데 이를 단위결과라 한다.
　답　○

25 무수정생식은 난핵과 정핵의 결합이 없는 무성생식이다.

답 ○

26 유사분열 과정은 전기, 중기, 후기, 종기의 순서로 진행된다.

답 ○

27 배는 유아, 떡잎, 배축, 유근으로 구성되어 있다.

답 ○

28 저온에서 발아하는 종자에 시금치가 있다.

답 ○

29 한 꽃에 암술과 수술이 함께 있는 경우 자웅이화라 한다.

해설 한 꽃에 암술과 수술이 함께 있는 경우 양성화(자웅동화)라 한다.

답 ×

30 단자엽식물에는 벼, 보리, 밀 등이 있다.

답 ○

31 광을 주어야 발아하는 종자를 호광성 종자라 한다.

답 ○

31 벼, 보리는 지상발아에 해당한다.

해설 벼, 보리는 지하발아에 속한다.

답 ×

33 지베렐린은 휴면타파 효과가 있다.

답 ○

34 휴면은 작물이 불리한 환경을 극복하기 위한 수단이다.

답 ○

35 경실의 휴면 타파는 생장조절제를 이용하는 것이 효과적이다.

해설 경실의 휴면 타파는 종피파상법을 적용하는 것이 효과적이다.

답 ×

36 종자에 적색광을 비추면 휴면이 타파된다.

답 ○

37 종자가 온도에 의해 휴면을 하는 경우 자발적 휴면에 해당한다.

해설 종자가 온도에 의해 휴면을 하는 경우 타발적 휴면에 해당한다.

답 ×

38 ABA는 발아 촉진물질이다.

해설 ABA는 발아억제물질이다.

답 ×

39 종자의 발아에 관여하는 외적 요인에는 수분, 온도, 산소, 광이 있다.
답 ○

40 지하발아는 자엽이 지반 외부로 나와 생장점에 양분이 공급한다.
해설 지하발아는 자엽 및 양분저장기관이 지하에 남고 유아는 지상으로 나온다.
답 ×

41 에틸렌은 식물의 생장을 촉진한다.
해설 에틸렌은 과실의 성숙 및 숙기, 식물의 노화 등에 영향을 준다.
답 ×

42 종자 휴면을 통해 맥류의 수발아 억제가 가능하다.
답 ○

43 안전저장을 위한 벼의 최대수분함량은 약 15% 정도이다.
답 ○

44 수박은 단명종자에 해당한다.
해설 수박은 장명종자에 속한다.
답 ×

45 종자가 퇴화하면 종자의 호흡이 증가한다.
해설 종자가 퇴화하면서 종자의 호흡은 감소한다.
답 ×

46 층적처리는 발아억제물질을 생산을 촉진한다.
해설 층적처리는 발아억제물질을 제거하는 효과가 있다.
답 ×

47 형광항체법은 혈청학적 검정에 속한다.
답 ○

48 주공은 제(배꼽)의 끝에 위치한다.
답 ○

49 단정화서는 무한화서에 속한다.
해설 단정화서는 유한화서에 속한다.
답 ×

50 배의 성숙과정을 후숙이라 한다.
답 ○

PART 1 1단원 기본50제

01 화아분화에 영향을 주는 요인에서 분류가 다른 것은?
① 일장
② 영양상태
③ 온도
④ 습도

해설 영양상태는 내적요인에 해당하고 일장, 온도, 습도는 외적요인에 해당한다.

02 다음 중 춘화처리에 대한 설명으로 틀린 것은?
① 인위적인 저온처리를 하는 것을 춘화처리라 한다
② 춘화처리는 보통 20°C 정도에서 가장 효과적이다
③ 식물체가 온도에 자극을 받는 감응부위는 생장점이 있다
④ 완두는 종자춘화형에 해당한다

해설 춘화처리는 보통 5°C 정도에서 가장 효과적이다.

03 종자전염병의 검정방법이 아닌 것은?
① 한천배지 검정법
② 유묘병징 조사법
③ 혈청학적 검정법
④ 열 소독

해설 열소독은 종자소독 방법이다.

04 다음 중 종자의 발아에 가장 효과가 큰 파장은?
① 550nm
② 670nm
③ 750nm
④ 860nm

해설 종자의 발아를 촉진하는 광파장은 적색부분(660~700nm)이며 660~670nm 파장에서 가장 활성화 된다.

05 다음 중 휴면타파 방법이 아닌 것은?
① 층적 저장
② 청색광 처리
③ 화학제 처리
④ 기계적 종피 파상

해설 적색광 처리를 하면 휴면이 타파되지만 청색광 처리를 하면 휴면을 한다.

정답 01 ② 02 ② 03 ④ 04 ② 05 ②

06 다음 중 발아시험에 대한 설명으로 틀린 것은?
① 발아 시험에는 순결종자를 사용 하여야 한다.
② 작물의 종류에 따라 예냉을 실시하는데 이 예냉 기간도 발아 기간에 포함된다.
③ 휴면 종자인 경우는 각각 지정된 방법에 의하여 휴면이 타파된 것을 사용해야 한다.
④ 종자100립의 4반복으로 시험하는 것이 일반적이다.

> 해설 ◀ 발아촉진을 위한 전처리인 예냉(예랭) 처리의 기간은 발아기간에 포함되지 않는다.

07 다음 중 벼 배유의 제일 바깥 세포층을 가리키는 것은?
① 호분층   ② 왕겨
③ 내배유   ④ 씨눈

> 해설 ◀ 성숙한 배젖은 바깥쪽 호분층이 존재하며 단백질을 저장한다.

08 다음 중 저장에 있어 대기의 상대습도가 높을 때 종자에 가장 크게 미치는 영향은?
① 휴면타파   ② 유전자 결함
③ 수명단축   ④ 발아지연

> 해설 ◀ 종자의 저장시 상대습도가 높을 경우 종자의 발아력이 저하되면서 수명이 단축된다.

09 다음 중 채종포와 교잡식물과의 격리거리가 가장 멀어야 하는 것은?
① 토마토   ② 상추
③ 시금치   ④ 고추

> 해설 ◀ 작물별 격리거리 기준으로 시금치 1,000m, 고추 500m, 토마토 300m, 상추 60m 로 시금치가 가장 멀다.

10 완전화(complete flower)에 대한 설명으로 가장 적합한 것은?
① 암술과 수술이 다른 개체에 있을 경우
② 암술과 수술이 다른 꽃에 있을 경우
③ 꽃이 암술, 수술 및 꽃잎을 가지고 있을 경우
④ 꽃이 암술, 수술, 꽃잎 및 꽃받침을 가지고 있을 경우

> 해설 ◀ 꽃잎, 꽃받침, 암술, 수술 등을 모두 갖추고 있는 경우를 완전화라 한다.

정답 06 ② 07 ① 08 ③ 09 ③ 10 ④

11 씨눈에서 분화되는 것이 아닌 것은?
① 어린 눈
② 떡잎
③ 어린뿌리
④ 내종피(內種皮)

해설 배는 유아, 떡잎, 배축, 유근 등으로 구성된다.

12 식물학상 종자란?
① 배주가 성숙하여 자란 것
② 자방이 발달하여 자란 것
③ 배가 수정하여 자란 것
④ 배유가 수정하여 자란 것

해설 식물학상 종자는 배주가 수정하여 자란 것을 종자라 한다.

13 수정후 화분관이 자라 난세포와 결합하기 위하여 들어가는 구멍은?
① 주피
② 주공
③ 주심
④ 배낭

해설 주공은 제(배꼽)의 끝에 위치하며 꽃가루의 침입구이다. 수분된 화분은 암술머리에서 발아하여 화주의 유도조직 내로 화분관을 신장하고 화분관이 배주의 주공에 도달하여 정핵이 이동하고 배낭 속에서 정핵과 난핵이 융합하게 된다.

14 다음 중 타가수분을 하는 작물은?
① 배추
② 토마토
③ 벼
④ 밀

해설 배추, 무, 시금치 등은 타가수분을 한다.

15 다음 중 종자세 검사 방법의 요건에 해당되지 않은 것은?
① 특수한 훈련을 받은 사람이 하여야 한다.
② 경비가 적게 들어야 한다.
③ 재현성이 있어야 한다.
④ 포장출현과 상관이 있어야 한다.

해설 종자세 검사는 객관성, 신속성, 경제성, 재현성, 포장출현과 상관 등이 있어야 하나 별도의 특수 훈련을 받을 필요는 없다.

정답 11 ④ 12 ① 13 ② 14 ① 15 ①

16 바람직한 채종의 요건으로 적합하지 않는 것은?
① 우량 종자를 생산할 수 있을 것
② 값싸게 채종할 수 있을 것
③ 대량생산이 가능할 것
④ 고도의 기술을 요할 것

> 해설 채종은 우량종자를 생산하고 경제성이 있으며 대량생산이 가능한 것이 좋으며 작업이 단순할수록 좋다.

17 종자가 발아하는데 장해를 주는 가장 큰 요인이며 휴면과 관련 있는 물질은?
① ABA
② ethylene
③ 저장 물질
④ GA

> 해설 아브시스산(ABA, abscisic acid)은 종자의 발아억제물질로 발아억제 및 휴면에 관련된 물질이다.

18 종자의 저장조직에 대한 설명으로 옳지 않은 것은?
① 종자의 저장조직은 배유, 외배유, 자엽으로 구성되어 있다
② 종자의 저장물질은 전분(탄수화물), 단백질, 지방, 유기산 등이 있다
③ 종자의 저장물질은 배유에만 저장된다
④ 외배유는 주심조직의 일부가 수정 후 발달해 영양을 저장한다

> 해설 종자의 저장물질은 배유, 자엽, 배축, 외배유 등에 주로 저장된다.

19 종자의 유전적인 퇴화를 가장 효과적으로 방지할 수 있는 방법은?
① 자연교잡 억제
② 생육기 조절
③ 충실한 종자 선택
④ 종자소독 철저

> 해설 유전적 퇴화를 방지하기 위해 자연교잡을 막는것이 효과적이며 이를 위해 격리재배 등의 방법을 활용한다.

20 교배 전 제웅이 필요 없는 작물은?
① 벼
② 토마토
③ 호박
④ 귀리

> 해설 교배 전 제웅이 필요 없는 작물로 오이, 호박, 수박 등이 있다.

정답 16 ④ 17 ① 18 ③ 19 ① 20 ③

21 다음 중 단명종자에 해당하는 것은?

① 벼 ② 오이
③ 배추 ④ 양파

해설 ◀ 양파, 콩, 당근 등은 단명종자에 해당한다.

22 작물의 채종 체계 중 마지막 채종단계는?

① 보급종 ② 원종
③ 원원종 ④ 생산종

해설 ◀ 작물의 종자생산 관리체계는 기본식물, 원원종, 원종, 채종포(보급종), 농가의 순서로 보급종이 원종이나 원원종에서 1세대 증식하여 농가로 보급된다.

23 종자의 활력 검사시 활용되는 약품은?

① 옥시테트라사이클린 ② 시마진
③ 테트라졸리움 ④ 질산칼륨

해설 ◀ 종자의 활력검사에서 0.1~1.0%의 테트라졸리움(이하 "TZ"라 한다)용액을 사용한다.

24 영양번식에 의하여 종묘를 생산하는 작물은?

① 배추 ② 무
③ 수박 ④ 마늘

해설 ◀ 마늘은 비늘줄기(인경)를 통해 영양번식한다.

25 종자의 내적휴면의 원인에 속하지 않는 것은?

① 종피 또는 과피가 단단하여 물을 흡수할 수 없는 경우
② 형태적으로 미숙한 상태인 경우
③ 온도, 수분, 산소 및 광선 등이 발아에 부적당한 경우
④ 배에 억제물질이 존재하는 경우

해설 ◀ 타발적 휴면(외적휴면)은 발아력을 가진 종자에 수분, 광, 가스, 온도, 등의 외적 조건에 의해 유발되는 휴면이다.

정답 21 ④ 22 ① 23 ③ 24 ④ 25 ③

26 다음 중 자웅이주에 해당하는 작물은?
① 오이
② 시금치
③ 수박
④ 호박

해설 시금치는 자웅이주에 해당하며 오이, 호박, 수박은 자웅동주에 해당한다.

27 저장 종자에 큰 피해를 주는 요인으로 거리가 먼 것은?
① 농약의 해
② 충해
③ 쥐해
④ 고온과 다습

해설 농약은 종자의 저장시 병해충으로부터 피해를 감소시키는 역할을 한다.

28 암술의 구성 기관이 아닌 것은?
① 꽃실
② 씨방
③ 암술대
④ 암술머리

해설 꽃실은 수술의 구성 기관에 속한다.

29 다음 중 채종지의 조건에 대한 내용으로 옳지 않은 것은?
① 강우량이 많으면 임실률이 떨어진다.
② 개화기에는 다소 습한 곳이 좋다.
③ 온도가 너무 높은 곳은 임실률이 떨어진다.
④ 등숙기에는 기온의 교차가 큰 곳이 좋다.

해설 개화기에는 다소 건조한 것이 좋다.

30 다음 중 종자의 저장 조건에 관한 설명으로 틀린 것은?
① 마대에 넣어 보관 한다.
② 종자의 수분 함량을 높인다.
③ 병원균과 해충을 방제 한다.
④ 기계적 손상을 입은 종자를 제거 한다.

해설 종자의 저장을 위해 종자는 건조하여 저장하는 것이 좋다.

정답 26 ② 27 ① 28 ① 29 ② 30 ②

31 다음 중 지상발아 작물은?

① 벼　　　　　　　　　　② 보리
③ 팥　　　　　　　　　　④ 콩

해설　콩, 오이, 녹두, 강낭콩 등은 지상발아 작물이다.

32 다음 중 무한화서에 해당하는 것은?

① 총상화서　　　　　　　② 단집산화서
③ 집단화서　　　　　　　④ 복집산화서

해설　무한화서에는 총상화서, 원추화서, 수상화서, 유이화서, 육수화서, 산방화서, 산형화서, 두상화서 등이 있다.

33 다음 중 호광성 종자에 해당하는 것은?

① 담배　　　　　　　　　② 호박
③ 양파　　　　　　　　　④ 오이

해설　담배, 상추, 우엉 등은 호광성종자에 해당한다.

34 다음 중 종자의 퇴화증상과 가장 거리가 먼 것은?

① 호흡감소　　　　　　　② 종자침출물 감소
③ 변색　　　　　　　　　④ 발아률 저하

해설　종자의 퇴화증상으로 종자침출물이 증가한다.

35 다음 중 종피의 투과성에 관한 설명으로 틀린 것은?

① 대부분 식물의 종피는 투과성이 매우 크다.
② 어떤 식물의 종피는 투수성이 전혀 없거나 두터운 종피를 가지고 있다.
③ 상당량의 물이 종피를 통해 들어가지만 그 정도는 식물에 따라 다르다.
④ 종피의 불투성은 종피에 리그닌(lignin)이나 셀룰로오스(cellulose)와 같은 물질이 있기 때문이다.

해설　종피의 불투성은 종피에 지질, 타닌, 펙틴 등의 물질이 영향을 주기 때문이다.

정답　31 ④　32 ①　33 ①　34 ②　35 ④

36 다음 중 물속에서 발아가 되지 않는 종자는?
① 셀러리 ② 알팔파
③ 당근 ④ 페튜니아

해설 ◀ 수중에서 발아가 잘 안되는 종자에는 밀, 콩, 무, 귀리, 양배추, 가지, 고추, 알팔파 등이 있다.

37 고온항온 건조기법에 의한 종자건조시 옥수수의 건조시간으로 가장 알맞은 것은?(단, 건조온도는 130~133℃로 한다.)
① 1시간 ② 2시간
③ 4시간 ④ 8시간

해설 ◀ 고온항온 건조기법에서 옥수수는 4시간의 건조시간을 가지며 기타 종은 1시간으로 한다.

38 다음 중 고온 조건에서 발아하는 종자가 아닌 것은?
① 옥수수 ② 시금치
③ 가지 ④ 고추

해설 ◀ 시금치 종자는 저온에서 발아하는 종자에 해당한다.

39 다음 중 우량종자의 구비조건과 가장 거리가 먼 것은?
① 활력이 높다. ② 병해충에 감염되지 않았다.
③ 우수한 변이를 가지고 있다. ④ 다른 품종의 종자가 섞이지 않았다.

해설 ◀ 우량종자는 우수한 특성을 변하지 않고 유지되어야 한다.

40 다음 중 종자생산을 위한 수확시기로 가장 적합한 것은?
① 수확 시기를 늦게 할수록 좋다.
② 실용적 발아력 생성기 이전에 수확한다.
③ 일반적으로 종실종자는 수분함량이 많을수록 좋다.
④ 안전한 저장을 할 수 있을 정도의 낮은 수분함량에 도달했을 때 수확한다.

해설 ◀ 종자의 저장을 위해 안전 저장이 가능한 수분함량일 때 수확하는 것이 좋다.

정답 36 ② 37 ③ 38 ② 39 ③ 40 ④

41 다음 중 전분종자에 해당하는 것은?
① 유채   ② 목화
③ 뽕나무   ④ 옥수수

해설 　옥수수, 벼, 보리 등은 전분종자에 해당한다.

42 곡물류의 성숙과정으로 옳은 것은?
① 유숙기→호숙기→황숙기→완숙기→고숙기
② 유숙기→완숙기→황숙기→호숙기→고숙기
③ 유숙기→호숙기→완숙기→황숙기→고숙기
④ 유숙기→고숙기→황숙기→완숙기→호숙기

해설 　곡물류의 성숙과정은 <유숙기→호숙기→황숙기→완숙기→고숙기> 이며 채소류의 성숙과정은 <백숙기→녹숙기→갈숙기→고숙기> 이다.

43 다음 중 과실의 분류에서 진과에 해당하는 것은?
① 무화과   ② 사과
③ 배   ④ 포도

해설 　감, 포도, 복숭아 등은 진과에 해당한다.

44 다음 중 배유종자에 해당하는 것은?
① 옥수수   ② 콩
③ 녹두   ④ 클로버

해설 　벼, 보리, 밀, 옥수수, 양파, 당근, 토마토 등은 배유종자에 해당한다.

45 다음 중 종자의 수명에 영향을 미치는 외적조건으로만 나열한 것은?
① 휴면, 산소   ② 상대습도, 온도
③ 온도, 종자의 발아력   ④ 산소, 종자의 발아력

해설 　종자의 수명에 영향을 주는 외적요인에는 상대습도, 온도가 있으며 내적요인에는 유전성, 성숙도, 기계적 손상, 종자의 수분함량 등이 있다.

정답   41 ④   42 ①   43 ④   44 ①   45 ②

46 배휴면을 하는 종자 중 층적저장하면 휴면이 타파되는 종자가 있는데 다음 중 일반적으로 층적저장시 필요한 전처리를 위한 가장 적당한 온도의 범위는?
① -3 ~ -2℃
② -1 ~ 0℃
③ 3 ~ 10℃
④ 14 ~ 24℃

해설 배휴면 종자는 층적처리를 하면 휴면이 타파되며 0~6℃ 조건에 수일~수개월 저장하도록 한다.

47 다음 중 종자가 발아하기 위해 요구되는 수분이 가장 많은 작물은?
① 밀
② 사탕무
③ 벼
④ 콩

해설 콩이 발아하기 위한 요구 수분은 50%로 보기 중에서 가장 높다.

48 종자 저장을 위한 건조제의 종류가 아닌 것은?
① 실리카겔
② 염화칼슘
③ 메틸브로마이드
④ 생석회

해설 종자의 저장을 위한 건조제에는 실리카겔, 염화칼슘(염화석회), 생석회, 나뭇재 등이 활용된다.

49 다음 중 단일 식물에 해당하는 작물은?
① 보리
② 시금치
③ 양파
④ 콩

해설 콩, 옥수수, 담배, 고구마, 들깨 등은 단일식물에 해당한다.

50 다음 중 식물의 영양기관이 아닌 것은?
① 뿌리
② 종자
③ 줄기
④ 잎

해설 종자는 식물의 생식기관에 해당한다.

PART 2

육종

CRAFTSMAN SEEDS

PART 02 육종

01 육종

1. 육종의 역할

(1) 육종의 중요성 및 목표

① 육종의 정의
  ㉠ 유용한 생물의 유전적 형질을 사람이 희망하는 쪽으로 개량하는 것으로 육종에는 유전적 변이를 가진 집단을 모으거나 만들어내는 조작(변이 창출)과 원하는 형질을 희망하는 집단에 옮겨가게 하기 위한 조작(선발), 또한 이렇게 하여 얻어진 집단을 양호한 상태로 유지, 관리하기 위한 조작(원종의 관리)들이 포함된다.
  ㉡ 육종기술은 변이의 탐구와 창성, 변이의 선택과 고정, 신품종의 증식과 보급의 3단계로 구성된다.
  ㉢ 재배식물의 육종과정은 육종목표의 설정, 육종재료 및 육종방법 결정, 변이작성, 반복적 선발을 통해 유망계통 육성, 신품종의 결정 및 국가 기관에 등록, 신품종의 증식 및 보급이다.

② 작물육종의 목표
  ㉠ 작물육종은 수량을 증대, 품질을 향상, 내병충, 내재해성 향상을 통해 수확의 안정성을 높여 식량의 안정적 공급을 목표로 한다.
  ㉡ 작물육종의 목표는 다수확, 생산물의 품질 향상, 재배의 용이성, 소비자 기호 증진 등이다.
  ㉢ 육종의 목표를 설정할 때 현 재배 품종의 장점과 단점, 보급의 상향을 가장 우선으로 고려한다.

③ 작물육종의 성과
  ㉠ 신품종
  국내의 채소, 화훼류를 제외한 모든 작물의 품종은 정부가 육종하여 농가에 분배 보급한다.
  ㉡ 경제적 효과

단위면적당 수량의 증대 및 저항성 품종의 보급을 통해 생산비를 절감하는 등의 경제적 효과가 있다.
ⓒ 품질의 개선
과수류, 채소류 등과 같은 작물의 품질을 개선하였다.
② 재배안정성
주변환경에 대한 적응성을 높이고 병해충 등에 대한 저항성을 향상시킨 품종의 보급으로 재배안정성을 증대시켰다.
⑩ 재배한계의 확대
육종에 의해 농작물 재배의 지리적, 계절적 한계를 극복하여 확대시켰다.
ⓑ 경영의 합리화
기계화를 통해 생산비를 절감하는 등의 경영의 합리화를 도모하였다.

④ 작물별 육종 목표
㉠ 벼
양질 다수성, 안전성, 내도복성, 내염성, 내탈립성, 가공적성, 준단간 직립성, 병해충 및 기상재해 복합 저항성, 생산비 절감을 위한 직파재배 적응성
㉡ 채소
생산의 안정화 및 증대화, 작형의 다양화, 생산의 주년화, 작업의 편의화, 재배의 생력화
㉢ 과수
양질 다수성, 안전성, 저장성, 내한성, 친화적 왜성대목
㉣ 화훼
꽃의 크기 및 모양의 다양화, 꽃 색깔의 차별과, 개화기간의 증대, 향기의 품위 향상

(2) 신품종의 출현

우리나라에서 채소, 화훼류를 제외한 모든 작물의 품종은 정부가 직접 육종하여 농가에 분배 보급하고 있다.

02 유전

1. 유전자의 개념

(1) 유전자의 개념

① 유전자는 유전형질을 가지고 있고 이러한 유전적 형질을 다음 세대로 물려주는 것을 유전이라 한다.
② 양친으로부터 자손에게 전달되는 유전형질은 유전자에 의해 결정된다.
③ 유전자는 자기복제를 통해 개개의 유전형질을 발현시키는 역할을 하는 요소이며 이를 유전물질이라 한다. 유전물질의 구비조건의 경우 다음과 같다.

> ⊙ 대부분 생물의 유전물질은 DNA 이다.
> ⓒ 세포의 구조, 기능, 생식에 관하여 정보가 변하지 않는다.
> ⓒ 정보는 세포의 구조와 기능, 생식을 위한 분자를 생성하며 세포 내 모든 물질은 분자로 구성되어 있다.
> ② 동일한 유전 정보가 다음세대에 반복될 수 있다.
> ⑩ 변이가 가능하여야 한다.

(2) 유전자의 일반적 특징

① 유전자는 핵산으로 구성되어 있고 핵산의 기본단위는 뉴클레오티드(nucleotide)다.
② DNA의 뉴클레오티드는 디옥시리보당, 인산, 염기(C, G, A, T)로 구성되어 있다.
③ RNA의 뉴클레오티드는 리보당, 인산, 염기(C, G, A, U)로 구성되어 있다.
④ 세포의 핵 안에 특정 형질에 대해 2개씩의 유전자는 상동염색체의 각 자리를 차지한다. 여기서 상동염색체는 크기와 모양이 같은 염색체가 쌍으로 이루는 것을 의미한다.
⑤ 유전자가 차지하는 염색체 특정 부위를 유전자좌라 하며 상동염색체상에서 같은 유전자좌를 차지하는 유전자를 대립유전자라 한다.

(3) 유전자의 작용

① 유전자 상호작용
  ⊙ 유전자의 작용은 하나의 유전자가 하나의 형질에 관여하거나, 2쌍 이상의 유전자가 관여하는 경우가 있는데 이러한 경우 상호작용이라 한다.
  ⓒ 유전자의 상호작용은 대립유전자간 상호작용, 비대립유전자간 상호작용이 있다.

여기서 멘델의 유전법칙은 예외로 한다.

② 대립유전자 상호작용
  ㉠ 대립유전자 내에서 상호작용은 우성으로 표현하고 이에 관여하는 유전자를 우성유전자, 열성유전자로 표현한다. 대립유전자 상호작용에는 불완전우성, 공동우성, 복대립유전자 등이 해당된다.
  ㉡ 불완전우성은 양친을 교배한 잡종 F_1 에서 양친의 중간형질을 나타내는 것으로 이는 두 쌍의 대립유전자가 충분한 활성을 하지 못하기 때문이다. F_2 의 분리비는 1:2:1 이 되는데 이것은 불완전우성에 의한 것이다.
  ㉢ 공동우성은 두 쌍의 대립유전자가 함께 작용한다.
  ㉣ 우열전환은 잡종 F_1 이 조건에 따라 열성이나 우성을 나타낸다. 어떤 식물의 개화기에 관여하는 유전자는 F_1 이 장일이나 단일 조건에 따라 열성과 우성이 나타난다.
  ㉤ 복대립유전자는 염색체상 같은 유전자좌에 동일형질에 관여하는 3개 이상의 유전자가 존재하는 경우이다. F_2 의 분리비는 3:1 이다.

③ 비대립유전자 상호작용
  ㉠ 비대립유전자 내에서 상호작용은 상위성으로 표현하며 관여 유전자는 상위유전자, 하위유전자로 구분된다. 비대립유전자 상호작용은 멘델법칙에 특수한 경우로 본다. 비대립유전자 상호작용에는 보족유전자, 조건유전자, 피복유전자, 억제유전자, 동의유전자, 변경유전자 등이 해당된다.
  ㉡ 보족유전자는 두쌍의 비대립유전자가 공동으로 작용하여 한 가지 표현형으로 나타나는 유전자로 F_2 분리비 9 : 7 이다.
  ㉢ 조건유전자의 경우 예를 들어 A, B 두 쌍의 비대립유전자가 공동작용으로 특정 형질이 발현되면 A 라는 유전자는 단독으로 형질이 발현되나 B 유전자는 A 유전자가 공존해야 형질발현을 이루는 경우 B 유전자를 조건유전자라 정의한다. 조건유전자는 유전자 상호작용이 열성상위이며 이때의 F_2 분리비는 9:3:4 이다.
  ㉣ 피복유전자는 두 쌍의 비대립유전자간 한 우성 유전자가 다른 우성유전자의 발현을 막고 자신의 고유 특성만 발현하는 유전자를 말한다. F_2 분리비는 12:3:1 이다.
  ㉤ 동의유전자는 유전자의 형질발현에 있어 2쌍 혹은 더 많은 유전자가 동일 방향으로 작용하는 일군의 유전자를 의미한다. 동일 방향 작용 유전자가 누적효과가 나타나는 경우 복수유전자, 누적효과가 없는 경우 중복유전자라 한다. 복수 유전자의 F_2 분리비는 9:6:1, 중복유전자의 F_2 분리비는 15:1 이다.

ⓑ 억제유전자는 두 쌍의 비대립유전자간 자신은 어떤 형질도 발현하지 못하고 다른 우성유전자의 작용을 억제시키는 유전자이다. F_2 분리비는 13:3 이다.

ⓢ 변경유전자는 어떤 형질을 발현하는데 있어 주작용을 하는 유전자를 주동유전자, 주동유전자의 형질발현을 조절하는 유전자를 변경유전자라 한다. 변경유전자는 주동유전자가 있어야 존재하며 없을 경우 존재하지 않는다.

ⓞ 열성상위는 물질을 생성하는 유전자 A와 그 물질에 작용하여 새로운 물질을 만드는 유전자 B가 있을 경우를 말한다.

(4) 치사유전자

① 치사유전자는 정상적 수명 이전의 특정시기에 개체를 죽게 하는 유전자이다.
② 치사유전자는 유전물질에 결함이 생겨 돌연변이가 발생하여 나타난다.
③ 치사작용의 시기 및 양상에 따라 배우자치사유전자, 접합자치사유전자, 반성치사유전자, 평형치사유전자로 분류된다.
④ 접합자치사유전자는 열성치사유전자, 우성치사유전자, 아치사유전자, 완전치사유전자로 분류된다.

2. 세포질 유전

(1) 세포질유전

① 세포질유전은 세포질 내의 유전요소에 의해 형질의 유전이 지배되는 경우를 말하며 정역교배에 의해 세포질유전 여부를 알 수 있다.
② 세포질유전에 관여하는 유전적 요소를 플라스마진(plasmagene)이라 한다.
③ 플라스마진은 세포질 속에 있는 핵 이외의 유전자 DNA로 낭세포에서 균등분배성이 없다.
④ 수정난의 세포질은 모친의 것만을 가지게 되므로 모성유전이라 하며 모친의 유전자형에 의해 표현형의 특성이 지배된다. F_1 은 항상 모친과 같은 표현형을 나타낸다.

(2) 성(性) 관련 유전

① 종성유전은 성염색체가 아닌 보통 염색체상에 있는 유전자이면서 성에 따라 표현이 다르게 나타나는 유전 형태를 말한다.
② 한성유전은 어떤 형질이 암수의 어느 한쪽 성에만 한정하여 나타나는 유전현상을 말한다.
③ 형질을 나타내는 유전자가 성염색체상에 있어 성에 따라 발현 비율이 달라지는 현상을 말한다.

3. 질적형질과 양적형질

(1) 양적형질

① 양적형질(quantitative character)은 길이, 넓이, 무게 등 계측 할 수 있는 형질을 말한다.
② 양적형질의 특성은 F_2 표현형이 여러 가지 정도로 표현되고 연속변이이다.
③ 양적형질은 복수유전자나 폴리진(polygene)계에 의해 지배된다. 형질변이를 분석하는 데 있어 집단의 평균, 분산, 표준편차 등 통계학적 방법을 활용한다.
④ 양적형질은 질적형질보다 얻기 쉬운편이고 전달이 쉬우나 환경에 영향을 많이 받는다.
⑤ 유전력이 낮은 양적형질은 개체 선발 효과가 적다.

(2) 질적형질

① 질적형질은 양적으로 표현할 수 없는 형질을 말한다.
② 환경의 영향을 적게 받으며 형질의 특성이 몇 가지 종류로 뚜렷하게 구분된다.
③ 질적형질의 특징은 F_2 표현형이 몇 가지 종류로 구분되어 개수, 비율에 의해 표현형 구분이 가능하다.
④ 불연속변이하며 소수의 주동유전자에 의해 지배되어 단인자 효과의 측정이 가능하다.
⑤ 동일 형질이라도 측정기준에 따라 양적형질로 취급가능하다.

(3) 폴리진

① 각각의 유전자 작용은 약하나 여러 개가 함께 작용하여 양적으로 나타나는 형질의 발현에 관계되는 유전자군을 폴리진(polygene)계라 하고 개개의 유전자를 폴리진(polygene)이라 한다.
② 연속변이의 원인이 되는 유전자로 각각의 폴리진은 그 작용이 환경변이보다 작고 동일 효과를 가지며 같은 방향으로 작용된다.
③ 형질의 유전에 관여하는 많은 수의 좌위에서 분리가 일어나며 폴리진에 의해 형질의 발현은 집단 구성원에 작용하는 환경 차이에 의해 변화되기도 한다

(4) 평균과 분산

① 양적형질 분석
  ㉠ 양적형질에 관여하는 유전자의 분석은 산술평균, 분산, 표준편차, 표준오차, 변이계수, 상관계수, 회귀계수 등 유전통계학적 방법에 따른다.
  ㉡ 산술평균은 연속변이 하는 형질의 중심치를 나타낸다.

ⓒ 분산과 표준편차, 표준오차 등은 분리집단 내 개체들의 산포 정도를 나타낸다.
ⓔ 상관계수와 희귀계수는 서로 다른 형질 간의 상호 관련성의 지표이다.

② **표현형 분산**
  ㉠ 표현형 분산은 생물집단에 관한 어떤 양적형질의 변동을 조사할 때, 환경이나 유전적 원인을 고려하지 않고 개체의 표현형에 관한 분산만을 취급하는 것을 말한다.
  ㉡ 표현형분산은 유전적 차이에 의한 분산과 환경영향에 의한 분산, 유전자와 환경의 상호작용에 의한 분산으로 구성된다.

③ **유전분산**
  ㉠ 유전분산은 하나의 집단에 있어서의 표현형 분산 중에서 개체의 유전적변이에 의하여 생긴 부분을 말한다.
  ㉡ 유전분산은 유전적 차이에 의한 분산으로 유전자의 상가적 작용에 의한 분산과 유전자 우성효과에 의한 우성분산, 비대립유전자 간의 상호작용에 의한 상위성분산으로 구성된다.
  ㉢ 유전적으로 고정될 수 있는 분산은 상가적 효과에 의한 분산이다.
  ㉣ 우성적 분산은 1대 잡종의 표현형 값이 양친의 어느 한쪽과 일치하면 완전우성, 양친과 양친평균 사이에 있으면 불완전우성, 양친 값을 벗어나면 초월우성이다. 이러한 우성적 분산은 유전자형이 이형접합에서 나타나는 분산이다.

④ **표현형상관 및 유전상관**
  ㉠ 2개의 형질을 동시에 육종목표로 하였을 때 양쪽 형질 간 높은 상관관계가 있으며 그 선발이 용이해진다.
  ㉡ 양자가 완전히 독립적인 경우 육종은 쉽지만 부(−)의 상관관계가 있으면 목적달성이 곤란하다.
  ㉢ 선발하기 쉬운 양적형질과 높은 상관 관계가 있는 질적형질이 있으면 이것을 지표로 하여 조기에 양적형질을 선발할 수 있다.
  ㉣ 양적형질의 표현형에 나타나는 상관관계를 표현형 상관이라 한다. 여기에서 유전자 사이의 연관과 유전자의 다면발현에 의한 경우 유전상관, 환경의 영향에 의해 양형질이 동시에 (+) 혹은 (−) 방향으로 변동하는 환경상관이 있다.
  ㉤ 유전상관은 표현형상관의 값보다 높은 것이 일반적으로 환경상관의 값은 변동이 크다.
  ㉥ 유전상관은 유전자간의 연관 및 두 개 이상의 형질이 발현되는 다면 발현성에 기인한다.

(5) 유전력의 선발

① 유전력
   ㉠ 연속적으로 형질이 다른 개체가 태어나는 양적 형질이, 그 중 어느 정도가 다음 대에 유전되는지를 나타내는 양을 말한다.
   ㉡ 양적형질의 분리세대에서 표현형들이 나타내는 분산의 구성 성분 중 육종상 이용성이 높은 것은 유전분산이다.
   ㉢ 표현형의 전체분산에 대한 유전분산의 비를 광의의 유전력이라 한다. 이때 전체분산은 유전분산과 환경분산의 합으로 표현된다.
   ㉣ 표현형의 전체분산에 대한 상가적 분산의 비를 협의의 유전력이라 한다.
   ㉤ 유전력은 다음과 같이 구할 수 있다.

   $$유전력 = \frac{유전분산}{표현형\ 전체\ 분산} = \frac{유전분산}{유전분산 + 환경분산}$$

   ㉥ 집단의 선발차 및 유전획득량을 통해 다음과 같이 유전력을 구할 수 있다.

   $$유전력 = \frac{유전획득량}{집단선발차} \times 100 = \frac{후대\ 집단\ 평균치 - 원집단\ 평균치}{잡종집단\ 선발군의\ 평균치 - 원집단\ 평균치} \times 100$$

② 유전력과 선발
   ㉠ 유전력이 크면 초기세대에 대한 선발이 효과적이다.
   ㉡ 유전력은 유용형질의 선발효율을 예측하는 지표가 되기도 한다.
   ㉢ 유전력은 표현형의 전체분산 중에서 유전분산이 차지하는 비율이다.
   ㉣ 유전력은 환경분산이 커짐에 따라 감소한다.
   ㉤ 양적형질의 유전력은 낮고 질적형질의 유전력은 높다.
   ㉥ 유전력은 양질형질의 종류에 따라 그 값이 다르다.
   ㉦ 유전력은 0~1 값을 가지며 유전력이 0.5 이상이면 높고 0.2 이하이면 낮다.
   ㉧ 유전력이 높으면 선발효율이 높고, 유전력이 낮으면 환경요인에 의한 영향으로 선발효율이 낮다.
   ㉨ 개체의 유전력은 계통 평균치의 유전력보다 낮다.
   ㉩ 유전력이 높은 형질은 표현형에서 유전자형이 잘 추정되므로 개체선발이 유효하다.

③ 선발지수
  ㉠ 몇 가지 형질에 대해 동시에 유전적 개량을 실시할 경우 종합적으로 빠르고 정확한 효과를 올리는 방법이다.
  ㉡ 각 형질의 유전율, 각각의 경제적 중요성, 형질간의 유전 상관, 각 형질의 외모 상관, 각 형질의 표준편차의 조합으로 지수와 육종가와의 상관이 최대가 되도록 선발지수를 결정한다.
  ㉢ 선발지수는 목표로 하는 전체 형질에 대해 동시에 선발할 때 각 형질의 중요도에 따라 점수를 주어 총득점수가 많은 것부터 선발할 때 이용한다.

4. 멘델의 유전법칙

(1) 멘델의 유전법칙 일반
① 멘델(Mendel, 1822~1884)은 완두를 재료로 유전이 일정한 법칙에 의한다는 유전법칙을 발표하였다.
② 1900년대에는 네덜란드의 드브리스(De vries), 독일의 코렌스(correns), 오스트리아의 체르마크(tschermak)가 멘델의 유전법칙을 연구하였다.
③ 작물 유전의 돌연변이설을 주장한 드브리스(De vries)는 달맞이꽃을 재배하여 새로운 변종들이 무작위로 생기는 것을 통해 학설을 주장하였다.

(2) 멘델의 유전법칙 내용
① 한 가지 유전형질은 하나의 유전적 단위에 의해 지배된다.
② 유전자는 배우자를 통해 양친에서 자손으로 전달된다.
③ 개체는 한 가지 유전형질에 대하여 한 쌍의 유전자를 가진다. 하나는 부계, 하나는 모계에서 온다.
④ 개체가 배우자를 만들 때 한 쌍의 유전자는 서로 독립적으로 분리된다.
⑤ 배우자는 서로 자유롭게 결합한다.
⑥ 유전자는 변화하지 않으며 다른 유전자에 영향을 받지 않는다.
⑦ 한 쌍의 대립유전자에 형질발현에 있어 한쪽은 우성이고 한쪽은 열성이다.

(3) 멘델의 유전법칙
① 지배의 법칙
  ㉠ 멘델의 제1유전법칙이며 잡종 1세대(F_1)에서 우성형질만 나타나고 열성형질은

나타나지 않는다.
ⓒ F_1은 유전자조성이 Aa 와 같이 언제나 이형접합이므로 지배의 법칙은 유전자형이 헤테로(hetero)에 적용된다.
ⓒ 멘델은 양친을 바꾸어서 교배하는 정역교배를 통해 결과를 증명하였다.
㉢ 우성이 열성을 지배한다고 하여 우성의 법칙 혹은 우열의 법칙이라고도 한다.

② 분리의 법칙
㉠ 멘델의 제2유전법칙으로 잡종 2세대(F_2)에서 우성과 열성의 두 형질이 일정 비율로 분리된다.
ⓒ 한 쌍의 대립유전자가 관여하는 경우 우성과 열성은 3:1의 비율로 분리된다.
ⓒ 멘델은 검정교배를 실시하여 이를 입증하였다.
㉢ 검정교배는 F_1 을 그 형질에 대하여 열성인 개체와 교배하는 것으로 어떤 개체의 유전자형과 배우자의 분리비를 알 수 있다.

③ 독립의 법칙
㉠ 멘델의 제3유전법칙으로 다른 염색체상에 있는 두 쌍이나 두 쌍 이상의 대립유전자가 간섭받지 않고 후대로 전해진다.
ⓒ 서로 다른 염색체 상에 두 쌍의 대립유전자에 의해 지배되는 형질은 F_2 분리비는 9:3:3:1 로 분리되며 F_1의 배우자 분리비는 1:1:1:1 이다

(4) 정역교배 및 검정교배

① 정역교배
㉠ 양친의 암수를 서로 바꾸어 교배하는 것을 말한다.
ⓒ A를 자방친, B를 화분친으로 교배하여 한편으로 B를 자방친으로 하고 A를 화분친으로 하여 교배한다.
ⓒ 정역교배는 F_1이 자방친의 특성만을 닮는다면 세포질적 유전을 나타내는 것이다.

② 검정교배
㉠ 검정교배는 어떤 개체의 유전자형이나 배우자분리를 알고자 열성인 개체와 교배하는 것을 말한다.
ⓒ 검정교배에서 F_1 양친 중 열성과 교배한다.
ⓒ 단성잡종의 검정교배에서는 형질의 분리비가 1:1 로 나타나고 양성잡종의 검정교배에서 형질의 분리비는 1:1:1:1 로 나타난다.

5. 연관유전

(1) 연관의 강도 및 교차가

① 연관
  ㉠ 한 염색체상에서 2개 이상의 유전자가 위치하고 있을 때 이들 유전자는 연관되어 있다고 말한다.
  ㉡ 동일염색체상에서 2개 이상의 유전자가 연관되어 있어야 하고 이 유전자들은 n 핵상의 염색체만큼 연관군을 이루고 있다. 이때 양친과 다른 유전자형이 전혀 생기지 않는 경우 완전연관이라 하고 양친과 다른 유전자형의 배우자가 조금이라도 생기는 경우 부분연관이라 한다.
  ㉢ 유전자의 연관 상태에 따라 상인과 상반으로 구분한다. 상인은 우성유전자와 우성유전자가 연관된 경우, 상반은 우성유전자와 열성유전자가 연관된 경우이다.
  ㉣ 2개 이상의 유전자가 다른 염색체상에 위치하면 멘델의 독립의 법칙이 적용되나 2개 이상의 유전자가 동일한 염색체상에 위치하며 집단적인 양상을 보인다.
  ㉤ 자가수정작물에 연관 유전을 할 경우 고정형 신조합 출현 빈도가 독립유전자의 경우보다 적으며 교차율이 낮을수록 더 저하된다.

② 교차가
  ㉠ 연관되어 있는 유전자들이 헤테로로 되어 있을 때 형성되는 전체 배우자 중에서 조환형 배우자의 비율을 조환가 또는 교차가라 한다.
  ㉡ 조환가가 적으면 조환형이 적게 나타나고 조환가가 크면 조환형이 많이 나타난다.
  ㉢ 조환가(%) = $\dfrac{\text{교차형(조환형)}}{\text{교차형(조환형)} + \text{비교차형(부모형)}} \times 100$

(2) 교차 및 조환

① 상동염색체 위에 연관되어 있는 AB와 ab 유전자가 교차에 의해 서로 짝을 바꾸면서 Ab와 aB로 나누어지는 경우를 조환이라 한다.
② 상동염색체에 있는 염색분체들 사이에 일어나는 염색분체들의 물리적 부분 교환을 교차라 한다.
③ 교차가 일어나는 시기는 제1감수분열 전기에 상동염색체가 접합하여 2가염색체가 생성되는 시기이다.
④ 같은 염색체 위에 두 유전자가 연관되어 있을 때 교차가 일어나 양친과 다른 유전자 조합을 가지는 배우자를 조환형이라 한다.

⑤ 상인의 경우 AB/ab 이므로 조환형은 Ab 와 aB가 되며, 상반은 Ab/aB 이므로 조환형이 AB 와 ab가 된다.

(3) 게놈

① 게놈(gnome)은 생물종이 생존하는데 필요한 최소수의 염색체 1군을 말한다.
② 한 게놈이 가지는 염색체 수는 2배체 생물 생식세포의 염색체 수에 해당한다.
③ 1게놈 속에서 상동염색체가 포함될 수 없으며 게놈속의 1개의 염색체나 그 일부만 상실되어 생활기능에 영향을 받는다.
④ 게놈 분석은 여러 근연식물이 가지는 게놈 간의 친화력을 조사하여 게놈의 이동을 알아내고 다른 게놈 간에 존재하는 친화력에 대해서도 그 관계를 밝히는 것을 게놈분석이라 한다.

(4) 염색체 수

① 이수성
  ㉠ 염색체 조성이 2n 인 개체에서 감수분열 과정에서 한 두 개의 상동염색체가 완전히 분리되지 않아 n+1 혹은 n-1 인 배우자가 형성된다. 이들 배우자가 정상적인 n 상태의 배우자와 수정되어 수정된 개체가 2n+1 이나 2n-1 인 염색체가 되는 경우를 이수성이라 한다.
  ㉡ 2n-1 을 단염색체, 2n+1을 3염색체, 2n+2를 4염색체라 한다.

② 배수성
  ㉠ 생물종이 가지는 게놈의 증감 현상을 배수성이라 한다.
  ㉡ 동일 종류의 게놈이 증가되는 경우 동질배수체라 하며 이종 게놈이 첨가되어 배수성을 되는 경우를 이질배수체라 한다.
  ㉢ 이배체 : 2벌로 된 염색체로 양친의 염색체에서 한 쌍씩의 짝을 이루는 상동염색체이다.
  ㉣ 반수체 : 체세포 염색체수의 반을 가지고 성세포나 배우자로 완전 불임성이다.
  ㉤ 동질배수체 : 동종의 게놈이 배가된 것으로 형질의 확대현상이 나타난다.
  ㉥ 이질배수체 : 복이배체(복2배체)라 하며 서로 다른 종류의 게놈이 배가되어 배수체를 만든 것이다. 복이배체의 이용성이 높으며 육성초기 높은 불임성을 가진다.
  ㉦ 트리티케일(Triticate) : 밀과 호밀을 인공교배하여 만든 이질배수체로 속간잡종이다.

(5) 염색체의 구조 변화

① 절단

염색체의 특정 부분이 잘라지는 현상으로 염색체가 증가한 것처럼 보인다.

② 결실

염색체가 절단되어 생겨난 염색체 단편이 소멸 되서 정상적인 염색체에 비해 절단된 부분만큼 염색체의 내용이 적어진다.

③ 중복

염색체 절단에 의해 발생한 염색체 단편이 그 상동염색체의 다른 부분에 붙어 달라붙은 만큼 과잉으로 더 가지게 되는 현상을 말한다.

④ 전좌

염색체가 절단되어 그 단편이 비상동염색체 일부로 이동하여 유합되는 현상을 말한다.

⑤ 역위

한 염색체의 2개 부분에서 절단이 일어나 중간부분이 180° 회전하여 다시 유합된 것을 말한다.

03 변이

1. 변이

(1) 변이의 정의
① 같은 종 내에서 개체들 간 유전자의 변화에 의해 나타나는 형질의 변화를 변이라 하며 변이를 나타내는 성질을 변이성이라 한다.
② 변이는 온도, 양분, 환경조건 등에 의해 발생하기도 하고 교배, 돌연변이 등의 유전적 변이에 의해 생성되기도 한다.
③ 유전적 변이는 돌연변이, 교배변이, 생물의 유성생식 과정 등에서 발생한다.
④ 변이의 크기는 인위적, 자연적 교배의 정도에 의해 결정된다.

2. 변이의 종류와 감별

(1) 변이의 분류
① 변이는 대상 형질에 따라 형태적 변이와 생리적 변이로 분류된다.
② 변이의 연속성에 따라 연속변이, 불연속변이로 분류된다. 불연속변이는 유전양식이 비교적 간단하고 선발이 쉬운 변이이다.
③ 변이는 유전성에 따라 유전적 변이, 비유전적 변이로 분류된다. 유전적 원인에 의한 변이에는 불연속변이, 대립변이, 연속변이 등이 있으며 환경변이나 장소변이 등은 비유전적 원인에 의한 변이에 해당한다.
④ 변이는 길이, 무게, 수량 등 측정형질을 숫자로 표현하는 양적변이와 색깔, 형태 등 측정형질을 숫자로 표현할 수 없는 질적변이로 분류된다.

(2) 변이의 감별
① 변이의 감별은 후대검정 및 특성검정, 변이의 상관 비교 등이 이용된다.
② 후대검정은 변이를 나타낸 개체를 자식하여 선발된 우량형이 유전적인 변이인가를 관찰한다.
③ 특성검정은 병저항성, 내한성과 같은 생리적 형질의 대부분은 일정한 환경조건하에서만 발현되므로 목표로 하는 형질이 발현될 수 있는 이상환경을 만들어 변이를 감별한다.
④ 연속변이의 형질은 평균치, 중앙치, 표준오차 등의 통계적 방법을 적용한다.

(3) 방황변이

① 변이의 계급이 여러 단계로 나누어 어떤 계급을 중심으로 하여 양방향으로 비슷하게 변이하는 것을 방황변이라 한다.
② 방황변이의 경우 후대로 유전하지는 않는다.

(4) 후대검정

① 후대검정은 차대검정이라 하며 자손의 형질을 조사해서 양친의 형질을 추정하는 것이다.
② 선발된 우량형이 유전적 변이인가를 검정한다.
③ 후대검정의 경우 연속변이를 하는 양적형질의 유전성 여부를 확인할 수 있다.
④ 표현형에 의해 감별된 우량형을 검정한다.

3. 유전자원의 수집, 평가 및 보존

(1) 유전자원의 수집

① 대상 지역의 식물에 대한 정보를 수집한다.
② 현지의 기후, 식생, 토성, 지형, 강우량, 온도, 일장 변화 등의 정보를 수집한다.
③ 수집 지역의 선정은 지역 내 유전변이의 크기, 지역 개발 정도, 재배식물 종류 및 재배방법, 육성품종 보급 정도를 고려한다.
④ 수집할 식물은 소실될 가능성이 높고 경제적 가치가 큰 것을 우선적으로 수집한다.

(2) 유전자원의 평가

① 수집한 유전자원의 내력과 형질의 특성을 조사 및 기록하는 것을 유전자원의 평가라 한다.
② 유전자원의 평가는 1차적 특성, 2차적 특성, 3차적 특성으로 나누어 평가한다.

1차적 특성	· 개화기, 초장, 색깔 등 감별이 쉽거나 유전력이 높은 형질로 한다. · 한 장소에서 1회 조사하여도 보편성이 높은 형질로 유전자원의 특징을 대략적으로 파악 가능하다.
2차적 특성	· 병해충 저항성, 환경 스트레스 내성 등 검정시설이 필요한 형질을 대상으로 한다. · 2차적 특성 평가에는 시설, 시간, 비용 등이 요구되기에 단시간의 평가는 어렵다.
3차적 특성	· 수량과 같이 환경변이가 큰 형질과 특수한 평가방법이 필요한 형질을 대상으로 한다. · 여러 환경조건에서 여러 해를 반복하여 종합적으로 판단한다.

(3) 유전자원의 보존

① 시간이 지날수록 지구상에서 멸종하는 생물종이 늘어나서 유전자 다양성이 급격하게 감소하고 있어 이를 보존하고자 노력하고 있다.

② 국내의 농촌진흥청 농업유전자원센터에서 안정적인 유전자원 보존을 위해 4℃에서 30년간 유전자원을 보관하는 중기저장고와 영하 18℃에서 100년간 보관하는 장기저장고가 있다.

중기저장고	25평, 영상 4℃, 상대습도 35% 내외
장기저장고	17평, 영하 18℃, 상대습도 40% 내외

③ 유전자원의 보존을 위한 방법으로 액티브 콜렉션과 베이스 콜렉션을 방법을 활용하기도 한다.

액티브 콜렉션 (active collection)	종자수분을 5±1%로 한 다음 4℃에 저장하는 방법이다.
베이스 콜렉션 (base collection)	종자수분을 5~7%로 한 다음 −18℃에 저장하는 방법이다.

④ 유전자원은 진화된 생명체의 역사적 산물이기에 한 번 소실되면 두 번 다시 재생이 불가능하다.

⑤ 재래종과 같이 생산성은 낮지만 소규모로 다양하게 재배되어 오던 품종이 우수한 신품종의 출현과 새로운 재배법이 개발되면서 유전자원이 점차 사라지는 것을 유전적 침식이라 한다.

⑥ 유전적 침식이 진행되면 우수한 신품종의 육종재료가 되는 유전자원이 고갈되어 육종적 측면에서는 손실이 발생한다.

04 품종

1. 품종의 개념

(1) 품종의 특성
① 품종의 특성은 품종에 속하는 개체들의 형태적, 생리적, 생태적인 형질을 말한다.
② 과실의 크기가 크거나 작은 것은 품종의 특성이며 과실의 높이 및 폭 등이 과실의 크기 형질이 된다.
③ 일반적 식물은 계, 문, 강, 목, 과, 속, 종의 순으로 구분하고 있다.
④ 종은 생물 분류의 단위로 생물학적으로 교배가 가능하고 번식력이 있는 자손을 만들 수 있는 개체군을 나타내는 것을 의미하며 식물 분류의 기본 단위이다.

(2) 품종특성 종류
① 일반작물의 재배적 특성에는 키, 초형, 까락, 조만성, 저온발아성, 탈립성, 내병성, 내도복성, 내한성, 저장성 등 다양하게 존재한다.
② 키가 큰 장간종과 단간종으로 구분한다.
③ 초형은 분얼의 다소에 의해 벼의 형상을 말하며 수중형, 중간형, 수수형으로 분류된다.
④ 까락은 화본과 식물 꽃의 아랫 조각 끝에 난 돌기부분으로 탈곡 및 동화작용과 관련된다.
⑤ 조만성은 생육일수 및 출수기의 장단에 따라 극조생, 조생, 중생, 만생, 극만생으로 구분한다.
⑥ 저온발아성은 품종에 따라 차이가 있다.
⑦ 탈립성은 낟알이 떨어지는 탈립의 정도가 품종에 따라 차이가 있다.
⑧ 내비성은 시비한 비료성분을 흡수 및 이용하는 정도를 말한다.
⑨ 내도복성은 작물이 비와 바람 등 외부적 작용에 넘어지지 않고 견디는 성질을 말한다.

(3) 품종의 특성 유지
① 품종의 고유한 특성을 잃어버리지 않도록 하는 것을 품종의 특성 유지라 하며 종자의 퇴화를 방지하고 품종의 특성을 유지하기 위해 육성된 신품종, 기존우량품종의 종자를 증식하기 위한 기본식물종자로 사용한다.
② 품종의 특성을 유지하기 위한 방법에는 개체집단선발법, 계통집단선발법, 주보존재배, 격리재배, 종자갱신 등의 방법이 있다.
③ 개체집단선발법은 특성유지를 원하는 품종을 재배하여 그 품종의 특성을 가진 개체만

을 선발한다.
④ 계통집단선발법은 개체집단선발법으로 선발한 개체를 계통재배하여 그 계통을 서로 비교하여 순계만 선발한다.
⑤ 주보존재배는 영양번식 방법에 의하여 유전자형을 보존한다.
⑥ 격리재배는 품종의 순도를 높이기 위해 채종포는 일반 포장과 격리재배한다.
⑦ 종자갱신은 어떤 품종의 재배용 종자를 유전적으로 순수하게 생리적으로 충실한 종자로 교환한다.

(4) 종자 증식체계

① 우량종자를 대량 채종하여 종자갱신에 충족시키기 위해 품종특성이 유지되도록 관리하고 종자생산에 필요한 기본식물을 생산하여 종자의 퇴화가 방지되도록 증식체계를 수립한다.
② 농작물은 재배연수가 경과함에 따라 종자가 퇴화하고 품종의 고유특성을 유지하기 어렵다.
③ 일정 주기 내에 종자를 갱신하여야 순도 높은 품종을 농가에 공급하여 생산성 향상 및 농가 소득 증대를 기대할 수 있다.
④ 벼, 보리, 콩 등의 갱신주기는 4년으로 보며 감자, 옥수수 등은 매년 갱신한다.
⑤ 주요 식량 작물은 농가에 공급할 많은 양의 종자를 일시에 생산할 수 없어 4단계의 채종단계를 거쳐 농가에 공급한다.
  ㉠ 1단계 : 품종육성 및 기본식물생산
  ㉡ 2단계 원원종 : 기본 식물로 육성한 신품종이 고유의 특성을 유지하면서 증식이 되는 근원의 종자
  ㉢ 3단계 원종 : 원원종포장에서 생산된 종자를 재식하여 불순한 개체를 제거한 후 순수한 종자를 생산하여 보급종 생산용으로 공급
  ㉣ 4단계 보급종 : 원종포장에서 생산된 종자를 확대 증식하기 위하여 채종적지의 농가와 계약 생산하여 농가에 보급
⑥ 기본식물의 종자는 우량품종의 순도 유지를 위해 육종가 혹은 육종기관에서 관리를 한다.
⑦ 원원종은 품종 고유의 특성을 보유하고 종자의 증식에 기본이 되는 종자로 각 도 농업기술원 및 강원도 감자종자진흥원에서 생산한다.

(5) 품종의 보급

① 채종포에서 채종 및 증식된 종자를 보급종이라 한다.
② 보급종은 발아율 향상과 순도유지를 위하여 4단계의 엄격한 선별작업을 거친 후 종자 전염병 방제를 위하여 소독을 실시한 후 농가에 공급한다.
③ 보급종의 정선과정은 투입, 대략정선(지경, 까락 등 제거), 건조, 정밀정선(피해립, 미숙립 등 정밀제거), 비중정선(종자의 무게에 의한 선별), 색체정선(종자의 색택에 의한 선별), 소독, 포장의 과정을 거친다.

(6) 우량품종 조건

① 구별성은 기존의 품종과 구별되는 특성을 지니고 있어야 한다.
② 균일성은 품종 안의 모든 개체들의 특성이 균일해야 한다. 특성이 균일하기 위해서는 모든 개체들의 유전형질이 균일해야 한다.
③ 영속성은 안정성이라 하며 균일하고 우수한 특성이 대대로 변하지 않고 유지돼야 한다.
④ 신규성은 기존에 알려지지 않은 새로운 품종이어야 한다.
⑤ 우수성은 재배적 특성이 다른 품종보다 우수해야 한다.

2. 품종의 분류

(1) 내력에 의한 분류

① 재래품종은 그 지방에서 이전부터 재배되어 온 품종으로 지방품종이라 한다.
② 육성품종은 그 나라에서 육성된 품종으로 육성방법에 따라 분리육성품종, 교잡육성품종, 1대 잡종 등으로 표기한다.
③ 도입품종은 해외에서 도입된 외래품종이다.
④ 품종은 내력 및 유래에 따라 재래종, 육성종, 도입품종 등으로 구분된다.

(2) 특성에 의한 분류

① 성숙기는 조생종, 중생종, 만생종으로 분류된다.
② 간장으로 장간종, 단간종이 있다.
③ 저항성으로 내병성품종, 내충성품종, 내습성품종 등으로 분류된다.

(3) 작부체계에 의한 분류

① 벼는 조기재배용품종, 조식재배용품종, 만식적응성품종이 있다.
② 보리는 추파품종이 있다.

(4) 이용성에 의한 분류

① 보리는 일반품종과 맥주용품종이 있다.

② 고구마는 식용, 사료용, 공업용 품종이 있다.

05 생식세포의 형성

1. 생식세포의 분열

(1) 유성생식
① 유성생식은 생식세포가 결합하여 새로운 개체를 형성한다.
② 대부분 고등식물의 생식방법으로 암, 수 양성의 배우자가 수정과정을 거쳐 새로운 개체를 형성하는 것으로 자가수정, 타가수정으로 구분한다.
③ 자가수분에 의한 수정을 자가수정, 타가수분에 의한 수정을 타가수정이라 한다.
④ 꽃이 피기 전의 봉오리 상태일 때 일어나는 자가수정을 폐화수정이라 한다.
⑤ 배와 배유의 형성이 한 배낭 내에서 동시에 이루어지는 수정을 중복수정이라 한다.

(2) 아포믹시스
① 아포믹시스(단위생식, apomixis)는 무수정생식이라 하며 정상적인 정핵과 난핵의 결합 없이 종자를 형성한다. 단위생식에 의해 발생한 식물이나 종자를 위잡종이라 한다.
② 단위생식의 종류에는 무배생식, 단성생식, 무핵란생식, 위수정, 무포자생식, 무정생식, 복상포자생식, 부정배형성 등이 있다.

무배생식	배우체의 난세포 이외의 세포가 단독으로 분열 및 발달하여 포자체를 만드는 현상을 말한다.
단성생식	수정되지 않은 난세포가 단독으로 배를 형성한다.
무핵란생식	핵을 잃은 난세포의 세포질 속으로 정핵이 들어가 단독으로 발육하면서 배를 형성한다.
위수정	종간 혹은 속간교배 후 수정이 정상적으로 이루어지지 않았으나 난세포의 발육으로 배가 형성된다.
무포자생식	포자체의 체세포의 발육에 의해 배우체가 생성된다.
무정생식	배우자의 융합 없이 배나 종자가 형성된다.
복상포자생식	배낭모세포의 수가 감수분열을 하지 못하고 체세포와 동일한 염색체 수를 가지게 된다.
부정배형성	배낭을 둘러싸고 있는 많은 체세포들에 여러 개의 배가 발생한다.

(3) 영양생식
① 식물체의 일부를 이용하여 번식하는 무성생식의 방법이다.
② 영양번식은 모체와 유전적으로 동일한 개체를 얻을 수 있다.

③ 초기생장이 좋으나 바이러스에 감염되면 치료가 어렵고 유성번식에 비해 증식률이 낮다.
④ 자연영양생식법은 고구마의 덩이뿌리와 같이 모체에서 자연적으로 분리 생성된 영양기관을 이용하여 번식한다.
⑤ 인공영양생식법은 인공적으로 영양체를 분리하여 번식시키는 방법으로 접목, 삽목, 분주, 취목 등의 방법이 있다.

(4) 생식세포

① 체세포분열
  ㉠ 세포분열은 세포가 성장하여 일정 크기에 도달하면 그 수를 늘리게 되는 것을 말한다.
  ㉡ 세포분열은 체세포분열과 생식세포의 형성과정에서 나타나는 감수분열이 있다.
  ㉢ DNA의 염기는 아데닌(Adenine), 구아닌(Guanine), 시토신(Cytosine), 티민(Thymine)으로 구성되어 있으며 아데닌은 티민과 결합하고 구아닌은 시토신과 결합한다.

② 유사분열(체세포분열)
  ㉠ 유사분열은 몸의 크기 증가를 위해 체세포분열 중 분열하는 과정에서 염색체와 방추사가 나타나는 분열을 말한다.
  ㉡ 유사분열은 전기, 중기, 후기, 종기로 구분한다.

전기	염색사의 나선화로 염색체가 굵고 짧아지며 각 염색체는 2개씩 염색분체를 구성하고 인과 핵막이 소실된다.
중기	세포의 양극에 방추사가 형성되고 방추사가 동원체에 부착하여 염색체가 적도판에 배열되는데 분열 주기 중에서 가장 짧다.
후기	각 염색체에 동원체가 종단되고 염색분체의 각각이 종단된 동원체를 따라 분리된다. 분리된 동원체가 방추사에 의해 다른 극으로 이동하게 된다.
종기	염색분체들의 각 한 벌씩이 양극에 접합하고 나선화가 풀리면서 핵막이 형성된다.

  ㉢ 세포 내 염색체는 유사분열에 의해 복제 후 배가되고 딸세포는 복제 배가되어 쌍을 이루게 되어 모든 염색체를 1개씩 물려 받는다.
  ㉣ 유사분열의 세포주기는 유사분열기간과 중간기를 포함하는 기간이다.
  ㉤ 중간기는 DNA와 여러 물질이 합성되는 시기로 DNA 합성시기에 따라 G_1, S, G_2로 분류된다.
  ㉥ DNA 복제 시기는 S기 이고 유사분열기간은 M기라 하며 세포분열기는 M, G_1, S, G_2, M 순으로 반복하게 된다.

M 기	유사분열이 진행되는 기간으로 전기가 가장 길고 중기가 가장 짧다.
G_1	유사분열이 끝나고 DNA가 합성될 때까지의 기간이다.
S	DNA 복제기간이다.
G_2	DNA가 복제되어 유사분열이 시작되기까지의 기간이다.

③ 감수분열(생식세포분열)
　㉠ 감수분열은 배우자 형성을 위해 암수의 생식기관에서 생식모세포의 염색체 수가 반감되는 세포분열을 말한다.
　㉡ 2회 연속 핵분열로 염색체 수가 체세포의 반으로 줄어들고 4개의 딸세포가 형성된다.
　㉢ 제1감수분열은 이형분열이라 하며 염색체 수가 2n에서 n으로 반으로 줄고 유전물질의 양은 간기에 2배로 늘어나지만 후기에 다시 반으로 줄어들어 원래의 수가 된다.
　㉣ 제2감수분열은 동형분열이라 하며 염색체 수의 변화가 없고 유전물질의 양이 모세포의 반으로 줄어든다.
　㉤ 감수분열의 과정은 간기, 전기, 중기, 후기, 말기로 분류된다.

간기	DNA가 복제되어 유전물질이 2배가 된다.
전기	염색사가 염색체로 변하고 상동염색체 한쌍이 대합하여 2가염색체가 된다.
중기	2가염색체가 적도면에 배열되고 양극으로 방추사로 생겨 2가염색체에 붙는다.
후기	2가염색체가 갈라져 양극으로 이동하고 염색체 수가 반으로 줄어든다.
말기	핵막이 형성되고 세포질이 분열하여 2개의 딸세포로 분리된다.

　㉥ 제1감수분열 전기는 세사기, 대합기, 태사기, 이중기, 이동기의 과정을 거친다.

④ 유사분열과 감수분열의 비교
　㉠ 유사분열은 딸세포의 염색체 수와 유전물질 함량이 모세포와 동일하지만 감수분열은 모세포의 반이다.
　㉡ 유사분열은 접합이 일어나지 않으나 감수분열은 접합이 일어난다.
　㉢ 유사분열은 접합자로부터 일생동안 분열이 지속되나 감수분열은 성숙한 후 1회 분열한다.
　㉣ 유사분열은 모든 체세포에서 분열하지만 감수분열은 생식세포에서만 분열한다.
　㉤ 유사분열은 유전질의 영속성이 있으나 감수분열은 다양성을 가진다.

2. 불임성

(1) 불임성
① 작물이 여러 원인으로 인하여 수분을 해도 수정이나 종자를 형성하지 못하는 현상을 불임성이라 한다.
② 작물의 생식과정에서 불임이 발생하는 경우는 환경적, 유전적 원인이 있다.

(2) 환경적 원인
① 불임성에 대한 환경적 요인에는 양분, 수분, 온도, 광선, 병해충이 있다.
② 환경적 원인에 의한 불임성은 다즙질 불임성, 순환적 불임성, 쇠약질 불임성 등이 있으며 환경 조건이 개선되면 극복이 가능한 부분이다.

(3) 유전적 원인
① 불임의 원인이 유전자 작용, 교잡 등에 의해 나타날 경우 배우자 불임성과 접합체 불임성, 세포질 불임성 등이 있다.
② 생식기관의 성적 결함에 의한 불임은 자성기관의 이상(자상불임)과 웅성기관의 이상(웅성불임)으로 분류되며 자상불임보다 웅성불임이 더 큰 문제이다.
③ 생식기관의 형태적 결함에 의한 것으로 이형예 현상, 자웅이숙, 장벽수정 등이 있다.
④ 불화합성에 의한 불임성은 타가불화합성, 자가불화합성이 있다.
⑤ 교잡에 의한 불임성은 종내 잡종불임성, 종외 잡종 불임성으로 분류된다.

3. 웅성불임성

(1) 유전자웅성불임성
① 유전자적 웅성불임은 핵 내 유전자에 의해서만 발생하며 보리, 수수, 토마토 등에서 관찰된다.
② 불임요인이 핵 내에만 있기에 교배방법에 따라 전부 가임 혹은 전부 불임되거나 가임과 불임이 1:1 로 분리된다.

(2) 세포질웅성불임성
① 세포질적 웅성불임은 세포질 요인에 의해서만 발생하며 옥수수에서 주로 관찰된다.
② 세포질 내에만 불임요인이 들어 있으므로 자방친이 불임하면 화분친의 유전구성에 상관없이 불임이 된다.

③ F_1 개체는 화분이 생기지 않고 항상 불임의 F_1 종자만 생산되어 종실이 수확대상이 되는 작물에서 이용할 수 없고 영양체를 이용하는 사료용 유채, 양파 등에서 실용화 될 수 있다.

(3) 세포질유전자웅성불임성

① 세포질유전자적 웅성불임은 핵 유전자와 세포질 요인의 상호작용에 의해 발생하며 양파, 사탕무, 아마 등에서 관찰된다.
② 자방친이 세포질과 핵 내에 모두 불임 요인을 가지고 있어도 화분친의 유전구성에 따라 불임이나 가임이 된다.
③ 세포질 유전자적 웅성불임으로 잡종강세를 이용하기 위해서 웅성불임친과 그 웅성불임성을 유지해 주는 유지친, 웅성불임친의 임성을 회복시켜 주는 회복인자친이 있어야 한다.

(4) 웅성불임성 이용

① 웅성불임성은 육종적으로 이용할 수 있으며 웅성불임계 품종을 모계로 하여 조합능력이 있는 다른 품종을 부계로 교배하여 제웅작업 없이 잡종종자(F_1)을 얻을 수 있다.
② 세포질 유전자적 웅성불임성은 잡종강세를 위한 잡종종자 생산에 이용되며 유전자적 웅성불임성은 집단개량에 이용된다.

4. 자가불화합성

(1) 자가불화합성

① 자가불화합성은 유전적으로 유사한 배우자 간의 수정을 억제하고 유전적으로 서로 다른 배우자간의 수정을 유도하여 후손의 유전적 변이를 크게 한다.
② 자가불화합성은 자연에서 식물의 타가수정율을 높여주는 역할을 한다.
③ 자가불화합성은 작물 중에서 두 생식기관이 기능적, 형태적으로 완전한 양성화, 자웅동주의 단성화에서 같은 꽃, 같은 개체에 있는 꽃이나 같은 계통이라도 수분에 의해 수정결실을 하지 못하는 자가불화합성을 나타내는 개량 정도가 비교적 높은 십자화과 채소나 목초 등에서 많이 나타난다.

(2) 자가불화합성 타파

① 교배양친을 순수하게 유지하기 위해 자식하려면 자가불화합성을 일시적으로 타파한다.

② 자가불화합성의 타파를 위해서 자가불화합성 물질이 생성되는 시기를 회피하거나 불화합 반응조직 제거, 불화합 유기물질 파괴, 불화합반응의 억제를 위한 뇌수분, 노화수분, 지연수분, 고온처리, 전기 자극, 이산화탄소 처리 등의 방법을 활용한다.
③ 자가불화합성의 정도는 온도와 습도 등의 환경 조건에 따라 변화된다.
④ 뇌수분은 억제물질이 생성되기 전인 개화 2~3일 전 꽃봉오리에 수분하는 것으로 자가수정률이 높아 자가불화합성 계통을 유지할 수 있다. 십자화과식물의 채종이 많이 이용된다.

(3) 자가불화합성 종류

① 배우체형 자가불화합성
  ㉠ 화분(n)과 체세포(2n)로 이루어진 암술의 암술머리나 암술대간에 상호작용에 의한 결과로 교배의 화합과 불화합이 화분 자체의 유전자형에 의해 결정된다.
  ㉡ 배우체형 자가불화합성은 자방친의 불화합유전자가 화분의 불화합유전자와 서로 같으면 불화합이 된다.

② 포자체형 자가불화합성
  ㉠ 포자체형 자가불화합성은 동형화주형 자가불화합성과 이형화주형 자가불화합성으로 분류된다.

동형화주형	• 수술과 암술의 높이가 같다. • 화분이 생산된 개체의 이배성인 체세포 유전자형에 의해 불화합성이 결정된다.
이형화주형	• 수술과 암술의 높이가 다르다. • 이형화주형 자가불화합성은 이이형화주 현상과 삼이형화주 현상으로 분류된다.

  ㉡ 포자체형 자가불화합성은 주두의 표면에서 발현이 된다.

③ 이이형화주 자가불화합성
  ㉠ 하나의 번식기관 내에 장주화와 단주화 등 2종류 꽃이 존재한다.
  ㉡ 대표적으로 개나리, 메밀, 프리뮬러 등이 해당된다.
  ㉢ 자가수분으로 종자가 형성되지 않고 장주화는 단주화의 화분에 의해 생성된다.
  ㉣ 단주화는 장주화의 화분에 의해서만 수정이 된다.

④ 삼이형화주 자가불화합성
  ㉠ 하나의 번식기관 내에 장주화, 중주화, 단주화 등 3종류 꽃이 존재한다.
  ㉡ 각각의 꽃에서 자가불화합성이고 같은 높이의 수술과 암술 사이에서만 화합이

일어난다.

　　ⓒ 삼이형화주 현상은 유전자형(S, s, M, m S>M)은 다음과 같다.

(4) 자가불화합성 이용

① 잡종강세를 나타내는 작물의 1대잡종(F_1) 종자를 대량 생산할 수 있어 국내의 경우 무, 배추, 양배추 종자 생산에 이용된다.

② 자가불화합성인 계통은 계통 내의 결실이 불가능하여 자가불화합성인 2계통을 혼식하여 두 계통간의 1대잡종(F_1)을 채종할 수 있다.

③ 동일한 개체를 재배하면 종자가 형성되지 않는 품질 좋은 과실을 생산할 수 있어 파인애플 등 단위결과성이 높은 씨 없는 과실의 생산이 가능하다.

④ 동일 개체를 재배하면 수정이 이루어지지 않아 개화 기간을 연장할 수 있어 화훼류의 개화 연장에 이용한다.

06 육종방법

1. 도입육종법

(1) 도입육종법
① 육종방법은 육종의 소재가 되는 변이의 작성방법, 선발방법, 작물의 번식법 등에 따라 달라진다. 육종목표와 육종재료 및 목표형질의 유전양식에 따라 육종의 목표 및 규모가 결정된다.
② 도입육종은 외지에서 들여온 수종으로서 생산의 증진을 꾀하는 육종방법이다.
③ 외국품종을 도입하기에 식물방역에 신경을 써야 한다.
④ 비용이 적게 들고 단시간에 신품종을 얻을 수 있다.
⑤ 도입육종의 과정은 크게 검역, 평가, 증식의 과정을 거친다.

2. 분리육종법

(1) 분리육종법(선발육종법)
① 지방종, 재래종 혹은 재배품종을 대상으로 서로 다른 개체나 개체군을 분리하고 그로부터 우량 형질을 가진 것을 골라 새로운 품종으로 고정하는 육종방법이다.
② 재래종이나 지방종은 한 지역에서 예로부터 재배되어 온 것을 말하기도 하며 하나의 품종으로 보기도 한다. 대부분 재래종은 일종의 고정종에 속한다.
③ 분리육종법의 주대상은 지방종이나 재래종이다.
④ 분리육종법은 순계분리법, 계통분리법, 영양계분리법으로 나눌 수 있다.
⑤ 자가수정작물의 분리육종법은 순계분리법이고 타가수정작물의 분리육종법은 계통분리법이다. 영년생과 영양번식 작물의 분리육종법은 영양계분리법이다.

(2) 순계분리법
① 완전히 자가수정하는 작물의 한 개체에서 나온 자손을 순계라 하며 순계는 유전적으로 동형접합체이다. 자식성 작물이 자가수정을 계속하면 동형접합성이 증가하게 된다.
② 기본 집단에서 우수한 형질을 가진 개체를 계속 선발하여 우수한 순계를 선발하는 방법으로 자가수정작물에 이용된다.
③ 타가수정작물에서 근교약세를 나타내지 않는 작물은 순계분리법을 적용할 수 있는데 이때 순계를 얻기 위해 인공수분에 의한 교배가 필요하다.

④ 근교약세는 잡종 F_1에서 나타났던 잡종강세가 자식 혹은 근계교배를 계속함에 따라 현저하게 생활력이 감퇴되는 현상으로 자식약세라 하며 주로 타가수정작물에서 나타난다.
⑤ 순계 내에 변이는 환경에 의해 방황변이로 선발의 효과가 없다. 순계분리법에서 방황변이와 유전적 변이를 구별하기 위해 후대검정을 한 다음 생산력 검정을 한다.

(3) 계통분리법

① 집단을 대상으로 선발을 계속하여 우수한 계통을 분리하는 방법이며 순계분리법과 같이 완전한 순계를 얻기는 어렵다.
② 자가수정작물의 채종에서 단기간에 순수한 집단을 얻을 수 있어 품종의 특성을 유지하는데 적합하다.
③ 계통분리법은 집단선발법, 계통집단선발법, 성군집단선발법, 1수1렬법, 모계선발법, 가계선발법이 있다.

㉠ 집단선발법
- 개체나 계통의 집단을 대상으로 선발하는 방법으로 타가수정작물에 많이 이용된다.
- 타가수정작물에는 기본집단에서 비슷한 우량개체들을 집단선발하여 집단재배하는 과정을 3년간 계속하고 다음 격리포장에서 증식하여 생산력 검정시험 등을 하여 새품종을 결정한다.
- 자가수정작물에 발수법이 이용되는데 원품종 중에서 이형을 없애는 정도로 국한되며 순계선발법 때와 같이 유전자형을 개량하는 효과는 거의 없다.

㉡ 계통집단선발법
- 계통의 집단을 대상으로 선발하는 방법으로 집단선발법과 방법은 유사하나 양적형질의 선발은 개체를 대상으로 할 수 없어 선발한 개체를 계통재배하고 그 계통을 비교하여 양적형질을 선발한다.
- 자가수정작물에서 원원종포에서 우량품종이나 육성된 신품종의 특성을 유지하기 위해 적용하는 방법이다.

㉢ 성군집단선발법
- 집단선발법을 특성의 차이가 있는 몇 가지 군으로 분류하여 실시한다.
- 단시간 내 비교적 특성이 균일한 계통을 얻을 수 있으며 집단선발법 보다 우수한 유전자형을 얻을 수 있다.

㉣ 1수1렬법
- 재료집단에서 선발한 우량개체를 격리포장에서 1수1렬로 재배하면서 우량 계통

을 선발하는 육종법이다.
ⓜ 직접법
- 각 지방에서 선발한 우량개체의 자수(암이삭)를 격리포장에서 1수1열로 재배한다.

(4) 영양계분리법
과수류, 화목류, 임목 등의 목본작물이나 고구마, 감자 등 영양체로 번식하는 작물의 우량 영양체를 분리하여 이용하는 방법이다.

3. 교잡육종법

(1) 교잡육종법의 이론적 근거
① 교잡육종법은 육종의 소재가 되는 변이를 교잡을 통해 얻는 방법이다. 품종간, 종속간 교잡에 의해 유전적 변이를 작성하여 그 중에 우량 계통을 선발하여 신품종으로 육성하는 것이다.
② 양친의 우량형질을 신품종에 모아 신품종의 재배적 특성을 종합적으로 향상시키는 것을 조합육종이라 한다. 조합육종은 교배육종에서 두 개의 품종이 각각 별도로 가지고 있는 유용 형질을 한 개체 속에 새롭게 조합시킬 목적으로 교배하는 것을 말한다.
③ 양친이 가지고 있지 못하던 새로운 우량형질을 신품종에 발현시키는 것을 초월육종이라 한다. 초월육종은 교배육종에서 양친이 가지고 있는 유전자의 특수한 상호작용을 이용하여 양친의 어느 편에도 가지고 있지 않은 새로운 우량형질을 발현하는 것이다.
④ 교잡육종법은 멘델의 유전법칙에 근거로 성립하여 가장 널리 사용되는 방법이다.
⑤ 교잡육종법은 계통육종법, 집단육종법, 여교잡육종법, 파생계통육종법 등이 있다.

(2) 계통육종법
① 계통육종법은 교배를 하여 잡종을 만들고 그 분리세대인 F_2 이후부터 계속 개체선발을 하고 선발된 개체를 개체별 계통재배를 되풀이 하면 그들 계통을 서로 비교하여 우량한 계통을 선발, 고정하여 순계를 만들어 가는 방법으로 자가수정작물의 대표적인 육종방법이다.
② 계통육종법은 질적형질이나 유전력이 높은 양적형질의 개량에 효과적인 육종법이다.
③ 잡종에 있어서 형질분리, 유전자 조환이 멘델의 유전법칙에 따라 표현되는 것을 기대하여 체계화된 가장 기본적 육종법이다.
④ 교배육종의 성패를 좌우하는 교배모본의 선정에 있어 품종의 특성조사성적, 형질의

유전자분석결과, 육종실적을 검토하여 과거 주요품종을 양친 중 한 모본을 선택하여 교배를 통해 조합능력을 검정한다. 과거의 주요품종을 양친 중의 한 모본으로 선택하기에 양친의 유전적 조성 차이가 작아야 한다.
⑤ 계통의 재배 세대구가 증가할수록 양적형질에 대한 유전력이 증가하여 선발이 용이하다.
⑥ 계통육종법의 경우 인공교배, F_1 양성, F_2 전개와 개체 선발, 계통육성과 특성검정, 생산력 검정, 지역적응성 검정 및 농가실증시험, 종자증식, 농가보급의 순서로 진행된다.

(3) 집단육종법

① 집단육종법은 교배를 하여 잡종을 만들고 잡종 초기세대에 선발을 하지 않고 집단채종이나 혼합재배를 하여 수세대를 거쳐 개체가 순종이 되었을 때 선발을 시작하는 육종법이다. 선발을 시작하면 이후 육종 과정은 계통육종법에 준한다.
② 수량과 같이 재배적으로 중요한 양적형질은 많은 유전자가 관여하고 초기 분리세대에서 잡종강세를 나타내는 개체가 많고 환경의 영향을 받기 쉽다.
③ 집단육종법은 수 세대 후 개체를 선발하기에 잡종강세 개체를 선발할 가능성은 적으나 세대를 거듭할수록 많은 개체를 유지할 필요가 있다.
④ 집단육종법은 수량형질에 관여하는 미동유전자의 집적을 목적으로 할 경우 주로 사용되며 계통 육종법과 벼, 보리 등 자가수정작물의 육종방법으로 활용된다.
⑤ 대부분의 개체가 고정될 때까지 선발하지 않고 실용적으로 고정되었을 후기 세대에서 선발한다.
⑥ 생산력 검정에 이르기 위한 육성계통의 세대수를 보면 집단육종법은 대체적으로 육성계통의 세대수가 다른 육종법에 비해 많이 소요된다. 일반적으로 계통육종법은 F_3 세대부터, 집단육종법은 $F_6 \sim F_7$ 세대이다.
⑦ 집단육종법은 선발을 위한 노력이 절감되며 유용유전자에 대한 상실의 가능성이 적다.

(4) 여교잡육종법

① 여교잡육종법은 양친의 제1대 잡종에 양친 중 한쪽의 유전자형을 가진 개체를 교잡하고 이것을 수세대 반복하여 우량개체를 선발하는 방법이다. 여교잡육종법은 연속적으로 교배하면서 목표형질만을 선발하므로 육종효과가 있으나 목표형질 이외 다른 형질의 개량을 기대하기 어렵다.
② 여교잡육종법은 (A×B)×B, (A×B)×A, [(A×B)×B]×B 등의 형식이며 한번 교잡시킨 것을 1회친, 두 번 이상 교잡시킨 것을 반복친이라 한다.

③ 여교잡육종법의 경우 내병성 품종을 육성하거나 유전자의 연관관계를 규명하는데 흔히 사용되며 육종의 시간과 경비를 절약하는 장점이 있다.
④ 교배방향은 반복친을 자방친으로 사용하는 것이 교배의 성공 여부 확인이나 개화기 조절 및 교배종자 확보와 임성회복에 유리하다. 원연품종간 교배로 잡종의 불임성이 높은 경우 F_1 자방친으로 사용하는 편이 효율적이다.
⑤ 여교배육종을 위해서는 만족할 만한 반복친이 있어야 하고 이전형질의 특성이 변하지 말아야 하며 반복친의 특성을 충분히 회복해야 한다.
⑥ 여교잡은 자식에 비해 분리되는 유전자형의 종류수가 적다.
⑦ 여교잡은 호모의 비율이 동일하고 희망유전자의 출현비율이 높다.
⑧ 여교잡은 불량유전자의 제거확률이 높다.
⑨ 자식과 여교잡의 세대 관계는 다음과 같다.

자식	여교잡
F_1	F_1
F_2	BC_1F_1
F_3	BC_2F_1
F_4	BC_3F_1

⑩ 여교잡 횟수에 따른 반복친의 유전구성은 다음과 같이 구하도록 한다.
$1 - (1/2)^{n+1}$
여기서, n : 여교잡 횟수

(5) 파생계통육종법
① 파생계통육종법은 F_2나 F_3에서 교배조합별로 계통선발을 하여 파생계통을 만들고 F_5정도까지 파생계통별로 집단선발을 하면서 불량계통을 도태하며 F_6에서 다시 계통선발을 하고 F_7에서 계통의 순도검정을 하며 이후 계통의 생산력 검정을 통해 신품종으로 육성한다.
② 파생계통육종법은 분리 초기인 F_2나 F_3 집단에 내병성, 조만성 등 생리적 형질과 질적형질에 대해서 선발하고 계통별 집단재배를 몇 세대 거친후 개체 선발하는 육종방법이다.
③ 파생계통육종법은 계통육종법과 집단육종법의 장점을 절충한 방법이다.

(6) 인공교배법
① 다른 품종이나 계통 사이 양친을 삼아 꽃가루를 인공으로 교배함으로 1대 잡종 종자를

생산하는 방법으로 수박, 오이, 호박, 참외 등과 같은 박과채소나 토마토, 가지 등의 일부 가지과 작물에 이용된다.
② 꽃가루를 인공배양하여 동형접합률이 높은 계통을 얻어 결실률과 품질이 높일 수 있다.
③ 벼의 조생종과 만생종을 교배시키는 경우 벼는 단일식물이므로 만생종을 단일처리하여 개화를 촉진한다.
④ 인공교배에는 개화기 조절, 제웅 및 제정, 꽃가루 검사, 배배양법 등의 기술적 처리가 요구된다.
　㉠ 개화기조절
　　• 조생종은 파종기를 늦추고 만생종은 파종기를 앞당기는 등 파종기를 조절한다.
　　• 질소질비료를 많이 사용하면 개화시기가 늦어진다.
　　• 5℃ 이하 저온처리를 통해 개화시기를 늦춘다.
　　• 장일식물과 단일식물에 일정 처리를 통해 개화기를 조절한다.
　　• 과수류와 같이 접목을 통해 개화를 촉진한다.
　㉡ 제웅법
　　• 절영법 : 벼, 보리 등 영의 선단부를 잘라 꽃밥을 제거한다.
　　• 개열법 : 콩, 고구마 등 꽃망울 때 꽃밥을 제거한다.
　　• 화판인발법 : 콩, 자운영 등 꽃망울 끝의 꽃잎을 꽃밥과 함께 뽑아낸다.
　㉢ 제정법
　　• 암술의 기능을 유지하면서 수술의 기능을 상실시키는 방법이다.
　　• 온탕제정법, 저온처리법, 수세법, 알코올 침윤법 등의 방법이 있다.
　㉣ 배배양법
　　• 종, 속간 잡종 등 원연간의 잡종에서는 수정 후 배의 인공배양이 필요하다.

4. 잡종강세육종법

(1) 잡종강세의 표현

① 잡종강세 표현
　㉠ 잡종강세는 잡종 자손의 형질이 부모보다 우수하게 나타나는 현상이다. 잡종강세가 왕성하게 나타나는 1대잡종 자체를 품종으로 이용하는 것을 잡종강세육종법이라 한다.
　㉡ 잡종강세 표현은 작물 및 형질에 따라 일정하지 않으나 일반적으로 생장 발육의

증대, 내용 성분 함량의 변화, 개화 및 성숙의 촉진, 불량한 환경에 대한 저항성 증진 등으로 나타난다.
- ⓒ 잡종강세는 주로 1대잡종(F_1)에서만 나타나고 자식을 하면 잡종강세의 정도가 갈수록 떨어지면서 근교약세가 나타난다.
- ⓔ 1대잡종(F_1)의 경우 단위 면적당 재배에 소요되는 종자량이 적은 것이 유리하고 한 번의 교잡으로 많은 종자를 생산하는 것이 좋다.
- ⓜ 잡종강세의 경우 단위면적당 요구되는 종자량은 적어야 하며 교잡 조작이 쉬워야 한다.

② 타가수정작물의 잡종강세육종
- ⓐ 타가수정작물은 생식체계상 잡종을 만들기 쉽고 유전적으로 헤테로 상태이므로 잡종강세가 크게 나타난다.
- ⓑ 타가수정작물의 잡종강세육종법은 품종간 교잡에 의한 육종법, 자식계통간 교잡에 의한 육종법이 있다.
- ⓒ 품종간 교잡법은 잡종종자를 생산하기 쉬우나 잡종강세 발현과 균일성이 낮아진다.
- ⓔ 잡종강세 발현과 균일성을 높이려면 자식계통간 교잡법이나 근친계통간 교잡법을 이용한다.
- ⓜ 품종간교잡종은 근친계통간 교잡법에 비해 수량성은 떨어진다.
- ⓑ 자식계통간 교잡에 의한 육종법에서 자식계통을 육종하고 그 계통의 조합능력을 검정하여 조합능력이 높은 우량 교배조합을 선정하는 과정으로 진행된다.

③ 잡종종자 생산을 위한 우량 조합
- ⓐ 단교잡
  - 두 개 품종 또는 두 개 계통간의 교배로 A×B 이다.
  - 관여하는 계통이 2개뿐이라 우량 조합의 선정이 용이하고 잡종강세 현상이 뚜렷하다.
  - 각 형질이 균일하고 불량형질이 나타나는 일이 적다.
  - 종자의 생산량이 적고 종자의 발아력이 약한 편이다.
- ⓑ 복교잡
  - 두 개의 단교배로 F_1끼리 교배하며 [(A×B)×(C×D)] 이다.
  - 단교잡법보다 품질의 균일성이 떨어지나 채종량이 많고 종자가 크다.
  - 사료용 옥수수 등의 대규모 재배에 유리하다.
- ⓒ 삼계교잡
  - 단교배 F_1과 어떤 품종과 교배로 (A×B)×C 이다.

- 삼계교잡은 삼계교배, 3원 교잡이라고도 한다.
- 단교잡을 모본으로 자식계통을 부본으로 한다.
- 종자의 생산량이 많고 잡종강세 현상이 뚜렷하나 균일성은 낮다.

② 다계교잡
- 많은 계통 간 잡종을 만드는 것으로 A×B×C×D×E×F 이다.
- 복교잡보다 생산력은 낮으나 종자를 생산하기 편리하다.

⑩ 합성품종
- 다계교잡의 후대를 그대로 품종으로 이용하는 것으로 A×B×C×...×N 이다.
- 조합능력이 우수한 많은 계통을 혼합하여 몇 해 동안 자유교잡시키거나 격리포장에서 자유교배 하에 다계교잡을 한 다음 집단선발법에 의해 몇 해 동안 채종을 계속한다.
- 단교잡종이나 복교잡종 보다 수량이 떨어지고 세대를 거듭할수록 생산력이 저하된다.
- 합성품종은 매년 잡종종자를 생산할 필요가 없고 채종방법이 간단하며 환경적응성이 커서 환경변화에 대한 안전성이 높다.
- 주로 목초류에서 사용된다.

(2) 조합능력

① 잡종 F_1이 나타내는 잡종강세 정도를 조합능력이라 하고 일반조합능력과 특정조합능력이 있다.

일반조합능력	어떤 계통과 조합되어도 높은 잡종강세가 표현되며 우성유전자의 집적 정도를 검정한다.
특정조합능력	특정 계통과 조합될 때만 높은 잡종강세가 표현되며 특정 계통 간의 유전자 상호작용 정도를 검정한다.

② 조합능력을 검정할 때 조합능력을 알고자 하는 대상 계통과 교배하는 기준 계통을 검정친이라 한다.
③ 단교잡의 검정친은 자식계통이 되고 톱교잡의 검정친은 자유수분을 하는 품종으로 한다.
④ 조합능력을 검정하는 방법은 단교배검정, 톱교배검정, 다교배검정, 이면교배검정 등이 있다.
  ㉠ 단교배검정은 일정 자식계를 다른 여러 자식계와 교잡하여 여러 자식계들의 특정조합능력을 검정한다.
  ㉡ 톱교배검정은 자유수분하는 품종을 검정친으로 하여 여러 자식계들의 일반조합능력을 검정한다.
  ㉢ 이면교배는 여러 자식계를 둘씩 조합하거나 교배하여 특정조합능력과 일반조합능

력을 검정한다.
ㄹ. 다교배검정은 다년생 영양번식작물에 사용하는 방법으로 검정하려는 영양계를 자식하지 않고 그대로 일정 검정친에 수분시켜 능력을 검정한다.
ㅁ. 이면교배검정은 조합능력 검정에서 환경에 의한 오차를 적게하여 양친의 유전자형과 조합능력을 추정하는 방법으로 일반조합능력, 특정조합능력을 생물 통계학적으로 추정한다.

⑤ 조합능력의 검정은 톱교배에 의해 일반조합능력에 대한 선택을 하고 다음 단교배에 의해 특정조합능력에 대한 선택을 하는 것이 우량 자식계통을 육성하는데 유리하다.

⑥ 계통의 조합능력을 개량하는 방법에는 선발육종법, 여교잡법, 계통간교잡법, 집중개량법 등이 있다.

⑦ 선발육종법은 누적선발법, 순환선발법, 상호순환선발법 등이 있다.
ㄱ. 누적선발법
자식 초기 계통선발과 $S_3 \sim S_4$ 이후 톱교배 및 계통간 교잡에 의한 검정을 거친 후 근계교배에 의해 우량계통을 육성한다.
ㄴ. 순환선발법
한 자식 계통 집단 내에서 개체의 조합능력검정을 하고 선발, 육성된 계통의 자유교배를 되풀이하여 자식계통의 능력을 개량한다. 순환 선발법은 3년을 1기로 하여 같은 조작을 되풀이 한다.
ㄷ. 상호순환선발법
2개의 잡종 품종을 재료로 하여 상호 순환적으로 계통의 능력을 개량해 간다. 한 집단에서 부본을 취하면 다른 집단에서 모본을 취하여 상호교배하고 우수한 부본을 선발하여 그들간의 자유교배로 계통능력을 개량한다.

5. 배수성육종법

(1) 배수성육종법
① 배수성육종법은 염색체 수를 늘리거나 줄여 생겨나는 변이를 육종에 이용하는 방법이다.
② 이수성은 한 게놈을 구성하는 염색체에서 1개 혹은 여러 개의 염색체가 증감하는 현상을 말한다.
③ 배수성은 같은 게놈이나 다른 게놈을 중복적으로 가지는 현상을 말하며 반수체는 n, 2배체는 2n, 3배체는 3n 이라 한다.

(2) 동질배수체
① 동질배수체는 종내에서 게놈의 직접증가로 생긴 배수성이다.
② 기본 게놈의 배수정도에 따라 동질 3배체, 동질 4배체 등의 이름으로 불리운다.
③ 동질배수체는 핵과 세포가 커지고, 영양기관의 발육이 왕성하여 거대화하고, 화서 및 종자가 대형화한다.
④ 동질배수체는 임성이 저하되고 착과성이 감퇴하며 발육이 지연된다.

(3) 동질배수체의 이용
① 인위적으로 염색체를 배가시켜 동질배수체를 작성하려면 콜히친(colchicine)처리법을 이용해야 한다.
② 동질배수체 육종에 있어 배수체가 되면 임성이 저하되는 단점이 있다.
③ 콜히친 처리방법은 침지법, 적하법, 분무법, 라노린법, 우무법이 있다.
④ 콜히친을 종자나 세포분열이 왕성한 식물체의 생장점 부위에 처리하면 분열상태의 세포의 방추사, 세포막의 형성을 저해하고 복제된 염색체가 양극으로 분리되는 것을 방해하는 작용을 한다.
⑤ 아세나프텐은 배수체 작성에 사용되는 콜히친의 분자구조를 기초로 발견되었으며 아세나프텐을 처리하여 배수체를 양성한다.

(4) 이질배수체의 이용
① 다른 종속의 게놈을 동일 종속의 개체에 도입 및 보유시켜 실용적 가치를 높인 신형작물을 만들 때 이질배수체를 이용한다.
② 이질배수체 중 복이배체가 가장 이용성이 높으나 복이배체의 육성 초기에 높은 불임성이 나타난다.
③ 이질배수체를 이용하면 이종 게놈이 가지고 있는 유용인자를 도입할 수 있는 장점이 있으나 이종 간 복잡한 유전자 관계로 형질분리가 정상적으로 이루어지지 않는 단점이 있다.

6. 돌연변이육종법

(1) 돌연변이

① 유전적 변이가 교잡에 의해 나타나는 경우 교잡변이라 하며 교잡이 아닌 다른 원인에 의한 경우 돌연변이라 한다.
② 돌연변이는 변이의 대상이 되는 유전질에 따라 유전자돌연변이, 염색체돌연변이, 아조변이, 키메라 등으로 구분된다.
③ 아조변이는 체세포돌연변이의 일종인데 식물의 줄기와 가지의 생장점 세포가 돌연변이를 일으킨 것으로 과수류의 신품종 육성에 이용된다.
④ 돌연변이는 식물에 없던 형질이 유전자나 염색체 수의 변화에 의해 생겨난 것으로 자연적 돌연변이와 인위적 돌연변이가 있다.
⑤ 자연상태에서 자연적 돌연변이 발생은 작물의 종류에 따라 다르나 유전자당 10^{-6} ~ 10^{-5} 정도의 빈도로 나타난다.
⑥ 인위적 돌연변이는 방사선조사, 방사성 동위원소 처리, 화학약품 처리 등으로 유발이 가능하다.
⑦ 방사선을 이용한 돌연변이육종법에서는 γ선(감마선)이 가장 많이 이용된다.
⑧ 방사선을 처리한 종자에서 돌연변이를 일으켜 발아한 식물체를 M_1세대라 한다.
⑨ 자식성 식물의 돌연변이육종은 M_1세대에서 양성하고 M_2세대에서 선발하여 계통재배한 다음 M_3세대에서 돌연변이 고정도를 조사하고 M_4세대에서 생산력을 검정한다.

(2) 돌연변이육종법 특징

① 새로운 유전자를 창성할 수 있다.
② 단일유전자를 치환할 수 있다.
③ 헤테로(hetero)로 되어 있는 영양번식작물에서 유전적 변이를 작성할 수 있다.
④ 임성을 향상시킬 수 있다.
⑤ 교잡육종의 새로운 재료를 만들 수 있다.
⑥ 염색체를 절단하여 연관군 내 잘 분리되지 않는 유전자를 분리할 수 있다.
⑦ 방사선이나 화학약품의 처리에 의해 자가불화합성을 화합성으로 하고 임성을 향상시켜 자식계나 근교계를 육성하여 잡종강세육종법에 적용할 수 있다.

(3) 약배양육종법

① 양친을 교배한 F_1 식물체에 형성되는 화분이나 자방의 유전자형은 반수체이다. 이 반수체를 염색체 배가시키면 순계가 유전적으로 고정되어 품종으로 분리할 수 있다.
② 식물체의 화분이나 약을 채취 및 배양하여 반수체, 반수체성 배를 생산하는 방법을 약배양육종법이라 한다.

(4) 돌연변이 종류

① 점돌연변이
  ㉠ 점돌연변이는 유전자 서열 중 한 개의 염기가 바뀌어 생기는 돌연변이이다.
  ㉡ 하나의 뉴클레오타이드가 변환되어 나타나는 돌연변이로 DNA 전사 단계에서 특정 단백질의 생성을 막거나 변형시킨다.
  ㉢ 유전자 수준에서 가장 작은 변화로 DNA 염기서열에서 한쌍만 변화한다.

② 복귀돌연변이
  ㉠ 복귀 돌연변이는 돌연 변이를 일으킨 유전자가 다시 변이를 일으켜 원상으로 되돌아가는 돌연변이이다.
  ㉡ 변이를 일으킨 유전자 이외의 유전자에 일어난 새로운 변이에 의해서 외견상 표현형이 회복하는 경우는 포함하지 않는다.

07 품종의 유지 및 증식

1. 형질의 특성검정

(1) 특성검정

① 특성검정은 육종과정에 육종목표에 부합되는 형질의 특성을 가려내기 위해 행하는 검정을 말한다.
② 검정하는 특성은 종자, 화분, 초형, 체형 등 작물의 형태적 특성과 단백질함량, 지방함량, 제분율 등 작물의 품질에 관한 특성과 내병충성, 내비성 등 작물의 생리적 특성을 검정한다.

(2) 생리적, 생태적 특성 검정

① 생리적, 생태적 특성
  ㉠ 생리 및 생태적 특성은 생육성 형질, 환경저항성 형질, 물질생산성 형질, 물질수용성 형질이 있다.
  ㉡ 생육성 형질은 발아력, 휴면성, 수발아성, 개화성 등이 있다.
  ㉢ 환경저항성 형질은 내랭성, 내한성, 내건성, 내습성, 내염성 등이 있다.
  ㉣ 물질생산성 형질에는 엽면적지수, 엽록소 및 엽질소 함량 등이 있다.
  ㉤ 물질수용성 형질은 동화물질의 전류특성, 단위면적당 이삭수, 이삭당 종실 수 등이 있다.

② 생리적, 생태적 특성은 일반적 환경에서는 특성이 나타나지 않아 이상환경에서 특정검정을 실시한다.
  ㉠ 내한성 : 맥류의 내한성 검정은 실내 및 포장검정과 $KClO_3$ 처리 등이 있다
  ㉡ 내설성 : 적설기간이 긴 장소에서 검정한다.
  ㉢ 내랭성 : 벼는 조생종의 유수형성기에서 만생종의 출수기까지 냉수관개를 실시하여 검정한다.
  ㉣ 내건성 : 식물을 인공적으로 건조하여 나타나는 위조현상과 고사현상으로 검정한다.

(3) 내병성 검정

① 내병성 검정은 작물의 계통이나 품종간 배경 차이로 인한 발병 정도를 조사하는 것이다.

② 해당 병이 잘 발생하는 환경을 조성하고 병원균을 인공접종하여 발병을 유도한다.
③ 포장시험에서 감수성 품종이 발병하지 않는 경우 이를 회피현상이라 한다.
④ 내병성 검정은 작물의 종류, 병원균의 특성, 계통별 저항성, 병원균의 인공접종법 등을 고려한다.

(4) 내충성 검정

① 내충성은 작물의 연령, 크기, 해충밀도 등 환경의 영향을 많이 받는다.
② 대상 해충이 많이 발생하는 장소, 시기에 검정 대상 품종을 감수성 품종과 함께 밀식 재배하여 해충 발생을 유도하여 검정한다.
③ 포장조건에서 살아남은 것을 선발하고 실내에서 부화한 유충을 접종하여 검정한다.

2. 조기 검정법

(1) 조기검정

① 조기검정은 목표로 하는 우량형질을 생육초기에 판정하여 선발하기 위한 검정을 말한다.
② 조기검정으로 인한 해당 식물을 수확기까지 재배하지 않고 선발할 수 있으며 잡종 후기세대까지 세대를 진전시키기 않아도 되어 육종의 효율을 높일 수 있다.

(2) 조기검정의 종류

① 유식물검정법
　유식물 때의 표현형질이 목표형질과 상관관계에 있을 경우 묘상에서 선발하여 육종의 효율을 높인다.

② 화분립, 종자 검정법
　화분, 종자의 특성이 목표형질의 특성에 잘 나타내는 경우 이들을 검정하여 선발한다.

③ 초형, 체형에 의한 검정
　초형, 체형과 같이 외관적으로 검정하기 쉬운 형질을 검정하는 방법으로 복잡한 조작을 요구하는 형질을 선발한다.

④ 세대촉진과 단축 검정법
　자연상태에서 1년에 1세대를 경과하는 작물이라도 시설을 갖춘 온실 등을 이용하면 1년에 2세대 이상을 경과시킬 수 있어 육종연한을 단축시켜 효율을 높인다.

3. 품질검정

(1) 품질검정

① 품질 관련 형질에 대한 검정은 조직의 구조, 색택, 경도와 같은 물리적 특성과 탄수화물, 지방, 단백질 등의 화학적 특성을 측정한다.
② 종자 품질 조건에서 내적 조건은 유전성, 발아력, 병해충이 있으며 외적조건에는 순도, 크기, 무게, 색택, 냄새, 수분함량 등이 있다.
③ 품질검정에는 많은 시료가 요구되나 육종 초기에 유전자형이 같은 다량의 시료를 얻기 어려워 비교적 소량의 재료를 이용하여 화학분석을 대신한다.
④ 쌀의 호화온도는 쌀알의 붕괴 정도로 알 수 있다.
⑤ 밀의 제분율은 밀알의 절단면을 검정하여 판단한다.
⑥ 콩의 지방함유율은 대립종보다 소립종에서 낮다.

(2) 화학적 특성 측정

단백질 성분 검정	전기영동법, 아미노산분석기
지방 성분 검정	페이퍼크로마토그래프, 가스크로마토그래프
당류 및 소량의 유기성분 검정	고속액체 크로마토그래프(HPLC)

4. 생산력 및 지역적응성 검정

(1) 지역적응성 검정

① 생산력 검정 본시험에 선발된 우량계통에 대해 여러 환경 조건에서 적응성과 변이 정도를 검토할 목적으로 환경이 다른 시험지에 실시하는 수량검정시험이다.
② 적응성이 높은 품종을 선발하기 위해 많은 지역에 장기간 생산력검정을 통해 결과를 얻어야 하고 이러한 자료를 통해 통계학적으로 분석한다.

(2) 생산력 검정

① 생산력 검정은 품종의 특성 유지 및 개량을 위해 생산력을 검정하는 것이다.
② 포장시험에 의해 직접 수량을 측정하여 가장 가까운 포장조건 및 기상조건으로 재배한다.
③ 생산력 시험에서 현재 장려품종과 비교할 수 있게 대조구를 설치하고 생산력검정 예비시험을 거쳐 생산력검정 본시험, 지방적응 연결시험, 농가실증시험 등을 실시한다.
④ 생산력 검정에서 검정포장의 토양의 균일성을 유지해야 하고 시험구의 반복횟수가

증가하면 오차를 줄일 수 있다.
⑤ 검정시 계측 및 계량에 오차가 있을 경우 포장시험의 오차가 커진다.
⑥ 시험구의 크기가 클수록 시험구당 수량 변동이 작아진다.

(3) 포장시험법

① 생산력검정은 토양이나 재배조건을 농가의 포장과 유사한 조건에서 실시한다. 포장시험의 경우 일반시험 오차와 포장시험 특유의 오차가 발생한다.
② 일반실험의 오차 발생 원인에는 실험설계의 불완전, 시험결과 해석의 오류, 시험조작 및 측정과 포장관리의 불균일성 등이 있다.
③ 포장시험 특유의 오차 발생 원인으로 시험재료의 개체변이, 기상변이, 토양의 불균일성 등이 있다.

(4) 시험구 배치법

① 시험구
  ㉠ 시험구 크기는 작물의 종류, 품종수, 종자량에 따라 다르나 작물의 체적이 크거나 품종수나 계통수가 많을 경우 1구의 크기를 크게 하는 것이 좋다. 전체 면적이 일정할 경우 1구 면적을 작게 하도록 한다.
  ㉡ 포장시험에 단위시험구가 클수록 시험오차가 줄어든다. 그러나 전체 포장 면적의 확대에 따른 토양의 불균일성이 증가하기에 시험구가 일정 면적 이상 커지면 더 이상 오차는 감소하지 않는다.
  ㉢ 시험구 형상은 장방형이 적합하며 시험구의 반복수는 7회까지는 오차 감소가 뚜렷하게 나타나지만 그 이상에서는 감소가 미미하여 일반적으로 7회 반복이 적당하다.
  ㉣ 포장시험의 신뢰도를 높이기 위해 오차 발생 요인을 기술적으로 줄이려면 시험구 1구의 면적을 작게 하고 반복수를 늘려야 한다.

② 시험구 배치
  ㉠ 완전임의배열법
    • 한 요인으로의 처리가 모든 실험 단위에 제한 없이 임의로 배치되는 설계법이다.
    • 실험단위가 동질적인 경우 효과적이며 환경조건을 쉽게 조절할 수 있는 실내실험이나 온실실험, 동물실험 등에 널리 이용되는 방법이다.
  ㉡ 난괴법
    이미 알고 있는 변이의 원인이 제거될 수 있도록 실험단위나 시험재료를 균일한

것끼리 모아 집구화하고 이를 반복하여 차이가 처리효과에 의해 나타나도록 한 시험방법이다.
ⓒ 라틴방격법

포장을 종횡 모두 품종수와 같은 수의 시험구로 분할하여 종횡의 모든 줄이 각 품종을 모두 포함하도록 배열하는 방법으로 품종수와 반복수가 동수가 된다.
ⓔ 요인시험
- 2개 혹은 그 이상의 요인으로 이루어지는 모든 가능한 조합을 처리로 하는 시험이다.
- 시험구 배치는 완전임의배열법, 난괴법, 라틴방격법 등에 적용된다.
- 요인시험은 모든 분야의 연구에 이용되며 탐구적 연구에 가장 중요한 시험방법이다.
ⓜ 분할구배치법

2개 이상의 요인에 관한 시험이나 요인시험과 달리 1개 또는 그 이상의 요인의 수준들이 적용되는 주구와 하나 또는 그 이상의 다른 요인의 수준들이 적용되는 세구로 분할되어 두 단계로 나누어 시험처리가 배치되는 방법이다.

PART 2 2단원 OX 50제

01 멘델의 유전법칙에서 한가지 유전형질은 하나의 유전적 단위에 의해 지배된다.
답 (   )

02 후대검정의 경우 연속변이를 하는 양적형질의 유전성 여부를 확인할 수 있다.
답 (   )

03 단위생식에 의해 발생한 식물을 위잡종이라 한다.
답 (   )

04 멘델의 제2유전법칙이며 잡종 1세대(F_1)에서 우성형질만 나타나고 열성형질은 나타나지 않는다.
답 (   )

05 영양번식은 초기생장은 좋지 않으나 바이러스와 같은 병해충의 저항성이 강하다.
답 (   )

06 잡종강세를 나타내는 작물의 1대잡종(F_1) 종자를 대량 생산할 수 있다.
답 (   )

07 질적형질은 길이, 넓이, 무게 등 계측 할수 있는 형질을 말한다.
답 (   )

08 이면교배는 자유수분하는 품종을 검정친으로 하여 여러 자식계들의 일반조합능력을 검정한다.
답 (   )

09 동질배수체는 종내에서 게놈의 직접증가로 생긴 배수성이다.
답 (   )

10 폴리진은 그 작용이 환경변이보다 크고 동일 효과를 가지며 같은 방향으로 작용된다.
답 (   )

11 타가수정작물의 분리육종법은 순계분리법이고 자가수정작물의 분리육종법은 계통분리법이다.
답 (   )

12 탈립성은 낟알이 떨어지는 탈립의 정도를 말한다.
답 (   )

13 생산력 검정은 여러 환경 조건에서 적응성 및 변이 정도를 검토한다.

답 (   )

14 조건유전자는 두쌍의 비대립유전자간 한 우성 유전자가 다른 우성유전자의 발현을 막고 자신의 고유 특성만 발현하는 유전자를 말한다.

답 (   )

15 감수분열 중기에는 DNA가 복제되어 유전물질이 2배가 된다.

답 (   )

16 검정교배에서 F_1 양친 중 열성과 교배한다.

답 (   )

17 삼계교잡은 단교잡을 모본으로 자식계통을 부본으로 한다.

답 (   )

18 순계분리법은 자가수정작물에 이용된다.

답 (   )

19 계통분리법은 순계를 얻기 용이하다.

답 (   )

20 한 염색체상에서 2개 이상의 유전자가 위치하고 연관되어 있다고 말한다.

답 (   )

21 격리재배는 품종의 순도를 높이기 위해 실시한다.

답 (   )

22 배수성육종법은 염색체 수를 늘리거나 줄여 생겨나는 변이를 육종에 이용하는 방법이다.

답 (   )

23 동질배수체 육종에 있어 배수체가 되면 임성이 증가한다.

답 (   )

24 비대립유전자 내에서 상호작용은 상위성으로 표현하며 관여 유전자는 상위유전자, 하위유전자로 구분된다.

답 (   )

25 이질배수체 중 복이배체가 가장 이용성이 높다.

답 (   )

26 계통분리법에는 계통육종법, 집단육종법, 여교잡육종법, 파생계통육종법 등이 있다.

답 (   )

27 돌연변이는 교잡에 의해 나타나는 경우를 말한다.
답 (　　)

28 조환가가 적으면 조환형이 많이 나타나고 조환가가 크면 조환형이 적게 나타난다.
답 (　　)

29 감수분열은 모든 체세포에서 분열한다.
답 (　　)

30 육성품종은 해외에서 도입된 외래품종이다.
답 (　　)

31 (A×B)×B 의 형식은 여교잡법이다.
답 (　　)

32 표현형 분산은 환경이나 유전적 원인을 고려해야 한다.
답 (　　)

33 불임성에 대한 환경적 요인에는 양분, 수분, 온도, 광선, 병해충이 있다.
답 (　　)

34 2n-1 을 단염색체라 한다.
답 (　　)

35 작물의 불임은 유전적 원인에 의해서만 발생된다.
답 (　　)

36 고구마는 이용에 따라 식용과 사료용만 있다.
답 (　　)

37 작물육종의 성과는 신품종의 등장, 경제적 효과 기대, 품질의 개선, 재배 안정성 등이 있다.
답 (　　)

38 여교잡 육종법은 여러번 교잡을 하기에 시간과 경비가 많이 필요하다.
답 (　　)

39 유전력이 크면 초기세대에 대한 선발이 효과적이다.
답 (　　)

40 유전자웅성불임성은 토마토에서 관찰된다.
답 (　　)

41 단성생식은 종간 혹은 속간교배 후 수정이 정상적으로 이루어지지 않았으나 난세포의 발육으로 배가 형성된다.
답 (　　)

42 반수체는 동종의 게놈이 배가된 것으로 형질의 확대현상이 나타난다.
답 (   )

43 잡종강세는 주로 1대잡종에서만 나타나고 자식을 하면 근교약세가 나타난다.
답 (   )

44 단교잡은 관여하는 계통이 2개라 잡종강세 현상이 약하게 나타난다.
답 (   )

45 유전자 변이는 교배 및 돌연변이에 의해서만 나타난다.
답 (   )

46 세포질웅성불임성은 옥수수에서 주로 관찰된다.
답 (   )

47 꽃이 피기 전의 봉오리 상태일 때 일어나는 자가수정을 폐화수정이라 한다.
답 (   )

48 육종기술은 변이의 탐구와 창성, 변이의 선택과 고정, 신품종의 증식과 보급의 3단계로 구성된다.
답 (   )

49 변이는 유전성에 따라 연속변이, 불연속 변이로 분류된다.
답 (   )

50 작물의 유전 돌연변이설을 주장한 것은 드브리스(De vries)이다.
답 (   )

PART 2 2단원 OX 50제

01 멘델의 유전법칙에서 한가지 유전형질은 하나의 유전적 단위에 의해 지배된다.

답 ○

02 후대검정의 경우 연속변이를 하는 양적형질의 유전성 여부를 확인할 수 있다.

답 ○

03 단위생식에 의해 발생한 식물을 위잡종이라 한다.

답 ○

04 멘델의 제2유전법칙이며 잡종 1세대(F_1)에서 우성형질만 나타나고 열성형질은 나타나지 않는다.

해설 멘델의 제2유전법칙으로 잡종 2세대(F_2)에서 우성과 열성의 두 형질이 일정 비율로 분리된다.

답 ✕

05 영양번식은 초기생장은 좋지 않으나 바이러스와 같은 병해충의 저항성이 강하다.

해설 초기생장이 좋으나 바이러스에 감염되면 치료가 어렵고 유성번식에 비해 증식률이 낮다.

답 ✕

06 잡종강세를 나타내는 작물의 1대잡종(F_1) 종자를 대량 생산할 수 있다.

답 ○

07 질적형질은 길이, 넓이, 무게 등 계측 할수 있는 형질을 말한다.

해설 양적형질은 길이, 넓이, 무게 등 계측 할수 있는 형질을 말한다.

답 ✕

08 이면교배는 자유수분하는 품종을 검정친으로 하여 여러 자식계들의 일반조합능력을 검정한다.

해설 톱교배검정은 자유수분하는 품종을 검정친으로 하여 여러 자식계들의 일반조합능력을 검정한다.

답 ✕

09 동질배수체는 종내에서 게놈의 직접증가로 생긴 배수성이다.

답 ○

10 폴리진은 그 작용이 환경변이보다 크고 동일 효과를 가지며 같은 방향으로 작용된다.

해설 폴리진은 그 작용이 환경변이보다 작고 동일 효과를 가지며 같은 방향으로 작용된다.

답 ✕

11 타가수정작물의 분리육종법은 순계분리법이고 자가수정작물의 분리육종법은 계통분리법이다.

> 해설 자가수정작물의 분리육종법은 순계분리법이고 타가수정작물의 분리육종법은 계통분리법이다.
>
> 답 ×

12 탈립성은 낟알이 떨어지는 탈립의 정도를 말한다.

답 ○

13 생산력 검정은 여러 환경 조건에서 적응성 및 변이 정도를 검토한다.

답 ○

14 조건유전자는 두쌍의 비대립유전자간 한 우성 유전자가 다른 우성유전자의 발현을 막고 자신의 고유 특성만 발현하는 유전자를 말한다.

> 해설 피복유전자는 두쌍의 비대립유전자간 한 우성 유전자가 다른 우성유전자의 발현을 막고 자신의 고유 특성만 발현하는 유전자를 말한다.
>
> 답 ×

15 감수분열 중기에는 DNA가 복제되어 유전물질이 2배가 된다.

> 해설 간기에 DNA가 복제되어 유전물질이 2배가 된다.
>
> 답 ×

16 검정교배에서 F_1 양친 중 열성과 교배한다.

답 ○

17 삼계교잡은 단교잡을 모본으로 자식계통을 부본으로 한다.

답 ○

18 순계분리법은 자가수정작물에 이용된다.

답 ○

19 계통분리법은 순계를 얻기 용이하다.

> 해설 집단을 대상으로 선발을 계속하여 우수한 계통을 분리하는 방법이며 순계분리법과 같이 완전한 순계를 얻기는 어렵다.
>
> 답 ×

20 한 염색체상에서 2개 이상의 유전자가 위치하고 연관되어 있다고 말한다.

답 ○

21 격리재배는 품종의 순도를 높이기 위해 실시한다.

답 ○

22 배수성육종법은 염색체 수를 늘리거나 줄여 생겨나는 변이를 육종에 이용하는 방법이다.

답 ○

23 동질배수체 육종에 있어 배수체가 되면 임성이 증가한다.
　해설　동질배수체 육종에 있어 배수체가 되면 임성이 저하되는 단점이 있다.
　답　×

24 비대립유전자 내에서 상호작용은 상위성으로 표현하며 관여 유전자는 상위유전자, 하위유전자로 구분된다.
　답　○

25 이질배수체 중 복이배체가 가장 이용성이 높다.
　답　○

26 계통분리법에는 계통육종법, 집단육종법, 여교잡육종법, 파생계통육종법 등이 있다.
　해설　교잡육종법에는 계통육종법, 집단육종법, 여교잡육종법, 파생계통육종법 등이 있다.
　답　×

27 돌연변이는 교잡에 의해 나타나는 경우를 말한다.
　해설　유전적 변이가 교잡에 의해 나타나는 경우 교잡변이라 하며 교잡이 아닌 다른 원인에 의한 경우 돌연변이라 한다.
　답　×

28 조환가가 적으면 조환형이 많이 나타나고 조환가가 크면 조환형이 적게 나타난다.
　해설　조환가가 적으면 조환형이 적게 나타나고 조환가가 크면 조환형이 많이 나타난다.
　답　×

29 감수분열은 모든 체세포에서 분열한다.
　해설　유사분열은 모든 체세포에서 분열하지만 감수분열은 생식세포에서만 분열한다.
　답　×

30 육성품종은 해외에서 도입된 외래품종이다.
　해설　도입품종은 해외에서 도입된 외래품종이다.
　답　×

31 (A×B)×B 의 형식은 여교잡법이다.
　답　○

32 표현형 분산은 환경이나 유전적 원인을 고려해야 한다.
　해설　표현형 분산은 생물집단에 관한 어떤 양적형질의 변동을 조사할 때, 환경이나 유전적 원인을 고려하지 않고 개체의 표현형에 관한 분산만을 취급하는 것을 말한다.
　답　×

33 불임성에 대한 환경적 요인에는 양분, 수분, 온도, 광선, 병해충이 있다.

답 ○

34 2n-1 을 단염색체라 한다.

답 ○

35 작물의 불임은 유전적 원인에 의해서만 발생된다.

해설 작물의 생식과정에서 불임이 발생하는 경우는 환경적, 유전적 원인이 있다.

답 ×

36 고구마는 이용에 따라 식용과 사료용만 있다.

해설 고구마는 식용, 사료용, 공업용 품종이 있다.

답 ×

37 작물육종의 성과는 신품종의 등장, 경제적 효과 기대, 품질의 개선, 재배 안정성 등이 있다.

답 ○

38 여교잡 육종법은 여러번 교잡을 하기에 시간과 경비가 많이 필요하다.

해설 여교잡육종법의 경우 내병성 품종을 육성하거나 유전자의 연관관계를 규명하는데 흔히 사용되며 육종의 시간과 경비를 절약하는 장점이 있다.

답 ×

39 유전력이 크면 초기세대에 대한 선발이 효과적이다.

답 ○

40 유전자웅성불임성은 토마토에서 관찰된다.

답 ○

41 단성생식은 종간 혹은 속간교배 후 수정이 정상적으로 이루어지지 않았으나 난세포의 발육으로 배가 형성된다.

해설 단성생식은 수정되지 않은 난세포가 단독으로 배를 형성한다.

답 ×

42 반수체는 동종의 게놈이 배가된 것으로 형질의 확대현상이 나타난다.

해설 반수체는 체세포 염색체수의 반을 가지고 성세포나 배우자로 완전 불임성이다.

답 ×

43 잡종강세는 주로 1대잡종에서만 나타나고 자식을 하면 근교약세가 나타난다.

답 ○

44 단교잡은 관여하는 계통이 2개라 잡종강세 현상이 약하게 나타난다.

해설 단교잡은 관여하는 계통이 2개뿐이라 우량 조합의 선정이 용이하고 잡종강세 현상이 뚜렷하다.

답 ×

45 유전자 변이는 교배 및 돌연변이에 의해서만 나타난다.

해설 변이는 온도, 양분, 환경조건 등에 의해 발생하기도 하고 교배, 돌연변이 등의 유전적 변이에 의해 생성되기도 한다.

답 ×

46 세포질웅성불임성은 옥수수에서 주로 관찰된다.

답 ○

47 꽃이 피기 전의 봉오리 상태일 때 일어나는 자가수정을 폐화수정이라 한다.

답 ○

48 육종기술은 변이의 탐구와 창성, 변이의 선택과 고정, 신품종의 증식과 보급의 3단계로 구성된다.

답 ○

49 변이는 유전성에 따라 연속변이, 불연속변이로 분류된다.

해설 변이는 유전성에 따라 유전적 변이, 비유전적 변이로 분류된다.

답 ×

50 작물의 유전 돌연변이설을 주장한 것은 드브리스(De vries)이다.

답 ○

PART 2 2단원 기본50제

01 불임과 관계되는 환경요인으로 가장 거리가 먼 것은?
① 영양
② 광선
③ 토양
④ 병해충

해설 불임과 관계되는 환경요인에는 양분, 수분, 광선, 온도 및 병해충이 있다

02 다음 중 유래에 의해 품종을 구분한 것은?
① 재래종과 육성종
② 재래종과 교잡종
③ 육성종과 순계
④ 재래종과 일대잡종

해설 품종은 내력 및 유래에 따라 재래종, 육성종, 도입품종 등으로 구분된다.

03 다음 중 동형 접합체를 나타내는 것은?
① AA
② Aa
③ AB
④ BC

해설 동형접합체는 같은 유전자형을 가진 것으로 AA 혹은 aa 로 표현할 수 있다.

04 다음 중 유전력에 관한 설명으로 틀린 것은?
① 잡종집단에서 나타나는 표현형의 전체 분산에 대한 유전자 효과에 의한 분산 정도를 말한다.
② 유전력은 0 ~ 100%의 값을 가진다.
③ 유전력이 낮은 형질의 선발 효과는 작다.
④ 자식성작물의 잡종집단에서는 후기세대에서 동형개체가 증가할수록 유전력이 낮아진다.

해설 자식성식물은 후기세대에서 동형개체가 증가할수록 유전력이 높아진다.

05 잡종강세육종에서 일반조합능력과 특정조합 능력을 함께 검정할 수 있는 것은?
① 단교배
② 톱교배
③ 이면교배
④ 3원교배

해설 이면교배는 여러 자식계를 둘씩 조합하거나 교배하여 특정조합능력과 일반조합능력을 검정한다.

정답 01 ③ 02 ① 03 ① 04 ④ 05 ③

06 다음 중 계통육종법에서 인위선별이 행해지는 최초의 세대수는?

① F_2 ② F_3
③ F_4 ④ F_5

해설 ◀ 계통육종법은 교배를 하여 잡종을 만들고 그 분리세대인 F_2 이후부터 계속 개체선발을 한다.

07 다음 중 잡종강세를 이용하기 위해 구비되어야 할 조건이 아닌 것은?

① 1회의 교잡에 의하여 많은 종자를 생산할 수 있어야 한다.
② 교잡조작이 용이해야 한다.
③ 단위 면적당 재배에 필요한 종자량이 많아야 한다.
④ 일대잡종이 실용상 유리하여야 한다.

해설 ◀ 단위 면적당 재배에 필요한 종자량이 적어야 한다.

08 다음 중 농작물의 특성을 유지하기 위한 방법이 아닌 것은?

① 자연교잡에 의한 재배 ② 영양번식에 의한 보존재배
③ 격리재배 ④ 원원종재배

해설 ◀ 자연교잡에 의한 재배는 종자의 퇴화가 발생한다.

09 다음 중 근대 유전학의 토대 및 육종학의 발전에 획기적인 계기를 마련한 사건은?

① 유전자 중심지설 제창 ② DNA구조의 해명
③ 유전법칙의 발견 ④ 진화론의 확립

해설 ◀ 멘델(Mendel, 1822~1884)은 완두를 재료로 유전이 일정한 법칙에 의한다는 유전법칙을 발표하였다. 이를 통해 근대 유전학의 토대 및 육종학의 발전에 획기적인 계기를 마련하게 되었다.

10 세포질적 웅성불임성을 이용하는 채종체계에 대한 설명으로 틀린 것은?

① 제웅작업을 생략할 수 있다.
② 노력과 경비를 절감할 수 있다.
③ 연속 여교잡에 의한 핵치환으로 세포질 인자만을 집어넣은 불임계통을 만들 수 있다.
④ 세포질적 웅성불임성을 이용하므로 종자 채종량이 많다.

해설 ◀ 세포질적 웅성불임성의 F_1은 불임이라 종실을 수확하는 작물에 이용이 어렵다.

정답 06 ① 07 ③ 08 ① 09 ③ 10 ④

11 자연 상태에서 자식을 주로 하면서도 상당히 높은 자연 교잡율을 나타내는, 자식과 타식을 겸하는 식물로만 짝지어진 것은?

① 토마토, 목화
② 아스파라거스, 시금치
③ 목화, 수수
④ 담배, 귀리

해설 자식과 타식을 겸하는 작물도 있는데 주로 자가수정을 하며 자연교잡률이 높은 것이 특징이다. 작물에는 목화, 수수, 유채 등이 있다.

12 다음 중 육종시 선발의 규모를 결정하는 요인과 가장 거리가 먼 것은?

① 선발 형질의 수
② 작물의 번식방법
③ 선발 대상형질에 관여하는 유전자수의 다소
④ 사용할 수 있는 포장면적, 비용, 노력

해설 번식방법은 육종 방법을 선택하는데 영향을 주는 요인이다.

13 다음 중 품종이 반드시 갖추어야 할 조건이 아닌 것은?

① 우수성
② 균일성
③ 영속성
④ 다양성

해설 품종은 구별성, 균일성, 영속성, 신규성, 우수성을 갖추어야 한다.

14 다음 중 자가수분 식물을 이용하여 F1을 만들고 그 후 계속 자식(自殖)시켜 나갈 때 나타나는 현상으로 가장 적합한 것은?

① 순수도가 증가한다.
② 순수도가 변하지 않는다.
③ 순수도가 감소한다.
④ 순수도는 50%에 가까워진다.

해설 자가수분 식물을 이용하여 자가수정을 계속하면 후대로 갈수록 유전적으로 순수해진다.

15 벼의 유전자원 평가에서 1차적 특성 중 필수조사 특성이 아닌 것은?

① 출수기
② 수량
③ 이삭수
④ 현미의 모양

해설 유전자원의 평가는 1차적 특성, 2차적 특성, 3차적 특성으로 나누어 평가한다. 여기서 수량의 경우 3차적 특성에 해당한다.

정답 11 ③ 12 ② 13 ④ 14 ① 15 ②

16 다음 중 자가불화합성의 일시적 타파방법으로 꽃봉오리 때 수분해 주는 방법을 무엇이라 하는가?

① 뇌수분
② 노화수분
③ 개화수분
④ 말기수분

해설 ▸ 뇌수분은 억제물질이 생성되기 전인 개화 2~3일 전 꽃봉오리에 수분하는 것으로 자가수정률이 높아 자가불화합성 계통을 유지할 수 있다.

17 다음 중 염색체가 자극을 받아 절단된 단면(fragment)이 염색체에 다시 부착하지 못했을 때에 생기는 현상은?

① 절단(fragment)
② 결실(deficiency)
③ 전좌(translocation)
④ 중복(duplication)

해설 ▸ 결실은 염색체가 절단되어 생겨난 염색체 단편이 소멸 되서 정상적인 염색체에 비해 절단된 부분만큼 염색체의 내용이 적어지는 현상이다.

18 다음 중 세포주기(cell cycle)에 대한 설명으로 틀린 것은?

① 세포주기는 G1기 – S기 – G2기 – M기의 순으로 반복된다.
② DNA복제는 유사분열이 시작되기 전에 일어나며 이 기간을 S기라 한다.
③ 세포주기가 완성되는데 요구되는 시간은 모든 생물에서 동일하다.
④ G1기간은 DNA합성 전 간격 기간이고, G2기간은 DNA 합성 후 간격 기간이다.

해설 ▸ 세포주기가 완성되는 시간은 생물의 종류 및 특성에 따라 다르다.

19 벼, 콩, 배추, 등에서 1개의 배낭모세포는 감수분열을 거쳐 몇 개의 완전한 배낭으로 성숙하는가?

① 1개
② 2개
③ 3개
④ 4개

해설 ▸ 배낭모세포가 감수분열을 하여 4개의 반수체 대포자를 만든다. 4개의 대포자 중 3개는 퇴화하고 1개만 살아남아 3번의 유사분열을 거쳐 8개의 핵을 가진 배낭이 된다.

정답 16 ① 17 ② 18 ③ 19 ①

20 형질의 변이와 선발에 대한 설명으로 틀린 것은?
① 형질의 표현은 유전자와 환경과의 상호작용에 의해 나타난다.
② 유전력은 양적형질의 변이를 효과적으로 추정하기 위한 하나의 표본 통계치이다.
③ 연속변이를 보이는 형질 중 폴리진의 영향을 받는 경우 개별 유전자가 작용하는 값이 환경변이보다 크다.
④ 딴꽃가루받이성(타식성) 작물에서 원치 않는 우성유전자를 도태시키는 것보다 원치 않는 열성유전자를 도태시키는 것이 더 어렵다.

해설 폴리진은 연속변이의 원인이 되는 유전자로 각각의 폴리진은 그 작용이 환경변이보다 작고 동일 효과를 가지며 같은 방향으로 작용된다.

21 육종의 성과로 볼 수 없는 것은?
① 수량 증대 및 품질의 향상
② 재배지역이나 계절의 제한
③ 기계화 가능성 확대
④ 병해충의 피해 감소

해설 육종에 의해 농작물 재배의 지리적, 계절적 한계를 극복하여 확대시켰다.

22 다음 중 인공교배를 필요로 하지 않는 육종 방법은?
① 분리 육종법
② 계통 육종법
③ 잡종강세육종법
④ 집단육종법

해설 분리육종법은 지방종, 재래종 혹은 재배품종을 대상으로 서로 다른 개체나 개체군을 분리하고 그로부터 우량 형질을 가진 것을 골라 새로운 품종으로 고정하는 육종방법이다. 많은 유전자형이 혼합된 집단에서 선발하기에 별도의 인공교배가 필요하지는 않다.

23 다음 중 다윈이 주장한 이론은?
① 진화론
② 순계설
③ 분리의 법칙
④ 인위돌연변이

해설 다윈이 주장한 이론은 진화론이다.

24 다음 중 자가수정을 촉진하는 식물학적 특성에 해당되는 것은?
① 이형예
② 자웅이숙
③ 장벽수정
④ 폐화수정

해설 꽃이 피기 전의 봉오리 상태일 때 일어나는 자가수정을 폐화수정이라 하며 자가수분을 촉진한다.

정답 20 ③ 21 ② 22 ① 23 ① 24 ④

25 다음 중 신품종 육성의 후기 과정을 순서대로 바르게 나열한 것은?

① 생산력검정예비시험 → 농가실증시험 → 생산력검정본시험 → 지역적응시험 → 종자증식·보급
② 생산력검정예비시험 → 생산력검정본시험 → 농가실증시험 → 지역적응시험 → 종자증식·보급
③ 생산력검정예비시험 → 지역적응시험 → 생산력검정본시험 → 농가실증시험 → 종자증식·보급
④ 생산력검정예비시험 → 생산력검정본시험 → 지역적응시험 → 농가실증시험 → 종자증식·보급

해설 ◀ 생산력 시험에서 현재 장려품종과 비교할 수 있게 대조구를 설치하고 생산력검정 예비시험을 거쳐 생산력검정 본시험, 지방적응 연결시험, 농가실증시험 등을 실시하여 종자를 보급하게 된다.

26 육성계통의 생산력 검정을 위한 포장시험에서 주의해야 할 사항으로 가장 거리가 먼 것은?

① 토양의 균일성 유지
② 품종 및 계통의 임의 배치
③ 반복실험
④ 일장처리

해설 ◀ 생산력 검정에서 검정포장의 토양의 균일성을 유지해야 하고 시험구의 반복횟수가 증가하면 오차를 줄일수 있다.

27 다음 중 유전자원을 수집·보전해야 할 이유로 가장 옳은 것은?

① 멘델 유전법칙을 확인하기 위함
② 다양한 육종소재로 활용하기 위함
③ 야생종을 도태시키기 위함
④ 개량종의 보급을 확대시키기 위함

해설 ◀ 유전자원의 수집 및 보존은 다양한 육종소재로의 활용과 한번 시실되면 두 번 다시 재생이 어려워 보존에 노력을 기울어야 한다.

28 동질배수체의 작성에 관련된 내용 중 옳지 않은 것은?

① 일반적으로 콜히친을 이용하여 배수체를 작성한다.
② 식물체에 콜히친을 처리하면 키메라 현상이 나타난다.
③ 인위배수체는 임성이 높아서 종자도 크다.
④ 콜히친은 분열하지 않는 세포에서는 염색체 수를 배가 시키지 못한다.

해설 ◀ 인위배수체는 임성이 저하된다.

29 다음 중 작물의 교배육종법이 아닌 것은?
① 동질배수체 이용
② 품종간 교배
③ 종속간 교배
④ F1의 이용

해설 교잡육종법은 육종의 소재가 되는 변이를 교잡을 통해 얻는 방법으로 품종간, 종속간 교배 및 1대 잡종을 이용한다. 동질배수체의 경우 배수성육종법에 속하며 종내에 게놈의 증가로 생긴 배수성을 이용하는 방법이다.

30 품종의 변천과 관계가 먼 것은?
① 사람의 기호
② 일반의 경제사정
③ 농업기계의 발달
④ 국가의 정치사정

해설 품종은 사람들의 기호 및 경제사정과 농업기구의 발달 정도에 영향을 받아 변화되었다.

31 대부분의 형질이 우량한 장려품종에 내병성을 도입하고자 할 때 가장 효과적인 육종법은?
① 분리육종법
② 계통육종법
③ 집단육종법
④ 여교잡육종법

해설 여교잡육종법의 경우 내병성 품종을 육성하거나 유전자의 연관관계를 규명하는데 흔히 사용되며 육종의 시간과 경비를 절약하는 장점이 있다.

32 다음 중 유전자간 상호작용의 성질이 다른 것은?
① 억제유전자
② 보족유전자
③ 복대립유전자
④ 중복유전자

해설 대립유전자 내에서 상호작용은 우성으로 표현하고 이에 관여하는 유전자를 우성유전자, 열성유전자로 표현한다. 대립유전자 상호작용에는 불완전우성, 공동우성, 복대립유전자 등이 해당된다.

33 다음 중 계통분리법에 해당하지 않는 육종법은?
① 집단육종법
② 성군집단선발법
③ 모계선발법
④ 가계선발법

해설 집단육종법은 교잡육종법에 해당된다.

정답 29 ① 30 ④ 31 ④ 32 ③ 33 ①

34 유전력과 선발에 대한 설명으로 가장 옳은 것은?
① 유전력이 크면 초기세대의 선발이 효과적이다.
② 유전력과 선발효과와는 무관하다.
③ 유전력은 유전분산 중 표현형분산이 차지하는 비율이다.
④ 유전력은 환경분산이 커짐에 따라 증가한다.

해설 유전력이 크면 초기세대에 대한 선발이 효과적이다.

35 다음 중 유전적 변이를 감별하는 방법으로 가장 알맞은 것은?
① 유의성 검정   ② 후대검정
③ 전체형성능(totipotency) 검정   ④ 질소 이용률 검정

해설 후대검정은 변이를 나타낸 개체를 자식하여 선발된 우량형이 유전적인 변이인가를 관찰한다.

36 반수체식물이 얻어지는 조직배양 기법은?
① 배유배양   ② 약배양
③ 생장점배양   ④ 세포융합

해설 식물체의 화분이나 약을 채취 및 배양하여 반수체, 반수체성 배를 생산하는 방법을 약배양육종법이라 한다.

37 돌연변이체의 선발시기는?
① M1 세대 이후   ② M2 세대 이후
③ M4 세대 이후   ④ M6 세대 이후

해설 돌연변이육종은 M_1 세대에서 양성하고 M_2 세대에서 선발하여 계통재배한 다음 M_3 세대에서 돌연변이 고정도를 조사하고 M_4 세대에서 생산력을 검정한다.

38 다음 중 유전적 변이를 만들 수 있는 생식과정에 해당하는 것은?
① 영양번식   ② 감수분열
③ 무성생식   ④ 아포믹시스

해설 감수분열은 배우자 형성을 위해 암수의 생식기관에서 생식모세포의 염색체 수가 반감되는 세포분열을 말한다. 이러한 과정을 통해 감수분열은 다양성을 지니면서 유전적 변이를 만들 수 있다.

정답 34 ① 35 ② 36 ② 37 ② 38 ②

39 형태적 형질 중 제1차적 특성에서 질적형질에 관여하는 요인으로 옳은 것은?
① 식미
② 저장성
③ 다수성
④ 종피색

해설 질적형질은 종피색 같이 형질의 특성이 몇 가지 종류로 구분되는 형질이다.

40 동질배수체의 일반적인 특징이 아닌 것은?
① 핵과 세포가 커진다.
② 함유성분의 변화가 생긴다.
③ 발육이 지연된다.
④ 채종량이 증가한다.

해설 동질배수체는 핵과 세포가 커지고, 영양기관의 발육이 왕성하여 거대화하고, 화서 및 종자가 대형화한다. 그리고 임성이 저하되고 착과성이 감퇴하며 발육이 지연 된다.

41 다음 중 세포질·핵 유전형의 웅성 불임성을 이용하여 일대잡종 종자를 다량으로 생산하는 체계가 확립된 작물은?
① 호밀
② 감자
③ 고추
④ 시금치

해설 양파, 당근, 고추, 토마토, 옥수수 등의 종자생산에는 웅성불임성을 이용한다.

42 벼 신품종의 종자증식 체계로 옳은 것은?
① 원원종 - 원종 - 기본식물 - 보급종
② 원종 - 원원종 - 기본식물 - 보급종
③ 원원종 - 원종 - 보급종 - 기본식물
④ 기본식물 - 원원종 - 원종 - 보급종

해설 작물의 종자생산 관리체계는 기본식물, 원원종, 원종, 채종포(보급종), 농가의 순이다.

43 다음 중 멘델의 유전법칙에 대한 설명으로 틀린 것은?
① 우성과 열성의 대립유전자가 함께 있을 때 우성형질이 나타난다.
② F2에서 우성과 열성형질이 일정한 비율로 나타난다.
③ 유전자들이 섞여 있어도 순수성이 유지된다.
④ 두 쌍의 대립형질이 서로 연관되어 유전분리한다.

해설 멘델의 유전법칙의 독립에 법칙에 의거하여 다른 염색체상에 있는 두쌍이나 두쌍 이상의 대립유전자가 간섭받지 않고 후대로 전해진다.

정답 39 ④ 40 ④ 41 ③ 42 ④ 43 ④

44 인위 돌연변이 유발을 위하여 코발트를 이용하면 비교적 안정하고 강력한 에너지를 얻을 수 있는 방사선은?
① X선
② γ선
③ 중성자
④ β선

해설 인위 돌연변이 유발을 위하여 γ선(감마선)을 이용하는 것이 비교적 안정적이다.

45 질적형질에 속하는 것은?
① 키
② 종피색
③ 가지수
④ 함유(기름)성분

해설 질적형질은 양적으로 표현할 수 없는 형질로 종피색 등이 해당된다.

46 육종에서 이용될 수 없는 변이는?
① 환경변이
② 유전변이
③ 돌연변이
④ 교잡변이

해설 환경변이는 비유전적 원인에 해당되는 변이로 육종에서 이용될수 없다.

47 검정교배조합을 바르게 나타낸 것은?
① Aa×Aa
② Aa×aa
③ AA×Aa
④ A×B

해설 검정교배는 F_1을 그 형질에 대하여 열성인 개체와 교배하는 것으로 어떤 개체의 유전자형과 배우자의 분리비를 알 수 있다.

48 멘델의 유전법칙이 아닌 것은?
① 지배의 법칙
② 대립의 법칙
③ 독립의 법칙
④ 분리의 법칙

해설 멘델의 유전법칙에는 지배의 법칙, 분리의 법칙, 독립의 법칙이 있다.

정답 44 ② 45 ② 46 ① 47 ② 48 ②

49 다음 중 작물의 기원지가 중국지역에 해당하는 것으로만 나열된 것은?

① 감자, 땅콩, 담배
② 조, 피, 메밀
③ 토마토, 고추, 수수
④ 수박, 참외, 호밀

해설 ◀ 바빌로프의 작물의 기원지가 중국지역인 것으로 피, 메밀, 무, 오이, 상추, 배, 복숭아 등이 있다.

50 육종 기술에 있어서 가장 적합하지 않은 것은?

① 방황변이의 수집 육성
② 유전적 변이의 탐구와 창성
③ 변이의 선택과 고정
④ 신종의 증식과 보급

해설 ◀ 육종기술은 변이의 탐구와 창성, 변이의 선택과 고정, 신품종의 증식과 보급의 3단계로 구성된다.

PART 3

재배

CRAFTSMAN SEEDS

PART 03 재배

01 작물의 개념 및 현황

1. 작물의 뜻

(1) 재배

① 재배는 인간이 경지를 이용하여 작물을 기르고 수확하는 경제적 행위를 말한다.
② 재배는 되도록 많은 수량을 내어 소득을 올리는 것이 좋고 일정 토지면적에서 작물의 수량을 극대화하기 위해 우수한 품종을 선택하고 최적의 환경을 조성해지면서 적합한 재배기술을 적용한다.
③ 작물의 수량은 유전성, 환경조건, 재배기술을 3변으로 표현하는 작물수량 삼각형으로 표현한다.
④ 작물수량 삼각형은 유전성은 우수하고 최적의 환경조건을 가지며 적합한 재배기술을 적용해야 한다.
⑤ 재배종 특성
  ㉠ 발아억제 물질이 감소하거나 소실되는 방향으로 발달하였다.
  ㉡ 생장에너지가 다량 함유된 대립종자에서 발전하였다.
  ㉢ 종자의 단백질 함량이 낮아지고 탄수화물 함량이 증가하는 방향으로 발전하였다.
  ㉣ 모든 종자가 일시에 성숙되고 개화기에 일시에 집중하는 방향으로 발전하였다.
  ㉤ 탈립성이 작은 방향으로 수량은 많은 방향으로 발달하였다.

(2) 작물

① 작물은 일반식물에 비하여 이용성과 경제성이 높아야 한다.
② 작물의 경제성을 높이기 위해 특정 수확부위의 수량을 높여야 한다. 특정 부위만 매우 발달한 일종의 기형식물을 이루는 경우가 있다.
③ 기형으로 발달된 작물은 야생식물보다 생존 경쟁력이 약하다.

2. 작물의 기원 및 분화

(1) 식물의 기원과 분화

① 식물의 기원
  ㉠ 현재 재배되는 작물들은 야생식물에서 순화 및 발달되었다.
  ㉡ 어떤 작물의 야생하는 원형식물을 그 작물의 야생종 혹은 원종이라 한다.
  ㉢ 재배종이 야생원형식물로부터 변이, 발달해온 과정을 작물의 식물적 기원이라 한다.

② 작물의 분화
  ㉠ 분화는 작물이 여러 갈래로 갈라지는 현상을 의미한다.
  ㉡ 분화는 첫 과정은 유전적 변이의 발생이다.
  ㉢ 분화의 과정은 자연교잡, 돌연변이에서 도태와 적응, 순화, 적응형의 과정을 거친다.
  ㉣ 분화의 마지막 과정은 적응형들이 유전적으로 안정적인 상태를 유지하는 것이고 이를 위하여 적응형 상호간에 유전적 교섭이 발생하지 않게 격절(고립, isolation)을 하도록 한다.
  ㉤ 격절에는 지리적 격절, 생리적 격절, 인위적 격절 등이 있다.

지리적 격절	지리적으로 떨어져 있어 유전적 교섭이 일어나지 않는다.
생리적 격절	개화기의 차이, 교잡불능 등으로 유전적 교섭이 방지된다.
인위적 격절	인위적으로 다른 유전자와의 교섭을 방지한다.

  ㉥ 야생형 식물의 경우 분화과정에서 종자의 탈립, 산포능력의 상실, 종실의 크기 대형화, 방어적 구조의 퇴화, 종자의 휴면성약화 등이 나타난다. 즉 야생식물의 경우 재배화되면서 여러 가지 순화된 특성이 나타나게 되는 것이다.

③ 작물의 유연관계
  ㉠ 작물의 분화는 유연관계가 있는 다양성을 나타내기에 식물적 기원을 파악하는데 도움이 된다.
  ㉡ 유연관계를 파악하는 방법에는 교잡에 의한 방법, 염색체에 의한 방법, 면역학적 방법 등이 있다.
  ㉢ 작물의 유연관계는 내부 유전적인 영향이 가장 크며 염색체의 수, 모양의 차이로 파악이 가능하다.

(2) 식물의 지리적 분류

① 작물의 최초 원산지에서 타지역으로 전파된 과정을 지리적 기원이라 한다.
② 작물의 원산지 연구는 De Candolle 의 야생종의 분포지방, 고고학 등에 표시되어 있는 사실과 전설 및 구기 등을 참고하여 작물의 발상지, 재배 연대, 내력 등을 최초로 밝혔다.
③ 바빌로프(Vavilov)는 작물의 원산지에 관련하여 유전자중심지설(gene center theory)을 제기하였다. 중심지에서 재배 식물의 변이가 가장 풍부하고 다른 지방에 없는 변이를 보이며 중심지에서 우성형질이 많고 중심지에서 멀어지면 열성 유전자가 많이 보인다.
④ 농경의 발상지는 학자에 따라 다르게 추정하였는데 큰강의 유역은 De Candolle, 산간부는 Vavilov, 해안지대는 P. Dettweiler 이다.
⑤ 유전자중심지설은 작물육종에 있어 새로운 유용 유전자를 탐색 및 수집에 많이 활용된다.
⑥ 바빌로프는 주요 작물의 재배기원 중심지를 8개 지역으로 나누었다.

중국지구	조, 피, 메밀, 무, 오이, 상추, 배, 복숭아
힌두스탄지구	벼, 목화, 삼, 귤
중앙아시아지구	밀, 완두, 강낭콩, 아마, 포도, 참깨
근동지구	늘보리, 6재배 귀리, 배, 사과, 알팔파
지중해연안지구	채소류, 2립계 밀, 클로버
아비시니아지구	보리, 아마, 해바라기
중앙아메리카지구	옥수수, 고구마
남아메리카지구	감자, 담배, 바나나, 토마토

02 작물의 분류

1. 작물의 종류

(1) 작물의 종류

① 식용작물

미곡	벼
맥류	보리, 호밀, 밀, 귀리
잡곡	수수, 옥수수, 메밀, 기장
두류	콩, 녹두 강낭콩, 완두, 팥, 땅콩
서류	고구마, 감자

② 공예작물

섬유작물	목화, 삼, 모시풀, 수세미, 닥나무
전분작물	옥수수, 감자, 고구마
유료작물	참깨, 들깨, 유채, 땅콩, 해바라기, 아주까리, 오일팜
기호료작물	차, 담배, 커피
약료작물	제충국, 인삼, 도라지, 박하, 당귀
당료작물	사탕무, 사탕수수

③ 사료 작물

화본과	옥수수, 티머시, 오처드 그래스
콩과	알팔파, 레드클러버, 스위트 클로버, 화이트 클로버

④ 녹비 작물

화본과	귀리, 호밀, 라이그래스
콩과	자운영, 콩

⑤ 원예작물

㉠ 과수

핵과류	자두, 살구, 복숭아, 앵두
인과류	배, 사과, 비파
준인과류	감, 귤
장과류	포도, 무화과, 딸기
각과류	밤, 호두

ⓛ 채소

과채류		오이, 호박, 참외, 멜론, 수박, 딸기
협채류		완두, 동부, 강낭콩
근채류	괴근류	고구마, 감자, 마, 연근, 생강
	직근류	무, 당근, 우엉
경엽채류	엽채류	배추, 양배추, 갓
	생채류	샐러드, 상치, 파슬리, 땅두릅
	유채류	미나리, 아스파라거스, 죽순, 시금치
	총류	파, 양파, 쪽파, 마늘

⑥ 생태적 분류

생존연한	• 1년생 작물 : 벼, 콩, 옥수수, 배추 • 2년생 작물(월년생작물) : 보리, 밀, 대파, 무, 사탕무 • 다년생 작물 : 감자, 고구마, 아스파라거스
생육계절	• 하작물 : 콩, 수수혼작 • 동작물 : 밀, 보리
생육형	• 주형작물(식물체가 포기를 형성) : 벼, 맥류, 오챠드그라스 • 포복형작물(땅을 기어 지표를 덮음) : 고구마
생육온도	• 저온작물 : 맥류, 감자 • 고온작물 : 벼, 콩, 담배
저항성	• 내산성 작물 : 감자, 벼 • 내건성 작물 : 수수 • 내습성 작물 : 밭벼 • 내염성 작물 : 사탕무, 목화, 양배추, 유채 • 내풍성 작물 : 고구마

⑦ 재배・이용에 따른 분류

작부방식	• 동반작물 : 다년생초지에 초기 산초량을 높이기 위해 섞는 작물 • 보호작물 : 주요작물의 보호를 위해 심는 작물 • 대용작물 : 주작물 수확이 어려울 경우 대체작물, 메밀·채소·조 • 구황작물 : 불리한 환경(흉년)에 수확량이 상당한 작물, 메밀·고구마
토양보호	• 토양보호 작물 : 일종의 토양 피복 작물 • 토양조성 작물 : 지력증진에 도움이 되는 작물, 콩과식물 • 토양수탈 작물 : 토양 양분만 가져가 비료분을 공급해야 하는 작물, 화곡류
경제·경영	• 자급 작물 : 농가에서 자급용 작물 • 환금 작물 : 판매용 작물, 담배·인삼 • 경제 작물 : 환금작물 중 수익성이 높은 작물, 담배·양파·마늘
사료용도	• 청예작물 : 곡식의 줄기나 잎을 사료로 사용할 목적, 순무 • 건초작물 : 건초용으로 사용되는 작물, 티머시·알팔파 • 종실사료작물 : 종자를 사료로 이용하는 작물, 맥류·옥수수

(2) 작물의 종수 및 재배현황

① 전세계적으로 식물의 종수는 약 28만여종 정도로 추정하고 있으며 그중 국내에는 약 5400종 정도가 서식을 하고 있다.
② 그중 작물의 종수는 약 3천여종 정도로 식물종수의 약 1% 수준 정도이다. 식용작물종수는 900 여정 정도이다.
③ 인류가 주로 소비하고 있는 3대 식량작물로는 옥수수, 밀, 벼가 있고 인류가 소비하는 양의 약 70% 이상을 차지하고 있다.
④ 국내의 경우 작물별 경지이용 면적은 식량작물이 약 63% 정도로 대부분이며 채소류 13%, 특용 및 약용작물 4%, 과수 및 기타 19.5% 정도를 차지하고 있다.
⑤ 식용작물의 재배면적은 미곡, 두류, 서류, 맥류, 잡곡 순이며 생산량은 미곡, 서류, 두류, 잡곡, 맥류 순이다.
⑥ 우리나라가 원산지인 작물에는 콩, 팥, 녹두, 들깨, 감, 인삼, 머루 등이 있다.

(3) 작물의 분류

① 담자균류

  송이과에는 양송이, 표고가 있다.

② 단자엽식물

  ㉠ 화본과에는 옥수수, 죽순 등이 있다.
  ㉡ 백합과에는 양파, 마늘 등이 있다.
  ㉢ 마과에는 마, 참마 등이 있다.

③ 쌍자엽식물

  ㉠ 명아주과에는 근대, 시금치, 비트 등이 있다.
  ㉡ 십자화과에는 양배추, 배추, 무 등이 있다.
  ㉢ 아욱과에는 아욱, 오크라 등이 있다.
  ㉣ 산형화과에는 셀러리, 미나리, 당근 등이 있다.
  ㉤ 박과에는 수박, 오이, 참외, 호박 등이 있다.
  ㉥ 국화과에는 상추, 우엉, 쑥갓 등이 있다.

03 작물재배 환경

1. 토양

(1) 지력

① 지력은 식물을 길러내는 땅의 힘을 의미한다. 농작물의 경우 같은 자리에 지속적으로 작물을 길러낼 경우 흙속의 양분이 고갈되어 이후의 작물들은 제대로 자라지 못한다.
② 지력이 떨어질 경우에는 비료를 이용하거나 농사를 쉬어주는 휴경, 다른 곳의 흙을 가져오는 객토 등의 작업을 통해 지력을 보충한다.

(2) 토성

① 토양은 고상, 기상, 액상으로 구성되어 있으며 고상의 대부분은 무기물과 약간의 유기물이, 기상은 토양공기, 액상은 토양수분을 의미하며 고상:액상:기상=50:25:25 비율로 구성되어 있는 것이 작물이 크기에 가장 이상적인 구조이다.
② 토성은 모래(미사, 조사), 점토 함량을 기준으로 분류하는데 주로 점토를 기준으로 분류하며 사토, 식토, 양토, 사양토, 식양토 등으로 분류된다.

토양	진흙정도(%)
사토	12.5 ↓
사양토	12.5 ~ 25.0
양토	25.0 ~ 37.5
식양토	37.5 ~ 50.0
식토	50.0 ↑

③ 자갈이나 모래가 많은 토양의 경우 빈공극이 많아 통기성이 좋으나 보수력이나 보비력이 낮아 작물의 생육에는 오히려 불리하다. 점토함량이 많은 토양의 경우 보수력과 보비력은 좋으나 공극이 작아 통기성이 불량하여 이 역시도 작물의 생육에는 불리하다.

(3) 토양구조 및 토층

① 토양 구조는 토양입자의 배열상태를 말하며 토양입자가 개별적으로 있는 경우 단립구조, 서로 결합되어 무리를 이루는 경우를 입단구조라 정의한다.

단립구조(홑알구조)	입단구조(떼알구조)
· 토양에서 각각 독립적으로 존재하는 구조로서 큰 공극이 많아 수분 및 비료의 함량이 적은 편이다. · 대표적으로 모래와 미사가 단립구조를 가진다.	· 여러 입자들이 하나의 단체를 만들고 단체끼리 모여 입단을 만드는 구조로 통기성이 좋고 적정량의 수분을 보유한다. · 식물이 생육하기에 수분 및 공기의 유동에 적합한 구조이다.

② 입단을 조성하기 위해서는 입단구조가 만들어지기 위한 요소인 점토, 유기물 등을 첨가하거나 콩과식물의 재배, 토양의 피복 등을 통해 구조를 개선해야 한다.

③ 입단의 분해 혹은 파괴가 일어나는 경우는 과도한 경운작업과 같은 물리적 충격을 주거나 환경 및 기상에 의한 입단의 수축, 팽윤의 반복 혹은 입단구조에서 반발력이 있는 이온(나트륨이온 등)이 과다할 경우 발생한다.

(4) 토양 중의 무기성분

① 무기염류는 작물의 생육에 필요한 필수원소 16가지가 있으며 이러한 원소들이 많이 필요한 것들을 다량원소, 소량 필요할 경우를 미량원소라 한다.

구분		흡수 형태	상대량(%)
다량원소	탄소(C)	CO_2	45
	산소(O)	O_2, H_2O	45
	수소(H)	H_2O	6
	질소(N)	NO_3^-, NH_4^+	1.5
	칼륨(K)	K^+	1.0
	칼슘(Ca)	Ca^{2+}	0.5
	마그네슘(Mg)	Mg^{2+}	0.2
	인(P)	$H_2PO_4^-$, HPO_4^{2-}	0.2
	황(S)	SO_4^{2-}	0.1

구분		흡수 형태	상대량(%)
미량원소	염소(Cl)	Cl^-	0.01
	철(Fe)	Fe^{3+}, Fe^{2+}	0.01
	망간(Mn)	Mn^{2+}	0.005
	붕소(B)	H_3BO_3	0.002
	아연(Zn)	Zn^{2+}	0.002
	구리(Cu)	Cu^+, Cu^{2+}	0.0006
	몰리브덴(Mo)	MoO_4^{3-}	0.00001

② 작물의 생육시 초기에는 성장을 위해 질소의 흡수량이 가장 많으나 이후에는 칼륨의 흡수량이 더 많아지게 된다.

③ 무기성분의 특징

㉠ 질소

특징	· 대기 중의 78% 정도를 차지하는 원소로 수목의 단백질, 아미노산 등의 유기화합물을 구성하는 필수 원소이다. · 식물 내의 질소의 함량이 가장 많은 부위는 잎이다. · 주로 식물에 흡수시 질산태(NO_3^-), 암모니아태(NH_4^+)로 흡수된다.
결핍증상	· 잎의 생장이 불량하고 잎이 짧아지거나 전반적으로 소형화된다. · 잎 전체의 황백화 현상이 나타나며 심할 경우 괴사한다.
과잉증상	· 잎이 짙은 녹색이 되면서 도장현상이 나타난다. · 가뭄, 병충해 등의 저항성이 약해진다. · 결실률이 떨어지고 과실의 경우 소과가 되기도 한다.

㉡ 인산

특징	· 강산성 토양에서 인산은 철, 알루미늄, 망간과 결합하여 식물이 이용할 수 없게 된다. · 중성 토양의 경우 인산의 유효도가 증가하며 pH 6~7 정도가 적당하다. · 뿌리의 신장을 촉진하고 내한 및 내건성을 증가시킨다. · 주로 이온 형태($H_2PO_4^-$, HPO_4^{2-})로 흡수한다.
결핍증상	· 뿌리 발달이 늦어 식물의 발육도 늦어진다. · 갈색반점이 생기거나 노엽은 암록색을 띠고 개화결실이 불량해진다. · 과실 및 종자의 형성이 불충실해진다.
과잉증상	· 아연, 철, 고토의 결핍을 유발하고 황화현상을 일으킨다. · 영양생장이 멈추고 성숙이 빨라져 수확량이 감소한다.

ⓒ 칼륨

특징	· 탄수화물대사, 단백질대사, 효소 활성화 등의 촉매역할을 한다. · 뿌리의 발육과 개화결실에 도움을 준다. · 뿌리, 줄기를 강하게 하고 병해충에 대한 저항력을 증가시킨다. · 양이온(K^+)으로 흡수 및 이용하며 세포의 팽압을 유지한다. · 잎, 뿌리 등의 선단에 많이 있으며 종실에는 거의 없다.
결핍증상	· 늙은잎의 선단에서 황화하고 결국 갈변하다가 고사한다. · 어린잎은 암록색이 되고 신장이 나쁘게 된다. · 뿌리의 생장이 제한되고 뿌리썩음병이 일어나기 쉽다. · 과실의 경우 모양과 품질이 저하된다.
과잉증상	· 칼슘과 마그네슘의 흡수를 억제하여 결핍시킨다.

ⓔ 칼슘

특징	· 건조지역이 습한지역보다 더 많은 양을 함유하고 있다. · 정단 분열조직 발달, 단백질의 합성, 뿌리 및 지상부의 신장에 관여한다. · 식물체 내에서는 세포막의 구성성분으로 주로 잎에 함유량이 많다. · 질소의 흡수를 도와주고 알루미늄의 흡수를 조절해준다.
결핍증상	· 분열조직의 생장이 감퇴한다. · 칼슘은 식물체내에서도 이동성이 낮아 신엽, 경엽등에서 결핍증상이 나타난다. · 토마토 배꼽썩음병이 발생하기도 한다.
과잉증상	· 철, 마그네슘, 아연등의 흡수를 방해하는 일종의 길항작용을 한다.

ⓜ 마그네슘

특징	· 마그네슘은 식물의 광합성에 필수적인 엽록소의 구성성분이다. · 칼륨, 망간에 길항작용을 한다. · 황산고토, 백운성으로 결핍을 방지할 수 있다.
결핍증상	· 늙은 잎에서 먼저 황화되며 심할 경우 백화현상이 일어난다. · 뿌리, 줄기의 생장이 저해된다.

ⓑ 황

특징	· 토양내 유기태, 무기태 형태로 있으며 대부분 유기태로 존재한다. · 토양의 유기태 황은 미생물에 의해 무기화되어 식물에 이용된다. · 단백질, 아미노산, 비타민의 구성성분으로 식물의 생리작용에 관여한다. · 대부분의 산림토양에서 황의 결핍은 거의 없으나 유기물함량이 낮은 사질토양에서 종종 발생한다. · 식물체내 이동성이 낮은 편이라 어린잎에서 먼저 결핍증상이 나타난다.
결핍증상	· 생장이 저조해지며 뿌리혹박테리아에 의한 질소고정능력이 저하된다. · 엽록소의 형성이 억제된다.
과잉증상	· 토양의 산성화를 촉진한다.

ⓢ 철

특징	· 엽록소의 생성 및 호흡효소 활동에 관여한다.
결핍증상	· 엽록소 생성이 방해되며 새잎에서 황백화가 발생한다.
과잉증상	· 망간, 인산의 결핍을 조장한다.

ⓞ 망간

특징	· 산화효소를 도와 산화, 환원반응에 관여한다. · 엽록소의 생성에 관여한다.
결핍증상	· 잎의 소형화, 잎의 황화현상이 일어나기도 한다. · 쌍자엽 식물에 경우 잎에 작은 황색반점이 생기기도 한다. · 알칼리성 토양에서 결핍증상이 자주 발생된다. · 벼, 보리에서 세로의 줄무늬가 발생한다.
과잉증상	· 철의 결핍을 조장한다. · 뿌리가 갈변하거나 사과의 경우 적진병이 발생하기도 한다.

ⓩ 붕소

특징	· 세포의 분열과 화분의 수정에 관여한다. · 세포막 펙틴의 형성에 관여한다. · 식물체내 이동성이 낮아 어린잎에서 결핍증상이 나타난다.
결핍증상	· 생장점의 발육이 중지되고 심할 경우 뿌리 생장점도 더뎌진다. · 꽃가루 생성이 불량하고 불임이 발생한다. · 조직이 전반적으로 거칠고 단단해 지며 괴사가 일어난다. · 사과의 축과병 같은 병해가 나타난다.
과잉증상	· 잎의 황화 현상이 발생되며 심할 경우 고사한다.

ㅊ 몰리브덴

특징	• 질산 환원 효소의 구성성분으로 콩과작물의 질소고정에 도움을 준다. • 질소를 고정하는 근류균의 생육에 도움을 준다. • 단백질의 합성에 관여한다.
결핍증상	• 광엽이 엽면의 안쪽으로 감아 휘게 된다. • 늙은 잎에서부터 황화현상이 발생된다.

(5) 토양유기물

① 토양유기물의 기능

㉠ 유기물의 분해를 통해 작물의 양분을 공급하는 등의 순환과정에 관여한다.

㉡ 유기물 분해시 다양한 생장촉진물질이 만들어 진다.

㉢ 토양의 입단구조 형성을 통해 토양의 성질을 개선해 준다.

㉣ 부식콜로이드생성으로 양분의 흡착력이 강해져 입단구조 형성에 도움을 준다.

㉤ 산성토양을 개선할 수 있고 지온상승등으로 유용미생물의 생육환경을 만들어준다.

㉥ 토양을 보호해주고 침식을 막아준다.

② 토양부식

㉠ 토양 중에 유기물이 미생물에 의한 분해작용으로 암갈색의 물질로 변하게 되는 과정을 부식이라 한다.

㉡ 유기물이 산소가 있는 조건에서 호기성 세균에 의해 분해되는 작용으로 밭에서 관찰되며 부식이 적고 중성부식이 발생한다.

㉢ 유기물이 산소가 없는 조건에서 혐기성 세균에 의해 분해되는 작용은 논상태에서 관찰이 되며 부식량이 많고 산성부식이 생긴다.

㉣ 잘 부식된 경우의 탄소와 질소의 탄질비는 10 정도이다.

(6) 토양 수분

① 수분 포텐셜

㉠ 토양수분장력은 Potential Force 의 약자를 따서 pF 로 표기한다. 토양에 수분이 어느정도의 힘으로 있는가를 수주 높이로 표시한 것이다.

㉡ pF = log H (H : 수조 높이, 단위 : cm) 이며 토양의 수주높이가 1000cm 의 경우 pF = 3 으로 1기압(1atm) 이다.

㉢ 토양의 수분함량에 따라 아래와 같이 정의한다.

용어	pF	특징
최대용수량	0	토양내에 모든 공극에 물이 찬 상태의 수분함량
포장용수량	1.7~2.7	최대용수량에 중력수가 제거 되고 모세관의 수분 함량 기준
위조점	4.2	식물이 수분을 흡수하지 못하고 영구히 시들어버리는 시점, 이때의 수분함량은 위조계수라 한다.
흡습계수	4.5	마른 토양의 수분함량
수분당량	2.7~3.0	물을 포화시킨 토양에 원심력 적용후 토양에 남아 있는 수분으로 토양 중력의 1000배 원심력을 작용시킬 경우 잔류하는 수분을 말한다.

㉣ 유효수분은 포장용수량~영구위조점까지 pF 2.7~4.2 정도이다. 여기서 일반작물의 유효수분은 pF 1.8 ~ 4.0 정도이며 정상생육이 가능한 범위는 1.8~3.0 이다.

㉤ 포장용수량은 강우나 관개 후 2~3일 경과되어 완전 배수가 된 포장에서 중력에 저항하여 토양에 보류하는 수분을 의미한다.

㉥ 수목의 생육에 적합한 최적함수량은 최대용수량의 60~80% 정도이다.

㉦ 토양 수분의 종류는 아래와 같이 분류된다. 결합수와 흡습수는 식물이 사용할 수 없는 수분이고 주로 모관수가 작물에 이용된다.

용어	pF	특징
결합수	7.0↑	토양이나 생체 속 등에서 강하게 결합되어서 쉽게 제거할 수 없는 물
흡습수	4.5~7	토양입자 표면에 피막 상을 흡착된 수분
모관수	2.7~4.5	모관 인력에 의하여 토양 내의 작은 공극을 상승하는 수분
중력수	2.5↓	중력의 영향으로 토양에서 배수되는 물

② 수분 스트레스

㉠ 수목의 함수량이 저하되면 시들기 시작하는데 이를 위조현상이라 한다.

㉡ 이러한 시드는 과정은 정도에 따라 초기위조, 일시적위조, 영구위조로 구분된다.

초기위조	· 수목의 지상부가 시들기 시작하는 상태이다. · 식물 생육억제의 초기 단계, pF 3.9 정도이다.
일시적 위조	· 초기 위조 이후 진행된 상태, 그러나 관수에 의하지 않아도 회복이 가능한 단계이다. · 보통 작물의 증산이 흡수보다 클 때 일어난다.
영구위조	· 수목의 뿌리 흡수조차 불가능한 상태로 회복할 수 없는 시점이다. · pF 는 통상 4.2 정도이다.

③ 증산 작용
　㉠ 잎의 기공에서 수목의 수분이 대기로 배출되는 것을 증산작용이라 한다.
　㉡ 증산작용의 조건은 광도가 강할 때, 습도가 낮을 때, 온도가 높을 때, 기공이 크고 밀도가 높을 때, 기공 개폐가 빈번할 때 많이 일어난다.
　㉢ 잎의 증산작용은 수목의 온도 조절과 무기염 흡수를 촉진시키는 역할을 한다.

(7) 토양공기

① 토양공기 일반
　㉠ 토양에 빈공간에 공기로 차 있는 공극부분을 용기량이라 하며 일반적으로 모관공극에는 수분이 차지하고 있으며 비모관 공극에 공기가 분포되어 있다.
　㉡ 토양공기의 분포는 산소는 10~21%, 이산화탄소는 0.1~10%, 질소는 75~80% 정도이다.
　㉢ 토양에 공기는 미생물의 호흡 및 환경에 의해 주로 산소는 적은편이고 이산화탄소의 경우 일반 대기의 이산화탄소 농도보다 높은 편이다.
　㉣ 토양도 깊이에 따라 공기의 차이가 있는데 아래로 내려갈수록 산소의 농도는 낮아지고 이산화탄소의 농도는 높아진다.
　㉤ 토양 중에 산소가 부족하면 뿌리의 호흡과 생리작용이 저해되어 환원성 유해물질인 황화수소 등이 생성되어 뿌리에 악영향을 준다.

② 토양의 용기량
　㉠ 토양 중에 공기로 차 있는 공극량을 토양의 용기량이라 한다.
　㉡ 토양의 용기량이 증대하면 작물생육에 도움이 되나 어느 한계점을 넘으면 생육이 저해되기도 한다. 작물이 생육하기 위한 가장 적합한 최적용기량은 10~25% 정도이며 작물에 따라 최적용기량은 달라진다.
　㉢ 토성이 사질토양과 같이 비모관공극이 많아지면 토양의 용기량이 증대된다.
　㉣ 토양의 함수량이 증대되면 용기량이 적어지고 산소의 농도가 낮아지며 이산화탄소의 농도가 높아진다.

③ 토양의 통기성
　㉠ 식물이 살아가는데 토양의 통기성을 양호하게 하는 방법으로 유기물, 토양개량제 등을 이용한 입단조성, 배수 시설의 조성, 객토 등을 통한 물리적 방법등이 있다.
　㉡ 유기물 및 석회, 토양개량제 등을 사용하여 토양의 입단조성이 되도록 한다.
　㉢ 습기가 많은 토양은 명거배수, 암거배수를 통해 수분 및 공기의 순환에 도움을

ⓔ 객토를 실시하여 식질토성을 개량하고 습지의 지반을 높이며 심경하도록 한다.
ⓜ 답전윤환재배를 통해 논토양의 용기량을 증대시킨다.
ⓑ 밭작물의 휴파나 수도의 휴립재배 및 중경은 토양의 통기성을 양호하게 한다.
ⓢ 답리작을 실시하고 파종 당시 미숙퇴비를 종자 위에 두껍지 않게 덮도록 한다.

(8) 토양오염

① 토양오염 및 대책
  ㉠ 오염물질은 수질 및 대기를 통해 토양에 유입되며 작물 및 토양생물에 영향을 준다.
  ㉡ 토양의 오염물질의 잔류로 인하여 오랜시간 피해를 주기도 한다.
  ㉢ 이러한 토양의 오염을 방지하기 위한 대책은 다음과 같다.
   • 산성비료를 줄이고 중성비료를 사용한다.
   • 화학비료보다는 퇴비 및 유기질비료 등의 사용을 권장한다.
   • 농약의 과다한 사용을 피하도록 한다.
   • 가정 및 산업에 의해 발생된 폐수의 관리가 요구된다.
   • 중금속오염을 방지하기 위해 객토나 환토, 석회성분의 공급, 인산성분의 공급, 토양산도의 조정 등의 작업을 실시한다.

② 무기물에 의한 오염
  ㉠ 환경오염에 원인 물질이 되는 무기원소에는 As(비소), Cd(카드뮴), 구리(Cu), Hg(수은), Mo(몰리브덴), Pb(납), Mn(망간) 등이 있다.
  ㉡ 유해성분이 과도하게 집적되면 물질별로 피해증상이 다르게 나타나며 대체로 뿌리의 신장이 저해되고 심할 경우 고사한다.
  ㉢ 비소, 구리, 망간 등 유해 중금속은 영양소의 결핍을 유도하고 아연이나 몰리브덴, 납 등은 식물의 세포에 영향을 준다.

③ 농약에 의한 오염
  ㉠ 토양 중 농약의 반감기간이 180일 이상인 농약을 토양잔류성 농약이라 한다.
  ㉡ 동일 농약을 지속적으로 살포하면 특정 농약의 미생물들이 분해작용이 활성화되어 농약의 잔류 정도가 줄어들게 되나 혼합처리 혹은 서로 다른 약품들을 교대로 살포처리할 경우 분해가 느려져 잔류가 지속되기도 한다.
  ㉢ 토양의 잔류 정도는 농약 자체의 특성에 따라 상이한데 유기염소계 농약의 경우

환경에 안정적이라 토양에 오래 잔류하는 편이며 아닐린유도체와 같이 토양입자에 강하게 흡착되는 경우도 오래 잔류한다.

④ 방사성 물질에 의한 오염
  ㉠ 핵발전소, 연구소, 병원 등에서 방사선 폐기물이 누출되어 토양오염이 발생하기도 한다.
  ㉡ 방사성 물질은 모든 생물에 영향을 주며 유전자 변이를 일으키기도 한다.

(9) 토양반응과 산성토양

① 토양반응
  ㉠ 토양의 산성, 중성, 알칼리성의 성질을 토양반응이라 하며 pH 로 표기한다.
  ㉡ pH 는 1~14 로 표기되며 pH 7 을 중성이라 하고 중성을 기준으로 숫자가 작을수록 산성에 가깝고 숫자가 클수록 알칼리성에 가깝다.
  ㉢ 국내의 토양의 pH 의 평균은 논토양이 5.5(5.5 ~ 6.5) 정도이며 밭토양은 5.7 정도이다.

② 산성토양
  ㉠ 토양이 산성화가 되면 작물의 뿌리에 피해를 주게 되는데 주로 이온성 물질에 의한 피해나 미생물 등에 영향을 준다.
  ㉡ 토양이 산성화가 되면 질소고정균이나 근류균 등의 이로운 미생물들이 생활하기 어려운 환경 조건이 되어 활동에 지장을 받거나 줄어들게 된다.
  ㉢ 또한 산성화로 인하여 작물에 이로운 이온들이 용출되면서 결핍증상이 발생하는데 주로 인, 칼슘, 마그네슘 등의 필수미량원소들이 산성조건에서 용해도가 줄어 결핍되게 된다.
  ㉣ 또한 미생물 활동 및 이온성분들의 결핍으로 입단조성에 지장을 받게 되면서 통기성이 불량해지는 문제가 발생된다.
  ㉤ 산성토양은 석회물질이나 유기물을 공급하여 개선할 수 있다.
  ㉥ 산성토양에 저항성이 강한 작물로는 벼, 귀리, 조, 옥수수, 감자, 수박 등이 있으며 약한 작물로는 보리, 콩, 양파, 파, 고추, 가지 등이 있다.

(10) 논토양과 밭토양

① **논토양**
   ㉠ 논토양은 물에 잠겨 있는 담수상태이기에 밭토양과 현저한 차이를 보인다.
   ㉡ 논토양은 화합물의 용해도가 크게 변한다.
   ㉢ 토양의 환원은 부패, 발효와 같은 유기물 분해로 뿌리부의 환경을 불량하게 한다.
   ㉣ 논토양은 담수상태일 때 토양의 pH 는 평균 6.5~7.5 정도이다. 담수를 통해 토양의 염류를 제거하는데 도움이 된다.
   ㉤ 토양의 환원정도는 0 이상의 정수이며 산화상태이고 이보다 작으면 (-) 값을 띠게 되면서 환원상태가 된다.
   ㉥ 담수상태에서 토양에 산소가 호기성미생물에 의해 소모되고 대부분 소모되고 나면 호기성미생물의 활동이 정지하고 혐기성미생물의 활동이 활발해진다.
   ㉦ 논토양은 적갈색의 산화층과 청회색의 환원층이 있다.
   ㉧ 논토양은 환원물(N_2, H_2S)이 존재하며 탈질 작용이 일어난다.
   ㉨ 논토양의 지력증진을 위해 지온을 상승시키거나 수산화칼슘처리, 토양을 건조시킨 후 가수를 하는 방법 등이 있다. 이러한 방법은 유기태질소의 무기화를 촉진시켜 암모니아가 생성된다.
   ㉩ 논의 담수를 통해 온도 조절, 비료분 분해조절, 양분의 천연공급, 토양의 침식방지, 수분의 공급, 유해물질의 제거, 잡초발생의 억제 등의 효과가 있다.

② **논토양의 유형**
   ㉠ 보통논 : 일반적 재배법으로 일정 수준 이상의 수량을 말한다.
   ㉡ 사질논 : 모래가 많은 논을 말한다.
   ㉢ 미숙논 : 새로 만들어 이용기간이 짧은 논을 말한다.
   ㉣ 습논 : 지하수위가 높아 항상 담수상태에 있는 논을 말한다.
   ㉤ 염해논 : 바닷물의 영향을 받아 염분이 있는 논을 말한다.
   ㉥ 특이산성논 : 토양에 황(S) 성분이 많아 담수상태에서 항상 산성인 논을 말한다.

③ **밭토양**
   ㉠ 경사지에 조성되어 침식의 우려가 있다.
   ㉡ 유효토심이 얕으며 양분의 천연공급량이 낮다.
   ㉢ 강우에 의한 염기의 용탈이 심한편이다.
   ㉣ 유해 생물과 토양의 산성화, 입단구조의 파괴 등 연작 장해가 많다.

④ 논토양과 밭토양의 차이
  ㉠ 논토양은 관개수에 의한 양분의 공급으로 지력을 유지하지만 밭토양은 빗물에 의해 양분의 유실 및 유기물의 분해로 지력이 상대적으로 떨어진다.
  ㉡ 논토양은 담수상태라 산소의 공급이 원활하지 않고 미생물의 호흡으로 산소가 부족하여 환원상태가 된다. 밭은 산화조건에 있어 양분이 소모적으로 분해되어 비료에 대한 작물의 반응이 높은 편이다.
  ㉢ 논이 환원상태가 되면 밭토양보다 인산의 유효도가 증가하여 작물이 이용하기 용이하다.
  ㉣ 논토양은 환원상태에서 원소의 형태가 다음과 같다.

탄소	질소	망간	철	황
CH_4, CO	N_2, NH_4^+	Mn^{2+}	Fe^{2+}	H_2S, S^{2-}

  ㉤ 밭토양은 산화상태에서 원소의 형태가 다음과 같다.

탄소	질소	망간	철	황
CO_2	NO_3	Mn^{4+}, Mn^{3+}	Fe^{3+}	SO_4^{2-}

⑤ 노후답
  ㉠ 노후답은 노후화 현상이 발생한 논토양으로 철분, 망간, 칼슘, 마그네슘 등의 주요 양분이 용탈하여 영양장애 등을 유발하는 것을 말한다.
  ㉡ 여름철에는 환원층에서 황화수소가 발생하는데 철분이 부족할 경우 황화수소가 철과 반응하여 황화철로 침전되지 못해 벼의 뿌리를 상하게 한다.
  ㉢ 노후답에서는 깨씨무늬병 등의 식물병이 발생하여 수확량이 감소하기도 한다.
  ㉣ 노후답의 재배 대책으로 저항성 품종을 심거나, 조기재배를 통해 수확이 빠르도록 하여 추락을 완화한다. 무황산근 비료를 시비하여 황화수소의 발생을 줄이도록 한다.

(11) 토양미생물

① 토양미생물 종류
  ㉠ 세균류
    • 세균은 세포분열에 의해 증식하고 토양미생물 중 가장 많이 분포한다.
    • 자급영양세균은 암모니아, 철 등의 무기물을 산화하여 에너지를 얻는다.
    • 타급영양세균은 토양유기물을 산화하여 에너지를 얻는다.

- 토양세균은 온도 25~30℃, pH 6~8 정도에서 생육이 양호하다.
ⓒ 균류
- 균사로 번식하며 대부분 유기물을 분해하여 에너지를 얻는다.
- 보통 호기성이며 토양의 통기성이 불량하면 활동이 저조해진다.
- 광범위한 pH 조건에서도 잘 생육하며 산성토양에도 적응력이 좋다.
- 균근의 경우 인산의 함량이 높을수록 균근의 형성률이 낮아진다.
- 식물 뿌리와 상리공생 하면서 기주 식물의 수분이나 질소와 황과 같은 무기염 등의 양분의 흡수에 도움을 주기도 하며 수목의 생장에 도움을 주기도 한다.
ⓒ 방사상균
- 실모양의 사상이며 토양에 있는 유기물을 분해하며 세균과 곰팡이의 중간적 성질을 가진 미생물로 취급한다.
- 방사상균은 호기성이며 토양의 통기성이 좋아야 잘 생육하며 산성토양에서는 생육이 억제된다.
② 조류
- 조류는 엽록소를 가지고 광합성을 하는 남조류, 녹조류 등이 있으며 엽록소가 없고 토양의 유기물을 이용하는 종류도 있다.
- 유기물의 생성, 공중질소의 고정, 산소의 공급등 토양의 많은 요소에 관여를 한다.

② 토양미생물 생육

수분	최대용수량 60~80%
온도	최적온도 27~28℃ , 생육온도 0~80℃
pH	중성이 비교적 적당
토양 깊이	깊이 2~3cm 정도 최대 번식

③ 토양미생물 작용

유익작용	유해작용
• 탄소의 순환 • 토양구조 입단화 • 암모니아화성작용 • 질산화성작용 • 공중질소고정작용 • 인산 가급태화 • 토양미생물간 길항작용	• 병해의 유발 • 질산환원작용 • 탈질 작용 • 환원성 유해물질 생성 집적 • 무기성분의 변화 • 황산염의 환원작용

2. 수분

(1) 작물의 흡수관련 사항

① 수분의 흡수를 담당하는 뿌리는 뿌리골무, 생장점, 신장부, 근모부로 분류되며 근모부에서 수분의 흡수가 가장 활발하게 이루어진다.
② 나무에서 수분의 이동통로는 목부부분이 담당하며 양분의 이동통로는 사부에서 이루어진다. 수종에 따라 침엽수의 경우 가도관이 대부분이며 도관이 없고 활엽수는 목부에 도관이 발달한 것이 특징이다.
③ 작물에서의 수분 흡수는 뿌리와 뿌리의 선단부의 뿌리털에 의해 토양의 수분을 흡수하며 뿌리가 자라나 토양, 수분과의 접촉면적을 확대하려는 것이 특징이다.
④ 수분 흡수 과정에서 세포에 작용되는 삼투압은 세포 내로 수분이 들어가는 압력을 의미하고 막압은 세포 외로 수분이 배출되는 압력을 의미한다.
⑤ 뿌리의 수분 흡수는 세포의 삼투압이 토양의 삼투압보다 높아 물이 흡수되는 것이다. 이러한 뿌리의 흡수력에 의한 것을 능동적 흡수라고 한다.
⑥ 작물의 흡수압은 평균적으로 약 5~14기압, pF 3.5 ~ 4.1 정도이다.

(2) 작물의 요수량

① 요수량의 정의는 건물 1g 을 생산하는데 소요되는 수분량으로 요수량은 가뭄에 대한 저항성의 척도가 되기도 한다. 보통 요수량이 작은 식물은 건조에 대한 저항성이 강한 편이다.
② 요수량이 큰 식물로 알팔파, 클로버, 완두 등이 있으며 그중에서도 명아주는 요수량이 매우 크다. 요수량이 적은 식물로 수수, 기장, 옥수수 등이 있다.
③ 요수량은 환경에 영향을 받으며 햇빛이 부족할 경우, 바람이 강할 경우, 습도가 낮을 경우, 토양이 척박할 경우 요수량이 커진다.

(3) 한해(旱害)

① 수분부족으로 인해 작물의 생육에 문제가 발생하는 경우를 한해(旱害)라 한다.
② 한해에 영향을 받을 경우 광합성, 효소의 작용이 제대로 이루어지지 않으며 동화물질의 전류 작용에도 영향을 받게 된다.
③ 한해의 방지를 위해 질소질 과용을 피하고 인산, 칼륨을 사용해 주고 재식밀도를 낮추어 준다. 또한 뿌림골을 낮추어 주며 논에서는 직파재배를 한다.
④ 벼의 생육단계에서 한해에 가장 약한 시기는 감수분열기이고 가장 강한시기는 분얼기이다.

(4) 관수

① 관수
  ㉠ 작물을 재배하는 생육기간에 걸쳐 필요한 양의 물을 계획적으로 대주는 작업을 관개 또는 관수라고 한다.
  ㉡ 관수의 시기, 횟수, 수량은 토양의 보수력, 근군의 분포, 증발산량 등에 의해 결정된다.
  ㉢ 관수는 보통 유효수분의 50~85%가 소모되거나 pF 2.0 ~ 2.5 일 때 실시한다.
  ㉣ 관수를 통해 논에서는 생리적으로 필요한 수분을 공급해주고 질소, 칼륨 등의 양분을 공급하며 온도의 조절 작용 등의 역할을 해준다. 밭에서는 수분공급 및 품질과 수량을 높이며 지온을 조절하고 양분의 이용률을 높이는데 도움을 준다.

② 관수 방법
  ㉠ 지표관수 : 지표면에 물을 흘려 공급한다.
  ㉡ 지하관수 : 땅속에 구멍이 있는 송수관을 묻어 공급한다.
  ㉢ 살수관수 : 노즐을 설치하여 물을 뿌리는 방법이다.
  ㉣ 저면관수 : 배수구멍을 물에 잠기게 하고 물이 스며들어 위로 올라가는 방법이다.
  ㉤ 점적관수 : 물을 천천히 흘러나오게 하여 필요한 부위에 집중 관수하는 방법이다.

(5) 배수

① 원활한 배수를 통해 습해 및 수해를 막을 수 있다.
② 다모작을 가능하게 하여 경지의 이용도를 높인다.
③ 배수법으로 객토법, 명거배수, 암거배수가 있다.

객토법	토성을 개량하거나 지반을 높여 배수를 꾀하는 방법으로 경비가 많이 들어 대규모는 어렵다.
명거배수	배수로 표토면 바로 아래쪽에서 물을 빼는 방법이다.
암거배수	배수로가 지하로 매설되어 물을 빼는 방법이다.

④ 습답 등 암거배수시설을 설치한 해에는 질소비료 사용량을 줄이고 석회를 충분히 주도록 한다.

3. 공기

(1) 대기의 조성과 작물생육

① 대기조성
  ㉠ 대기의 조성은 질소 78%, 산소 21%, 이산화탄소 0.03% 및 기타로 구성되어 있다.
  ㉡ 식물의 경우 이러한 질소를 질소동화작용에 의해 암모늄염이온(NH_4^+), 질산이온(NO_3^-) 형태로 흡수하여 이용한다.
  ㉢ 살아있는 생물이 죽을 경우 미생물이나 세균에 의해 분해되어 암모늄이온, 질산이온으로 변화하여 흡수되며 토양미생물인 탈질균은 이러한 질산염을 가스의 형태로 대기로 돌아간다.

② 질소
  ㉠ 질소는 대기중에 약 78% 정도 구성하고 있으며 식물의 경우 질소동화작용에 의해 암모늄염이온(NH_4^+), 질산이온(NO_3^-) 형태로 흡수하여 이용한다. 질소(N_2)는 불활성이라 생물체가 영양소로 사용할 수 없다.
  ㉡ 질소고정은 미생물에 의하여 암모늄(NH_3)형태로 환원되는 생물적 질소고정, 번개에 의하여 대기권에서 NOx 형태로 산화되는 광화학적 질소고정, 비료공장에서 합성되는 산업적 질소고정의 3가지가 있다.

③ 이산화탄소
  ㉠ 탄소의 순환은 광합성, 호흡, 화석연료의 생성, 연소로 인한 이산화탄소의 방출, 이산화탄소의 물에 녹는 등의 다양한 현상에 의해 순환한다. 식물이 이용하는 공기 중의 이산화탄소의 경우 대략 0.03% 정도 차지하고 있다.
  ㉡ 생물에 의한 이산화탄소의 동화량과 동식물의 호흡에 의한 이산화탄소, 연료의 연소 등으로 발생되는 이산화탄소의 합의 값은 거의 같으며 이를 탄소평형이라 말한다.
  ㉢ 이산화탄소 농도는 여름철에는 낮고 상대적으로 가을철에는 높다.
  ㉣ 이산화탄소는 식물체가 무성한 곳에 지면에 가까운 공기층의 농도가 높으나 지표에서 떨어진 공기층의 이산화탄소 농도는 낮다.
  ㉤ 미숙퇴비, 낙엽 등을 시용하면 이산화탄소 발생이 많아진다.

(2) 바람

① 바람 및 작물생육
㉠ 바람은 보퍼트 풍력계급표에 의거하여 식물에 영향을 많이 주는 바람을 연풍이라 하며 연풍은 계급표에서 2~6급 정도의 약한 바람을 말한다. 연풍은 바람의 세기는 풍속 4~6km/h 정도로 작물에 이로운 영향을 준다.
㉡ 가벼운 바람으로 인해 대기오염물질이 확산되어 피해를 줄여주며 바람에 의해 잎이 움직여 그늘에 가려지는 잎들까지 채광이 충분히 공급되어 광합성량을 높여준다.
㉢ 바람이 너무 강할 경우 기공이 닫히지만 연풍조건의 경우 기공이 열려 증산이 활발하게 이루어지며 이산화탄소 흡수량 역시 증가한다.

② 연풍 효과
㉠ 공기 순환으로 공기의 성분비를 일정하게 유지하여 광합성을 조장한다.
㉡ 밀집된 공기 중의 오염물질을 확산시켜 희석시켜준다.
㉢ 바람이 잎을 계속 움직여 그늘진 곳에 잎이 받는 일사량을 증가시킨다.
㉣ 증산을 활발하게 하여 기공을 열게하여 이산화탄소 흡수량을 증가시키고 뿌리의 양분 흡수를 촉진한다.
㉤ 풍매화의 경우 바람에 의해 수정이 이루어지기에 연풍으로 수정이 잘 이루어진다.
㉥ 고온기에 기온과 지온을 낮게 해주고 봄, 가을에는 서리의 해를 막아준다.

(3) 대기오염

① 대기오염
㉠ 대기의 오염으로 인하여 식물의 생육을 방해하거나 심할 경우 고사를 유발하기도 한다. 이러한 피해현상을 이용하여 특정한 식물은 대기오염의 지표로 사용하기도 한다.
㉡ 지표식물은 특정 병에 대한 감수성을 의미하며 병이 잘 발생한다는 것은 감수성이 높다는 것을 의미한다.
㉢ 대기오염 물질에 따른 지표식물

아황산가스	알팔파, 보리, 튤립
이산화질소	토마토, 상추
PAN	시금치, 상추, 셀러리
오존	무, 토마토, 담배, 콩
염소	알팔파, 무

㉣ 작물에 질소질 비료를 과다하게 공급하면 대기오염에 취약하게 되고 칼륨, 칼슘을

사용할 경우 오염물질에 대한 피해가 줄어든다.
ⓜ 작물의 수분이 많을 경우 기공이 열리는 횟수 및 크기가 커지기 때문에 작물이 입는 피해가 커진다.
ⓑ 대기오염 피해는 봄, 여름에 많이 발생하고 온도가 떨어지는 가을, 겨울에는 경감된다.
ⓢ 식물의 광합성 및 동화작용이 활발한 낮에는 기공의 개폐가 활발하여 대기오염의 피해가 크게 나타나며 특히 낮 11시 ~ 2시 사이에 가장 크다.

② 대기오염 물질
  ㉠ 아황산가스(SO_2)
    • 공장 등 인위적인 요소에 의해 발생되는 아황산가스는 독성이 매우 강한 편이다.
    • 아황산가스의 피해는 대기 중 농도에 고농도의 경우 급성피해와, 저농도의 경우 만성피해로 분류 할 수 있다.

급성피해	엽록소 파괴의 가속, 세포의 붕괴 및 괴사 발생
만성피해	엽록소가 서서히 붕괴, 황화현상의 발생

    • 아황산가스의 저항성 영향인자

온도	0°C 에 가까운 저온의 경우 저항성 증가(감수성 감소)
습도	습도가 높을 경우 저항성 감소(감수성 증가)
광도	광도가 낮을수록 저항성 증가(감수성 감소)
계절	봄에는 저항성 감소(감수성 증가)

  ㉡ 이산화질소(NO_2)
    • 차량 엔진 연소 및 공장 등의 인위적 요인에 의해 발생된다.
    • 산성비의 원인 물질이 되기도 하며 식물세포 파괴 및 갈변현상을 일으킨다.
    • 이산화질소는 대기 중 일산화질소의 산화에 의해 발생하고 휘발성 유기화합물과 반응하여 오존을 생성하는 전구물질이다.
  ㉢ 질산과산화 아세틸(PAN)
    • PAN은 햇빛이 있는 조건에서 피해가 나타난다.
    • 질소산화물과 탄화수소가 광화학반응에 의해 생성되는 2차 오염물질이다.
    • 식물의 세포막이나 소기관을 파괴하여 기능을 상실시키며 광합성을 저하시킨다.
  ㉣ 오존
    • 오존층은 대기권 중 성층권에 분포하는 오존의 밀도가 높은 층으로 태양에서 오는 자외선을 막아 지구 생태계를 보호해주는 역할을 하고 있다.

- 오존층을 파괴하는 대표 물질로 프레온가스가 있다.
- 오존에 의해 식물 엽록소의 감소 및 광합성의 저하된다.
- 오존에 의해 식물의 생장 감소한다.
- 오존에 의해 고사 식물의 증가한다.
- 오존에 의해 산림 파괴에 의한 온난화현상의 가속한다.
- 오존에 의해 잎이 황백화되고 암갈색의 반점이 발생하면서 심할 경우 식물이 괴사한다.

ⓐ 불화수소(HF)
- 독성이 매우 강한편이며 미량으로도 식물에 피해를 주며 피해 현상은 아래와 같다.

> - 엽록소 및 세포의 파괴
> - 광합성의 억제
> - 엽소현상의 발생
> - 잎의 가장자리가 백변

- 불화수소의 경우 외부적 요인에도 영향을 받으며 습도가 높을 경우 그리고 기공이 열려 있는 밤에 피해가 심하다.

ⓑ 기타 오염 물질

에틸렌	낙엽속도가 빠름, 새나무 가지 성장 저해 및 생장 억제 발생
암모니아	잎 전체에 영향을 주고 수 시간 후 잎 전체가 갈변 혹은 검게 변함
유리염소가스	아황산가스의 3배 독성을 가지며 피해 증상은 아황산가스와 유사
염화수소	물에 쉽게 용해, 토양을 강산성으로 변화, 피해증상은 불화수소와 유사
염소계가스	미세한 회백색 반점이 잎에 나타나며 피해 대책으로 석회물질을 이용

4. 온도

(1) 유효온도

① 작물의 생육 가능한 온도의 범위를 유효온도라 하며 그 중에서 작물의 생육이 가장 왕성한 온도를 최적온도라 한다. 작물 중에서 최적온도가 가장 높은 종류는 멜론, 오이, 옥수수, 벼 등이 대표적이다. 보리의 최적온도는 20℃, 밀은 25℃ 정도로 낮은 편에 속한다.

② 적산온도는 작물이 생존하는 기간동안 소요되는 총온량으로 작물의 발아로부터 성숙하는데 까지의 0℃ 이상의 일평균기온을 합산한 것을 말한다. 작물별로 적산온도의

경우 메밀은 1000~1200℃, 감자는 1300~3000℃, 추파맥류는 1700~2300℃, 완두는 2100~2800℃, 콩은 2500~3000℃, 담배는 3200~3600℃ 벼는 3500~4500℃ 정도이다.

③ 온도계수는 온도가 10℃ 상승할 경우 작물의 생리작용, 이화학적 반응 등이 높아지는 정도를 나타내는 것으로 Q_{10} 이라고 표시하기도 한다. 작물의 경우 일반적으로 2~4 정도의 온도계수를 가진다.

④ 적산온도를 산출하기 위한 공식은 아래와 같다.

> 유효적산온도 = (일평균온도 - 생육최저온도) × 경과일수

⑤ 작물이 생육가능한 최저온도는 호밀 1~2℃, 귀리 4~5℃, 옥수수 8~10℃, 담배 13~14℃ 정도이다.

⑥ 온도의 변화에 의해 작물의 생육에도 아래와 같은 영향을 미치게 된다.
  ㉠ 동화물질의 축적이 증가한다.
  ㉡ 발아 및 결실이 조장된다.
  ㉢ 덩이뿌리, 줄기가 발달한다.
  ㉣ 출수 및 개화가 촉진된다.

⑥ 변온이 효과적인 작물로 호박, 참외, 토마토, 가지 등이 있다.

(2) 온도의 변화

① 계절 변화
  ㉠ 최저기온은 작물의 월동에 영향을 주고 최고기온은 작물의 월하에 영향을 준다.
  ㉡ 무상기간은 월하하는 여름작물의 생육가능기간을 나타낸다.
  ㉢ 무상기간이 짧은 고지대나 북부지방은 벼의 조생종이 재배되며 무상기간이 긴 남부지방은 만생종이 재배된다.

② 일변화
  ㉠ 하루 중 기온이 최저는 오전 4시, 최고는 오후 2시이며 오전 10시쯤이 기온이 일평균기온에 근접한다.
  ㉡ 밤의 기온이 과도하게 내려가지 않으면서 변온이 어느 정도 큰 것이 동화물질 축적을 조장한다.
  ㉢ 변온이 작은 것이 작물의 생장을 빠르게 한다.
  ㉣ 변온은 개화를 촉진한다. 단, 맥류와 같이 변온이 작은 것이 출수 및 개화가 촉진하는 경우도 있다.

ⓒ 변온이 작물의 결실을 촉진한다. 가을에 결실하는 작물은 변온에 의해 결실이 조장된다.
③ 수심이 깊을수록 수온의 변화가 적고 최고온도는 기온보다 낮지만 최저온도는 기온보다 높은 편이다.
④ 지온의 최저온도는 대체로 기온보다 약간 높다.
⑤ 바람이 없고 공기가 습하며 작물이 밀생했을 경우 작물체온의 상승이 매우 크다.

5. 광

(1) 광과 작물의 생리작용

① 햇빛에 의해 발생되는 광의 경우 파장에 의해 적외선, 가시광선, 자외선으로 분류하며 작물에는 가시광선이 가장 큰 영향을 주며 파장의 범위는 아래와 같다.

자외선	400nm 이하
가시광선	400~700 nm
적외선	700nm 이상

② 식물이 빛에너지를 이용하여 엽록체에서 CO_2와 물로부터 유기물을 합성하는 동화작용으로 반응식은 아래와 같다.

$$6CO_2 + 12H_2O \rightarrow C_6H_{12}O_6(포도당) + 6H_2O + 6O_2$$

③ 식물은 광합성을 하는 동안 유기물의 합성과 호흡이 동시에 일어난다.
④ 엽록소의 형성에 가장 효과적인 광파장은 청색파장(450nm), 적색파장(650nm) 이며 광을 잘 받게 되면 작물의 착색이 좋아지게 된다. 반대로 광을 잘못받게 될 경우 엽록소 형성이 잘 되지 않아 담황색 색소가 형성되어 황백화 현상이 발생한다.
⑤ 일반적으로 광의 강도가 약하면 작물의 생장이 느려지고 수확량도 감소한다.
⑥ 식물이 광을 향하는 굴광현상이 나타나며 주로 청색파장에 유효하다.
⑦ 광합성효율이 높은 식물을 C_4 식물이며 작물 중에서는 옥수수, 수수, 사탕수수 등의 열대 화본식물이 해당된다. 광합성효율이 C_4 보다 낮은 C_3 작물에는 벼, 밀, 보리, 사탕무 등이 있다.

(2) 광합성의 영향 인자

① 온도
식물의 광합성은 10~35℃가 최적이고 그 이상 높아지면 감소되는 경향을 보인다.

② 광도

보상점보다 빛을 더 강하게 주면 광합성은 이에 따라 증가하나 어느 시점에 도달하면 그 이상의 광도를 주어도 광합성의 양은 증가되지 않는다.

③ 이산화탄소
  ㉠ 통상 이산화탄소에 따라 광합성속도는 어느 정도 증가하다가 일정 농도가 되면 일정하다.
  ㉡ 일조량이 많을 경우 이산화탄소 농도가 식물의 광합성에 제한 요소가 되기도 한다.
  ㉢ 광합성의 증대를 위해 인공적으로 대기 중의 이산화탄소 농도를 높여주는 것을 탄산시비라 한다.
  ㉣ 탄산시비를 통해 수량 증대, 품질의 향상, 착과율의 증가 등의 효과가 있다.
  ㉤ 이산화탄소 보상점은 빛이 충분한 조건에서 광합성량이 0이 되는 이산화탄소 농도를 말한다.
  ㉥ 옥수수와 같은 C_4 식물은 콩이나 벼와 같은 식물들에 비하여 이산화탄소 보상점이 낮다.

④ 수분과 양분
  ㉠ 양분이 부족하면 광합성의 양은 감소하나 양분의 종류에 따라 차이는 있다.
  ㉡ 식물체에서 수분의 양이 부족하면 시들게 되면서 광합성이 현저하게 줄어든다.
  ㉢ 양분 중 탄수화물은 잎 속에 축적되어 광합성을 저하시킨다.

(3) 보상점과 광포화점

① 보상점은 광도 곡선 상에서 광합성 속도가 호흡 속도와 같아지는 지점에서의 빛의 세기를 말한다.
② 광포화점은 광도가 높아짐에 따라 광합성이 증가하다가 어느 한계점에 이후 더 이상 광합성이 증대되지 않는 점을 말한다. 결국 광포화점에서는 광합성량이 최대가 되는 시점을 말한다.

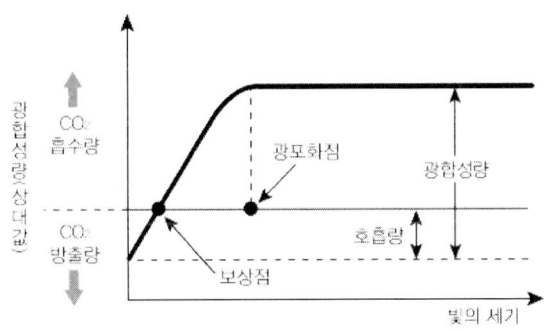

③ 강한 광선을 요구하는 수박, 토마토 등의 작물은 광포화점이 높으며 작물별 광포화점 및 광보상점은 다음과 같다.

작물	광포화점(Klux)	광보상점(Klux)
수박	80	4.0
토마토	70	0.5 ~ 1.5
오이	55	0.5 ~ 1.5
배추	40	1.5 ~ 2.0
고추	30	1.5
상추	25	1.5 ~ 2.0

④ 양지식물은 광보상점과 광포화점이 높으며 음지식물은 광보상점과 광포화점이 낮다.

(4) 군락과 수광

① 포장동화능력 및 최적엽면적

㉠ 포장동화능력은 포장군락의 단위면적당 광합성의 능력을 말하며 아래와 같이 산출한다.

> 포장동화능력 = 총엽면적×수광능률×평균동화능력

㉡ 최적엽면적은 건물생산이 최대로 되는 단위 면적당의 군락엽면적이며 군락의 엽면적을 토지면적에 대한 배수치로 표현한 것을 엽면적지수라 한다. 최적엽면적지수는 작물의 종류에 따라 상이하고 일사량이 클수록, 균형시비 할수록 증가한다.

㉢ 이러한 군락의 수광을 이용하기 위한 작물의 위치, 방향 등의 자세가 중요하며 이것을 수광태세라 한다. 수광태세를 좋게 하기 위해서는 각 작물에 따른 이상적인 태세가 있는데 벼의 경우 규산과 칼륨을 충분히 공급해주고 모효분얼기에는 질소를 적게 시비한다. 벼나 콩의 경우 밀식을 할 때는 심는 줄간격을 넓히고 포기 사이는 좁혀주는 방법을 이용하면 개선이 가능하다.

㉣ 개체군생장속도는 일정 기간 단위포장면적당 군락의 생산능력으로 <엽면적지수× 순동화율>로 나타낸다.

② 수광태세

㉠ 군락의 최적엽면적지수, 수광능률 등은 수광태세가 좋을 때 증가한다.

㉡ 수광에 있어 벼의 이상적인 초형은 잎이 두껍지 않고 약간 가늘며 상위엽이 직립인 것이 좋다. 옥수수는 상위엽이 직립이며 아래로 갈수록 약간씩 경사지며 하위엽이 수평인 것이 좋다.

ⓒ 수광태세에 이상적인 콩의 초형은 키가 크고 도복이 안되며 가지를 적게 치고 마디가 짧고, 잎이 작고 가늘며 꼬투리가 원줄기에 많이 달리고 밑에까지 착생한 것이 좋다.

③ **재배법에 의한 수광태세 개선**
  ㉠ 벼에서 규산과 칼륨을 충분히 공급하면 잎이 직립한다.
  ㉡ 무효분얼기에 질소를 적게 주면 상위엽이 직립한다.
  ㉢ 모든 작물에서 재식밀도와 비배관리를 적절히 한다.
  ㉣ 벼와 콩에서 밀식을 할 때는 줄사이를 넓히고 포기사이는 좁힌다.

(5) 광도별 생장 반응

① 광도가 낮을 경우 광합성 역시 낮아져 호흡으로 인해 잃게 되는 것이 더 많아진다.
② 일장의 변화는 위도와 계절에 영향을 받으며 이러한 일장의 변화는 식물 분포에 영향을 미치게 된다. 예를 들어 열대지방의 경우 장일식물이 분포하고 북부지방의 경우 단일식물이 분포하게 된다. 이러한 단일, 장일은 개화조건에 의하며 아래와 같이 분류한다.

장일식물	낮이 길게 되어 화아가 유발되는 식물로 14시간 이상의 일장 조건
단일식물	낮이 밤 길이보다 짧은 조건에서 화아가 유발되는 식물로 12시간 이하의 일장 조건
중성식물	일장에 관계 없이 화아하는 식물(=중일식물)
정일식물	단일, 장일에서 개화하지 않고 특정한 일장에서만 개화하는 식물(=중간식물)

③ 식물은 광의 성질인 파장에도 영향을 받으며 파장은 적외선, 가시광선, 자외선으로 분류하는데 이 중 가시광선에 가장 큰 영향을 받는다.
④ 광합성은 650~700nm 적색부분과 400~500nm 의 청색 부분에서 가장 효과적이며 자외선의 경우 파장이 짧아 식물의 성장을 억제시키기는 성질이 있다. 예를 들어 장일성 식물은 낮이 길게 되어 화아가 유발되는 식물이지만 한밤중에라도 적색광 (650~700nm) 파장으로 비추어주면 꽃눈 유도 및 발아가 촉진된다.
⑤ 식물의 잎은 가시광선에서 적색광과 청색광의 파장흡수율이 좋고 녹색광의 흡수율은 낮아 시각적으로 식물의 잎이 녹색으로 보인다.
⑥ 청색광의 기능에는 굴광성, 엽록소 및 카로티노이드 합성 촉진, 기공의 운동, 호흡 증진, 유전자 발현 활성화 등이 있다.

(6) 광피해

① 작물은 빛이 부족하면 광합성이 부족하여 생장이 느리고 식물병에 걸리기 쉽다.

② 벼는 유숙기에 차광이 수량을 가장 감소시키며 다음으로 피해가 큰 경우가 생식세포 감수분열기이다.
③ 일조의 건물생산효과에 대한 온도의 호흡촉진효과의 비를 소모도장효과라 한다. 소모도장효과가 크면 건물의 생산에 비해 소모경향이 커지고 도장이 발생한다.
④ 여름철 장마기에 기온이 높은데 강수량이 많아 일조가 부족하면서 소모도장효과가 크게 나타난다.

6. 상적 발육과 환경

(1) 상적발육의 개념

① 상적발육은 식물이 발아하여 성숙하는데까지의 단계적 과정을 상적 발육이라 한다.
② 생장은 시간이 지남에 따라 식물의 크기가 증가하는 것으로 영양생장이라고도 한다.
③ 발육은 식물이 시간에 따라 점점 성숙되는 것을 말하며 생식생장이라고도 한다.
④ 종자의 발아에서 줄기가 커지고 잎이 증가하는 과정을 거쳐 꽃눈이 형성될 때까지를 생장 혹은 영양생장이라 하며 꽃눈이 형성되는 시점에서 개화, 결실의 단계를 발육 혹은 생식생장이라 한다.
⑤ 식물의 다양한 유전자 발현, 생리작용에 영향을 주는 색소로 피토크롬(파이토크롬)이 있다.

(2) 버널리제이션

① 춘화처리라고도 하는 버널리제이션은 식물에 인위적인 저온 처리를 통해 화성을 유도하는 것을 의미한다. 일정 저온조건에서 식물의 감온상을 경과하도록 하는 것이라 할 수 있다.

② 버널리제이션의 영향 인자

온도	겨울작물은 저온조건, 여름작물은 고온 조건이 효과적이다.
산소	처리도중 산소가 부족할 경우 효과가 감소한다.
종자	처리도중 종자가 건조할 경우 효과가 줄어든다.

③ 버널리제이션은 맥류의 추파성을 소거하는 방법으로도 적합하다. 저온처리를 하면 추파성을 춘파성으로 변화시킬 수 있다.
④ 춘화처리시 저온의 조건은 0~10℃, 고온 처리조건은 10~30℃ 정도를 기준으로 한다.
⑤ 춘화처리 효과로 화성 유도 외에도 채종상 이용, 육종상 이용, 재배법의 개선 등이 있다.
⑥ 맥류, 채소류, 튤립, 히아신스 등의 작물을 인공교배하기 위해 개화기를 조절하는데 저온의 춘화처리를 이용한다.

⑦ 춘화처리에 감응하는 식물의 부위는 생장점이다.

(3) 일장효과

① 식물이 일장에 의해 생육, 개화 등에 영향을 받는 현상을 일장효과, 광주반응(광주율)이라고 한다.
② 일장효과를 이용하여 특정 작물의 개화를 촉진하거나 억제할 수 있다. 이를 이용하면 작물의 개화시기를 조절하여 원하는 시기에 재배가 가능하다.
③ 식물의 일장형은 화아분화 전, 후가 다를 수 있어 다음과 같이 구분되며 장일성은 L, 단일성은 S, 중일성은 I 로 표기된다.

명칭	분화전	분화후	작물
LL식물	장일성	장일성	시금치
LI식물	장일성	중일성	사탕무
LS식물	장일성	단일성	볼토니아
IL식물	중일성	장일성	밀(적피적)
II식물	중일성	중일성	고추, 벼(조생종), 메밀, 토마토
IS식물	중일성	단일성	소빈국
SL식물	단일성	장일성	딸기, 시네라리아
SI식물	단일성	중일성	벼(만생종), 도꼬마리
SS식물	단일성	단일성	코스모스, 나팔꽃

(4) 품종의 기상생태형

① 기상생태형은 생육온도 및 일장에 대한 출수, 개화반응을 기초로 작물의 품종군을 구분한 것을 말한다. 기상생태형은 감온형(blT형), 감광형(bLt형), 기본영양생장형(Blt형), blt형 으로 구분된다.

감온형	• 기본영양생장성과 감광성이 작고 감온성이 커서 생육기간이 주로 감온성에 지배된다. • 생육적온에 도달하기 전까지는 생육온도가 높을수록 출수개화가 촉진되는 성질을 감온성이라 한다. • 감온형 작물로 조생종, 올콩, 봄조, 여름메밀 등이 있다.
감광형	• 기본영양생장성과 감온성이 작고 감광성이 커서 생육기간이 주로 감광성에 지배된다. • 일장에서 단일에 의해 출수개화가 촉진되는 성질을 감광성이라 한다. • 감광형 작물로 만생종, 그루콩, 그루조, 가을메밀 등이 있다.

기본영양생장형	• 감온성과 감광성이 모두 작고 기본영양생장이 커서 생육기간이 주로 기본영양생장성에 지배된다. • 출수 개화에 알맞은 조건이라도 일정 기간 기본영양생장 후 출수, 개화를 하는 성질을 기본영양생장성이라 한다.
blt 형	• 기상생태형을 구성하는 세 가지 성질이 모두 작고 어느 환경에서나 생육기간이 짧다

② 기상생태형의 지리적 분류

㉠ 고위도 지방은 blt 형이나 감온형 주로 분포한다.

㉡ 중위도 지방은 기본영양생장형이나 감광형이 주로 분포한다.

㉢ 저위도 지방은 기본영양생장형이 분포한다.

③ 국내 작물의 기상생태형과 재배형

㉠ 봄, 초여름의 고온에 일찍 감응하여 출수개화가 빨라지는 감온형과 여름초, 가을의 단일에 늦게 감응하여 출수개화가 늦어지는 감광형이 국내 여러 작물의 기본적 기상생태형이다.

㉡ 북부지방으로 갈수록 감온형, 남부지방으로 갈수록 감광형이 기본품종이 되며 중간지대인 중북부지방에는 중간적 성질을 띠는 중간형이 있다.

㉢ 감온형은 조기파종하여 조기수확하며 감광형은 수확기가 늦고 늦게 파종해도 되므로 윤작 등 작부체계상 파종기가 늦은 것이 보통이다.

04 작물의 재배기술

1. 재배방법

(1) 작부체계의 뜻과 중요성

① 작부체계는 일정 포장에 있어 순차적인 작물종류의 변천이나 일정 포장에 있어 동시적인 작물 종류의 조합을 말한다. 이는 포장의 효율적 이용을 도모하고 노동력 배분 및 합리적인 경영을 위해 작물 재배의 종류, 순서, 조합, 배열의 방식을 의미한다.

② 작부체계의 방식에는 동일 포장에 같은 종류의 작물을 반복적으로 재배하는 연작이 있으며 작물의 종류를 변화시켜 재배하는 윤작, 2개 이상의 작물을 함께 심는 혼작이 있다.

(2) 작부체계의 변천 및 발달

① 주곡식 대전법은 인구증가로 인해 경지의 제한을 받게 되면서 점차 정착농경으로 전환되어 경지를 영속적으로 재배하게 되었고 특히 경지의 대부분을 곡식작물로 재배하게 되었다.

② 휴한 농법은 곡식작물을 연작으로 하면 지력이 감퇴되어 지력 회복을 위한 쉬었다가 작물을 재배하는 방법이다.

③ 순 3포식 농법은 경지의 2/3 에 춘파 및 추파곡물을 재배하고 나머지 1/3에는 휴한하는 것을 순서대로 돌려가면서 재배하는 방법이다.

④ 개량 3포식 농법은 1/3 의 휴한 지역을 토지 이용상 불리하다고 판단될 경우 휴한 대신 클로버나 콩과 작물을 재배하여 질소고정을 통해 지력의 증진을 유도하는 방식이다.

⑤ 작부체계의 변천을 보면 크게 이동경작에서 3포식농법, 개량3포식농법에서 자유경작으로 발달하였다.

(3) 연작과 기지

① 연작은 동일 포장에 동일 작물을 매년 지속적으로 재배하는 방식을 말한다. 연작을 할 경우 작물이 선호하는 양분의 선택적 이용으로 토양에 특정 양분이 부족하게 되어 작물이 제대로 못 자라게 되는데 이때 발생되는 피해를 기지라고 한다.

연작 피해가 적은 작물	벼, 맥류, 조, 수수, 옥수수, 담배, 무, 당근, 양파, 호박, 순무, 아스파라거스, 딸기, 미나리, 양배추
1년 휴작이 요구되는 작물	쪽파, 콩, 파, 생강, 시금치
2년 휴작이 요구되는 작물	마, 오이, 땅콩, 잠두, 감자
3년 휴작이 요구되는 작물	토란, 참외, 강낭콩
5~7년 휴작이 요구되는 작물	수박, 토마토, 사탕무, 완두, 가지, 우엉, 고추
10년 이상 휴작이 요구되는 작물	아마, 인삼

② 연작에 의한 기지 발생시 작물이 선호하는 특정 양분의 소모로 다음 작물이 요구하는 양분을 충분히 공급할 수가 없다. 또한 토양 전염병, 토양 선충, 유독물질의 축적, 토양의 입단구조의 파괴 등 다양한 피해가 발생한다.

③ 기지 피해를 줄이기 위해 윤작이 가장 효과적이며 토양을 소독하거나 유해물질을 제거, 시비 작업 등의 작업이 필요하다.

④ 대표적으로 벼의 연작은 지속적인 관개수 유지에 의한 양분의 공급과 생장저해물질의 축적이 없기에 연작이 가능하다.

(4) 윤작

① 윤작은 한 농경지에 동일 작물을 재배하는 연작과는 반대로 다른 종류의 작물을 순차적으로 재배하는 방식이다. 윤작은 토양의 양분 유지와 병해충의 전염 방지에도 도움이 된다. 이러한 윤작에는 삼포식, 개량삼포식, 노포크식이 있다.

② 삼포식은 포장을 3등분하여 하나는 여름작물, 다른 하나는 겨울작물, 마지막 하나는 휴한을 하여 매년 돌려짓기를 실시하며 결국 3년에 한번의 휴한을 하게 된다.

③ 개량삼포식은 지력유지에 매우 효과적인 방법으로 휴한하는 대신 지력증진작물(콩과 목초)을 함께 재배하는 방법으로 삼포식보다 더 개량된 방법이다.

④ 노포크식은 화본과의 식용작물과 두과인 클로버, 근채류인 순무를 순차적으로 윤작하는 방법으로 <순무-보리-클로버-밀>, <밀-콩-보리-순무>로 4년주기의 윤작방식이다.

⑤ 윤작의 효과로 지력 유지, 토양보호, 병충해 경감, 노동의 합리적 분배, 경영의 안정화 등이 있고 경지이용률을 높일 수가 있다.

(5) 답전윤환

① 답전윤환은 논상태와 밭상태로 몇 해씩 돌려가면서 벼와 작물을 재배하는 방식을 말한다. 답전윤환은 최소 2~3년 정도의 기간을 많이 채택하고 있다.

② 답전윤환 효과로 지력 유지 및 증진, 기지의 회피, 잡초 발생의 억제, 재배량 증가, 노력절감이 있다.

③ 논에서의 답전윤환을 하게 될 경우 토양의 통기성과 투수성이 개선되고 양분의 유실이 적게 발생한다. 결국 화학적 성질이 개선되고 선충 및 잡초 감소의 효과도 함께 나타나게 된다.

(6) 혼파

① 혼파는 두 가지 이상의 작물을 혼합하여 파종하는 방법이다.
② 혼파를 할 경우 토양이나 기상에 대한 적응력이 높아지고 병해충에 대한 위험성이 낮아지게 된다. 또한 공간의 이용이 효율적이며 잡초 경감, 재배에 대한 안정성이 증가하게 된다.
③ 혼파에도 단점이 있는데 파종작업이 힘들고 작물의 생장속도 차이로 인해 관리에도 어려움이 있다.

(7) 그 밖의 작부체계

① 교호작
  ㉠ 교호작은 생육기간이 비슷한 2가지 이상의 작물을 일정 이랑씩 번갈아가면서 재배하는 방법이다. 대표적인 교호작으로 옥수수와 콩이 있으며 재배기간이 비슷하여 수확에도 용이하다.
  ㉡ 번갈아 가면서 재배하다보니 작물을 2줄 혹은 3줄로 번갈아 가면서 재배하기도 한다.

② 주위작
  ㉠ 포장의 주위에 포장내의 작물과는 다른 작물을 재배하는 방식으로 주위에 빈공간을 이용하는 것이다.
  ㉡ 옥수수나 수수의 경우 주위에 재배시 방풍의 효과가 있다.

③ 간작
  ㉠ 한 가지 작물이 생육하고 있는 조간에 다른 작물을 재배하는 방법이다.
  ㉡ 간작은 생육 기간이 다른 작물을 주로 재배한다.
  ㉢ 먼저 재배하고 있던 작물을 상작, 이후에 재배되는 작물을 하작이라 한다.
  ㉣ 간작은 먼저 재배하고 있는 작물에 피해가 없는 다른 작물을 이후 재배하여 토지의 이용율을 높이고자 함에 있다.

④ 혼작
  ㉠ 혼작은 생육기간이 거의 같거나 유사한 작물을 섞어 재배하는 방법이다.
  ㉡ 혼작은 주로 상호보완이 가능한 작물끼리 재배하는 것이 유리하다.

2. 영양번식

(1) 영양번식의 뜻과 이점
① 영양번식은 채종이 곤란한 작물에 적용하면 유리하다.
② 우량한 상태의 유전형질을 유지할 수 있다.
③ 종자번식보다 생육이 왕성하고 짧은 기간 내에 수확이 가능하고 수량도 증가한다.
④ 접목의 경우 환경에 대한 적응성, 병해충에 대한 저항력이 증가한다.
⑤ 영양번식에 유리한 작물로 감자, 고구마 등이 있다.

(2) 영양번식의 종류
① 작물에 적용하는 영양번식 방법에는 분주, 삽목, 취목, 접목 등이 있다.
② 분주 : 뿌리가 달린채로 분리하여 번식시키는 방법으로 분주 시기에 따라 화아분화, 개화시기가 결정되기도 한다.
③ 삽목 : 모체에서 분리한 영양체의 일부를 삽상에 심어 뿌리를 내리게 하여 독립개체로 번식시키는 방법이다. 삽목의 부위에 따라 엽삽, 근삽, 지삽으로 분류한다.
④ 취목 : 식물의 가지나 줄기를 모체에서 분리하지 않고 흙에 묻거나 암흑상태에 습기와 공기 조건을 맞추어 주면 발근이 되어 이 발근된 부위를 독립적으로 번식시키는 방법이다.
④ 접목 : 접목은 두 가지 식물의 형성층 부위를 밀착시켜 접합하도록 하는 방법으로 정부가 되는 부분을 접수, 기부가 되는 부분을 대목이라 한다.

(3) 취목
① 나무의 가지 일부분의 껍질을 벗겨 땅속에 묻어 뿌리를 내리는 방법으로 삽목이 어려운 경우 대체하는 방법이다
② 취목은 방법에 따라 다음과 같이 분류된다.

종류	특징
단순취목 (선취법)	가지를 굽혀서 땅속에 묻고 자기의 선단을 지상으로 나오게 하는 방법이다.
공중취목 (고취법)	가지나 줄기의 일부에 상처를 주고 그 자리에 수태 혹은 황토로 싸서 건조하지 않도록 해주며 물을 주어 적당한 습도 조건에 유지하여 발근하는 방법으로 관상수목에 적용시 높은 곳에서 발근시킨다.
단부취목	가지를 굽혀 땅속에 묻어 지상으로 굴곡한 후 성장시켜 분주하는 방법이다.
매간취목	나무의 전체를 평면으로 묻어 새가지를 나오게 하고 이후 가지 밑에서 뿌리가 나오면 절단하여 새 개체를 만드는 방법이다.
파상취목	가지를 여러 번 파상적으로 굽혀 굴곡시켜 번식하는 방법이다.
맹아지 취목	나무의 줄기를 지면 부근에서 절단하고 성토하여 그곳에서 새로운 가지의 밑부분에서 뿌리가 나오게 하는 방법이다.

(4) 접목육묘

① 접목육묘는 오이, 수박, 멜론, 가지, 토마토 등의 작물에 토양병해충의 피해를 예방하고 양분의 흡수를 증대시키기 위해 이용된다.
② 접목육묘에 있어 대목은 내병성, 내습성에 대한 친화력이 강해야 한다.
③ 접목육묘에서 초세조절을 잘못하면 기형과의 발생이 증가하고 당도가 낮아진다.
④ 접목 방법에는 주로 할접(쪼개접), 호접(맞접), 삽접(꽂이접)이 이용된다.
⑤ 작물의 종류에 따라 적합한 접목방법을 선택하며 오이는 맞접, 수박은 꽂이접을 적용한다.

(5) 영양기관

① 종묘로 이용되는 영양기관에는 눈, 잎, 줄기 등이 활용된다.
② 눈의 경우 마, 포도나무 등에 적합하며 잎은 베고니아 등이 대표적이다.
③ 줄기의 경우 다음과 같이 분류된다.
　㉠ 덩이줄기(괴경) : 감자, 토란, 돼지감자 등
　㉡ 알줄기(구경) : 글라디올러스, 프라이자 등
　㉢ 비늘줄기(인경) : 마늘, 양파 등
　㉣ 땅속줄기(지하경) : 생강, 연, 박하, 호프 등

3. 육묘

(1) 육묘의 필요성

① 육묘
　㉠ 육묘는 종자를 재배지에 뿌리지 않고 모를 일정기간 시설에서 생육시키는 것을 육묘라 하며 종자의 소비량을 줄일 수 있다.
　㉡ 육묘를 통해 수확량을 늘리거나 품질 향상을 기대할 수 있으며 관리 및 보호도 용이하다.
　㉢ 수확 및 출하시기 조절이 가능하며 토지의 이용률을 높일 수 있다.
　㉣ 종자를 이용한 직파가 불리한 작물(딸기, 고구마 등)에 많이 이용된다.

② 육묘방식

온상육묘	저온기에 인공 가온과 태양열을 이용하는 묘상이다
보온육묘 (냉상육묘)	인공 가온 없이 태양열만을 이용하는 묘상이다
공정육묘	• 육묘의 생력화, 효율화를 목적으로 상토의 조제, 종자파종, 물주기에 관련된 작업을 자동화하여 균일한 묘상을 얻을 수 있다. • 공정육묘를 통해 묘의 대량생산이 가능하고 기계화에 의해 생산비가 절감된다.

(2) 묘상의 구조

① 묘상의 크기는 관리적 측면에 있어 중요하다. 묘상 크기가 너무 작으면 온도가 급격히 변화하며 너무 크면 묘상의 중앙부 관리에 노력이 많이 든다.
② 묘상의 너비는 120~130cm 정도가 적당하며 깊이, 길이는 묘상의 종류에 따라 결정한다.
③ 묘상 밑바닥은 온도를 균일하게 유지하기 위해 양열온상의 경우 중앙부를 높게하고 남쪽과 북쪽은 중앙부보다 깊게 한다.

(3) 상토

① 상토
  ㉠ 상토는 모종을 가꾸는 온상에 쓰는 토양으로 부드럽고 물 빠짐과 물 지님이 좋으며 여러 가지 양분을 고루 갖춘 흙이다.
  ㉡ 상토는 작물이 필요한 물을 보유하고 있으며 뿌리와 배지 상부 공기와 가스교환이 이루어지도록 도와준다.

② 상토의 원료
  ㉠ 상토를 구성하는 주재료는 자연광물질, 일반자원, 부산물 등이 있다.
  ㉡ 자연광물질에는 제오라이트, 규조토, 적토, 미사토 등이 있다.
  ㉢ 자원으로 피트모스, 질석, 펄라이트 등이 있으며 부산물로 코코피트가 가장 많이 이용된다.
  ㉣ 코코피트의 경우 100% 천연야자 유기섬유질로 토양 속에서 장기간 부패하지 않아 물리성이 개선된다.
  ㉤ 펄라이트는 중성에서 약알칼리성으로 pH에 대한 영향이 적으며 양이온교환능력이 작다.
  ㉥ 코코피트는 코코넛 야자열매의 껍질섬유를 이용하여 제조한다.
  ㉦ 피트모스는 pH가 낮아 산성화시킨다.

③ 상토의 용도
  ㉠ 상토는 수도용, 원예용, 기타용도 등으로 구분된다.
  ㉡ 수도용은 중량, 경량, 매트(mat)로 구분되며 원예용은 채소용, 화훼용으로 구분된다.

④ 상토의 구비조건
  ㉠ 통기성, 보수성, 흡수력, 투수성 등의 물리적 성질이 좋아야 한다.
  ㉡ 값이 저렴하고 취급이 용이하며 활착성이 우수해야 한다.
  ㉢ 입자가 고르고 출아상태가 안정적이어야 한다.

4. 정지

(1) 경운

① 경운은 토양을 갈아 흙덩이를 부스러뜨리는 작업이다.
② 경운은 정지작업에서 가장 먼저 하는 작업으로 파종이나 이식을 하기 전에 실시한다.
③ 경운을 통해 토양의 투수성, 통기성이 좋아져 이후 종자의 발달, 뿌리의 발달에 도움이 된다. 또한 통기성이 좋아져 토양에 살고 있는 미생물의 활동이 활발해져 유기물 분해 촉진 및 순환에 도움을 준다.
④ 흙을 반전시켜 잡초의 발생이 줄어들고 해충이 박멸하는데 도움이 된다.

(2) 쇄토

① 쇄토는 경운 다음으로 실시하는 작업으로 갈아 일으킨 흙덩이를 좀 더 곱게 부수고 지면을 평평하게 고르는 작업이다.
② 논은 경운한 다음 물을 대고 써레로 흙덩이를 곱게 부수는데 써레를 이용한다 하여 써레질이라 한다.

(3) 작휴

① 작휴법은 작물이 심긴부분과 심기지 않은 부분이 규칙적으로 반복되는 것을 이랑이라 한다. 이랑은 평평하지 않고 기복이 있을 경우 융기부를 이랑, 함몰부를 고랑이나 골이라 한다.
② 이랑을 만들게 되면 파종, 제초, 솎음의 관리가 용이하고 배수 및 통기에 좋게 하고 작토층을 두껍게 한다.
③ 작휴법에는 평휴법, 휴립법, 성휴법이 있다.

평휴법		・이랑을 평평하게 하여 이랑과 고랑 높이를 같게 하는 방법 ・주로 채소, 밭벼에 실시한다.
휴립법	휴립법	・이랑을 세워 고랑이 낮게 하는 방법
	휴립구파법	・이랑을 세우고 낮은 골에 파종하는 방법 ・맥류의 한해와 동해를 동시에 방지할 수 있다. ・감자의 발아촉진이나 이랑 사이 토양을 작물의 포기 밑에 모아주는 배토 작업을 위해 실시한다.
	휴립휴파법	・이랑을 세우고 이랑에 파종하는 방법 ・고구마는 이랑을 높게 세우고 조, 콩은 이랑을 낮게 세운다.
성휴법		・이랑을 보통보다 넓고 크게 하는 방법 ・맥후작 콩의 재배에 실시한다.

(4) 진압

① 진압은 정지 작업에서 경운, 쇄토 이후에 실시하는 작업이다. 파종하고 복토 전후 종자를 눌러 주는 작업이다.
② 진압을 하게 되면 토양사이 공극이 변화하고 모세관현상에 의한 수분공급으로 종자나 식물의 뿌리에 수분흡수를 쉽게 하게 된다.

5. 파종

(1) 파종시기

① 파종시기는 파종된 종자가 발아가기 위해 종자의 종류, 온도, 환경 등의 발아조건을 고려하여 결정하게 된다.
② 작물의 종류에 따라 추파, 춘파를 결정하고 지역에 따라 달라지는데 고랭지의 경우 늦봄에 실시한다.
③ 작부방법이나 특정 재해 시기, 토양의 상태, 출하기도 파종시기에 영향을 준다.
④ 감온형 벼 품종은 조파조식하는 것이 좋고 추파맥류는 추파성이 높은 품종은 조파한다.
⑤ 월동작물은 추파하고 여름작물은 춘파한다.

(2) 파종양식

① 파종방법

산파(흩어뿌림)	포장 전면에 종자를 흩어 뿌리는 방법
조파(줄뿌림)	종자를 줄지어 뿌리는 방법
점파(점뿌림)	일정 간격으로 종자를 수 개씩 파종하는 방법
적파	점파와 유사하나 한곳에 여러 개의 종자를 파종하는 방법

② 씨감자 파종
  ㉠ 봄에 파종하는 씨감자는 심기전에 싹을 틔운 후 감자를 30g 정도의 크기로 잘라 심는다.
  ㉡ 중남부 지방의 봄에 감자의 파종시기는 3~4월이다.
  ㉢ 산광싹틔우기는 온실이나 비닐하우스에 차광망을 덮어 직사광선을 막아 씨감자에 약한 빛을 주어 싹을 틔우는 방법이다.

③ 맥류 파종
  ㉠ 휴립광산파는 답리작 보리파종에 많이 이용되며 무경운 상태에서 비료와 종자를

포장전면에 뿌리고 로타리로 복토되는 흙을 파 올려 배수구가 만들어지면서 복토가 동시에 이루어진다.
ⓒ 평면세조파는 비료를 살포한 다음 로타리가 쇄토하면서 파종하는 방법으로 쇄토, 복토, 파종이 동시에 이루어진다.
ⓒ 휴립세조파는 평면세조파에 비해 배수가 불량하고 점토가 많은 평탄지에 파종하는 방법이다.

(3) 파종량

① 파종량은 작물의 종류 및 품종, 종자 크기, 재배지, 토양의 조건, 시비, 종자 상태를 고려하여 결정한다.
② 온도가 낮은 지역의 경우 파종량을 늘리도록 한다.
③ 토양 조건이 좋지 않거나 시비량이 적은 경우 파종량을 늘린다.
④ 발아력이 낮거나 파종기가 늦을 경우 파종량을 늘린다.

(4) 복토

① 복토는 흙덮기로서 작물의 종자를 파종한 후 흙을 덮어 주는 작업이다.
② 작물별로 복토의 깊이에 차이가 있으며 기준은 다음과 같다.

깊이 기준(cm)	작물 종류
종자가 보이지 않을 정도	소립목초종자, 파, 양파, 당근, 상추, 담배, 유채
0.5~1	순무, 배추, 양배추, 가지, 고추, 토마토, 오이
1.5~2	조, 기장, 수수, 무, 시금치, 수박, 호박
2.5~3	밀, 호밀, 귀리
3.5~4	콩, 팥, 완두, 잠두, 옥수수, 강낭콩
5~9	감자, 생강, 토란, 글라디올러스
10 이상	나리, 튤립, 수선, 히아신스

6. 이식

(1) 이식의 종류

① 조식은 골에 줄지어 이식하는 방법이다.
② 점식은 포기를 일정한 간격을 두고 띄어서 점점이 이식하는 방법이다.
③ 혈식은 포기를 많이 띄어서 구덩이를 파고 이식하는 방법이다.
④ 난식은 일정한 질서 없이 점점이 이식하는 방법이다.

(2) 이식시기

① 과수와 다년생 목본식물은 싹이 움트기 전에 춘식하거나 낙엽이 진 뒤 추식한다.
② 일반작물은 파종기에 영향을 주는 요인에 의해 이식기가 결정된다.

(3) 이식방법

① 작물에 따라 이식방법은 다양하다. 벼의 경우 기온이 15℃ 전후 이식해야 하며 일찍 하는 것이 좋다. 논의 써레질이 종료되면 바로 하게 되며 줄모로 심어야 고르게 자랄 수 있다.
② 채소, 화초는 식상을 피하고 잘 자라게 하고자 쇄토작업을 통해 흙을 부드럽게 갈아두어야 한다. 이식 후에는 뿌리를 내리는데 시간이 걸려 물을 주고 덮개를 해주어 증발을 막아준다.

(4) 이식효과

장점	단점
① 이식을 실시하면 줄기나 잎의 웃자람을 억제할 수 있다.	① 무, 당근 등 직근류는 뿌리가 손상될 경우 상품성이 저하되기도 한다.
② 이식 작업 시 뿌리가 잘려 새로운 뿌리가 발생되어 생육이 좋아진다.	② 수박, 참외는 뿌리가 손상 시 발육이 저하된다.
③ 생육이 어느 정도 진행되어 병해충에 피해가 감소된다.	③ 작물에 따라 이식이 해가 되는 경우가 있다.
④ 수목의 경우 개화를 촉진시킬 수 있다.	

7. 생력재배

(1) 생력재배의 정의

① 생력재배는 노력을 줄여 농사를 짓는 것으로 본디 목적은 노동력이 부족한 농가의 상황을 개선하기 위한 방법이다.
② 부족한 노동력 때문에 농업의 기계화를 장려하고 잡초를 방제하기보다 제초제를 도입하는 방법등이 생력재배라 한다.

(2) 생력재배의 효과

① 생력재배를 통해 농업에 필요한 노동력 절감 및 경영에 효율이 개선된다.
② 농업 연구를 통한 새로운 품종의 개발과 경운파종과 같은 저비용 생산을 목적으로 생력기계화 재배기술 등의 도입으로 저투입 지속농업(LISA)이 가능하다.

③ 실제 생력재배의 사례로 파식파종기를 이용한 생력파종, 기계화를 통한 잡초 방제, 배토기를 이용한 중경배토 작업, 기계 수확, 탈곡 및 선별, 건조 등 전 과정에 걸쳐 효과가 나타난다.

(3) 생력기계화재배의 전제조건

① 농지가 생력화를 가능하게 할 수 있게 정리되어야 한다.
② 넓은 면적은 공동관리하여 집단 재배해야 한다.
③ 기계화에 따른 잉여 노동력을 수익화 해야 한다.
④ 품종의 선택, 재배법 등 기계화를 통한 재배체계를 확립해야 한다.
⑤ 국가 차원의 제도화, 보조, 개발등의 도움이 필요하다.

(4) 기계화 적응 재배

① 기계화 재배
  ㉠ 농업기계화로 노동의 능률 및 생산력이 향상되었다. 노동을 절약하고 중노동에서 벗어나는 계기가 되었다.
  ㉡ 단위노동시간당 작업량을 늘려 능률적 작업을 통해 생산량을 높일 수 있다.
  ㉢ 적합한 농업기계의 선택을 통해 토지이용률을 높여 생산량을 늘릴 수 있다.
  ㉣ 농업기계의 크기는 경영면적, 포장면적, 경지조건, 기계의 구동능력을 고려하여 결정한다.
  ㉤ 농업기계의 이용시간은 최대한 확대하여 활용한다.

② 정밀농업
  ㉠ 정밀농업은 농작물 재배에 영향을 미치는 요인에 관한 정보를 수집하고, 이를 분석하여 불필요한 농자재 및 작업을 최소화함으로써 농산물 생산 관리의 효율을 최적화하는 시스템인 것이다.
  ㉡ 정밀농업기술은 식량생산 한계나 환경보존의 문제를 동시에 해결할 수 있는 대안으로 부상하고 있다.
  ㉢ 정밀농업은 선진국을 중심으로 1990년대부터 집중적으로 연구되기 시작한 해결방법으로 기술, 경영, 과학이 결합된 것이 특징이다.

8. 재배관리

(1) 시비

① 시비

㉠ 시비는 거름주기로 주요 비료의 종류는 질소, 인산, 칼륨이 있다. 질소의 경우 과다하게 공급되면 도장의 우려가 있어 공급량을 조절해 주어야 한다.

㉡ 작물에 따른 적정 시비(질소 : 인산 : 칼륨)

벼	5 : 2 : 4
맥류	5 : 2 : 3
옥수수	4 : 2 : 3
감자	3 : 1 : 4
고구마	4 : 1.5 : 5
콩	5 : 1 : 1.5

㉢ 규소는 화곡류의 저항성을 높이는데 도움을 주는데 벼에 있어 도열병에 대한 저항성을 키워주고 잎을 곧게 지지하도록 도와준다. 잎을 곧게 지지하여 수광율을 높이는데도 도움을 주며 한해에 대한 경감 효과도 있다.

㉣ 고구마와 같은 작물은 칼륨의 흡수비율이 높은 편인데 칼륨이 양분을 지하부로 이동하는 것을 촉진하여 덩이뿌리가 굵어지도록 도와주는 역할을 한다.

② 엽면시비

㉠ 작물은 뿌리에서 뿐 아니라 기공을 통한 흡수가 이루어지며 이를 엽면시비라 한다.

㉡ 엽면시비는 잎의 호흡작용이 왕성할수록 더 잘 흡수된다.

㉢ 엽면시비된 살포액이 약산성의 경우 흡수가 잘 이루어진다.

㉣ 잎의 뒷면은 살포액의 부착이 좋고 기공수가 많아 표면보다 흡수가 잘 이루어진다.

㉤ 엽면시비는 주로 철, 아연, 망간, 칼슘 등의 미량원소, 요소를 뿌려 준다.

㉥ 엽면시비는 뿌리의 흡수력이 낮을 경우 영양회복을 위해 작업을 한다.

㉦ 요소의 엽면시비 농도는 노지작물 0.5~2%, 과수 0.5~1%, 오이 및 수박 1% 이하, 무 및 양배추 2% 이하 정도로 한다.

③ 비료의 분류

㉠ 성분에 따른 비료

질소비료	요소, 질산암모니아, 황산암모니아
인산질비료	과인산석회, 용성인비, 용과린, 중과인산석회
칼륨질비료	염화칼륨, 황산칼륨

ⓛ 화학적 반응에 따른 비료

산성비료	과인산석회, 염화암모늄
중성비료	황산칼륨, 염화칼륨, 요소, 질산나트륨
염기성비료	생석회, 소석회, 탄산칼륨, 용성인비

ⓒ 생리적 반응에 따른 비료

생리적 산성비료	황산암모늄, 염화암모늄, 황산칼륨, 염화칼륨
생리적 중성비료	질산암모늄, 질산칼륨, 요소
생리적 염기성비료	질산나트륨, 질산칼슘, 용성인비, 초목회

ⓔ 반응 효과에 따른 비료

속효성비료	황산암모늄, 염화칼륨
완효성비료	석회질소

ⓜ 주요 비료의 성분비

종류	질소	인산	칼륨
요소	46		
질산암모늄	35		
황산암모늄	21		
석회질소	20~22		
중과인산석회		44	
용성인비		18~19	
과인산석회		16	
염화칼륨			60
황산칼륨			48~50

④ 이용률

ⓐ 비료의 이용률은 비료 성분량 중에서 작물이 흡수하여 이용한 양을 나타낸 것으로 질소는 30~50%, 칼륨 40~60%, 인산 10~20% 정도의 이용률을 보인다.

ⓑ 비료의 이용률에 영향인자로 비료성분, 화학적 형태, 작물의 종류, 토양의 화학적 조건, 시비시기 등이 있다.

(2) 보식

① 보식은 발아가 불량한 곳이나 고사한 곳에 보충하여 이식하는 것이다.

② 솎기는 밀생한 곳에 일부를 제거하여 작물끼리 경쟁을 줄이고 공간을 넓혀 주는 작업이다.

③ 솎기는 생육 공간 확보를 통해 균일한 생육을 도와주고 불량한 개체를 제거해 우량한 개체만 남길 수 있다.

(3) 중경

① 파종이나 이식 이후에 작물 생육 기간에 작물사이 토양의 표토를 긁어 부드럽게 하는 토양관리를 중경이라 한다.
② 중경작업은 잡초의 방제, 토양의 이화학적 성질 개선을 통해 작물의 생육을 돕는다.
③ 중경의 효과

발아조장	파종이후 토양에 피막이 생겼을 때 중경작업을 실시하여 피막을 제거하면 발아가 조장된다.
통기성증진	작물이 생육하는 포장을 중경하여 토양의 가스교환과 미생물의 활동을 높이고 유기물 분해가 촉진되어 작물에 활력을 주게 된다.
수분증발억제	중경작업 시 토양을 얕게 작업하면 모세관이 절단되고 표면 공극이 좁아져 토양의 유효수분 증발이 줄어드는 효과가 있다.
비효증진	논토양의 경우 항상 물에 잠긴 상태이기에 표층은 산화층, 아래는 환원층이 형성된다. 이때 추비를 하고 중경작업을 실시하면 산화층과 환원층이 섞이면서 탈질작용이 억제되고 질소질 비료의 효과가 증진된다.

④ 중경의 단점

단근피해 발생	어린 작물의 경우 중경작업 과정에서 뿌리에 피해를 주게 되면 뿌리 흡수에 피해를 준다.
토양침식 발생	바람이 심하거나 건조가 심한 지역은 중경을 하면 토양의 건조 및 침식이 발생된다.
동상해 발생	환경에 따라 중경작업을 하면 지열의 유지가 되지 않아 저온의 피해가 발생할 수 있다.

(4) 멀칭

① 피복재료인 비닐, 플라스틱 필름, 건초를 이용하여 포장 토양의 표면을 덮는 작업을 멀칭이라 한다. 그리고 멀칭작업에 사용되는 피복재료를 멀치라 한다.
② 멀칭의 효과로는 생육 촉진과 토양의 침식을 방지하고 수분조절, 온도조절, 잡초 방지, 유익 박테리아의 증식 등의 효과가 있다.
③ 작물의 비닐은 주위 조건에 따라 적합한 색을 선별한다. 검은색 비닐은 뿌리의 지온 유지 및 잡초 발생을 억제해주며 투명비닐은 추운 계절 지온 상승과 습도의 유지에 도움을 준다. 최근에는 적색비닐을 통해 작물의 광합성량을 늘리는 등 색상에 따른 효과를 파악하고 선택한다.
④ 투명플라스틱 필름의 경우 지온의 상승, 토양의 건조 방지, 비료의 유실 방지 등의 효과가 있다. 불투명플라스틱의 경우 적색광을 차단하여 잡초의 발생을 억제해준다.

9. 벼의 재배

(1) 벼의 종자처리

① 벼의 품종
  ㉠ 벼는 주위 환경 및 입지 조건에 영향을 받으며 이에 알맞은 품종을 선택하여 안정성을 높여야 수익성이 증가된다.
  ㉡ 국내의 재배면적별 주요 품종에는 중만생이라 하여 동진1호, 추청, 남평, 주남, 일미, 일품, 신동진, 새추청이 있으며 조생에는 오대, 운광이 있다.

② 취종
  ㉠ 볍씨는 종자갱신체계에 의한 종자관리원 및 관계기관에서 취종하며 그 지방의 장려품종 중 당국에서 배포되는 볍씨를 구하여 재배한다.
  ㉡ 유전적으로 순수하고 품종의 고유한 특성을 지닌 충실한 종자가 좋은 볍씨이다.
  ㉢ 기계적 손상이나 병해충이 없고 발아와 초기 생장이 왕성한 것이 좋다.

③ 선종
  ㉠ 벼알이 크고 저장 양분이 많은 볍씨나 현미중의 씨젖이 완전히 남은 것은 초장, 잎수, 뿌리, 생초중 등이 모두 크고 생장이 좋다.
  ㉡ 비중선에 볍씨의 선종에 쓰이는 비중 표준은 까락이 없는 몽근메벼 1.13, 까락이 있는 메벼 1.1, 찰벼와 밭벼는 1.08 정도이다.
  ㉢ 비중선을 위한 비중액은 비중 1.13 이며 물 18L, 소금 4.5kg 을 이용하여 제조한다. 비중액은 식염을 많이 이용하기에 염수선이라 하며 한랭지에서 발아와 초기생육을 촉진하는데 효과가 있다.

④ 소독
  ㉠ 볍씨의 소독은 벼에 발생되는 각종 병해충을 방제하기 위해 종자소독을 한다.
  ㉡ 냉수온탕침법은 키다리병, 세균성벼알마름병, 잎마름선충병 등을 방제하는데 효과적이다.

⑤ 침종
  ㉠ 볍씨는 물에 담가 발아에 필요한 수분을 흡수시킨 후에 파종을 한다. 15°C 조건에서 약 7일 내외 정도 침종하면 포화상태로 흡수가 된다.
  ㉡ 볍씨는 중량의 25% 정도 흡수하면 발아할 수 있는 수분함량이 된다.
  ㉢ 침종은 고온에 짧게 하는 것보다 저온에 여러 날 하는 것이 좋다.

⑥ 최아
   ㉠ 침종이 완료된 볍씨를 바로 파종하기보다 약간 싹을 틔워 파종하면 발아 및 초기 생육이 촉진되고 성묘율이 높아진다.
   ㉡ 파종기가 늦은 경우 한랭지의 못자리 등에서 최아종자를 쓰는 것이 유리하다.
   ㉢ 직파재배의 경우 종자를 최아시켜 파종하면 토양수분 및 순도에 따라 영향을 받으며 토양이 과도하게 건조할 경우 최아종자의 출아가 불량해진다.

(2) 육묘와 정지
   ① 육묘는 못자리를 만들어 육묘하는 못자리 육묘(중묘)와 못자리 없이 온실에서 육묘하는 다단식 선반 육묘(어린모)가 있다.
   ② 어린모는 육묘기간이 짧아 중묘보다 식물병의 발생이 적고 논에 이앙 후 배유의 양분이 충분하여 활착이 빠르다.
   ③ 육묘용 상토는 투수성과 보수력을 지니고 부식함량이 높으며 pH 4.5~5.5 가 적합하다
   ④ 파종량은 어린모는 200~220g, 중묘는 110~130g 정도로 파종한다.
   ⑤ 정지는 경운, 쇄토, 관개, 논두렁바르기, 써리기 순서로 이루어진다.

(3) 벼의 재배
   ① 이앙재배
      ㉠ 벼의 이앙시기는 지방의 기상, 품종, 지력 등을 고려하며 주위논의 상황 및 노동력 등을 고려하여 결정하게 된다.
      ㉡ 벼의 경제적 생육일수는 조생종 약 100일, 중생종 약 115일, 만생종 약 120일 정도이다.
      ㉢ 벼의 등숙한계 최저온도는 17°C 정도이며 이들 온도가 되는 시기로부터 50일 이전이 안전등숙한계기이다. 이앙은 경제적 생육일수를 확보하고 안전등숙한계기 이전에 출수 할 수 있는 이앙기가 되도록 한다.
      ㉣ 벼의 재식밀도는 단위면적당 포기수와 포기당 못수에 의해 결정된다.
      ㉤ 무경운 답은 토양의 경도가 커서 땅이 단단하여 이앙 20일 전에 담수하고 이앙 15일 전에 배수하며 이앙 전 8일 경에 다시 관개하여 토양을 부드럽게 한다.
      ㉥ 논에 물을 깊이 대는 심수관리는 습생 잡초를 방제하는 데 효과적이다.
   ② 직파재배
      ㉠ 직파재배는 논에 직접 볍씨를 뿌리는 방법이다.
      ㉡ 직파재배는 건답직파재배, 담수직파재배로 구분된다.

ⓒ 건답직파재배는 마른 논에 트랙터를 이용하여 줄뿌림을 하는 방법이다. 담수직파재배는 논에 물을 대고 써레질 후에 볍씨를 흩어뿌리거나 기계를 이용하여 줄뿌림한다.

ⓔ 건답직파재배 특징
- 육묘와 이앙 작업이 불필요하고 대형 기계화 작업이 용이하다.
- 노동력이 절감되고 침종, 최아의 과정이 불필요 하다.
- 볍씨의 출아기간이 길고 담수직파재배보다 잡초 발생량이 많다.
- 사질토양의 경우 관개용수가 많이 필요하다.
- 잡벼가 발생하여 수량감소의 단점이 있다.

ⓜ 담수직파재배 특징
- 육묘와 이앙 작업이 불필요하며 볍씨의 출아가 빠르다.
- 파종이 간단하고 생산비용이 절감된다.
- 볍씨의 발아와 출아가 불안정하고 잡초 발생량이 많다.
- 논의 생육기간이 길어 용수가 많이 필요하다.

ⓑ 직파재배 품종
- 조생종 : 오대, 상주, 삼백, 진부, 삼천, 상산, 대진, 금오 등
- 중생종 : 화성, 화중, 주안, 광안, 안중, 서진, 간척 등
- 중만생종 : 일품, 동진 1호, 호품, 일미, 동안, 대산, 금남 등

05 수확, 건조 및 저장과 도정

1. 수확

(1) 수확시기 결정

① 벼의 수확시기는 출수 후 40~50일 정도이며 벼알이 황색이나 수축의 색깔이 대체로 황변한 때, 수축이 끝에서 2/3 정도 황색으로 마른 때이다.
  ㉠ 유숙기는 개화 수정 후 10~14일 경이다.
  ㉡ 호숙기는 개화 수정 후 15~25일 경이다.
  ㉢ 황숙기는 개화 수정 후 30~40일 경이다.
  ㉣ 완숙기는 개화 수정 후 40~50일 경이다.
  ㉤ 고숙기는 벼알에 녹색이 없는 완숙된 시기이다.

② 적산온도
  ㉠ 일평균기온을 누적시켜 보통 벼는 출수 후 950℃ 정도가 되면 수확 적기가 된다.
  ㉡ 일평균기온 14℃ 이하는 동화능력이 떨어져 계산하지 않는다.

③ 출수기 기준
  ㉠ 조생종은 출수 후 40~45 일이다.
  ㉡ 중생종은 출수 후 45~50 일이다.
  ㉢ 만생종은 출수 후 50~55 일이다.

④ 벼알색 기준
  ㉠ 벼알이 90% 정도 황변한 시기가 적기가 된다.
  ㉡ 벼는 수확 시기가 너무 빠르면 청미와 사미가 많아지고 수량이 감소된다.
  ㉢ 수확이 늦어지면 과숙미가 되어 동할미가 많아지며 색깔이 불량해진다.

⑤ 기타 작물의 수확시기
  ㉠ 감자의 경우 잎과 줄기가 누렇게 변했을 때부터 완전히 마르기 직전까지가 수확적기이다.
  ㉡ 고구마는 줄기가 마르기 시작하는 10월쯤이 수확적기이다.
  ㉢ 단옥수수는 수염이 나온 후 23~25일경이 수확적기이다.

⑥ 원예작물 수확적기
  ㉠ 수확된 원예작물의 성숙도는 저장수명과 품질에 중요한 변수로 작용하여 취급

및 판매에 영향을 준다.
ⓒ 호흡상승(climacteric rise)은 과일의 성숙기간 중 호흡작용이 증가하는 상태로 이때가 수확적기이다.
ⓒ 과실의 개화 후 성숙할 때까지의 일수는 품종에 따라 대게 일정하나 수세, 입지, 기상 등에 따라 다소 차이가 있다.
ⓔ 노지재배의 경우 애호박은 7~10일, 가지는 20~30일, 토마토는 40~50일 정도의 기간을 가진다.
ⓜ 과실은 성숙기가 되면 전분이 당으로 변화하기에 요오드 검색법을 통해 수확적기를 예측할 수 있다. 전분과 요오드가 결합하면 청색으로 변하기에 과실이 성숙할수록 전분량이 적어지면서 요오드와 결합하는 청색의 분포도가 줄어들게 된다.
ⓗ 사과와 토마토와 같은 과실은 과피의 착생정도를 통해 판정하기도 한다.
ⓢ 열매꼭지의 탈락 정도를 통해 수확적기를 판정한다.

(2) 성숙

① 종자나 과실의 내용물이 충실하고 발아력이 완전하며 수확의 최적상태가 되었을 경우를 성숙이라 한다.
② 성숙도를 판단하는 기준에는 색깔, 경도, 크기와 모양, 호흡정도, 전기저항 등이 있다.
③ 식물의 성숙은 식물자체에 기준을 두는 생리적 성숙과 이용의 기준을 둔 상업적 성숙으로 분류되며 상업적 성숙은 작물이 수확적기가 되었음을 의미한다.
④ 오이, 가지 등은 생리적으로는 성숙하지 않았지만 상업적 성숙이 되어 이용한다.
⑤ 상업적성숙과 생리적 성숙이 일치하는 작물은 사과, 토마토, 양파, 감자 등이 있다.

2. 수확 후 처리

(1) 벼의 수확 후 처리

① 건조
ⓐ 벼를 베었을 경우 벼알의 수분 함량은 대략 20% 이상이다.
ⓑ 수확한 벼는 15.5% 정도로 건조시키고 탈곡하면 탈곡능률이 좋아지고 도정률이 높아지고 변질되지 않는다.

② 탈곡
ⓐ 수분 함량이 15.5% 이하인 벼가 능률적이나 기상조건이 불량할 경우 탈곡 후 건조해야 한다.
ⓑ 보리의 경우 기계적 손상을 최소화하기 위해 17~23% 정도로 건조하여 탈곡하도록 한다.

ⓒ 옥수수 20~25%, 콩 14%, 밀 16~19% 정도에서 탈곡시 기계적 손상이 최소화된다.

③ 도정
ⓐ 수확한 조곡을 가공하여 식용 가능한 정곡으로 가공하는 것을 도정이라 한다.
ⓑ 조곡인 정조의 껍질을 벗겨서 현미로 만드는 것을 제현이라 한다.
ⓒ 도정은 과정은 벼를 정선, 제현, 현미분리, 현백, 쇄미분리 등의 과정을 거친다.
ⓓ 제현율은 품종, 숙도, 건조 등에 따라 다르며 중량은 약 75%, 용량 55% 정도이다.

(2) 원예작물의 수확 후 처리

① 후숙
ⓐ 미숙한 과실을 수확하고 일정 기간 보관하여 성숙시키는 것을 후숙이라 한다.
ⓑ 바나나, 키위, 감귤 등에 주로 적용한다.

② 예랭(예냉)
ⓐ 고온상태에 수확된 청과물을 수확 직후 적당한 품온까지 냉각하여 과실자체의 호흡량, 성분이나 물성의 변화를 억제하여 품질을 유지할 수 있는 냉각작업을 예랭(예냉)이라 한다.
ⓑ 예랭은 수확 직후 청과물의 품질 유지에 좋은 방법으로 호흡량을 줄이고 저장양분의 소모를 감소시킨다.

③ 큐어링
ⓐ 큐어링은 고구마, 감자, 양파 등에 상처가 발생한 경우 상처를 아물게 하거나 코르크층을 형성시켜 수분의 증발을 줄이고 미생물의 침입을 예방하는 방법이다.
ⓑ 고구마는 수확 후 1주일 이내 온도 30~33℃, 습도 85·90% 조건에서 4~5일 정도 큐어링 후 열을 방출시키고 저장하면 상처가 아물게 된다. 온도와 습도를 낮게 하면 치유시간이 오래 걸리고 중량이 감소하게 된다.
ⓒ 감자는 수확 후 온도 15~20℃, 습도 85~90% 조건에서 2주일 정도 큐어링 하도록 한다.
ⓓ 양파는 건조가 어느정도 된 경우 온도 30~35℃, 습도 70~80% 조건에서 5일 정도 처리한다.

④ 예건
ⓐ 식물의 외층을 건조시켜 내부조직의 수분증산을 억제시키는 방법이다. 수확 직후 수분을 일정량 증산시켜 과습으로 인한 부패를 방지할 수 있다.
ⓑ 수분함량이 많고 증산속도가 빠른 양배추 등의 엽채류는 외엽 1층이 거의 마를 때까지 예건시키는 것이 저장에 유리하다.

3. 저장

(1) 상온저장

① 상온저장은 보통저장이라 하며 외기의 온도 변화에 따라 강제송풍처리, 보온단열, 밀폐처리 등으로 가온이나 저온처리장치 없이 저장하며 다음과 같은 방법들이 있다.
    ㉠ 지하매몰저장은 배추, 양배추, 파 등을 지하에 묻어서 저장하는 방법이다.
    ㉡ 움저장은 감자, 무 등을 지하에 알맞은 길이의 움을 파고 저장한다.
    ㉢ 굴저장은 깊은 굴을 파고 깊숙한 곳에 고구마 등을 저장한다.
② 환기저장은 지상부 혹은 반 지하부에 외부의 공기를 유입하여 저장고내의 온도를 유지하는 방법이다. 설치비용이 저렴하고 작동이 쉬워 고구마, 감자의 저장에 많이 이용된다.
③ 환기저장시 감자의 저장온도는 1~4℃, 저장습도는 80~95% 이다. 고구마의 경우 저장온도 12~15℃, 저장습도 80~95% 이다.
④ 굴저장을 하는 고구마는 통기가 잘 되도록 환기시설을 갖추는 것이 좋다.

(2) 저온저장(냉장)

① 냉각에 의해 일정 온도까지 품온을 내린 후 저장하는 것을 저온저장이라 한다.
② 저온 저장을 통해 나타나는 효과는 다음과 같다.
    ㉠ 미생물의 증식 지연
    ㉡ 수확 후 작물의 대사작용 지연
    ㉢ 효소에 의한 지질의 산화와 갈변 지연
    ㉣ 영양성분의 손실 및 수분 손실 지연
③ 저온저장의 효과가 큰 과실은 사과, 배, 복숭아, 자두, 포도 등이 있으며 호흡 및 대사작용이 억제되어 환원당 함량이 증가되어 단맛이 높아지게 된다.
④ 원예생산물의 저장에서도 저장온도가 중요하며 저온저장을 통해 작물의 변질속도를 느리게 하여 저장에 유리하다.
⑤ 일반적 저온저장을 위한 상대습도는 85~95% 정도를 유지해야 한다.
⑥ 곡류는 저장습도가 낮을수록 좋지만 과실이나 영양체는 저장 습도가 상대적으로 높은 것이 좋다.
⑦ 작물별 적정 저장온도는 다음과 같다.

저장온도(°C)	종류	저장온도(°C)	종류
0 혹은 그 이하	콩, 당근, 마늘, 상추, 버섯, 양파, 시금치	7~12	애호박
0~2	아스파라거스	7~13	오이, 가지, 수박, 토마토(완숙과)
1~4	감자	13 혹은 그 이상	생강, 고구마, 토마토(미숙과)
2~7	서양호박	15 이하	미곡

⑧ 과수별 적정 저장온도는 다음과 같다.

저장온도(°C)	종류
0~2	사과, 배, 복숭아, 포도, 자두
4~5	감귤
7~13	바나나

(3) CA 저장

① CA 저장은 대기조성과 다르게 이산화탄소(CO_2)의 농도를 증가시키고 산소(O_2)의 농도를 낮추어 저장물의 호흡을 억제하고 저온 저장하는 방법이다.

② CA 저장법은 꾸준한 기술개발을 통해 여과시스템을 이용한 압축공기로부터 질소를 공급하는 시스템, 낮은 산소 농도 저장, 저에틸렌 CA 저장, 급속 CA 저장 등 다양한 기술이 개발되었다.

③ 미곡의 경우 수분함량이 15% 이하로 유지하고 저장고 내 온도는 15°C 이하, 상대습도 70% 이하로 유지하며 공기조성은 산소 5~7%, 이산화탄소 3~5%로 유지시키는 것이 안전하다.

4. 포장

(1) 포장재의 종류와 방법

① 포장의 재료
  ㉠ 포장의 재료는 기능에 따라 주재료와 부재료로 분류된다.
  ㉡ 주재료는 종이, 플라스틱필름, 포대, 목재 용기 등 수확물을 담는 재료를 말한다.
  ㉢ 부재료는 접착제, 테이프, 끈, 못 등 포장을 하는 보조재료를 말한다.

② 포장의 구비조건
  ㉠ 수송과정에 내용물을 보호할 수 있도록 충분한 강도를 가지고 있어야 한다.
  ㉡ 수분에 젖거나 높은 상대습도에 영향을 받지 않아야 한다.
  ㉢ 독성이 있는 화학물질을 함유하고 있지 않아야 한다.

ㄹ 내용물이 빠른 예랭이 가능해야 하고 외부열을 차단해야 한다.
ㅁ 혐기상태를 피하기 위해 호흡가스를 충분히 투과할 수 있는 소재여야 한다.
ㅂ 무게, 크기, 모양 등이 취급 및 판매에 적합해야 한다.
ㅅ 작물의 필요에 따라 빛을 차단하거나 투명해야 한다.
ㅇ 처분 및 재활용이 용이해야 한다.

③ 포장 재료의 종류
ㄱ 종이
- 식물성 섬유로 판지, 양지, 화지 등으로 구분된다.
- 골판지는 강도가 강하고 완충성이 뛰어나며 봉합과 개봉이 편리하다.
- 양지는 크라프트지, 롤지, 모조지 등이 포함되어 질기고 유연성이 좋다.
- 글라신지는 광택이 있고 반투명성이며 내유성이 좋아 채소용 포장에 사용된다.

ㄴ 플라스틱필름
- 플라스틱은 열경화성 플라스틱, 열가소성 플라스틱 등이 있다.
- 열경화성 플라스틱에는 페놀수지, 요소수지, 멜라민수지 등이 있다.
- 열가소성 플라스틱에는 PE, PP, PVC 등이 있다.
- PE(polyethylene)은 온상재배에 이용되며 가스의 투과도가 높아 채소류, 과일 등의 포장재료에 적합하다.
- PP(polypropylene) 은 방습성, 내열성, 내한성 등이 좋고 광택 및 투명성이 높아 투명포장과 채소류의 수축포장에 적합하다.

ㄷ 알루미늄박
신전성이 높고 내충성이 있어 기체 차단성이 요구되는 식품분야에 활용된다.

ㄹ 포대
- 지대는 종이로 만든 소형의 봉지, 봉투, 쇼핑백 등이 있다.
- 표백제 포대는 일반적인 자루를 의미하며 마대는 곡물용 포대로 사용된다.
- 플라스틱 네트는 압출성형법으로 만들어져 과일, 채소류 포장에 이용된다.

ㅁ 기능성 포장재
- 밀봉포장하여 간이 가스 조절이 가능하며 저장에 유해한 에틸렌 가스를 흡착 제거하는 효과를 가지고 있는 기능성 물질을 포장재에 첨가한 재료이다.
- 항균필름은 포장재 내 발생하는 곰팡이 및 유해 미생물에 대한 항균력을 가진 물질을 코팅, 압축성형한 필름이다.
- 고차단성 필름은 질소, 산소 및 산물의 고유한 유기화합물 등을 차단한다.

(2) MA 포장

① MA 포장 효과는 호흡 급등형 과일류에서 숙성 및 노화 지연, 증산이 빠른 엽채류, 과채류에서 나타나는 수분손실 억제 효과, 에틸렌 민감도 감축, 저온장해 등 수확 후 생리적 장해의 억제 등이 있다.
② MA 포장은 고분자 필름으로 호흡하는 산물을 밀봉하여 포장 내 산소와 이산화탄소 농도를 바꾸는 기술로 주로 소포장 단위를 말한다.
③ 실제 포장 내 산소 농도가 조절되면서 자동적으로 이산화탄소 농도가 변하게 된다.
④ MA 포장은 산소 농도가 지나치게 낮고 이산화탄소 농도가 지나치게 높을 경우 이미, 이취 등이 발생하는 고이산화탄소 장해로 작물의 상품성이 떨어진다.
⑤ MA 포장에 사용되는 이상적인 필름은 산소의 유입보다 이산화탄소의 방출이 더 주요하며 이산화탄소 투과도는 산소 투과도의 약 3~4배 정도 되어야 한다.
⑥ MA 포장의 필름 조건은 이산화탄소 투과도가 높아야 하고, 투습도가 있어야 하며, 인장강도 및 내열강도가 높아야 한다.

5. 수량구성요소

(1) 수량구성요소

① 작물의 단위면적당 수확량을 수량이라 하며, 수량에 영향을 미치는 여러 요인을 수량구성요소 한다.
② 벼의 수량은 조곡, 현미, 백미의 무게를 나타내며 단위면적당 이삭수, 이삭당 영화수, 등숙비율, 천립중 등 4가지 수량구성요소에 의해 결정된다.

```
벼의 수량 = 단위면적당 이삭수×이삭당 영화수×등숙률×천립중(g)
         = 단위면적당 영화수×등숙률×천립중
```

③ 직파재배의 경우 단위면적당 이삭수는 이앙재배의 2배 정도지만 수당영화수는 적어 단위면적당 영화수는 큰 차이가 없다.
④ 이앙재배의 단위면적당 이삭수는 분얼능력에 의해 결정되며 최고분얼기 후 10일에 결정되나 직파재배는 재식밀도와 출아율에 결정된다.
⑤ 벼의 수량은 수분함량 14% 정곡으로 나타내며 현미에서 정곡으로 환산할 경우 1.25의 환산계수를 사용한다.
⑥ 수확지수는 생물적 수량의 경제적 이용 가능한 부분의 지표로 [건조종실량 ÷ 전건물중]으로 나타낸다.

06 각종 재해

1. 각종 재해

(1) 수해

① 수해는 집중호우나 장마기간에 발생하는데 하천이나 강이 범람하면서 발생한다.
② 작물이 완전히 물에 침수되는 것을 관수해라 하는데 침수로 인하여 습해, 물리적 충격에 의한 작물의 손상, 도복의 피해가 발생한다.
③ 관수해의 피해가 더욱 커지는 원인으로 흙탕물이나 고인 정체수, 고수온 등이 있다.
④ 이러한 수해가 유발되기 시작하면 산소의 부족으로 인하여 무기호흡량이 많아져 작물 내에 에탄올성분이 축적된다.
⑤ 수해는 수온이 높을수록 질소질비료를 과용할수록 피해가 심해지며 피해를 줄이기 위해 침수에 강한 작물을 심기도 한다. 피, 수수, 옥수수 등은 침수에 강한 편이다.
⑥ 벼는 분얼 초기 침수에 강해 피해가 적게 나타나지만 수잉기에서 출수개화기에는 침수에 약해지면서 침수피해가 크게 나타난다.
⑦ 수발아
  ㉠ 화곡류의 이삭이 도복이나 강우에 의해 젖은 상태가 지속되면 이삭에 싹이 트는 현상을 수발아라 한다.
  ㉡ 수발아의 경우 종자의 품질이 나쁘고 수량이 극히 저하된다.
  ㉢ 수발아의 대책은 다음과 같다.
   • 수발아에 위험이 적은 작물을 선택한다.
   • 만숙종보다는 조숙종으로 선택한다.
   • 조기수확을 한다.
   • 출수 후 발아억제제를 살포하여 수발아를 억제한다.
   • 도복을 방지한다.

(2) 가뭄해

① 가뭄해는 토양수분의 부족으로 작물의 생육이 저해되어 위조현상이 발생하거나 심할 경우 고사한다.
② 작물이 수분이 부족하게 되면 증산 및 광합성이 줄어들고 동화물질이 감소되며 위조상태에 이르게 되면서 생장이 억제되게 된다. 또한 병해충에 대한 저항성이 약해지고

효소작용이 원활하게 되지 않아 심할 경우 고사하게 된다.
③ 가뭄해를 방지하기 위해 관개시설을 만들고 가뭄해에 강한 작물을 선택한다. 토양수분의 유지를 위해 토양의 입단화를 조성하고 증발을 억제하도록 피복작업을 해준다.
④ 가뭄해에 강한 내건성 작물의 특징은 아래와 같다.
- 잎이 왜소하고 작을수록 내건성이 강하다.
- 지상부에 비해 뿌리의 발달이 좋아야 한다.
- 옆맥과 울타리조직(책상조직) 및 기동세포가 발달해야 한다.
- 표피와 각피가 발달하여야 하고 기공이 작고 수가 적어야 한다.
- 표면적(지상부)/체적(전체부피)의 비율이 작아야 한다.
- 세포액의 삼투압이 높고 세포가 작을수록 내건성이 강하다.
- 세포가 작을수록 세포의 수분보유력이 강할수록 내건성이 강하다.

(3) 도복

① 도복은 외부의 물리적 힘에 의해 작물이 쓰러지는 것으로 주로 화곡류와 두류에서 발생한다.
② 화곡류에서 이삭이 무거워지고 줄기가 취약해지는 등숙후기에 도복의 가능성이 높다.
③ 작물이 도복하게 되면 줄기에 달린 경엽들이 엉켜 햇빛을 제대로 받지 못해 광합성이 저하되어 결과적으로 생장이 저하된다.
④ 도복이 심하면 줄기나 뿌리에 상처가 발생되어 병해충에 감염위험성이 높아진다.
⑤ 영양생장이 부족하면 종실에도 영향을 주어 결국 품질 저하로 이어지게 된다.
⑥ **도복의 발생 조건**
　㉠ 바람 등의 기상적 요인
　㉡ 질소 성분의 과잉 흡수
　㉢ 과도한 밀식에 의한 근계발달의 불량
　㉣ 유전적으로 도복에 취약한 품종의 선택
⑦ **도복의 대책**
　㉠ 품종의 선택 시 키가 크기보다 대가 튼튼한 것을 선택한다.
　㉡ 질소질 비료의 과용을 삼가한다.
　㉢ 병해충을 방제한다.
　㉣ 밀도 조절을 통해 통풍과 수광태세를 개선한다.
　㉤ 배토, 답압, 토입 등을 해준다.

(4) 풍해
   ① 풍해는 바람에 의해 발생되는 피해현상으로 바람이 강할수록 피해가 커진다.
   ② 바람에 의해 도복이 발생하고 과수류의 경우 낙과를 초래한다.
   ③ 화곡류가 도복하여 수분 및 수정이 저해되고 불임립, 쭉정이 등이 발생한다.
   ④ 바람이 강할 경우 물리적 손상에 의한 상처가 발생하여 병해충에 취약해지고 작물의 호흡이 증가되어 양분의 소모가 증가된다.
   ⑤ 풍해를 방지하기 위해 비배관리, 풍향의 직각방향 이랑 만들기 등의 방법이 있다.

(5) 습해
   ① 토양의 과습상태에 의한 작물의 피해 현상이다. 토양수분이 작물의 생육에 필요한 수분량보다 과다하게 많을 경우 발생하는 피해현상으로 작물의 토양 최적함수량은 최대용수량의 80% 정도이며 이를 넘어서면 습해현상이 발생한다.
   ② 발생 시 토양의 산소가 부족으로 환원성물질이 발생하고 이로 인해 증산 및 광합성 작용의 저해를 야기한다. 토양산소가 결핍되면 뿌리의 호흡이 불량해지고 수분과 무기양분의 흡수에도 방해를 받게 된다.
   ③ 습해를 막기 위해 내습성 작물을 심거나 이랑을 높게 하여 재배하도록 한다. 토양의 입단 조성을 돕기 위해 토양개량제 등을 뿌려준다.
   ④ 습해 현상이 지속될 경우 식물의 황변현상이 발생되고 잎의 위조가 나타난다.
   ⑤ 습해의 피해를 줄이기 위해 배수 철저, 토양의 개량, 병충해 방제, 내습성 작물의 선택 등이 있다.
   ⑥ 작물의 내습성은 미나리, 벼, 옥수수 등이 높은 편이며 파, 양파, 고추 등은 낮은 편이다.
   ⑦ 뿌리 외피 세포막의 목화 정도가 심하거나 근계가 얕게 발달하거나 부정근의 발근력이 큰 작물은 내습성이 강하다.

(6) 열해
   ① 주위의 온도가 작물이 생육할 수 있는 온도 범위를 넘어 고온의 피해가 발생되는 경우 열해라고 한다.
   ② 고온에서는 유기물의 소모가 늘어난다.
   ③ 고온에서 단백질 합성이 저해되고 암모니아 축적이 많아진다.
   ④ 고온에서 철분의 침전에 의한 엽록소 형성장해가 발생하여 황화현상이 나타난다.
   ⑤ 식물의 증산량이 증가하고 뿌리의 수분흡수력이 감소하여 증산과다를 유발하여 식물

의 위조현상이 나타난다.
⑥ 열해에 대한 저항성을 내열성이라 하고 내열성 작물의 특징은 다음과 같다.
　㉠ 당분, 단백질, 염류 등이 증가할수록 내열성이 증대한다.
　㉡ 늙은 잎이 어린 잎보다 내열성이 크다.
　㉢ 원형질의 점성이 높고 원형질막의 수분투과성이 크면 내열성이 크다.
　㉣ 세포 내 결합수가 많고 유리수가 적을수록 내열성이 커진다.
⑦ 식물체 부위에 따른 내열성은 다음과 같다.
　㉠ 지상부가 지하부보다 내열성이 강하고 지상부 중에서는 수분이 적고 당함량이 많은 기관이 강하다.
　㉡ 눈과 어린잎은 비교적 내열성이 강하다.
　㉢ 미성엽과 중심주는 내열성이 가장 약하다.
　㉣ 주피와 늙은 잎은 내열성이 강하다.
⑧ 하고현상
　㉠ 하고현상은 내한성이 강하여 월동을 하는 북방형 목초가 여름철과 같은 고온으로 인하여 생육장해를 일으키는 현상을 말한다.
　㉡ 하고현상의 원인에는 고온, 건조, 병해충, 장일, 잡초 등으로 나타나기도 한다.
　㉢ 하고현상이 심한 목초의 종류에는 티머시, 블루그라스, 레드클로버 등이 있고 상대적으로 하고현상이 적은 종류에는 라이그라스, 화이트클로버, 오처드그라스 등이 있다.

(7) 냉해

① 여름작물이 생육상 고온이 필요한 여름철 냉온에 의해 발생되는 피해현상을 냉해라 하고 식물체 조직 내에 결빙이 생기지 않을 정도의 저온의 피해를 저온해라 한다.
② 대표적으로 벼는 냉온에 약한 작물로 10℃ 이하의 냉온이 지속되면 냉해의 피해가 발생된다. 벼는 감수분열기에 이상발육이 초래되어 불임현상이 나타나기도 한다.
③ 냉해의 원인은 저온, 일조 부족, 다우 등이 있다.
④ 냉해 발생시 수분과 양분의 흡수 기능이 감퇴되어 식물의 동화작용과 생육에 저해된다.
⑤ 냉해의 종류에는 지연형 냉해, 장해형 냉해, 병해형 냉해가 있으며 이러한 냉해는 복합적으로 나타날 경우 혼합형 냉해라고 한다. 복합적으로 나타날 경우 피해정도가 더욱 커진다.

지연형 냉해	생육 초기에서 출수기까지 여러 시기에 냉온을 만나 등숙이 지연되어 후기의 냉온에 의해 등숙불량이 나타나는 현상이 발생한다.
장해형 냉해	유수형성기에서 개화기까지 화분이나 배낭의 생식기관이 정상적으로 형성되지 못하거나 수정장해가 유발되는 등의 현상이 발생한다.
병해형 냉해	냉온 조건에서 증산작용이 감퇴되어 규산과 같은 양분 흡수가 저해되어 표면의 규질화 불량등으로 병해충의 침입이 쉬워진다. 그리고 단백질 합성이 저해되면서 체내에 가용성 질소화합물의 축적이 증대되게 된다.

⑥ 냉해의 대책

㉠ 냉해저항성 품종의 선택한다.

㉡ 방풍림조성 및 암거배수로 습답 개량, 객토의 누수답 개량, 지력배양 등의 입지조건을 개선한다.

㉢ 적절한 시비량을 적용한다.

㉣ 파종, 이식 등의 방법을 개선하는 재배적 방법의 개선을 강구한다.

(8) 동상해

① 동상해(동해 및 상해)

㉠ 동해는 저온에 의해 작물 조직 내에 결빙이 발생하는 피해를 말하며 상해는 서리에 의한 피해를 의미한다. 동해와 상해를 합쳐서 동상해라 부른다.

㉡ 서릿발에 의한 피해를 상주해라 하며 서릿발은 토양수분이 많고 추위가 심하지 않을 경우 발생하는데 상주해를 방지하기 위해 퇴비를 이용하고 배수를 개선해야 한다.

㉢ 추위에 대한 작물의 내동성이 중요한데 품종에 따라 차이가 있으나 작물내부에 수분 함량이 적거나 유지함량이 높을수록 내동성이 강한편이다.

㉣ 작물의 가용성 당분함량이 높을수록 전분함량이 낮을수록 내동성이 증가한다.

㉤ 원형단백질이 많을수록 내동성은 증가하며 단백질 중에 -SS 기 보다 -SH 기가 많은 것이 내동성 증가에 유리하다.

㉥ 원형질의 친수성콜로이드가 많고 수분투과성이 크면 내동성이 증가한다.

② 동상해의 대책

㉠ 일반 대책

- 이러한 추위로 인하여 발생되는 대책으로 방풍림 조성을 통해 찬바람을 막아준다.
- 저습지대의 경우 배수구를 설치하여 토양에 다량의 수분이 체류하는 것을 막아준다.

- 내동성에 강한 품종을 선택하고 파종량을 늘려 결주를 보완한다.
- 유기질비료, 인산, 칼륨 비료를 뿌려주면 내동성을 증대시킬 수 있다.
- 이랑을 세워 뿌림골을 깊게 한다.

ⓒ 응급 대책
- 관개법 : 서리가 예상되는 지역은 저녁에 충분히 관개하는 방법
- 송풍법 : 지상 10m 높이에 송풍기를 설치하여 따뜻한 공기를 지면으로 송풍하는 방법
- 발연법 : 연기를 발산하여 지온의 방열을 막는 방법
- 피복법 : 비닐 등을 덮어 보온을 유지하는 방법
- 연소법 : 발열재료를 연소시켜 열을 공급하는 방법
- 살수빙결법 : 스프링클러로 물을 뿌려 식물의 표면을 동결시켜 잠열을 이용해 식물체온을 유지하는 방법

07 식물의 병해 및 생리적 장해

1. 병의 성립

(1) 병원

① 식물에 병의 원인을 병원이라 하고 병원에 있어 생물 및 바이러스 등에 의한 때를 병원체, 세균 및 진균등에 의한 경우 병원균이라 한다.
② 식물병에 직접적인 요인을 주인, 주인을 도와 발병을 촉진 및 확산시키는 요인들을 유인이라 하며 유인은 주로 환경적 요인이 대표적인 예이다.
③ 병원균의 한 종이나 한 분화형 혹은 변종 중에서 기주의 품종에 대한 기생성이 다른 개체군을 레이스 또는 계통이라 한다. 레이스는 기주식물을 침해할 뿐 다른 품종은 침해하지 못한다.
④ 분화형은 분류학상으로 같은 종에 속하는 병원균이 종이 다른 식물에 침입하는 것을 의미한다.
⑤ 병원체도 변이를 일으키기도 하는데 기작으로 돌연변이, 교잡, 이핵, 준유성교환이 있다.

돌연변이	• 돌연변이에 의해 새로운 레이스가 발생 • 감자역병균, 토마토 잎곰팡이병균, 옥수수 깨씨무늬병균
교잡	• 교잡으로 인한 새로운 레이스 발생 • 녹병균, 깜부기병균, 사과나무 검은별무늬병균
이핵	• 균사 혹은 포자의 한 세포 내에 유전적으로 다른 핵을 갖는 현상
준유성교환	• 불완전균류의 영양균사가 마치 유성생식과 같은 유전적인 재조합을 하는 현상 • 완두 시들음병균, 보리 점무늬병균, 알팔파 줄기마름병균

(2) 기주 및 감수성

① 기주
  ㉠ 기주는 기생을 당하는 것으로 병원체가 식물을 침해한 상태를 말한다.
  ㉡ 소인은 식물체가 처음부터 가지고 있는 병에 걸리기 쉬운 성질을 말한다.
  ㉢ 소인은 종족소인과 개체소인으로 분류되며 종족소인은 어느 종 또는 품종이 병에 걸리기 쉬운 유전적 성질을 말하며 개체소인은 같은 종이나 품종 중에서 개체간 발병의 정도가 다른 성질을 말한다.

② 감수성

감수성은 식물병에 대해 민감한 정도를 의미하며 감수성이 높으면 병에 대한 저항성이 낮음을 의미한다.

관련 용어	정의
감수성	식물이 병에 대해 민감한 정도
이병성	식물이 병에 걸리기 쉬운 성질
저항성	식물이 병에 감염을 억제하는 것
면역성	식물이 병에 걸리지 않도록 하는 것
회피성	식물이 병원체의 활동시기를 피해 병에 걸리지 않도록 하는 것

(3) 발병요인의 상호관계

① 기생성병은 환경조건과 관련이 있으며 병원체, 기주, 병원체와 기주의 상호작용에 영향을 준다.

② 온도

병원체에 따라 발병하기 좋은 적정온도가 있다. 온도에 따른 발생하는 병은 아래와 같다.

발생조건	종류
저온	복숭아나무 잎오갈병, 보리 줄무늬병, 보리·밀 줄녹병 등
고온	사과나무 탄저병, 가지과 풋마름병 등

③ 습도 및 바람

㉠ 일반적으로 병원균의 경우 습도가 높을 때 발병확률이 높아진다. 병원균의 포자가 발아하여 침입하기 위해서는 90% 이상의 높은 상대습도를 요구하기도 한다.

㉡ 바람의 경우 포자 분산에 관련이 깊으며 바람이 강할 경우 발생 및 전파 정도가 증가한다.

㉢ 토양병원균은 습도가 높지 않고 통기가 잘 되는 곳에서 많이 발생한다.

④ 토양

㉠ 토양의 pH가 식물체가 생육하기 적정 pH를 벗어날 경우 식물체의 양분흡수가 약해져 병원체에 대한 저항성이 약해진다.

토양조건	발생 병
산성토양	목화 시들음병, 토마토 시들음병
알칼리성토양	목화 뿌리썩음병, 침엽수 모잘록병, 감자더뎅이병
중성토양	감자 더뎅이병

ⓛ 산성토양의 경우 일반적으로 식물체가 생육하기 부적합하며 이는 토양에서의 양분의 이온화 등으로 인한 필수원소가 결핍이나 생육에 방해가 되는 수소이온, 알루미늄이온 등이 다량 발생하기 때문이다.

⑤ 비료
  ㉠ 비료의 경우 균형잡힌 시비는 식물체의 생육에 도움을 주어 병의 발생을 줄여주거나 방제할 수 있으나 특정 비료를 과잉 공급할 경우 생육에 문제가 발생하여 식물병이 발생하기도 한다.
  ㉡ 질소질 비료를 과잉 공급할 경우 도장으로 인해 연약하게 자라 저항성이 낮아지게 되어 식물병이 발생하기도 한다.

⑥ 일광
  ㉠ 일광이 부족하면 광합성이 줄어 식물체가 연약해지면서 병이 잘 발생할 수 있다.
  ㉡ 벼에 일조량이 부족하게 되면 규산의 집적량이 감소하고 벼 도열병이 심하게 나타난다.
  ㉢ 식물체 내에 아미노산이나 아마이드 등을 증가시키게 된다.

⑦ 시설환경
  ㉠ 시설환경 조건에 의해 병원균의 발생하기도 하며 밀폐된 시설에는 전염속도가 매우 빠르다.
  ㉡ 시설내에서 저온다습한 환경의 경우 노균병, 균핵병, 잿빛곰팡이병 등이 잘 발생되며 반대로 고온다습한 경우 무름병, 탄저병, 풋마름병 등이 발생된다.
  ㉢ 시설 내에 약효가 오래 지속되나 식물이 연약해지고 도장하기에 노지와 비교하여 병의 발생이 많다.

(4) 병의 발생과정(병환)

① 병환
  ㉠ 병원균의 발아, 기주체 침입, 증식, 병징발현, 병원균의 생산으로 되풀이 되는 생활사나 과정을 병환(disease cycle)이라 한다.
  ㉡ 병환의 과정은 전염원을 시작으로 전반, 침입, 감염, 잠복기, 병징 및 표징, 병사의 과정을 거친다.

② 전염원
  ㉠ 월동은 겨울과 같이 저온에 나타나는 휴면현상으로 병원균이 환경에 적응하지 못할 경우 월동을 하게 된다.

ⓛ 주로 봄과 같이 기온이 올라가는 따뜻한 계절에 다시 활동을 시작하여 식물에 전염되고 이때를 1차전염원이라 한다. 다음으로 1차 전염원에서 발생한 병원균이 다음 식물체에 감염을 일으킬 경우 2차 감염원이라 한다.

ⓒ 2차전염원은 주로 외부적 요인에 의해 전반되는데 바람, 매개충, 물 등에 의해 이루어진다.

ⓔ 전염원의 종류는 아래와 같이 다양하다.

전염 경로	대표 식물병
병든 조직 전염	벼 도열병, 배나무 검은별무늬병, 복숭아 탄저병균 등
종자 전염	채소 균핵병균, 벼 도열병균, 벼 키다리병균, 감자 역병균 등
토양 전염	배추 균핵병균, 모잘록병균, 맥류 오갈병균 등
공기 전염	흰가루병균, 탄저병균 등
묘목 전염	과수 자줏빛날개무늬병균, 과수 근두암종병균 등

ⓜ 바이러스 전염

전염 경로	대표 식물병
접목	사과 고접병
종자	담배 둥근무늬모자이크병, 콩 줄무늬 모자이크병, 오이 녹반모자이크병
영양번식기관	감자, 마늘 바이러스병
토양	담배 둥근무늬모자이크병, 담배 왜화바이러스
즙액	담배 모자이크병
충매	비영속성바이러스 : 오이, 배추, 순무 모자이크병 영속성바이러스 : 벼 오갈병, 감자 잎말림병

③ 전반

ⓐ 병원체가 병을 발생시키고 이를 기주식물에 이동하는 현상을 전반이라 한다. 병원체들은 대부분 스스로 이동이 어렵기 때문에 비, 바람, 매개충 등을 이용하여 이동한다.

ⓑ 병원균의 전반 방법 및 종류는 아래와 같다.

전반 방법	식물병 종류
바람	배나무 붉은별무늬병균, 도열병균, 잣나무 털녹병균, 감자 역병균
물	모잘록병균, 벼 흰잎마름병균, 감자역병균, 근두암종병균, 향나무 적성병균
토양	근두암종병균, 묘목 잘록병균, 모잘록병, 배추 균핵병
묘목	잣나무 털녹병균, 포플러 모자이크병균, 밤나무 근두암종병균
매개충	• 참나무 시들음병균 : 광릉긴나무좀 • 벼 오갈병균 : 끝동매미충, 번개매미충 • 벼 검은줄오갈병균 : 애멸구 • 오동나무빗자루병균 : 담배장님노린재 • 대추나무 빗자루병 : 마름무늬매미충

(5) 병원균의 침입

① 각피의 침입

㉠ 식물의 잎이나 줄기의 표면에 각피를 직접 뚫고 침입하는데 초기에 표면에 침입하여 수분을 먹고 발아관을 형성, 이 발아관이 각피를 직접 뚫고 침입한다.

㉡ 각피로 침입하는 대표 병균으로 벼도열병균, 흰가루병균, 깜부기병균, 녹병균, 벼 잎집얼룩병 등이 있다.

② 자연개구부 침입

식물에 있어 대표적인 자연개구부는 기공이다. 그 외에도 수공, 피목, 밀선 등을 통해 침입하기도 하며 병원균의 종류에 따라 침입하는 곳이 상이하다.

침입경로	종류
기공	노균병균, 사탕무 갈색무늬병균, 삼나무 붉은마름병균, 소나무 잎떨림병균 등
피목	감자역병균, 포플러 줄기마름병균, 뽕나무 줄기마름병균 등
수공	양배추 검은썩음병균, 벼 흰잎마름병균, 배나무 화상병균 등

③ 상처를 통한 침입

㉠ 식물에 상처가 나게 되면 병원체가 침입하기 쉬워지며 대표적인 상처침입 종류는 아래와 같다.

㉡ 고구마 무름병균, 채소 세균성무름병균, 과수근두암종병균, 밤나무 줄기마름병균, 낙엽송 끝마름병균 등

(6) 감염 및 잠복

① 감염은 병원체가 식물에 침입해 식물로부터 영양을 섭취하는 경우를 말한다. 이때 침입 후 초기병징이 나타나는 사이의 기간을 잠복기간이라 한다.

② 잠복기간은 감염이후 그리고 초기병징이 나타나기 이전의 단계를 의미한다.
③ 서로 다른 종류의 기수식물을 옮겨다니며 생활하는 병원균을 이종기생균이라 하는데 이종기생균이 기주를 변경하는 것을 기주교대라고 한다.

이종기생균	다른 기주식물을 옮겨다니는 병원균
기주교대	이종기생균이 다른 기주식물을 옮겨 다니는 것
중간기주	다른 기주식물 중 경제적 가치가 적은 식물

④ 엽록소가 없어 양분 합성을 하지 못하는 경우 다른 식물에 기생하여 양분을 섭취하는 진균, 세균, 바이러스 등을 기생체, 죽은 조직이나 유기물에서 양분을 섭취하는 것을 부생체라 하며 영양섭취법에 따라 아래와 같이 분류 된다.

절대기생체	·순활물기생체라 하며 살아있는 조직에만 생활한다. ·흰가루병균, 붉은별무늬병균, 녹병균, 벼도열병균 등
임의부생체	·기생을 원칙으로 하나 죽은 유기물에서도 영양섭취가 가능하다. ·감자역병균, 배나무 검은별무늬병균, 깜부기병균 등
임의기생체	·부생을 원칙으로 하고 살아있는 조직에도 침입한다. ·고구마 무름병균, 모잘록병균, 잿빛곰팡이병균 등
절대부생체	·죽은 유기물에서만 영양을 섭취하는 순사물기생체이다. ·목재 심부썩음병균

⑤ 뚜렷한 병징은 보이지 않으나 기주식물이 병원체를 가진 경우 보균식물이라 하고 바이러스를 가진 경우 보독식물이라 한다.

2. 병원학과 종류

(1) 균류

① 균류는 진균, 세균, 점균을 포함하며 엽록소가 없어 무기물 합성이 불가능하다.
② 진균은 실모양의 균사체로 개체를 유지하는 영양체와 종족을 보존해주는 번식체로 분류한다. 영양체는 기주에 침입하여 흡기를 이용해 양분을 섭취하고 번식체는 일정 성장시 담자체가 형성되고 포자가 만들어진다.
③ 진균의 일부분인 균사는 격막의 유무로 분류되며 외부에 세포벽이 있고 그 성분은 키틴으로 이루어져 있다.
④ 진균은 잎, 줄기, 뿌리 등이 분화되지 않으며 개체를 유지하는 영양체와 종족을 보존하는 번식체로 구분된다.
⑤ 진균은 크게 자낭균류, 담자균류, 불완전균류, 조균류 등으로 분류된다.

자낭균류	· 균사에서 격막이 있고 균핵 및 자좌가 형성된다. · 자낭균은 분생포자에 의한 무성생식과 자낭포자에 의한 유성생식을 한다.
담자균류	· 균사에 격막이 있고 유성포자는 담자기 위에 생기는 담자포자이다.
불완전균류	· 균사에 격막이 있고 무성 분생포자세대만으로 분류된다.
조균류	· 균사가 없거나 혹은 균사가 있어도 격막이 없다.

(2) 세균

① 세균은 세포벽을 가지고 있으나 핵막이 없고 이분법에 의해 증식하는데 주로 전자광학 현미경으로 관찰이 가능하다. 관찰시 간균(막대모양), 구균(공모양), 나선균(나사모양), 사상균(실뭉치모양) 등이 있는데 대부분 간균형태로 관찰된다.
② 세균은 인공배지에서 배양 및 증식이 가능하며 운동기관인 편모를 가지고 있다. 편모는 주로 간균이나 나선균에만 있고 구균에는 거의 없다.
③ 세균 검사 시 그람염색법을 이용하며 보라색으로 변하게 되는 그람양성균(양성반응)과 분홍색으로 변하는 그람음성균(음성반응)이 있다.

(3) 파이토플라스마

① 세포막이 없고 일종의 원형질막이 존재하며 대표적으로 대추나무 빗자루병, 오동나무 빗자루병, 뽕나무 오갈병의 병원체이다.
② 파이토플라스마는 인공배양이 어렵고 방제시 테트라사이클린계 항생물질을 이용한다.
③ 파이토플라스마는 바이러스와 세균의 중간 정도에 위치하며 크기는 $70\mu m \sim 900\mu m$ 이다.
④ 세포벽이 없어 원형이나 타원형의 일정하지 않은 형태를 띠고 있는 원핵생물이다.
⑤ 파이토플라스마는 감염식물의 체관부에만 존재하며 매미충류와 식물의 체관부를 흡즙하는 곤충류에 의해 매개된다.

(4) 바이러스

① 바이러스는 핵산과 단백질로 구성된 핵단백질로 세포벽이 없는 것이 특징이다. 관찰시 매우 작아 전자현미경으로 관찰이 가능하다.
② 광학현미경으로 관찰이 불가능하며 입자는 공모양, 막대기모양, 실모양 등으로 구분된다.
③ 식물 모자이크 증상을 일으키는 대표적인 병원체이다.
④ 핵산은 대부분 RNA이며 몇몇은 DNA가 존재한다.
⑤ 인공배양이 어렵고 산 세포에서 증식한다. 즉, 숙주에 침입하여 살아 있는 세포가 단백질을 만들어내는 방식으로 증식한다.

(5) 바이로이드

① 기주식물의 세포에 감염하여 증식하며 외부단백질 없이 한 가닥의 핵산만으로 구성된 병원체이다.
② 바이러스와 유사한 전염 특성을 가진다.
③ 병원체의 크기는 곰팡이에 가장 크며 세균, 파이토플라스마, 바이러스, 바이로이드 순서로 바이로이드가 가장 작다.

(6) 기타 병원

① 선충
  ㉠ 선충은 식물에 기생하여 식물병을 일으키는 동물성 병원체이다.
  ㉡ 식물기생선충은 머리에 구침으로 식물 조직을 뚫고 들어가 즙액을 빨아 먹고 상처가 난 조직은 병원성 곰팡이, 세균에 의해 2차 감염이 발생한다.
  ㉢ 선충은 벼 이삭선충병, 뿌리혹선충병, 뿌리썩이선충병, 소나무 재선충병 등이 있다.
  ㉣ 선충의 경우 식물의 특정 부위를 가해하기에 전신감염이 아닌 부분 감염을 일으킨다.
  ㉤ 선충은 이동능력이 있으나 1년에 약 30cm 이동하기에 대부분 물, 농기구, 묘목 뿌리 등에 의해 이동된다.

② 기생성 종자식물
  ㉠ 기생성 종자식물은 다른 식물에 기생하여 생활하는 식물로 쌍떡잎식물이다.
  ㉡ 주로 줄기에 기생하는 것에는 겨우살이과, 메꽃과가 있으며 뿌리에 기생하는 것으로 열당과가 있다.
  ㉢ 겨우살이과에는 겨우살이, 참나무겨우살이, 소나무겨우살이 등이 있으며 메꽃과에는 새삼, 열당과에는 오리나무더부살이가 있다.

3. 식물병의 진단

(1) 병징

① 병징은 식물의 외형 혹은 조직의 변화, 빛깔 등에 이상이 나타나는 현상을 의미한다.
② 병의 진행 정도나 현상의 변화에 따라 1차, 2차 병징으로 분류하기도 한다.
③ 특정 부위에만 나타나는 경우 국부병징, 수목의 전체에 나타나는 경우를 전신병징이라 한다.

국부병징	점무늬병, 혹병 등
전신병징	오갈병, 바이러스병, 시들음병 등

④ 세균병에 의한 병징으로 무름병, 잎마름병, 점무늬병, 시들음병 등이 있다
⑤ 바이러스에 의한 병징은 대부분 전신병징은 경우가 많으며 국부병징도 간혹 나타난다.

외부병징	위축, 색소체 이상, 괴저, 기형, 잎말림, 돌기 등
내부병징	세포 내 엽록체 수 감소, 엽록체 크기 감소, 내부조직 괴사 등

(2) 표징

① 병이 발생 시 병원체 자체가 나타나 식별되는 현상을 의미한다.
② 표징은 어느 정도 진행 후 발견이 되기에 조기 진단이 어렵다.
③ 진균의 경우 표징이 나타나지만 바이러스, 마이코플라스마에 의한 경우 병징만 관찰되고 표징은 나타나지 않는다.
④ 표징의 종류

영양기관	균사체, 선상균사, 균핵, 자좌, 근상균사속 등
번식기관	포자, 포자낭, 자낭각, 자낭구, 세균점괴, 포자각, 버섯 등

(3) 진단법

① 진단법
  ㉠ 식물병의 진단은 발병조건, 식물의 품종, 환경 등을 조사하고 식물을 정밀 검사하는 것을 말한다.
  ㉡ 식물병 진단 시 동정은 전염성이 있는 병을 분리, 배양하여 정확한 병명을 파악하는 것이다.
  ㉢ 진단에는 육안적 진단방법이 있으며 병징과 표징을 통해 확인 가능하다.

병징	변색, 시들음, 비대, 위축, 괴사, 줄기마름, 부패 등
표징	균사, 균사속, 균사막, 균핵, 자좌, 포자, 자실체 등

  ㉣ 병원체의 동정은 독일의 세균학자 코흐의 4원칙에 따르며 내용은 아래와 같다.

> - 병원체는 병든 기주에 존재한다.
> - 병원체는 병든 기주에서 분리시 배지에서 자라야 한다.
> - 배양한 병원체는 접종시 같은 병을 나타내야 한다.
> - 실험적으로 접종하여 감염된 기주에서 같은 병원체를 획득할 수 있다.

② 진단법 종류
  ㉠ 육안적 진단
    • 병징과 표징을 육안으로 진단하는 방법으로 가장 보편적인 방법이다.
    • 병징에 의한 진단에는 모잘록병, 오동나무 빗자루병, 배추 무사마귀병, 잎오갈병 등이 있다.
    • 표징에 의한 진단으로 사과 자줏빛날개무늬병, 보리 흰가루병, 포도 노균병 등이 가능하다.
    • 습실처리에 의한 진단은 병환부가 마르거나 오래 되어 상태가 좋지 않을 때 물에 적신 신문지나 휴지를 넣어 포화습도의 상태를 유지하는 것으로 처리 후 병원균의 활동이 활발해져 병원균이 식물체의 표면에 노출하는 경우 진단을 한다.
  ㉡ 해부학적 진단
    • 현미경을 이용 : 현미경을 통한 병원체의 유무를 판단하고 병원균의 종류, 형태, 균사모양 및 편모 수와 위치 등을 조사하여 진단하는 방법이다.
    • 그람염색법 : 그람양성을 통한 병원균 판별하는 방법이다.
    • 침지법(DN법) : 바이러스에 감염된 잎을 염색하여 관찰하는 방법으로 바이러스 종의 동정은 어렵지만 바이러스 감염여부는 판정 가능하다.
    • 초박절편법 : 이병 조직을 얇게 잘라 전자현미경으로 관찰하는 방법으로 바이러스 동정은 가능하지만 전체 식물체 이병유무는 판단하기 어렵다.
    • 면역전자현미경법 : 혈청반응을 전자현미경으로 관찰하는 방법으로 반응 민감도가 높으며 병원체의 형태와 혈청반응을 동시에 관찰할 수 있다.
  ㉢ 물리, 화학적 진단
    • 병든 식물을 물리, 화학적 방법으로 진단하는 방법이다.
    • 감자 바이러스 병의 경우 황산구리를 첨가하여 착색도, 투명도를 통해 검사한다.
  ㉣ 병원적 진단
    • 코흐(Koch)의 원칙에 의해 미생물의 분리, 배양, 인공접종, 재분리의 과정을 거친다.
  ㉤ 생물학적 진단
    • 지표식물법 : 식물의 감수성을 이용하여 진단한다. 특정병에 민감하게 반응하는 식물을 이용하는 방법으로 예를 들어 과수근두암종병은 밤나무, 감나무, 사과나무 등이 지표식물이 된다.
    • 최아법 : 싹을 틔워 병징을 발현, 발생유무를 관찰하는 방법으로 괴경지표법이라고도 한다.
    • 즙액접종법 : 즙액접종 가능한 바이러스를 지표식물을 이용하여 확인하는 방법으

　　　　로 검정기간이 길고 넓은 공간이 필요하다.
　　　・박테리오파지법 : 특이성이 있는 박테리오파지를 이용하여 그 계통 세균의 존재 및 월동 장소 등을 파악하는 방법이다.
　ⓑ 혈청학적 진단
　　　・병원체의 혈청을 만들어 진단하는 방법이다.
　　　・한천겔 면역확산법(AGID) : 바이러스 이병식물의 즙액에 대한 한천겔 내의 침강 반응을 이용하여 검출 및 진단하는 방법
　　　・형광항체법 : 항체와 형광색소를 결합하여 특이적 형광으로 항원이 있는 곳을 알아내는 방법이다.
　　　・효소결합항체법(ELISA) : 항체에 효소를 결합시켜 바이러스와 반응했을 때 노란색으로 나타나는 정도로 확인하는 방법이다.
　　　・직접조직프린트면역분석법(DTBIA) : 병원균에 감염된 식물조직의 단면을 염색액과 항혈청에 반응시켜 발색 결과를 통해 판정한다. 신속하고 정확하며 대량 처리가 가능하다.

4. 병원성과 저항성

(1) 병원성의 구성인자

① 병원균 레이스
　㉠ 레이스는 한 종 가운데 유전적으로 또는 지리적으로 다른 분화형으로 병원균 집단이 같은 기주가운데는 품종에 따라 병원성이 다른 것을 말한다.
　㉡ 기준의 범위가 다른 한 병원균의 분화형 혹은 변종 중에서 기주의 품종에 기생성이 다른 것을 레이스(race)라 하고 변이체가 무성적으로 동일 형태의 개체를 생산하고 유전성이 균일한 단위를 생물형(biotype)이라 한다.
　㉢ 레이스를 구별하는 기준품종을 판별품종이라 한다.
　㉣ 레이스가 틀리면 형태는 같으나 기생성이 다르다.

② 레이스 종류
　㉠ 벼도열병균의 레이스 구분시 12개 판별품종에 접종해 병반형에 따라 T품종(인도), C품종(중국), N품종(일본) 등으로 분류한다.
　㉡ 감자 역병균은 야생종 저항성 유전자 R_1, R_2, R_3, R_4 4가지 유전자의 조합으로 16개의 유전자형을 가정하여 16개 레이스로 분류한다.

(2) 병원성과 효소

① 병원균은 기주 침입 시 효소를 분비 및 이용하여 세포벽을 통과한다. 이러한 세포벽은 층별로 구성요소에 차이가 있다.

각피층	큐틴, 왁스
중엽, 1차벽	펙틴질, 리그닌, 셀룰로오스, 헤미셀룰로오스
2차벽, 3차벽	셀룰로오스

② 효소의 종류에 따라 각각 분해가능한 세포벽층이 다르며 큐틴, 펙틴, 셀룰로오스, 리그닌 등의 세포벽 구성성분을 분해하여 침입하게 된다.

세포벽 구성 성분	분해 효소
셀룰로오스	Cellulase(무름병균, 썩음병균)
헤미셀룰로오스	Hemicellulase(과수 잿빛무늬병균)
큐틴	잿빛곰팡이병균, 모잘록병균, 보리 줄무늬 병균 등
펙틴	자줏빛날개무늬병균, 벼 노균병, 채소 세균성무름병균, 모잘록병균 등
리그닌	ligninase(목재 흰썩음병균)

5. 식물병해의 방제법

(1) 법적 방제

① 식물검역
　㉠ 법적 방제법은 법령에 의해 실시되는 방제법으로 식물방역법에 의해 국제 혹은 국내간의 검역을 통해 발생을 줄이는 제도적 방법이다.
　㉡ 식물검역은 식물에 피해를 주는 병해충이 국내에 전파되는 것을 방지하기 위해 수입되는 식물 및 식물성 산물에 병해충을 검사한다.
　㉢ 식물방역법, 시행령, 시행규칙 등은 수출입 식물 및 국내 식물에 대한 방역이나 식물에게 해를 끼치는 동식물을 없애는 일 따위에 관한 법률을 말한다.

② 병해충관리제도
　㉠ 규제병해충
　　국내 유입시 잠재적으로 큰 피해를 줄 우려가 있는 등 중요성이 있고 국내에 존재하지 않거나 국내의 일부 포함되어 있지만 발생예찰 사업, 기타 방제 등으로 조치를 취하고 있는 병해충으로 금지병해충, 관리병해충으로 구분하고 있다.

금지병해충	국내 유입될 경우 폐기 또는 반송조치하지 아니하면 식물에 해를 끼치는 정도가 크다고 인정하여 농림축산식품부령에 정하는 병해충과 병해충위험분석결과 금지병해충에 준하는 위험이 있다고 인정하여 농림축산식품부장관이 고시하는 병해충을 말한다.
관리병해충	국내에 유입될 경우 소독처리를 하지 아니하면 식물에 해를 끼치는 정도가 크다고 인정하여 농림축산검역본부장이 고시하는 병해충을 말한다.

  ⓒ 잠정규제병해충

   수입식물검역에서 처음 발견되었거나 병해충위험분석을 실시중인 병해충으로 규제병해충에 준하여 잠정적으로 소독, 폐기 등의 조치를 취하는 병해충을 말한다.

  ⓒ 비검역병해충

   규제병해충 및 잠정규제병해충을 제외한 병해충으로 국내에 널리 분포하여 수입 농산물에 부착되어 있을 경우 소독 등 검역적 조치를 취하지 않은 병해충을 말한다.

(2) 생물적 방제

① 생물적 방제

  ㉠ 생물적 방제는 식물의 저항성을 유도하거나 미생물을 이용하는 방법으로 환경의 보존과 생태계 균형을 유지할 수 있다.

  ㉡ 생물적 방제에는 교차보호, 길항미생물, 근권미생물 등을 이용하는 방법이 있다.

② 교차보호

  ㉠ 교차보호는 어떤 바이러스에 감염된 식물이 통상 동종의 바이러스에 다시 감염되지 않는 현상을 말한다. 병원성이 약화된 식물바이러스가 침입한 기주에 병원성이 강한 식물바이러스에 의한 병의 확산이 억제되는 현상으로 바이러스의 간섭작용을 이용한다.

  ㉡ 식물 약독바이러스 선발에는 자연계 분리 및 선발, 고온 및 저온처리, 화학약품 처리, 바이러스 핵산의 유전자 조적 등의 방법을 활용한다.

  ㉢ 대표적으로 토마토 담배모자이크바이러스, 박과작물의 오이녹반모자이크바이러스 등이 있다.

③ 길항미생물

  ㉠ 병원균의 생육을 억제하는 길항미생물을 이용하는 생물학적 방제는 용균작용, 항생작용, 기생작용, 경쟁작용, 유도저항성 작용 등의 방법을 적용한다.

  ㉡ 길항미생물 종류

세균	*Agrobacterium, Bacillus, Pseudomonas, Streptomyces*
진균	*Ampelomyces, Candida, Coniothyrium, Glicoladum, Trichoderma*

ⓒ 식물병 방제

식물병	길항미생물
흰가루병균	*Paenibacillus polymixa, Ampelomyces quisqualis*
잿빛곰팡이병	*Cladosporium herbarum*
균핵병균	*Bacillus subtilis*

④ 근권미생물

식물근권에 살아가는 미생물은 불용성 인산의 가용화, 질소 고정 등을 통해 식물의 생육을 촉진하고 항생물질, LPS, HCN, siderophore 등을 분비하여 병원균을 억제한다.

(3) 경종적 방제

① 윤작

ⓐ 윤작은 동일 임지에서 작물을 연이어 재배하지 않고 다른 종류의 작물을 순차적으로 재배하는 것을 의미한다.

ⓑ 땅속에서 오랜시간 생존이 가능하고 기주 범위가 넓은 병균들의 경우 이러한 윤작을 적용하는 것이 비실용적이다. 감자 더뎅이병균, 무·배추 무사마귀병균은 기주식물의 범위가 좁아 윤작을 위한 작물의 선택 범위가 넓다.

② 파종시기 조절

ⓐ 파종시기에 파종을 하게 될 경우 병해에 걸리기 쉬운 경우가 있는데 이러할 때에는 시기를 늦추거나 당겨서 병해를 피하기도 한다.

ⓑ 벼 파종이 늦어질 경우 도열병의 발생이 증가하게 되기에 이앙시기가 빨라지면 잎집무늬마름병이 증가하게 된다.

③ 포장위생

ⓐ 병든 식물의 병든 부위를 제거하는 것으로 병원체의 생활사를 파악하여 제 1차 전염원을 제거 하는 방법이 있다.

ⓑ 병원체를 전염시키는 중간기주를 제거하여 예방하는 방법이 있다.

병명	중간기주
잣나무 털녹병	송이풀, 까치밥나무
소나무류 잎녹병균	황벽나무, 참취, 잔대
소나무 혹병균	참나무
배나무 붉은별무늬병균	향나무

④ 토양조건
　㉠ 유주자균류인 모잘록병균, 균핵병균 등은 토양의 수분이 많을 경우 잘 발생된다.
　㉡ 감자더뎅이병은 알칼리성 토양, 무·배추 무사마귀병은 산성토양에서 잘 발생하는데 이러한 토양의 조건을 개선하기 위해 유기물 및 석회를 사용한다.

⑤ 영양조건
　㉠ 식물의 영양조건에 의해서 병원체의 침입에 영향을 주게 된다. 식물의 영양상태가 양호할 경우 저항력이 좋으나 영양상태가 좋지 않을 경우 저항력이 약화되기 쉽다.
　㉡ 영양성분 중에서 질소질 비료를 과용할 경우 도장의 우려가 있고 저항력이 약해지기 쉽다. 질소질 비료 과용의 경우 벼 도열병, 벼 잎집무늬마름병, 흰가루병 등이 발생하기도 한다.

(4) 저항성 품종 이용

① 저항성 품종은 특별한 경비를 소모하지 않고 환경적 문제를 일으키지 않는 이상적인 방제법이다.
② 육성된 품종의 저항성은 생리적 분화, 환경 및 기주와의 상호반응 등에 따라 저항성이 약해지고 감수성으로 변하기에 지속적인 연구가 요구된다.

(5) 화학적 방제

① 화학적 방제법은 살충제와 같은 화학물질을 함유한 약제를 이용하는 방법으로 효과가 빠르고 간편한 장점을 가진다.
② 다만 화학적 방제법은 화학물질로 인해 발생되는 부작용으로 인하여 생태계의 교란, 유용생물에 피해를 주기에 사용 시 주의를 요구한다.

(6) 물리적 방제

① 종자 선택
　㉠ 종자, 묘목, 괴경이나 알뿌리 등 잠복 가능성이 있기에 종자 및 모의를 선택할 때 주의를 요한다.
　㉡ 종자는 비중선에 의해 병든 종자를 제거하고 종자에 섞여 있는 균핵도 제거할 수 있다.

② 종자 소독
　㉠ 종자에 의해 전반 및 발생하는 식물병은 종자소독에 의해 방제가 가능하며 대표적

으로 도열병, 모썩음병, 키다리병 등이 방제 가능하다.
ⓒ 볍씨를 소독하는 방법은 병균에 따라 다른 경우도 있으나 한 가지 방법으로 두 가지 이상의 병균을 동시에 소독되는 경우도 있으며 미생물의 길항작용을 이용하여 논흙으로 종자소독이 가능하다.

③ 냉수온탕침법
ⓐ 종자를 20°C 이하의 냉수에 6~24시간 침지하고 50~55°C 물에 이동시켜 담근 다음 건져내는 방법으로 온도 및 시간을 주의해야 한다.
ⓒ 냉수온탕침법으로 키다리병, 잎마름선충병 등의 방제가 가능하다.

④ 토양소독
ⓐ 흙을 가열하는 방법으로 고온, 고압의 증기를 흙에 통과시켜 소독하는 방법이다.
ⓒ 토양의 증기소독 및 열에 의한 가열소독 효과로 공해 및 약해가 없는 것이 장점이다.

6. 병해

※ 병해충 관련 상세 내용은 필답의 병해충 부분 참조

(1) 벼 병해

병명	병원균	전반	월동
벼 도열병	진균 (불완전균류)	바람(종자)	균사나 분생포자가 볏짚 혹은 병든 종자에서 월동
벼 잎집무늬마름병	진균(담자균류)	물	균핵 상태로 땅위에서 월동
벼 깨씨무늬병	진균(자낭균류)	바람(종자)	포자나 균사의 형태로 병든 볏짚이나 볍씨에 월동
벼 키다리병	진균(자낭균류)	바람(종자)	분생포자가 종자표면에 월동
벼 이삭누룩병	진균(자낭균류)	바람	균핵이나 후악포자로 토양에서 월동
벼 모썩음병	진균(조균류)	물	난포자로 토양에서월동
벼 흰잎마름병	세균	물	잡초나 벼의 그루터기에서 월동
벼 세균성알마름병	세균	물(종자)	종자에서 월동
벼 줄무늬잎마름병	바이러스	매개충(애멸구)	매개충은 잡초, 밀밭 등에 유충 형태로 월동
벼 오갈병	바이러스	매개충(끝동매미충, 번개매미충)	매개충은 잡초, 밀밭 등에 유충 형태로 월동
벼검은줄무늬오갈병	바이러스	매개충(애멸구)	매개충은 잡초, 밀밭 등에 유충 형태로 월동

(2) 맥류 및 기타 작물의 병해

병명	병원균	전반	월동
보리·밀 겉깜부기병	진균(담자균류)	바람	균사 상태로 종자에 월동
보리속깜부기병	진균(담자균류)	바람	균사 상태로 종자에 월동
맥류 줄기녹병	진균(담자균류)	바람	겨울포자로 마른 밀짚에서 월동
맥류 흰가루병	진균(자낭균류)	바람	균사나 자낭각이 병든 잎에서 월동
맥류 붉은곰팡이병	진균(자낭균류)	비, 바람	분생포자, 균사, 자낭포자로 병든 종자나 밀짚에서 월동
호밀 맥각병	진균(자낭균류)	바람	균핵으로 땅위에서 월동
콩 탄저병	진균(자낭균류)	물	균사가 종자에 월동
콩 자줏비무늬병	진균(불완전균류)	비, 바람	균사가 병든 종자, 식물에 월동
담배역병	진균(조균류)	물, 바람	땅속에 난포자로 월동
콩 세균성점무늬병	세균	비	병든 종자 표면에 월동
담배 불마름병	세균	접촉	병든 식물 잎, 토양, 종자 등 월동
담배 모자이크병	바이러스	접촉	토양 내 병든 잔재, 종자표면에 월동

(3) 서류 병해

병명	병원균	전반	월동
감자 역병	진균(조균류)	바람, 관개수, 씨감자	균사가 흙속의 병든 감자, 씨감자에서 월동
고구마 무름병	진균(조균류)	공기, 토양, 씨고구마	공기, 토양 등 존재
고구마 검은무늬병	진균(자낭균류)	씨고구마, 농기구	균사형태로 병든 괴근, 땅속에서 월동
감자더뎅이병	세균	바람, 물, 오염된 흙	병든 씨감자, 흙속에서 월동
감자둘레썩음병	세균	씨감자, 농기구, 곤충	병든 씨감에서 월동
감자 잎말림병	바이러스	복숭아혹진딧물 감자수염진딧물	괴경에서 월동

(4) 채소 병해

병명	병원균	기주	월동
가지 풋마름병	세균	감자, 가지, 토마토, 고추	병든 식물 잔재에 월동
오이 풋마름병	세균	오이, 멜론, 호박	매개충 채내에 월동
채소 세균성무름병	세균	고추, 무, 배추, 마늘	이병식물의 잔재나 토양 등 월동
고추, 사과 탄저병	진균(자낭균류)	고추, 사과, 포도	균사, 분생포자, 자낭각으로 병든 열매나 나뭇가지에 월동
균핵병	진균(자낭균류)	오이, 감자, 배추, 토마토, 콩	균핵으로 병든 식물, 토양에서 월동
오이류 흰가루병	진균(자낭균류)	오이, 호박, 참외, 팥	자낭구가 병든 조직에 월동
수박탄저병	진균(불완전균류)	수박, 참외, 오이, 멜론	균사나 분생포자가 병든부분, 종자에 월동
오이류 덩굴쪼김병	진균(불완전균류)	수박, 오이, 참외, 수세미	균사, 후막포자가 땅속에서 월동
토마토 시들음병	진균(불완전균류)	토마토	균사, 후막포자가 땅속에 월동
잿빛 곰팡이병	진균(불완전균류)	딸기, 오이, 고추, 사과, 포도	균핵, 분생포자가 병든 식물, 흙에서 월동
토마토 잎곰팡이병	진균(불완전균류)	토마토	균사덩이가 종자 표면에 월동
고추 역병	진균(조균류)	고추, 토마토, 가지, 호박	난포자로 토양에 월동
오이 노균병	진균(조균류)	오이, 참외, 호박, 수박	분생포자로 토양에서 월동
무·배추 노균병	진균(조균류)	무, 배추	균사, 난포자가 병든 잎에 월동
무·배추 무사마귀병	진균(끈적균)	무, 배추, 양배추	휴면포자가 토양에서 월동

(5) 과수 병해

병명	병원균	기주	월동
사과나무 갈색무늬병	진균(자낭균류)	사과나무	균사, 자낭포자가 병든잎에서 월동
사과나무 부란병	진균(자낭균류)	사과나무	병포자, 자낭포자가 병든 가지에서 월동
사과나무 검은별무늬병	진균(자낭균류)	사과나무, 배나무	균사나 분생포자가 병든 잎이나 가지에서 월동
복숭아나무잎오갈병	진균(자낭균류)	복숭아나무	분생포자가 나무줄기나 눈위에서 월동
포도나무 새눈무늬병	진균(자낭균류)	포도나무	균사가 병든 덩굴, 열매에서 월동
배나무 붉은별무늬병	진균(담자균류)	사과나무, 배나무	겨울포자퇴로 향나무에서 월동
배나무 검은무늬병	진균(불완전균류)	배나무	균사가 병든 잎이나 가지에 월동
배나무 화상병	세균	배나무, 사과나무	병든 나뭇가지, 줄기에 월동
복숭아나무 세균성구멍병	세균	복숭아	나뭇가지의 병환부에 월동

7. 기타 생리장해

(1) 꽃 잎 찢어짐

나팔 나리에서 꽃이 피지 못하고 꽃봉오리 때 꽃잎이 터지는 현상으로 낮과 밤의 온도 차이가 20도 이상, 꽃봉오리가 자라는 시기에 8도 이하의 저온이 계속될 때 주로 발생한다.

(2) 잎끝 황변

20도 이상의 고온, 불소 피해나 토양 산도가 낮을 때, 뿌리의 병이나 끊어짐, 질소 과도 시비, 관수 및 침지 등에 의해 생육초기 잎이 마르거나 타는 현상이다.

(3) 꽃목 부러짐

생육이 완성한 시기 꽃대가 부러지거나 개화 직후 꽃 밑 부분의 꽃대가 부러지는 현상으로 20도 이상의 고온이나 지나친 저온 처리로 인한 일시적인 칼슘 부족이 원인으로 발생한다. 질산칼슘을 엽면 살포하거나 습도가 높지 않게 환기하고 온도 변화가 심하지 않게 관리한다.

(4) 꽃봉오리 고사

프리지어에서 꽃봉오리가 말라죽거나 기형화가 되는 현상으로 생육이 왕성한 시기에 광이 부족하거나 25도 이상의 고온장해에 의해 발생한다.

(5) 언청이(악할)

카네이션의 봉오리가 불룩해지면서 꽃이 필 때 꽃받침이 터지는 현상으로 낮과 밤의 온도차가 심할 때, 일사량의 급격한 증가와 거름 흡수의 증가로 꽃봉오리의 영양 상태가 좋을 때, 질소와 붕소가 부족할 때 발생한다.

(6) 꽃잎말이

카네이션에서 꽃잎이 안쪽으로 말리며 시드는 현상으로 고온이 계속되는 여름철에 많이 발생한다. 환기를 잘하고 에틸렌 가스 발생원을 제거하면 방제할 수 있다.

08 병해충

1. 해충의 방제

(1) 해충의 방제

① 해충의 방제는 인류의 경제적 문제에 직접적인 피해를 주는 곤충을 억제하는 것으로 이를 위해 해충의 밀도, 면적, 방법, 횟수 등을 고려해야 한다. 또한 피해의 관점에 따라 방제의 목적이 달라지기도 한다.

② 경제적 피해수준은 경제적 피해가 나타나는 최소밀도로 해충에 의한 피해비용과 방제비용이 같은 수준의 밀도를 말한다.

③ 경제적 피해 허용수준은 경제적 피해수준에 도달하는 것을 억제하고자 직접 방제수단을 써야 하는 밀도 수준으로 경제적 가해수준보다 낮아야 한다.

④ 방제를 위해 환경조건을 해충의 서식과 번식에 불리하도록 살충제나 천적을 이용하여 일반평형밀도를 낮추는 방법이 있다.

⑤ 해충의 밀도는 그대로 두고 내충성의 해충에 대한 수목의 감수성을 낮추어 경제적 피해 허용 수준을 높이는 방법이 있다.

(2) 해충의 분류

주요해충	매년 지속적인 피해를 주는 경우
돌발해충	평소 문제가 되지 않다고 환경의 변화나 먹이사슬의 변화등으로 인해 갑작스럽게 다량 발생하는 경우
2차해충	특정 해충 방제로 먹이사슬이 파괴되어 새로운 해충이 피해를 주는 해충이 되는 경우
비경제해충	피해가 경미하거나 주지 않는 경우

(3) 해충조사

① 해충조사를 통해 해충의 밀도를 조사하고 방제를 위한 기초자료로 활용한다.
② 해충의 조사방법에 따라 크게 정성적 조사와 정량적 조사가 있다.

정성적 조사	해충의 조유에 대한 조사로 전체 해충, 잠재해충, 주요해충, 천적 등 특정 범주에 속하는 해충에 대한 조사를 말한다.
정량적 조사	• 절대밀도 : 가지나 잎과 같이 일정 단위를 정하고 그에 대한 해충의 수나 면적당 해충의 수로 조사하는데 솔잎혹파리의 월동 유충, 굼벵이, 거세미는 면적으로 깍지벌레는 먹이의 양으로 솔나방은 인위적 단위로 구한다. • 상대밀도 : 포살장치를 이용하여 단위시간당 수를 조사하는데 이는 경제적 변동이나 지역적 차이를 알기 위한 방법으로 해충 실제 밀도보다 변동 상황을 비교한다.

③ 해충조사를 위한 방법으로는 포충망을 이용하거나, 유아등을 통한 채집, 접착트랩, 털어잡기 등 해충의 종류에 따라 적합한 방법을 선택한다.

(4) 해충 발생 예찰

① 해충의 효과적인 방제를 위해서는 매년 변화하는 발생량을 예측하여 효율적인 방제 방법을 세워야한다. 이를 위해 특정 지역에 어느정도 발생하였었는지를 조사하는 행위를 발생예찰이라 한다.
② 예찰의 경우 발생시기를 통해 방제시기를 결정하고, 발생량은 방제 여부와 약제의 살포량, 횟수 등에 참고를 하게 된다.
③ 예찰 방법으로 야외조사, 통계적 방법, 다른 생물현상과의 관계 파악, 실험적 방법, 개체군의 동태학적 방법 등이 있다.
④ 해충의 발생 예찰조사의 방법에는 이항축차조사법, 이항조사법, 축차조사법 등이 있다.

2. 해충의 방제법 종류

(1) 법적 방제법

법적 방제법은 법령에 의해 실시되는 방제법으로 식물방역법에 의해 국제 혹은 국내간의 검역을 통해 발생을 줄이는 제도적 방법이다.

(2) 생태학적(경종적, 재배적) 방제법

① 윤작
  ㉠ 윤작은 한 경작지에 여러 작물을 돌려가면서 짓는 방법으로 이 방법을 사용하면 같은 작물을 연작하여 발생하는 해충을 어느정도 완화할 수 있다.
  ㉡ 윤작의 경우 이전 작물에 대한 해충이 다음 작물에 영향을 주는지에 대한 관계에

대해서도 충분히 파악하고 다음 작물을 선택해야 한다.
ⓒ 다른 작물을 재배하면서 지력유지 및 토양의 양분 균형을 유지하는데 도움이 되며 해충의 방제와 작물에서 배출되는 일종의 독소물질의 축적도 막을 수 있다.
ⓔ 다른 작물로 인해 뿌리의 분포나 잔사의 조직 등이 달라 토양의 투수성, 통기성 등이 달라 토양의 물리성이 개선되기도 한다.

② 경운
㉠ 경운은 토양을 부드럽게 할 목적으로 흙을 파 뒤집는 작업이다.
㉡ 이러한 토양 뒤집기 작업을 통해 해충의 증식을 막을 수 있고 토양 속의 작물의 잔해물을 제거하여 해충의 양분을 줄일 수 있다. 또한 잡초도 함께 제거되기에 관련 해충들도 방제가 가능하다.

③ 혼작
㉠ 혼작은 서로 다른 작물 혹은 식물을 심는 방법이다. 식물들은 저마다 자신을 지키기 위한 저항성 물질을 가지고 있기에 혼작을 통해 서로간에 피해를 주는 해충을 방제할 수 있다.
㉡ 한 예로 결명자의 뿌리에는 탄닌 성분이 다량 배출되어 선충의 접근을 막아주기도 한다.
ⓒ 그러나 상호간에 나쁜 작용을 하는 식물들도 있기에 이에 대한 충분한 준비와 지식이 필요하다.

④ 저항성, 내충성 품종
㉠ 저항성, 내충성 품종의 경우 해충의 방제하는 방법 중 하나로서 저항성을 가지게 되면 장기간에 걸쳐 방제가 가능한 장점을 가진다.
㉡ 생태계에 대한 피해가 없으나 이러한 저항성을 가지기 위한 시간과 노력이 많이 필요하며 해충의 돌연변이 등에 대한 변수가 있어 해충의 변화를 따라가지 못하는 경우도 있다.

⑤ 재배관리
㉠ 자체적으로 토양을 개선할 수 있는 시비, 객토 등의 작업을 한다.
㉡ 해충이 다량 발생하는 시기를 피해여 재배하기도 한다.
ⓒ 재식 거리를 조절하여 해충의 피해를 완화할 수 있다.

(3) 기계적 방제법

① 포살법

알이나 유충 등을 손이나 기구를 이용하여 직접 죽이는 방법으로 포살 역시 곤충의 특징에 따라 처리 방법이 다르다.

직접 잡는 방법	손, 기구 등을 이용해 직접 잡는 것으로 주로 어스렝이나방, 짚시나방, 미국흰불나방 등에 적용된다.
찌르는 방법	하늘소, 굴레나방등 목질부 내부를 가해하는 해충을 철사를 이용해 찔러 제거하는 방법이다.
터는 방법	잎벌레, 바구미류 등 강한 진동으로 나무에서 떨어뜨리는 방법이다.

② 유살법

곤충을 유인하여 죽이는 방법으로 곤충의 특징에 따라 유인 방법을 선택한다.

식이유살	먹이를 이용하는 방법
번식처 유살	통나무와 같이 번식처를 이용하는 방법
잠복처 유살	월동장소 등의 잠복처를 이용하는 방법
등화 유살	빛을 이용하는 방법

③ 차단

㉠ 주로 이동을 하는 곤충의 습성을 이용하는 방법이다.

㉡ 대표적인 예로 솔잎혹파리의 경우 임지에 비닐을 덮어 땅에서 우화하여 나무로 이동하는 것을 막아 피해를 막을 수 있다.

㉢ 다른 방법의 예로 수간에 접착성이 강한 끈끈이를 발라 이동하는 해충이 붙을 경우 제거하는 방법으로 솔나방, 집시나방 등에 적용한다.

(4) 물리적 방제법

① 해충이 살기 어려운 조건을 만들어주는 것으로 방사선, 고주파를 이용하는 방법과 환경조건을 달리하도록 온도 및 습도를 조절하는 방법이 있다.

② 온도에 영향을 받는 해충을 가루나무좀, 나무좀, 하늘소, 바구미류 등이 있다.

③ 습도의 경우 목재를 수중에 넣어 오랜시간 방치하는 방법으로 나무좀, 하늘소, 바구미류 등에 적합한 방법이다.

④ 방사선법은 해충을 불임화 시켜 산란을 방해하는 방법이다.

(5) 화학적 방제법

① 화학적 방제법은 화학물질이 함유된 약품을 이용하며 효과가 빠르고 사용이 용이하지

만 해충뿐 아니라 다른 생물에도 피해를 주어 생태계에 영향을 준다. 또한 원하던 해충을 처리하여도 저항성 해충이나 2차 해충등이 출현하는 부작용이 있기도 하다.
② 화학적 방제법 약제로 주로 농약이 사용되며 살균제, 살충제, 제초제 등이 있다.

(6) 생물학적 방제법

① 해충에 천적이 되는 생물을 이용하는 방법으로 생태계에도 영향이 적은 장점을 가지지만 대량으로 생산이 어려운 단점을 가지며 해충밀도에 의해 효율에 영향을 받는다.

장점	단점
• 생태계의 균형 유지 • 방제 효과의 반영구적 혹은 영구적 • 다른 식물 혹은 생태계에 대한 피해가 없음	• 대량 사육이 어려움 • 해충밀도가 높을 경우 효과가 낮음 • 시간 및 경비가 많이 요구됨

② 생물적 방제법을 사용하기 위해서는 아래와 같은 조건을 갖추는 것이 유리하다.
　㉠ 성의비가 커야 한다.
　㉡ 증식력이 좋아야 한다.
　㉢ 다루기 용이하고 대량 생산이 가능해야 한다.
　㉣ 준비하는 천적에 피해를 주는 생물이 없어야 한다.

③ 포식성 천적
　㉠ 풀잠자리류 : 진딧물류, 깍지벌레류, 응애류 등을 잡아 먹는다.
　㉡ 딱정벌레류 : 무당벌레과는 진딧물류, 깍지벌레류 등을 잡아 먹는다.
　㉢ 노린재류 : 일부 침노린재과, 장님노린재과가 포식성이다.

(7) 종합적 관리

① 병해충종합관리는 Integrated Pest Management(IPM) 이라 하며 환경 친화적이고 지속가능한 방법으로 병해충을 관리하여 농약으로 인한 사회, 보건학적 위험을 줄이는 것을 목적으로 하는 방법으로 여러 방제법을 조합하여 가장 효율적인 방제법을 적용한다.
② 병해충 종합관리는 생태학적인 시각에서 관리를 요구하며 병해충의 박멸이 아닌 농작물에 피해를 입히지 않는 수준의 유지를 목적으로 한다.

3. 주요 해충

① 식물작물 해충

해충	가해 부위	발생횟수	특징
이화명나방	줄기	1년 2회	• 월동은 볏짚 줄기 속에 대부분 월동하고 벼 그루터기에도 일부 월동한다.
멸강나방	잎	1년 수회	• 유충이 벼의 잎을 엽초만 남기고 폭식하는 다식성 해충이다.
혹명나방	잎	1년 수회	• 유충이나 번데기로 벼잎, 벼줄기, 잡초 사이에 고치속에서 월동한다.
벼잎벌레	잎	1년 1회	• 논부근이나 숲의 잡초사이에서 성충으로 월동을 한다.
벼물바구미	잎(성충) 뿌리(유충)	1년 1회	• 성충으로 논뚝 잡초나 산기슭 나뭇잎 아래에서 월동한다.
벼멸구	줄기	1년 수회	• 벼멸구는 해외에서 비래하는 해충이다. • 벼를 직접 가해 흡즙하며 벼의 광합성량이 저하되어 피해를 주게 된다.
흰등멸구	줄기	1년 수회	• 국내에서는 월동하지 못하며 벼멸구와 같이 장마에 외국에서 비래하여 발생한다.
애멸구	줄기	1년 5회	• 4령 약충이 논둑의 잡초 사이에 월동한다. • 줄무늬잎마름병, 검은줄오갈병 등의 바이러스병을 매개한다.

② 맥류 및 기타 작물 해충

해충	가해 부위	발생횟수
보리굴파리	잎	1년 2~3회
보리수염진딧물	잎	1년 수회
조명나방	줄기	1년 2~3회
콩잎말이명나방	잎	1년 2~3회
콩나방	꼬투리, 종실	1년 1회
감자나방	잎, 괴경	1년 6~8회
콩시스트선충	뿌리	콩과 생육기간 3~4세대 경과
왕됫박벌레붙이	잎	1년 3회
방아벌레	괴경	1세대 경과하는데 3년

③ 원예작물 해충

해충	가해 부위	발생횟수	월동 형태
배추흰나비	잎	1년 4~5회	번데기
도둑나방		1년 2회	번데기
배추좀나방		1년 수회	성충, 유충, 번데기
배추순나방		1년 2~3회	번데기
무잎벌레		1년 2~3회	성충
담배거세미나방		1년 4~5회	유충, 번데기
아메리카잎굴파리		1년 15회이상 (시설 내 기준)	번데기
배추벼룩잎벌레	잎, 뿌리	1년 4~5회	성충
오이잎벌레		1년 1회	성충

09 잡초

1. 잡초일반

(1) 잡초의 정의

① 농업에서 경작지에서 작물이외에 자라는 식물로 작물의 수량이나 품질을 저하시키는 식물을 말한다. 여기에는 목본식물도 포함되기도 한다.
② 잡초의 경우 번식력이 강하고 종자의 수명이 길며 작물이 차지하는 공간에서 양분과 수분을 빼앗는다.

(2) 잡초의 특성

① 잡초의 경우 생장이 빠르고 환경에 대한 적응력이 큰 편이다.
② C_4 식물이 많아 광합성에 대한 능력이 뛰어나다.
③ 영양번식을 하여 물리적 방제를 극복하고 제초제에 대한 저항성이 강한편이다.
④ 쌍자엽잡초와 단자엽잡초의 특징

쌍자엽 잡초	단자엽 잡초
㉠ 쌍떡잎(2개의 자엽)으로 잎맥은 그물맥이다. ㉡ 뿌리는 곧은뿌리(원뿌리)이다. ㉢ 관다발은 원형으로 배치되어 있다. ㉣ 형성층이 존재한다. ㉤ 생장점은 식물체 위쪽에 위치한다.	㉠ 배가 하나의 떡잎(자엽)을 갖추고 있다. ㉡ 잎은 나란히맥(평행맥)이다. ㉢ 뿌리는 수염뿌리이다. ㉣ 줄기의 관다발은 불규칙하게 흩어져 있고 부름켜가 없다. ㉤ 섬유근계는 관근이다. ㉥ 생장점은 식물체 하단에 위치한다.

(3) 잡초의 피해

① 농경지 피해
  ㉠ 잡초는 작물과 경쟁을 일으켜 작물의 생육환경을 불량하게 하여 수량을 감소한다.
  ㉡ 경쟁(경합)은 주로 토양의 수분, 양분, 공간 등 생육에 필요한 요소들이며 작물의 개화 및 과실에 영향을 미치게 된다.
  ㉢ 잡초의 양분 및 수분의 흡수력이 좋고 생존력이 좋아 작물의 생육에 많은 영향을 미치게 된다.
② 상호대립억제작용은 잡초에서 작물의 생육을 억제하는 유해물질을 분비하여 생장 및 발아를 억제하는 작용을 한다.

③ 잡초 중에서는 뿌리가 없는 기생식물이 있으며 대표적으로 새삼, 겨우살이가 있다. 기생식물은 다른 식물의 양분을 흡수하여 살아가기에 작물에 기생할 경우 작물의 양분을 빼앗아가 생육에 영향을 미친다.

④ 기타 병해충의 서식처 역할을 하거나 작업 환경을 악화시켜 경지의 이용효율을 감소시킨다. 또한 사료포장의 오염으로 품질저하 및 관리에 문제가 발생한다.

(4) 잡초의 유용성

① 토양에 유기물을 공급하여 토질을 개선시킨다.
② 잡초를 먹이로 하는 야생동물에게 먹이와 서식처를 제공한다.
③ 토양의 유실을 방지한다.
④ 자연경관을 아름답게 하는 조경의 기능이 있다.
⑤ 오염된 수질 및 토양의 정화를 돕는다.
⑥ 병해충의 저항성 작물 등에 활용되는 유전자원이기도 하다.
⑦ 약료, 향료, 사료 등 다방면으로 활용된다.

2. 잡초의 생리생태

(1) 잡초의 생리

① 식물분류학적 분류
  ㉠ 식물분류는 이명법(린네)을 주로 기준으로 한다.
    계 → 문 → 강 → 목 → 과 → 속 → 종 → 변종
  ㉡ 식물의 분류시 기본단위는 종은 같은 유전형질을 나타낸다.
  ㉢ 종을 학명으로 표시할 경우 린네가 만든 이명법을 사용한다.
  ㉣ 린네의 이명법은 첫 번째 단어를 종이 속한 속명, 두 번째 단어는 종명을 나타내며 이러한 종의 두 단어를 합친 것을 이명법이라 하며 라틴어로 표기한다.

② 생활형에 따른 분류
  ㉠ 1년생 잡초
    • 1년을 기준으로 생활하는 잡초로 한해살이 잡초라고도 한다.
    • 1년생 잡초에는 화본과잡초, 방동사니과 잡초, 광엽잡초 마다 다양하게 존재한다.

화본과 잡초	둑새풀, 돌피, 강피
방동사니과 잡초	알방동사니, 바람하늘지기, 바늘골
광엽잡초	물달개비, 물옥잠, 사마귀풀, 여뀌, 마디꽃, 자귀풀

ⓛ 월년생 잡초
- 1년 이상 2년 미만으로 생활하는 잡초이다.
- 종자가 발아하고 1년까지는 영양생장을 하나 다음 해부터는 개화하여 종자를 생산하는데 이러한 특징으로 2년생잡초라고도 한다.
- 월년생 잡초에는 달맞이꽃, 나도냉이, 엉겅퀴, 냉이, 별꽃, 속속이풀 등이 있다.

ⓒ 다년생 잡초
- 2년 이상 생활하는 잡초를 다년생 잡초라 한다.
- 방동사니과에는 올방개, 파대가리, 너도방동사니가 있으며 광엽잡초에는 가래, 개구리밥, 올미, 미나리 등이 있다.

화본과 잡초	나도겨풀
방동사니과 잡초	너도방동사니, 쇠털골, 올방개, 올챙이고랭이, 매자기
광엽잡초	가래, 개구리밥, 미나리, 올미, 좀개구리밥, 쇠뜨기

- 다년생 잡초는 특징 및 번식 방법 등에 따라 단순다년생, 구근형다년생, 포복형다년생이 있다.
- 단순다년생은 주로 종자로 번식하며 구근형다년생은 구근이나 종자로 번식한다.

단순다년생	민들레, 질경이
구근형다년생	산달래, 야생마늘

- 포복형다년생은 덩이줄기(괴경), 땅속줄기(근경), 알줄기(구경), 가는줄기(포복경), 가는뿌리(포복근)이나 종자로 번식한다.

번식 방법	종류
덩이줄기(괴경), 땅속줄기(근경)	너도방동사니, 매자기, 올방개
알줄기(구경)	반하, 올챙이고랭이
가는줄기(포복경)	미나리, 병풀
가는뿌리(포복근)	쇠뜨기, 엉겅퀴, 겨풀

③ 형태적 분류
ⓠ 잡초는 형태적 분류에 따라 광엽잡초, 화본과잡초, 방동사니과잡초로 분류된다.
ⓒ 광엽잡초
- 쌍자엽식물로 망상맥을 가지며 잎이 넓은 것이 특징이다.
- 대표적으로 닭의장풀, 명아주, 가래, 물달개비, 쇠비름, 비름, 질경이, 여뀌, 깨풀 등이 있다.

ⓒ 화본과 잡초
- 잎이 길며 잎맥은 평형맥이다. 줄기는 원통형이며 마디 사이가 비어 있다.
- 바랭이, 피, 강아지풀, 둑새풀 등이 있다.

ⓔ 방동사니과잡초
- 화본과 잡초와 유사한 형태를 지니고 있으나 줄기가 삼각형 형태를 띠고 있으며 속이 차 있고 잎이 좁다. 물속이나 습지에서 주로 자란다.
- 너도방동사니, 올방개, 쇠털골, 향부자, 매자기, 올챙이 고랭이, 바람하늘지기 등이 있다.

④ 기타 분류
ⓐ 토양수분 적응성에 의한 분류

건생잡초	• 포장용수량(수분40~60%) 상태에서 발생하는 잡초이다. • 바랭이, 명아주, 쇠비름, 강아지풀 등이 있다.
습생잡초	• 포화수분(수분 80~90%) 상태에서 발생하는 잡초이다. • 황새냉이, 별꽃, 둑새풀 등이 있다.
수생잡초	• 담수 상태(얕은 수심)에서 발생하는 잡초로 부유잡초도 여기에 속한다. • 가래, 마디꽃, 물옥잠, 물달개비 등이 있고 부유잡초로는 부레옥잠, 개구리밥, 좀개구리밥, 생이가래 등이 있다.

ⓑ 발생시기에 의한 분류

여름 잡초	• 봄에 발생하여 여름에 피해를 주고 가을에 결실을 하는 잡초이다. • 명아주, 돌피, 강아지풀, 알방동사니, 물별, 바랭이, 마디꽃 등이 있다.
겨울 잡초	• 가을에 발생하여 노지에서 월동하고 봄쯤 피해를 주고 늦봄이나 초여름에 결실을 하는 잡초이다. • 둑새풀, 냉이, 개미자리, 벼룩나물, 점나도나물, 벼룩이자리, 별꽃, 속속이풀, 갈퀴덩굴 등이 있다.

ⓒ 발생빈도에 따른 분류

우생잡초	일정 포장에서 매우 많이 발생하는 잡초
광생잡초	일정 포장에서 적지만 널리 발생하는 잡초
산생잡초	일정 포장에서 드물게 발생하는 잡초
희생잡초	일정 포장에서 매우 드물게 발생하는 잡초

② 생장형에 따른 분류

직립형	• 지상부가 크고 곧게 자라는 잡초를 말한다. • 명아주, 가막사리, 쑥부쟁이
포복형	• 줄기가 땅 위를 기어가는 형태로 자라는 잡초를 말한다. • 메꽃, 쇠비름, 선피막이, 긴병풀꽃
총생형	• 분얼하여 포기를 이루는 잡초를 말한다. • 억새, 둑새풀
분지형	• 지상부에서 가지가 갈라지고 키가 작은 잡초를 말한다. • 광대나물, 애기땅빈대, 석류풀, 사마귀풀
만경형	• 덩굴줄기가 다른 물체를 감고 올라가 자라는 잡초를 말한다. • 거지덩굴, 환삼덩굴, 메꽃
로제트형	• 잎이 근생엽(뿌리에서 직접 생긴 잎)으로 이루어진 잡초를 말한다. • 민들레, 질경이

⑤ 논잡초와 밭잡초

㉠ 논잡초
- 1년생 논잡초로 피, 마디꽃, 물달개비 등이 있다.
- 논에서 발생하는 다년생 잡초로는 너도방동사니, 올미, 가래, 나도겨풀, 매자기, 올챙이 고랭이, 개구리밥, 미나리, 벗풀, 쇠털골, 알방동사니 등이 있다.
- 논에서 점유율이 높은 우점잡초로는 피, 올방개, 물달개비, 올미, 너도방동사니, 올챙이 고랭이 등이 있다.
- 다년생 우점잡초의 경우 직파를 하거나 이앙기를 빠르게 하면 발생량이 더 늘어나게 되기에 이러한 특성 및 시기를 파악하여 직파 혹은 이앙기를 결정해야 한다.

㉡ 밭잡초
- 1년생 밭잡초로 바랭이, 쇠비름, 명아주, 닭의 장풀 등이 있고 다년생 잡초에는 엉겅퀴, 메꽃, 소리쟁이 등이 있다.
- 기타 뚝새풀, 냉이, 할미꽃, 쑥, 토끼풀, 쇠뜨기, 미국자리공 등이 있다.
- 발생밀도가 많은 잡초를 우점잡초라 하며 밭에서 주로 나타나는 우점잡초의 종류로는 둑새풀, 명아주, 바랭이, 쇠비름, 깨풀 등이 있다.

10 농약

1. 농약의 정의와 중요성

(1) 농약의 정의
① 농약은 농약관리법에 의거 농작물을 해치는 균, 곤충, 응애, 선충, 바이러스, 잡초, 그 밖에 농림축산식품부령으로 정하는 동식물을 방제하는 데에 사용하는 살균제, 살충제, 제초제 등을 말한다.
② 기타 기피제, 유인제, 전착제 및 농작물의 생리기능에 영향을 주는 약제를 농약이라 한다.

(2) 농약의 구비조건
① 농약은 살균, 살충력이 강해야 하며 적은 양으로 효과가 있어야 한다.
② 작물 및 사람, 가축에 해가 없어야 하고 오랜 시간 잔류하거나 생물에 축적되지 않아야 한다.
③ 사용법이 간단해야 한다.
④ 품질이 균일하고 지속적이어야 하며 외부환경 변화에도 변질되지 않아야 한다.
⑤ 가격이 저렴하고 구입이 용이해야 한다.
⑥ 다른 약제와의 혼용이 가능해야 한다.
⑦ 농촌진흥청에 등록되어야 한다.

2. 농약의 분류

(1) 사용목적에 의한 분류

① 살균제
   ㉠ 미생물을 사멸시키는 효과를 갖는 약물을 살균제라 한다.
   ㉡ 살균제에는 보호살균제, 직접살균제, 기타(종자소독제, 토양소독제, 과실방부제 등) 용도에 따라 다양한 살균제가 있다.

보호살균제	• 병원균이 식물체 내로 침입하는 것을 방지한다. • 약효 지속기간이 길어야 하며 물리적으로 부착성 및 고착성이 좋아야 한다. • 석회보르도액, 구리 분제, 유기유황제, 석회유황합제 등이 있다.
직접살균제	• 침입한 병원균에 직접 강력한 살균 작용을 한다. • 발병 후에도 방제가 가능하다. • 시스테인 등이 있다.
종자소독제	• 종자나 종묘에 감염된 병원균을 방지한다. • 지오람, 베노람 등이 있다.
토양소독제	• 토양중의 병원균을 살균시키기 위해 사용한다. • 클로로피크린, 이황화탄소, 포르말린 등이 있다.
과실방부제	• 저장한 과실이나 채소의 부패방지를 위해 사용한다. • 티오요소, 디페닐 등이 있다.

ⓒ 살균제의 주성분에 의한 분류에는 유기수은제, 유기주석제, 무기황제 등이 있다

② 살충제

㉠ 살충제는 작물을 가해하는 곤충, 응애류, 선충 등의 침입을 방지하거나 제거하는 약제이다.

㉡ 대표적으로 농작물을 가해하는 해충의 방제를 위해 소화중독제, 침투성살충제, 접촉제, 훈증제 등이 있다.

소화중독제	해충이 약제를 먹어 소화관에서 흡수되어 처리하며 주로 저작구형을 가진 해충에 적용하면 유리하다.
침투성살충제	식물에 약제를 투입시키며 흡즙성 해충 처리에 유리하며 다른 곤충이나 천적등에 피해가 적다.
접촉제	해충에 직접 약제를 접촉시켜 처리한다.
불임제	해충의 생식능력에 방해를 주어 번식을 막는다.
훈증제	약제를 가스화하여 해충을 죽이는 약제이다.
훈연제	약제를 연기화 하여 해충을 죽이는 약제이다.
기피제	직접적인 살상작용은 하지 않으나 해충의 접근을 막는 약제이다.
유인제	해충을 유인하는 약제로 주로 불임제 등과 함께 사용하여 효과를 극대화 한다.
점착제	나무의 줄기나 가지와 같은 해충의 이동경로에 발라 월동 이후 해충의 이동을 차단하는 약제이다.
생물농약	해충의 천적을 이용하여 해충을 방제하는 약제이다.

③ 제초제

작물의 생장에 방해되는 잡초 등을 제거하기 위해 사용하는 약제로 선택성 제초제와 비선택성 제초제로 구분한다.

선택성 제초제	• 작물에는 영향을 주지 않고 잡초만을 선택적으로 제거하는 약제 • 디캄바액제, 시마진, 헥사지논
비선택성 제초제	• 잡초와 작물 등 식물 전체를 제거하는 약제 • 글라신액제, 염소산염제

④ 기타
  ㉠ 살비제 : 곤충에는 살충력이 거의 없고 응애류 방제에 효과가 있는 약제이다.
  ㉡ 살선충제 : 선충의 방제에 효과가 있는 약제이다.
  ㉢ 식물생장조정제 : 식물의 생장을 촉진, 억제하고 개화 촉진 등 식물의 생육을 조정하는 약제로 옥신 지베렐린등이 있다.
  ㉣ 보조제에는 살균제, 제초제 등과 같은 농약의 효과 증진을 도와주는 약제로 전착제, 증량제, 용제, 유화제, 협력제가 있다.
  ㉤ 유화제는 유제의 유화성을 높이는 일종의 계면활성제이며 협력제는 유효성분의 효력을 증진 한다.

(2) 사용형태에 의한 분류

① 농약의 제제
  ㉠ 농약의 직접적인 사용이 어려워 보조제를 첨가하여 사용하기 용이한 형태로 만드는 과정을 제제라 하고 완성된 제품을 제형이라 한다.
  ㉡ 농약의 제제는 사용의 편리뿐 아니라 유효성분의 효과 증가, 약해의 억제, 환경 및 사용자의 안전성 향상, 작업성 개선 등을 목적으로 한다.
  ㉢ 제형에 따른 분류시 액체시용제(유제, 액제, 수용제, 수화제, 입상), 고체시용제(분제, 입제, 미립제, 캡슐제, 저비산분제), 종자처리제(종자처리수화제, 종자처리액상수화제), 특수목적제(훈연제, 훈증제, 도포제, 판상줄제)로 분류된다.

(3) 화학적 조성에 의한 분류

① 유효성분 조성에 따라 무기농약과 유기농약으로 분류된다.
② 유기농약은 유기화합물을 주성분으로 하는 농약으로 유기인계, 카바메이트계, 유기염소계, 유기황계, 유기불소계 등이 있다.
③ 무기농약은 무기화합물을 주성분으로 생석회, 소석회, 황산구리, 유황 등이 있다.

3. 농약의 이화학적 특성

(1) 살균제
① 살균제의 종류에는 구리제, 보르도혼합액, 수은제, 무기황제 등이 있다.
② 살균제의 작용기작에는 호흡의 저해, 단백질 생합성 저해, 세포막 형성 저해, 세포벽 형성 저해 등이 있다.

(2) 살충제
① 살충제의 종류에는 유기인계, 카바메이트계, 유기염소계, 천연살충제, 훈증제 등이 있다.
② 유기인계 살충제는 살충력이 강하고 적용 가능한 해충의 종류가 많으며 대량생산이 가능하다. 유기염소계 살충제는 염소를 함유하고 있어 살충력이 우수하고 넓은 범위의 해충방제가 가능하다.
③ 유기인계 살충제 종류로 파라티온에틸, 이피엔(EPN), 말라티온, 다이아지논, 페니트로티온(MEP), 펜토에이트(PAP), 트리클로르폰(DEP), 디클로르보스(DDVP) 등이 있다.
④ 카바메이트계 살충제로 카바릴(NAC), 페노뷰카브(BPMC), 카보퓨란, 티오디카브(UCC) 등이 있다.
⑤ 유기염소계 살충제 종류에는 DDT, BHC, 디엘드린(HEOD), 알드린(HHDN), drin제, 지오릭스(엔도설판) 등이 있다.
⑥ 천연살충제 종류로 제충국에서 추출한 피레트린제, 데리스의 뿌리에서 추출한 로테논제, 담배에서 추출한 니코틴제 등이 대표적이다.
⑦ 훈증제는 가스를 이용하여 해충을 죽이는 살충제로 밀폐된 공간에 저장곡물이나 토양소독에 이용한다. 훈증제의 종류로 메틸브로마이드, 클로로피크린, 알루미늄포스파이드, 시안화수소 등이 있다.
⑧ 작용기작에는 신경기능의 저해, 에너지 대사의 저해, 키틴 생합성 저해, 호르몬 균형 교란 등이 있다.

(3) 제초제
① 제초제의 분류
  ㉠ 생리작용에 따른 분류

선택성	· 보호할 작물에 약해 없이 선택적으로 잡초를 방제하는 약품이다. · 2,4-D, MCP, MCPB, DCPA
비선택성	· 식물의 종류에 상관 없이 모든 식물을 제거하는 약품이다. · CAT, CMV, PCP, DNBP

ⓒ 처리방법에 따른 분류

토양처리	잡초가 발생하기 전 살포하는 것으로 어린싹이나 뿌리를 통해 흡수된다.
경엽처리	잡초가 발생한 후 살포하는 것이다.
토양, 경엽 처리	잡초 발생의 진행을 억제하고 이미 발생한 잡초를 고사시킨다.

ⓒ 화학구조에 따른 분류

유기제초제	· 분자 내 하나 이상의 탄소를 함유한 제초제를 말한다. · 2,4-D, MCP, PCP, TCA, DNOC 등
무기제초제	· 분자 내 탄소를 포함하지 않은 제초제를 말한다. · 염소산소다, 시안산소다, HCl, H_2SO_4 등

ⓔ 작용특성에 따른 분류

접촉형	· 식물에 직접 살포하여 접촉 시 효과를 발휘하는 제초제를 말한다. · PCP, DNOC, DCPA, Difenoconazole 등
이행성	· 경엽, 뿌리 등 접촉부위에서 식물체 내의 작용점으로 이행되어 효과를 발휘하는 제초제를 말한다. · 2,4-D, 시마진, MCPA, bentazon, glyphosate 등

4. 농약의 사용법

(1) 농약의 살포량 및 살포회수

① 조제 유의사항

ⓐ 조제 시 약액이 인체에 묻지 않게 주의 한다.

ⓑ 오염된 물이나 알칼리성이 강한 물은 조제 시 사용하지 않도록 한다.

ⓒ 유제는 소량의 물에 희석하고 이후 소요량의 물을 부어 골고루 혼합한다.

ⓓ 원액의 침전물이 있을 경우 따뜻한 물을 넣어 침전물을 녹인 다음 조제 한다.

ⓔ 수화제는 소량의 물에 죽과 같은 상태로 농약을 풀어 소요량의 물을 넣어 녹여준다.

ⓕ 전착제는 소량의 물에 섞어 죽과 같이 만들어 살포액에 넣고 사용한다.

ⓖ 살포액은 바람을 등지고 조제한다.

② 약제의 희석 및 조제

ⓐ 농약의 조제에는 배액조제법, 농도조제법이 있다.

배액 조제법	· 액체 제형의 농약을 부피/부피를 기준으로 희석한다. · 고체 제형의 농약은 무게/부피를 기준으로 희석한다. · 배액조제법은 가장 일반적으로 많이 사용되며 유효성분의 함량을 고려하지 않는다.
농도 조제법	· 액체 또는 고체 상태의 제형을 구분하지 않고 무게/무게를 기준으로 희석한다. · 농도는 %, ppm 으로 표시한다. · 농도 조제법은 유효성분의 함량을 정확하게 계산하여 조제한다.

    ⓒ 농도의 단위는 주로 % 로 표기하며 중량 100 에 대한 용질의 양을 의미한다.

    ⓓ 액제의 희석

$$원액의 용량 \times \left(\frac{원액의 농도}{목표 희석 농도} - 1\right) \times 원액 비중$$

③ 살포제의 희석

    ㉠ 소요약량(배액) $= \dfrac{단위면적당 사용량}{소요희석배수}$

    ㉡ 소요약량(ppm 살포) $= \dfrac{추천농도(ppm) \times 살포대상량(kg) \times 100}{1,000,000 \times 비중 \times 원액 농도}$

    ㉢ 희석할 물의 양 $=$ 원액 용량 $\times \left(\dfrac{원액 농도}{희석할 농도} - 1\right) \times$ 원액 비중

    ㉣ 희석할 증량제 양 $=$ 원분제 중량 $\times \left(\dfrac{원분제 농도}{목표 농도} - 1\right)$

(3) 농약의 살포방법

① 주요 살포법

    ㉠ 분무법

- 약제를 안개와 같이 미세하게 뿌려 작물에 부착하게 하는 것으로 고착성이 좋아 비산에 의한 손실이 적은 편이다.
- 입자의 크기는 100~200μm 정도의 크기로 분무기 분사 노즐의 크기도 주로 작은 것을 이용한다.
- 분무기는 살포 면적에 따라 배부식 수동분무기, 동력분무기, 헬기를 이용한 공중 살포 등 다양한 방법이 있다.

    ㉡ 미스트법

- 미스트기로 만든 미립자를 살포하는 방법으로 분무법과 비교하여 살포량은 적지만 농도가 높고 입자가 작으며 농도는 약 2배 정도로 높다.
- 살포 입자는 30~60μm 정도로 분무법에 비해 매우 작은 입자이다.

ⓒ 스프링클러법
- 살포기의 압력, 노즐형태, 노즐크기, 분사량 등에 의해 영향을 받으며 보통 잎의 뒷면에 약액의 살포가 저조하여 침투성 약제를 사용하는 것이 유리하다.

ⓔ 살분법
- 분제 농약을 살포하는 방법으로 다공 호스를 이용한 파이프더스터(Pipe duster)법이 주로 이용된다.
- 분무법과 비교하여 작업이 간단하나 약제가 많이 들고 효과가 낮은 것이 단점이다.

② 기타 살포법

연무법	약제의 주성분을 연기(10~20㎛)의 형태로 해서 사용하는 방법이다.
훈연법	약제를 연기화하여 작물에 살포하는 방법이다.
훈증법	밀폐된 곳에 넣고 약제를 가스화시켜 방제하는 방법이다.
관주법	토양내에 있는 병해충을 방제하기 위하여 땅 속에 약액을 주입하는 방법이다.
침지법	종자, 종묘를 소독하기 위하여 사용하는 방법으로 희석액에 종자를 담가 감염된 병해충을 방제하는 방법이다.
분의법	종자를 소독하기 위하여 분제로 된 약제를 종자에 피복시켜 병해충을 사멸시키는 방법이다.
도포법	나무 줄기에 환상으로 약액을 처리하여 이동하는 해충을 잡는 방법과 상처 부위를 병균이 침입하지 못하도록 약제를 처리하는 방법이다.
도말법	종자 소독을 위해 분제농약을 건조한 종자에 입혀 살균, 살충하는 방법이다.

③ 농약의 혼용가부
㉠ 농약의 혼용
- 농약 사용시 살충제와 살균제와 같이 목적을 달리 하는 두 가지나 그 이상 혼합하여 사용할 경우 인력과 노력을 절감할 수 있다. 대부분의 농약은 혼용시 약해가 일어나거나 분해가 진행되어 효력이 상실되는 경우가 많다.
- 유기 합성 농약은 알칼리에 의해 분해되어 변질되는 경우가 많으며 유기인계 살충제와 카바메이트계 살충제는 알칼리에 불안정하고 분해되기 쉽다.
- 적절한 혼용을 할 경우 살균, 살충효과가 상승하는 약품들도 있다.

㉡ 농약 혼용 주의 사항
- 농약의 주의사항 및 사용설명서를 확인한다.
- 약품의 혼용가부표를 반드시 확인하고 표준희석배수를 준수하고 표준량 이상을 살포하지 않는다.
- 오염된 물을 사용 시 약효가 떨어지기에 중성의 용수를 희석용수로 사용한다.
- 혼합 시 균일하게 섞이도록 충분히 혼합한다.

PART 3   3단원 OX 50제

01 작물의 수량은 유전성, 환경조건, 재배기술에 영향을 받는다.
답 (   )

02 협채류에는 호박, 참외가 있다.
답 (   )

03 토양의 통기성을 좋게 하려면 석회, 토양개량제 등을 사용하도록 한다.
답 (   )

04 일반적으로 작물은 변온에 의해 개화가 촉진된다.
답 (   )

05 벼는 C4 작물에 속한다.
답 (   )

06 경운은 흙덩이를 좀 더 곱게 부수고 지면을 평평하게 고르는 작업이다.
답 (   )

07 알방동사니는 1년생 화본과 잡초이다.
답 (   )

08 애멸구는 바이러스병을 매개한다.
답 (   )

09 산성비료의 사용량을 증가시키면 토양오염을 감소시킬 수 있다.
답 (   )

10 재배종은 발아억제 물질이 감소하거나 소실되는 방향으로 발달하였다.
답 (   )

11 맥류는 저온작물에 해당한다.
답 (   )

12 토양 중 농약의 반감기간이 90일 이상인 농약을 토양잔류성 농약이라 한다.
답 (   )

13 광합성은 적색광과 청색광에 가장 효과가 크게 나타난다.
답 (   )

14 휴립구파법은 맥류의 한해와 동해를 동시에 방지할수 있다.
답 (   )

15 이화명나방은 볏짚 줄기 속에 월동한다.
답 (   )

16 박테리오파지법은 혈청학적 진단법에 해당한다.
답 (   )

17 토마토 시들음병은 알칼리성 토양에서 잘 발생한다.
답 (   )

18 버널리제이션은 식물을 인위적으로 고온, 저온을 조절하여 화성을 유도하는 방법이다.
답 (   )

19 수박, 오이, 참외 등을 십자화과라 한다.
답 (   )

20 담배의 기원지는 지중해연안지구이다.
답 (   )

21 토양이 산성화 되면 질소고정균이 증가하게 된다.
답 (   )

22 간온형 작물로 민생종, 그루콩, 그루조, 가을메밀 등이 있다.
답 (   )

23 감온형 벼 품종은 조파조식하는 것이 좋다.
답 (   )

24 생력재배는 부족한 노동력 보충을 위한 방법이다.
답 (   )

25 벼의 수량은 이삭수, 이삭당 영화수, 등숙비율, 천립중 등 4가지 수량구성요소에 의해 결정된다.
답 (   )

26 고구마에 상처가 발생할 경우 큐어링 처리를 하는 것이 좋다.
답 (   )

27 저온처리를 하면 추파성을 춘파성으로 변화시킬수 있다.
답 (   )

28 보리, 고추는 산성토양에 저항성이 강한 작물이다.
답 (   )

29 사양토의 진흙함량은 12.5~25% 정도이다.
답 (   )

30 고구마, 감자는 두류에 해당한다.
답 (   )

31 논토양의 담수는 토양의 염류를 제거하는 데 도움이 된다.
답 (   )

32 벼의 품종에서 조생에는 추정, 주남이 있다.
답 (   )

33 토양이 많이 건조한 곳에는 최아종자를 파종하면 효과적이다.
답 (   )

34 인삼은 연작의 피해가 적은 작물이다.
답 (   )

35 논의 담수를 통해 유해물질의 제거 및 잡초발생의 억제 효과가 있다.
답 (   )

36 최대용수량의 pF 는 1.7 ~ 2.7 이다.
답 (   )

37 영양번식은 종자번식보다는 생육이 저하되고 수량량이 적다.
답 (   )

38 벼의 재식밀도는 단위면적당 포기수와 포기당 못수에 의해 결정된다.
답 (   )

39 예랭은 수확 직후 청과물의 품질 유지에 좋은 방법이다.
답 (   )

40 들깨는 약료작물에 해당한다.
답 (   )

41 결합수는 작물이 사용가능한 수분이다.
답 (   )

42 노후답은 깨씨무늬병 등이 자주 발생한다.
답 (   )

43 요수량이 큰 식물에는 알팔파, 클로버가 있다.
답 (   )

44 영양기관에서 비늘줄기에는 마늘, 양파 등이 있다.
답 (   )

45 옥수수의 수분함량이 20% 정도에서 탈곡 시 기계적 손상이 많이 일어난다.
답 (   )

46 미숙한 과실을 수확하고 일정 기간 보관하여 성숙시키는 것을 후숙이라 한다.
답 (   )

47 육묘는 종자의 소비량은 늘어나지만 작물의 생육에 도움을 준다.
답 (   )

48 메밀, 감자, 벼, 완두 중에서 적산온도가 가장 높은 작물은 벼이다.
답 (   )

49 토양 중에 산소가 부족하면 환원성 유해 물질이 생성된다.
답 (   )

50 사과는 핵과류에 해당한다.
답 (   )

PART 3 · 3단원 OX 50제

01 작물의 수량은 유전성, 환경조건, 재배기술에 영향을 받는다.
답 ○

02 협채류에는 호박, 참외가 있다.
해설 협채류에는 완두, 동부, 강낭콩이 있다.
답 ×

03 토양의 통기성을 좋게 하려면 석회, 토양개량제 등을 사용하도록 한다.
답 ○

04 일반적으로 작물은 변온에 의해 개화가 촉진된다.
답 ○

05 벼는 C4 작물에 속한다.
해설 벼는 C3 작물에 속한다.
답 ×

06 경운은 흙덩이를 좀 더 곱게 부수고 지면을 평평하게 고르는 작업이다.
해설 경운은 토양을 갈아 흙덩이를 부스러뜨리는 작업이다.
답 ×

07 알방동사니는 1년생 화본과 잡초이다.
해설 알방동사니는 1년생 방동사니과 잡초이다.
답 ×

08 애멸구는 바이러스병을 매개한다.
답 ○

09 산성비료의 사용량을 증가시키면 토양오염을 감소시킬수 있다.
해설 토양오염을 줄이기 위해 산성비료를 줄이고 중성비료를 사용한다.
답 ×

10 재배종은 발아억제 물질이 감소하거나 소실되는 방향으로 발달하였다.
답 ○

11 맥류는 저온작물에 해당한다.
답 ○

12 토양 중 농약의 반감기간이 90일 이상인 농약을 토양잔류성 농약이라 한다.
해설 토양 중 농약의 반감기간이 180일 이상인 농약을 토양잔류성 농약이라 한다.
답 ×

13 광합성은 적색광과 청색광에 가장 효과가 크게 나타난다.

답 ○

14 휴립구파법은 맥류의 한해와 동해를 동시에 방지할수 있다.

답 ○

15 이화명나방은 볏짚 줄기 속에 월동한다.

답 ○

16 박테리오파지법은 혈청학적 진단법에 해당한다.

해설 박테리오파지법은 생물학적 진단법에 해당한다.

답 ×

17 토마토 시들음병은 알칼리성 토양에서 잘 발생한다.

해설 토마토 시들음병은 산성토양에서 자주 발생한다.

답 ×

18 버널리제이션은 식물을 인위적으로 고온, 저온을 조절하여 화성을 유도하는 방법이다.

해설 버널리제이션은 식물에 인위적인 저온 처리를 통해 화성을 유도한다.

답 ×

19 수박, 오이, 참외 등을 십자화과라 한다.

해설 수박, 오이, 참외 등은 박과이다.

답 ×

20 담배의 기원지는 지중해연안지구이다.

해설 담배의 기원지는 남아메리카지구이다.

답 ×

21 토양이 산성화 되면 질소고정균이 증가하게 된다.

해설 토양이 산성화가 되면 질소고정균이나 근류균 등의 이로운 미생물들이 생활하기 어려운 환경 조건이 되어 활동에 지장을 받거나 줄어들게 된다.

답 ×

22 감온형 작물로 만생종, 그루콩, 그루조, 가을메밀 등이 있다.

해설 감온형 작물로 조생종, 올콩, 봄조, 여름메밀 등이 있다.

답 ×

23 감온형 벼 품종은 조파조식하는 것이 좋다.

답 ○

24 생력재배는 부족한 노동력 보충을 위한 방법이다.

답 ○

25 벼의 수량은 이삭수, 이삭당 영화수, 등숙비율, 천립중 등 4가지 수량구성요소에 의해 결정된다.

답 ○

26 고구마에 상처가 발생할 경우 큐어링 처리를 하는 것이 좋다.

답 ○

27 저온처리를 하면 추파성을 춘파성으로 변화시킬수 있다.

답 ○

28 보리, 고추는 산성토양에 저항성이 강한 작물이다.

해설 보리, 고추 등은 산성토양에 저항성이 약한 작물이다.

답 ×

29 사양토의 진흙함량은 12.5~25% 정도이다.

답 ○

30 고구마, 감자는 두류에 해당한다.

해설 고구마, 감자는 서류에 해당한다.

답 ×

31 논토양의 담수는 토양의 염류를 제거하는데 도움이 된다.

답 ○

32 벼의 품종에서 조생에는 추정, 주남이 있다.

해설 벼의 품종에서 조생에는 오대, 운광이 있다.

답 ×

33 토양이 많이 건조한 곳에는 최아종자를 파종하면 효과적이다.

해설 토양이 과도하게 건조할 경우 최아종자의 출아가 불량해진다.

답 ×

34 인삼은 연작의 피해가 적은 작물이다.

해설 인삼은 10년 이상의 휴작을 요구하는 작물이다.

답 ×

35 논의 담수를 통해 유해물질의 제거 및 잡초발생의 억제 효과가 있다.

답 ○

36 최대용수량의 pF 는 1.7 ~ 2.7 이다.

해설 최대용수량의 pF 는 0 이다.

답 ×

37 영양번식은 종자번식보다는 생육이 저하되고 수량량이 적다.

해설 영양번식은 종자번식보다 생육이 왕성하고 짧은 기간 내에 수확이 가능하고 수량도 증가한다.

답 ×

38 벼의 재식밀도는 단위면적당 포기수와 포기당 못수에 의해 결정된다.
답 ○

39 예랭은 수확 직후 청과물의 품질 유지에 좋은 방법이다.
답 ○

40 들깨는 약료작물에 해당한다.
해설 들깨는 유료작물에 해당한다.
답 ×

41 결합수는 작물이 사용가능한 수분이다.
해설 작물이 사용가능한 수분은 모관수이다.
답 ×

42 노후답은 깨씨무늬병 등이 자주 발생한다.
답 ○

43 요수량이 큰 식물에는 알팔파, 클로버가 있다.
답 ○

44 영양기관에서 비늘줄기에는 마늘, 양파 등이 있다.
답 ○

45 옥수수의 수분함량이 20% 정도에서 탈곡 시 기계적 손상이 많이 일어난다.
해설 옥수수의 수분함량이 20% 정도에서 탈곡시 기계적 손상이 최소화된다.
답 ×

46 미숙한 과실을 수확하고 일정 기간 보관하여 성숙시키는 것을 후숙이라 한다.
답 ○

47 육묘는 종자의 소비량은 늘어나지만 작물의 생육에 도움을 준다.
해설 육묘는 종자를 재배지에 뿌리지 않고 모를 일정기간 시설에서 생육시키는 것을 육묘라 하며 종자의 소비량을 줄일수 있다.
답 ×

48 메밀, 감자, 벼, 완두 중에서 적산온도가 가장 높은 작물은 벼이다.
답 ○

49 토양 중에 산소가 부족하면 환원성 유해물질이 생성된다.
답 ○

50 사과는 핵과류에 해당한다.
해설 사과는 인과류에 해당한다.
답 ×

PART 3 · 3단원 기본50제

01 암발아 종자에 속하는 것은?
① 호박　　　　　② 담배
③ 베고니아　　　④ 상추

해설 ▶ 혐광성종자(암발아종자)에는 호박, 토마토, 고추, 양파, 가지, 오이, 무, 부추 등이 있다.

02 생력화 재배기술의 장점으로 가장 적합한 것은?
① 토지생산성과 노동생산성을 높여 주게 된다.
② 토지생산성만 높여 주고 노동생산성은 낮게 된다.
③ 노동생산성만 높여 주고 토지생산성은 낮게 된다.
④ 토지생산성과 노동생산성을 낮게 하여 준다.

해설 ▶ 생력재배는 노력을 줄여 농사를 짓는 것으로 본디 목적은 노동력이 부족한 농가의 상황을 개선하기 위한 방법으로 토지생산성 및 노동생산성을 높여준다.

03 고랭지에서 생산한 씨감자를 이용하는 주요 이유는?
① 수확기를 앞당기기 위해서
② 감자의 바이러스병을 방지하기 위해서
③ 추위에 견디는 힘이 있기 때문에
④ 감자의 꽃이 많이 피어 씨감자로 쓰기 위해서

해설 ▶ 종자의 퇴화방지 및 바이러스병의 방지를 위해 씨감자는 고랭지에서 생산한 것을 이용한다.

04 노후화된 논 토양에서 용탈에 의하여 주로 결핍 증상이 나타나는 성분으로 바르게 나열된 것은?
① 질소, 인산　　　② 철, 망간
③ 유기물, 황　　　④ 염분, 칼륨

해설 ▶ 노후답은 노후화 현상이 발생한 논토양으로 철분, 망간, 칼슘, 마그네슘 등의 주요 양분이 용탈하여 영양장애 등을 유발하는 것을 말한다.

정답　01 ④　02 ①　03 ②　04 ②

05 벼의 특성 중 특히 환경의 영향을 크게 받는 것은?

① 벼알의 모양　　　　② 이삭의 길이
③ 숙기의 조만성　　　④ 병충해에 대한 저항성

해설　이삭의 길이 및 발달 정도는 수분, 광, 온도 등 환경의 영향을 크게 받는다.

06 생산량이 많은 세계 3대 주요작물은?

① 벼, 두류, 밀　　　　② 벼, 밀, 옥수수
③ 서류, 두류, 옥수수　④ 벼, 서류, 두류

해설　세계의 3대 식용작물은 벼, 밀, 옥수수 이다.

07 토양수분이 부족할 때 한발저항성을 유도하는 식물호르몬으로 가장 옳은 것은?

① 시토키닌　　　　　② 에틸렌
③ 옥신　　　　　　　④ 아브시스산

해설　아브시스산(ABA)은 작물의 무기물부족이나 스트레스성 작용을 받게 될 경우 발생량이 증가하기도 한다.

08 파종 양식 중 뿌림골을 만들고 그곳에 줄지어 종자를 뿌리는 방법은?

① 산파　　　　　　　② 점파
③ 조파　　　　　　　④ 적파

해설　조파는 줄뿌림이라 하며 종자의 소요량이 적고 고르게 파종할 수 있어 이형주를 제거하거나 관찰할 경우 통로로도 이용할 수 있다.

09 가을뿌림 보리를 봄에 파종하여 가꾸었을 때 나타나는 현상은?

① 분얼수가 적어진다.　　② 발아율이 낮아진다.
③ 이삭이 나오지 않는다.　④ 줄기가 가늘어져 도복된다.

해설　가을뿌림 보리는 추파맥류라 하며 이를 봄에 파종하면 영양생장만 지속적으로 이루어지면서 이삭이 나오지 않는다.

정답　05 ②　06 ②　07 ④　08 ③　09 ③

10 다음 중 생산량이 가장 많은 작물은?

① 콩   ② 밭벼
③ 호밀   ④ 메밀

해설 ▸ 국내의 식량작물의 생산량은 미곡이 가장 많고 다음으로 두류, 맥류, 서류 등의 순서이다. 보기 중에서는 두류에 해당하는 콩의 생산량이 가장 많다.

11 일반 채소종자의 보관 조건으로 가장 적절한 것은?

① 온도 : 0°C~10°C, 종자수분 : 5~10%
② 온도 : 0°C~10°C, 종자수분 : 40~50%
③ 온도 : 10°C~15°C, 종자수분 : 15~20%
④ 온도 : 20°C~25°C, 종자수분 : 50~60%

해설 ▸ 종자의 장기저장을 위해서는 5°C 이하의 온도에서 수분함량은 일반종자 5~7%, 유지종자 3~5% 정도이다.

12 다음 중 뿌리혹박테리아에 의한 질소 공급으로 별도의 질소질 비료를 적게 주어도 되는 작물은?

① 콩   ② 벼
③ 고추   ④ 호박

해설 ▸ 콩과작물의 경우 질소고정능력이 있어 질소질 비료를 적게 주어도 된다.

13 다음 중 벼가 가장 많이 흡수하는 무기성분은?

① 철   ② 망간
③ 칼슘   ④ 규산

해설 ▸ 벼는 규산을 많이 흡수하는데 규산이 충분해야 벼가 직립하고 병해충에 저항성이 생긴다.

14 작물의 영양기관에 대한 분류가 잘못된 것은?

① 인경-마늘   ② 괴근-고구마
③ 구경-감자   ④ 지하경-생강

해설 ▸ 감자의 영양기관은 덩이줄기(괴경)이다.

정답 10 ① 11 ① 12 ① 13 ④ 14 ③

15 다음 중 장일성 식물은?

① 벼　　　　　　　　② 딸기
③ 시금치　　　　　　④ 코스모스

해설　보리, 시금치, 상추, 양파, 당근, 감자 등은 장일식물이다.

16 다음 중 잡곡류에 해당하지 않는 것은?

① 조　　　　　　　　② 팥
③ 수수　　　　　　　④ 옥수수

해설　수수, 옥수수, 메밀, 기장 등이 잡곡류에 해당하고 팥은 두류에 해당한다.

17 다음 중 논에 주로 발생하는 잡초로만 짝지어진 것은?

① 올방개, 가래　　　　② 바랭이, 강아지풀
③ 쑥, 쇠비름　　　　　④ 참방도사니, 명아주

해설　논에서 주로 발생하는 논잡초에는 올방개, 올미, 가래, 나도겨풀, 피, 올챙이고랭이 등이 있다.

18 다음 중 병해충의 방제 방법에 있어 화학적 방제에 속하는 것은?

① 농약 살포　　　　　② 돌려짓기
③ 파종기 조절　　　　④ 밭 토양이 일시 담수

해설　농약을 이용하는 것은 화학적 방제법에 속한다.

19 다음 중 노후화답의 개량 방법으로 가장 알맞은 것은?

① 모래를 넣어 준다.　　② 진흙을 넣어 준다.
③ 산 흙으로 객토를 한다.　④ 심층시비를 한다.

해설　노후화답은 노후화로 인하여 작토가 용탈되어 철, 망간, 염기 등의 양분이 결핍되었기에 산 흙으로 객토를 통해 개선할 수 있다.

20 다음 중 요수량이 가장 큰 것은?

① 보리　　　　　　　② 옥수수
③ 완두　　　　　　　④ 기장

해설　요수량이 큰 식물로 알팔파, 클로버, 완두 등이 있으며 요수량이 적은 식물로 수수, 기장, 옥수수가 대표적이다. 그중에서도 명아주는 요수량이 매우 크다.

정답　15 ③　16 ②　17 ①　18 ①　19 ③　20 ③

21 가장 높은 적산온도를 필요로 하는 작물은?
① 밀 ② 옥수수
③ 벼 ④ 메밀

해설 ▸ 작물별로 적산온도의 경우 메밀은 1000~1200°C, 감자는 1300~3000°C, 추파맥류는 1700~2300°C, 완두는 2100~2800°C, 콩은 2500~3000°C, 담배는 3200~3600°C 벼는 3500~4500°C 정도이다.

22 다음 중 과실의 수확 후 예냉을 실시하는 가장 큰 목적은?
① 과실의 온도를 높이기 위하여
② 저장, 수송 중 부패를 방지하기 위하여
③ 후숙을 유도하기 위하여
④ 수확물의 취급을 용이하게 하기 위하여

해설 ▸ 예랭은 수확 직후 청과물의 품질 유지에 좋은 방법으로 호흡량을 줄이고 저장양분의 소모를 감소시킨다.

23 용도에 따른 작물의 분류에서 포도와 무화과는 어느 것에 속하는가?
① 장과류 ② 인과류
③ 핵과류 ④ 곡과류

해설 ▸ 포도, 무화과, 딸기 등은 장과류에 해당한다.

24 다음 중 투명 플라스틱 필름의 멀칭 효과로 가장 거리가 먼 것은?
① 지온상승 ② 잡초 발생 억제
③ 토양 건조 방지 ④ 비료의 유실 방지

해설 ▸ 잡초 발생을 억제해주는 효과는 불투명플라스틱의 특징이다.

25 다음 중 벼의 감수분열기에 저온의 피해를 입으면 어떠한 현상이 일어나는가?
① 분얼 수가 적어진다. ② 꽃피는 시기가 빨라진다.
③ 수확시기가 늦어진다. ④ 쭉정이가 발생한다.

해설 ▸ 벼는 감수분열기에 이상발육이 초래되어 불임현상이 나타나 불임립, 쭉정이 등이 발생한다.

정답 21 ③ 22 ② 23 ① 24 ② 25 ④

26 버널리제이션의 농업이용에 가장 이용하지 않는 것은?

① 억제재배
② 수량 증대
③ 육종에 이용
④ 대파(代播)

해설 춘화처리라고도 하는 버널리제이션은 식물에 인위적인 저온 처리를 통해 화성을 유도하기에 억제재배와는 관련이 없다.

27 다음 중 토양 경운작업의 효과로 볼 수 없는 것은?

① 물 빠짐과 공기 유통을 원활하게 한다.
② 토양미생물의 활동을 왕성하게 한다.
③ 잡초의 발생을 많게 한다.
④ 토양을 부드럽게 한다.

해설 경운은 토양을 갈아 흙덩이를 부스러뜨리는 작업으로 잡초의 발생이 줄어들고 해충이 박멸하는 데 도움이 된다.

28 다음 중 벼의 줄기 속을 갉아먹는 해충은?

① 벼멸구
② 이화명나방
③ 혹명나방
④ 벼물바구미

해설 이화명나방은 벼, 기장 등을 가해하며 줄기 속을 가해하고 대부분 줄기 속에서 월동한다.

29 공기 속에 산소는 약 몇 %정도 존재하는가?

① 약 35%
② 약 32%
③ 약 28%
④ 약 21%

해설 대기의 조성은 질소 78%, 산소 21%, 이산화탄소 0.03% 및 기타로 구성되어 있다.

30 다음 중 추위와 가뭄에 가장 강한 맥류는?

① 밀
② 호밀
③ 보리
④ 귀리

해설 호밀은 생육가능한 최저온도가 1~2°C 정도로 다른 작물에 비해 추위에 강하며 요수량이 적은편이라 가뭄에도 강한 작물이다.

정답 26 ① 27 ③ 28 ② 29 ④ 30 ②

31 다음 중 재배를 위한 작물의 선택시 고려해야 할 주요 요소와 가장 거리가 먼 것은?
① 수익성　　　　　　　　　② 품질과 수량성
③ 이병성　　　　　　　　　④ 생력화

> 해설　작물의 선택시 작물의 생산성, 수익성, 품질, 생력화 등을 고려해야 한다. 이병성은 병에 걸리기 쉬운 성질을 의미하며 작물 선택시 주요 고려 대상은 아니다.

32 다음 중 잡초의 해가 아닌 것은?
① 양분, 수분, 광에 대하여 경합한다.　② 병해충을 매개하거나 월동 서식지가 된다.
③ 작물의 품질을 떨어뜨린다.　　　　 ④ 수량 손실 감소한다.

> 해설　잡초로 인하여 수량손실이 증가한다.

33 다음 중 산성토양에 가장 강한 작물은?
① 상추　　　　　　　　　　② 완두
③ 고추　　　　　　　　　　④ 수박

> 해설　산성토양에 저항성이 강한 작물로는 벼, 귀리, 조, 옥수수, 감자, 수박 등이 있다.

34 다음 중 적산온도의 정의로 옳은 것은?
① 작물의 발아에서 출수까지의 월평균 기온을 합산한 온도
② 작물의 발아에서 출수까지의 일평균 최저기온을 합산한 온도
③ 작물의 발아에서 성숙까지의 일평균 기온을 합산한 온도
④ 작물의 발아에서 성숙까지의 월평균 최고기온을 합산한 온도

> 해설　적산온도는 작물이 생존하는 기간동안 소요되는 총온량으로 작물의 발아로부터 성숙하는데 까지의 0℃ 이상의 일평균기온을 합산한 것을 말한다.

35 다음 중 연작(이어짓기)의 해가 큰 작물로만 나열된 것은?
① 벼, 수박, 가지, 옥수수　　　② 벼, 완두, 고추, 맥류
③ 맥류, 수박, 가지, 고추　　　④ 수박, 가지, 고추, 인삼

> 해설　수박, 가지, 고추는 5~7년의 휴작이 요구되며 인삼은 10년 이상의 휴작이 요구되는 작물로 연작을 하면 피해가 크게 나타난다.

정답　31 ③　32 ④　33 ④　34 ③　35 ④

36 다음 중 채소나 과실을 오래 저장하기 위해 산소와 이산화탄소의 농도를 조절하여 저장하는 방법은?
① 저온저장   ② CA저장
③ 건조저장   ④ 냉장저장

해설   CA 저장은 대기조성과 다르게 이산화탄소(CO_2)의 농도를 증가시키고 산소(O_2)의 농도를 낮추어 저장물의 호흡을 억제하고 저온 저장하는 방법이다.

37 토양 환경에 대한 설명으로 옳은 것은?
① 질흙은 물빠짐이 심하여 건조하기 쉽고 보비성이 약하다.
② 일반적으로 약산성이나 중성 토양에서 작물이 잘 자란다.
③ 홑알 구조의 토양은 보수성, 보비성이 좋아 작물 생육에 알맞다.
④ 토양이 산성화될수록 인산, 칼슘, 마그네슘의 이용도가 증가한다.

해설   보통의 토양은 pH 4.5~5.5 정도의 약산성이나 중성 토양에서 작물이 잘 자란다.

38 작물의 수량 결정 3요소로 옳은 것은?
① 환경조건, 재배기술, 품종   ② 환경조건, 품질, 가격
③ 품질, 농기계설비, 토양조건   ④ 기상조건, 토양조건, 경영능력

해설   작물의 수량에 영향을 주는 3요소에는 좋은 환경조건, 우수한 재배기술, 우수한 유전성을 지닌 품종이 있다.

39 작물의 광합성 작용에 가장 효과적인 빛은?
① 자외선   ② 적외선
③ 가시광선   ④ β선

해설   햇빛에 의해 발생되는 광의 경우 파장에 의해 적외선, 가시광선, 자외선으로 분류되며 광합성은 가시광선 파장에 가장 큰 영향을 받는다.

40 토양 공극과 용기량과의 관계를 가장 올바르게 설명한 것은?
① 모관 공극이 많으면 용기량은 증대된다.
② 공극과 용기량은 관계가 없다.
③ 비모관 공극이 많으면 용기량은 증대된다.
④ 비모관 공극이 적으면 용기량은 증대된다.

해설   토성이 사질토양과 같이 비모관공극이 많아지면 토양의 용기량이 증대된다.

정답   36 ②   37 ②   38 ①   39 ③   40 ③

41 비선택성 제초제는?
① 시마진 수화제(씨마진)
② 알라클로르 유제(라쏘)
③ 뷰티클로르 유제(마세트)
④ 글리포세이트 액제(근사미)

해설 ▸ 글리포세이트 액제(근사미)는 비선택성 제초제이다.

42 토양이 너무 산성화되면 이용도가 크게 떨어지는 양분은?
① 아연
② 망간
③ 알루미늄
④ 인산

해설 ▸ 강산성 토양에서 인산은 철, 알루미늄, 망간과 결합하여 식물이 이용할 수 없게 된다.

43 벼의 도복에 영향을 미치는 요인이 아닌 것은?
① 쌀의 품질
② 이삭의 무게
③ 줄기의 강도
④ 마디의 길이

해설 ▸ 벼의 도복은 벼가 쓰러지는 현상으로 이삭이 크고 무거우며 줄기의 강도가 약하고 마디의 길이가 길면 도복이 잘 발생하게 된다.

44 곡물 저장고의 온도와 습도의 관리방법으로 가장 적절한 것은?
① 온도는 높게, 습도는 낮게
② 온도는 낮게, 습도는 높게
③ 온도와 습도를 높게
④ 온도와 습도를 낮게

해설 ▸ 곡물 저장고의 경우 곡물 종자의 수분함량을 낮게 유지하기 위해 온도 15°C 이하, 상대습도 70% 이하 정도로 낮게 관리하는 것이 좋다.

45 벼의 수량 구성 요소와 가장 관계가 적은 것은?
① 출수 비율
② 한 이삭당 벼알수
③ 벼알무게
④ 등숙비율

해설 ▸ 벼의 수량은 조곡, 현미, 백미의 무게를 나타내며 단위면적당 이삭수, 이삭당 영화수, 등숙비율, 천립중 등 4가지 수량구성요소에 의해 결정된다.

정답 41 ④ 42 ④ 43 ① 44 ④ 45 ①

46 파종 후 복토를 해야 발아가 잘 되는 종자는?
① 파
② 상추
③ 우엉
④ 피튜니아

해설 파는 0.5cm 이하의 깊이로 흙을 덮어 주어야 발아가 잘된다.

47 농약을 100배로 희석하여 단위면적당 200L를 살포하고자 한다. 농약 소요량은 얼마인가?
① 1000mL
② 2000mL
③ 3000mL
④ 4000mL

해설 소요약량 $= \dfrac{\text{단위면적당 사용량}}{\text{소요희석배수}} = \dfrac{200}{100} = 2L = 2,000ml$

48 일반적으로 볍씨는 종자 무게의 몇 %의 수분을 흡수하면 발아를 시작하는가?
① 5 ~ 7%
② 25 ~ 30%
③ 50 ~ 55%
④ 75 ~ 80%

해설 통상 벼의 경우 종자 내 수분함량이 26.5% 정도에 발아를 시작한다.

49 공예작물 중 유료작물로만 나열된 것은?
① 목화, 삼
② 모시풀, 아마
③ 참깨, 유채
④ 어저귀, 왕골

해설 공예작물 중 유료작물에는 참깨, 들깨, 유채, 땅콩, 해바라기, 아주까리, 오일팜 등이 있다.

50 모관수의 토양 수분 함량은?
① pF 0~2.7
② pF 2.7~4.5
③ pF 4.5~7
④ pF 7이상

해설 모관수는 모관 인력에 의하여 토양 내의 작은 공극을 상승하는 수분으로 식물이 사용가능한 유효 수분이다. 무관수의 pF(Potential Force)는 2.7~4.5 이다.

정답 46 ① 47 ② 48 ② 49 ③ 50 ②

PART 4

과년도 기출문제

2011 제1회 종자기능사

01 배젖종자는?
① 콩　　② 유채
③ 해바라기　④ 밀

해설
배유종자(배젖종자)에는 벼, 보리, 밀, 옥수수, 양파, 당근, 토마토 등이 있다.

02 종자 발아시 지질 대사 분해에 관여하는 효소는?
① α-amylase　② β-amylase
③ lipase　　　④ peptidase

해설
종자발아에서 지질대사 분해는 리파아제(lipase)에 의해 지방산, 글리세롤로 분해된다.

03 종자의 형성과정에서 종자와 과실로 발달하는 조직은?
① 체세포 조직　② 통도 조직
③ 영양분열 조직　④ 생식분열 조직

해설
종자와 과실은 생식기관에서 발달한다.

04 종자전염병의 검정방법이 아닌 것은?
① 한천배지 검정법　② 유묘병징 조사법
③ 혈청학적 검정법　④ 열 소독

해설
열소독은 종자소독 방법이다.

05 영양번식의 이점(利點)이 아닌 것은?
① 풍토 적응성이 떨어진다.
② 종자번식이 어려울 때 이용한다.
③ 우량한 상태의 유전물질을 쉽게 영속적으로 유지시킬 수 있다.
④ 종자번식보다 생육이 왕성할 때 이용된다.

해설
영양번식 모계유전으로 그 풍토에 대한 적응성은 증대된다.

06 종자 건조제인 실리카겔은 상대습도가 몇 % 이상이 되면 청색에서 적색으로 변화하는가?
① 15%　　② 25%
③ 35%　　④ 45%

해설
실리카겔은 코발트염소 처리 후 상대습도 45% 정도에 청색에서 적색으로 변한다.

07 테트라졸리움검사(TTC검사)는 활력 종자와 비활력 종자를 검사하는데 이용하는 방법으로 살아있는 활력 종자의 세포는 어떤 색깔로 변하는가?
① 청색　　② 적색
③ 황색　　④ 보라색

해설
일반적으로 활력 종자의 조직은 호흡으로 생긴 탈수소효소가 산화상태의 테트라졸륨과 결합하면 붉은 색 계통을 띠게 된다.

정답 01 ④　02 ③　03 ④　04 ④　05 ①　06 ④　07 ②

08 종자의 열풍건조에서 발아력을 저하시킬 수 있는 가장 큰 요인은?
① 단일　② 장일
③ 저온　④ 고온

해설
열풍건조로 인하여 고온 조건에 오래 지속되면 수명이 짧아지고 발아력이 저하된다.

09 종자가 발아하는데 장해를 주는 가장 큰 요인이며 휴면과 관련 있는 물질은?
① ABA　② ethylene
③ 저장 물질　④ GA

해설
아브시스산(ABA, abscisic acid)은 종자의 발아억제 물질로 발아억제 및 휴면에 관련된 물질이다.

10 배의 미숙 때문에 발아가 늦어지는 경우, 이 종자는 모식물에서 떨어진 후 어떤 과정을 거쳐야 발아하게 되는가?
① 성숙　② 완숙
③ 퇴숙　④ 후숙

해설
배의 성숙에는 수주일~수개월의 기간이 필요한 경우가 있는데 이러한 기간 및 과정을 후숙이라 한다. 후숙은 휴면하는 종자의 발아를 위해 종자의 수분함량을 조절하고, 다량의 산소를 공급하는 등의 작업을 하게 된다.

11 종자의 유전적인 퇴화를 가장 효과적으로 방지할 수 있는 방법은?
① 자연교잡 억제
② 생육기 조절
③ 충실한 종자 선택
④ 종자소독 철저

해설
유전적 퇴화를 방지하기 위해 자연교잡을 막는것이 효과적이며 이를 위해 격리재배 등의 방법을 활용한다.

12 종자의 수명에 관한 설명으로 틀린 것은?
① 성숙한 종자는 미숙종자에 비하여 수명이 길다.
② 저장 시작 당시에 발아율이 높은 것일수록, 1000립중이 무거운 것일수록 일반적으로 수명이 길다.
③ 종자를 건조하여 종자수분함량을 적게 하면 수명이 길어진다.
④ 4~10℃일 때 상대습도가 70~80% 정도에서 종자의 수명이 길어진다.

해설
5℃ 이하의 온도에서 저장할 경우 50% 이하의 상대습도에서 종자의 발아력이 유지되고 수명이 길어진다.

13 작물의 채종 체계 중 마지막 채종단계는?
① 보급종　② 원종
③ 원원종　④ 생산종

해설
작물의 종자생산 관리체계는 기본식물, 원원종, 원종, 채종포(보급종), 농가의 순서로 보급종이 원종이나 원원종에서 1세대 증식하여 농가로 보급된다.

14 영양번식에 의하여 종묘를 생산하는 작물은?
① 배추　② 무
③ 수박　④ 마늘

해설
마늘은 비늘줄기(인경)를 통해 영양번식한다.

15 생화학적 검사의 일종으로 경우에 따라서는 수개월씩 걸리는 발아검사보다 종자의 발아능력을 빨리 알 수 있어서 간이검정법 또는 quick test라고도 불리는 검사는?
① 테트라졸리움검사
② 아밀라제검사
③ 촉진검사
④ 포마존검사

해설
테트라졸리움(테트라졸륨)검사는 종자의 활력을 신속하게 검사할 수 있으며 붉은색 계통을 뜨면 종자의 활력이 있다고 평가한다.

16 종자의 내적휴면의 원인에 속하지 않는 것은?
① 종피 또는 과피가 단단하여 물을 흡수할 수 없는 경우
② 형태적으로 미숙한 상태인 경우
③ 온도, 수분, 산소 및 광선 등이 발아에 부적당한 경우
④ 배에 억제물질이 존재하는 경우

해설
타발적 휴면(외적휴면)은 발아력을 가진 종자에 수분, 광, 가스, 온도, 등의 외적 조건에 의해 유발되는 휴면이다.

17 저장 종자에 큰 피해를 주는 요인으로 거리가 먼 것은?
① 농약의 해   ② 충해
③ 쥐해   ④ 고온과 다습

해설
농약은 종자의 저장시 병해충으로부터 피해를 감소시키는 역할을 한다.

18 토마토가 다른 엽근채류에 비하여 1대 잡종채종에 있어서 특히 유리한 점은?
① 웅성불임성을 이용한다.
② 자웅동주이다.
③ 1과당 종자수가 많다.
④ 1주당 화방수가 많다.

해설
1대잡종 채종은 1회 교잡에 의해 다량의 종자를 생산할 수 있다.

19 수분함량이 15.0%인 밀 종자의 평형습도가 상대습도 75%일 경우, 상대습도가 80%인 창고에서 보관한다면 밀의 수분함량은 어떻게 변화할 것인가? (단, 온도 및 종자의 성숙도는 무시한다.)
① 일정하다.
② 증가한다.
③ 감소한다.
④ 증가하다가 감소한다.

해설
상대습도가 증가하게 되면 종자의 수분함량도 증가하게 된다.

20 종자가 수분을 흡수하는 과정 중에 일어나는 현상으로 틀린 것은?
① 종자의 흡수는 물의 침윤과 삼투에 의한다.
② 종자가 물을 흡수하는 상태는 종피의 성질과 세포벽의 성질이 작용한다.
③ 식물의 종자를 일시에 발아시키고자 할 때에는 침종을 하는데, 침수시 스며든 물은 종자 내에서 가수분해를 돕고 단당류가 발아에 이용될 수 있도록 돕는다.
④ 저장양분인 전분·지방·단백질 등은 형태의 변화 없이 조직 내에서 이용된다.

해설
저장양분인 전분·지방·단백질 등은 효소에 의해 가수분해되어 분자량이 적은 가용성물질로 변화되어 사용된다.

정답 15 ① 16 ③ 17 ① 18 ③ 19 ② 20 ④

21 불임과 관계되는 환경요인으로 가장 거리가 먼 것은?

① 영양 ② 광선
③ 토양 ④ 병해충

해설
불임과 관계되는 환경요인에는 양분, 수분, 광선, 온도 및 병해충이 있다.

22 다음 설명하는 유전자는?

> 두 유전자가 공존할 때 한 유전자가 다른 유전자 보다 상위에 있기 때문에 상대방의 표현을 덮어버리고 자신의 형질만을 나타내는 유전자

① 동의유전자 ② 피복유전자
③ 조건유전자 ④ 호조유전자

해설
피복유전자는 두쌍의 비대립유전자간 한 우성 유전자가 다른 우성유전자의 발현을 막고 자신의 고유 특성만 발현하는 유전자를 말한다.

23 세포질적 웅성불임성을 이용하는 채종체계에 대한 설명으로 틀린 것은?

① 제웅작업을 생략할 수 있다.
② 노력과 경비를 절감할 수 있다.
③ 연속 여교잡에 의한 핵치환으로 세포질 인자만을 집어넣은 불임계통을 만들 수 있다.
④ 세포질적 웅성불임성을 이용하므로 종자 채종량이 많다.

해설
세포질적 웅성불임성의 F_1은 불임이라 종실을 수확하는 작물에 이용이 어렵다.

24 암술의 구성 기관이 아닌 것은?

① 꽃실 ② 씨방
③ 암술대 ④ 암술머리

해설
꽃실은 수술의 구성 기관에 속한다.

25 형질의 변이와 선발에 대한 설명으로 틀린 것은?

① 형질의 표현은 유전자와 환경과의 상호작용에 의해 나타난다.
② 유전력은 양적형질의 변이를 효과적으로 추정하기 위한 하나의 표본 통계치이다.
③ 연속변이를 보이는 형질 중 폴리진의 영향을 받는 경우 개별 유전자가 작용하는 값이 환경변이보다 크다.
④ 딴꽃가루받이성(타식성) 작물에서 원치 않는 우성유전자를 도태시키는 것보다 원치 않는 열성유전자를 도태시키는 것이 더 어렵다.

해설
폴리진은 연속변이의 원인이 되는 유전자로 각각의 폴리진은 그 작용이 환경변이보다 작고 동일 효과를 가지며 같은 방향으로 작용된다.

26 육종의 성과로 볼 수 없는 것은?

① 수량 증대 및 품질의 향상
② 재배지역이나 계절의 제한
③ 기계화 가능성 확대
④ 병해충의 피해 감소

해설
육종에 의해 농작물 재배의 지리적, 계절적 한계를 극복하여 확대시켰다.

27 해당 작물의 도입품종으로 틀린 것은?

① 사과의 후지 ② 복숭아의 유명
③ 벼의 추청 ④ 포도의 거봉

해설
유명은 국내에서 육성한 품종이다.

28 품종의 변천과 관계가 먼 것은?
① 사람의 기호 ② 일반의 경제사정
③ 농업기계의 발달 ④ 국가의 정치사정

해설
품종은 사람들의 기호 및 경제사정과 농업기구의 발달 정도에 영향을 받아 변화되었다.

29 육종에서 이용될 수 없는 변이는?
① 환경변이 ② 유전변이
③ 돌연변이 ④ 교잡변이

해설
환경변이는 비유전적 원인에 해당되는 변이로 육종에서 이용될 수 없다.

30 무융합종자형성(無融合種子形成)에 대한 설명으로 틀린 것은?
① 이형접합(헤테로) 상태가 마치 고정된 것처럼 후대로 전해진다.
② 새로운 유전변이를 기대할 수 있다.
③ 유전적으로 이형접합 상태나 다음 세대에서 유전분리가 일어나지 않는다.
④ 유성생식에서와 같이 정상적인 종자가 만들어진다.

해설
무융합종자형성은 무정생식이라 하며 배우자의 융합 없이 배, 종자를 형성하는 것을 말하며 새로운 유전변이를 기대할 수 없다.

31 교배 모본 선정시 일반적인 고려사항에 포함되지 않는 것은?
① 유전자원의 평가성적을 검토한다.
② 대량증식을 위하여 양친의 조직배양시 재분화능력을 검토한다.
③ 교배 모본으로 사용된 실적을 검토한다.
④ F_1의 잡종강세를 이용하는 경우는 조합능력을 검정하여 교배친을 선정한다.

해설
교배육종의 성패를 좌우하는 교배모본의 선정에 있어 품종의 특성조사성적, 형질의 유전자분석결과, 육종실적을 검토하여 과거 주요품종을 양친 중 한 모본을 선택하여 교배를 통해 조합능력을 검정한다. 과거의 주요품종을 양친 중의 한 모본으로 선택하기에 양친의 유전적 조성 차이가 작아야 한다.

32 질적형질에 속하는 것은?
① 키 ② 종피색
③ 가지수 ④ 함유(기름)성분

해설
질적형질은 양적으로 표현할 수 없는 형질로 종피색 등이 해당된다.

33 일반적으로 좁은 의미의 육종 범주로 보기 어려운 것은?
① 품종의 개량
② 신종의 육성
③ 개량된 품종의 상업화
④ 새로운 생물의 창성

해설
개량된 품종의 상업화는 넓은 의미의 육종 범주에 해당한다.

34 BBLL×bbll이 20%의 조환가로 부분연관을 하고 있을 때, F_2에 나타나는 표현형 BL의 비율(%)은? (단, B와 L은 각각 b와 l에 대하여 우성이다.)
① 46 ② 56
③ 66 ④ 76

해설
F_2 의 <BL : Bl : bL : bl = 9 : 3 : 3 : 1> 이므로 BL 의 비율은 < 9/16 * 100 = 56(%) > 이다. 이중에서 20% 가 부분연관하고 있어 < 56 + (56 × 0.2) = 67.2 > 이므로 보기 중에 근접된 답은 66% 에 해당된다.

정답 28 ④ 29 ① 30 ② 31 ② 32 ② 33 ③ 34 ③

35 유전자원 보존에 관한 설명으로 틀린 것은?

① 유전자원은 가능한 한 원상태대로 보존해야 한다.
② 세대의 경과에 따라 유전자 조성이 달라질 수도 있다.
③ 재식 개채수가 많으면 세대가 경과되는 동안 기회적 변동이 일어날 수 있다.
④ 보존기간 중의 변질을 방지하기 위해 수집한 종자를 필요한 만큼 저장하는 것이 안전하다.

해설
유전자원 보존은 유전자의 다양성이 감소할 수 있어 이를 보존하고자 하는 것이다. 그런데 기회적 변동은 소수의 개체를 증식하여 후대의 유전자 구성을 원래의 것과는 달라지게 하는 것으로 유전자원의 보존과는 관련이 멀다.

36 인위 돌연변이 유발을 위하여 코발트를 이용하면 비교적 안정하고 강력한 에너지를 얻을 수 있는 방사선은?

① X선   ② γ선
③ 중성자   ④ β선

해설
인위 돌연변이 유발을 위하여 γ선(감마선)을 이용하는 것이 비교적 안정적이다.

37 다음 중 멘델의 유전법칙에 대한 설명으로 틀린 것은?

① 우성과 열성의 대립유전자가 함께 있을 때 우성형질이 나타난다.
② F_2에서 우성과 열성형질이 일정한 비율로 나타난다.
③ 유전자들이 섞여 있어도 순수성이 유지된다.
④ 두 쌍의 대립형질이 서로 연관되어 유전 분리한다.

해설
멘델의 유전법칙의 독립에 법칙에 의거하여 다른 염색체상에 있는 두쌍이나 두쌍 이상의 대립유전자가 간섭받지 않고 후대로 전해진다.

38 벼의 초다수성 품종이 아닌 것은?

① 다산   ② 남천
③ 안다   ④ 안산

해설
국내 벼의 초다수성 품종에는 다산벼, 남천벼, 안다벼 등이 있으며 안산벼는 직파재배적응성 품종이다.

39 벼 신품종의 종자증식 체계로 옳은 것은?

① 원원종 - 원종 - 기본식물 - 보급종
② 원종 - 원원종 - 기본식물 - 보급종
③ 원원종 - 원종 - 보급종 - 기본식물
④ 기본식물 - 원원종 - 원종 - 보급종

해설
작물의 종자생산 관리체계는 기본식물, 원원종, 원종, 채종포(보급종), 농가의 순이다.

40 배추의 염색체 수는 2n=20이다. 감수분열 이후 염색체 재조합에 의해 형성되는 배우자 종류는 몇 가지인가?

① 2^1=2가지   ② 2^2=4가지
③ 2^4=16가지   ④ 2^{10}=1024가지

해설
배추의 염색체 수는 n=10 이므로 배우자의 종류는 2^{10}=1024 이다.

41 일반 채소종자의 보관 조건으로 가장 적절한 것은?

① 온도: 0℃~10℃, 종자수분: 5~10%
② 온도: 0℃~10℃, 종자수분: 40~50%
③ 온도: 10℃~15℃, 종자수분: 15~20%
④ 온도: 20℃~25℃, 종자수분: 50~60%

해설
종자의 장기저장을 위해서는 5℃ 이하의 온도에서 수분함량은 일반종자 5~7%, 유지종자 3~5% 정도이다.

42 밤과 낮의 일교차가 심하거나 질소와 붕소 성분이 부족할 때 주로 나타나는 카네이션의 생리장해는?

① 동공화   ② 잎말이
③ 언청이   ④ 꽃잎말이

해설
언청이(악할)는 카네이션의 봉오리가 불룩해지면서 꽃이 필 때 꽃받침이 터지는 현상으로 낮과 밤의 온도차가 심할 때, 일사량의 급격한 증가와 거름 흡수의 증가로 꽃봉우리의 영양 상태가 좋을 때, 질소와 붕소가 부족할 때 발생한다.

43 생육 습성에 따른 목화의 종류로 적합하지 않은 것은?

① 육지면   ② 적채면
③ 아시아면 ④ 이집트면

해설
적채면은 서리가 내리기 전에 다 핀 송이에서 거둔 목화로 생육 습성에 따른 종류에는 속하지 않는다.

44 벼의 특성 중 특히 환경의 영향을 크게 받는 것은?

① 벼알의 모양
② 이삭의 길이
③ 숙기의 조만성
④ 병충해에 대한 저항성

해설
이삭의 길이 및 발달 정도는 수분, 광, 온도 등 환경의 영향을 크게 받는다.

45 노후화된 논 토양에서 용탈에 의하여 주로 결핍 증상이 나타나는 성분으로 바르게 나열된 것은?

① 질소, 인산   ② 철, 망간
③ 유기물, 황   ④ 염분, 칼륨

해설
노후답은 노화 현상이 발생한 논토양으로 철분, 망간, 칼슘, 마그네슘 등의 주요 양분이 용탈하여 영양장애 등을 유발하는 것을 말한다.

46 고랭지에서 생산한 씨감자를 이용하는 주요 이유는?

① 수확기를 앞당기기 위해서
② 감자의 바이러스병을 방지하기 위해서
③ 추위에 견디는 힘이 있기 때문에
④ 감자의 꽃이 많이 피어 씨감자로 쓰기 위해서

해설
종자의 퇴화방지 및 바이러스병의 방지를 위해 씨감자는 고랭지에서 생산한 것을 이용한다.

47 멀칭재료를 용도에 맞게 가장 잘 선택한 것은?

① 여름철 지온상승억제 - 볏짚
② 잡초방제 - 투명 플라스틱 필름
③ 과일의 착색 촉진 - 흑색 플라스틱 필름
④ 봄철 파종기 지온 상승 - 알루미늄을 입힌 필름

해설
볏짚을 멀칭하면 여름철 지온상승효과가 나타난다. 투명플라스틱 필름의 경우 지온의 상승, 토양의 건조방지, 비료의 유실 방지 등의 효과가 있다. 불투명플라스틱의 경우 적색광을 차단하여 잡초의 발생을 억제해준다.

48 생력화 재배기술의 장점으로 가장 적합한 것은?

① 토지생산성과 노동생산성을 높여 주게 된다.
② 토지생산성만 높여 주고 노동생산성은 낮게 된다.
③ 노동생산성만 높여 주고 토지생산성은 낮게 된다.
④ 토지생산성과 노동생산성을 낮게 하여 준다.

해설
생력재배는 노력을 줄여 농사를 짓는 것으로 본디 목적은 노동력이 부족한 농가의 상황을 개선하기 위한 방법으로 토지생산성 및 노동생산성을 높여준다

정답 42 ③ 43 ② 44 ② 45 ② 46 ② 47 ① 48 ①

49 봄 화단에 널리 이용되는 일년초 화훼로 나열된 것은?
① 팬지, 데이지
② 맨드라미, 매리골드
③ 샐비어, 일일초
④ 숙근플록스, 한련화

[해설]
1년생 화훼에는 팬지, 데이지, 금잔화, 과꽃 등이 있다.

50 암발아 종자에 속하는 것은?
① 호박   ② 담배
③ 베고니아   ④ 상추

[해설]
혐광성종자(암발아종자)에는 호박, 토마토, 고추, 양파, 가지, 오이, 무, 부추 등이 있다.

51 생산량이 많은 세계 3대 주요작물은?
① 벼, 두류, 밀
② 벼, 밀, 옥수수
③ 서류, 두류, 옥수수
④ 벼, 서류, 두류

[해설]
세계의 3대 식용작물은 벼, 밀, 옥수수 이다.

52 우리나라에서 우박의 피해가 주로 많이 발생하는 시기는?
① 1~2월   ② 3~4월
③ 5~6월   ④ 7~8월

[해설]
국내의 우박피해가 많은 시기는 5월~6월 날이 더워지는 시기에 발생하며 빗방울이 강한 상승기류에 의해 올라가면서 우박으로 변해 떨어지게 된다.

53 벼 수확시 벼베기와 탈곡을 동시에 할 수 있는 기계는?
① 경운기   ② 트랙터
③ 바인더   ④ 콤바인

[해설]
콤바인은 다 자란 농작물을 베는 동시에 탈곡이 가능한 기계이다.

54 재배 역사가 가장 오래된 작물은?
① 채소   ② 과수
③ 화훼   ④ 곡류

[해설]
곡류에서도 보리와 밀은 인류가 가장 먼저 재배하기 시작한 작물로 역사가 가장 오래되었다.

55 벼의 건답직파재배법 중 평면줄뿌림재배와 휴립줄뿌림 재배를 비교할 때, 평면줄뿌림재배의 유리한 점에 해당하는 것은?
① 출아 및 모생육이 균일하다.
② 출아예측이 가능하다.
③ 파종과 수확작업의 효율이 높다.
④ 초기제초제의 약효가 증진된다.

[해설]
평면줄뿌림재배의 경우 쇄토, 파종, 복토의 과정이 동시에 이루어지며 수확작업의 효율도 높다.

56 난과 식물 중 뿌리를 땅속에 뻗고 자라는 것은?
① 춘란   ② 풍란
③ 덴드로븀   ④ 카틀레야

[해설]
춘란은 땅에 뿌리를 뻗고 자라는 자생란이다.

정답 49 ① 50 ① 51 ② 52 ③ 53 ④ 54 ④ 55 ③ 56 ①

57 콩의 10a당 표준 시비량이 4-7-6이라면 7이 나타내는 양분은?

① 인산 ② 질소
③ 규산 ④ 칼륨

해설
통상 시비량은 질소, 인산, 칼륨의 순서이며 7의 경우 인산을 의미한다.

58 가을뿌림 보리를 봄에 파종하여 가꾸었을 때 나타나는 현상은?

① 분얼수가 적어진다.
② 발아율이 낮아진다.
③ 이삭이 나오지 않는다.
④ 줄기가 가늘어져 도복된다.

해설
가을뿌림 보리는 추파맥류라 하며 이를 봄에 파종하면 영양생장만 지속적으로 이루어지면서 이삭이 나오지 않는다.

59 사과 적진병을 예방하기 위한 방법으로 가장 적합한 것은?

① 대목으로 아그배나무를 사용하지 말고 석회를 주어 토양을 개량한다.
② 중간 기주인 향나무를 제거하고 비 온 후 살균제를 살포한다.
③ M26, M9 대목을 이용하며 망간을 충분히 시비한다.
④ 바이러스에 의해 전염하므로 진딧물 제거에 힘쓴다.

해설
사과 적진병은 주로 산성토양에서 발생하기에 석회를 통해 토양의 산도를 개량하여 방제할수 있다.

60 단일 처리를 하여 개화 시기를 앞당길 수 있는 화초는?

① 국화 ② 장미
③ 매리골드 ④ 카네이션

해설
가을국화는 단일처리하면 개화시기를 앞당길수 있다.

정답 57 ① 58 ③ 59 ① 60 ①

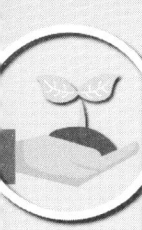

제1회 종자기능사

01 종자는 발아에 필요한 양분을 어디에 축척하는가에 따라 배유 종자와 무배유종자로 나뉘는데 다음 중 배유 종자에 해당하는 것은?
① 수박   ② 오이
③ 보리   ④ 배추

해설
배유종자에는 벼, 보리, 밀, 옥수수, 양파, 당근, 토마토 등이 있다.

02 다음 중 종자의 습윤저온적층 저장을 올바르게 설명한 것은?
① 습윤한 모래에 1 ~ 10℃에서 수주 처리
② 습윤한 진흙에 -5 ~ 0℃에서 수주 처리
③ 습윤한 자루에 10 ~ 15℃에서 수주 처리
④ 습윤한 짚 속에 -5 ~ 0℃에서 수주 처리

해설
배 휴면을 하는 종자는 습윤한 모래에서 0~6℃ 조건의 저온에서 수일~수개월 저장하면 휴면이 타파된다.

03 다음 중 벼 종자가 저온(0℃이하)에서 발아하지 못하는 경우의 휴면 현상을 무엇이라 하는가?
① 자발 휴면   ② 타발휴면
③ 진정 휴면   ④ 배휴면

해설
발아력을 가지고 있는 종자에서 저온과 같이 외부조건에 영향으로 발생되는 휴면을 타발휴면이라 한다.

04 다음 중 화아유도에 영향을 끼치는데 내·외적 조건이 아닌 것은?
① 온도   ② 바람
③ 화학물질   ④ 식물의 영양상태

해설
화아분화에 영향을 주는 요인으로 일장, 온도(춘화처리 등), 습도 등의 외부환경요인이 있으며 내적요인으로는 식물의 성숙도, 영양상태(C/N율 등), 식물호르몬 등이 있다.

05 다음 중 종자를 저온에 저장하면 종자의 수명이 길어지는 원인을 잘못 설명한 것은?
① 발아가 억제된다.
② 온도가 낮으면 수분 함량이 낮아진다.
③ 종자 내의 생화학 작용을 억제 한다.
④ 종자 내의 호흡작용이 감소한다.

해설
종자의 수분함량이 14% 이하가 되면 0도 내외의 저온 조건에서도 결빙이 발생하지 않아 종자의 수명이 길어지게 된다. 즉 온도가 낮아서 수분 함량이 낮아지는 것이 아니라 수분함량이 낮을 경우 온도가 낮아도 결빙이 발생하지 않아 종자의 수명에 영향을 덜 주기 때문이다.

06 다음 중 종자의 발아에 가장 효과가 큰 파장은?
① 550nm   ② 670nm
③ 750nm   ④ 860nm

해설
종자의 발아를 촉진하는 광파장은 적색부분(660~700nm)이며 660~670nm 파장에서 가장 활성화된다.

정답 01 ③ 02 ① 03 ② 04 ② 05 ② 06 ②

07 다음 중 발아시험에 대한 설명으로 틀린 것은?

① 발아 시험에는 순결종자를 사용 하여야 한다.
② 작물의 종류에 따라 예냉을 실시하는데 이 예냉 기간도 발아 기간에 포함된다.
③ 휴면 종자인 경우는 각각 지정된 방법에 의하여 휴면이 타파된 것을 사용해야 한다.
④ 종자100립의 4반복으로 시험하는 것이 일반적이다.

해설
발아촉진을 위한 전처리인 예냉(예랭) 처리의 기간은 발아기간에 포함되지 않는다.

08 다음 중 종자 발아에 있어서 효소의 역할과 가장 거리가 먼 것은?

① 저장 양분을 분해한다.
② 자엽이나 배유 내에 있던 양분을 생장점으로 전이하도록 돕는다.
③ 분해된 물질들을 가지고 새로운 물질을 합성 하도록 하는 화학반응을 시작하게 한다.
④ 세포를 팽창 시켜 종자 부피를 크게 한다.

해설
종자의 수분 흡수는 물의 침윤과 삼투에 의해 이루어지며 이를 통해 세포의 팽창으로 종자의 부피를 크게 한다. 그러나 이는 종자의 효소의 역할이 아닌 종자의 발아를 위한 세포의 수분 흡수능력, 수분장력, 세포의 삼투압, 세포의 팽압 등에 영향을 받는다.

09 다음 중 진균이 가장 많이 존재하고 있는 주요 부위는?

① 씨껍질   ② 내피
③ 떡잎   ④ 씨젖

해설
종자에 있어 진균이 가장 많은 부위는 종피(씨껍질), 과영, 영 등의 종자 외부층에 존재한다.

10 다음 중 종자 병해 검정 방법에 있어 세균과 바이러스를 신속히 검정 하는데 주로 이용 하는 것은?

① 수세 이용 검정법
② 혈청학적 검정법
③ 여과지 이용 검정법
④ 크로마토그래피 검정법

해설
혈청학적 진단법은 병원체의 혈청을 만들어 진단하는 방법으로 세균, 바이러스 등을 신속하게 검정하며 형광항체법, 효소결합항체법(ELISA), 면역확산법 등이 있다.

11 다음 중 벼 배유의 제일 바깥 세포층을 가리키는 것은?

① 호분층   ② 왕겨
③ 내배유   ④ 씨눈

해설
성숙한 배젖은 바깥쪽 호분층이 존재하며 단백질을 저장한다.

12 다음 중 자가불화합성인 채소의 원종 유지를 위하여 주로 이용하고 있는 방법은?

① 뇌수분   ② 만개수분
③ 혼합수분 ④ 타화수분

해설
뇌수분은 자가불화합성인 채소의 원종 유지를 위하여 주로 이용하는 방법이다. 뇌수분의 경우 자가수정률이 높은 편이며 양배추, 무 등의 식물에 적합하다.

13 다음 중 일대 잡종(F_1)종자를 생산하는 방법이 아닌 것은?

① 제웅을 하여 준다.
② 웅성 불임성을 이용한다.
③ 자가 불화합성을 이용한다.
④ 자식을 한다.

해설
자식을 하게 되면 수량이 감소하고 발육이 저하된다.

정답 07 ② 08 ④ 09 ① 10 ② 11 ① 12 ① 13 ④

14 다음 중 단명종자가 아닌 것은?
① 상추   ② 양파
③ 콩   ④ 토마토

해설
비트, 수박, 호박, 오이, 배추, 가지, 토마토, 알팔파, 클로버 등은 장명종자에 해당한다.

15 다음 중 종자의 저장 조건에 관한 설명으로 틀린 것은?
① 마대에 넣어 보관 한다.
② 종자의 수분 함량을 높인다.
③ 병원균과 해충을 방제 한다.
④ 기계적 손상을 입은 종자를 제거 한다.

해설
종자의 저장을 위해 종자는 건조하여 저장하는 것이 좋다.

16 다음 중 발아묘의 판별 방법에서 정상묘에 속하지 않는 것은?
① 단자엽 식물에서는 2개의 자엽을 가지고 있고, 쌍자엽 식물에서는 4개의 자엽을 가지고 있는 것
② 정상적인 유아를 가진 완전한 상배축이 있는 것
③ 쌍자엽 식물에서 1개의 자엽만을 가지고 있지만, 그 밖의 기관들이 양호한 것
④ 종자 전염이 아니고 주위 환경에서 전염된 병에 의하여 심히 부패 되었지만 필요한 기관들이 건전한 것

해설
단자엽 식물에서는 1개의 자엽을 가지고 있고, 쌍자엽 식물에서는 2개의 자엽을 가지고 있는 것

17 다음 중 종자 소독 약제로 벼의 도열병 및 키다리 병균에 효과가 큰 약제는?
① 디캄바 액제
② 만코제브 수화제
③ 베노밀.티람 수화제
④ 다이아지논 유제

해설
종자소독용 약제에는 베노밀·티람 수화제, 페니트로티온 유제, 다이아지논 유제 등이 있으며 도열병 및 키다리병에 효과가 있는 종자소독약제에는 베노밀·티람 수화제이다.

18 다음 중 지상발아 작물은?
① 벼   ② 녹두
③ 팥   ④ 콩

해설
콩, 오이, 녹두, 강낭콩 등은 지상발아 작물이다.

19 다음 중 종자의 퇴화증상과 가장 거리가 먼 것은?
① 호흡감소   ② 종자침출물 감소
③ 변색   ④ 발아률 저하

해설
종자의 퇴화증상으로 종자침출물이 증가한다

정답 14 ④ 15 ② 16 ① 17 ③ 18 ④ 19 ②

20 다음 중 종피의 투과성에 관한 설명으로 틀린 것은?
① 대부분 식물의 종피는 투과성이 매우 크다.
② 어떤 식물의 종피는 투수성이 전혀 없거나 두터운 종피를 가지고 있다.
③ 상당량의 물이 종피를 통해 들어가지만 그 정도는 식물에 따라 다르다.
④ 종피의 불투성은 종피에 리그닌(lignin)이나 셀룰로오스(cellulose)와 같은 물질이 있기 때문이다.

해설
종피의 불투성은 종피에 지질, 타닌, 펙틴 등의 물질이 영향을 주기 때문이다.

21 다음 중 우량종자의 구비조건과 가장 거리가 먼 것은?
① 활력이 높다.
② 병해충에 감염되지 않았다.
③ 우수한 변이를 가지고 있다.
④ 다른 품종의 종자가 섞이지 않았다.

해설
우량종자는 우수한 특성을 변하지 않고 유지되어야 한다.

22 다음 채소 중 자웅이주(암수 다른 포기)인 것은?
① 호박 ② 시금치
③ 고추 ④ 완두

해설
시금치, 아스파라거스 등은 자웅이주이다.

23 다수성은 재배작물의 육종 목표가 된다. 다음 중 벼에서 다수성에 관여하는 조건과 거리가 가장 먼 내용은?
① 초형이 직립이다.
② 엽면적지수가 증가 되어도 수광 상태가 좋다.
③ 거름을 많이 주어도 도복 되지 않는다.
④ 감광성이 낮고 감온성이 높다.

해설
벼의 다수성은 다수확 생산능력에 관한 특성으로 감광성과 감온성은 특정 환경조건에 감응하여 개화가 촉진되는 것으로 다수성과는 관련이 적다

24 다음 중 품종의 조기 검정법이 아닌 것은?
① 광지역적응성
② 유식물 검정법
③ 화분립 및 종자 검정법
④ 세대촉진과 단축법

해설
품종의 조기 검정법에는 유식물 검정법, 화분립 및 종자 검정법, 초형 및 체형 검정법, 세대 촉진과 단축법이 있다.

25 다음 중 단위생식에 의해서 생긴 종자를 가리키는 것은?
① 단종 ② 위잡종
③ 1대잡종 ④ 종간잡종

해설
단위생식에 의해 발생한 식물이나 종자를 위잡종이라 한다.

26 다음 중 멘델의 유전법칙에 속하지 않는 것은?
① 연관의 법칙 ② 지배의 법칙
③ 분리의 법칙 ④ 독립의 법칙

해설
멘델의 유전법칙에는 지배의 법칙, 분리의 법칙, 독립의 법칙이 있다.

27 다음 중 질적 형질에 해당 하는 것은?
① 초장 ② 꽃 색깔
③ 개화기 ④ 분얼수

해설
질적형질은 양적으로 표현할 수 없는 형질로 꽃의 색깔, 종피색 등이 있다.

28 다음 중 2종의 대립유전자가 같은 방향으로 작용하면 우성 유전자 사이에는 누적 효과가 없고, A,B의 표현형은 같지만 이중 열성인 aabb만은 다른 열성 형질을 나타내는 유전자는?
① 억제 유전자 ② 복수 유전자
③ 중복 유전자 ④ 보족 유전자

해설
동일 방향 작용 유전자가 누적효과가 나타나는 경우 복수유전자, 누적효과가 없는 경우 중복유전자라 한다.

29 다음 중 우리나라 벼의 종자 증식 체계로 옳은 것은?
① 원원종 - 원종 - 기본식물 - 보급종
② 원종 - 원원종 - 기본식물 - 보급종
③ 원원종 - 원종 - 보급종 - 기본식물
④ 기본식물 - 원원종 - 원종 - 보급종

해설
작물의 종자생산 관리체계는 기본식물, 원원종, 원종, 채종포(보급종), 농가의 순이다.

30 다음 중 세포질·핵 유전형의 웅성 불임성을 이용하여 일대잡종 종자를 다량으로 생산하는 체계가 확립된 작물은?
① 호밀 ② 감자
③ 고추 ④ 시금치

해설
양파, 당근, 고추, 토마토, 옥수수 등의 종자생산에는 웅성불임성을 이용한다.

31 육종방법의 종류 중 나머지 3개와 다른 육종법은?
① 순계분리법 ② 계통분리법
③ 영양계분리법 ④ 집단육종법

해설
순계분리법, 계통분리법, 영양계분리법은 분리육종법에 속하고 집단육종법은 교잡육종법에 해당된다.

32 다음 중 작물의 교배육종법이 아닌 것은?
① 동질배수체 이용 ② 품종간 교배
③ 종속간 교배 ④ F1의 이용

해설
교잡육종법은 육종의 소재가 되는 변이를 교잡을 통해 얻는 방법으로 품종간, 종속간 교배 및 1대 잡종을 이용한다. 동질배수체의 경우 배수성육종법에 속하며 종내에 게놈의 증가로 생긴 배수성을 이용하는 방법이다.

33 다음 중 인공교배를 필요로 하지 않는 육종 방법은?
① 분리 육종법 ② 계통 육종법
③ 잡종강세육종법 ④ 집단육종법

해설
분리육종법은 지방종, 재래종 혹은 재배품종을 대상으로 서로 다른 개체나 개체군을 분리하고 그로부터 우량 형질을 가진 것을 골라 새로운 품종으로 고정하는 육종방법이다. 많은 유전자형이 혼합된 집단에서 선발하기에 별도의 인공교배가 필요하지는 않다.

34 다음 중 분리 육종법에서 자가수정작물과 타가수정작물의 순도를 검정하는 최소 시기는?
① 자가 수정작물은 3세대, 타가수정작물은 5~6세대 실시한다.
② 자가 수정작물은 5~6세대, 타가수정작물은 3세대 실시한다.
③ 자가 수정작물과 타가수정작물은 모두 3세대 실시한다.
④ 자가 수정작물과 타가수정작물은 모두 5~6세대 실시한다.

해설
자가 수정작물은 3세대, 타가수정작물은 5~6세대에 순도 및 생산력 검정을 실시한다.

35 벼, 콩, 배추, 등에서 1개의 배낭모세포는 감수분열을 거쳐 몇 개의 완전한 배낭으로 성숙하는가?
① 1개 ② 2개
③ 3개 ④ 4개

해설
배낭모세포가 감수분열을 하여 4개의 반수체 대포자를 만든다. 4개의 대포자 중 3개는 퇴화하고 1개만 살아남아 3번의 유사분열을 거쳐 8개의 핵을 가진 배낭이 된다.

36 다음 중 자연계에서 일어나는 대립 유전자 1개의 유전자 돌연변이 빈도는?
① $10^{-3} \sim 10^{-2}$ ② $10^{-6} \sim 10^{-5}$
③ $10^{-9} \sim 10^{-8}$ ④ $10^{-12} \sim 10^{-11}$

해설
자연상태에서 자연적 돌연변이 발생은 작물의 종류에 따라 다르나 유전자당 $10^{-6} \sim 10^{-5}$ 정도의 빈도로 나타난다.

37 자연 상태에서 자식을 주로 하면서도 상당히 높은 자연 교잡율을 나타내는, 자식과 타식을 겸하는 식물로만 짝지어진 것은?
① 토마토, 목화
② 아스파라거스, 시금치
③ 목화, 수수
④ 담배, 귀리

해설
자식과 타식을 겸하는 작물도 있는데 주로 자가수정을 하며 자연교잡률이 높은 것이 특징이다. 작물에는 목화, 수수, 유채 등이 있다.

38 다음 중 유래에 의해 품종을 구분한 것은?
① 재래종과 육성종
② 재래종과 교잡종
③ 육성종과 순계
④ 재래종과 일대잡종

해설
품종은 내력 및 유래에 따라 재래종, 육성종, 도입품종 등으로 구분된다.

39 다음 중 여교잡육종법에 의해서 가장 효율적으로 개량할 수 있는 형질은?
① 내냉성
② 내병성
③ 내한발성
④ 재래종과 일대잡종

해설
여교잡육종법의 경우 내병성 품종을 육성하거나 유전자의 연관관계를 규명하는데 흔히 사용된다.

40 다음 중 다윈이 주장한 이론은?
① 진화론   ② 순계설
③ 분리의 법칙 ④ 인위돌연변이

해설
다윈이 주장한 이론은 진화론이다.

41 다음 중 논에 주로 발생하는 잡초로만 짝지어진 것은?
① 올방개, 가래
② 바랭이, 강아지풀
③ 쑥, 쇠비름
④ 참방동사니, 명아주

해설
논에서 주로 발생하는 논잡초에는 올방개, 올미, 가래, 나도겨풀, 피, 올챙이고랭이 등이 있다.

정답 35 ① 36 ② 37 ③ 38 ① 39 ② 40 ① 41 ①

42 다음 중 작물의 수량 삼각형에 해당되지 않는 것은?
① 환경조건 ② 재배기술
③ 품종의 특성 ④ 소비자의 기호

> [해설]
> 작물수량 삼각형은 유전성, 환경조건, 재배기술 3가지에 영향을 받는다.

43 다음 중 우리나라에서 자급률이 가장 높은 양곡은?
① 벼 ② 밀
③ 콩 ④ 옥수수

> [해설]
> 국내의 곡물 자급률은 약 23% 정도이며 이중에서 쌀 자급률이 가장 높다.

44 다음 중 잡곡류에 해당하지 않는 것은?
① 조 ② 팥
③ 수수 ④ 옥수수

> [해설]
> 수수, 옥수수, 메밀, 기장 등이 잡곡류에 해당하고 팥은 두류에 해당한다.

45 다음 중 생산량이 가장 많은 작물은?
① 콩 ② 밭벼
③ 호밀 ④ 메밀

> [해설]
> 국내의 식량작물의 생산량은 미곡이 가장 많고 다음으로 두류, 맥류, 서류 등의 순서이다. 보기 중에서는 두류에 해당하는 콩의 생산량이 가장 많다.

46 다음 중 딴 꽃가루받이를 하는 것은?
① 밀 ② 보리
③ 호밀 ④ 귀리

> [해설]
> 타가수정을 하는 작물에는 옥수수, 호밀, 메밀, 양파, 시금치 등이 있다.

47 다음 중 가을보리를 봄에 뿌리면 어떤 현상이 일어나는가?
① 이삭이 늦게 나온다.
② 이삭이 일찍 나온다.
③ 이삭이 나오지 않는다.
④ 수확시기가 늦어진다.

> [해설]
> 추파맥류를 봄에 파종하면 영양생장만 하기에 이삭이 나오지 않는다.

48 다음 중 감자의 인공종자의 생산에 대한 설명으로 틀린 것은?
① 바이러스에 감염되지 않은 종자를 생산할 수 없다.
② 열매가 생기지 않는 품종은 종자를 만들 수 없다.
③ 계절에 관계없이 공장에서 종자를 만들어 낼 수 있다.
④ 종자를 생산하기 위해 작물을 밭에 심을 필요가 없다.

> [해설]
> 감자는 생장점 배양을 통해 씨감자를 만들 수 있다.

49 다음 중 세계 3대 식량 작물로만 올바르게 나열한 것은?
① 벼, 보리, 밀 ② 벼, 보리, 콩
③ 밀, 벼, 옥수수 ④ 보리, 콩, 옥수수

> [해설]
> 세계의 3대 식용작물은 벼, 밀, 옥수수 이다.

정답 42 ④ 43 ① 44 ② 45 ① 46 ③ 47 ③ 48 ② 49 ③

50 다음 중 청과물의 장기간 저장방법으로 가장 알맞은 것은?
① 건조저장 ② 포장저장
③ 움저장 ④ C.A.저장

해설
CA 저장은 대기조성과 다르게 이산화탄소(CO_2)의 농도를 증가시키고 산소(O_2)의 농도를 낮추어 저장물의 호흡을 억제하고 저온 저장하는 방법으로 청과물의 장기간 저장에 적합한 방법이다.

51 다음 중 공기 중의 농도가 보통 380ppm정도이며, 식물의 광합성 작용에 없어서는 안 되는 성분은?
① 질소 ② 산소
③ 헬륨 ④ 이산화탄소

해설
대기 중의 이산화탄소 농도는 2011년을 기준으로 약 380ppm 정도로 증가했으며 매년 꾸준하게 증가하는 추세이다. 이산화탄소의 경우 물, 햇빛 등과 함께 광합성에 필요한 성분 중 하나이다.

52 다음 중 산성토양에 가장 약한 작물은?
① 호밀 ② 감자
③ 고구마 ④ 시금치

해설
산성토양에 약한 작물에는 보리, 콩, 양파, 고추, 가지, 시금치 등이 있다.

53 다음 중 장일성 식물은?
① 벼 ② 딸기
③ 시금치 ④ 코스모스

해설
보리, 시금치, 상추, 양파, 당근, 감자 등은 장일식물이다.

54 다음 중 적산온도가 가장 높은 작물은?
① 메밀 ② 아마
③ 조 ④ 벼(만생종)

해설
작물별로 적산온도의 경우 메밀은 1000~1200℃, 감자는 1300~3000℃, 추파맥류는 1700~2300℃, 완두는 2100~2800℃, 콩은 2500~3000℃, 담배는 3200~3600℃ 벼는 3500~4500℃ 정도이다.

55 다음 중 벼가 가장 많이 흡수하는 무기성분은?
① 철 ② 망간
③ 칼슘 ④ 규산

해설
벼는 규산을 많이 흡수하는데 규산이 충분해야 벼가 직립하고 병해충에 저항성이 생긴다.

56 다음 중 작물의 씨 뿌림 시 고려해야 할 사항과 가장 거리가 먼 것은?
① 기상의 조건 ② 종자 색깔
③ 작물의 종류 ④ 생산물 출하시기

해설
종자의 씨뿌림인 파종에서 작물의 종류, 품종, 재배지역의 기상 및 토양 조건, 출하기 등을 고려해야 한다.

57 다음 중 뿌리혹박테리아에 의한 질소 공급으로 별도의 질소질 비료를 적게 주어도 되는 작물은?
① 콩 ② 벼
③ 고추 ④ 호박

해설
콩과작물의 경우 질소고정능력이 있어 질소질 비료를 적게 주어도 된다.

정답 50 ④ 51 ④ 52 ④ 53 ③ 54 ④ 55 ④ 56 ② 57 ①

58 다음 중 벼의 출수기를 가장 잘 설명한 것은?
① 벼 전체의 꽃이 필 때
② 벼 전체의 70%가 이삭이 팬 날
③ 논 1필지에서 40~50% 이삭이 팬 날
④ 논 1필지에서 80% 이상 이삭이 팬 날

해설
벼의 이삭이 팬 정도에 따라 출수시, 출수기, 수전기로 구분하며 출수기는 총 줄기수의 40~50% 출수한 시기로 한다.

59 다음 중 식용 또는 통조림용으로 알맞은 옥수수 품종은?
① 마치종   ② 경립종
③ 감미종   ④ 폭립종

해설
시중의 통조림의 옥수수의 경우 감미종을 활용하며 다른 품종에 비해 당분이 많아 단옥수수라고도 한다.

60 다음 중 벼를 너무 늦게 수확하거나 건조 중 비를 맞히면 많이 발생하는 쌀의 종류는?
① 복절미(腹切米)
② 금간 쌀(胴割米)
③ 푸른 쌀
④ 심백미(心白米)

해설
금간쌀은 절미라 하며 벼를 너무 늦게 수확하거나 건조 중에 비를 맞을 경우 발생한다.

정답 58 ③ 59 ③ 60 ②

2012 제4회 종자기능사

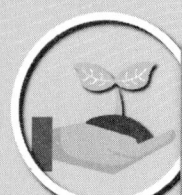

01 치상 후 일수에 따라 발아립수를 조사한 결과 다음 [표]와 같았다. 평균 발아소요일수는 며칠인가?

치상 후 일수(일)	1	2	3	4	5
발아립수(립)	0	2	2	0	1

① 1일 ② 2일
③ 3일 ④ 4일

해설
평균 발아소요일수는 다음과 같이 구한다.
$$\frac{(1\times 0)+(2\times 2)+(3\times 2)+(4\times 0)+(5\times 1)}{2+2+1}$$
$$=\frac{15}{5}=3(일)$$

02 다음 중 물속에서 발아가 되지 않는 종자는?

① 셀러리 ② 알팔파
③ 당근   ④ 페튜니아

해설
수중에서 발아가 잘 안되는 종자에는 밀, 콩, 무, 귀리, 양배추, 가지, 고추, 알팔파 등이 있다.

03 다음 중 장기 종자 저장에 가장 효과적인 용기는?

① 종이 용기   ② 캔 용기
③ 셀로판 용기 ④ 헝겊 용기

해설
알루미늄 재질의 캔 용기는 종자를 장기저장하는 밀봉저장법에 적합한 용기이다.

04 삼투압이 높은 용액에서 발아할 수 있는 능력은 식물에 따라 다른데 다음 중 삼투압에 따른 종자의 발아 정도를 알기 위해 실험에 사용하는 물질은?

① mannitol   ② kinetin
③ amylose   ④ scopoletin

해설
만니톨(mannitol)은 헥시톨의 일종으로 고농도의 삼투압조건에서 종자의 발아 실험을 위해 이용한다.

05 다음 중 벼 또는 보리에 종자전염하는 병균이 아닌 것은?

① 도열병균   ② 모잘록병균
③ 깨씨무늬병균 ④ 붉은곰팡이병균

해설
모잘록병은 물이나 토양으로 전염하는 식물병이다.

06 다음 중 종자의 퇴화원인이 아닌 것은?

① 저장양분의 고갈
② 분열조직의 기아
③ 발아유도기구의 분해
④ 가수분해효소의 불활성화

해설
종자의 퇴화원인에는 종자 저장 양분의 고갈, 가수분해효소의 형성과 활성화, 분열조직세포의 기아, 발아유도기구의 분해, 유해물질의 축적, 효소의 분해와 불활성 등이 있다.

정답 01 ③ 02 ② 03 ② 04 ① 05 ② 06 ④

07 고온항온 건조기법에 의한 종자건조시 옥수수의 건조시간으로 가장 알맞은 것은? (단, 건조온도는 130~133°C로 한다.)
① 1시간 ② 2시간
③ 4시간 ④ 8시간

해설
고온항온 건조기법에서 옥수수는 4시간의 건조시간을 가지며 기타 종은 1시간으로 한다.

08 다음 중 다른 화분에 의한 오염을 방지하기 위해 취해야 할 방법으로 가장 적절한 것은?
① 휴한 ② 윤작
③ 격리재배 ④ 종자소독

해설
격리재배는 다른 화분으로부터의 오염을 방지하여 자연교잡을 막는다.

09 수확 직후의 고구마를 온도 32 ~ 33°C, 습도 90 ~ 95%인 곳에 4일간 보관하였다가 방열시킴으로써 저장을 용이하게 하는 처리를 무엇이라 하는가?
① 예냉 ② 선별
③ 큐어링 ④ 통기

해설
고구마는 수확 후 1주일 이내 온도 30~33°C, 습도 85·90% 조건에서 4~5일 정도 큐어링 후 열을 방출시키고 저장하면 상처가 아물게 된다.

10 다음 중 종자생산을 위한 수확시기로 가장 적합한 것은?
① 수확 시기를 늦게 할수록 좋다.
② 실용적 발아력 생성기 이전에 수확한다.
③ 일반적으로 종실종자는 수분함량이 많을 수록 좋다.
④ 안전한 저장을 할 수 있을 정도의 낮은 수분함량에 도달했을 때 수확한다.

해설
종자의 저장을 위해 안전 저장이 가능한 수분함량일 때 수확하는 것이 좋다.

11 종자발아에 관여하는 요인 중 종자의 내적 조건에 해당되지 않는 것은?
① 유전성의 차이
② 발아 최적온도
③ 종자의 성숙도
④ 육종에 의한 발아력 향상

해설
종자의 발아의 내적 요인에는 유전성, 육종, 선발효과, 종자 성숙도 등이 있으며 외적 요인에는 수분, 온도, 산소, 광 등이 있다.

12 일반적으로 배낭에는 8개의 반수체 핵을 형성하는 데 다음 중 세포(또는 핵)별로 숫자가 올바르게 짝지은 것은?
① 조세포 : 2개의 핵, 난 핵 : 1개의 핵
   극 핵 : 2개의 핵, 반족세포 : 3개의 핵
② 조세포 : 2개의 핵, 난 핵 : 2개의 핵
   극 핵 : 1개의 핵, 반족세포 : 3개의 핵
③ 조세포 : 1개의 핵, 난 핵 : 2개의 핵
   극 핵 : 2개의 핵, 반족세포 : 3개의 핵
④ 조세포 : 2개의 핵, 난 핵 : 1개의 핵
   극 핵 : 3개의 핵, 반족세포 : 2개의 핵

해설
배낭은 배주(밑씨)속 배낭모세포(2n)가 감수분열을 통해 4개의 배낭세포(n)를 만드는데 3개는 퇴화되고 1개만 성숙하게 된다. 연속되어 3회의 핵분열을 거치게 되면서 8개의 핵(n)을 갖는 배낭이 형성되는데 1개는 알세포(난핵, n), 2개 조세포, 2개의 극핵(2n), 3개의 반족세포가 나타난다.

13 다음 중 땅속줄기(地下莖)로만 나열한 것은?
① 생강, 연, 박하
② 박하, 나리, 마늘
③ 나리, 사탕수수, 토란
④ 연, 감자, 글라디올러스

해설
땅속줄기는 지하경이라 하며 생강, 박하, 호프, 연 등이 있다.

정답 07 ③ 08 ③ 09 ③ 10 ④ 11 ② 12 ① 13 ①

14 다음 중 전분종자에 해당하는 것은?
① 유채　　② 목화
③ 뽕나무　④ 옥수수

> 해설
> 옥수수, 벼, 보리 등은 전분종자에 해당한다.

15 다음 중 단교잡에 의한 1대잡종 배추 종자 생산을 할 때 원종생산단계에서 가장 많이 이용하고 있는 채종 방법은?
① 뇌수분(雷受粉)
② 이주수분(異株受粉)
③ 노화수분(老化受粉)
④ 자연교잡(自然交雜)

> 해설
> 뇌수분의 경우 자가수정률이 높은 편이며 양배추, 무 등의 식물에 적합하다. 배추 F_1 의 원종 채종 시 뇌수분을 실시하는 이유도 개화 시에 자가불화합성이 나타나기 때문이다

16 다음 중 종자의 수명에 영향을 미치는 외적 조건으로만 나열한 것은?
① 휴면, 산소
② 상대습도, 온도
③ 온도, 종자의 발아력
④ 산소, 종자의 발아력

> 해설
> 종자의 수명에 영향을 주는 외적요인에는 상대습도, 온도가 있으며 내적요인에는 유전성, 성숙도, 기계적 손상, 종자의 수분함량 등이 있다.

17 감자 바이러스를 ELISA법으로 검정했을 경우 다음중 ELISA법이 속하는 검정법은?
① 한천배치 검정　② 여과지배양 검정
③ 생물학적 검정　④ 혈청학적 검정

> 해설
> 효소결합항체법(ELISA)는 항체에 효소를 결합시켜 바이러스를 반응시켰을 경우 노란색이 나타나는 정도를 통해 감염여부 및 정도를 알수 있는 방법으로 혈청학적 검정법에 해당한다.

18 지하발아는 발아할 때 지엽 또는 자엽처럼 양분을 저장하고 있는 기관이 지하에 남게 되는 것을 말하는 데 다음 중 지하발아하는 것은?
① 완두　② 콩
③ 오이　④ 소나무

> 해설
> 벼, 보리, 옥수수, 팥, 완두, 잠두 등은 지하발아를 한다.

19 배휴면을 하는 종자 중 층적저장하면 휴면이 타파되는 종자가 있는데 다음 중 일반적으로 층적저장시 필요한 전처리를 위한 가장 적당한 온도의 범위는?
① -3 ~ -2℃　② -1 ~ 0℃
③ 3 ~ 10℃　④ 14 ~ 24℃

> 해설
> 배휴면 종자는 층적처리를 하면 휴면이 타파되며 0~6℃ 조건에 수일~수개월 저장하도록 한다.

20 다음 중 종자의 수확을 적기보다 빨리 하였을 때 나타날 수 있는 증상과 가장 거리가 먼 것은?
① 건조과정에서 종실이 쭈글쭈글해진다.
② 정선과정에서 미숙립의 손실이 많다.
③ 저장과정에서 조기 퇴화원인이 된다.
④ 종자내 수분함량이 부족해 탈곡시 상처를 입기 쉽다.

> 해설
> 탈곡과정에서 상처가 쉽게 발생하기 쉬운 경우는 종자를 적기보다 늦게 수확하게 되었을 때이다.

정답　14 ④　15 ①　16 ②　17 ④　18 ①　19 ③　20 ④

21 다음 중 세포주기(cell cycle)에 대한 설명으로 틀린 것은?
① 세포주기는 G1기 - S기 - G2기 - M기의 순으로 반복된다.
② DNA복제는 유사분열이 시작되기 전에 일어나며 이 기간을 S기라 한다.
③ 세포주기가 완성되는데 요구되는 시간은 모든 생물에서 동일하다.
④ G1기간은 DNA합성 전 간격 기간이고, G2기간은 DNA 합성 후 간격 기간이다.

해설
세포주기가 완성되는 시간은 생물의 종류 및 특성에 따라 다르다.

22 다음 중 염색체가 자극을 받아 절단된 단면(fragment)이 염색체에 다시 부착하지 못했을 때에 생기는 현상은?
① 절단(fragment)
② 결실(deficiency)
③ 전좌(translocation)
④ 중복(duplication)

해설
결실은 염색체가 절단되어 생겨난 염색체 단편이 소멸 되어 정상적인 염색체에 비해 절단된 부분만큼 염색체의 내용이 적어지는 현상이다.

23 다음 중 참외 1대잡종 종자 생산을 할 때 화분용 포기의 평균 혼식 비율로 가장 적절한 것은?
① 10~15%
② 30~40%
③ 50~60%
④ 70~80%

해설
참외 1대 잡종 종자의 생산 시 화분용 포기의 평균 혼식 비율은 10~15% 정도가 적합하다.

24 다음 중 종자 갱신에 관한 설명으로 옳은 것은?
① 종자 갱신은 우량 품종의 퇴화를 막기 위하여 필요하다.
② 우리나라는 벼, 보리, 밀 등의 작물은 농가에서 관리하고 있다.
③ 벼는 2년을 1기로하고, 콩은 6년을 1기로 하고 있다.
④ 종자갱신에 쓰이는 기본식물은 각 농가에서 관리한다.

해설
종자갱신은 종자 품종의 특성을 유지하고 품종의 퇴화를 막기 위한 방법이다.

25 다음 중 육종시 선발의 규모를 결정하는 요인과 가장 거리가 먼 것은?
① 선발 형질의 수
② 작물의 번식방법
③ 선발 대상형질에 관여하는 유전자수의 다소
④ 사용할 수 있는 포장면적, 비용, 노력

해설
번식방법은 육종 방법을 선택하는데 영향을 주는 요인이다.

26 다음 중 양적형질과 관련 없는 것은?
① 폴리진
② 불연속변이
③ 누적효과
④ 연속변이

해설
불연속변이는 질적형질에 해당한다.

27 다음 중 속씨(피자)식물에서 일어나는 중복수정을 설명한 것은?

① 난핵+제1웅핵 → 씨눈(2n), 극핵+제2웅핵 → 배젖(3n)
② 난핵+극핵 → 씨눈(3n), 반족세포+웅핵 → 배젖(4n)
③ 난핵+제1웅핵 → 씨눈(2n), 조세포+제2웅핵 → 배젖(3n)
④ 난핵+극핵 → 씨눈(n), 반족세포+웅핵 → 배젖(2n)

해설
피자식물에서 꽃가루가 암술머리에 붙어 수분이 이루어지면 꽃가루가 발아하여 꽃가루관이 뻗어 나와 암술대를 통과하여 배낭으로 들어간다. 꽃가루에 있던 2개의 정핵 중 1개는 난핵과 결합하여 배가 되고 다른 1개는 2개의 극핵과 결합해서 배젖(배유)이 된다.
· 정핵(n)+난핵(n) → 배(2n)
· 정핵(n)+2개 극핵(2n) → 배젖(3n)

28 다음 중 품종이 반드시 갖추어야 할 조건이 아닌 것은?

① 우수성   ② 균일성
③ 영속성   ④ 다양성

해설
품종은 구별성, 균일성, 영속성, 신규성, 우수성을 갖추어야 한다.

29 다음 중 동형 접합체를 나타내는 것은?

① AA   ② Aa
③ AB   ④ BC

해설
동형접합체는 같은 유전자형을 가진 것으로 AA 혹은 aa 로 표현할수 있다.

30 다음 중 유전력에 관한 설명으로 틀린 것은?

① 잡종집단에서 나타나는 표현형의 전체 분산에 대한 유전자 효과에 의한 분산 정도를 말한다.
② 유전력은 0 ~ 100%의 값을 가진다.
③ 유전력이 낮은 형질의 선발 효과는 작다.
④ 자식성작물의 잡종집단에서는 후기세대에서 동형개체가 증가할수록 유전력이 낮아진다.

해설
자식성식물은 후기세대에서 동형개체가 증가할수록 유전력이 높아진다.

31 작물 육종에 의한 재배식물의 변화로 가장 적당하지 않는 것은?

① 종자가 잘 떨어지게 되었다.
② 종자가 균일하게 발아하도록 되었다.
③ 야생에서의 생존성이 감소되었다.
④ 식물체 이용부위의 양이 증대되었다.

해설
작물 육종에 의한 재배식물은 종자의 탈립성이 줄어들게 되었다.

32 다음 중 교배시 양친 식물들이 갖추어야 할 가장 중요한 조건은?

① 개화시기의 일치
② 줄기 길이(長)의 일치
③ 일장반응의 일치
④ 이삭의 형태적 동일성

해설
교배를 위한 양친 식물들은 개화 시기를 일치해야 교배의 친화성이 높아진다.

33 다음 중 신품종 육성의 후기 과정을 순서대로 바르게 나열한 것은?

① 생산력검정예비시험 → 농가실증시험 → 생산력검정본시험 → 지역적응시험 → 종자증식·보급
② 생산력검정예비시험 → 생산력검정본시험 → 농가실증시험 → 지역적응시험 → 종자증식·보급
③ 생산력검정예비시험 → 지역적응시험 → 생산력검정본시험 → 농가실증시험 → 종자증식·보급
④ 생산력검정예비시험 → 생산력검정본시험 → 지역적응시험 → 농가실증시험 → 종자증식·보급

해설
생산력 시험에서 현재 장려품종과 비교할수 있게 대조구를 설치하고 생산력검정 예비시험을 거쳐 생산력검정 본시험, 지방적응 연결시험, 농가실증시험 등을 실시하여 종자를 보급하게 된다.

34 다음 중 일반적인 육종기술의 3단계가 올바르게 나열된 것은?

① 변이의 탐구와 창성 → 변이의 선택과 고정 → 신종의 증식과 보급
② 신종의 증식과 보급 → 변이의 탐구와 창성 → 변이의 선택과 고정
③ 신종의 증식과 보급 → 변이의 선택과 고정 → 변이의 탐구와 창성
④ 변이의 선택과 고정 → 변이의 탐구와 창성 → 신종의 증식과 보급

해설
육종기술은 변이의 탐구와 창성, 변이의 선택과 고정, 신품종의 증식과 보급의 3단계로 구성된다.

35 다음 중 자가수정을 촉진하는 식물학적 특성에 해당되는 것은?

① 이형예   ② 자웅이숙
③ 장벽수정   ④ 폐화수정

해설
꽃이 피기 전의 봉오리 상태일 때 일어나는 자가수정을 폐화수정이라 하며 자가수분을 촉진한다.

36 다음 중 품종의 조만성과 관련 없는 것은?

① 기본영양생장성   ② 감광성
③ 감온성   ④ 내냉성

해설
내냉성은 냉해에 견디는 저항성으로 조만성과는 관련이 없다.

37 다음 중 자가불화합성의 일시적 타파방법으로 꽃봉오리 때 수분해 주는 방법을 무엇이라 하는가?

① 뇌수분   ② 노화수분
③ 개화수분   ④ 말기수분

해설
뇌수분은 억제물질이 생성되기 전인 개화 2~3일 전 꽃봉오리에 수분하는 것으로 자가수정률이 높아 자가불화합성 계통을 유지할수 있다.

38 벼의 유전자원 평가에서 1차적 특성 중 필수조사 특성이 아닌 것은?

① 출수기   ② 수량
③ 이삭수   ④ 현미의 모양

해설
유전자원의 평가는 1차적 특성, 2차적 특성, 3차적 특성으로 나누어 평가한다. 여기서 수량의 경우 3차적 특성에 해당한다.

정답 33 ④ 34 ① 35 ④ 36 ④ 37 ① 38 ②

39 다음 중 유전상관(遺傳相關)과 관련이 없는 것은?

① 다면발현 ② 연관
③ 생리적 필연성 ④ 재배조건

해설
유전상관은 유전자간의 연관 및 두 개 이상의 형질이 발현되는 다면 발현성에 기인한다.

40 다음 중 Mendel의 유전법칙에 대한 설명으로 틀린 것은?

① 유전자는 배우자를 통하여 양친에서 자손으로 전달된다.
② 유전자는 계속해서 변화하며 또한 다른 유전자에 의해 영향을 받는다.
③ 개체가 배우자를 만들 때 한 쌍의 유전자는 서로 독립적으로 분리된다.
④ 개체는 한 가지 유전형질에 대하여 한 쌍의 유전자를 가지고 있다.

해설
유전자는 변화하지 않으며 다른 유전자에 영향을 받지 않는다.

41 다음 중 메밀의 재배적 특성에 대한 설명으로 옳은 것은?

① 서늘한 기후 지역보다 따뜻한 평야 지대가 재배에 적합하다.
② 오랜 예전부터 우리의 주곡으로 이용되어 왔다.
③ 가뭄에 강하고 생육기간이 짧아서 구황작물로 가치가 있다.
④ 흡비력이 강하므로 많은 화학비료를 써서 재배한다.

해설
메밀은 불리한 환경에 수확량이 상당한 작물로서 구황작물이라 하는데 흉년과 같은 가뭄에 강하다.

42 우리나라에서 재배하는 과수 중 인위적으로 도입되지 않고 예부터 자생하여 온 자생과수로만 나열된 것은?

① 사과, 동양배, 복숭아, 포도
② 동양배, 밤, 자두, 무화과
③ 매실, 감, 사과, 복숭아
④ 대추, 밤, 감, 동양배

해설
국내의 자생 과수에는 대추, 밤, 감, 동양배 등이 있다.

43 다음 중 고대문명 발생지역과 재배식물 기원지와의 관계에서 벼 재배의 기원지는?

① 그리스·이집트 문명지역
② 메소포타미아 문명지역
③ 인도 문명지역
④ 잉카 문명지역

해설
바빌로프는 주요 작물의 재배기원 중심지에 따라 벼는 인도 문명지역(힌두스탄지구)을 기원지로 한다.

44 다음 중 재배를 위한 작물의 선택시 고려해야 할 주요 요소와 가장 거리가 먼 것은?

① 수익성 ② 품질과 수량성
③ 이병성 ④ 생력화

해설
작물의 선택시 작물의 생산성, 수익성, 품질, 생력화 등을 고려해야 한다. 이병성은 병에 걸리기 쉬운 성질을 의미하며 작물 선택시 주요 고려 대상은 아니다.

정답 39 ④ 40 ② 41 ③ 42 ④ 43 ③ 44 ③

45 다음 중 4 ~ 6km/h 이하의 바람이 작물의 생육에 미치는 영향에 대한 설명으로 가장 적절한 것은?

① 증산작용이 억제된다.
② 광합성이 저해된다.
③ 풍매화의 가루받이와 결실작용을 좋게 한다.
④ 식물 생육과는 관련이 없다.

해설
연풍의 바람의 세기는 풍속 4~6km/h 정도로 작물에 이로운 영향을 준다. 풍매화의 경우 바람에 의해 수정이 이루어지지에 연풍으로 수정이 잘 이루어진다.

46 다음 중 추위와 가뭄에 가장 강한 맥류는?

① 밀   ② 호밀
③ 보리   ④ 귀리

해설
호밀은 생육가능한 최저온도가 1~2℃ 정도로 다른 작물에 비해 추위에 강하며 요수량이 적은편이라 가뭄에도 강한 작물이다.

47 다음 중 생력재배를 위한 개선 사항으로 옳은 것은?

① 농기계의 활용도를 낮춘다.
② 수확물을 개별 판매 처리한다.
③ 생산, 저장시설 등을 자동화한다.
④ 농기계 등을 개별 구입하여 이용한다.

해설
생력재배는 부족한 노동력을 대처하기 위해 기계화를 하는 것으로 생산 및 저장시설 등을 자동화하는 것이 해당된다.

48 다음 중 벼의 줄기 속을 갉아먹는 해충은?

① 벼멸구   ② 이화명나방
③ 혹명나방   ④ 벼물바구미

해설
이화명나방은 벼, 기장 등을 가해하며 줄기 속을 가해하고 대부분 줄기 속에서 월동한다.

49 다음 중 파종 시기가 가장 빠른 것은?

① 콩   ② 완두
③ 동부   ④ 강낭콩

해설
완두의 파종기는 3~4월 정도로 보기 중에서 가장 빠르다.

50 다음 중 벼를 재배할 때 중간 낙수의 주요 효과와 가장 거리가 먼 것은?

① 무효분얼을 억제시켜 준다.
② 뿌리의 활력을 촉진시켜 준다.
③ 잡초의 발생을 억제시켜 준다.
④ 양분의 흡수가 촉진된다.

해설
벼의 수확전에 물을 빼는 작업을 낙수라고 하는데 이를 통해 뿌리를 건전하게 하고 균형있는 양분흡수가 가능하며 무효분얼을 방지하는 효과가 있다.

51 다음 중 발아에 미치는 온도에 대한 설명으로 옳은 것은?

① 종자의 발아에 적당한 온도의 범위는 일반적으로 10 ~ 20℃이다.
② 벼의 발아 최저 온도는 5℃ 정도이다.
③ 가을에 파종하는 맥류 종자들의 발아 최저 온도는 2℃정도이다.
④ 호박, 오이, 멜론 등의 여름작물의 발아 최저 온도는 10℃ 정도이다.

해설
종자가 발아 가능한 최저온도 조건은 0~10℃ 정도이며 가을에 파종하는 맥류의 경우 2℃ 정도로 낮은 편에 속한다.

52 다음 중 산성 토양에 매우 약하여 석회 사용으로 산도를 교정하고 파종해야하는 작물로만 나열된 것은?

① 콩, 시금치 ② 벼, 호밀
③ 밀, 옥수수 ④ 감자, 호박

해설
보리, 콩, 양파, 파, 고추, 가지, 시금치 등은 산성토양에 약한 작물이다.

53 다음 중 종자 저장시 건조제로 쓰이는 것은?

① 염화칼슘 ② NAA
③ 지베렐린 ④ MH-30제

해설
종자의 저장을 위한 건조제에는 실리카겔, 염화칼슘(염화석회), 생석회, 나뭇재 등이 활용된다.

54 다음 중 토양 경운작업의 효과로 볼 수 없는 것은?

① 물 빠짐과 공기 유통을 원활하게 한다.
② 토양미생물의 활동을 왕성하게 한다.
③ 잡초의 발생을 많게 한다.
④ 토양을 부드럽게 한다.

해설
경운은 토양을 갈아 흙덩이를 부스러뜨리는 작업으로 잡초의 발생이 줄어들고 해충이 박멸하는데 도움이 된다.

55 다음 중 벼의 감수분열기에 저온의 피해를 입으면 어떠한 현상이 일어나는가?

① 분얼 수가 적어진다.
② 꽃피는 시기가 빨라진다.
③ 수확시기가 늦어진다.
④ 쭉정이가 발생한다.

해설
벼는 감수분열기에 이상발육이 초래되어 불임현상이 나타나 불임립, 쭉정이 등이 발생한다.

56 다음 중 오이재배에서 하우스 내에 묘를 정식한 후 초기에는 터널을 설치하여 가온·보온 관리하고, 후기에는 무가온 또는 피복을 제거한 자연 상태로 재배하여 4월 중순부터 수확하는 재배법은?

① 촉성재배 ② 반촉성재배
③ 조숙재배 ④ 억제재배

해설
반촉성재배는 보통재배와 촉성재배의 중간이 되는 재배법으로 4월쯤부터 수확하는 방법이다.

57 다음 중 벼를 싹틔울 때 가장 알맞은 싹의 크기는?

① 2mm ② 5mm
③ 2cm ④ 5cm

해설
벼는 2mm 정도 싹이 70% 이상 튼 것을 확인하고 파종을 한다.

58 다음 중 과실의 수확 후 예냉을 실시하는 가장 큰 목적은?

① 과실의 온도를 높이기 위하여
② 저장, 수송 중 부패를 방지하기 위하여
③ 후숙을 유도하기 위하여
④ 수확물의 취급을 용이하게 하기 위하여

해설
예랭은 수확 직후 청과물의 품질 유지에 좋은 방법으로 호흡량을 줄이고 저장양분의 소모를 감소시킨다.

59 다음 중 1대잡종(F1) 채종시 자가불화합성을 이용하는 대표적인 작물로만 나열된 것은?

① 무, 배추 ② 고추, 토마토
③ 오이, 참외 ④ 상추, 시금치

해설
자가불화합성을 이용하여 잡종강세를 나타내는 무, 배추 등의 1대 잡종 종자의 대량 생산이 가능하다.

60 다음 중 병해충의 방제 방법에 있어 화학적 방제에 속하는 것은?
① 농약 살포
② 돌려짓기
③ 파종기 조절
④ 밭 토양이 일시 담수

해설
농약을 이용하는 것은 화학적 방제법에 속한다.

2013 제1회 종자기능사

01 다음 볍씨 파종을 위한 침종방법의 설명으로 옳지 않은 것은?
① 5일 정도 침종한다.
② 30℃ 정도 온도를 유지한다.
③ 싹을 1~2mm 정도로 틔운 후 파종한다.
④ 벼 종자를 기계적으로 손상을 준 후 파종한다.

해설
침종은 물에 담가 발아에 필요한 수분을 흡수시키는 것으로 기계적 손상은 주지 않는다.

02 다음 중 중복수정에서 씨눈(胚)이 되는 것은?
① 제1웅핵과 난세포
② 제1웅핵과 2개의 극핵
③ 제2웅핵과 난세포
④ 제2웅핵과 2개의 극핵

해설
중복수정으로 씨눈(胚)은 제1웅핵과 난핵이 결합하여 나타난다.

03 다음 중 작물별 종자의 구성물질의 특징에 대한 설명으로 옳지 않은 것은?
① 화본과(벼과) 식물의 종자는 전분 형태의 탄수화물이 저장양분의 주요한 성분이다.
② 땅콩, 유채 등은 주로 탄수화물과 무기질을 함유하고 있다.
③ 벼는 아밀로스와 아밀로펙틴의 비율에 따라 쌀의 물리적 특성이 다르게 나타난다.
④ 밀 종자 내 단백질의 질과 양이 밀가루의 가공특성에 영향을 준다.

해설
땅콩, 유채 등은 주로 지방 성분을 저장하고 있어 유료작물이라 한다.

04 다음 중 함수상태에 있는 종자의 호흡 여부로 씨눈(胚)의 살아있는 조직과 죽은 조직을 구별하는 발아검사 방법은?
① 착색법
② 테트라졸륨법
③ 효소활성측정법
④ 페릭 클로라이드(ferric chloride)법

해설
테트라졸륨(tetrazolium) 검사는 살아 있는 종자 조직의 착색 정도를 통해 종자세를 평가하며 일반적으로 활력 종자의 조직은 호흡으로 생긴 탈수소효소가 산화상태의 테트라졸륨과 결합하면 붉은색 계통을 띠게 된다.

05 다음 중 종자의 성숙 단계를 3단계로 나눌 때 해당되지 않는 것은?
① 배의 발달단계   ② 영양 축적단계
③ 성숙단계   ④ 건조단계

해설
종자의 성숙은 크게 배의 발달, 양분의 축적, 종자의 성숙으로 이루어진다.

06 다음 중 휴면타파 방법이 아닌 것은?
① 층적 저장   ② 청색광 처리
③ 화학제 처리   ④ 기계적 종피 파상

해설
적색광 처리를 하면 휴면이 타파되지만 청색광 처리를 하면 휴면을 한다.

정답 01 ④ 02 ① 03 ② 04 ② 05 ④ 06 ②

07 수박씨 10000g을 가지고 고온항온건조기법으로 수분측정을 하였더니 건조 후의 시료 중량이 8233g이었다. 이 때 수박씨 수분함량 표시로 가장 적합한 것은?

① 17.7%　② 21.5%
③ 82.3%　④ 121.4%

해설
종자수분함량
$= \dfrac{\text{건조 전 무게} - \text{건조 후 무게}}{\text{건조 전 무게}} \times 100$
$= \dfrac{10,000 - 8,233}{10,000} \times 100 = 17.67(\%)$

08 다음 중 저장에 있어 대기의 상대습도가 높을 때 종자에 가장 크게 미치는 영향은?

① 휴면타파　② 유전자 결함
③ 수명단축　④ 발아지연

해설
종자의 저장시 상대습도가 높을 경우 종자의 발아력이 저하되면서 수명이 단축된다.

09 다음 중 효소결합항체법(enzyme linked immunosorbent assay, ELISA)으로 종자 전염성병원을 확인할 수 있는 것은?

① 진균　② 세균
③ 바이러스　④ 해충

해설
효소결합항체법(ELISA)은 항체에 효소를 결합시켜 바이러스와 반응했을 때 노란색으로 나타나는 정도로 확인하는 방법이다.

10 종자의 발아를 좌우하는 요인에는 내적 요인과 외적 요인이 있는데 다음 중 내적 요인에 속하는 것은?

① 수분　② 온도
③ 공기　④ 품종

해설
종자의 발아에 영향을 주는 외적요인에는 수분, 온도, 산소, 광 등이 있으며 품종은 내적요인에 해당한다.

11 다음 중 이상적인 종자처리약제의 조건으로 적절하지 않은 것은?

① 사용이 편리해야 한다.
② 병균에 대해 효과적이어야 한다.
③ 약제의 효과가 좋으면 인체에 해로워도 된다.
④ 종자의 저장기간 중 비교적 오랫동안 약효가 지속되어야 한다.

해설
약제는 효과가 좋고 인체에 해가 없어야 한다.

12 다음 중 종자 저장 관리에서 흡습제(吸濕劑)로 사용되는 것은?

① 피트모스　② 염화칼슘
③ 펄라이트　④ 유황분말

해설
종자의 저장을 위한 건조제에는 실리카겔, 염화칼슘(염화석회), 생석회, 나뭇재 등이 활용된다.

13 다음 중 종자의 퇴화 증상이 아닌 것은?

① 효소활성의 저하
② 호흡의 저하
③ 종자 침출액의 감소
④ 유리지방산의 증가

해설
종자의 퇴화 증상에서 종자 침출액은 증가한다.

14 다음 중 수확 전 종자 전염병의 방제 방법으로 가장 적합한 것은?

① 온탕 처리
② 감염종자나 이물질의 제거
③ 이병된 식물체의 제거
④ 화학제에 의한 종자 소독

해설
수확 전 종자 전염병을 방제하기 위해 병에 걸린 식물체는 제거하는 것이 좋다.

15 다음 중 발아촉진물질이 아닌 것은?
① 지베렐린
② 시토키닌
③ 에틸렌
④ ABA(Abscisic Acid)

해설
아브시스산(ABA, abscisic acid)는 발아 억제 물질이다.

16 다음 중 단명종자가 아닌 것은?
① 당근　② 알팔파
③ 양파　④ 파

해설
당근, 양파, 파, 콩 등은 단명종자이며 알팔파는 장명종자이다.

17 다음 중 종피 휴면의 원인이 아닌 것은?
① 물의 투과성 저해
② 가스의 투과성 저해
③ 종피 내 억제물질의 존재
④ 종피의 미숙

해설
종피 휴면의 원인에는 불투수성, 불투기성, 기계적 저항 등이 있다.

18 다음 중 종자세 검사 방법의 요건에 해당되지 않은 것은?
① 특수한 훈련을 받은 사람이 하여야 한다.
② 경비가 적게 들어야 한다.
③ 재현성이 있어야 한다.
④ 포장출현과 상관이 있어야 한다.

해설
종자세 검사는 객관성, 신속성, 경제성, 재현성, 포장출현과 상관 등이 있어야 하나 별도의 특수 훈련을 받을 필요는 없다.

19 다음 중 미국의 공인종자검사자협회(AOSA)에서 권장하는 표준발아검사시 발아 중의 상대습도로 옳은 것은?
① 50%　② 75%
③ 80%　④ 95%

해설
미국의 공인종자검사자협회(AOSA)에서 권장하는 표준발아검사시 발아 중의 상대습도는 95% 이다.

20 다음 중 꽃의 분류에 있어 무한화서에 포함되지 않는 것은?
① 총상화서　② 단정화서
③ 원추화서　④ 산형화서

해설
단정화서는 유한화서에 해당하며 무한화서에는 총상화서, 원추화서, 수상화서, 유이화서, 육수화서, 산방화서, 산형화서, 두상화서 등이 있다.

21 다음 중 채종포와 교잡식물과의 격리거리가 가장 멀어야 하는 것은?
① 토마토　② 상추
③ 시금치　④ 고추

해설
작물별 격리거리 기준으로 시금치 1,000m, 고추 500m, 토마토 300m, 상추 60m 로 시금치가 가장 멀다.

22 다음 표는 AABB(녹색·팽만)인 친과 aabb(황색·위축)인 친을 교배한 F_1(AaBb)을 aabb로 검정교배하여 얻은 집단의 관찰값이다. 조환가(교차율)는 얼마인가?

표현형	유전자형	관찰개체수
녹색·팽만	AaBb	148
녹색·위축	Aabb	53
황색·팽만	aaBb	47
황색·위축	aabb	152

① 10%　② 25%
③ 50%　④ 75%

해설

- 조환가(%)

  $$\frac{교차형(조환형)}{교차형(조환형)+비교차형(부모형)} \times 100$$

- $\frac{Ab+aB}{Ab+aB+AB+ab} = \frac{53+47}{53+47+148+152}$

  $= \frac{100}{400} \times 100 = 25(\%)$

23 다음 중 접합자의 염색체 상태는?

① n ② 2n
③ 3n ④ 4n

해설

접합자는 동형접합자, 이형접합자가 있으며 염색체는 2n 이다.

24 다음 중 작물의 영양생장이 아닌 것은?

① 화기의 형성 ② 뿌리의 생장
③ 줄기의 생장 ④ 잎의 생장

해설

화기의 형성은 작물의 생식생장에 해당된다.

25 다음 중 자가수분 식물을 이용하여 F_1을 만들고 그 후 계속 자식(自殖)시켜 나갈 때 나타나는 현상으로 가장 적합한 것은?

① 순수도가 증가한다.
② 순수도가 변하지 않는다.
③ 순수도가 감소한다.
④ 순수도는 50%에 가까워진다.

해설

자가수분 식물을 이용하여 자가수정을 계속하면 후대로 갈수록 유전적으로 순수해진다.

26 다음 중 유사분열 과정에서 DNA가 복제되는 시기는?

① 간기(interphase) ② 전기(prophase)
③ 중기(metaphase) ④ 후기(anaphase)

해설

간기에는 DNA가 복제되어 유전물질이 2배가 된다.

27 다음 중 화분형성에 관한 설명으로 옳은 것은?

① 수술 끝 꽃밥 속의 화분모세포(2n)는 감수분열하여 4개의 화분세포가 된다.
② 수술 끝 꽃밥 속의 화분모세포(2n)는 동형분열하여 2개의 화분세포(2n)가 된다.
③ 수술 끝 꽃밥 속의 화분모세포(2n)는 감수분열하여 2개의 화분(n)세포가 된다.
④ 수술 끝 꽃밥 속의 화분모세포(2n)는 분열하지 않고 바로 화분이 된다.

해설

2배체 화분모세포가 제1감수분열로 반수체인 2개의 화분을 만들고 다시 제2감수분열을 통해 반수체인 4개의 화분을 만든다.

28 다음 중 계통육종법에서 인위선별이 행해지는 최초의 세대수는?

① F_2 ② F_3
③ F_4 ④ F_5

해설

계통육종법은 교배를 하여 잡종을 만들고 그 분리세대인 F_2 이후부터 계속 개체선발을 한다.

29 다음 중 여교배에 관한 설명으로 옳지 않은 것은?

① 양성잡종의 여교배에서는 그 분리비가 1:1:1:1로 나타난다.
② 단성잡종의 여교배에서는 그 분리비가 2:1로 나타난다.
③ 순종인지 잡종인지를 가려내는데 흔히 쓰인다.
④ F_1과 열성의 어버이를 교잡시키는 방법이다.

해설

단성잡종의 여교배에서는 분리비가 Aa : aa = 1 : 1 로 나타난다.

30 다음 중 양적형질에 관한 설명으로 옳지 않은 것은?
① 개체간의 변화가 연속적이어서 계량, 계측할 수 있는 형질이다.
② 주로 표현력이 작은 미동유전자에 의하여 지배를 받는다.
③ 주로 초장, 간장, 수량과 같은 형질이다.
④ 환경의 변화에도 표현 정도가 일정하다.

해설
양적형질은 환경의 변화에 영향을 많이 받는다.

31 3원 교잡의 개념을 표현한 것으로 옳은 것은?
① (A×B)×C
② (A×B)×(C×D)
③ A×B×C×D×E
④ [(A×B)×(C×D)]×E

해설
3원교잡(삼계교잡)은 단교배 F_1과 어떤 품종과 교배로 (A×B)×C 이다

32 다음 중 작물육종에서 기본식물을 유지하는 곳은?
① 국립종자원
② 농업기술센터
③ 종자보급기관
④ 육종가 또는 육종기관

해설
기본식물의 종자는 우량품종의 순도 유지를 위해 육종가 혹은 육종기관에서 관리를 한다.

33 피자식물에서 배우자의 형성과정 중 배낭에 생기는 세포의 개수로 옳지 않은 것은?
① 난세포 1개
② 조세포 2개
③ 반족세포 3개
④ 극핵 4개

해설
배낭에 생기는 세포의 개수는 극핵 2개이다.

34 다음 중 여교배를 바르게 표시한 것은?
① (A×B)
② (A×B)×A
③ (A×B)×C
④ (A×B)×(C×D)

해설
여교잡육종법은 (A×B)×B, (A×B)×A, [(A×B)×B]×B 등의 형식으로 표시된다.

35 다음 중 잡종강세를 이용하기 위해 구비되어야 할 조건이 아닌 것은?
① 1회의 교잡에 의하여 많은 종자를 생산할 수 있어야 한다.
② 교잡조작이 용이해야 한다.
③ 단위 면적당 재배에 필요한 종자량이 많아야 한다.
④ 일대잡종이 실용상 유리하여야 한다.

해설
단위 면적당 재배에 필요한 종자량이 적어야 한다.

36 다음 중 채소작물에서 불임성이 일어나는 원인이 아닌 것은?
① 다비(多肥) 또는 비료부족의 영양 불균형인 경우
② 이형에 현상의 경우
③ 발아하여도 차대가 형성되지 못하는 경우
④ 배의 발생 중간에 생육이 계속 진행된 경우

해설
작물의 생식과정에서 불임이 발생하는 경우는 환경적, 유전적 원인이 있다. 환경적 요인에는 양분, 수분, 온도, 광선, 병해충이 있으며 유전적 원인에는 유전자 작용, 교잡 등에 의해 나타날 경우 배우자 불임성과 접합체 불임성, 세포질 불임성 등이 있다. 그러나 배의 발생 과정에서 생육이 진행되는 것은 불임성과는 관련이 없다.

37 멘델의 유전법칙 중 (RR)×(rr)의 교잡시에 제2세대(F_2)에서 우성과 열성의 표현형 분리비는?
① 1 : 1　　② 2 : 1
③ 3 : 1　　④ 9 : 3 : 3 : 1

해설
멘델의 유전법칙 중 (RR)×(rr)의 교잡시 제2세대(F_2)에서 우성과 열성은 3:1의 비율로 분리된다.

38 다음 중 농작물의 특성을 유지하기 위한 방법이 아닌 것은?
① 자연교잡에 의한 재배
② 영양번식에 의한 보존재배
③ 격리재배
④ 원원종재배

해설
자연교잡에 의한 재배는 종자의 퇴화가 발생한다.

39 다음 중 근대 유전학의 토대 및 육종학의 발전에 획기적인 계기를 마련한 사건은?
① 유전자 중심지설 제창
② DNA구조의 해명
③ 유전법칙의 발견
④ 진화론의 확립

해설
멘델(Mendel, 1822~1884)은 완두를 재료로 유전이 일정한 법칙에 의한다는 유전법칙을 발표하였다. 이를 통해 근대 유전학의 토대 및 육종학의 발전에 획기적인 계기를 마련하게 되었다.

40 다음 중 인공교잡 육종시 반드시 제웅(수술을 제거하는 일)을 해야 하는 것은?
① 웅성불임주(株)　② 암수 한 꽃
③ 암수 딴 꽃　　　④ 암수 딴 그루

해설
제웅은 자가수정을 방지하기 위해 꽃망울 상태에서 모계의 수술을 제거해 주는 것으로 인공교잡 육종시 암수 한 꽃에 적용한다.

41 다음 중 단일성 작물에 해당되는 것은?
① 시금치　② 상추
③ 감자　　④ 담배

해설
콩, 옥수수, 벼, 딸기, 국화, 코스모스, 들깨, 샐비어, 담배 등은 단일성 작물에 해당한다.

42 다음 중 싹이 틀 때 씨앗이 토양표면위로 올라오지 않는 것은?
① 콩　　　② 목화
③ 옥수수　④ 해바라기

해설
옥수수는 싹이 틀 때 씨앗이 토양표면위로 올라오지 않는 지하발아를 한다.

43 다음 중 식물의 발근 촉진에 가장 효과적인 식물 호르몬은?
① 시토키닌　② 지베렐린
③ 옥신　　　④ 아브시스산

해설
옥신은 식물의 발근 촉진에 효과적인 식물호르몬이다.

44 다음 중 일반적으로 가을에 파종하는 작물로 가장 적합한 것은?
① 보리　② 벼
③ 콩　　④ 해바라기

해설
밀, 보리 등은 가을에 파종하는 추파맥류이다.

45 다음 중 채소나 과실을 오래 저장하기 위해 산소와 이산화탄소의 농도를 조절하여 저장하는 방법은?
① 저온저장　② CA저장
③ 건조저장　④ 냉장저장

해설
CA 저장은 대기조성과 다르게 이산화탄소(CO_2)의 농도를 증가시키고 산소(O_2)의 농도를 낮추어 저장물의 호흡을 억제하고 저온 저장하는 방법이다.

정답　37 ③　38 ①　39 ③　40 ②　41 ④　42 ③　43 ③　44 ①　45 ②

46 다음 중 작물 생육에 영향을 미치는 기상환경에 대한 설명으로 옳지 않은 것은?
① 작물의 광합성에 효과적인 빛은 청색과 적색이다.
② 눈은 겨울 작물에 토양 수분을 공급하여 가뭄해를 막는다.
③ 풍속 3~4m/s의 바람은 증산 작용과 양분의 흡수를 촉진한다.
④ 작물의 발아에서 성숙까지의 일평균 기온을 합산한 것을 유효온도라 한다.

해설
작물의 발아에서 성숙까지의 일평균 기온을 합산한 것을 적산온도라 한다.

47 다음 중 벼의 바이러스병을 매개하는 해충은?
① 혹명나방　　② 벼멸바구미
③ 벼줄기굴파리　④ 애멸구

해설
애멸구는 벼 줄무늬잎마름병과 같은 바이러스병을 매개하는 매개충이다.

48 다음 중 종자가 발아하는데 가장 필요한 환경요소로만 나열된 것은?
① 수분, 토양, 온도
② 수분, 온도, 산소
③ 산소, 토양, 광선
④ 광선, 온도, 산소

해설
종자의 발아에 관여하는 환경요소에는 수분, 온도, 산소, 광 등이 있다.

49 벼를 저장 및 도정하기에 알맞은 볍씨의 수분 함량은?
① 12% 이하　② 20% 이하
③ 25% 이하　④ 30% 이하

해설
볍씨의 저장 및 도정에 적합한 수분 함량은 12% 이다.

50 다음 중 우리나라 농경지 작물의 재배면적이 가장 큰 것부터 낮은 순서대로 올바르게 나타낸 것은?
① 벼 > 과수 > 채소 > 두류
② 벼 > 채소 > 과수 > 두류
③ 채소 > 벼 > 두류 > 과수
④ 채소 > 과수 > 벼 > 두류

해설
농경지 작물의 재배면적은 벼가 가장 크며 채소, 과수, 두류 순이다.

51 다음 중 유료 작물이 아닌 것은?
① 모시풀　　② 참깨
③ 들깨　　　④ 유채

해설
참깨, 들깨, 유채, 땅콩, 해바라기, 아주까리, 오일팜 등은 유료작물이며 모시풀은 섬유작물에 속한다.

52 다음 중 노후화답의 개량 방법으로 가장 알맞은 것은?
① 모래를 넣어 준다.
② 진흙을 넣어 준다.
③ 산 흙으로 객토를 한다.
④ 심층시비를 한다.

해설
노후화답은 노후화로 인하여 작토가 용탈되어 철, 망간, 염기 등의 양분이 결핍되었기에 산 흙으로 객토를 통해 개선할 수 있다.

53 다음 중 옥수수의 생육 특성에 관한 설명으로 옳지 않은 것은?
① 단일성 작물이다.
② 자가수정을 원칙으로 한다.
③ 수꽃이 암꽃보다 4~5일 먼저 핀다.
④ 토양수분이 보통인 경우 생육에 알맞은 온도는 26~32°C 정도이다.

해설
옥수수는 타가수정을 원칙으로 한다.

정답　46 ④　47 ④　48 ②　49 ①　50 ②　51 ①　52 ③　53 ②

54 다음 중 연작(이어짓기)의 해가 큰 작물로만 나열된 것은?

① 벼, 수박, 가지, 옥수수
② 벼, 완두, 고추, 맥류
③ 맥류, 수박, 가지, 고추
④ 수박, 가지, 고추, 인삼

해설
수박, 가지, 고추는 5~7년의 휴작이 요구되며 인삼은 10년 이상의 휴작이 요구되는 작물로 연작을 하면 피해가 크게 나타난다.

55 중복수정을 하는 작물 중 웅핵이 극핵과 결합하여 만들어지는 씨앗의 기관은?

① 씨눈   ② 배젖
③ 줄기   ④ 뿌리

해설
피자식물에서 꽃가루가 암술머리에 붙어 수분이 이루어지면 꽃가루가 발아하여 꽃가루관이 뻗어 나와 암술대를 통과하여 배낭으로 들어간다. 꽃가루에 있던 2개의 정핵 중 1개는 난핵과 결합하여 배가 되고 다른 1개는 2개의 극핵과 결합해서 배젖(배유)이 된다.
• 정핵(n)+난핵(n) → 배(2n)
• 정핵(n)+2개 극핵(2n) → 배젖(3n)

56 다음 중 적산온도의 정의로 옳은 것은?

① 작물의 발아에서 출수까지의 월평균 기온을 합산한 온도
② 작물의 발아에서 출수까지의 일평균 최저기온을 합산한 온도
③ 작물의 발아에서 성숙까지의 일평균 기온을 합산한 온도
④ 작물의 발아에서 성숙까지의 월평균 최고기온을 합산한 온도

해설
적산온도는 작물이 생존하는 기간동안 소요되는 총 온량으로 작물의 발아로부터 성숙하는데 까지의 0℃ 이상의 일평균기온을 합산한 것을 말한다.

57 다음 중 잡초의 해가 아닌 것은?

① 양분, 수분, 광에 대하여 경합한다.
② 병해충을 매개하거나 월동 서식지가 된다.
③ 작물의 품질을 떨어뜨린다.
④ 수량 손실 감소한다.

해설
잡초로 인하여 수량손실이 증가한다.

58 다음 중 토양공기에 영향을 미치는 요인의 설명으로 옳은 것은?

① 점질 토양은 비모관공극이 많고, 토양의 용기량이 크다.
② 심경을 하면 토양의 깊은 곳까지 용기량이 증대한다.
③ 미숙유기물을 사용하면 이산화탄소의 농도가 낮아진다.
④ 식물이 생육하고 있는 토양은 뿌리의 호흡에 의해 이산화탄소의 농도가 나지(裸地)보다 낮아진다.

해설
심경을 하게 되면 토양의 깊은 곳까지 통기성이 양호해져 용기량이 증대된다.

59 다음 중 작물이 싹트기에서 성숙에 이르기까지 필요한 적산온도가 가장 높은 것은?

① 벼   ② 콩
③ 메밀   ④ 가을보리

해설
작물별로 적산온도의 경우 메밀은 1000~1200℃, 감자는 1300~3000℃, 추파맥류는 1700~2300℃, 완두는 2100~2800℃, 콩은 2500~3000℃, 담배는 3200~3600℃ 벼는 3500~4500℃ 정도이다.

정답 54 ④ 55 ② 56 ③ 57 ④ 58 ② 59 ①

60 다음과 같은 병이 주로 발생하는 작물은?

> 도열병, 오갈병, 흰잎마름병,
> 잎집무늬마름병

① 벼 ② 콩
③ 감자 ④ 옥수수

해설

벼도열병, 벼오갈병, 벼흰잎마름병, 벼잎집무늬마름병, 벼키다리병, 벼깨씨무늬병 등이 발생한다.

정답 60 ①

2013 제4회 종자기능사

01 완전화(complete flower)에 대한 설명으로 가장 적합한 것은?
① 암술과 수술이 다른 개체에 있을 경우
② 암술과 수술이 다른 꽃에 있을 경우
③ 꽃이 암술, 수술 및 꽃잎을 가지고 있을 경우
④ 꽃이 암술, 수술, 꽃잎 및 꽃받침을 가지고 있을 경우

해설
꽃잎, 꽃받침, 암술, 수술 등을 모두 갖추고 있는 경우를 완전화라 한다.

02 배추과(십자화과) 채소에서 자가불화합성을 이용하여 일대 잡종(F_1)종자를 채종하는 가장 큰 목적은?
① 균일성과 잡종강세 이용
② 발아력 증가 이용
③ 종자의 충실도 증대
④ 우량계통 유지

해설
잡종강세를 나타내는 작물의 1대잡종(F_1) 종자를 대량 생산할 수 있어 국내의 경우 무, 배추, 양배추 종자 생산에 이용된다.

03 양성화(兩性花)이면서 자가수정율이 낮고 타가수정을 이루는 것은?
① 시금치   ② 아스파라거스
③ 옥수수   ④ 무

해설
무는 자웅동주동화의 타식성작물이면서 한 꽃에 암술과 수술이 함께 있는 경우 양성화에 해당한다.

04 후숙 처리시 주요한 요소로 가장 거리가 먼 것은?
① 종자의 수분함량
② 광선
③ 온도
④ 산소

해설
후숙은 휴면하는 종자의 발아를 위한 처리 방법으로 종자의 수분함량, 온도, 산소, 이산화탄소 등이 주요 요소가 된다.

05 육성 내력에 따른 품종의 분류에 속하지 않는 것은?
① 재래품종   ② 추파품종
③ 육성품종   ④ 도입품종

해설
추파품종은 작부체계에 따른 분류에 속한다.

06 씨눈(胚)에서 분화되는 것이 아닌 것은?
① 어린 눈(幼芽)   ② 떡잎(子葉)
③ 어린뿌리(幼根)   ④ 내종피(內種皮)

해설
배는 유아, 떡잎, 배축, 유근 등으로 구성된다.

정답 01 ④ 02 ① 03 ④ 04 ② 05 ② 06 ④

07 종자의 휴면에 대한 설명으로 옳은 것은?
① 성숙한 종자에 적당한 발아조건을 주어도 일정 기간 동안 발아하지 않는 현상을 휴면이라 한다.
② 휴면 중의 종자나 눈은 저온·고온·건조 등에 대한 저항성이 약하다.
③ 휴면기간은 작물의 종류와 품종에 관계없이 일정하다.
④ 감자의 휴면은 저장하는데 불리하다.

해설
휴면은 작물이 일시적으로 생장활동을 멈추는 현상으로 식물이 불리한 환경을 극복하기 위한 수단이다.

08 박과 채소의 일대 잡종 종자생산시 암꽃과 숫꽃의 비율로 가장 적합한 것은?
① 1 : 1
② 5 : 1
③ 10 : 1
④ 15 : 1

해설
고추나 수박과 같은 박과채소의 일대잡종 종자 생산을 위한 암꽃과 수꽃의 비율은 10 : 1 이다.

09 물 속에서도 발아가 감퇴하지 않고 잘 되는 채소 종자는?
① 토마토
② 당근
③ 무
④ 파

해설
수중에서도 발아가 잘되는 것으로 벼, 상추, 당근, 셀러리 등이 있다.

10 전중량(全重量)이 8g, 순정종자 중량이 7.6g 일 때의 순정종자율로 옳은 것은?
① 61%
② 76%
③ 80%
④ 95%

해설
순정종자율 = $\dfrac{순정종자중량}{전중량} = \dfrac{7.6}{8} \times 100 = 95(\%)$

11 식물학상 종자란?
① 배주가 성숙하여 자란 것
② 자방이 발달하여 자란 것
③ 배가 수정하여 자란 것
④ 배유가 수정하여 자란 것

해설
식물학상 종자는 배주가 수정하여 자란 것을 종자라 한다.

12 일반적으로 종자 저장관리에 있어서 흡습제의 재료로 가장 쉽게 많이 쓰이고 있는 것은?
① 염화나트륨
② 염화칼슘
③ 소석회
④ 유황분말

해설
종자의 저장을 위한 건조제에는 실리카겔, 염화칼슘(염화석회), 생석회, 나뭇재 등이 활용된다.

13 발아조사시 미국의 공인종자검사자협회(AOSA)는 규정온도로부터 어느 정도의 변이차만을 허용하는가?
① ±3℃
② ±2℃
③ ±1℃
④ ±0.5℃

해설
미국의 공인종자검사자협회(AOSA)는 규정온도로부터 ±1℃ 변이차만을 허용한다.

14 생산력이 우수하던 종자가 재배연수를 지나는 동안에 점차 생산력이 감퇴되고 품질이 나빠지는 현상을 무엇이라 하는가?
① 유전적 고정
② 종자의 휴면
③ 종자의 미숙
④ 종자의 퇴화

해설
종자의 생산력이 감퇴하고 품질이 저하되는 경우 종자의 퇴화라 한다.

15 종자의 열풍건조에서 발아력을 저하시킬 수 있는 가장 큰 요인은?
① 단일 ② 장일
③ 저온 ④ 고온

해설
열풍으로 인한 고온으로 종자의 발아력이 저하되고 수명이 줄어든다.

16 발아를 가장 촉진시키는 광 파장은?
① 360~400nm ② 460~500nm
③ 560~600nm ④ 660~700nm

해설
종자의 발아를 촉진하는 광파장은 적색부분(660~700nm)이며 660~670nm 파장에서 가장 활성화된다.

17 종자전염성병의 수확전 방제 방법으로 가장 적당한 것은?
① 종자의 표면소독
② 감염 종자의 이물질 분리
③ 온탕 처리
④ 포장에서 이병된 식물체 제거

해설
종자전염성의 수확 전 포장에서 병이 걸린 식물체의 경우 제거하는 것이 좋다.

18 종자전염성병의 제1차 전염원으로 가장 거리가 먼 것은?
① 해충 ② 병균오염토양
③ 이병잡초 ④ 이병식물조직

해설
종자의 전염원에는 병든식물조직, 병균오염토양, 이병잡초 등이 해당되며 해충은 매개충 개념에 해당한다.

19 종자의 수명에 관여하는 주된 요인이 아닌 것은?
① 종자정선 여부
② 저장온도
③ 종자내 수분함량
④ 종자의 기계적 손상

해설
종자의 수명은 수분, 온도, 기계적 손상 등의 영향을 받으나 종자 정선을 여부에 따른 수명의 영향은 없다.

20 종자의 내적휴면의 원인에 속하지 않는 것은?
① 종피 또는 과피가 단단하여 물을 흡수할 수 없는 경우
② 형태적으로 미숙한 상태인 경우
③ 온도, 수분, 산소 및 광선 등이 발아에 부적당한 경우
④ 배에 억제물질이 존재하는 경우

해설
온도, 수분, 산소, 광선 등은 휴면의 외적요인에 해당한다.

21 우수한 변이를 선발하는데 적합한 방법이 아닌 것은?
① 후대검정
② 특성검정
③ 생산력 검정
④ 형질 간 상관관계 조사

해설
우수 변이의 감별은 후대검정 및 특성검정, 변이의 상관 비교 등이 이용된다. 생산력 검정 본시험에 선발된 우량계통에 대해 여러 환경 조건에서 적응성과 변이 정도를 검토할 목적으로 환경이 다른 시험지에 실시하는 수량검정시험이다.

정답 15 ④ 16 ④ 17 ④ 18 ① 19 ① 20 ③ 21 ③

22 검정교배에 대한 설명으로 틀린 것은?

① 양성잡종의 검정교배에서는 형질의 분리비가 1:1:1:1로 나타난다.
② 단성잡종의 검정교배에서는 형질의 분리비가 2:1로 나타난다.
③ 검정교배는 순종인지 잡종인지를 가려내는데 흔히 쓰인다.
④ F_1과 열성인자를 가진 어버이를 교잡시키는 방법이다.

해설
단성잡종의 검정교배에서는 형질의 분리비가 1:1로 나타난다.

23 일반적인 육종과정의 순서로 옳은 것은?

① 육종방법 결정→육종목표 설정→우량계통 육성→생산성 검정→신품종 등록
② 육종목표 설정→우량계통 육성→육종방법 결정→신품종 등록→종자증식
③ 육종목표 설정→변이작성→우량계통 육성→지역적응성 검정→신품종등록
④ 육종방법 결정→변이작성→신품종등록→생산성 검정→종자증식

해설
재배식물의 육종과정은 육종목표의 설정, 육종재료 및 육종방법 결정, 변이작성, 반복적 선발을 통해 유망계통 육성, 신품종의 결정 및 국가 기관에 등록, 신품종의 증식 및 보급이다.

24 변이를 감별하는 방법은?

① 타가수정   ② 후대검정
③ 영양번식   ④ 격리

해설
변이의 감별은 후대검정 및 특성검정, 변이의 상관비교 등이 이용된다.

25 불완전화(不完全花)에 해당하는 것은?

① 꽃받침조각, 꽃잎, 수술, 암술을 다 가지고 있는 꽃이다.
② 벼, 보리, 밀, 목화 등의 식물이 포함된다.
③ 암술과 수술을 같은 꽃 속에 가지고 있는 꽃이다.
④ 같은 꽃 속에 암술과 수술 중 하나가 없는 꽃이다.

해설
꽃잎, 꽃받침, 암술, 수술 중에서 하나라도 갖추지 않은 경우 불완전화라고 한다.

26 여교잡 육종이 성공하기 위한 조건으로 틀린 것은?

① 이전형질의 특성은 폴리진이 관여하는 것이어야 한다.
② 만족할 만한 반복친이 있어야 한다.
③ 이전형질의 특성이 변하지 말아야 한다.
④ 반복친의 특성을 충분히 회복해야 한다.

해설
여교배육종을 위해서는 만족할 만한 반복친이 있어야 하고 이전형질의 특성이 변하지 말아야 하며 반복친의 특성을 충분히 회복해야 한다.

27 BBLL×bbll이 20%의 조환가로 부분연관을 하고 있을 때, F_2에 나타나는 표현형 BL의 비율(%)은? (단, B와 L은 각각 b와 l에 대하여 우성이다.)

① 46   ② 56
③ 66   ④ 76

해설
F_2 의 <BL : Bl : bL : bl = 9 : 3 : 3 : 1> 이므로 BL 의 비율은 < 9/16 * 100 = 56(%) > 이다. 이중에서 20% 가 부분연관하고 있어 < 56 + (56 x 0.2) = 67.2 > 이므로 보기 중에 근접된 답은 66% 에 해당된다.

28 형질에 대한 설명으로 옳은 것은?
① 양적형질은 환경의 영향이 적다.
② 양적형질은 선발효과가 뚜렷하다.
③ 질적형질은 폴리진이 관여한다.
④ 질적형질은 소수의 주동유전자에 의해 지배된다.

해설
질적형질은 양적으로 표현할 수 없는 형질로 불연속 변이하며 소수의 주동유전자에 의해 지배된다.

29 자식성 집단의 유전적 특성과 선발에 대한 설명으로 옳은 것은?
① 열성유전자보다 우성유전자를 쉽게 도태시킬 수 있다.
② 열성돌연변이 유전자는 자식성 집단보다 타식성 집단에서 쉽게 제거된다.
③ 타식성 집단에 비해 이형접합체의 빈도가 높다.
④ 오랫동안 자식을 거듭한 자식성 집단의 한 개체에서 나온 배우자는 유전조성이 서로 다르다.

해설
자식성 집단을 자가수정을 계속하면 후대에 유전적으로 순수해지면서 열성유전자보다 우성유전자를 도태시킬 수 있다.

30 식물의 중복수정에 대한 설명으로 틀린 것은?
① 화분의 핵 개수에 관계없이 모든 피자식물의 수정방식이다.
② 2개의 정세포 중 하나는 난핵과 다른 하나는 극핵과 결합한다.
③ 웅핵과 극핵이 결합한 것은 유전물질이 3n 상태이며 배로 발달한다.
④ 수정후 접합자의 세포질은 배낭이 가지고 있던 세포질이다.

해설
피자식물에서 꽃가루가 암술머리에 붙어 수분이 이루어지면 꽃가루가 발아하여 꽃가루관이 뻗어 나와 암술대를 통과하여 배낭으로 들어간다. 꽃가루에 있던 2개의 정핵 중 1개는 난핵과 결합하여 배가 되고 다른 1개는 2개의 극핵과 결합해서 배젖(배유)이 된다.

31 배수체 육종법에 대한 설명으로 틀린 것은?
① 염색체수가 많은 식물에서 더욱 효과적이다.
② 게놈 상태가 AABB인 복이배체는 이질배수체에 속한다.
③ 영양기관을 이용하는 식물이 종실을 이용하는 식물보다 효과적이다.
④ 염색체를 배가시키기 위하여 알칼로이드 물질인 콜히친을 분열이 왕성한 조직에 처리한다.

해설
배수성육종법(배수체육종)은 염색체 수를 늘리거나 줄여 생겨나는 변이를 육종에 이용하는 방법으로 염색체수가 많다고 하여 효과가 높은것은 아니다.

32 순계분리법을 가장 효과적으로 적용할 수 있는 육종재료는?
① 자식성 작물의 재래종
② 타식성 작물의 재래종
③ 자가불화합성이 강한 재래종
④ 웅성불임성이 강한 재래종

해설
순계분리법은 기본 집단에서 우수한 형질을 가진 개체를 계속 선발하여 우수한 순계를 선발하는 방법으로 자가수정작물에 이용된다.

33 F_1에서 가장 큰 잡종강세를 기대할 수 있는 일대잡종 종자 생산방식은?
① 단교배 ② 복교배
③ 삼원교배 ④ 합성품종

해설
단교배(단교잡)은 관여하는 계통이 2개뿐이라 우량조합의 선정이 용이하고 잡종강세 현상이 뚜렷하다.

정답 28 ④ 29 ① 30 ③ 31 ① 32 ① 33 ①

34 F_2의 분리비가 15:1로 되는 것은?
① 보족인자 ② 중복인자
③ 동의인자 ④ 억제인자

해설
동일 방향 작용 유전자가 누적효과가 나타나는 경우 중복인자(중복유전자)라 하며 F_2 분리비는 15:1 이다.

35 다음 중 유전상관(遺傳相關)과 관련이 없는 것은?
① 다면발현 ② 연관
③ 생리적 필연성 ④ 재배조건

해설
유전상관은 유전자간의 연관 및 두 개 이상의 형질이 발현되는 다면 발현성에 기인한다.

36 육종기술의 3단계가 아닌 것은?
① 유전정보 수집
② 변이의 탐구와 창성
③ 변이의 선택과 고정
④ 신종의 증식과 보급

해설
육종기술은 변이의 탐구와 창성, 변이의 선택과 고정, 신품종의 증식과 보급의 3단계로 구성된다.

37 변이의 선택과 고정단계의 설명으로 틀린 것은?
① 변이를 정밀하게 감정하기 위해서는 개체선발을 한다.
② 양적형질에 대해서는 주로 개체별 감정 후 개체선발을 많이 한다.
③ 노력과 경비를 절감하기 위해서 일정한 개체의 집단을 대상으로 선발한다.
④ 자가수정작물은 주로 개체별 감정을 한다.

해설
유전력이 낮은 양적형질은 개체 선발 효과가 적다.

38 2개의 유전자 사이의 조환가가 25%라는 것은?
① 2개 유전자에 대하여 헤테로(hetero)인 개체를 자식하여 100개체를 얻었다면 그 중 조환형이 25개체가 분리된다는 뜻이다.
② 2개 유전자에 대하여 호모(homo)인 개체를 자식하여 100개체를 얻었다면 그 중 조환형이 25개체가 분리된다는 뜻이다.
③ 2개 유전자에 대하여 헤테로(hetero)인 개체를 자식하여 100개체를 얻었다면 그 중 조환형이 75개체가 분리된다는 뜻이다.
④ 2개 유전자에 대하여 호모(homo)인 개체를 자식하여 100개체를 얻었다면 그 중 조환형이 75개체가 분리된다는 뜻이다.

해설
연관되어 있는 유전자들이 헤테로로 되어 있을 때 형성되는 전체 배우자 중에서 조환형 배우자의 비율을 조환가 또는 교차가라 한다. 2개 유전자에 대하여 자식을 통해 100개를 얻었고 그 중에서 조환가가 25개체로 분리되는 경우 조환형은 25% 이다.

39 잡종에 양친 중 한쪽 친을 반복적으로 교배하는 방식은?
① 3원교배 ② 여교배
③ 복교배 ④ 다계교배

해설
여교잡육종법은 양친의 제1대 잡종에 양친 중 한쪽의 유전자형을 가진 개체를 교잡하고 이것을 수세대 반복하여 우량개체를 선발하는 방법이다.

40 이수성(異數性)을 나타내는 게놈 구성은?
① AAAA ② AABBDD
③ 2n+1 ④ AaBb

해설
염색체 조성이 2n 인 개체에서 감수분열 과정에서 한두 개의 상동염색체가 완전히 분리되지 않아 n+1 혹은 n-1 인 배우자가 형성된다. 이들 배우자가 정상적인 n 상태의 배우자와 수정되어 수정된 개체가 2n+1 이나 2n-1 인 염색체가 되는 경우를 이수성이라 한다.

41 토양을 경운하여 잘 다듬으면 나타나는 효과로 틀린 것은?
① 유기물의 분해를 촉진한다.
② 씨뿌리기, 이식 작업을 쉽게 한다.
③ 토양 중 공기의 유통이 원활하지 않아 작물의 뿌리 발달이 나쁘다.
④ 토양을 부드럽게 한다.

해설
토양의 경운을 통해 통기성, 투수성이 양호해지면서 작물의 뿌리 발달에 도움을 준다.

42 벼의 원산지는?
① 인도 아삼지역   ② 남아메리카
③ 멕시코   ④ 서부아시아

해설
벼는 인도지방이 원산지이다.

43 일반적으로 볍씨는 종자 무게의 몇 %의 수분을 흡수하면 발아를 시작하는가?
① 5 ~ 7%   ② 25 ~ 30%
③ 50 ~ 55%   ④ 75 ~ 80%

해설
통상 벼의 경우 종자 내 수분함량이 26.5% 정도에 발아를 시작한다.

44 벼의 도복에 영향을 미치는 요인이 아닌 것은?
① 쌀의 품질   ② 이삭의 무게
③ 줄기의 강도   ④ 마디의 길이

해설
벼의 도복은 벼가 쓰러지는 현상으로 이삭이 크고 무거우며 줄기의 강도가 약하고 마디의 길이가 길면 도복이 잘 발생하게 된다.

45 토양이 너무 산성화되면 이용도가 크게 떨어지는 양분은?
① 아연   ② 망간
③ 알루미늄   ④ 인산

해설
강산성 토양에서 인산은 철, 알루미늄, 망간과 결합하여 식물이 이용할수 없게 된다.

46 사과에 발생하는 생리장해로 망간(Mn)의 과다와 밀접하게 관련 있는 것은?
① 고두병   ② 적진병
③ 축과병   ④ 신초 고사현상

해설
망간이 과다할 경우 뿌리가 갈변하거나 사과의 경우 적진병이 발생하기도 한다.

47 분리육종법에 대한 설명으로 틀린 것은?
① 타식성 작물의 집단선발에서는 반드시 격리 재배해야 한다.
② 타식성 작물의 집단선발은 반복적인 집단개량이 필요하다.
③ 자식성 작물의 순계선발은 재래종 집단에서 우량개체를 선발할 때 많이 쓰인다.
④ 순계분리는 타식성 작물에, 계통분리는 자식성 작물에 주로 적용한다.

해설
자가수정작물의 분리육종법은 순계분리법이고 타가수정작물의 분리육종법은 계통분리법이다.

48 작물재배시 생력화의 가장 커다란 효과로 옳은 것은?

① 중노동에서 탈피하고, 고용노동력의 비중을 낮춘다.
② 작물의 성장속도가 빠르고, 병충해 피해가 경감된다.
③ 생산물의 품질이 향상되며, 가족노동력의 비율을 낮출 수 있다.
④ 작물의 품종이 다양해진다.

해설
생력재배는 노력을 줄여 농사를 짓는 것으로 본디 목적은 노동력이 부족한 농가의 상황을 개선하기 위한 방법으로 생력재배를 통해 농업에 필요한 노동력 절감 및 경영에 효율이 개선된다.

49 비선택성 제초제는?

① 시마진 수화제(씨마진)
② 알라클로르 유제(라쏘)
③ 뷰티클로르 유제(마세트)
④ 글리포세이트 액제(근사미)

해설
글리포세이트 액제(근사미)는 비선택성 제초제이다.

50 고구마 수확 시 상처와 병반부를 아물게 하고 당분을 증가시켜 저장하는 방법은?

① 건조   ② 예냉
③ 후숙   ④ 큐어링

해설
큐어링은 고구마, 감자, 양파 등에 상처가 발생한 경우 상처를 아물게 하거나 코르크층을 형성시켜 수분의 증발을 줄이고 미생물의 침입을 예방하는 방법이다.

51 일반적으로 수염이 나온 이후 단옥수수의 수확 시기는?

① 10 ~ 15일   ② 15 ~ 20일
③ 20 ~ 25일   ④ 25 ~ 30일

해설
단옥수수는 수염이 나온 후 20~25일 경이 수확적기이다.

52 절화의 수명을 연장시키는 방법으로 틀린 것은?

① 온도를 낮게 해준다.
② 상대 습도를 높여준다.
③ 에틸렌 가스를 뿌려준다.
④ 절화를 수확한 후 설탕물에 담가준다.

해설
에틸렌은 과실의 성숙 및 식물의 노화에 영향을 주는 물질로 절화의 수명을 연장시키지는 않는다.

53 작물의 광합성 작용에 가장 효과적인 빛은?

① 자외선   ② 적외선
③ 가시광선   ④ β선

해설
햇빛에 의해 발생되는 광의 경우 파장에 의해 적외선, 가시광선, 자외선으로 분류되며 광합성은 가시광선 파장에 가장 큰 영향을 받는다.

54 맥류의 파성에 대한 설명으로 옳은 것은?

① 추파성 종자는 봄에 뿌려도 이삭이 나온다.
② 추파성 종자는 저온·단일 후 일정한 장일 조건을 거쳐야 이삭이 팬다.
③ 춘파성과 추파성 모두 온도와는 관계가 없다.
④ 춘파형은 반드시 저온 조건을 경과해야 제대로 이삭이 팬다.

해설
밀, 보리 등의 추파맥류는 저온, 단일에 감응하여 출수가 된다.

55 일반적으로 발아온도가 가장 낮은 것은? (단, 항온으로 한다.)

① 배추   ② 오이
③ 시금치   ④ 파

해설
저온에서 발아하는 종자에는 시금치, 상추, 부추 등이 있다.

정답 48 ① 49 ④ 50 ④ 51 ③ 52 ③ 53 ③ 54 ② 55 ③

56 작물의 수량 결정 3요소로 옳은 것은?
① 환경조건, 재배기술, 품종
② 환경조건, 품질, 가격
③ 품질, 농기계설비, 토양조건
④ 기상조건, 토양조건, 경영능력

해설
작물의 수량에 영향을 주는 3요소에는 좋은 환경조건, 우수한 재배기술, 우수한 유전성을 지닌 품종이 있다.

57 10a당 질소 10kg을 토양에 요소의 형태로 공급하고자 할 때 실제로 주어야 할 시비량은? (단, 요소의 성분량은 46%로 한다.)
① 11.5kg   ② 21.7kg
③ 32.5kg   ④ 41.0kg

해설
요소의 성분량 46% 기준으로 시비량을 구하면
$\frac{10kg}{0.46} ≒ 21.74\,kg$ 이다.

58 배유가 발달한 종자는?
① 콩   ② 상추
③ 보리   ④ 시금치

해설
벼, 보리, 밀, 옥수수, 양파, 당근, 토마토 등은 배유종자이다.

59 쌀(논벼)의 생산량이 가장 많은 국가는?
① 중국   ② 미국
③ 인도네시아   ④ 인도

해설
세계에서 가장 많은 쌀을 생산하는 국가는 중국이며 다음으로 인도, 인도네시아 순이다.

60 토양 환경에 대한 설명으로 옳은 것은?
① 질흙은 물빠짐이 심하여 건조하기 쉽고 보비성이 약하다.
② 일반적으로 약산성이나 중성 토양에서 작물이 잘 자란다.
③ 홑알 구조의 토양은 보수성, 보비성이 좋아 작물 생육에 알맞다.
④ 토양이 산성화될수록 인산, 칼슘, 마그네슘의 이용도가 증가한다.

해설
보통의 토양은 pH 4.5~5.5 정도의 약산성이나 중성 토양에서 작물이 잘 자란다.

정답 56 ① 57 ② 58 ③ 59 ① 60 ②

2014 제1회 종자기능사

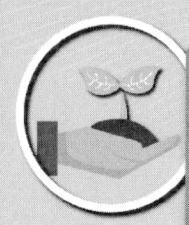

01 수정후 화분관이 자라 난세포와 결합하기 위하여 들어가는 구멍은?
① 주피 ② 주공
③ 주심 ④ 배낭

해설
주공은 제(배꼽)의 끝에 위치하며 꽃가루의 침입구이다. 수분된 화분은 암술머리에서 발아하여 화주의 유도조직 내로 화분관을 신장하고 화분관이 배주의 주공에 도달하여 정핵이 이동하고 배낭 속에서 정핵과 난핵이 융합하게 된다.

02 종자가 발아하기에 알맞은 내부조건과 환경조건이 되어도 발아하지 않는 상태를 가리키는 것은?
① 미숙 ② 후숙
③ 휴면 ④ 불발아

해설
성숙한 종자가 발아조건이 되어도 발아하지 않을 경우 휴면이라 하며 생육의 일시적 정지상태라 할수 있다.

03 종자 전염병의 생물학적 방제 방법으로 가장 적합한 것은?
① 종자의 종피를 제거하여 발아를 촉진한다.
② 종자의 종피에 길항미생물을 부착한다.
③ 종자에 코팅(Coating)처리를 한다.
④ 종자에 소독제를 넣어 펠레팅(Pelleting)을 한다.

해설
길항미생물을 통해 병원균의 생육을 억제하는 방법으로 생물학적 방제법에 해당한다.

04 발아에 대한 설명으로 틀린 것은?
① 발아율(發芽率)은 파종된 총 종자 수에 대한 발아종자수의 비율이다.
② 발아세(發芽勢)는 정해진 시일 내의 발아율이다.
③ 발아기(發芽期)는 대부분(80% 이상)이 발아한 날이다.
④ 발아시(發芽始)는 발아한 것이 처음 나타난 날이다.

해설
발아기 : 전체 종자수의 약 50%가 발아한 날

05 종자의 표준발아검사 시 치상 재료가 갖추어야 할 성질이 아닌 것은?
① 반드시 샤레에다 치상하여야 한다.
② 발아하는 유묘에 유독하지 않아야 한다.
③ 병원성의 미생물과 포자가 없어야 한다.
④ 발아를 위해 적당한 투기성과 보습성이 있어야 한다.

해설
종자의 치상 재료에는 샤레, 여과지, 흡습지, 발아지 등이 있다.

정답 01 ② 02 ③ 03 ② 04 ③ 05 ①

06 종자의 수분 흡수에 대한 설명으로 옳은 것은?

① 보리의 흡수량은 온도에 따라 차가 적지만 흡수속도는 온도가 낮아짐에 따라 빨라진다.
② 담배종자의 흡수속도는 온도가 높아지면 늘어지며 고온에서는 오히려 빨라진다.
③ 벼 종자의 흡수율 및 흡수속도는 밭벼 > 건도(乾稻) > 논벼 순이다.
④ 종자 흡수량이 최대로 되는 시간은 작물의 종류에 상관 없이 거의 같다.

해설
종자의 수분 흡수는 주변 환경 및 종자의 수분량에 영향을 받는데 밭벼에서 가장 빠르며 건도, 논벼의 순서이다.

07 배젖 종자인 것은?

① 해바라기 ② 유채
③ 팥   ④ 밀

해설
벼, 보리, 밀, 옥수수, 양파, 당근, 토마토 등은 배유종자에 해당한다.

08 종자 발아를 촉진시키는데 널리 이용되고 있으며 미국의 공인종자검사자협회(AOSA)와 국제종자검사협회(ISTA)에서도 추천하고 있는 발아촉진 물질은?

① 옥신   ② 사이토키닌
③ 과산화수소 ④ 질산칼륨

해설
질산칼륨은 발아촉진물질로 발아시험시 0.1~1% 농도로 사용한다.

09 종자 전염성 병을 수확 전에 방제하는 방법이 아닌 것은?

① 이형 식물체 제거
② 저항성 품종 이용
③ 병든 식물체 제거
④ 퇴화하지 않는 종자 이용

해설
종자 전염성 병을 수확 전에 방제하는 방법으로 이병된 식물체를 제거하는 것이 있으나 이형 식물체의 경우 관련이 없다

10 바람직한 채종의 요건으로 적합하지 않은 것은?

① 우량 종자를 생산할 수 있을 것
② 값싸게 채종할 수 있을 것
③ 대량생산이 가능할 것
④ 고도의 기술을 요할 것

해설
채종은 우량종자를 생산하고 경제성이 있으며 대량생산이 가능한 것이 좋으며 작업이 단순할수록 좋다.

11 저장종자의 수명에 가장 큰 영향을 미치는 환경요인은?

① 온도와 공기   ② 공기와 습도
③ 습도와 온도   ④ 온도와 광선

해설
종자의 수명에 영향을 주는 외적요인에는 상대습도, 온도가 있으며 내적요인에는 유전성, 성숙도, 기계적 손상, 종자의 수분함량 등이 있다.

12 중복수정에 의하여 종자의 씨눈으로 발달하는 것은?

① 웅핵 + 난세포
② 웅핵 + 2개의 극핵
③ 화분관핵 + 난세포
④ 화분관핵 + 2개의 극핵

해설
종자의 씨눈(배, 2n)는 웅핵(정핵,n)과 난핵(n)이 만나 발달한다.

정답 06 ③ 07 ④ 08 ④ 09 ① 10 ④ 11 ③ 12 ①

13 다음 중 종자의 간이 장기저장 포장재료로써 가장 이상적인 것은?
① 플라스틱 ② 주석통
③ 황마포대 ④ 종이봉투(紙袋)

해설
주석통은 철제용기로 종자의 장기저장을 위한 밀봉 저장법에 적합하다.

14 종자휴면의 원인이 아닌 것은?
① 두꺼운 종피 ② 발아억제물질
③ 배의 미숙 ④ 산소의 공급

해설
산소의 공급은 종자의 휴면을 타파하고 종자의 발아에 도움을 준다.

15 물 속에서도 발아력이 감퇴하지 않는 종자는?
① 밀 ② 벼
③ 무 ④ 콩

해설
수중에서도 발아가 잘되는 것으로 벼, 상추, 당근, 셀러리 등이 있다.

16 식물은 개화 후 수정이 끝나면 종자로 발달 성숙하는데 화곡류 종자발육 과정에서 알맞은 수확기는?
① 황숙기 ② 유숙기
③ 고숙기 ④ 녹숙기

해설
곡물류의 채종적기는 황숙기이며 십자화과작물(채소류)는 갈숙기에 적기이다.

17 종자만이 제1차 전염원이 되는 병해는?
① 벼 도열병
② 벼 선충심고병(잎마름선충병)
③ 벼 흰잎마름병
④ 벼 오갈병

해설
벼 선충심고병은 종자에 의해 전염되는 식물병이다.

18 다음의 작물 중 자연교잡율이 가장 낮은 것은?
① 벼 ② 밀
③ 보리 ④ 가지

해설
작물의 자연교잡율은 보리 0~0.15%, 밀 0.2~0.6%, 벼, 가지 0.2 ~ 1% 정도로 보리가 가장 낮다.

19 표본추출 방법 중 종자를 깨끗한 책상 위에 넓고 고르게 편 후 손으로 파이 자르듯이 나누어 임의로 선택하는 방법은?
① 컵방법
② 기계적 방법
③ 균분기 이용 방법
④ 파이방법(pie method)

해설
파이방법은 시료를 4등분하여 대각의 샘플끼리 모아 2개로 합치고 다시 4등분하는 작업을 반복하여 선택하는 방법이다.

20 채종포의 규모를 크게 하는 가장 주된 이유는?
① 소량의 종자 생산을 위하여
② 종자의 품질을 좋게 하기 위하여
③ 농민의 관심을 얻기 위하여
④ 일시에 수익을 높이기 위하여

해설
채종포의 규모가 크면 양질의 우량종자를 얻을수 있다.

21 피자식물의 배유(씨젖)는 몇 배체인가?
① 1n ② 2n
③ 3n ④ 4n

해설
피자식물의 배유는 3n 으로 형성된다.

22 품종의 퇴화원인과 관계가 가장 적은 것은?
① 근교강세
② 돌연변이
③ 자연교잡
④ 타 품종의 기계적 혼입

해설
품종의 퇴화 원인에 있는 근교약세의 경우 자식 혹은 근계교배를 계속함에 따라 현저하게 생활력이 감퇴되는 현상으로 자식약세라고도 한다.

23 다음 (   ) 안에 알맞은 내용으로 나열한 것은?

> 감수분열은 생식모세포가 연속적으로 (㉠)분열하여 완성되고, 제1감수분열은 (㉡)의 염색체수가 (㉢)으로 되는 과정이다.

① ㉠ : 1회, ㉡ : 2n, ㉢ : 2n
② ㉠ : 1회, ㉡ : 2n, ㉢ : n
③ ㉠ : 2회, ㉡ : 2n, ㉢ : 2n
④ ㉠ : 2회, ㉡ : 2n, ㉢ : n

해설
감수분열은 2회 연속 핵분열이 진행되며 제1감수분열은 이형분열이라 하며 염색체 수가 2n에서 n으로 반으로 줄고 유전물질의 양은 간기에 2배로 늘어나지만 후기에 다시 반으로 줄어들어 원래의 수가 된다.

24 자식계통(inbred line)의 개량목표로 틀린 것은?
① 자식계통의 생산성이 높아야 한다.
② 일반적으로 조합능력은 낮아야 한다.
③ 품질이 양호하고 가공성이 좋아야 한다.
④ 내병성, 내충성 및 내도복성 등 내재해성이 높아야 한다.

해설
자식계통간 교잡에 의한 육종법에서 자식계통을 육종하고 그 계통의 조합능력을 검정하여 조합능력이 높은 우량 교배조합을 선정하는 과정으로 진행된다.

25 세포질·핵유전형의 웅성불임성을 이용하여 일대 잡종 종자를 생산하는 대표적인 작물은?
① 셀러리   ② 상추
③ 고추   ④ 시금치

해설
웅성불임성을 이용하여 핵 유전자와 세포질 요인의 상호작용에 의해 발생하는 것으로 양파, 고추 등에서 관찰 및 활용된다.

26 육종 목표를 세우기 위해 고려해야 할 사항으로 가장 거리가 먼 것은?
① 재래품종의 보급상황, 이들의 결점 및 장점
② 새로운 품종이 보급될 지역의 농민 기술수준
③ 새로운 품종이 보급될 고장의 자연조건
④ 새로운 품종이 보급될 고장의 경제조건

해설
육종 목표를 세우기 위해서는 현 재배 품종의 장점과 단점, 보급의 상황을 고려하고 재배의 용이성, 소비자 기호, 생산물 품질 향상 등을 목표로 한다. 농민의 기술 수준은 교육을 통해 극복 가능한 부분으로 육종 목표를 세우기 위한 고려 사항은 아니다.

27 속씨식물 배낭형성과정 중 배낭세포의 핵 분열 횟수와 핵의 숫자는 몇 개인가?
① 핵분열 횟수 : 1회, 핵의 숫자 : 2개
② 핵분열 횟수 : 2회, 핵의 숫자 : 4개
③ 핵분열 횟수 : 3회, 핵의 숫자 : 8개
④ 핵분열 횟수 : 4회, 핵의 숫자 : 8개

해설
배낭 4분자는 3개는 퇴화하고 1개만 체세포 분열을 3회 하게 되는데 8개의 핵을 가진 대포자가 형성된다.

정답 22 ① 23 ④ 24 ② 25 ③ 26 ② 27 ③

28 작물 육종에서 자가불화합성의 특성을 이용한 결과와 관계가 가장 적은 것은?

① 자연교잡(natural cross-pollination)에 의해 순도가 높은 종자생산
② 단위결과성이 높은 작물의 씨없는 과실 생산
③ 자가불화합성의 기작을 이용하여 계통이나 개체들의 유연관계 분석
④ 잡종강세를 나타내는 일대잡종의 종자생산

해설
자연교잡에 의해 품종 특성의 퇴화가 발생할수 있어 순도 높은 종자 생산은 어렵다.

29 3계(3원) 교잡을 나타낸 방법은?

① $(A \times B) \times C$
② $AB \times BC \times CD$
③ $(A \times B) \times (C \times D)$
④ $(A \times B) \times (C \times D) \times (E \times F)$

해설
삼계교잡은 단교배 F_1과 어떤 품종과 교배로 $(A \times B) \times C$ 이다.

30 자기불화합성에 대한 설명으로 틀린 것은?

① 자가불화합성의 정도는 온도·습도 등의 환경조건에 따라 변화되기도 한다.
② 배우자에 의한 불화합성은 코스모스, 해바라기, 사탕무에서 볼 수 있다.
③ 자기불화합성을 유전적으로 보면 배우자 불화합성과 접합체불화합성의 두 가지 형이 있다.
④ 접합체에 의한 불화합성은 생식세포가 생성되는 식물체, 즉 아포체(芽胞體)의 반응에 의해 불화합성이 결정되는 것이다.

해설
배우자에 의한 불화합성은 배우체형 자가불화합성이라 하며 담배, 클로버, 일부 과수류 등에서 관찰된다. 코스모스, 해바라기, 사탕무 등은 포자체형 자가불화합성이 관찰된다.

31 $(A \times B) \times A$ 또는 $(A \times B) \times B$와 같이 F_1을 양친 중 어느 한쪽 친과 교잡하는 것을 무엇이라 하는가?

① 3원교잡   ② 복교잡
③ 여교잡   ④ 다계교잡

해설
여교잡육종법은 양친의 제1대 잡종에 양친 중 한쪽의 유전자형을 가진 개체를 교잡하고 이것을 수세대 반복하여 우량개체를 선발하는 방법으로 $(A \times B) \times B$, $(A \times B) \times A$, $[(A \times B) \times B] \times B$ 등의 형식이며 한번 교잡시킨 것을 1회친, 두 번 이상 교잡시킨 것을 반복친이라 한다.

32 순계선발법에서 가장 효율적인 순계선발 대상은?

① F_1
② 도입품종
③ 육종조작이 많은 식물
④ 덜 개량된 자식성 식물

해설
순계분리법은 기본 집단에서 우수한 형질을 가진 개체를 계속 선발하여 우수한 순계를 선발하는 방법으로 자가수정작물에 이용되며 덜 개량된 자식성 식물의 경우 효율성이 높다.

33 염색체의 배가 방법이 아닌 것은?

① 절단법
② 춘화처리법
③ 콜히친 처리법
④ 아세나프텐 처리법

해설
생육 초기에 일정기간 인위적 저온처리를 하는 것을 버널리제이션(춘화처리)라고 하며 식물에 인위적인 저온 처리를 통해 화성을 유도한다.

정답 28 ① 29 ① 30 ② 31 ③ 32 ④ 33 ②

34 유전 인자의 연관 관계가 상인(coupling)을 나타내고 있는 것은? (단, B, L은 우성유전자, b, l은 열성 유전자이다.)
① BB, LL   ② bb, ll
③ Bl, bL   ④ BL, bl

해설
상인은 우성유전자와 우성유전자가 연관되거나 열성유전자와 열성유전자가 연관된 경우를 말한다.

35 작물육종의 긍정적 성과로 볼 수 없는 것은?
① 농작물 이용부위의 품질이 크게 향상되었으며 용도별로 가장 알맞은 품질을 가진 품종이 개발되었다.
② 농작물 재배 및 생산의 안정성을 저해하는 환경요인에 대한 내성 또는 저항성을 지닌 품종이 육성되었다.
③ 농경지 이용효율 증진과 합리적인 작부체계 확립이 가능하게 되었다.
④ 재래종 감소, 품종의 획일화로 유전적 취약성이 초래되었다.

해설
재래종 감소 및 품종의 유전적 취약성은 작물육종의 긍정적 성과가 아닌 부정적 내용이다.

36 1개체 1계통법의 장점이 아닌 것은?
① 1개체에서 1립씩만 채종하므로 면적이 적게 들고 많은 조합을 취급할 수 있다.
② 유전력이 낮은 형질이나 다수 인자가 관여하는 형질의 개체선발에 효과적이다.
③ 온실조건에서 세대촉진으로 생육기간을 단축시켜서 육종연한을 줄일 수 있다.
④ 잡종후기세대에 선발하게 되므로 집단 내 호모접합체의 비율이 높아져 유전적으로 고정된 개체의 선발이 유리하다.

해설
1개체 1계통 육종은 집단육종과 계통육종의 이점을 모두 살리는 육종방법으로 초기 집단재배를 해서 유용유전자를 유지할수 있고 육종규모가 작아 온실에서 육종연한을 단축할 수 있다. 유전력이 낮은 형질에 효과적인 방법에는 집단육종법이 있다.

37 유전인자형이 AaBbCc 일 때, 몇 종류의 배우자를 만들 수 있는가? (단, 독립유전을 적용한다.)
① 2가지   ② 4가지
③ 5가지   ④ 8가지

해설
유전인자형이 Aa, Bb, Cc 의 3쌍의 대립유전자가 있어 $2^3=8$ 의 배우자를 만들 수 있다

38 멘델의 유전법칙 중 분리의 법칙으로 옳은 것은?
① 대립 유전자는 분리될 수 없다.
② 분리된 인자는 재결합할 수 없다.
③ 독립 유전의 법칙과는 분리되어야 한다.
④ F_2에서는 F_1에 나타나지 않았던 형질이 분리되어 나타난다.

해설
멘델의 제2유전법칙으로 잡종 2세대(F_2)에서 우성과 열성의 두 형질이 일정 비율로 분리된다.

39 여교잡(Backcross) 육종법에 대한 설명으로 틀린 것은?
① 여러 가지 형질을 동시에 개량하기 어렵다.
② 복합저항성 품종을 육성하는데 비능률적이다.
③ 재래종의 내병성을 이병성인 장려품종에 도입하는 경우에 효과적이다.
④ 게놈이 다른 종·속의 유용유전자를 재배식물에 도입하는 데 유리하다.

해설
여교잡육종법은 양친의 제1대 잡종에 양친 중 한쪽의 유전자형을 가진 개체를 교잡하고 이것을 수세대 반복하여 우량개체를 선발하는 방법으로 복합저항성 품종을 육성하는데 능률적인 방법이다.

정답 34 ④ 35 ④ 36 ② 37 ④ 38 ④ 39 ②

40 작물육종학과 관계없는 것은?
① 작물의 유전변이의 탐구
② 작물의 유전변이의 선택과 고정
③ 신품종의 증식과 보급
④ 보급 품종의 재배법 확립

해설
육종기술은 변이의 탐구와 창성, 변이의 선택과 고정, 신품종의 증식과 보급의 3단계로 구성된다.

41 재배 환경이 과실의 저장력에 미치는 영향으로 틀린 것은?
① 북부지방에서 생산된 과실은 남부지방에서 생산된 과실보다 저장력이 강하다.
② 습지에서 생산된 과실은 건조지에서 생산된 과실보다 저장력이 강하다.
③ 질소질 비료를 많이 준 과실은 적게 준 과실보다 저장력이 떨어진다.
④ 만생종의 경우는 늦게 수확한 품질도 좋고 착색도 두드러지게 향상된다.

해설
일반적으로 건조지에서 생산된 과실이 습지에서 생산된 과실보다 저장력이 강하다.

42 토성에 대한 설명으로 틀린 것은?
① 모래흙은 양분의 보유력이 약하다.
② 질흙은 물빠짐이 나쁘고, 토양 공기가 부족하다.
③ 경작지의 토성은 대체로 모래흙과 질흙이 적당하다.
④ 토성이란 토양입자를 크기별로 나누고, 이들의 함유비율에 따라 토양을 분류한 것이다.

해설
경작지 토성은 모래나 진흙으로 편중된 것보다 중간 정도의 사양토가 적합하다.

43 곡물 저장고의 온도와 습도의 관리방법으로 가장 적절한 것은?
① 온도는 높게, 습도는 낮게
② 온도는 낮게, 습도는 높게
③ 온도와 습도를 높게
④ 온도와 습도를 낮게

해설
곡물 저장고의 경우 곡물 종자의 수분함량을 낮게 유지하기 위해 온도 15℃ 이하, 상대습도 70% 이하 정도로 낮게 관리하는 것이 좋다.

44 핵과(核果)류 과수로만 나열된 것은?
① 복숭아, 자두   ② 사과, 배
③ 포도, 복숭아   ④ 자두, 사과

해설
핵과류에는 자두, 살구, 복숭아, 앵두 등이 있다.

45 벼의 수량 구성 요소와 가장 관계가 적은 것은?
① 출수 비율   ② 한 이삭당 벼알수
③ 벼알무게   ④ 등숙비율

해설
벼의 수량은 조곡, 현미, 백미의 무게를 나타내며 단위면적당 이삭수, 이삭당 영화수, 등숙비율, 천립중 등 4가지 수량구성요소에 의해 결정된다.
벼의 수량
=단위면적당 이삭수×이삭당영화수×등숙률×천립중(g)
=단위면적당영화수×등숙률×천립중

46 연탄가스나 노화된 꽃 등에서 발생하는 에틸렌가스 등에 의해 발생되는 카네이션의 생리적 장해는?
① 언청이   ② 꽃잎말이
③ 잎말이   ④ 동공화

해설
언청이(악할)은 카네이션의 봉오리가 불룩해지면서 꽃이 필 때 꽃받침이 터지는 현상으로 낮과 밤의 온도차가 심할 때, 일사량의 급격한 증가와 거름 흡수의 증가로 꽃봉우리의 영양 상태가 좋을 때, 질소와 붕소가 부족할 때 발생한다.

정답 40 ④ 41 ② 42 ③ 43 ④ 44 ① 45 ① 46 ①

47 작물의 기원에 대한 설명으로 틀린 것은?

① 잡초인 강아지풀은 돌콩의 야생종이다.
② 인간의 관리에 적응하는 방향으로 순화·진화하여 작물이 발달하였다.
③ 오늘날 재배되고 있는 작물들은 야생식물로부터 순화·발달된 것으로 추정되어진다.
④ 인류가 정주생활을 시작하고 식물의 생활환에 개입하여 그 일부를 관리하면서 시작되었다.

해설
강아지풀은 조의 야생종으로 본다.

48 우리나라 농경지의 작물 재배면적이 큰 것부터 순서대로 올바르게 나열한 것은?

① 벼 > 맥류 > 채소 > 과수
② 벼 > 맥류 > 과수 > 채소
③ 벼 > 채소 > 과수 > 맥류
④ 벼 > 과수 > 채소 > 맥류

해설
농경지 작물의 재배면적은 벼가 가장 크며 채소, 과수, 두류 순이다.

49 다음 설명하는 수확 후 처리 방법은?

> 고구마를 수확한 후 32~33°C의 온도와 90~95%의 습도 조건에 며칠 동안 두면 상처와 병반부가 아물고 당분이 증가하여 저장성이 좋아진다.

① 건조 ② 예냉
③ 후숙 ④ 큐어링

해설
큐어링은 고구마, 감자, 양파 등에 상처가 발생한 경우 상처를 아물게 하거나 코르크층을 형성시켜 수분의 증발을 줄이고 미생물의 침입을 예방하는 방법이다. 고구마는 수확 후 1주일 이내 온도 30~33°C, 습도 85~90% 조건에서 4~5일 정도 큐어링 후 열을 방출시키고 저장하면 상처가 아물게 된다.

50 다음 설명에 해당하는 작물의 영양분은?

> · 작물의 필수 원소에 포함되지 않는다.
> · 표피세포에 축적되어 조직을 규질화한다.
> · 이것을 충분히 흡수한 벼는 잎이 직립하기 때문에 수광 태세가 좋게 된다.

① 마그네슘 ② 붕소
③ 아연   ④ 규소

해설
규소는 작물의 필수 원소에는 포함되지 않으나 화곡류의 저항성을 높이고 잎을 곧게 지지하여 수광율을 높이는데도 도움을 주며 한해에 대한 경감 효과도 있다.

51 본 논의 면적이 100a인 농가에서 기계이앙 치묘육묘를 하려고 할 때 종자와 육묘상자는 일반적으로 어느 정도 준비하여야 하는가?

① 종자 15~20kg, 육묘상자 100~120개
② 종자 25~30kg, 육묘상자 150~180개
③ 종자 40~45kg, 육묘상자 200~220개
④ 종자 60~70kg, 육묘상자 350~400개

해설
보통의 육묘상자에서 어린묘(치묘)는 200~220g 정도 투입되며 재배면적 10a 당 소요되는 파종육묘상자는 20개 정도가 필요하다. 중립종 육묘 기준 200g×20개 = 4000g = 4.0kg 이므로 100a(1ha) 기준 약 40kg 이 소요되며 육묘상자는 200개 정도가 필요하다.

52 재배 과정에서 노동력을 절감하여 인건비를 낮춤으로써 생산성을 높이는 것이 아닌 것은?

① 자동화 시설
② 농기계의 이용
③ 제초제의 사용 금지
④ 재배경영 방법의 개선

해설
제초제 사용을 통해 노동력을 절감할 수 있다.

정답 47 ① 48 ③ 49 ④ 50 ④ 51 ③ 52 ③

53 벼의 기계 모내기에 가장 적합한 상토의 pH 범위는?

① 1.0~3.0 ② 4.5~5.5
③ 7.0~9.0 ④ 10.0~11.0

해설
육묘용 상토는 투수성과 보수력을 지니고 부식함량이 높으며 pH 4.5~5.5 가 적합하다.

54 비가 적게 내리는 건조 지대에서의 재배작물로 가장 적절한 것은?

① 고구마 ② 감자
③ 콩   ④ 보리

해설
고구마는 건조지역에서 잘자라는 작물에 속한다.

55 식물분류학상 무, 갓 등이 속하는 과(科)는?

① 국화과 ② 배추과
③ 백합과 ④ 생강과

해설
배추과에는 양배추, 무, 갓 등이 있다.

56 사과품종에 있어 수분수 품종으로 적합하지 않은 것은?

① 후지   ② 쓰가루
③ 화홍   ④ 조나골드

해설
조나골드는 3배체 품종으로 임성이 좋지 않아 수분수로 활용하기 부적합하다.

57 파종 후 복토를 해야 발아가 잘 되는 종자는?

① 파   ② 상추
③ 우엉   ④ 피튜니아

해설
파는 0.5cm 이하의 깊이로 흙을 덮어 주어야 발아가 잘된다.

58 농약을 100배로 희석하여 단위면적당 200L를 살포하고자 한다. 농약 소요량은 얼마인가?

① 1000mL ② 2000mL
③ 3000mL ④ 4000mL

해설
$$소요약량 = \frac{단위면적당 사용량}{소요희석배수}$$
$$= \frac{200}{100} = 2L = 2,000ml$$

59 만생종 벼의 꽃눈 분화 조건은?

① 고온성 ② 저온성
③ 단일성 ④ 장일성

해설
만생종 벼는 감광형으로 단일조건에 감응하여 꽃눈의 분화가 촉진된다.

60 좋은 품종의 선택시 고려해야 할 사항과 가장 거리가 먼 것은?

① 기호성이 큰 품종
② 연차변이가 큰 품종
③ 해당 지방의 장려품종
④ 재해에 대한 저항성이 높은 품종

해설
우수한 품종을 선택할 경우 그 특성이 균일해야 하기에 연차변이가 큰 품종은 피해야 한다.

2014 제4회 종자기능사

01 안전저장을 위한 종자의 최대수분함량이 가장 적은 것은?
① 고추   ② 콩
③ 옥수수   ④ 시금치

해설
안전저장을 위한 종자 최대수분함량은 대략 벼 15%, 보리 13%, 콩 11%, 시금치 9%, 배추 5%, 고추 4.5% 정도로 고추가 보기 중에서 가장 낮다.

02 종자에 대한 설명으로 틀린 것은?
① 배주가 발달하여 종자가 된다.
② 벼, 보리, 옥수수 등은 무배젖 종자이다.
③ 저장물질에 의해서 구분할 때 깨, 아주까리 등은 지방종자이다.
④ 증식용·재배용 또는 양식용으로 쓰이는 씨앗·버섯·종균·영양체 또는 포자를 말한다.

해설
벼, 보리, 옥수수는 배유종자이다.

03 공기 조건이 종자 발아에 미치는 영향에 대한 설명으로 틀린 것은?
① 발아 중에는 종자의 호흡이 크게 증가한다.
② 대부분 식물의 종자는 발아에 있어서 산소는 절대적으로 필요하다.
③ 대부분 식물의 종자에서 질소가스는 종자 발아에 영향을 미친다.
④ 대부분 식물의 종자에서 0.3% 이상의 이산화탄소는 발아에 유해하다.

해설
대부분 식물의 종자의 발아에는 산소가 영향을 준다.

04 작물의 수확 및 탈곡시 기계적 손상을 최소화할 수 있는 작물별 종자의 수분함량으로 가장 적절하지 않은 것은?
① 옥수수 : 20~25%
② 벼 : 17~23%
③ 콩 : 14%
④ 밀 : 25~30%

해설
밀은 탈곡시 16~19% 수분함량에서 기계적 손상이 최소화 된다.

05 종피 파상에 의한 휴면타파 방법이 아닌 것은?
① 기계적 파상
② 적색광 처리
③ 화학물질의 처리
④ 셀룰라제, 펙티나제 등의 효소처리

해설
적색광 처리는 종자휴면타파에 도움을 주지만 종피 파상에 의한 휴면타파 방법에는 해당되지 않는다.

06 휴면 중인 배(胚)에 저온처리를 하여 휴면이 타파될 때 수반되는 생리적 변화로 틀린 것은?
① 삼투압이 증가한다.
② 효소의 활력이 떨어진다.
③ 불용성 물질이 분해되어 가용성 물질로 변화된다.
④ 아미노산·당류 등과 같은 간단한 유기물질이 집적된다.

해설
효소의 활력이 증가하면서 휴면이 타파된다.

정답 01 ① 02 ② 03 ③ 04 ④ 05 ② 06 ②

07 수정과 결실에 대한 설명으로 틀린 것은?
① 성숙한 화분이 암술머리에 붙는 현상을 수분이라고 하며, 웅핵과 난핵 그리고 웅핵과 극핵이 융합되는 현상을 수정이라고 한다.
② 피자식물에서는 2개의 웅핵중 1개가 난핵과 합쳐서 2n상태의 배유를 만들고, 다른 1개의 웅핵이 극핵과 합쳐서 3n상태의 배를 만든다.
③ 2개의 웅핵이 한 배낭에 들어가 각각 난핵 및 극핵과 융합하는 현상을 중복수정이라고 한다.
④ 배와 배유는 다음세대에 속하지만 종피나 과피는 모체의 일부이기 때문에 이들의 유선조성은 서로 다르다.

해설
피자식물에서는 2개의 웅핵중 1개가 난핵과 합쳐서 2n 상태의 배를 만들고, 다른 1개의 웅핵이 극핵과 합쳐서 3n상태의 배유를 만든다.

08 종자를 정선한 후 실시하는 종자처리(種子處理)의 목적에 관한 내용과 가장 거리가 먼 것은?
① 종자전염병균이나 해충을 방제하기 위한 종자소독
② 토양 또는 공기를 통하여 전염하는 병균이나 해충으로부터 유식물(幼植物)을 보호하기 위한 처리
③ 적정한 온도처리를 통해 저장을 용이하게 하기 위한 처리
④ 종자의 발아속도 및 균일성 향상을 위한 특수 처리

해설
종자의 저장을 용이하게 하기 위해서는 온도를 적정하게 유지를 해야 하며 정선 후 실시하는 종자처리에는 온도처리가 포함되지 않는다. 종자의 정선 후 실시하는 종자처리의 목적은 종자소독, 유식물 보호, 종자 균일성 및 발아속도 향상, 불량 환경 적응성 증대 등이 있다.

09 다음 중 발아율이 가장 낮은 것은?
① 당근 ② 호박
③ 배추 ④ 양배추

해설
당근의 발아율은 60% 미만으로 작물 중에서 낮은 편이다.

10 종자를 소독하는 방법에 해당하지 않는 것은?
① 약제소독 처리 ② 자외선 처리
③ 생물학적 처리 ④ 태양열 소독

해설
종자소독의 방법에는 약제처리, 방사선처리, 고주파 처리, 자외선처리, 고온처리, 생물학적 처리 등이 있다.

11 종자 휴면을 타파하는데 가장 많이 이용되는 생장조절 물질은?
① 요소 ② 암모니아
③ 다찌가렌 ④ 지베렐린

해설
발아를 촉진하는 물질에는 지베렐린, 시토키닌, 에틸렌, 과산화수소, 질산칼륨, 티오요소 등이 있다.

12 종자가 발아할 때의 수분흡수를 3단계로 나눌 때, 뿌리의 신장이 관찰되며, 수분과 양분을 흡수하는 기능을 가지게 되는 단계는 어느 단계인가?
① 1단계 ② 2단계
③ 3단계 ④ 1~2단계

해설
종자의 수분흡수 3단계에서 마지막단계는 종자의 발아가 시작되고 뿌리가 신장되며 흡수기능을 가지게 된다.

정답 07 ② 08 ③ 09 ① 10 ④ 11 ④ 12 ③

13 단명종자에 해당되지 않는 것은?
① 토마토   ② 파
③ 당근   ④ 콩

해설
토마토는 장명종자에 해당한다.

14 단자엽 식물에 속하는 것은?
① 콩   ② 오이
③ 보리   ④ 단풍나무

해설
벼, 보리, 밀, 옥수수, 피, 갈대, 억새풀 등은 단자엽식물에 해당한다.

15 종자병 검정에 있어 항 혈청학적 검정방법에 속하지 않는 것은?
① 한천배지검정법
② 면역이중확산법
③ 형광항체법
④ 효소결합항체(ELISA검정)법

해설
혈청학적 검정에는 면역이중확산법, 방사형 확산검정법, 형광항체법, 효소결합항체법(ELISA) 등이 있다.

16 기주식물과 종자 전염병의 연결로 틀린 것은?
① 보리 – 깜부기병
② 오이 – 오이모자이크병
③ 벼 – 키다리병
④ 토마토 – 배꼽썩음병

해설
토마토 배꼽썩음병은 양분 부족 및 석회질 성분의 부족으로 발생한다.

17 종자의 저장 방법에 대한 설명으로 틀린 것은?
① 곡류는 저온·건조할수록 저장에 유리하다.
② 식용감자는 3~4℃ 및 85~90%의 습도에 저장하는 것이 유리하다.
③ 고구마는 2~5℃ 및 80~95%의 습도에 저장하는 것이 유리하다.
④ 엽·근채류는 0~4℃ 및 90~95%의 습도가 저장에 유리하다.

해설
고구마는 저장온도 12~15℃, 저장습도 80~95% 이다.

18 경실종자의 발아촉진을 위한 방법으로 가장 적절한 것은?
① 모래에 저장한다.
② 종피에 상처를 준다.
③ 공기가 통하지 않도록 밀봉한다.
④ 일정기간 습기와의 접촉을 방지한다.

해설
종피파상법은 경실의 휴면 타파 및 발아촉진을 위해 종피에 상처를 주는 방법이다.

19 종자의 퇴화 증상이 아닌 것은?
① 효소활성의 저하
② 호흡의 상승
③ 종자 침출액의 증가
④ 유리지방산의 증가

해설
종자의 퇴화 증상에는 호흡이 감소하는 현상이 나타난다.

20 무씨 400립으로 발아시험을 실시하였더니 정상묘 360개, 비정상묘 16개, 불발아 종자 24개였다. 이때의 발아율은 얼마인가? (단, 표준발아검사에 준하여 실시한다.)
① 67%   ② 90%
③ 94%   ④ 96%

정답 13 ① 14 ③ 15 ① 16 ④ 17 ③ 18 ② 19 ② 20 ②

해설

발아율 = $\frac{발아수}{총종자수} \times 100 = \frac{360}{400} \times 100 = 90(\%)$

21 작물의 1대 잡종(F_1)에서 수확한 종자(F_2)를 재배하여 수확한 종자의 특성이 아닌 것은?

① 유전적으로 순수하다.
② 품질이 떨어진다.
③ 균일성이 떨어진다.
④ 변이가 심하게 일어난다.

해설

잡종 F_1에서 나타났던 잡종강세가 자식 혹은 근계교배를 계속함에 따라 현저하게 생활력이 감퇴되는 현상을 근교약세한다

22 웅성불임성이나 자가불화합성을 육성에서 이용하고 있는 이유로 가장 적당한 것은?

① 잡종종자 채종을 쉽게 할 수 있다.
② 잡종강세가 많이 나타난다.
③ 조직배양이 잘 되기 때문이다.
④ 육종기간을 단축할 수 있다.

해설

웅성불임성이나 자가불화합성의 경우 종자의 대량생산이나 잡종종자의 채종에 이용된다.

23 자식성 식물의 화기구조 특성으로 틀린 것은?

① 암술과 수술이 한 개체에 있으나 다른 부위에 위치한다.
② 화기가 잘 열리지 않는다.
③ 꽃이 피기 직전 또는 직후에 화분립이 비산한다.
④ 암술머리나 꽃밥이 꽃잎에 의하여 감추어져 있다.

해설

자식성 식물은 양성화로 암술과 수술을 함께 가지고 있다.

24 신품종의 품종보호 등록에 필요한 구비조건이 아닌 것은?

① 구별성
② 균일성
③ 안정성
④ 유용성

해설

신품종 3대 구비조건은 구별성(Distinctness), 균일성(Uniformity), 안정성(Stability)을 말한다.

25 채소의 1대 잡종 채종시 보통 인공교배에 의하지 않는 것은?

① 수박
② 양파
③ 오이
④ 가지

해설

인공교배에 의하지 않고 웅성불임성을 이용하여 생산하는 작물에는 양파, 당근, 고추 등이 있다.

26 질적형질과 양적형질에 대한 설명으로 옳은 것은?

① 양적형질은 환경의 영향을 적게 받는다.
② 질적형질은 적은 수(數)의 유전자가 관여하므로 유전현상이 비교적 단순하다.
③ 질적형질은 연속변이를 나타낸다.
④ 양적형질의 대표적인 예로서 꽃색을 들 수 있다.

해설

질적형질은 불연속변이하며 소수의 주동유전자에 의해 지배되어 유전현상이 비교적 단순하다.

27 순계 두 품종 사이의 교배에 의하여 생겨난 F_1 식물체(AaBbCcDdEe)가 생산하는 화분의 종류는? (단, 5개의 유전자는 서로 독립 유전을 한다고 가정함)

① 5개
② 25개
③ 32개
④ 64개

해설

n 쌍의 대립유전자는 2^n 만큼의 표현형을 가지기에 5개의 대립유전자가 있으므로 2^5=32개이다

정답 21 ① 22 ① 23 ① 24 ④ 25 ② 26 ② 27 ③

28 동질배수체 육종을 이용하는 것이 효과적인 경우에 해당하지 않는 것은?
① 염색체 수가 적은 식물에서 더 효과적이다.
② 배수체가 되면 임성이 높아지고 착과성이 좋아진다.
③ 자식성 식물에서보다는 타식성 식물에서 더 효과적이다.
④ 잎과 줄기 등 영양기관을 이용하는 식물에서 더 효과적이다.

해설
동질배수체는 임성이 저하되고 착과성이 감퇴하며 발육이 지연 된다.

29 피자식물의 배유 세포의 핵은 몇 배체인가?
① 1배체   ② 2배체
③ 3배체   ④ 4배체

해설
배유는 3n 으로 3배체이다.

30 육종의 대상 형질을 세분화 할 때 질적 특성에 해당하는 것은?
① 초장   ② 화색
③ 분얼수   ④ 성분 함량

해설
질적형질은 양적으로 표현할 수 없는 형질로 꽃의 색 및 종피색 등이 해당된다.

31 두 품종을 교잡하여 그 후대에 좋은 형질을 가진 개체를 분리 선발하여 고정 시키는 육종 방법은?
① 분리육종법   ② 선발육종법
③ 계통육종법   ④ 교잡육종법

해설
교잡육종법은 육종의 소재가 되는 변이를 교잡을 통해 얻는 방법이다. 품종간, 종속간 교잡에 의해 유전적 변이를 작성하여 그 중에 우량 계통을 선발하여 신품종으로 육성하는 것이다.

32 변이의 크기는 육종에 매우 중요하다. 변이를 크게 하는 방법으로 가장 많이 이용된 것은?
① 배수체 유기
② 교잡
③ 방사선 돌연변이 유기
④ 유전공학적 기법

해설
변이의 크기는 인위적, 자연적 교배의 정도에 의해 결정되며 교배 및 교잡이 많을수록 변이의 크기가 크게 된다.

33 형질의 변이와 선발에 대한 설명으로 틀린 것은?
① 형질의 표현은 유전자와 환경과의 상호작용에 의해 나타난다.
② 유전력은 양적형질의 변이를 효과적으로 추정하기 위한 하나의 표본 통계치이다.
③ 연속변이를 보이는 형질 중 폴리진의 영향을 받는 경우 개별 유전자가 작용하는 값이 환경변이보다 크다.
④ 딴꽃가루받이성(타식성) 작물에서 원치 않는 우성유전자를 도태시키는 것보다 원치 않는 열성유전자를 도태시키는 것이 더 어렵다.

해설
폴리진은 연속변이의 원인이 되는 유전자로 각각의 폴리진은 그 작용이 환경변이보다 작고 동일 효과를 가지며 같은 방향으로 작용된다.

34 농작물 품종의 변천 요인과 관계가 가장 적은 것은?
① 사람의 기호   ② 품종의 분류
③ 경제적인 상황   ④ 농업기계의 발달

해설
품종은 사람들의 기호 및 경제사정과 농업기구의 발달 정도에 영향을 받아 변화되었다.

정답 28 ② 29 ③ 30 ② 31 ④ 32 ② 33 ③ 34 ②

35 작물육종의 전망으로 틀린 것은?
① 유전자원의 필요성이 증가될 것이다.
② 육종목표가 다양화될 것이다.
③ 형질전환기술의 이용이 적어질 것이다.
④ 신품종 개발에 관한 지적재산권이 보호될 것이다.

해설
형질전환은 외부 유전물질을 세포에 병합하여 유전자 변환을 일으키는 방법으로 유전자원의 필요성이 증가하고 보존하기 위한 노력이 높아짐에 따라 형질전환기술의 이용도 높아질 것이다.

36 장려품종에 대한 설명으로 가장 적합한 것은?
① 유전적 특성이 우수한 품종
② 고유한 유전적 특성을 갖는 품종
③ 농업 생산자의 선호도가 높은 품종
④ 우량 품종 중에서 재배가 권장되는 품종

해설
장려품종은 품종 중 재배적 특성이 우수하여 우량품종 중에서 재배가 권장되는 품종을 말한다.

37 순계분리법을 적용하기에 가장 적합한 작물은?
① 타식성 작물   ② 자식성 작물
③ 영년생 작물   ④ 영양번식 작물

해설
순계분리법은 기본 집단에서 우수한 형질을 가진 개체를 계속 선발하여 우수한 순계를 선발하는 방법으로 자가수정작물에 이용된다.

38 채소 채종포로 적당하지 않은 곳은?
① 병해충 발생이 적은 곳
② 개화기와 성숙기에 비가 적은 곳
③ 노지에서 월동이 용이한 곳
④ 자연교잡이 잘 일어나는 곳

해설
채종포는 자연교잡이 잘 일어나지 않고 격리재배가 가능한 곳이어야 한다.

39 한 개의 생식핵으로부터 몇 개의 웅핵이 생성되는가?
① 1개   ② 2개
③ 4개   ④ 8개

해설
꽃가루가 발아하여 핵이 분열하면 화분관핵(n)과 생식핵(n)이 나타나며 생식핵은 분열하여 2개의 정핵(웅핵)이 나타나게 된다.

40 개화기 조절방법이 아닌 것은?
① 파종기에 의한 조절
② 비배법
③ 온실법
④ 제웅법

해설
제웅은 자가수정을 방지하기 위해 꽃망울 상태에서 모계의 수술을 제거해 주는 작업이다.

41 잡초의 방제방법이 잘못 연결된 것은?
① 기계적 방제 - 제초용 농기구 이용
② 생태적 방제 - 재배의 시기 조절
③ 물리적 방제 - 밀식재배
④ 화학적 방제 - 제초제 사용

해설
밀식재배는 잡초를 방제하는 생태적(경종적) 방제법에 해당한다.

42 일반적으로 생산물의 용도에 따라 공예작물을 분류할 때 약료작물에 해당되는 것은?
① 수수   ② 땅콩
③ 고구마   ④ 인삼

해설
제충국, 인삼, 도라지, 박하, 당귀 등은 약료작물에 해당한다.

43 생력재배의 효과와 거리가 먼 것은?
① 생산비의 절감 ② 농업경영의 개선
③ 작업효율의 감소 ④ 단위수량의 증대

해설
생력재배를 통해 작업효율이 증가한다.

44 산성 토양에서 나타나는 무기성분의 반응으로 옳은 것은?
① 인산 불용화
② 칼슘, 마그네슘 이용도 증가
③ 염류축적 감소
④ 아연, 망간 용해도 감소

해설
산성토양의 경우 인산, 칼슘 등의 작물생육에 이로운 무기성분들이 불용화된다.

45 우리나라에서 벼농사를 짓기에 알맞은 이유가 아닌 것은?
① 토질과 산도가 알맞다.
② 온도가 높고 강수량이 많다.
③ 일조 시간과 일사량이 풍부하다.
④ 자연재해가 거의 없다.

해설
국내의 기온, 습도 등이 벼농사를 짓기에 적합한 환경이기 때문이다.

46 큐어링 처리가 가장 효과적인 작물은?
① 배 ② 사과
③ 고구마 ④ 단감

해설
큐어링은 고구마, 감자, 양파 등에 상처가 발생한 경우 상처를 아물게 하거나 코르크층을 형성시켜 수분의 증발을 줄이고 미생물의 침입을 예방하는 방법이다.

47 $1m^2$당 이삭수가 300개, 1이삭당 평균 영화수가 100개, 등숙률 80%, 1,000알의 무게가 20g일 경우 $1m^2$당 벼의 수량은?
① 240g ② 300g
③ 480g ④ 600g

해설
$$벼의 수량(kg) = \frac{300 \times 100 \times 0.8 \times 20}{1000 \times 1000}$$
$$= 0.48kg = 480g$$

48 관행적인 방법으로 콩 재배를 하던 농업인이 노동력이 많이 들어 경운줄뿌림 재배법으로 재배방법을 전환하였다. 그 이유는 어느 작업단계에서 노력을 절감하기 위한 것인가?
① 종자 준비 작업 ② 경운 정지 작업
③ 비료 살포 작업 ④ 파종 작업

해설
경운줄뿌림 재배는 농기계를 이용하는 기계화 작업으로 파종작업의 노동력을 절감하기 위해 전환을 하였다.

49 생력기계화 재배의 전제 조건으로 가장 거리가 먼 것은?
① 농경지의 경지정리와 농로의 정비
② 동일 작물을 동일한 집단 재배방식으로 관리
③ 제초제를 이용한 재배
④ 이식 재배를 통한 재배 체계 확립

해설
생력재배는 노력을 줄여 농사를 짓는 것으로 본디 목적은 노동력이 부족한 농가의 상황을 개선하기 위한 방법으로 이식 재배의 경우 노동력을 더 많이 요구하기에 생력기계화의 전제조건에 부합하지 않는다.

50 농약살포시 일반적인 주의사항으로 가장 부적당한 것은?

① 약을 뿌릴 때에는 마스크, 보안경, 고무장갑 및 방제복 등을 착용하고 바람을 등지고 뿌린다.
② 살포전·후 살포기를 반드시 씻는다.
③ 사용 후 남은 농약은 눈에 잘 띄도록 햇빛이 잘 드는 곳에 보관한다.
④ 안전사용기준과 취급제한기준을 반드시 지켜야 한다.

해설
사용 후 남은 농약은 햇빛이 들지 않는 곳에 잔량이 새지 않도록 잘 보관해야 한다.

51 산성토양에서도 잘 생육하는 화훼류는?

① 과꽃, 백일홍
② 철쭉, 치자
③ 국화, 카네이션
④ 제라늄, 시네라리아

해설
철쭉, 치자, 베고니아 등은 산성토양에서 잘 생육하는 화훼류이다.

52 밀의 용도와 품질적 특성에서 고급 빵이나 마카로니를 만드는데 가장 적합한 밀가루는?

① 강력 밀가루
② 준강력 밀가루
③ 중력 밀가루
④ 박력 밀가루

해설
고급 빵이나 마카로니는 강력밀가루(강력분, 글루텐 함량 13% 이상)를 활용한다.

53 벼를 담수 직파 재배할 때 가급적 중생종이나 중·만생종을 선택하는데 이와 가장 관계 깊은 벼의 특성은?

① 내랭성
② 내병성
③ 내충성
④ 내도복성

해설
담수직파 재배시 도복이 심한 경우가 있어 중생종 혹은 중·만생종을 선택하여 이를 개선한다.

54 아직 덜 익은 과실을 수확하여 일정 기간 놓아두면 익는데, 이러한 현상을 무엇이라고 하는가?

① 후숙
② 예냉
③ 도정
④ 큐어링

해설
미숙한 과실을 수확하고 일정 기간 보관하여 성숙시키는 것을 후숙이라 한다.

55 산간 지방에서 벼를 재배할 때 가장 피해 받기 쉬운 기상 재해는?

① 안개해
② 동해
③ 풍해
④ 냉해

해설
산간 지방은 고위도 지방으로 벼를 재배할 때 냉해를 받기 쉽다.

56 작물 종자의 발아에 대한 설명으로 옳은 것은?

① 콩과 작물은 대부분 지하발아를 한다.
② 종자의 발아에는 적절한 수분, 산소, 온도가 필요하다.
③ 광선이 발아를 촉진하는 종자에는 토마토, 호박 등이 있다.
④ 발아 할 때는 종자의 호흡이 감소하면서 이산화탄소의 소모가 증가한다.

해설
종자의 발아를 위해서는 적절한 수분, 온도, 산소, 광 등이 필요하다.

정답 50 ③ 51 ② 52 ① 53 ④ 54 ① 55 ④ 56 ②

57 벼의 생육 최저 온도로 가장 적합한 것은?

① 0 ~ 4℃ ② 5 ~ 8℃
③ 9 ~ 14℃ ④ 20 ~ 25℃

해설

벼의 생육 최저온도는 10~12℃ 이다.

58 고온성 채소는 어느 것인가?

① 배추 ② 딸기
③ 시금치 ④ 토마토

해설

고온성 채소에는 가지, 고추, 토마토, 오이, 호박 등이 있다.

59 다음과 같은 장점을 가진 재배방식은?

- 기계화재배가 가능하다.
- 재배나 관리 작업이 간단하다.
- 다른 재배방식에 비해 수량을 많이 낼 수 있다.

① 홑짓기 ② 사이짓기
③ 섞어짓기 ④ 번갈아심기

해설

홑짓기는 단작이라 하며 하나의 작물만 재배하는 것으로 재배관리가 간편하고 기계화 재배에 용이하다. 기계화를 통해 다른 재배 방식에 비해 수량을 많이 낼 수 있다.

60 우리나라의 연간 일조시간 범위로 가장 적당한 것은?

① 1000 ~ 1500 시간
② 2000 ~ 2500 시간
③ 3000 ~ 3500 시간
④ 4000 ~ 4500 시간

해설

우리나라의 연간 일조시간 범위는 2000~2500 시간이며 평균 일조시간은 매년 증가하는 추세이다.

정답 57 ③ 58 ④ 59 ① 60 ②

2015 제1회 종자기능사

01 지하발아형 종자가 아닌 것은?
① 콩 ② 완두
③ 보리 ④ 옥수수

해설
벼, 보리, 옥수수, 팥, 완두, 잠두 등은 지하발아형 종자이고 콩은 지상발아형 종자이다.

02 종자의 습윤저온충적(濕潤低溫層積) 저장 설명으로 가장 적합한 것은?
① 습한 자루에 3~6 ℃에서 1~2주 처리
② 습한 모래에 1~10 ℃에서 3~4주 처리
③ 습한 진흙에 2~9 ℃에서 2~3주 처리
④ 습한 짚 속에 6~10 ℃에서 1~2주 처리

해설
습윤충적처리는 습한 모래 0~10℃ 조건에서 약 3~4주 정도 처리를 한다.

03 옥수수 복교잡종의 특징이 아닌 것은?
① 종자값이 저렴하다.
② 여러 환경조건에 대한 완충능력이 있다.
③ 개화기간이 길어 다른 교잡종보다 수분 기회가 많아 이삭이 충실해진다.
④ 불량 환경조건일 때 종자의 균일도가 단교잡종이나 삼원교잡종 종자보다 낮다.

해설
대체로 복교잡종은 단교잡종보다 품질의 균일성이 떨어진다.

04 완두 종자를 A · B 창고에 보관한 후 전기 전도도 조사를 실시한 결과, A창고에 보관한 완두 종자의 침출액이 더 많았다. 종자 퇴화는 어느 것이 더 진전되었는가?
① A창고 완두 종자가 더 퇴화되었다.
② B창고 완두 종자가 더 퇴화되었다.
③ A창고와 B창고 완두 종자의 퇴화는 똑같다.
④ 비교할 수 없다.

해설
종자의 침출액이 많을수록 종자의 퇴화가 더 진행된 것으로 A 창고의 완두종자가 침출액이 더 많기에 더 퇴화되었다고 할 수 있다.

05 우량종자를 생산하는 방법으로 잘못된 것은?
① 격리재배를 통하여 이종의 혼입을 막는다.
② 무병지에서 채종한다.
③ 감자의 바이러스 병을 막기 위해 평지에서 채종한다.
④ 벼 종자는 평야지보다 분지에서 생산된 것이 임실이 좋아서 종자가치가 높다.

해설
감자는 바이러스 병을 막기 위해 고랭지 재배를 하도록 한다.

06 종자의 유전적인 퇴화를 가장 효과적으로 방지할 수 있는 방법은?
① 격리재배
② 생육기 조절
③ 충실한 종자 선택
④ 종자소독 철저

정답 01 ① 02 ② 03 ④ 04 ① 05 ③ 06 ①

해설
격리재배를 하면 자연교잡을 방지하여 유전적 퇴화를 막을수 있다.

07 일반 식물 종자의 발아를 위한 최고온도 범위로 가장 적당한 것은?
① 15~20 ℃ ② 25~30 ℃
③ 30~40 ℃ ④ 45~50 ℃

해설
종자가 발아 가능한 최저온도 조건은 0~10℃, 최고온도는 35~40℃ 정도이다.

08 종자세검사법(種子勢檢査法)으로 갖추어야 할 요건과 거리가 먼 것은?
① 신속해야 한다.
② 객관성이 있어야 한다.
③ 첨단장비를 갖추어야 한다.
④ 경비가 적게 들어야 한다.

해설
종자세 검사는 객관성, 신속성, 경제성, 재현성, 포장출현과 상관 등이 있어야 하나 첨단장비를 요구하지는 않는다.

09 광발아 종자의 발아를 촉진시키는 가장 효과적인 빛의 파장은?
① 적색광 ② 청색광
③ 자외선 ④ 황색광

해설
발아를 촉진시키는 광은 적색광(660~700nm)이다.

10 종자 병해 검사 방법으로 부적합한 것은?
① 종자를 살균한 후 조사한다.
② 400립 이상의 종자를 취해 검사한다.
③ 병원균이 자라도록 배양한 후에 조사한다.
④ 파종 후 생육 중인 식물체를 검사한다.

해설
종자 병해 검사 전 살균을 하지 않도록 한다.

11 종자를 안전하게 저장 관리하는 방법으로 틀린 것은?
① 이병개체의 선별 및 제거
② 해충의 구제
③ 저장 온·습도의 큰 변화
④ 쥐 피해의 방지

해설
종자의 안전 저장을 위해 온도 및 습도의 변화가 적도록 해야 한다.

12 피자식물의 배와 배유에 관한 내용으로 옳은 것은?
① 배(2n)는 웅핵 + 난핵, 배유(2n)는 웅핵 + 극핵
② 배(2n)는 웅핵 + 난핵, 배유(3n)는 웅핵 + 극핵
③ 배(3n)는 웅핵 + 난핵, 배유(2n)는 웅핵 + 극핵
④ 배(3n)는 웅핵 + 난핵, 배유(3n)는 웅핵 + 극핵

해설
피자식물에서는 2개의 웅핵중 1개가 난핵과 합쳐서 2n 상태의 배를 만들고, 다른 1개의 웅핵이 극핵과 합쳐서 3n 상태의 배유를 만든다.

13 일반적으로 종실의 형태가 장립종인 벼는?
① 일본형(Japonica type) 벼
② 유럽형(Euro type) 벼
③ 자바형(Java type) 벼
④ 인도형(Indica type) 벼

해설
종자의 형태가 쌀알이 긴 장립종은 인도형이다.

14 종자전염성 병 검정의 범위가 아닌 것은?
① 종자 생산과 관련된 검정
② 종자 소독의 필요에 대한 종자검정
③ 작물의 품질 향상을 위한 종자검정
④ 종자의 수입 및 수출을 위한 검역에 대한 종자검정

해설
종자전염성 병에 대한 검정에는 작물의 품질 향상에 관련된 것은 포함되지 않는다.

15 화곡류의 성숙과정에 대한 설명으로 틀린 것은?
① 젖익음(乳熟)은 종자의 내용물이 아직 젖(乳)모양인 과정이다.
② 풀익음(糊熟)은 종자의 내용물이 아직 된풀((糊)모양인 과정이다.
③ 누렇게 익음(黃熟)은 전 식물체가 황변하고 종자의 내용물이 경화된 상태이며 성숙했다고 한다.
④ 고숙(枯熟)하면 식물체가 퇴색하고 내용물이 더욱 경화하고 탈립(脫粒)등이 발생되기 쉽다.

해설
전 식물체가 황변하고 종자의 내용물이 경화된 상태는 완숙이라 한다.

16 종자의 외피가 두꺼운 경실종자의 휴면을 타파하는 방법으로 가장 적당하지 않는 것은?
① 질산염처리를 한다.
② 종피에 상처를 입힌다.
③ 저온처리를 한다.
④ 원액의 황산에 오랫동안 담가둔다.

해설
황산처리법은 농황산에 1시간 정도 담근 후에 처리하는 방법으로 너무 오랫동안 담가두면 종자의 발아력이 상실된다.

17 종자에는 전분, 지방, 단백질의 세 가지 저장양분이 들어있다. 다음 중 전분종자(澱粉種子)인 것은?
① 벼   ② 땅콩
③ 해바라기   ④ 참깨

해설
옥수수, 벼, 보리 등은 전분종자에 해당한다.

18 단위생식(apomixis)으로 생긴 종자는?
① 단종   ② 위잡종
③ 1대잡종 ④ 종간잡종

해설
단위생식에 의해 발생한 식물이나 종자를 위잡종이라 한다.

19 다음 중 진균이 가장 많이 존재하고 있는 주요 부위는?
① 씨껍질   ② 내피
③ 떡잎   ④ 씨젖

해설
종자에 있어 진균이 가장 많은 부위는 종피(씨껍질), 과영, 영 등의 종자 외부층에 존재한다.

20 고온항온 건조기법에 의한 종자건조시 옥수수의 건조시간으로 가장 알맞은 것은? (단, 건조온도는 130~133℃ 로 한다.)
① 1시간   ② 2시간
③ 4시간   ④ 8시간

해설
고온항온 건조기법에서 옥수수는 4시간의 건조시간을 가지며 기타 종은 1시간으로 한다.

21 꽃의 각 부위를 설명한 것으로 틀린 것은?
① 자방 - 꽃의 자성생식기관
② 배주 - 꽃의 웅성생식기관
③ 약 - 수술에서 화분을 생산하는 부위
④ 주두 - 화분을 받아들이는 부위

해설
꽃의 웅성생식기관은 꽃가루를 만드는 기관이다.

22 다음 설명의 ( )안에 적합한 용어로만 나열한 것은?

> 생식세포의 형성과정 중에 성숙한 배낭에는 (㉠)과 (㉡)이 있다.

① ㉠ 난핵, ㉡ 극핵
② ㉠ 난핵, ㉡ 영양핵
③ ㉠ 극핵, ㉡ 영양핵
④ ㉠ 영향핵, ㉡ 정핵

해설
배낭에서 난핵과 극핵이 있으며 정핵과 결합하여 수정을 한다.

23 양적형질의 선발효율을 예측하는 척도로 가장 적합한 것은?
① 유전력(유전율) ② 잡종강세
③ 자식약세 ④ 유전자빈도

해설
연속적으로 형질이 다른 개체가 태어나는 양적 형질이, 그 중 어느 정도가 다음 대에 유전되는지를 나타내는 양을 유전력이라 하며 유용형질의 선발효율을 예측하는 지표가 되기도 한다.

24 1대 잡종교잡법 중 단교잡에 대한 설명으로 옳은 것은?
① 잡종강세 현상이 크고 균일하다.
② 종자 생산량이 많다.
③ 교잡 방법이 매우 복잡하다.
④ 복교잡보다 균일성이 떨어진다.

해설
단교잡은 관여하는 계통이 2개뿐이라 우량 조합의 선정이 용이하고 잡종강세 현상이 뚜렷하다.

25 계통육종법에서 최초로 선발을 시작하는 시기는?
① F_1 ② F_2
③ F_3 ④ F_4

해설
계통육종법은 교배를 하여 잡종을 만들고 그 분리세대인 F_2 이후부터 계속 개체선발을 한다.

26 다음 중 한 지방에서 예로부터 재배해 온 품종으로 오랜 기간에 걸쳐 도태가 가해져 형성된 것은?
① 일대잡종 ② 육성종
③ 재래종 ④ 시판종

해설
재래품종(재래종)은 그 지방에서 이전부터 재배되어 온 품종으로 지방품종이라 한다.

27 품종에 대한 설명으로 가장 적절하지 않은 것은?
① 1대 잡종은 품종으로 취급하지 않는다.
② 유래로 보아 재래종과 육성종으로 나뉜다.
③ 작물의 재배 또는 이용상 동일한 특성을 나타낸다.
④ 자가수정 식물에서는 동일한 유전조성(homo)을 갖는다.

해설
1대 잡종은 F_1 품종으로 취급한다.

28 자식성 작물의 돌연변이 육종에서 처리 당대의 식물체를 M_1세대라고 하면, 식물체 형질의 열성돌연변이체를 최초로 선발할 수 있는 세대는?

① M_1세대 ② M_2세대
③ M_3세대 ④ M_4세대

해설
자식성 작물의 돌연변이 육종에서 처리 당대의 식물체를 M_1세대라고 하면, M_2세대에서 선발하여 계통 재배한다.

29 종자의 수명을 가장 길게 하는 저장 조건은?

① 고온다습 ② 고온건조
③ 저온다습 ④ 저온건조

해설
종자의 수명을 길게 하기 위해서는 저온의 조건과 함께 종자의 수분함량에 영향을 주지 않도록 건조한 조건에서 저장하는 것이 좋다

30 유전자의 다면적 발현에 대한 설명으로 옳은 것은?

① 한 형질을 지배하는 유전자가 여러 개인 것
② 한 유전자가 여러 가지 형질에 관여하는 것
③ 동일 염색체 상에 여러 가지 유전자가 있는 것
④ 염색체 교차로 유전자가 여러개로 나누어지는 것

해설
한 개의 유전자가 여러 형질을 발현하는 경우 다면발현(유전자의 다면적 발현)이라 한다.

31 돌연변이 육종에서 돌연변이 유발원으로 이용되지 않는 것은?

① X선 ② 자외선
③ 중성자 ④ 감마선

해설
자외선은 종자의 휴면에 영향을 주며 돌연변이에는 영향이 없다.

32 품종의 특성 중 양적형질에 해당하지 않는 것은?

① 줄기의 길이 ② 마디의 길이
③ 수량 ④ 색깔의 변화

해설
질적형질은 양적으로 표현할 수 없는 형질을 말하며 종자의 색깔의 변화가 여기에 해당된다.

33 다음 중 멘델리즘을 재발견한 사람이 아닌 것은?

① 뮬러(Muller)
② 코렌스(Correns)
③ 체르마크(Tschermak)
④ 드브리스(De Vries)

해설
1900년대에는 네덜란드의 드브리스(De vries), 독일의 코렌스(correns), 오스트리아의 체르마크(tschermak)가 멘델의 유전법칙을 연구하였다.

34 다음 중 일대잡종육법을 상용하고 있는 작물은?

① 무 ② 감자
③ 콩 ④ 보리

해설
양배추, 무, 배추 등은 일대잡종육종법을 사용하여 종자를 생산한다.

정답 28 ② 29 ④ 30 ② 31 ② 32 ④ 33 ① 34 ①

35 생물분류의 기본 단위로서 실제로 교배가 행해지고 있거나 잠재적으로 교배 가능한 자연집단으로 다른 생물군과 생리적으로 격리된 것을 가리키는 것은?
① 종 ② 속
③ 과 ④ 목

해설
생물분류의 기본 단위는 종이다.

36 육종의 긍정적 성과와 가장 관계가 먼 것은?
① 생산성 증대 ② 품종의 단일화
③ 재배의 안정성 ④ 품질의 고급화

해설
작물육종의 성과는 신품종의 출현, 경제적 효과, 품질 개선, 재배 안정성, 재배한계의 확대, 경영의 합리화 등이 있다.

37 여교잡 육종법에 대한 설명으로 가장 옳은 것은?
① 자식의 경우보다 잡종 후대에서 분리되는 유전자형의 종류수가 많다.
② 자식에 비해 양성해야 할 잡종 개체수가 많아 목표형질의 선발은 더 불리하다.
③ 성공적으로 이루어지기 위해서는 만족할 만한 반복친이 있어야 한다.
④ 개량하려고 하는 형질은 많은 유전자가 관여할수록 효과적이다.

해설
여교배육종을 위해서는 만족할 만한 반복친이 있어야 하고 이전형질의 특성이 변하지 말아야 하며 반복친의 특성을 충분히 회복해야 한다.

38 암술에 속하는 부분은?
① 꽃받침(화탁) ② 꽃밥(약)
③ 꽃실(화사) ④ 씨방(자방)

해설
암술에 속하는 부분에는 암술머리(주두), 암술대(화주), 씨방(자방) 등이 있다.

39 다음 중 신품종의 구비 조건이 아닌 것은?
① 구별성 ② 균일성
③ 불변성 ④ 안정성

해설
신품종 3대 구비조건은 구별성(Distinctness), 균일성(Uniformity), 안정성(Stability)을 말한다.

40 작물의 야생형이 재배형으로 순화하면서 겪는 변화 중 옳지 않은 것은?
① 가시 등 식물의 방어적 구조가 퇴화되었다.
② 종자의 휴면성이 약해졌다.
③ 탈립이 쉽도록 변하였다.
④ 종자의 산포능력이 약해졌다.

해설
재배종은 탈립성이 작은 방향으로 수량은 많은 방향으로 발달하였다.

41 맥류 재배시 성숙기에 수발아가 일어나는 환경 조건은?
① 고온 다습 상태 ② 고온 장일 상태
③ 저온 다습 상태 ④ 저온 장일 상태

해설
수발아는 벼, 맥류 등이 수확기가 되었을 때 장마철 도복이나 장기간 비로 인하여 젖은 땅에 오래 접촉할 경우 이삭에서 싹이 트는 현상이다.

정답 35 ① 36 ② 37 ③ 38 ④ 39 ③ 40 ③ 41 ③

42 벼의 도정에 대한 설명으로 옳은 것은?
① 제현된 쌀을 정백이라 한다.
② 정백미는 현미 무게의 약 88%이다.
③ 벼의 겉껍질을 벗겨 내는 것을 제현이라 한다.
④ 제현율은 벼 무게의 64~74%이며 부피로는 45%이다.

해설
조곡인 정조의 껍질을 벗겨서 현미로 만드는 것을 제현이라 한다.
① 제현된 쌀을 현미라 한다.
② 정백미는 현미 무게의 약 93% 이하로 도정한 것을 말한다.
④ 제현율은 벼 무게의 74~80%이며 부피로는 55%이다.

43 초생 재배의 장점에 해당하는 것은?
① 양분 경합이 발생한다.
② 토양 침식을 방지한다.
③ 병·해충의 서식지가 된다.
④ 배수로의 물 흐름을 막거나 느리게 한다.

해설
초생재배는 과수원에서 목초, 녹비 등을 나무아래 가꾸는 재배법으로 토양의 침식방지, 제초 노력 절감, 지력의 증진, 수분 보존 등의 효과가 있으나 토양의 온도의 상승을 억제하는 효과가 있다.

44 우리나라 평야지 작물재배에서는 상대적으로 적게 발생하는 기상재해로, 단기간에 많은 눈이 내림으로서 발생하는 재해는?
① 수해   ② 한해
③ 동해   ④ 설해

해설
설해는 단기간에 많은 눈이 내려 발생하는 피해이다.

45 벼 재배 시 물을 가장 얕게 대 주어야 하는 시기는?
① 수임기
② 출수 개화기
③ 황숙기 말기
④ 모낸 직후부터 착근기까지

해설
황숙기 말기에서 완숙기까지는 물을 얕게 대주도록 한다.

46 벼의 만생종은 출수 후 며칠 만에 수확하는 것이 가장 좋은가?
① 35~40일   ② 40~45일
③ 45~50일   ④ 50~55일

해설
벼는 조생종은 출수 후 40~45 일, 중생종은 출수 후 45~50 일, 만생종은 출수 후 50~55 일에 수확하는 것이 가장 좋다.

47 감자 덩이줄기의 알맞은 수확 시기는?
① 꽃이 피기 직전
② 꽃이 진 직후
③ 열매가 떨어지기 직전
④ 잎과 줄기가 누렇게 변했을 때

해설
감자의 수확시기는 잎과 줄기가 누렇게 변했을 때 그리고 완전히 마르기 직전이 좋다.

48 벼의 출수기를 가장 잘 설명한 것은?
① 한 포기 전체의 꽃이 팰 때
② 한 포기의 70%가 이삭이 팰 때
③ 논 1 필지에서 40~50% 이삭이 팰 때
④ 논 1 필지에서 80% 이상 이삭이 팰 때

해설
벼의 이삭이 팬 정도에 따라 출수시, 출수기, 수전기로 구분하며 출수기는 총 줄기수의 40~50% 출수한 시기로 한다.

정답 42 ③ 43 ② 44 ④ 45 ③ 46 ④ 47 ④ 48 ③

49 벼 기계이앙용 중묘의 육묘 과정으로 옳은 것은?

① 파종 → 출아 → 녹화 → 경화
② 파종 → 녹화 → 경화 → 출아
③ 출아 → 파종 → 녹화 → 경화
④ 녹화 → 경화 → 파종 → 출아

해설
벼 기계이앙용 중묘는 육묘는 파종, 출아, 녹화, 경화의 순이다.

50 다음 중 약용작물로 가장 적합한 것은?

① 밀　　　　② 인삼
③ 벼　　　　④ 보리

해설
약용작물에는 제충국, 인삼, 도라지, 박하 등이 있다.

51 맥주용 보리에서 좋은 맥아(麥芽)의 조건에 해당하지 않는 것은?

① 발아력이 강하고 균일한 것이 좋다.
② 종실이 굵은 것이 좋다.
③ 단백질 함량이 많은 것이 좋다.
④ 곡피가 얇은 것이 좋다.

해설
맥주용 보리의 맥아가 단백질 함량이 높으면 맥즙수량이 저하되어 품질이 좋지 않다.

52 작물 재배에 적합한 모래참흙(사양토)의 점토함량(%)으로 가장 적합한 것은? (단, 세토 중의 점토함량으로 한다.)

① 12.5 이하　　② 12.5~25.0
③ 25.0~37.5　　④ 37.5~50.0

해설
사양토의 점토함량은 12.5 ~ 25.0 % 이다.

53 비료의 4요소로 구성된 것은?

① 질소, 인산, 칼륨, 칼슘
② 질소, 인산, 칼륨, 마그네슘
③ 질소, 인산, 칼륨, 철
④ 질소, 인산, 칼륨, 부식

해설
비료의 3요소는 질소, 인산, 칼륨을 말하고 4요소는 칼슘이 추가된다.

54 담수, 피복 및 소각 등을 이용하여 방제하는 방법은?

① 법적 방제　　② 물리적 방제
③ 재배적 방제　④ 화학적 방제

해설
소각, 소독, 피복, 담수 등은 물리적 방제에 해당한다.

55 품종에 따라 차이가 있으나 일반적으로 산성 토양에서 생장이 저조한 맥류는?

① 밀　　　　② 보리
③ 호밀　　　④ 귀리

해설
산성토양에 약한 작물에는 보리, 콩, 양파, 고추, 가지, 시금치 등이 있다.

56 다음 중 대표적인 중일성 작물은?

① 벼　　　　② 고추
③ 보리　　　④ 고구마

해설
토마토, 고추, 오이, 호박, 당근 등은 중일성 작물에 해당한다.

57 멀칭재배의 효과로 틀린 것은?

① 지온을 상승시킨다.
② 수분 증발을 촉진시킨다.
③ 잡초의 발생을 줄여 준다.
④ 토양 입자의 유실을 막아 준다.

해설
멀칭재배를 통해 수분 증발을 억제한다.

정답 49 ① 50 ② 51 ③ 52 ② 53 ① 54 ② 55 ② 56 ② 57 ②

58 우리나라에서 가장 많은 재배 면적을 차지하는 작물은?
① 맥류 ② 두류
③ 벼   ④ 잡곡류

해설
농경지 작물의 재배면적은 벼가 가장 크며 채소, 과수, 두류 순이다.

59 벼의 생육기간 중 물을 가장 많이 소모하는 시기는?
① 이앙기 ② 수잉기
③ 출수기 ④ 개화기

해설
벼의 생육기간 중 물의 소모가 가장 많은 시기는 수잉기이다.

60 딴 꽃가루받이(타가수분)를 하는 작물은?
① 벼   ② 밀
③ 보리 ④ 옥수수

해설
옥수수, 메밀, 시금치 등은 타가수분을 한다.

정답 58 ③ 59 ② 60 ④

2015 제4회 종자기능사

01 다음 중 종자전염성 병원균 검정방법이 아닌 것은?
① 한천배지 검정 ② 여과지배양 검정
③ 생물학적 검정 ④ 순도 검정

해설
순도검정은 순수한 종자를 검정하는 방법이다.

02 육성한 품종을 세대별로 유지하면서 증식, 보급하는 4단계의 설명으로 틀린 것은?
① 기본식물은 육종가에 의해 생산된 종자이다.
② 원원종은 보급종자의 생산을 위해 증식하는 종자이다.
③ 원종은 원원종에서 생산된 종자이다.
④ 보급종은 원종에서 생산되는 종자이다.

해설
원원종은 기본식물에서 유래된 종자이다.

03 다음 중 옥수수종자의 저온피해에 가장 크게 영향을 미치는 요인은?
① 저온에 접한 기간
② 온도
③ 종자의 수분함량
④ 옥수수 포엽의 보호정도

해설
옥수수종자의 경우 수분함량에 의한 저온피해가 크게 나타난다.

04 다음 중 벼 또는 보리에 종자전염하는 병균이 아닌 것은?
① 도열병균 ② 모잘록병균
③ 깨씨무늬병균 ④ 붉은곰팡이병균

해설
모잘록병균은 물이나 토양에 의해 전반된다.

05 발아검사 결과를 표시하는 방법 중 틀린 것은?
① 불발아 종자 ② 발아정지 종자
③ 비정상발아 종자 ④ 정상발아 종자

해설
발아검사 결과 정상묘, 비정상묘, 불발아종자를 표시한다.

06 종자전염병 방제 방법으로 적당하지 않은 것은?
① 무병종자 파종 ② 저항성 품종 선택
③ 종자 소독 ④ 이병성 품종 선택

해설
이병성 품종은 병에 잘 걸리는 성질을 가진 품종으로 종자전염성 방제에는 적합하지 않다.

07 화분관이 자라 주공을 통해 배낭속으로 들어가 극핵 및 난핵과 결합하는 과정을 가리키는 것은?
① 수분 ② 화분관신장
③ 단위생식 ④ 수정

해설
정핵이 극핵 및 난핵과 결합하는 과정을 수정이라 한다.

정답 01 ④ 02 ② 03 ③ 04 ② 05 ② 06 ④ 07 ④

08 생리적으로는 성숙하였지만 형태적으로 미숙한 상태로 모주(母株)로부터 종자가 떨어져 차츰 분화한 다음 완전한 형태의 종자로 성숙하는 것은?

① 후숙(後熟)　② 2차 휴면
③ 타발휴면　　④ 배(胚)휴면

해설
후숙은 미숙한 상태의 배를 성숙시키는 과정을 말한다.

09 종자 전염성 병의 수확 후 방제법이 아닌 것은?

① 소각 처리
② 감염 종자나 이물질의 분리
③ 화학제에 의한 종자의 표면 소독
④ 유기물에 항생제를 혼합하는 방법

해설
종자 전염성 병의 수확 후 종자의 소독, 감염종자 및 이물질의 분리, 유기물의 항생제 혼합, 온탕처리 등이 있다.

10 종자 소독의 장점으로 거리가 가장 먼 것은?

① 처리약제에 특별한 색소 첨가
② 종자오염균의 피해 방지
③ 발아전·후의 해충 및 토양미생물에 의한 피해 경감
④ 유묘에 대한 병균이나 해충의 피해로부터 침투보호작용

해설
종자소독을 통해 병해충에 대한 방제효과가 있으나 처리약제에 대한 색소 첨가로 방제효과 및 소독에 대한 효과가 나타나지는 않는다.

11 종자보증을 위한 종자 검사항목으로 틀린 것은?

① 품종의 구별성　② 종자의 발아율
③ 종자의 순도　　④ 종자의 건전도

해설
종자검사의 주요 내용에는 순도검사, 발아검사, 활력검사, 병해검사, 수분검사, 천립중 검사, 건전도 검사 등이 있다.

12 다음 중 품종검사를 위한 방법이 아닌 것은?

① 종자의 형태적 특성조사
② 전생육검사
③ 유묘의 형태적 특성조사
④ 테트라졸리움 검사

해설
테트라졸리움 검사는 종자의 활력검사 방법이다.

13 다음 중 일반적인 쌀알의 외형적 발달과정으로 옳은 것은?

① 두께 → 나비 → 길이
② 나비 → 길이 → 두께
③ 나비 → 두께 → 길이
④ 길이 → 나비 → 두께

해설
쌀알의 외형적 발달은 길이, 나비, 두께 순으로 발달한다.

14 종자의 유전적 퇴화 원인이 아닌 것은?

① 자연교잡
② 돌연변이
③ 이형유전자의 분리
④ 기상적 요인

해설
기상적 요인에 의한 퇴화는 생리적 퇴화에 해당한다.

정답　08 ①　09 ④　10 ①　11 ①　12 ④　13 ④　14 ④

15 다음 중 벼 종자가 저온(0℃ 이하)에서 발아하지 못하는 경우의 휴면현상을 무엇이라 하는가?

① 자발휴면   ② 타발휴면
③ 진정휴면   ④ 배휴면

해설
타발적 휴면(외적휴면, 타발휴면)은 발아력을 가진 종자에 수분, 광, 가스, 온도, 등의 외적 조건에 의해 유발되는 휴면이다.

16 종자발아에 미치는 온도 중 가장 짧은 기간 내에 가장 높은 발아율을 보일 수 있는 온도를 무엇이라 하는가?

① 최고온도   ② 최저온도
③ 평균온도   ④ 최적온도

해설
가장 짧은 기간 내에 가장 높은 발아율을 보일 수 있는 온도는 최적온도이다.

17 곡물과 상추 종자에서 단백질을 다량 함유하고 발아기간 동안 배유를 분해하는 효소를 합성하는 곳은?

① 중배축   ② 호분층
③ 종피   ④ 과피

해설
성숙한 배젖은 호분층에 단백질 성분을 저장한다.

18 작물의 생산력이 저하되고 품질이 나빠지는 종자퇴화의 원인이 아닌 것은?

① 가수분해 효소의 불활성
② 효소의 분해와 불활성
③ 저장 양분의 고갈
④ 균의 침입

해설
가수분해 효소의 활성화가 종자 퇴화의 원인이다.

19 동일 품종내에서 유전적 형질이 그 품종 고유의 특성을 갖지 아니한 개체를 무엇이라 하는가?

① 이형주   ② 이종종자주
③ 이품종주   ④ 품종순도

해설
이형주는 동일 품종 내에서 고유한 특성을 갖지 않은 개체를 말한다. 이러한 개체는 빨리 제거해야 정상적인 식물체에 수분되는 것을 막아 품종의 유전적 순도를 높이거나 유지할 수 있다.

20 종자의 형태에서 외형에 나타나는 특수기관의 설명으로 틀린 것은?

① 종자가 배병 또는 태좌에 붙어 있는 곳을 제(臍)라 한다.
② 배주의 한 끝에 있고 종자에서는 발아공이라고 하는 것을 주공이라 한다.
③ 도생배주에서 생긴 종자의 특성으로 종피와 다른 색을 띠며 가는 선이나 또는 홈을 이룬 것을 우류라 한다.
④ 봉선의 가장 끝에 있는 점을 합점이라 한다.

해설
종피와 다른 색을 띠며 가는 선이나 또는 홈을 이룬 것을 봉선이라 한다.

21 어떤 품종이 우수하기는 하지만 한 두가지 형질의 개선이 필요한 경우, 이 품종에 특수한 유전인자를 옮겨 주기에 알맞은 육종방법은?

① 계통육종법   ② 집안육종법
③ 여교잡육종법   ④ 순환선발법

해설
여교잡육종법은 양친의 제1대 잡종에 양친 중 한쪽의 유전자형을 가진 개체를 교잡하고 이것을 수세대 반복하여 우량개체를 선발하는 방법으로 특수한 유전인자를 옮기는데 적합한 방법이다.

정답 15 ② 16 ④ 17 ② 18 ① 19 ① 20 ③ 21 ③

22 품종 교체의 요인과 가장 거리가 먼 것은?
① 농업인구의 정체
② 재배 방식의 변화
③ 병해충 발생의 증가
④ 농업용 간척지의 개발

해설
품종의 교체 및 변천의 요인은 사람들의 기호, 경제 사정, 농업기구의 발달 및 재배방식의 변화 등에 영향을 받는다.

23 채종재배에 관한 설명 중 틀린 것은?
① 자가불화합성은 양파·옥수수·당근·고추 등의 F_1 채종에 활용되고 있다.
② 타식성 작물은 격리 재배하는 것이 좋다.
③ 타식성 작물의 방임수분 품종은 선발과 채종조작의 경우 어느 정도 잡종성을 유지할 수 있도록 해야 한다.
④ 자식성 작물은 자연교잡에 의한 품종퇴화 위험이 적어 채종이 비교적 용이하다.

해설
자가불화합성에는 배추, 양배추, 무 등이 활용되며 보기의 양파, 옥수수, 당근, 고추 등은 웅성불임성을 이용한다.

24 영양번식을 하는 작물에서 주로 이용되는 조합능력 검정 방법은?
① 3계 교배 검정법
② 다교배 검정법
③ Top 교배 검정법
④ 단교배 검정법

해설
다교배검정은 다년생 영양번식작물에 사용하는 방법으로 검정하려는 영양계를 자식하지 않고 그대로 일정 검정친에 수분시켜 능력을 검정한다.

25 일반적인 자연 환경에서 수박의 인공교배에 가장 적당한 시간은?
① 오전 8시   ② 오전 11시
③ 오후 1시   ④ 오후 3시

해설
수박은 자웅이화로 단위결과가 어려워 오전시간에 인공교배를 하는 것이 적합하다.

26 배낭의 형성에 대한 설명으로 틀린 것은?
① 배낭모세포는 성숙분열 후 4개의 세포가 되며, 이 중 3개는 퇴화한다.
② 배낭 속의 핵 수는 총 6개이다.
③ 배낭 중앙에 2개의 극핵이 있다.
④ 주공 근처에 1개의 난세포가 있다.

해설
배낭모세포가 감수분열을 하여 4개의 반수체 대포자를 만든다. 4개의 대포자 중 3개는 퇴화하고 1개만 살아남아 3번의 유사분열을 거쳐 8개의 핵을 가진 배낭이 된다. 즉 배낭 속의 핵 수는 총 8 개 이다.

27 단일저항성 품종의 확대 재배에 따른 위험성을 일컫는 용어는?
① 유전적 부동   ② 유전적 취약성
③ 유전적 침식   ④ 유전적 퇴화

해설
재배품종이 단일 유전자형으로 재배되면서 일시에 많은 피해를 받게 되는 경우를 유전적 취약성이라 한다.

28 다음 중 육종년한 단축을 위한 가장 효과적인 육종방법은?
① 계통육종법   ② 약배양육종법
③ 여교잡육종법   ④ 1대잡종육종법

해설
약배양은 반수체를 육성하여 육종 연한을 단축시킬 수 있으며 담배, 벼 등의 작물에 적용 가능하다.

29 F₁ 종자를 생산하는 방법과 가장 관계가 적은 것은?

① 세포질웅성불임을 이용한다.
② 자가불화합성을 이용한다.
③ 인공교배를 한다.
④ 콜히친을 처리한다.

해설
1대 잡종 종자 생산에는 잡종강세, 웅성불임성, 자가불화합성 등이 효과적이다. 콜히친 처리는 배수성육종법에 동질배수체를 작성할 때 이용한다.

30 유전적 원인에 의한 불임성이 아닌 것은?

① 웅성 불임성   ② 자성 불임성
③ 배우자 불임성   ④ 순환적 불임성

해설
순환적 불임성은 환경적 원인에 의한 불임성으로 환경 조건이 개선되면 극복이 가능하다.

31 벼와 밀의 녹색혁명에 가장 크게 기여한 재배적 특성은?

① 내충성   ② 내냉성
③ 내습성   ④ 내도복성

해설
벼와 밀의 경우 내도복성의 개선을 통해 비, 바람 등의 외부적 요인에 의해 넘어지지 않도록 하면서 녹색혁명에 큰 기여를 하게 되었다.

32 자가불화합성을 이용하여 F₁(일대잡종)을 채종하는 작물은?

① 밀   ② 오이
③ 배추   ④ 국화

해설
잡종강세를 나타내는 작물의 1대잡종(F₁) 종자를 대량 생산할 수 있어 국내의 경우 무, 배추, 양배추 종자 생산에 이용된다.

33 형질을 종자상태, 생육초기 또는 잡종 초기 세대에 검정하는 조기검정을 통해 육종효율을 향상시킬 수 있는데 조기검정 또는 그 방법으로 보기 어려운 것은?

① 세대단축을 이용한 검정
② 화분립 및 종자 검정
③ 유식물 검정
④ 포장 생산력 검정

해설
종자의 조기검정에는 유식물 검정, 화분립 및 종자 검정, 세대단축 검정, 초형 및 체형 검정이 있다.

34 체세포분열 전기에 일어나는 사항이 아닌 것은?

① 방추사가 나타난다.
② 각 염색체는 2개의 염색분체로 되어진다.
③ 전기가 끝날 때가 되면 인과 핵이 사라진다.
④ 염색사가 꼬여짐으로 해서 염색체의 형태가 뚜렷이 보인다.

해설
체세포분열 중기에 방추사가 나타난다.

35 반수체 식물을 유도할 수 있는 방법은?

① 생장점 배양   ② 화분 배양
③ 돌연변이   ④ 방사선 조사

해설
약배양 및 화분배양은 반수체를 육성하여 육종 연한을 단축시킬수 있으며 담배, 벼 등의 작물에 적용 가능하다.

정답 29 ④ 30 ④ 31 ④ 32 ③ 33 ④ 34 ① 35 ②

36 연관군에 대한 설명으로 옳은 것은?

① 동일 염색체 위에 있는 유전자의 일군이며 생물에는 반수 염색체(n)와 같은 수의 연관군이 있다.
② 동일 염색체 위에 있는 유전자의 일군이며 생물에는 2n 염색체와 같은 수의 연관군이 있다.
③ 상동 염색체 위에 있는 유전자의 일군이며 생물에는 반수 염색체(n)와 같은 수의 연관군이 있다.
④ 상동 염색체 위에 있는 유전자의 일군이며 생물에는 2n 염색체와 같은 수의 연관군이 있다.

해설
동일염색체상에서 2개 이상의 유전자가 연관되어 있어야 하고 이 유전자들은 n 핵상의 염색체만큼 연관군을 이루고 있다.

37 어떤 개체를 자식하여 얻은 표현형의 분리비가 9:3:3:1이라면 그 개체는? (단, 대립유전자간에는 완전우성 관계가 성립된다.)

① 양성잡종 ② 다성잡종
③ 단성잡종 ④ 삼성잡종

해설
서로 다른 염색체 상에 두 쌍의 대립유전자에 의해 지배되는 형질은 F_2 분리비는 9:3:3:1 로 분리되는 양성잡종이다.

38 동질배수체의 특징과 가장 거리가 먼 것은?

① 세포와 기관이 거대화한다.
② 종자가 크다.
③ 꽃이 크다.
④ 종실 임성이 높다.

해설
동질배수체는 임성이 저하되고 착과성이 감퇴하며 발육이 지연 된다.

39 집단육종법의 이점이 아닌 것은?

① 잡종집단의 취급 용이
② 분리세대에서 많은 개체 전개 용이
③ 자연선택을 유리하게 이용
④ 육종년한 단축

해설
집단육종법은 교배를 하여 잡종을 만들고 잡종 초기 세대에 선발을 하지 않고 집단채종이나 혼합재배를 하여 수세대를 거쳐 개체가 순종이 되었을 때 선발을 시작하는 육종법으로 시간이 많이 요구된다.

40 다음 (가)~(다)에 해당하는 내용을 순서대로 바르게 나열한 것은?

(가) : 기존에 존재해 있던 형질을 고정시킨 품종
(나) : 외국에서 새로운 형질을 들여 온 품종
(다) : 육종을 통해 새로운 형질을 나타내는 품종

① 재래품종 - 도입품종 - 육성품종
② 도입품종 - 육성품종 - 재래품종
③ 육성품종 - 재래품종 - 도입품종
④ 육성품종 - 도입품종 - 재래품종

해설
· 재래품종은 그 지방에서 이전부터 재배되어 온 품종으로 지방품종이라 한다.
· 도입품종은 해외에서 도입된 외래품종이다
· 육성품종은 그 나라에서 육성된 새로운 형질의 품종이다.

41 주로 논에서 발생하는 잡초는?

① 알방동사니 ② 강아지풀
③ 바랭이   ④ 쇠비름

해설
논에서 발생하는 논잡초에는 알방동사니, 피, 너도방동사니, 올미, 올방개 등이 있다.

42 봄철에 흙이 건조할 때 보리밟기를 해 주는 이유가 아닌 것은?
① 쓰러짐을 막아준다.
② 생육을 억제시켜 준다.
③ 분얼을 촉진시켜 준다.
④ 뿌리의 발달을 억제시켜 준다.

해설
보리밟기를 통해 뿌리 발달이 촉진된다.

43 다음 중 맥류와 관련된 설명으로 틀린 것은?
① 맥류의 꽃은 모두 안껍질과 겉껍질에 싸여 있다.
② 1개의 암술과 4개의 수술 및 2쌍의 비늘껍질로 되어 있다.
③ 맥류는 씨를 뿌린 후 8~12일이 지나면 발아하며, 본잎이 2장 될 때까지를 '아생기'라 한다.
④ 맥류의 파성은 춘파형, 추파형, 양절형으로 구분한다.

해설
맥류는 1개의 암술과 3개의 수술로 되어 있다.

44 수확한 작물을 예냉하는 목적으로 가장 적합한 것은?
① 병충해 방제
② 저장 및 수송 중 부패 방지
③ 중량 증가
④ 파종시 발아 촉진

해설
고온상태에 수확된 청과물을 수확 직후 적당한 품온까지 냉각하여 과실자체의 호흡량, 성분이나 물성의 변화를 억제하여 품질을 유지할수 있는 냉각작업을 예랭(예냉)이라 한다.

45 광합성 효율이 좋은 C_4 식물에 해당하는 것은?
① 벼   ② 보리
③ 고구마   ④ 옥수수

해설
옥수수, 수수, 사탕수수 등은 C_4 식물에 해당한다.

46 일반적으로 파종시기가 3월 하순 ~ 4월 상순까지 파종하는 콩과작물은?
① 콩   ② 동부
③ 완두   ④ 강낭콩

해설
완두의 파종기는 중부지방 기준 3월~4월이다.

47 야외에서 자란 식물보다 온실에서 자란 식물이 웃자라기 쉬운 것은 유리나 플라스틱 필름이 어떤 광선을 잘 투과시키지 못하기 때문인가?
① 녹색광   ② 적색광
③ 청색광   ④ 황색광

해설
유리 및 플라스틱 필름은 청색광을 잘 투과시키지 못한다.

48 봄에 싹이 터서 여름에 왕성하게 자라고, 늦여름에 씨가 맺히며 서리가 오면 죽는 한해살이 잡초는?
① 쑥   ② 냉이
③ 메꽃   ④ 명아주

해설
명아주는 1년생 광엽잡초로 한해살이 풀이라 한다. 보기의 쑥, 메꽃은 다년생이며 냉이는 월년생이다.

49 농업 노동 부담을 효과적으로 줄일 수 있는 방법으로 적절하지 않은 것은?
① 농작업의 기계화
② 농작업의 공동화
③ 비료와 농약의 사용 억제
④ 생산 및 저장 시설의 자동화

해설
비료와 농약 사용을 통해 농업 노동의 부담을 효과적으로 줄일 수 있다.

50 다음 중 주로 잎을 관상하는 것은?
① 과꽃, 나팔꽃
② 백합, 히야신스
③ 소철, 고무나무
④ 장미, 동백

해설
주로 잎을 관상하는 종류에는 소철, 고무나무, 야자류 등이 있다.

51 공기 중의 농도가 보통 380ppm 정도이며, 식물의 광합성 작용에 반드시 필요한 성분은?
① 질소
② 산소
③ 헬륨
④ 이산화탄소

해설
대기 중의 이산화탄소 농도는 2011년을 기준으로 약 380ppm 정도로 증가했으며 매년 꾸준하게 증가하는 추세이다. 이산화탄소의 경우 물, 햇빛 등과 함께 광합성에 필요한 성분 중 하나이다.

52 재배 역사가 가장 오래된 작물은?
① 채소
② 과수
③ 화훼
④ 곡류

해설
곡류에서도 보리와 밀은 인류가 가장 먼저 재배하기 시작한 작물로 역사가 가장 오래되었다.

53 벼를 너무 늦게 수확하거나 건조 중 비에 젖으면 많이 발생하는 쌀의 종류는?
① 복절미(腹切米)
② 금간쌀(胴割米)
③ 푸른 쌀
④ 심택미(心白米)

해설
금간쌀은 절미라 하며 벼를 너무 늦게 수확하거나 건조 중에 비를 맞을 경우 발생한다.

54 벼의 기계 이앙 모를 육묘할 때 모판흙의 pH가 5.6 이상이 되면 어떤 현상이 일어나기 쉬운가?
① 웃자라기 쉽다.
② 발아율이 떨어진다.
③ 싹틈이 늦어진다.
④ 모잘록병이 발생하기 쉽다.

해설
육묘시 토양의 pH가 높을 경우 모잘록병이 발생하기 쉽다.

55 태풍이나 침수 후에 발생하기 쉬운 벼의 병은?
① 도열병
② 바이러스병
③ 흰빛잎마름병
④ 잎집무늬마름병

해설
벼 흰빛잎마름병은 물에 의해 전반되며 태풍이나 침수 후에 발생하기 쉽다.

56 다음 중 적산온도가 가장 높은 작물은?
① 메밀
② 아마
③ 조
④ 벼(만생종)

해설
벼의 적산온도는 3500~4500℃ 정도로 일반적인 작물들보다 높은 편이다.

정답 49 ③ 50 ③ 51 ④ 52 ④ 53 ② 54 ④ 55 ③ 56 ④

57 수분수로 이용하기에 가장 부적합한 복숭아 품종은?

① 백미조생　② 백봉
③ 유명　　　④ 장호원황도

해설
장호원황도는 황육계 품종으로 복숭아의 크기가 크고 당도가 높으나 수분수로 이용하기에는 부적합한 품종이다.

58 벼의 수확적기는 품종에 따라 차이가 있으나 일반적으로 출수 후 며칠인가?

① 20~30일　② 30~35일
③ 40~45일　④ 50~60일

해설
벼의 수확 적기는 출수 후 40~50일 정도이다.

59 다음 중 식용작물로 분류되지 않는 것은?

① 벼　　② 보리
③ 옥수수　④ 참깨

해설
참깨는 유료작물에 해당한다.

60 상록 과수에 속하는 것은?

① 비파　② 호두
③ 매실　④ 참다래

해설
감귤, 비파는 상록과수에 해당한다.

정답 57 ④　58 ③　59 ④　60 ①

2016 제1회 종자기능사

01 1대 잡종 종자를 생산하는데 있어서 제웅하지 않고 풍매 또는 충매에 의한 자연교잡을 이용하는 작물은?
① 양배추 ② 토마토
③ 가지 ④ 귀리

해설
양배추는 자가불화합성을 이용하여 제웅하지 않고 1대 잡종 종자를 생산한다.

02 다음 중 우량종자가 갖추어야 할 조건이 아닌 것은?
① 우량한 유전적 형질을 갖춘 것
② 채종 후 오래되지 않고 신선한 것
③ 발아력을 좋게 하려고 오래 저장한 것
④ 충실하고 균일하며 이물질이 없는 것

해설
우량종자의 경우 발아력이 좋은 종자를 선택하며 발아력을 좋게 하기 위한 작업이 들어가지는 않는다.

03 다음 중 (가), (나), (다)에 알맞은 내용은?

> 대부분의 종자의 발아성과 광과의 관계에서 (가)에서는 휴면이 타파되었지만, (나)에서는 다시 휴면하고, (다)에서는 휴면이 확실하다.

① 가 : 녹색광, 나 : 적색광, 다 : 초적색광
② 가 : 청색광, 나 : 적색광, 다 : 녹색광
③ 가 : 청색광, 나 : 녹색광, 다 : 초적색광
④ 가 : 적색광, 나 : 청색광, 다 : 초적색광

해설
가시광선 파장영역에서 600~700nm 의 적색광 파장영역은 휴면을 타파시킨다. 반대로 청색광(420~500nm)은 휴면을 유도하고 초적색광(720~780nm)에서는 휴면이 발생한다.

04 다음종자소독 중 물리적 방법이 아닌 것은?
① 도말법 ② 냉수침법
③ 적외선 조사 ④ 건열처리

해설
종자소독의 물리적 방법에는 냉수온탕침법, 온도처리, 건열처리, 적외선, 고주파, 방사선 등이 있다.

05 치상 후 일정기간까지의 발아율 혹은 표준발아검사에서 중간발아조사일 까지의 발아율은?
① 발아능 ② 발아세
③ 발아속도 ④ 종자세

해설
발아세는 치상 후 일정기간까지의 발아율 또는 표준발아검사에서 중간발아조사일까지의 발아율을 말한다.

06 과실의 성숙이나 눈의 휴면 또는 잎의 이층 형성에 효과가 있을 뿐만 아니라 종자 발아를 촉진시키는 물질은?
① 지베렐린 ② 사이토키닌
③ 아브시스산 ④ 에틸렌

해설
에틸렌은 과실의 성숙, 착색의 촉진, 정아우세 현상 타파, 발아촉진, 낙엽 촉진 등의 효과가 나타난다.

07 다음 중 ( )에 알맞은 내용은?

> ( )는 발아검사보다 종자의 발아등을 빨리 알 수 있어 quick test라 부르기도 한다. ( )는 함수상태의 종자의 호흡 여부로 배에 살아있는 조직과 죽은 조직을 구별하는 것으로서 호흡에 관여하는 효소 중 탈수소효소의 활성을 추정하여 종자의 호흡 및 발아력을 측정한다.

① 산화효소 검사
② ferric chloride 검사
③ 테트라졸륨 검사
④ indoxyl acetate 검사

해설
테트라졸리움 검사법은 테트라졸리움 용액을 이용하여 살아 있는 종자 조직의 착색 정도를 통해 종자의 발아력을 검사한다.

08 감자의 휴면타파를 위해 사용하는 생장조절물질로 가장 적당한 것은?

① 옥신　　② 사이토키닌
③ 지베렐린　④ 아브시스산

해설
지베렐린은 종자의 휴면타파의 효과가 있으며 휴면하지 않는 종자의 경우 발아촉진효과도 나타난다.

09 종자의 성숙을 3단계로 나눌 때 수분함량이 50% 정도로 유지되며 배의 세포분열이 정지되고 크기만 증가하는 단계는?

① 배의 초기단계
② 배의 발달단계
③ 영양분 축적단계
④ 성숙단계

해설
영양분 축적단계는 수분함량이 50% 이상 유지되고 세포분열이 정지되면서 광합성에 의해 생성된 양분이 종자로 이동하여 저장되는 단계이다.

10 종자 휴면양식에 따라 기작이 다른데 설명이 잘못된 것은?

① 자발휴면은 외적 원인에 의하여 휴면한다.
② 배 휴면은 배 자체내의 휴면 문제이다.
③ 종피휴면은 배를 에워싸고 있는 종피에 의하여 휴면이 일어나는 경우이다.
④ 어떤 식물의 종자에서는 두가지 휴면이 동시에 복합적으로 나타나기도 한다.

해설
자발적 휴면(내적휴면)은 외적 조건이 생육에 부적당하지 않을 때, 내적 원인에 의해 유발되는 휴면으로 생리적 휴면, 미숙 배 휴면, 종피 휴면 등이 있으며 종피에 발아억제물질이 많이 함유하여 휴면하는 경우도 포함된다.

11 일반적인 종자증식 체계상의 흐름으로 옳은 것은?

① 기본식물 종자 → 보급종 → 원종 → 원원종
② 기본식물 종자 → 원원종 → 원종 → 보급종
③ 원원종 → 원종 → 보급종 → 기본식물 종자
④ 원원종 → 원종 → 기본식물 종자 → 보급종

해설
작물의 종자생산 관리체계는 기본식물, 원원종, 원종, 채종포(보급종), 농가의 순이다.

12 다음 중 종자의 발아에 관여하는 내적 요인으로 볼 수 없는 것은?

① 온도
② 유전성의 차이
③ 종자의 성숙도
④ 육종에 의한 발아력의 향상

해설
온도는 종자의 발아에 관여하는 외적요인에 해당한다.

정답　07 ③　08 ③　09 ③　10 ①　11 ②　12 ①

13 다음 중 (가), (나), (다)에 가장 알맞은 내용은?

> 쌀의 일반적인 수확적기는 조생종은 출수 후 (가)일, 중생종은 출수 후 (나)일, 중만생종은 출수 후 (다)일이면 수확적기에 도달한다.

① 가 : 25~30, 나 : 35~40, 다 : 40~45
② 가 : 25~30, 나 : 40~45, 다 : 45~50
③ 가 : 30~35, 나 : 35~40, 다 : 40~45
④ 가 : 40~45, 나 : 45~50, 다 : 50~55

해설
벼는 조생종은 출수 후 40~45 일, 중생종은 출수 후 45~50 일, 만생종은 출수 후 50~55 일에 수확하는 것이 가장 좋다.

14 다음 중 원원종의 의미를 가장 잘 설명한 것은?

① 양이 적어서 증식시킬 목적으로 재배하는 것
② 채종업자로부터 농민의 손에 들어가 재배하는 것
③ 기본식물을 분양받아 육종가의 감독아래 전문가가 증식한 것
④ 우량 품종이 아닌 것

해설
원원종은 품종 고유의 특성을 보유하고 종자의 증식에 기본이 되는 종자를 말하며 각 지방의 농업기술원 등에서 육종가의 감독 아래 생산한다.

15 제(臍)는 종자가 성숙한 후까지 그 흔적이 남아 있는데, 제의 위치가 종자의 뒷면에 있는 종자는?

① 배추   ② 상추
③ 콩   ④ 시금치

해설
종자의 배병이나 태좌에 붙어있던 흔적인 제(배꼽)은 식물의 종류에 따라 위치가 다르다. 배추, 시금치는 종자의 끝에 위치하고 상추, 쑥갓은 종자의 기부에 위치한다. 콩의 경우 종자의 뒷면에 위치하는 것이 특징이다.

16 다음 중 종자 소독의 이점과 거리가 먼 것은?

① 종자 오염균의 피해를 막을 수 있다.
② 발아 중에 해충이나 토양 미생물에 의한 피해를 경감시킬 수 있다.
③ 유묘에 대한 병균이나 해충의 피해로부터 침투 보호 작용을 한다.
④ 발아율과 발아세를 향상시킬 수 있다.

해설
종자 소독을 통해 종자의 병해충을 방제할수 있으나 발아율 혹은 발아세에는 영향을 주지 않는다.

17 종자전염병의 검정방법이 아닌 것은?

① 한천배지 검정법   ② 유묘병징 조사법
③ 혈청학적 검정법   ④ 노화촉진 검사법

해설
종자전염병 검정방법
- 배양법 : 한천배지검정, 흡수지 배양검정
- 무배양검정 : 수세검정, 유묘병징조사, 독성검사, 생육검사
- 박테리오파지 검정
- 혈청학적 검정 : 면역이중확산법, 방사형 확산검정법, 형광항체법, 효소결합항체법(ELISA)

18 감자 바이러스 ELISA법으로 검정했을 경우 다음 중 ELISA법이 속하는 검정법은?

① 한천배지 검정   ② 여과지배양 검정
③ 생물학적 검정   ④ 혈청학적 검정

해설
효소결합항체법(ELISA)은 혈청학적 검정법에 해당한다.

정답 13 ④ 14 ③ 15 ③ 16 ④ 17 ④ 18 ④

19 종자가 발아하는 순서 중 제일 먼저 일어나는 과정은?

① 수분의 흡수
② 효소의 활성
③ 씨눈의 생장 개시
④ 종피의 파열

해설
종자의 발아 순서는 수분 흡수, 효소의 활성, 배의 생장, 종피의 파열, 유묘의 형성 순서로 이루어진다.

20 다음 중 종자의 수분 함량 검사 시 사용되는 장치에 대한 설명으로 틀린 것은?

① 분쇄기는 흡수성 물질로 이루어져야 한다.
② 분석용 저울은 0.001g 단위까지 측정할 수 있어야 한다.
③ 대립종자 절단 시 외과용 메스를 이용한다.
④ 체는 0.50mm, 1.00mm, 4.00mm 크기의 철제로 된 그물체가 필요하다.

해설
분쇄기는 비흡수성 물질로 이루어져야 한다.

21 포자체형 자가불화합성 식물의 S1S3×S1S4 교배조합을 작성하였다. 후대의 유전자형으로 알맞은 것은? (단, 자가불화합성 유전자는 각각 화분친과 종자친에서 공우성)

① S1S2, S1S3, S2S2, S2S3
② S1S2, S1S3
③ S2S3
④ 종자가 생기지 않음

해설
포자체형 자가불화합성에서 화분친의 유전자형이 자방친의 유전자형과 하나라도 같으면 꽃가루가 불화합성이 된다.

22 다음 중 품종의 유전적 퇴화의 원인이 아닌 것은?

① 이형유전자 분리
② 자연교잡
③ 기상적 원인에 의한 퇴화
④ 이형종자의 기계적 혼입

해설
기상적 원인에 의한 퇴화는 생리적 퇴화에 해당한다.

23 다음 중 ( )에 들어갈 용어를 바르게 나열한 것은?

> 생식세포의 형성과정 중에 성숙한 배낭에는 ( )과 ( )이 있다.

① 난핵, 극핵
② 난핵, 영양핵
③ 극핵, 영양핵
④ 영양핵, 정핵

해설
배낭에서 난핵과 극핵이 있으며 정핵과 결합하여 수정을 한다.

24 약배양에 의한 육종방법의 가장 큰 장점은?

① 교배과정이 필요 없다.
② 선발과정이 필요 없다.
③ 돌연변이 개체가 다른 육종법에 비하여 많다.
④ 품종의 육종 연한을 크게 단축시킬 수 있다.

해설
약배양은 반수체를 육성하여 육종 연한을 단축시킬 수 있으며 담배, 벼 등의 작물에 적용 가능하다.

정답 19 ① 20 ① 21 ④ 22 ③ 23 ① 24 ④

25 1대 잡종을 품종으로 취급하는 이유로 옳지 않은 것은?
① 모든 개체가 동일한 유전자형이다.
② 광지역적응이고 채종량이 많으며, 각기 다른 표현형을 나타낸다.
③ 인공교배로 똑같은 유전자형을 재생산할 수 있다.
④ 형질이 우수하고 균일하다.

해설
1대 잡종은 유전조성이 균일한 특성이 있어 품종으로 취급한다.

26 다음 중 4배체를 이용하는 작물은?
① 보리 ② 메밀
③ 감자 ④ 고추

해설
영양번식식물에서 감자는 4배체를 이용한다.

27 우리나라에서 벼, 보리 등의 원원종포는 어디에 설치하고 있는가?
① 채종을 하는 독농가
② 각 시 군의 농업기술센터
③ 각 도 농업기술원
④ 농촌 진흥청

해설
품종 육성 및 기본 식물의 생산은 농촌 진흥청, 원원종 생산을 담당하는 곳은 농업기술원, 보급종의 경우 국립종자원에서 담당하고 있다.

28 자식계통간 교배에 의한 1대잡종 품종에 속하지 않는 것은?
① 톱교배 ② 단교배
③ 복교배 ④ 3원교배

해설
톱교배검정은 자유수분하는 품종을 검정친으로 하여 여러 자식계들의 일반조합능력을 검정한다.

29 멘델의 독립유전 법칙에 관한 설명으로 옳은 것은?
① 두 쌍의 대립유전자가 후대에 가서 서로 독립적으로 분리되어 형질을 나타낸다.
② 우성의 유전인자가 독립적으로 형질을 나타낸다.
③ F_1에서 나타나지 않았던 형질이 F_2에서 독립적으로 분리하여 나타난다.
④ 연관된 유전인자도 후대에서는 독립적으로 형질을 나타낸다.

해설
독립의 법칙은 멘델의 제3유전법칙으로 다른 염색체 상에 있는 두쌍이나 두쌍 이상의 대립유전자가 간섭 받지 않고 후대로 전해진다.

30 비교적 소수의 유전자가 관여하고 있을 때 적용되는 방법이 아닌 것은?
① 계통육종법 ② 파생계통육종법
③ 여교잡육종법 ④ 약배양육종법

해설
파생계통육종법은 F_2나 F_3에서 교배조합별로 계통선발을 하여 파생계통을 만들고 F_5정도까지 파생계통별로 집단선발을 하면서 불량계통을 도태하며 F_6에서 다시 계통선발을 하고 F_7에서 계통의 순도검정을 하며 이후 계통의 생산력 검정을 통해 신품종으로 육성한다.

31 여교잡육종법을 적용할 수 없는 경우는?
① 유전구성이 단순한 우량형질의 이전
② 목표형질 이외의 형질들에 대한 새로운 유전자 조합의 기대
③ 다수형질의 단일 품종으로의 수렴
④ 재배품종이 가지고 있는 소수형질의 결함 개량

해설
여교잡육종법은 양친의 제1대 잡종에 양친 중 한쪽의 유전자형을 가진 개체를 교잡하고 이것을 수세대 반복하여 우량개체를 선발하는 방법이다. 여교잡육종법은 연속적으로 교배하면서 목표형질만을 선발

정답 25 ② 26 ③ 27 ③ 28 ① 29 ① 30 ② 31 ②

하므로 육종효과가 있으나 목표형질 이외 다른 형질의 개량을 기대하기 어렵다.

32 다음 중 일반적으로 유전분산 성분이 아닌 것은?
① 상가적 분산 ② 상위성 분산
③ 우성적 분산 ④ 표현형 분산

해설
유전분산은 유전적 차이에 의한 분산으로 유전자의 상가적 작용에 의한 분산과 유전자 우성효과에 의한 우성분산, 비대립유전자 간의 상호작용에 의한 상위성분산으로 구성된다.

33 피자식물에서 1개의 화분모세포가 감수분열하고 성숙하여 만드는 화분수는?
① 1 ② 2
③ 3 ④ 4

해설
2배체 화분모세포가 제1감수분열로 반수체인 2개의 화분을 만들고 다시 제2감수분열을 통해 반수체인 4개의 화분을 만든다.

34 육종의 성과와 가장 거리가 먼 것은?
① 경영의 합리화
② 재배한계의 확대
③ 품질의 개선
④ 유기농업기술의 발전

해설
작물육종의 성과는 신품종의 출현, 경제적 효과, 품질 개선, 재배 안정성, 재배한계의 확대, 경영의 합리화 등이 있다.

35 다음 중 집단육종법을 이용하는 이유는?
① 육종을 위한 시험포장 면적이 적게 들기 때문에
② 취급이 용이하고, 선발이 간편하기 때문에
③ 질적형질이나 유전력이 높은 양적형질의 선발에 유리하기 때문에
④ 육종과 동시에 목적하는 형질의 유전양상을 어느 정도 밝힐 수 있기 때문에

해설
집단육종법은 교배를 통해 수세대가 지난 후에 개체가 순종이 되었을 때 선발을 시작하기에 선발노력이 절감되고 간편하다.

36 다음 중 형질전환에 의한 품종육성에 대한 설명으로 옳지 않은 것은?
① 형질전환 방법을 이용하면 내충성, 바이러스 저항성, 제초제 저항성 등의 특성을 도입할 수 있다.
② 형질전환은 아그로박테리아를 이용한 방법과 직접도입 방법 등을 이용한다.
③ 형질전환에 의하면 전통육종보다 육종기간을 획기적으로 단축할 수 있다.
④ 형질전환 식물의 선발방법은 기본적으로 잡종 세포의 선발과 동일하다.

해설
형질전환은 외부 유전물질을 세포에 병합하여 유전자 변환을 일으키는 방법으로 재분화 기간이 길어 시간과 노력이 많이 요구된다.

37 하나의 염색체상에 둘 이상의 유전자들이 함께 있는 것을 무엇이라고 하는가?
① 다면발현 ② 재조합
③ 복수유전자 ④ 연관

해설
한 염색체상에서 2개 이상의 유전자가 위치하고 있을 때 이들 유전자는 연관이라 한다.

38 후대로 유전하지 않는 변이는?
① 돌연변이 ② 유전자변이
③ 방황변이 ④ 교잡변이

해설
변이의 계급이 여러 단계로 나누어 어떤 계급을 중심으로 하여 양방향으로 비슷하게 변이하는 것을 방황변이라 한다. 방황변이의 경우 후대로 유전하지는 않는다.

정답 32 ④ 33 ④ 34 ④ 35 ② 36 ③ 37 ④ 38 ③

39 다음 중 분리 육종법이 아닌 것은?
① 집단선발법　② 순계도태법
③ 가계선발법　④ 계통육종법

해설
계통육종법은 교잡육종법에 해당한다. 분리육종법에는 선발육종법, 순계분리법, 계통분리법, 집단선발법 등이 있다.

40 조합능력과 관련된 내용으로 옳지 않은 것은?
① 조합능력은 교배친의 상대적 능력이다.
② 조합능력에는 일반조합능력과 특정조합능력이 있다.
③ 조합능력 검정방법은 이면교배, 여교배 등이 있다.
④ 이면교배는 일반조합능력과 특정조합능력을 검정할 수 있다.

해설
조합능력 검정방법에는 단교배검정, 톱교배검정, 이면교배검정, 다교배검정 등이 있다.

41 다음 중 장일성 식물로만 나열된 것은?
① 들깨, 고구마　② 들깨, 시금치
③ 보리, 콩　　　④ 티머시, 아주까리

해설
장일성 식물에는 티머시, 아주까리, 양파, 보리, 시금치, 감자 등이 있다.

42 다음 중 토마토를 연작 재배하면 나타나는 병해는?
① 갈반병　　　② 탄저병
③ 바이러스병　④ 풋마름병

해설
토마토 풋마름병은 연작으로 병든 식물체나 토양속에 잔재하는 병원균에 의해 나타나는 식물병이다.

43 씨감자의 한쪽 무게로 가장 적당한 것은?
① 1g　　② 10g
③ 30g　④ 80g

해설
파종을 위한 씨감자의 경우 심기 전에 싹을 틔운 후 30g 무게로 잘라 심는다.

44 젖은 토양에 중력의 1000배의 원심력을 작용시킬 경우 잔류하는 수분상태는?
① 수분당량　② 위조계수
③ 최대용수량　④ 흡습계수

해설
수분당량은 물을 포화시킨 토양에 원심력 적용후 토양에 남아 있는 수분으로 토양 중력의 1000배 원심력을 작용시킬 경우 잔류하는 수분이다.

45 다음 중 우리나라에서 작물의 주요 기상재해가 아닌 것은?
① 가뭄해　② 냉해
③ 풍해　　④ 고온장해

해설
우리나라에 작물의 주요 기상재해에는 가뭄해, 냉해, 풍해, 수해, 습해, 열해 등이 있다.

46 다음 중 자생란으로만 나열된 것은?
① 반다, 카틀레야
② 풍란, 팔레놉시스
③ 심비디움, 새우란
④ 덴드로비움, 반다

해설
자생란에는 춘란, 한란, 새우난, 심비디움 등이 있으며 착생란에는 반다, 카틀레야, 풍란, 덴드로비움 등이 있다.

정답 39 ④　40 ③　41 ④　42 ④　43 ③　44 ①　45 ④　46 ③

47 보리 답리작재배의 기계화 파종양식 중 가장 먼저 보급되기 시작된 것은?
① 평면세조파   ② 휴립광산파
③ 휴립세조파   ④ 부분경운파

해설
휴립광산파는 답리작 보리파종에 많이 이용되며 기계화 파종양식 중 가장 먼저 보급되었다.

48 다음 중 수량이 많고 사료나 공업용 원료로 주로 쓰이는 옥수수 종자는?
① 마치종   ② 경립종
③ 연립종   ④ 감미종

해설
마치종은 말의 이빨을 닮은 모양이라 마치종이라 부르며 공업용이나 사료용으로 많이 사용된다.

49 다음은 공예 작물이다. 분류와 작물명칭이 옳게 짝지어지지 않은 것은?
① 염료 작물 – 맥문동
② 섬유료 작물 - 목화
③ 전분료 작물 – 율무
④ 향신료 작물 - 박하

해설
염료작물에는 치자나무, 울금 등이 있으며 맥문동은 약료작물에 해당한다.

50 점토나 미사가 많은 고운 토양의 특성이 아닌 것은?
① 공기 유통이 더디다
② 지온 상승이 빠르다.
③ 물을 지니는 힘이 좋다.
④ 양분을 지니는 힘이 좋다.

해설
토양의 입자가 클수록 열전도율이 높다. 점토나 미사가 많은 고운토양은 토양의 입자가 작기에 열전도율은 낮아 지온상승은 상대적으로 느리다.

51 온실에서 CO_2를 인공적으로 공급할 때, 광합성이 증대되어 작물의 수량이 증대되는 적정 CO_2 시비의 수준은?
① 50~100ppm   ② 300~400ppm
③ 500~700ppm   ④ 1000~1500ppm

해설
인공적으로 이산화탄소를 공급하는 탄산시비의 경우 1000~1500ppm 정도로 시비한다.

52 씨뿌림에 관한 설명 중 옳지 않은 것은?
① 씨뿌림 깊이는 종자에 따라 달라진다.
② 기계로 씨뿌림을 하면 발아가 일정하지 않다.
③ 종자의 크기가 작은 경우, 줄뿌림이나 흩어뿌림 한다.
④ 옥수수, 콩 등 씨앗이 큰 작물은 1~2알씩 일정한 간격으로 심는다.

해설
기계로 씨뿌림을 하면 발아가 일정하다.

53 채소를 이용부위에 따라 분류할 때 열매 채소가 아닌 것은?
① 동부   ② 오이
③ 호박   ④ 토마토

해설
오이, 호박, 토마토 등은 과채류에 해당하며 동부는 협채류에 해당한다.

54 다음 중 도열병이 많이 발생하는 조건으로 옳지 않은 것은?
① 기온이 낮을 때
② 모내기가 늦어졌을 때
③ 질소질 거름을 많이 주었을 때
④ 흐리고 비가 자주 오는 날이 많을 때

해설
벼 도열병은 질소질비료 과다 시비, 일조량의 부족, 저온도 및 과습한 경우 다량 발생한다.

55 버널리제이션에 대한 설명으로 옳은 것은?
① 추파성 정도가 높은 식물일수록 장기 저온처리를 해야 효과가 있다.
② 버널리제이션에 감응하는 부위는 잎이다.
③ 버널리제이션에 산소의 공급은 필요하지 않다.
④ 최아한 봄밀을 1-2℃에서 저온처리 했을 때 개화촉진 효과가 나타나는 것을 말한다.

[해설]
추파성이 높은 식물은 춘화처리(저온처리)를 적용하여 추파성을 춘파성으로 변화시킬수 있다.

56 씨뿌리기를 할 때 노력이 가장 많이 들어가는 방법은?
① 점뿌림   ② 줄뿌림
③ 흩어뿌림 ④ 모둠뿌림

[해설]
점파(점뿌림)는 일정 간격으로 종자를 수 개씩 파종하는 방법으로 씨뿌리기 방법 중에 가장 많은 노력이 들어간다.

57 알뿌리 형태가 구슬줄기가 아닌 것은?
① 토란   ② 생강
③ 크로커스 ④ 시클라멘

[해설]
시클라멘은 괴경(덩이줄기)에 해당한다.

58 다음 중 토마토 촉성재배 할 때 육묘일수로 적당한 것은?
① 25~30일   ② 35~40일
③ 40~45일   ④ 50~60일

[해설]
토마토의 촉성재배의 육묘일수는 60일 전후이다.

59 벼의 줄기 속을 파먹는 해충은?
① 조명나방   ② 파밤나방
③ 미국흰불나방 ④ 이화명나방

[해설]
이화명나방은 1년에 2회 발생하며 벼의 줄기 속을 가해한다.

60 다음 중 기원지가 남아메리카 지역인 식물로만 짝지어진 것은?
① 벼, 오이   ② 콩, 조
③ 감자, 토마토 ④ 당근, 마늘

[해설]
기원지가 남아메리카 지역인 식물에는 감자, 담배, 바나나, 토마토 등이 있다.

정답 55 ① 56 ① 57 ④ 58 ④ 59 ④ 60 ③

제1회 종자기능사

01 종자세에 미치는 요인 중 유전적 조성에 의한 요인으로 볼 수 있는 것은?
① 토양수분과 비옥도
② 저장기간과 저장형태
③ 종자의 발육기간 중 환경조건
④ 종자의 화학적 조성

해설
종자세에 영향을 주는 유전적 요인에는 잡종강세 및 종자의 화학적 조성 등이 있다.

02 중복수정에서 웅핵과 극핵이 결합하여 배유핵을 합성할 때의 핵형은?
① 1n   ② 2n
③ 3n   ④ 4n

해설
피자식물에서 꽃가루가 암술머리에 붙어 수분이 이루어지면 꽃가루가 발아하여 꽃가루관이 뻗어 나와 암술대를 통과하여 배낭으로 들어간다. 꽃가루에 있던 2개의 정핵 중 1개는 난핵과 결합하여 배가 되고 다른 1개는 2개의 극핵과 결합해서 배젖(배유)이 된다.

03 채종포장에 유아등을 설치하여 해충을 유살하는 방법은?
① 경종적 방제   ② 생물학적 방제
③ 물리적 방제   ④ 화학적 방제

해설
유아등을 통해 해충을 유인하여 방제하는 방법은 물리적 방제에 해당한다.

04 양배추 채종재배에서 채종량을 늘리기 위한 가장 알맞은 질소 추비 시기는?
① 육묘기   ② 결구기
③ 추대기   ④ 개화전기

해설
양배추의 채종량을 늘리기 위해 급속한 신장이 필요하며 이를 추대라 하고 이러한 시기를 추대기라 한다.

05 수확 후 종자의 위생적인 질을 향상시키는 방법이 아닌 것은?
① 퇴화된 종자의 제거
② 화학제에 의한 종자의 표면 소독
③ 감염 종자나 이물질의 분리
④ 온탕처리

해설
퇴화된 종자는 위생적 질에는 영향을 주지 않는다.

06 신장하는 화분관 속에는 몇 개의 핵이 존재하는가?
① 2개의 영양핵과 1개의 정핵
② 1개의 영양핵과 1개의 정핵
③ 2개의 영양핵과 2개의 정핵
④ 1개의 영양핵과 2개의 정핵

해설
3개의 핵을 갖는 화분관은 1개의 영양핵과 2개의 정핵이 있다.

정답 01 ④ 02 ③ 03 ③ 04 ③ 05 ① 06 ④

07 채종 포장의 파종에서 종자의 수확량을 결정하는데 중요하여 반드시 지켜야 할 사항이 아닌 것은?
① 종자 열의 간격유지
② 단위면적당 파종할 종자량
③ 파종심도의 균일성
④ 포장 심경

해설
파종 시 종자열의 간격을 유지하고 단위면적당 파종량을 조절하며 파종의 심도의 균일성을 유지해야 한다.

08 종자의 형성과정에서 종자와 과실로 발달하는 조직은?
① 체세포 조직
② 통도 조직
③ 영양분열 조직
④ 생식분열 조직

해설
종자와 과실은 생식기관에서 발달한다.

09 테트라졸리움검사(TTC검사)는 활력 종자와 비활력 종자를 검사하는데 이용하는 방법으로 살아있는 활력 종자의 세포는 어떤 색깔로 변하는가?
① 청색
② 적색
③ 황색
④ 보라색

해설
일반적으로 활력 종자의 조직은 호흡으로 생긴 탈수소효소가 산화상태의 테트라졸륨과 결합하면 붉은색 계통을 띠게 된다.

10 종자의 열풍건조에서 발아력을 저하시킬 수 있는 가장 큰 요인은?
① 단일
② 장일
③ 저온
④ 고온

해설
열풍건조로 인하여 고온 조건에 오래 지속되면 수명이 짧아지고 발아력이 저하된다.

11 종자의 수명에 관한 설명으로 틀린 것은?
① 성숙한 종자는 미숙종자에 비하여 수명이 길다.
② 저장 시작 당시에 발아율이 높은 것일수록, 1000립중이 무거운 것일수록 일반적으로 수명이 길다.
③ 종자를 건조하여 종자수분함량을 적게 하면 수명이 길어진다.
④ 4~10°C일 때 상대습도가 70~80% 정도에서 종자의 수명이 길어진다.

해설
5°C 이하의 온도에서 저장할 경우 50% 이하의 상대습도에서 종자의 발아력이 유지되고 수명이 길어진다.

12 영양번식에 의하여 종묘를 생산하는 작물은?
① 배추
② 무
③ 수박
④ 마늘

해설
마늘은 비늘줄기(인경)를 통해 영양번식한다.

13 종자의 내적휴면의 원인에 속하지 않는 것은?
① 종피 또는 과피가 단단하여 물을 흡수할 수 없는 경우
② 형태적으로 미숙한 상태인 경우
③ 온도, 수분, 산소 및 광선 등이 발아에 부적당한 경우
④ 배에 억제물질이 존재하는 경우

해설
타발적 휴면(외적휴면)은 발아력을 가진 종자에 수분, 광, 가스, 온도, 등의 외적 조건에 의해 유발되는 휴면이다.

정답 07 ④ 08 ④ 09 ② 10 ④ 11 ④ 12 ④ 13 ③

14 저장 종자에 큰 피해를 주는 요인으로 거리가 먼 것은?
① 농약의 해 ② 충해
③ 쥐해 ④ 고온과 다습

> **해설**
> 농약은 종자의 저장시 병해충으로부터 피해를 감소시키는 역할을 한다.

15 수분함량이 15.0%인 밀 종자의 평형습도가 상대습도 75%일 경우, 상대습도가 80%인 창고에서 보관한다면 밀의 수분함량은 어떻게 변화할 것인가? (단, 온도 및 종자의 성숙도는 무시한다.)
① 일정하다.
② 증가한다.
③ 감소한다.
④ 증가하다가 감소한다.

> **해설**
> 상대습도가 증가하게 되면 종자의 수분함량도 증가하게 된다.

16 종자가 수분을 흡수하는 과정 중에 일어나는 현상으로 틀린 것은?
① 종자의 흡수는 물의 침윤과 삼투에 의한다.
② 종자가 물을 흡수하는 상태는 종피의 성질과 세포벽의 성질이 작용한다.
③ 식물의 종자를 일시에 발아시키고자 할 때에는 침종을 하는데, 침수시 스며든 물은 종자 내에서 가수분해를 돕고 단당류가 발아에 이용될 수 있도록 돕는다.
④ 저장양분인 전분·지방·단백질 등은 형태의 변화 없이 조직 내에서 이용된다.

> **해설**
> 저장양분인 전분·지방·단백질 등은 효소에 의해 가수분해되어 분자량이 적은 가용성물질로 변화되어 사용된다.

17 채종에 관한 설명 중 옳지 않은 것은?
① 벼 종자는 평야지보다 분지에서 생산된 것이 임실이 좋아서 종자가치가 높다.
② 평지(유채)에서는 가을재배를 하면 퇴화를 경감할 수 있다.
③ 씨감자의 퇴화를 방지하려면 고랭지에서 생산해야 한다.
④ 콩은 따뜻한 남부에서 생산된 종자가 서늘한 지역에서 생산된 것보다 충실하다.

> **해설**
> 콩은 해발고도가 높은 서늘한 지역에서 생산된 종자가 충실하다.

18 발아세의 뜻은 무엇인가?
① 파종된 총 종자개체수에 대한 발아종자 개체수의 비율
② 파종기부터 발아기까지의 일수 콩
③ 치상 후 일정한 시일 내의 발아율
④ 종자의 대부분이 발아한 날

> **해설**
> 발아세는 치상 후 일정기간까지의 발아율 또는 표준발아검사에서 중간발아조사일까지의 발아율을 말한다.

19 다음 중 종자의 발아에 가장 효과가 큰 파장은?
① 550nm ② 670nm
③ 750nm ④ 860nm

> **해설**
> 종자의 발아를 촉진하는 광파장은 적색부분(660~700nm)이며 660~670nm 파장에서 가장 활성화된다.

정답 14 ① 15 ② 16 ④ 17 ④ 18 ③ 19 ②

20 다음 중 발아시험에 대한 설명으로 틀린 것은?

① 발아 시험에는 순결종자를 사용 하여야 한다.
② 작물의 종류에 따라 예냉을 실시하는데 이 예냉 기간도 발아 기간에 포함된다.
③ 휴면 종자인 경우는 각각 지정된 방법에 의하여 휴면이 타파된 것을 사용해야 한다.
④ 종자100립의 4반복으로 시험하는 것이 일반적이다.

해설
발아촉진을 위한 전처리인 예냉(예랭) 처리의 기간은 발아기간에 포함되지 않는다.

21 다음 중 세포주기(cell cycle)에 대한 설명으로 틀린 것은?

① 세포주기는 G1기 - S기 - G2기 - M기의 순으로 반복된다.
② DNA복제는 유사분열이 시작되기 전에 일어나며 이 기간을 S기라 한다.
③ 세포주기가 완성되는데 요구되는 시간은 모든 생물에서 동일하다.
④ G1기간은 DNA합성 전 간격 기간이고, G2기간은 DNA 합성 후 간격 기간이다.

해설
세포주기가 완성되는 시간은 생물의 종류 및 특성에 따라 다르다.

22 다음 중 종자 갱신에 관한 설명으로 옳은 것은?

① 종자 갱신은 우량 품종의 퇴화를 막기 위하여 필요하다.
② 우리나라는 벼, 보리, 밀 등의 작물은 농가에서 관리하고 있다.
③ 벼는 2년을 1기로하고, 콩은 6년을 1기로 하고 있다.
④ 종자갱신에 쓰이는 기본식물은 각 농가에서 관리한다.

해설
종자갱신은 종자 품종의 특성을 유지하고 품종의 퇴화를 막기 위한 방법이다.

23 작물 육종에 의한 재배식물의 변화로 가장 적당하지 않는 것은?

① 종자가 잘 떨어지게 되었다.
② 종자가 균일하게 발아하도록 되었다.
③ 야생에서의 생존성이 감소되었다.
④ 식물체 이용부위의 양이 증대되었다.

해설
작물 육종에 의한 재배식물은 종자의 탈립성이 줄어들게 되었다.

24 다음 중 일반적인 육종기술의 3단계가 올바르게 나열된 것은?

① 변이의 탐구와 창성 → 변이의 선택과 고정 → 신종의 증식과 보급
② 신종의 증식과 보급 → 변이의 탐구와 창성 → 변이의 선택과 고정
③ 신종의 증식과 보급 → 변이의 선택과 고정 → 변이의 탐구와 창성
④ 변이의 선택과 고정 → 변이의 탐구와 창성 → 신종의 증식과 보급

해설
육종기술은 변이의 탐구와 창성, 변이의 선택과 고정, 신품종의 증식과 보급의 3단계로 구성된다.

25 다음 중 자기불화합성의 일시적 타파방법으로 꽃봉오리 때 수분해 주는 방법을 무엇이라 하는가?
① 뇌수분   ② 노화수분
③ 개화수분 ④ 말기수분

해설
뇌수분은 억제물질이 생성되기 전인 개화 2~3일 전 꽃봉오리에 수분하는 것으로 자가수정률이 높아 자가불화합성 계통을 유지할수 있다.

26 다음 중 Mendel의 유전법칙에 대한 설명으로 틀린 것은?
① 유전자는 배우자를 통하여 양친에서 자손으로 전달된다.
② 유전자는 계속해서 변화하며 또한 다른 유전자에 의해 영향을 받는다.
③ 개체가 배우자를 만들 때 한 쌍의 유전자는 서로 독립적으로 분리된다.
④ 개체는 한 가지 유전형질에 대하여 한 쌍의 유전자를 가지고 있다.

해설
유전자는 변화하지 않으며 다른 유전자에 영향을 받지 않는다.

27 유전적으로 이형접합인 F_1 품종의 균등성과 영속성을 유지하기 위한 방법으로 가장 적당한 것은?
① 양친 품종의 균등성과 영속성을 유지시킴
② F_2서 F_1과 똑같은 특성을 가진 개체를 선발함
③ 방사선 조사에 의하여 돌연변이를 유발함
④ 염색체를 배가 시킴

해설
이형접합인 F_1 품종의 균등성을 유지하기 위해서는 양친 품종의 균등성을 유지시키는 것이 중요하다.

28 하나의 유전자가 2개 이상의 형질발현에 관여하는 경우를 (   )이라고 한다. (   )안에 들어갈 말은?
① 유전자의 위치 효과 영향
② 변경유전자 작용
③ 유전자의 다면적 발현
④ 중복유전자 작용

해설
한 개의 유전자가 여러 형질을 발현하는 경우 다면발현(유전자의 다면적 발현)이라 한다.

29 순계분리법을 가장 효과적으로 적용할 수 있는 육종재료는?
① 자식성 작물의 재래종
② 타식성 작물의 재래종
③ 자가불화합성이 강한 재래종
④ 웅성불임성이 강한 재래종

해설
순계분리법은 기본 집단에서 우수한 형질을 가진 개체를 계속 선발하여 우수한 순계를 선발하는 방법으로 자가수정작물에 이용된다.

30 변이를 감별하는 방법은?
① 타가수정   ② 후대검정
③ 영양번식   ④ 격리

해설
변이의 감별은 후대검정 및 특성검정, 변이의 상관비교 등이 이용된다.

31 다음 중 접합자의 염색체 상태는?
① n   ② 2n
③ 3n   ④ 4n

해설
접합자는 동형접합자, 이형접합자가 있으며 염색체는 2n 이다.

32 일반적인 육종과정의 순서로 옳은 것은?
① 육종방법 결정→육종목표 설정→우량계통 육성→생산성 검정→신품종 등록
② 육종목표 설정→우량계통 육성→육종방법 결정→신품종 등록→종자증식
③ 육종목표 설정→변이작성→우량계통 육성→지역적응성 검정→신품종등록
④ 육종방법 결정→변이작성→신품종등록→생산성 검정→종자증식

해설
재배식물의 육종과정은 육종목표의 설정, 육종재료 및 육종방법 결정, 변이작성, 반복적 선발을 통해 유망계통 육성, 신품종의 결정 및 국가 기관에 등록, 신품종의 증식 및 보급이다.

33 F1에서 가장 큰 잡종강세를 기대할 수 있는 일대잡종 종자 생산방식은?
① 단교배 ② 복교배
③ 삼원교배 ④ 합성품종

해설
단교배(단교잡)은 관여하는 계통이 2개뿐이라 우량조합의 선정이 용이하고 잡종강세 현상이 뚜렷하다.

34 잡종에 양친 중 한쪽 친을 반복적으로 교배하는 방식은?
① 3원교배 ② 여교배
③ 복교배 ④ 다계교배

해설
여교잡육종법은 양친의 제1대 잡종에 양친 중 한쪽의 유전자형을 가진 개체를 교잡하고 이것을 수세대 반복하여 우량개체를 선발하는 방법이다.

35 이수성(異數性)을 나타내는 게놈 구성은?
① AAAA ② AABBDD
③ 2n+1 ④ AaBb

해설
염색체 조성이 2n 인 개체에서 감수분열 과정에서 한 두 개의 상동염색체가 완전히 분리되지 않아 n+1 혹은 n-1 인 배우자가 형성된다. 이들 배우자가 정상적인 n 상태의 배우자와 수정되어 수정된 개체가 2n+1 이나 2n-1 인 염색체가 되는 경우를 이수성이라 한다.

36 품종의 퇴화원인과 관계가 가장 적은 것은?
① 근교강세
② 돌연변이
③ 자연교잡
④ 타 품종의 기계적 혼입

해설
품종의 퇴화 원인에 있는 근교약세의 경우 자식 혹은 근계교배를 계속함에 따라 현저하게 생활력이 감퇴되는 현상으로 자식약세라고도 한다.

37 다음 ( ) 안에 알맞은 내용으로 나열한 것은?

> 감수분열은 생식모세포가 연속적으로 (㉠)분열하여 완성되고, 제1감수분열은 (㉡)의 염색체수가 (㉢)으로 되는 과정이다.

① ㉠ : 1회, ㉡ : 2n, ㉢ : 2n
② ㉠ : 1회, ㉡ : 2n, ㉢ : n
③ ㉠ : 2회, ㉡ : 2n, ㉢ : 2n
④ ㉠ : 2회, ㉡ : 2n, ㉢ : n

해설
감수분열은 2회 연속 핵분열이 진행되며 제1감수분열은 이형분열이라 하며 염색체 수가 2n에서 n 으로 반으로 줄고 유전물질의 양은 간기에 2배로 늘어나지만 후기에 다시 반으로 줄어들어 원래의 수가 된다.

정답 32 ③ 33 ① 34 ② 35 ③ 36 ① 37 ④

38 3계(3원) 교잡을 나타낸 방법은?
① (A × B) × C
② AB × BC × CD
③ (A × B) × (C × D)
④ (A × B) × (C × D) × (E × F)

해설
삼계교잡은 단교배 F_1과 어떤 품종과 교배로 (A×B)×C 이다

39 (A × B) × A 또는 (A × B) × B와 같이 F_1을 양친 중 어느 한쪽 친과 교잡하는 것을 무엇이라 하는가?
① 3원교잡 ② 복교잡
③ 여교잡   ④ 다계교잡

해설
여교잡육종법은 양친의 제1대 잡종에 양친 중 한쪽의 유전자형을 가진 개체를 교잡하고 이것을 수세대 반복하여 우량개체를 선발하는 방법으로 (A×B)×B, (A×B)×A, [(A×B)×B]×B 등의 형식이며 한번 교잡시킨 것을 1회친, 두 번 이상 교잡시킨 것을 반복친이라 한다.

40 작물육종의 긍정적 성과로 볼 수 없는 것은?
① 농작물 이용부위의 품질이 크게 향상되었으며 용도별로 가장 알맞은 품질을 가진 품종이 개발되었다.
② 농작물 재배 및 생산의 안정성을 저해하는 환경요인에 대한 내성 또는 저항성을 지닌 품종이 육성되었다.
③ 농경지 이용효율 증진과 합리적인 작부체계 확립이 가능하게 되었다.
④ 재래종 감소, 품종의 획일화로 유전적 취약성이 초래되었다.

해설
재래종 감소 및 품종의 유전적 취약성은 작물육종의 긍정적 성과가 아닌 부정적 내용이다.

41 일반적으로 생산물의 용도에 따라 공예작물을 분류할 때 약료작물에 해당되는 것은?
① 수수   ② 땅콩
③ 고구마 ④ 인삼

해설
제충국, 인삼, 도라지, 박하, 당귀 등은 약료작물에 해당한다.

42 큐어링 처리가 가장 효과적인 작물은?
① 배   ② 사과
③ 고구마 ④ 단감

해설
큐어링은 고구마, 감자, 양파 등에 상처가 발생한 경우 상처를 아물게 하거나 코르크층을 형성시켜 수분의 증발을 줄이고 미생물의 침입을 예방하는 방법이다.

43 1m²당 이삭수가 300개, 1이삭당 평균 영화수가 100개, 등숙률 80%, 1,000알의 무게가 20g일 경우 1m²당 벼의 수량은?
① 240g ② 300g
③ 480g ④ 600g

해설
벼의 수량(kg)
$$= \frac{300 \times 100 \times 0.8 \times 20}{1000 \times 1000} = 0.48 kg = 480g$$

44 밀의 용도와 품질적 특성에서 고급 빵이나 마카로니를 만드는데 가장 적합한 밀가루는?
① 강력 밀가루   ② 준강력 밀가루
③ 중력 밀가루   ④ 박력 밀가루

해설
고급 빵이나 바카로니는 강력밀가루(강력분, 글루텐 함량 13% 이상)를 활용한다.

정답 38 ① 39 ③ 40 ④ 41 ④ 42 ③ 43 ③ 44 ①

45 산간 지방에서 벼를 재배할 때 가장 피해 받기 쉬운 기상 재해는?
① 안개해　　② 동해
③ 풍해　　　④ 냉해

> **해설**
> 산간 지방은 고위도 지방으로 벼를 재배할 때 냉해를 받기 쉽다.

46 작물 종자의 발아에 대한 설명으로 옳은 것은?
① 콩과 작물은 대부분 지하발아를 한다.
② 종자의 발아에는 적절한 수분, 산소, 온도가 필요하다.
③ 광선이 발아를 촉진하는 종자에는 토마토, 호박 등이 있다.
④ 발아 할 때는 종자의 호흡이 감소하면서 이산화탄소의 소모가 증가한다.

> **해설**
> 종자의 발아를 위해서는 적절한 수분, 온도, 산소, 광 등이 필요하다.

47 우리나라의 연간 일조시간 범위로 가장 적당한 것은?
① 1000 ~ 1500 시간
② 2000 ~ 2500 시간
③ 3000 ~ 3500 시간
④ 4000 ~ 4500 시간

> **해설**
> 우리나라의 연간 일조시간 범위는 2000~2500 시간이며 평균 일조시간은 매년 증가하는 추세이다.

48 기후가 불순하여 흉년이 들 때에 조, 기장, 피 등과 같이 안전한 수확을 얻을 수 있어 도움이 되는 재배작물을 무엇이라고 불렀는가?
① 보호작물　　② 대용작물
③ 구황작물　　④ 포착작물

> **해설**
> 불리한 환경(흉년)에 수확량이 상당한 작물을 구황작물이라 하며 조, 기장, 메밀, 피, 고구마 등이 해당된다.

49 벼의 생육기간 중 물을 가장 많이 소모하는 시기는?
① 이앙기　　② 수잉기
③ 출수기　　④ 개화기

> **해설**
> 벼의 생육기간 중 물의 소모가 가장 많은 시기는 수잉기이다.

50 우리나라에서 가장 많은 재배 면적을 차지하는 작물은?
① 맥류　　② 두류
③ 벼　　　④ 잡곡류

> **해설**
> 농경지 작물의 재배면적은 벼가 가장 크며 채소, 과수, 두류 순이다.

51 작물 재배에 적합한 모래참흙(사양토)의 점토함량(%)으로 가장 적합한 것은? (단, 세토 중의 점토함량으로 한다.)
① 12.5 이하　　② 12.5~25.0
③ 25.0~37.5　　④ 37.5~50.0

> **해설**
> 사양토의 점토함량은 12.5 ~ 25.0 % 이다.

정답　45 ④　46 ②　47 ②　48 ③　49 ②　50 ③　51 ②

52 맥주용 보리에서 좋은 맥아(麥芽)의 조건에 해당하지 않는 것은?

① 발아력이 강하고 균일한 것이 좋다.
② 종실이 굵은 것이 좋다.
③ 단백질 함량이 많은 것이 좋다.
④ 곡피가 얇은 것이 좋다.

해설
맥주용 보리의 맥아가 단백질 함량이 높으면 맥즙수량이 저하되어 품질이 좋지 않다.

53 벼 재배 시 물을 가장 얕게 대 주어야 하는 시기는?

① 수임기
② 출수 개화기
③ 황숙기 말기
④ 모낸 직후부터 착근기까지

해설
황숙기 말기에서 완숙기까지는 물을 얕게 대주도록 한다.

54 우리나라 평야지 작물재배에서는 상대적으로 적게 발생하는 기상재해로, 단기간에 많은 눈이 내림으로서 발생하는 재해는?

① 수해   ② 한해
③ 동해   ④ 설해

해설
설해는 단기간에 많은 눈이 내려 발생하는 피해이다.

55 맥류 재배시 성숙기에 수발아가 일어나는 환경 조건은?

① 고온 다습 상태 ② 고온 장일 상태
③ 저온 다습 상태 ④ 저온 장일 상태

해설
수발아는 벼, 맥류 등이 수확기가 되었을 때 장마철 도복이나 장기간 비로 인하여 젖은 땅에 오래 접촉할 경우 이삭에서 싹이 트는 현상이다.

56 기지의 원인이 되는 토양전염병이 아닌 것은?

① 완두 모잘록병   ② 인삼 뿌리썩음병
③ 사과적진병   ④ 토마토 풋마름병

해설
사과적진병은 망간 함량이 높아 발생하는 병이다.

57 요수량에 대한 설명으로 틀린 것은?

① 건물생산의 속도가 낮은 생육초기의 요수량이 크다.
② 토양수분의 과다 및 과소, 척박한 토양 등의 환경 조건은 요수량을 크게 한다.
③ 수수·기장·옥수수 등이 크고, 알팔파·클로버 등이 적다.
④ 광 부족, 많은 바람, 공기습도의 저하, 저온과 고온은 요수량을 크게한다.

해설
요수량이 큰 식물로 알팔파, 클로버, 완두 등이 있으며 요수량이 적은 식물로 수수, 기장, 옥수수 가 대표적이다.

58 작물의 내습성에 관여하는 요인을 잘못 설명한 것은?

① 뿌리의 피층세포가 사열로 되어 있는 것은 직렬로 되어 있는 것 보다 내습성이 약하다.
② 목화한 것은 환원성 유해물질의 침입을 막아서 내습성이 강하다.
③ 부정근이 발생력이 큰 것은 내습성이 약하다.
④ 뿌리가 황화수소 등에 대하여 저항성이 큰 것은 내습성이 강하다.

해설
부정근이 발생력이 큰 것은 내습성이 강하다.

59 고추의 기원지로 알려진 곳은?

① 중국　　　② 인도
③ 중앙아시아　④ 남아메리카

해설

남아메리카지구가 기원지인 작물은 고추, 감자, 담배 등이 있다.

60 옥신의 사용 설명으로 틀린 것은?

① 국화 삽목 시 발근을 촉진한다.
② 앵두나무 접목시 접수와 대목의 활착을 촉진한다.
③ 파인애플의 화아분화를 촉진한다.
④ 사과나무의 과경 이층(離層)형성을 촉진한다.

해설

옥신의 경우 사과나무 과경 이층 형성을 억제하는 역할을 한다.

제2회 종자기능사

01 어두운 곳에서 자란 옥수수의 유묘에서 추출해낸 종자 발아의 광가역성에 관여하는 물질은 어느것인가?
① phytoalexin
② capsanthin
③ phytochrome
④ phytoxin

해설
피토크롬(phytochrome)은 식물의 색소 단백질로 광가역성에 관여하는 물질이다.

02 복숭아와 같이 내과피가 돌처럼 딱딱하고 두꺼우며 털이 있는 중과피를 가지고 있고 외과피가 얇으며 대개 1개의 심피에 1개의 종자를 가지고 있는 과실을 무엇이라 하는가?
① 장과 ② 감과
③ 이과 ④ 핵과

해설
핵과류는 씨방의 중과피가 비대된 것으로 과실 속에 단단한 핵이 있는 것이 특징이다.

03 식물학상 종자의 정의로 가장 적합한 것은
① 열매 안에 들어 있는 성숙한 배를 말한다.
② 열매 안에 들어 있는 성숙한 배주를 말한다.
③ 자방 안에 들어 있는 미성숙한 배를 말한다.
④ 자방 안에 들어 있는 성숙한 배를 말한다.

해설
식물학상 종자는 배주가 수정하여 자란 것으로 열매 안에 성숙한 배주를 말한다.

04 일반적으로 종자에서 발생하는 전염병 중 가장 많은 질병을 일으키는 병원은?
① 바이러스 ② 세균
③ 진균   ④ 선충

해설
종자에 가장 많은 식물병을 일으키는 병원은 진균이며 가장 많이 존재하는 부위는 종피, 과영, 영 등이다.

05 종자의 전염성 병을 방제하는 방법 중 적절하지 못한 것은?
① 파종 전 침종처리를 한다.
② 무병의 종자를 이용한다.
③ 방제약제를 살포한다.
④ 토양소독을 실시한다.

해설
파종 전 침종처리는 종자의 발아를 촉진하는 처리방법이다.

06 종자가 기계적인 상처가 없고 정상적인데도 발아하지 않는 내적원인이 아닌 것은?
① 발아억제물질이 존재한다.
② 배가 미숙하다.
③ 종피 및 과피가 두껍다.
④ 온도, 수분이 부적당하다.

해설
온도, 수분은 외적 요인에 해당한다.

정답 01 ③ 02 ④ 03 ② 04 ③ 05 ① 06 ④

07 종자 휴면의 분류에서 종피가 원인이 되어 일어나는 휴면은 어디에 속하는가?
① 자발휴면 ② 타발휴면
③ 2차 휴면 ④ 강제휴면

해설
자발휴면은 내적 원인에 의해 유발되는 휴면으로 종피에 의한 휴면이 여기에 해당된다.

08 종자전염병의 검정방법이 아닌 것은?
① 한천배지 검정법 ② 유묘병징 조사법
③ 혈청학적 검정법 ④ 열 소독

해설
열소독은 종자소독 방법이다.

09 영양번식의 이점(利點)이 아닌 것은?
① 풍토 적응성이 떨어진다.
② 종자번식이 어려울 때 이용한다.
③ 우량한 상태의 유전물질을 쉽게 영속적으로 유지시킬 수 있다.
④ 종자번식보다 생육이 왕성할 때 이용된다.

해설
영양번식 모계유전으로 그 풍토에 대한 적응성은 증대된다.

10 종자가 발아하는데 장해를 주는 가장 큰 요인이며 휴면과 관련 있는 물질은?
① ABA ② ethylene
③ 저장 물질 ④ GA

해설
아브시스산(ABA, abscisic acid)은 종자의 발아억제물질로 발아억제 및 휴면에 관련된 물질이다.

11 배의 미숙 때문에 발아가 늦어지는 경우, 이 종자는 모식물에서 떨어진 후 어떤 과정을 거쳐야 발아하게 되는가?
① 성숙 ② 완숙
③ 퇴숙 ④ 후숙

해설
배의 성숙에는 수주일~수개월의 기간이 필요한 경우가 있는데 이러한 기간 및 과정을 후숙이라 한다. 후숙은 휴면하는 종자의 발아를 위해 종자의 수분함량을 조절하고, 다량의 산소를 공급하는 등의 작업을 하게 된다.

12 작물의 채종 체계 중 마지막 채종단계는?
① 보급종 ② 원종
③ 원원종 ④ 생산종

해설
작물의 종자생산 관리체계는 기본식물, 원원종, 원종, 채종포(보급종), 농가의 순서로 보급종이 원종이나 원원종에서 1세대 증식하여 농가로 보급된다.

13 종자의 내적휴면의 원인에 속하지 않는 것은?
① 종피 또는 과피가 단단하여 물을 흡수할 수 없는 경우
② 형태적으로 미숙한 상태인 경우
③ 온도, 수분, 산소 및 광선 등이 발아에 부적당한 경우
④ 배에 억제물질이 존재하는 경우

해설
타발적 휴면(외적휴면)은 발아력을 가진 종자에 수분, 광, 가스, 온도, 등의 외적 조건에 의해 유발되는 휴면이다.

14 토마토가 다른 엽근채류에 비하여 1대 잡종채종에 있어서 특히 유리한 점은?

① 웅성불임성을 이용한다.
② 자웅동주이다.
③ 1과당 종자수가 많다.
④ 1주당 화방수가 많다.

해설
1대잡종 채종은 1회 교잡에 의해 다량의 종자를 생산할 수 있다.

15 작물의 화아분화를 촉진하는데 가장 영향력이 큰 것은?

① 온도, 수분
② 수분, 질소
③ 일장, 수분
④ 온도, 일장

해설
화아분화를 촉진하는데 온도 및 일장의 외적조건에 영향을 많이 받는다.

16 종자의 발아과정에서 유근(幼根, 어린뿌리)은 어떤 경로를 거쳐 출현하는가?

① 배유합성, 광합성 개시
② 광합성 개시, 세포신장
③ 세포신장, 세포분열
④ 세포분열, 광합성 개시

해설
세포의 신장, 세포의 분열을 통해 유근이나 유아, 자엽 등의 생장이 일어난다.

17 과실이 영(穎)에 싸여 있는 것은?

① 밀
② 옥수수
③ 귀리
④ 시금치

해설
과실이 영에 둘러 싸여 있는 것으로 벼, 보리, 귀리 등이 있다.

18 다음 중 종자의 퇴화에 관한 설명 중 틀린 것은?

① 종자의 저장관리를 잘하면 퇴화의 속도를 어느 정도 줄일 수 있다.
② 퇴화된 종자라도 인위적인 처리로 다시 건전한 종자로 만들 수 있다.
③ 같은 품종 중에서도 수확한 장소에 따라 저장성이 다를 수 있다.
④ 한 개체에서 수확한 종자라도 개개 종자에 따라 저장력이 다를 수 있다.

해설
퇴화된 종자라도 인위적 처리를 통해 다시 건전한 종자로 만들 수 없다.

19 다음 중 종자의 습윤저온적층 저장을 올바르게 설명한 것은?

① 습윤한 모래에 1 ~ 10°C에서 수주 처리
② 습윤한 진흙에 -5 ~ 0°C에서 수주 처리
③ 습윤한 자루에 10 ~ 15°C에서 수주 처리
④ 습윤한 짚 속에 -5 ~ 0°C에서 수주 처리

해설
배 휴면을 하는 종자는 습윤한 모래에서 0~6°C 조건의 저온에서 수일~수개월 저장하면 휴면이 타파된다.

20 다음 중 종자를 저온에 저장하면 종자의 수명이 길어지는 원인을 잘못 설명한 것은?

① 발아가 억제된다.
② 온도가 낮으면 수분 함량이 낮아진다.
③ 종자 내의 생화학 작용을 억제 한다.
④ 종자 내의 호흡작용이 감소한다.

해설
종자의 수분함량이 14% 이하가 되면 0도 내외의 저온 조건에서도 결빙이 발생하지 않아 종자의 수명이 길어지게 된다. 즉 온도가 낮아서 수분 함량이 낮아지는 것이 아니라 수분함량이 낮을 경우 온도가 낮아도 결빙이 발생하지 않아 종자의 수명에 영향을 덜 주기 때문이다.

정답 14 ③ 15 ④ 16 ③ 17 ③ 18 ② 19 ① 20 ②

21 다음 중 염색체가 자극을 받아 절단된 단면(fragment)이 염색체에 다시 부착하지 못했을 때에 생기는 현상은?

① 절단(fragment)
② 결실(deficiency)
③ 전좌(translocation)
④ 중복(duplication)

해설
결실은 염색체가 절단되어 생겨난 염색체 단편이 소멸 되서 정상적인 염색체에 비해 절단된 부분만큼 염색체의 내용이 적어지는 현상이다.

22 다음 중 육종시 선발의 규모를 결정하는 요인과 가장 거리가 먼 것은?

① 선발 형질의 수
② 작물의 번식방법
③ 선발 대상형질에 관여하는 유전자수의 다소
④ 사용할 수 있는 포장면적, 비용, 노력

해설
번식방법은 육종 방법을 선택하는데 영향을 주는 요인이다.

23 다음 중 속씨(피자)식물에서 일어나는 중복수정을 설명한 것은?

① 난핵+제1웅핵 → 씨눈(2n), 극핵+제2웅핵 → 배젖(3n)
② 난핵+극핵 → 씨눈(3n), 반족세포+웅핵 → 배젖(4n)
③ 난핵+제1웅핵 → 씨눈(2n), 조세포+제2웅핵 → 배젖(3n)
④ 난핵+극핵 → 씨눈(n), 반족세포+웅핵 → 배젖(2n)

해설
피자식물에서 꽃가루가 암술머리에 붙어 수분이 이루어지면 꽃가루가 발아하여 꽃가루관이 뻗어 나와 암술대를 통과하여 배낭으로 들어간다. 꽃가루에 있던 2개의 정핵 중 1개는 난핵과 결합하여 배가 되고 다른 1개는 2개의 극핵과 결합해서 배젖(배유)이 된다.

- 정핵(n)+난핵(n) → 배(2n)
- 정핵(n)+2개 극핵(2n) → 배젖(3n)

24 다음 중 유전력에 관한 설명으로 틀린 것은?

① 잡종집단에서 나타나는 표현형의 전체 분산에 대한 유전자 효과에 의한 분산 정도를 말한다.
② 유전력은 0 ~ 100%의 값을 가진다.
③ 유전력이 낮은 형질의 선발 효과는 작다.
④ 자식성작물의 잡종집단에서는 후기세대에서 동형개체가 증가할수록 유전력이 낮아진다.

해설
자식성식물은 후기세대에서 동형개체가 증가할수록 유전력이 높아진다.

25 다음 중 교배시 양친 식물들이 갖추어야 할 가장 중요한 조건은?

① 개화시기의 일치
② 줄기 길이(長)의 일치
③ 일장반응의 일치
④ 이삭의 형태적 동일성

해설
교배를 위한 양친 식물들은 개화 시기를 일치해야 교배의 친화성이 높아진다.

26 다음 중 자가수정을 촉진하는 식물학적 특성에 해당되는 것은?

① 이형예   ② 자웅이숙
③ 장벽수정   ④ 폐화수정

해설
꽃이 피기 전의 봉오리 상태일 때 일어나는 자가수정을 폐화수정이라 하며 자가수분을 촉진한다.

정답 21 ② 22 ② 23 ① 24 ④ 25 ① 26 ④

27 다음 중 유전적으로 고정될 수 있는 분산으로 가장 적절한 것은?

① 비대립유전자 상호작용에 의한 분산
② 우성효과에 의한 분산
③ 환경의 작용에 의한 분산
④ 상가적 효과에 의한 분산

해설
유전분산은 하나의 집단에 있어서의 표현형 분산 중에서 개체의 유전적변이에 의하여 생긴 부분을 말하며 상가적 효과에 의한 분산, 유전자 우성효과에 의한 우성분산, 비대립유전자 간의 상호작용에 의한 상위성분산으로 구성된다. 이때 유전적으로 고정될 수 있는 분산은 상가적 효과에 의한 분산이다.

28 벼의 유전자원 평가에서 1차적 특성 중 필수조사 특성이 아닌 것은?

① 출수기   ② 수량
③ 이삭수   ④ 현미의 모양

해설
유전자원의 평가는 1차적 특성, 2차적 특성, 3차적 특성으로 나누어 평가한다. 여기서 수량의 경우 3차적 특성에 해당한다.

29 기존의 유전자원 중에서 찾을 수 없는 형질 또는 유전자를 얻기 위하여 널리 이용되고 있는 육종법은?

① 순계분리 육종법 ② 돌연변이 육종법
③ 여교잡 육종법   ④ 집단 선발법

해설
돌연변이육종법은 인위적으로 돌연변이를 유발하여 새로운 품종을 육성하는 방법이다.

30 교배와 상관없이 한 번 나타난 변이가 대를 계속해서 나타나는 유전적 변이는?

① 방황변이   ② 돌연변이
③ 환경변이   ④ 개체변이

해설
유전적 변이는 돌연변이, 교배변이, 생물의 유성생식 과정 등에서 발생한다.

31 인공교배를 시키기 위해서 양친의 개화기를 일치시켜야 한다. 교배친의 개화기 조절 방법으로 가장 많이 사용하는 것은?

① 춘화처리, 파종기 조절, 일장처리
② 콜히친 처리, 온탕침지 처리, 파종기 조절
③ 일장처리, 콜히친 처리, 방사선 처리
④ 방사선 처리, 춘화처리, 온탕침지 처리

해설
개화기 조절을 위한 방법에는 파종기 조절, 일장처리, 저온처리, 춘화처리 등의 방법이 있다.

32 형질에 대한 설명으로 옳은 것은?

① 양적형질은 환경의 영향이 적다.
② 양적형질은 선발효과가 뚜렷하다.
③ 질적형질은 폴리진이 관여한다.
④ 질적형질은 소수의 주동유전자에 의해 지배된다.

해설
질적형질은 양적으로 표현할 수 없는 형질로 불연속변이하며 소수의 주동유전자에 의해 지배된다.

33 배수체 육종법에 대한 설명으로 틀린 것은?

① 염색체수가 많은 식물에서 더욱 효과적이다.
② 게놈 상태가 AABB인 복이배체는 이질배수체에 속한다.
③ 영양기관을 이용하는 식물이 종실을 이용하는 식물보다 효과적이다.
④ 염색체를 배가시키기 위하여 알칼로이드 물질인 콜히친을 분열이 왕성한 조직에 처리한다.

해설
배수성육종법(배수체육종)은 염색체 수를 늘리거나 줄여 생겨나는 변이를 육종에 이용하는 방법으로 염색체수가 많다고 하여 효과가 높은것은 아니다.

정답 27 ④ 28 ② 29 ② 30 ② 31 ① 32 ④ 33 ①

34 F2의 분리비가 15:1로 되는 것은?

① 보족인자 ② 중복인자
③ 동의인자 ④ 억제인자

해설
동일 방향 작용 유전자가 누적효과가 나타나는 경우 중복인자(중복유전자)라 하며 F_2 분리비는 15:1 이다.

35 2개의 유전자 사이의 조환가가 25%라는 것은?

① 2개 유전자에 대하여 헤테로(hetero)인 개체를 자식하여 100개체를 얻었다면 그 중 조환형이 25개체가 분리된다는 뜻이다.
② 2개 유전자에 대하여 호모(homo)인 개체를 자식하여 100개체를 얻었다면 그 중 조환형이 25개체가 분리된다는 뜻이다.
③ 2개 유전자에 대하여 헤테로(hetero)인 개체를 자식하여 100개체를 얻었다면 그 중 조환형이 75개체가 분리된다는 뜻이다.
④ 2개 유전자에 대하여 호모(homo)인 개체를 자식하여 100개체를 얻었다면 그 중 조환형이 75개체가 분리된다는 뜻이다.

해설
연관되어 있는 유전자들이 헤테로로 되어 있을 때 형성되는 전체 배우자 중에서 조환형 배우자의 비율을 조환가 또는 교차가라 한다. 2개 유전자에 대하여 자식을 통해 100개를 얻었고 그 중에서 조환가가 25개체로 분리되는 경우 조환형은 25% 이다.

36 자식계통(inbred line)의 개량목표로 틀린 것은?

① 자식계통의 생산성이 높아야 한다.
② 일반적으로 조합능력은 낮아야 한다.
③ 품질이 양호하고 가공성이 좋아야 한다.
④ 내병성, 내충성 및 내도복성 등 내재해성이 높아야 한다.

해설
자식계통간 교잡에 의한 육종법에서 자식계통을 육종하고 그 계통의 조합능력을 검정하여 조합능력이 높은 우량 교배조합을 선정하는 과정으로 진행된다.

37 작물 육종에서 자가불화합성의 특성을 이용한 결과와 관계가 가장 적은 것은?

① 자연교잡(natural cross-pollination)에 의해 순도가 높은 종자생산
② 단위결과성이 높은 작물의 씨없는 과실생산
③ 자가불화합성의 기작을 이용하여 계통이나 개체들의 유연관계 분석
④ 잡종강세를 나타내는 일대잡종의 종자생산

해설
자연교잡에 의해 품종 특성의 퇴화가 발생할수 있어 순도 높은 종자 생산은 어렵다.

38 순계선발법에서 가장 효율적인 순계선발 대상은?

① F1
② 도입품종
③ 육종조작이 많은 식물
④ 덜 개량된 자식성 식물

해설
순계분리법은 기본 집단에서 우수한 형질을 가진 개체를 계속 선발하여 우수한 순계를 선발하는 방법으로 자가수정작물에 이용되며 덜 개량된 자식성 식물의 경우 효율성이 높다.

39 유전 인자의 연관 관계가 상인(coupling)을 나타내고 있는 것은? (단, B, L은 우성유전자, b, l은 열성 유전자이다.)

① BB, LL ② bb, ll
③ Bl, bL ④ BL, bl

해설
상인은 우성유전자와 우성유전자가 연관되거나 열성유전자와 열성유전자가 연관된 경우를 말한다.

정답 34 ② 35 ① 36 ② 37 ① 38 ④ 39 ④

40 유전인자형이 AaBbCc 일 때, 몇 종류의 배우자를 만들 수 있는가? (단, 독립유전을 적용한다.)
① 2가지　② 4가지
③ 5가지　④ 8가지

해설
유전인자형이 Aa, Bb, Cc 의 3쌍의 대립유전자가 있어 $2^3=8$ 의 배우자를 만들 수 있다

41 생력재배의 효과와 거리가 먼 것은?
① 생산비의 절감　② 농업경영의 개선
③ 작업효율의 감소　④ 단위수량의 증대

해설
생력재배를 통해 작업효율이 증가한다.

42 우리나라에서 벼농사를 짓기에 알맞은 이유가 아닌 것은?
① 토질과 산도가 알맞다.
② 온도가 높고 강수량이 많다.
③ 일조 시간과 일사량이 풍부하다.
④ 자연재해가 거의 없다.

해설
국내의 기온, 습도 등이 벼농사를 짓기에 적합한 환경이기 때문이다.

43 관행적인 방법으로 콩 재배를 하던 농업인이 노동력이 많이 들어 경운줄뿌림 재배법으로 재배방법을 전환하였다. 그 이유는 어느 작업단계에서 노력을 절감하기 위한 것인가?
① 종자 준비 작업　② 경운 정지 작업
③ 비료 살포 작업　④ 파종 작업

해설
경운줄뿌림 재배는 농기계를 이용하는 기계화 작업으로 파종작업의 노동력을 절감하기 위해 전환을 하였다.

44 산성토양에서도 잘 생육하는 화훼류는?
① 과꽃, 백일홍
② 철쭉, 치자
③ 국화, 카네이션
④ 제라늄, 시네라리아

해설
철쭉, 치자, 베고니아 등은 산성토양에서 잘 생육하는 화훼류이다.

45 벼를 담수 직파 재배할 때 가급적 중생종이나 중·만생종을 선택하는데 이와 가장 관계 깊은 벼의 특성은?
① 내랭성　② 내병성
③ 내충성　④ 내도복성

해설
담수직파 재배시 도복이 심한 경우가 있어 중생종 혹은 만생종을 선택하여 이를 개선한다.

46 벼의 생육 최저 온도로 가장 적합한 것은?
① 0 ~ 4℃　② 5 ~ 8℃
③ 9 ~ 14℃　④ 20 ~ 25℃

해설
벼의 생육 최저온도는 10~12℃ 이다.

47 수발아를 방지하기 위한 대책으로 옳은 것은?
① 수확을 지연시킨다.
② 지베렐린을 살포한다.
③ 만숙종보다 조숙종을 선택한다.
④ 휴면기간이 짧은 품종을 선택한다.

해설
수발아는 벼, 맥류 등이 수확기가 되었을 때 장마철 도복이나 장기간 비로 인하여 젖은 땅에 오래 접촉할 경우 이삭에서 싹이 트는 현상이다. 이러한 수발아의 방지 대책으로 조기 수확, 도복 방지, 조숙종의 선택 등이 있다.

정답　40 ④　41 ③　42 ④　43 ④　44 ②　45 ④　46 ③　47 ③

48 작물 재배에서 도복을 유발시키는 재배조건으로 가장 적합한 것은?
① 밀식과 질소다용(多用)
② 소식과 이식재배
③ 토입과 배토
④ 칼륨과 규산질 증시(增施)

해설
밀식조건과 질소를 많이 공급할 경우 도복을 유발한다.

49 비료의 3요소 중 칼륨의 흡수비율이 가장 높은 작물은?
① 고구마 ② 콩
③ 옥수수 ④ 보리

해설
고구마와 같은 작물은 칼륨의 흡수비율이 높은 편인데 칼륨이 양분을 지하부로 이동하는 것을 촉진하여 덩이뿌리가 굵어지도록 도와주는 역할을 한다.

50 벼농사 육묘방법 중 기계이앙을 위한 방법은?
① 물못자리 ② 밭못자리
③ 상자육묘 ④ 절충형못자리

해설
기계이앙 육묘는 상자육묘를 한다.

51 멀칭재배의 효과로 틀린 것은?
① 지온을 상승시킨다.
② 수분 증발을 촉진시킨다.
③ 잡초의 발생을 줄여 준다.
④ 토양 입자의 유실을 막아 준다.

해설
멀칭재배를 통해 수분 증발을 억제한다.

52 담수, 피복 및 소각 등을 이용하여 방제하는 방법은?
① 법적 방제 ② 물리적 방제
③ 재배적 방제 ④ 화학적 방제

해설
소각, 소독, 피복, 담수 등은 물리적 방제에 해당한다.

53 비료의 4요소로 구성된 것은?
① 질소, 인산, 칼륨, 칼슘
② 질소, 인산, 칼륨, 마그네슘
③ 질소, 인산, 칼륨, 철
④ 질소, 인산, 칼륨, 부식

해설
비료의 3요소는 질소, 인산, 칼륨을 말하고 4요소는 칼슘이 추가된다.

54 다음 중 약용작물로 가장 적합한 것은?
① 밀 ② 인삼
③ 벼 ④ 보리

해설
약용작물에는 제충국, 인삼, 도라지, 박하 등이 있다.

55 감자 덩이줄기의 알맞은 수확 시기는?
① 꽃이 피기 직전
② 꽃이 진 직후
③ 열매가 떨어지기 직전
④ 잎과 줄기가 누렇게 변했을 때

해설
감자의 수확시기는 잎과 줄기가 누렇게 변했을 때 그리고 완전히 마르기 직전이 좋다.

정답 48 ① 49 ① 50 ③ 51 ② 52 ② 53 ① 54 ② 55 ④

56 벼의 만생종은 출수 후 며칠 만에 수확하는 것이 가장 좋은가?

① 35~40일 ② 40~45일
③ 45~50일 ④ 50~55일

해설
벼는 조생종은 출수 후 40~45 일, 중생종은 출수 후 45~50 일, 만생종은 출수 후 50~55 일에 수확하는 것이 가장 좋다.

57 벼의 도정에 대한 설명으로 옳은 것은?

① 제현된 쌀을 정백이라 한다.
② 정백미는 현미 무게의 약 88%이다.
③ 벼의 겉껍질을 벗겨 내는 것을 제현이라 한다.
④ 제현율은 벼 무게의 64~74%이며 부피로는 45%이다.

해설
조곡인 정조의 껍질을 벗겨서 현미로 만드는 것을 제현이라 한다.
① 제현된 쌀을 현미이라 한다.
② 정백미는 현미 무게의 약 93% 이하로 도정한 것을 말한다.
④ 제현율은 벼 무게의 74~80%이며 부피로는 55%이다..

58 토양수분과 작물 생육과의 관계를 옳게 설명한 것은?

① 포장용수량의 pF는 2.5~2.7 정도이다.
② 작물생육에 적합한 수분함량은 pF 3.0~4.7 정도이다.
③ 작물이 주로 이용하는 수분은 중력수와 토양입자 흡습수이다.
④ 초기위조점에 달한 식물은 수분을 공급해도 살아나기 어렵다.

해설
포장용수량은 최대용수량에 중력수가 제거 되고 모세관의 수분 함량 기준으로 pF는 2.5~2.7 정도이며 넓게는 pF 1.7~2.7 정도로 보기도 한다.

59 일반 토양의 3상에 대하여 올바르게 기술한 것은?

① 기상의 분포 비율이 가장 크다.
② 고상의 분포는 50%정도 이다.
③ 액상은 가장 낮은 비중을 차지한다.
④ 고상은 액체와 기체로 구성된다.

해설
보통 토양3상의 구성비는 고상 50%, 액상 25%, 기상 25% 로 구성되어 있다.

60 우리나라의 벼농사는 대부분이 기계화되어 있는데, 이러한 기계화의 가장 큰 장점은?

① 유기농 재배가 가능하다.
② 농업 노동력과 인건비가 크게 절감된다.
③ 화학비료나 농약의 사용을 크게 줄일 수 있다.
④ 재배방식의 개선과 농자재 사용을 줄 일 수 있어서 소득이 향상된다.

해설
농업의 기계화를 통해 노동력 및 인건비가 절감되고 작업효율이 높아진다.

정답 56 ④ 57 ③ 58 ① 59 ② 60 ②

CBT 제3회 종자기능사

01 십자화과 채소의 채종재배에서 질소의 비효를 일찍 끊으면 어떠한 현상이 나타나는가?
① 채종기가 빨라진다.
② 결합수가 증가한다.
③ 종자중이 증가한다.
④ 분지수가 많아진다.

해설
채종재배에서 질소의 비료 공급을 일찍 끊으면 채종기가 빨라지며 질소를 과용하면 과도한 생장으로 도장의 위험성이 증가한다.

02 다음 중 양파 모구를 고온 저장하였을 경우 일어나는 현상은?
① 추대 개화기가 늦어 채종량이 적다.
② 추대 개화기가 빨라 채종량이 적다.
③ 추대 개화기가 늦어 채종량이 많다.
④ 추대 개화기가 빨라 채종량이 많다.

해설
양파는 채종을 위해 모구작업을 거치며 고온에서 저장하면 추대 개화가 늦고 채종량이 적어진다.

03 콩과작물의 종자가 배병 또는 태좌에 붙어 있던 자리는?
① 주공(발아공)   ② 봉선
③ 합점   ④ 제

해설
제는 종자의 배병이나 태좌에 붙어 있는 흔적이다.

04 종자보증을 위한 종자 검사 항목으로 틀린 것은?
① 종자의 구별성
② 종자의 발아율
③ 종자의 순도
④ 종자의 건전도

해설
종자보증을 위한 검사 항목으로 순도, 발아율, 건전도 등에 대한 검사를 받도록 한다.

05 종자의 유전적 퇴화 원인이 아닌 것은?
① 자연교잡
② 돌연변이
③ 이형유전자의 분리
④ 기상적 요인

해설
기상적 요인에 의한 종자의 퇴화는 생리적 퇴화에 해당한다.

06 저장 중인 종자의 수명에 영향을 미치는 요인 중 가장 크게 영향을 미치는 요인은?
① 상대습도   ② 산소
③ 이산화탄소   ④ 광도

해설
저장 기간 중에 종자의 수명에 영향을 미치는 외적요인에는 상대습도 및 온도이다.

정답 01 ① 02 ① 03 ④ 04 ① 05 ④ 06 ①

07 배추과(십자화과) 채소의 채종재배 시 격리거리는?
① 500m이상 ② 1km 이상
③ 1.5km 이상 ④ 2km 이상

[해설]
배추과의 채종재배 시 격리거리는 1km 이상이다.

08 채종포의 시비방법으로 적절한 것은?
① 질소시비량만 늘린다.
② 질소시비량만 줄인다.
③ 질소시비량은 일반포장과 같이 하고, 인산과 칼리를 줄인다.
④ 질소시비량은 일반포장과 같이 하고, 인산과 칼리를 늘린다.

[해설]
채종포의 경우 질소시비량의 과용을 피하고 일반포장과 유사하게 공급한다. 인산과 칼리를 충분히 공급하도록 한다.

09 종자의 표준발아 검사 시 치상하는 종자수와 반복수는 얼마인가?
① 50립씩 2반복 ② 50립씩 3반복
③ 100립씩 2반복 ④ 100립씩 4반복

[해설]
순도검사를 마친 정립종자를 최소한 무작위로 400립 추출하여 100립씩 4반복 치상한다.

10 발아할 때 종자의 양분저장기관이 지하에 남는 것은?
① 강낭콩 ② 녹두
③ 완두 ④ 콩

[해설]
자엽 및 양분저장기관이 지하에 남고 유아는 지상으로 나온 것을 지하발아라 하며 벼, 보리, 옥수수, 팥, 완두, 잠두 등이 있다.

11 다음 종자 중 물 속에서도 발아가 잘되는 것은?
① 가지 ② 멜론
③ 상추 ④ 담배

[해설]
수중에서도 발아가 잘되는 수종이 있는데 대표적으로 벼, 상추, 당근, 셀러리 등이 있다. 반대로 수중에서 발아가 잘 안되는 종자에는 밀, 콩, 무, 귀리, 양배추, 가지, 고추 등이 있다.

12 배젖종자는?
① 콩 ② 유채
③ 해바라기 ④ 밀

[해설]
배유종자(배젖종자)에는 벼, 보리, 밀, 옥수수, 양파, 당근, 토마토 등이 있다.

13 종자 발아시 지질 대사 분해에 관여하는 효소는?
① α-amylase ② β-amylase
③ lipase ④ peptidase

[해설]
종자발아에서 지질대사 분해는 리파아제(lipase)에 의해 지방산, 글리세롤로 분해된다.

14 종자 건조제인 실리카겔은 상대습도가 몇 % 이상이 되면 청색에서 적색으로 변화하는가?
① 15% ② 25%
③ 35% ④ 45%

[해설]
실리카겔은 코발트염소 처리 후 상대습도 45% 정도에 청색에서 적색으로 변한다.

15 종자의 유전적인 퇴화를 가장 효과적으로 방지할 수 있는 방법은?

① 자연교잡 억제
② 생육기 조절
③ 충실한 종자 선택
④ 종자소독 철저

해설
유전적 퇴화를 방지하기 위해 자연교잡을 막는것이 효과적이며 이를 위해 격리재배 등의 방법을 활용한다.

16 생화학적 검사의 일종으로 경우에 따라서는 수개월씩 걸리는 발아검사보다 종자의 발아능력을 빨리 알 수 있어서 간이검정법 또는 quick test라고도 불리는 검사는?

① 테트라졸리움검사
② 아밀라제검사
③ 촉진검사
④ 포마존검사

해설
테트라졸리움(테트라졸륨)검사는 종자의 활력을 신속하게 검사할 수 있으며 붉은색 계통을 뜨면 종자의 활력이 있다고 평가한다.

17 다음 중 벼 종자가 저온(0°C이하)에서 발아하지 못하는 경우의 휴면 현상을 무엇이라 하는가?

① 자발 휴면   ② 타발휴면
③ 진정 휴면   ④ 배휴면

해설
발아력을 가지고 있는 종자에서 저온과 같이 외부조건에 영향으로 발생되는 휴면을 타발휴면이라 한다.

18 다음 중 화아유도에 영향을 끼치는데 내·외적 조건이 아닌 것은?

① 온도   ② 바람
③ 화학물질   ④ 식물의 영양상태

해설
화아분화에 영향을 주는 요인으로 일장, 온도(춘화처리 등), 습도 등의 외부환경요인이 있으며 내적요인으로는 식물의 성숙도, 영양상태(C/N율 등), 식물호르몬 등이 있다.

19 다음 중 종자 발아에 있어서 효소의 역할과 가장 거리가 먼 것은?

① 저장 양분을 분해한다.
② 자엽이나 배유 내에 있던 양분을 생장점으로 전이하도록 돕는다.
③ 분해된 물질들을 가지고 새로운 물질을 합성 하도록 하는 화학반응을 시작하게 한다.
④ 세포를 팽창 시켜 종자 부피를 크게 한다.

해설
종자의 수분 흡수는 물의 침윤과 삼투에 의해 이루어지며 이를 통해 세포의 팽창으로 종자의 부피를 크게 한다. 그러나 이는 종자의 효소의 역할이 아닌 종자의 발아를 위한 세포의 수분 흡수능력, 수분장력, 세포의 삼투압, 세포의 팽압 등에 영향을 받는다.

20 다음 중 진균이 가장 많이 존재하고 있는 주요 부위는?

① 씨껍질   ② 내피
③ 떡잎   ④ 씨젖

해설
종자에 있어 진균이 가장 많은 부위는 종피(씨껍질), 과영, 영 등의 종자 외부층에 존재한다.

정답 15 ① 16 ① 17 ② 18 ② 19 ④ 20 ①

21 다음 중 참외 1대잡종 종자 생산을 할 때 화분용 포기의 평균 혼식 비율로 가장 적절한 것은?

① 10~15% ② 30~40%
③ 50~60% ④ 70~80%

해설
참외 1대 잡종 종자의 생산 시 화분용 포기의 평균 혼식 비율은 10~15% 정도가 적합하다.

22 다음 중 양적형질과 관련 없는 것은?

① 폴리진 ② 불연속변이
③ 누적효과 ④ 연속변이

해설
불연속변이는 질적형질에 해당한다.

23 다음 중 품종이 반드시 갖추어야 할 조건이 아닌 것은?

① 우수성 ② 균일성
③ 영속성 ④ 다양성

해설
품종은 구별성, 균일성, 영속성, 신규성, 우수성을 갖추어야 한다.

24 다음 중 동형 접합체를 나타내는 것은?

① AA ② Aa
③ AB ④ BC

해설
동형접합체는 같은 유전자형을 가진 것으로 AA 혹은 aa로 표현할 수 있다.

25 다음 중 신품종 육성의 후기 과정을 순서대로 바르게 나열한 것은?

① 생산력검정예비시험 → 농가실증시험 → 생산력검정본시험 → 지역적응시험 → 종자증식 · 보급
② 생산력검정예비시험 → 생산력검정본시험 → 농가실증시험 → 지역적응시험 → 종자증식 · 보급
③ 생산력검정예비시험 → 지역적응시험 → 생산력검정본시험 → 농가실증시험 → 종자증식 · 보급
④ 생산력검정예비시험 → 생산력검정본시험 → 지역적응시험 → 농가실증시험 → 종자증식 · 보급

해설
생산력 시험에서 현재 장려품종과 비교할 수 있게 대조구를 설치하고 생산력검정 예비시험을 거쳐 생산력검정 본시험, 지방적응 연결시험, 농가실증시험 등을 실시하여 종자를 보급하게 된다.

26 다음 중 품종의 조만성과 관련 없는 것은?

① 기본영양생장성 ② 감광성
③ 감온성 ④ 내냉성

해설
내냉성은 냉해에 견디는 저항성으로 조만성과는 관련이 없다.

27 자가불화합성 타파를 위하여 꽃봉오리 때 수분해 주는 방법을 무엇이라 하는가?

① 방임수분 ② 개화수분
③ 뇌수분 ④ 노화수분

해설
뇌수분은 억제물질이 생성되기 전인 개화 2~3일 전 꽃봉오리에 수분하는 것으로 자가수정률이 높아 자가불화합성 계통을 유지할수 있다. 십자화과식물의 채종이 많이 이용된다.

정답 21 ① 22 ② 23 ④ 24 ① 25 ④ 26 ④ 27 ③

28 다음 중 유전상관(遺傳相關)과 관련이 없는 것은?

① 다면발현 ② 연관
③ 생리적 필연성 ④ 재배조건

해설
유전상관은 유전자간의 연관 및 두 개 이상의 형질이 발현되는 다면 발현성에 기인한다.

29 자식성 식물의 순계 내 선발은 효과가 없다는 순계설을 제안한 사람은?

① 요한센(Johannsen)
② 멘델(Mendel)
③ 다윈(Darwin)
④ 뮐러(Moller)

해설
순계는 동일한 유전자형으로 구성된 집단으로 순계 내에서의 선발은 효과가 없다는 것이 요한센(Johannsen)의 순계설이다.

30 멘델의 유전법칙이 아닌 것은?

① 지배의 법칙 ② 대립의 법칙
③ 독립의 법칙 ④ 분리의 법칙

해설
멘델의 유전법칙에는 지배의 법칙, 분리의 법칙, 독립의 법칙이 있다.

31 유전력(遺傳率)에 대한 설명 중 옳지 않은 것은?

① 전체분산에 대한 유전분산의 비율은 광의의 유전력이다.
② 유전력이 높은 형질일수록 초기세대에서 선발효과가 크다.
③ 형질의 유전력은 대상집단이나 환경에 따라 달라질 수 있다.
④ 자식성 작물 잡종 후대에서는 개체보다 계통의 유전력이 작다.

해설
개체의 유전력은 계통 평균치의 유전력보다 낮다. 자식성식물은 잡종집단에 후기세대에서 homo 개체가 증가할수록 유전력이 높아진다.

32 다음 표는 AABB(녹색·팽만)인 친과 aabb(황색·위축)인 친을 교배한 F_1(AaBb)을 aabb로 검정교배하여 얻은 집단의 관찰값이다. 조환가(교차율)는 얼마인가?

표현형	유전자형	관찰개체수
녹색·팽만	AaBb	148
녹색·위축	Aabb	53
황색·팽만	aaBb	47
황색·위축	aabb	152

① 10% ② 25%
③ 50% ④ 75%

해설
· 조환가(%)
$$\frac{교차형(조환형)}{교차형(조환형)+비교차형(부모형)} \times 100$$
· $\frac{Ab+aB}{Ab+aB+AB+ab} = \frac{53+47}{53+47+148+152}$
$= \frac{100}{400} \times 100 = 25(\%)$

33 육종기술의 3단계가 아닌 것은?

① 유전정보 수집
② 변이의 탐구와 창성
③ 변이의 선택과 고정
④ 신종의 증식과 보급

해설
육종기술은 변이의 탐구와 창성, 변이의 선택과 고정, 신품종의 증식과 보급의 3단계로 구성된다.

34 변이의 선택과 고정단계의 설명으로 틀린 것은?

① 변이를 정밀하게 감정하기 위해서는 개체선발을 한다.
② 양적형질에 대해서는 주로 개체별 감정 후 개체선발을 많이 한다.
③ 노력과 경비를 절감하기 위해서 일정한 개체의 집단을 대상으로 선발한다.
④ 자가수정작물은 주로 개체별 감정을 한다.

해설
유전력이 낮은 양적형질은 개체 선발 효과가 적다.

35 피자식물의 배유(씨젖)는 몇 배체인가?

① 1n   ② 2n
③ 3n   ④ 4n

해설
피자식물의 배유는 3n 으로 형성된다.

36 세포질·핵유전형의 웅성불임성을 이용하여 일대 잡종 종자를 생산하는 대표적인 작물은?

① 셀러리   ② 상추
③ 고추   ④ 시금치

해설
웅성불임성을 이용하여 핵 유전자와 세포질 요인의 상호작용에 의해 발생하는 것으로 양파, 고추 등에서 관찰 및 활용된다.

37 육종 목표를 세우기 위해 고려해야 할 사항으로 가장 거리가 먼 것은?

① 재래품종의 보급상황, 이들의 결점 및 장점
② 새로운 품종이 보급될 지역의 농민 기술 수준
③ 새로운 품종이 보급될 고장의 자연조건
④ 새로운 품종이 보급될 고장의 경제조건

해설
육종 목표를 세우기 위해서는 현 재배 품종의 장점과 단점, 보급의 상황을 고려하고 재배의 용이성, 소비자 기호, 생산물 품질 향상 등을 목표로 한다. 농민의 기술 수준은 교육을 통해 극복 가능한 부분으로 육종 목표를 세우기 위한 고려 사항은 아니다.

38 속씨식물 배낭형성과정 중 배낭세포의 핵 분열 횟수와 핵의 숫자는 몇 개인가?

① 핵분열 횟수 : 1회, 핵의 숫자 : 2개
② 핵분열 횟수 : 2회, 핵의 숫자 : 4개
③ 핵분열 횟수 : 3회, 핵의 숫자 : 8개
④ 핵분열 횟수 : 4회, 핵의 숫자 : 8개

해설
배낭 4분자는 3개는 퇴화하고 1개만 체세포 분열을 3회 하게 되는데 8개의 핵을 가진 대포자가 형성된다.

39 염색체의 배가 방법이 아닌 것은?

① 절단법
② 춘화처리법
③ 콜히친 처리법
④ 아세나프텐 처리법

해설
생육 초기에 일정기간 인위적 저온처리를 하는 것을 버널리제이션(춘화처리)라고 하며 식물에 인위적인 저온 처리를 통해 화성을 유도한다.

정답 34 ② 35 ③ 36 ③ 37 ② 38 ③ 39 ②

40 1개체 1계통법의 장점이 아닌 것은?
① 1개체에서 1립씩만 채종하므로 면적이 적게 들고 많은 조합을 취급할 수 있다.
② 유전력이 낮은 형질이나 다수 인자가 관여하는 형질의 개체선발에 효과적이다.
③ 온실조건에서 세대촉진으로 생육기간을 단축시켜서 육종연한을 줄일 수 있다.
④ 잡종후기세대에 선발하게 되므로 집단 내 호모접합체의 비율이 높아져 유전적으로 고정된 개체의 선발이 유리하다.

해설
1개체 1계통 육종은 집단육종과 계통육종의 이점을 모두 살리는 육종방법으로 초기 집단재배를 해서 유용유전자를 유지할수 있고 육종규모가 작아 온실에서 육종연한을 단축할 수 있다. 유전력이 낮은 형질에 효과적인 방법에는 집단육종법이 있다.

41 잡초의 방제방법이 잘못 연결된 것은?
① 기계적 방제 - 제초용 농기구 이용
② 생태적 방제 - 재배의 시기 조절
③ 물리적 방제 - 밀식재배
④ 화학적 방제 - 제초제 사용

해설
밀식재배는 잡초를 방제하는 생태적(경종적) 방제법에 해당한다.

42 산성 토양에서 나타나는 무기성분의 반응으로 옳은 것은?
① 인산 불용화
② 칼슘, 마그네슘 이용도 증가
③ 염류축적 감소
④ 아연, 망간 용해도 감소

해설
산성토양의 경우 인산, 칼슘 등의 작물생육에 이로운 무기성분들이 불용화된다.

43 생력기계화 재배의 전제 조건으로 가장 거리가 먼 것은?
① 농경지의 경지정리와 농로의 정비
② 동일 작물을 동일한 집단 재배방식으로 관리
③ 제초제를 이용한 재배
④ 이식 재배를 통한 재배 체계 확립

해설
생력재배는 노력을 줄여 농사를 짓는 것으로 본디 목적은 노동력이 부족한 농가의 상황을 개선하기 위한 방법으로 이식 재배의 경우 노동력을 더 많이 요구하기에 생력기계화의 전제조건에 부합하지 않는다.

44 농약살포시 일반적인 주의사항으로 가장 부적당한 것은?
① 약을 뿌릴 때에는 마스크, 보안경, 고무장갑 및 방제복 등을 착용하고 바람을 등지고 뿌린다.
② 살포전·후 살포기를 반드시 씻는다.
③ 사용 후 남은 농약은 눈에 잘 띄도록 햇빛이 잘 드는 곳에 보관한다.
④ 안전사용기준과 취급제한기준을 반드시 지켜야 한다.

해설
사용 후 남은 농약은 햇빛이 들지 않는 곳에 잔량이 새지 않도록 잘 보관해야 한다.

45 아직 덜 익은 과실을 수확하여 일정 기간 놓아두면 익는데, 이러한 현상을 무엇이라고 하는가?
① 후숙 ② 예냉
③ 도정 ④ 큐어링

해설
미숙한 과실을 수확하고 일정 기간 보관하여 성숙시키는 것을 후숙이라 한다.

정답 40 ② 41 ③ 42 ① 43 ④ 44 ③ 45 ①

46 고온성 채소는 어느 것인가?
① 배추 ② 딸기
③ 시금치 ④ 토마토

해설
고온성 채소에는 가지, 고추, 토마토, 오이, 호박 등이 있다.

47 다음과 같은 장점을 가진 재배방식은?

- 기계화재배가 가능하다.
- 재배나 관리 작업이 간단하다.
- 다른 재배방식에 비해 수량을 많이 낼 수 있다.

① 홑짓기 ② 사이짓기
③ 섞어짓기 ④ 번갈아심기

해설
홑짓기는 단작이라 하며 하나의 작물만 재배하는 것으로 재배관리가 간편하고 기계화 재배에 용이하다. 기계화를 통해 다른 재배 방식에 비해 수량을 많이 낼 수 있다.

48 제초제로서 처음 사용한 약제는?
① MCP ② MH
③ 2,4-D ④ 2,4,5-T

해설
식물호르몬 중에서 2,4-D는 생합성 옥신 제초제로 가장 먼저 알려진 약제이다.

49 토양구조에 관한 설명으로 옳은 것은?
① 식물이 가장 잘 자라는 구조는 이상구조이다.
② 단립(單粒)구조는 점토질 토양에서 많이 볼 수 있다.
③ 수분과 양분의 보유력이 가장 큰 구조는 입단구조이다.
④ 이상구조는 대공극이 많고 소공극이 적다.

해설
입단구조는 여러 입자들이 하나의 단체를 만들고 단체끼리 모여 입단을 만드는 구조로 통기성이 좋고 적정량의 수분을 보유한다.

50 작물의 습해(濕害)에 대한 설명으로 틀린 것은?
① 근계가 얕게 발달하거나, 부정근의 발생이 큰 것이 내습성을 강하게 한다.
② 뿌리의 피층세포가 직렬로 되어 있는 것은 사열로 되어 있는 것보다 내습성이 강하다.
③ 채소류에서 꽃양배추, 토마토, 피망 등은 양상추, 가지에 비하여 내습성이 강한 것으로 알려져 있다.
④ 춘·하계 습해는 토양 산소 부족뿐만 아니라 환원성 유해물질 생성에 의해 피해가 더욱 크다.

해설
꽃양배추, 토마토, 피망 등은 양상추, 가지에 비하여 내습성이 약하다.

51 식물 유전의 돌연변이설을 주장한 사람은?
① 멘델(Mendel)
② 다윈(Darwin)
③ 드브리스(De Vries)
④ 파스퇴르(Pasteur)

해설
작물 유전의 돌연변이설을 주장한 드브리스(De vries)는 달맞이꽃을 재배하여 새로운 변종들이 무작위로 생기는 것을 통해 학설을 주장하였다.

정답 46 ④ 47 ① 48 ③ 49 ③ 50 ③ 51 ③

52 딴 꽃가루받이(타가수분)를 하는 작물은?
① 벼   ② 밀
③ 보리   ④ 옥수수

해설
옥수수, 메밀, 시금치 등은 타가수분을 한다.

53 다음 중 대표적인 중일성 작물은?
① 벼   ② 고추
③ 보리   ④ 고구마

해설
토마토, 고추, 오이, 호박, 당근 등은 중일성 작물에 해당한다.

54 품종에 따라 차이가 있으나 일반적으로 산성 토양에서 생장이 저조한 맥류는?
① 밀   ② 보리
③ 호밀   ④ 귀리

해설
산성토양에 약한 작물에는 보리, 콩, 양파, 고추, 가지, 시금치 등이 있다.

55 벼 기계이앙용 중묘의 육묘 과정으로 옳은 것은?
① 파종 → 출아 → 녹화 → 경화
② 파종 → 녹화 → 경화 → 출아
③ 출아 → 파종 → 녹화 → 경화
④ 녹화 → 경화 → 파종 → 출아

해설
벼 기계이앙용 중묘는 육묘는 파종, 출아, 녹화, 경화의 순이다.

56 벼의 출수기를 가장 잘 설명한 것은?
① 한 포기 전체의 꽃이 필 때
② 한 포기의 70%가 이삭이 필 때
③ 논 1 필지에서 40~50% 이삭이 필 때
④ 논 1 필지에서 80% 이상 이삭이 필 때

해설
벼의 이삭이 팬 정도에 따라 출수시, 출수기, 수전기로 구분하며 출수기는 총 줄기수의 40~50% 출수한 시기로 한다.

57 초생 재배의 장점에 해당하는 것은?
① 양분 경합이 발생한다.
② 토양 침식을 방지한다.
③ 병·해충의 서식지가 된다.
④ 배수로의 물 흐름을 막거나 느리게 한다.

해설
초생재배는 과수원에서 목초, 녹비 등을 나무아래 가꾸는 재배법으로 토양의 침식방지, 제초 노력 절감, 지력의 증진, 수분 보존 등의 효과가 있으나 토양의 온도의 상승을 억제하는 효과가 있다.

58 식물의 생장을 억제하는 물질이 아닌 것은?
① B-nine(B-9)
② CCC(Cycocel)
③ MH(maleic hydrazide)
④ NAA(1-naphthaleneacetic acid)

해설
NAA 는 옥신의 한 종류로 식물의 생장을 촉진하는 물질이다.

59 엽록소 형성에 가장 효과적인 광파장은?
① 황색광 영역
② 자외선과 자색광 영역
③ 녹색광 영역
④ 청색광과 적색광 영역

해설
광합성은 650~700nm 적색부분과 400~500nm 의 청색 부분에서 가장 효과적이다.

정답 52 ④ 53 ② 54 ② 55 ① 56 ③ 57 ② 58 ④ 59 ④

60 벼의 생육 중 냉해에 의한 출수가 가장 지연되는 생육단계는?

① 유효분얼기 ② 유수형성기
③ 감수분열기 ④ 출수기

해설
벼는 유수형성기에 냉해를 만나면 출수가 가장 지연된다.

정답 60 ②

제4회 종자기능사

01 다음 중 종자전염성 병원균 검정방법이 아닌 것은?
① 한천배지 검정 ② 여과지배양 검정
③ 생물학적 검정 ④ 순도 검정

해설
순도검정은 순수한 종자를 검정하는 방법이다.

02 종자전염병 방제 방법으로 적당하지 않은 것은?
① 무병종자 파종 ② 저항성 품종 선택
③ 종자 소독 ④ 이병성 품종 선택

해설
이병성 품종은 병에 잘 걸리는 성질을 가진 품종으로 종자전염성 방제에는 적합하지 않다.

03 종자 소독의 장점으로 거리가 가장 먼 것은?
① 처리약제에 특별한 색소 첨가
② 종자오염균의 피해 방지
③ 발아전·후의 해충 및 토양미생물에 의한 피해 경감
④ 유묘에 대한 병균이나 해충의 피해로부터 침투보호작용

해설
종자소독을 통해 병해충에 대한 방제효과가 있으나 처리약제에 대한 색소 첨가로 방제효과 및 소독에 대한 효과가 나타나지는 않는다.

04 다음 중 일반적인 쌀알의 외형적 발달과정으로 옳은 것은?
① 두께 → 나비 → 길이
② 나비 → 길이 → 두께
③ 나비 → 두께 → 길이
④ 길이 → 나비 → 두께

해설
쌀알의 외형적 발달은 길이, 나비, 두께 순으로 발달한다.

05 종자의 유전적 퇴화 원인이 아닌 것은?
① 자연교잡
② 돌연변이
③ 이형유전자의 분리
④ 기상적 요인

해설
기상적 요인에 의한 퇴화는 생리적 퇴화에 해당한다.

06 작물의 생산력이 저하되고 품질이 나빠지는 종자퇴화의 원인이 아닌 것은?
① 가수분해 효소의 불활성
② 효소의 분해와 불활성
③ 저장 양분의 고갈
④ 균의 침입

해설
가수분해 효소의 활성화가 종자 퇴화의 원인이다.

정답 01 ④ 02 ④ 03 ① 04 ④ 05 ④ 06 ①

07 화아유도에 가장 효과가 큰 광파장은?

① 430nm　② 550nm
③ 660nm　④ 730nm

해설
종자의 경우 발아를 촉진하는 광파장은 적색부분(660~700nm)이며 660~670nm 파장에서 가장 활성화된다.

08 종자의 수확에 대한 설명으로 옳지 않은 것은?

① 수확기의 결정에는 종실의 수분 함량이 중요하다.
② 적기보다 수확을 빨리하면 미숙립의 손실이 많아진다.
③ 적기보다 늦게 수확하는 것이 건조가 잘 되어 탈곡제조 과정의 손실을 방지할 수 있다.
④ 수확기는 수확과 건조과정에서의 강우를 회피해야 하므로 기상조건도 고려되어야 한다.

해설
종자를 적기보다 늦게 수확하게 되면 탈곡제조 과정에서 손실이 발생한다.

09 다음 중 종자의 발아억제제에 관여하는 물질은?

① abscisic acid　② auxin
③ cytokinin　④ gibberellin

해설
발아 억제 물질은 종자의 과피의 껍질에 존재하며 암모니아(NH_3), 시안화수소(HCN), 쿠마린, 페놀산, 아브시스산(ABA, abscisic acid) 등이 있다.

10 과실의 성숙이나 눈의 휴면 또는 잎의 이층 형성에 효과가 있을 뿐만 아니라 종자 발아를 촉진시키는 물질은?

① 지베렐린　② 사이토키닌
③ 아브시스산　④ 에틸렌

해설
에틸렌은 과실의 성숙, 착색의 촉진, 정아우세 현상 타파, 발아촉진, 낙엽 촉진 등의 효과가 나타난다.

11 종자의 성숙을 3단계로 나눌 때 수분함량이 50% 정도로 유지되며 배의 세포분열이 정지되고 크기만 증가하는 단계는?

① 배의 초기단계　② 배의 발달단계
③ 영양분 축적단계　④ 성숙단계

해설
영양분 축적단계는 수분함량이 50% 이상 유지되고 세포분열이 정지되면서 광합성에 의해 생성된 양분이 종자로 이동하여 저장되는 단계이다.

12 다음 중 원원종의 의미를 가장 잘 설명한 것은?

① 양이 적어서 증식시킬 목적으로 재배하는 것
② 채종업자로부터 농민의 손에 들어가 재배하는 것
③ 기본식물을 분양받아 육종가의 감독아래 전문가가 증식한 것
④ 우량 품종이 아닌 것

해설
원원종은 품종 고유의 특성을 보유하고 종자의 증식에 기본이 되는 종자를 말하며 각 지방의 농업기술원 등에서 육종가의 감독 아래 생산한다.

13 제(臍)는 종자가 성숙한 후까지 그 흔적이 남아 있는데, 제의 위치가 종자의 뒷면에 있는 종자는?

① 배추 ② 상추
③ 콩   ④ 시금치

해설
종자의 배병이나 태좌에 붙어있던 흔적인 제(배꼽)은 식물의 종류에 따라 위치가 다르다. 배추, 시금치는 종자의 끝에 위치하고 상추, 쑥갓은 종자의 기부에 위치한다. 콩의 경우 종자의 뒷면에 위치하는 것이 특징이다.

14 종자가 발아하는 순서 중 제일 먼저 일어나는 과정은?

① 수분의 흡수
② 효소의 활성
③ 씨눈의 생장 개시
④ 종피의 파열

해설
종자의 발아 순서는 수분 흡수, 효소의 활성, 배의 생장, 종피의 파열, 유묘의 형성 순서로 이루어진다.

15 다음 중 종자의 수분 함량 검사 시 사용되는 장치에 대한 설명으로 틀린 것은?

① 분쇄기는 흡수성 물질로 이루어져야 한다.
② 분석용 저울은 0.001g 단위까지 측정할 수 있어야 한다.
③ 대립종자 절단 시 외과용 메스를 이용한다.
④ 체는 0.50mm, 1.00mm, 4.00mm 크기의 철제로 된 그물체가 필요하다.

해설
분쇄기는 비흡수성 물질로 이루어져야 한다.

16 다음 중 (가), (나)에 알맞은 내용은?

- 화곡류의 채종적기는 (가)이다.
- 채소류의 채종적기는 (나)이다.

① 가 : 황숙기, 나 : 황숙기
② 가 : 황숙기, 나 : 갈숙기
③ 가 : 갈숙기, 나 : 황숙기
④ 가 : 갈숙기, 나 : 갈숙기

해설
곡물류의 채종적기는 황숙기이며 십자화과작물(채소류)는 갈숙기에 적기이다.

17 다음 중 식물학상 과실을 이용할 때 과실이 내과피에 싸여 있지 않은 것은?

① 복숭아 ② 자두
③ 앵두   ④ 당근

해설
당근은 채소에서 근채류에 해당된다.

18 배추과(십자화과) 채소에서 자가불화합성을 이용하여 일대 잡종(F_1)종자를 채종하는 가장 큰 목적은?

① 균일성과 잡종강세 이용
② 발아력 증가 이용
③ 종자의 충실도 증대
④ 우량계통 유지

해설
잡종강세를 나타내는 작물의 1대잡종(F_1) 종자를 대량 생산할 수 있어 국내의 경우 무, 배추, 양배추 종자 생산에 이용된다.

정답 13 ③ 14 ① 15 ① 16 ② 17 ④ 18 ①

19 양성화(兩性花)이면서 자가수정율이 낮고 타가수정을 이루는 것은?
① 시금치   ② 아스파라거스
③ 옥수수   ④ 무

해설
무는 자웅동주동화의 타식성작물이면서 한 꽃에 암술과 수술이 함께 있는 경우 양성화에 해당한다.

20 물 속에서도 발아가 감퇴하지 않고 잘 되는 채소 종자는?
① 토마토   ② 당근
③ 무   ④ 파

해설
수중에서도 발아가 잘되는 것으로 벼, 상추, 당근, 셀러리 등이 있다.

21 우수한 변이를 선발하는데 적합한 방법이 아닌 것은?
① 후대검정
② 특성검정
③ 생산력 검정
④ 형질 간 상관관계 조사

해설
우수 변이의 감별은 후대검정 및 특성검정, 변이의 상관 비교 등이 이용된다. 생산력 검정 본시험에 선발된 우량계통에 대해 여러 환경 조건에서 적응성과 변이 정도를 검토할 목적으로 환경이 다른 시험지에 실시하는 수량검정시험이다.

22 BBLL×bbll이 20%의 조환가로 부분연관을 하고 있을 때, F_2에 나타나는 표현형 BL의 비율(%)은? (단, B와 L은 각각 b와 l에 대하여 우성이다.)
① 46   ② 56
③ 66   ④ 76

해설
F_2 의 <BL : Bl : bL : bl = 9 : 3 : 3 : 1> 이므로 BL 의 비율은 < 9/16 * 100 = 56(%) > 이다. 이중에서 20% 가 부분연관하고 있어 < 56 + (56 × 0.2) = 67.2 > 이므로 보기 중에 근접된 답은 66% 에 해당된다.

23 형질에 대한 설명으로 옳은 것은?
① 양적형질은 환경의 영향이 적다.
② 양적형질은 선발효과가 뚜렷하다.
③ 질적형질은 폴리진이 관여한다.
④ 질적형질은 소수의 주동유전자에 의해 지배된다.

해설
질적형질은 양적으로 표현할 수 없는 형질로 불연속 변이하며 소수의 주동유전자에 의해 지배된다.

24 다음 중 유전상관(遺傳相關)과 관련이 없는 것은?
① 다면발현   ② 연관
③ 생리적 필연성   ④ 재배조건

해설
유전상관은 유전자간의 연관 및 두 개 이상의 형질이 발현되는 다면 발현성에 기인한다.

25 육종기술의 3단계가 아닌 것은?
① 유전정보 수집
② 변이의 탐구와 창성
③ 변이의 선택과 고정
④ 신종의 증식과 보급

해설
육종기술은 변이의 탐구와 창성, 변이의 선택과 고정, 신품종의 증식과 보급의 3단계로 구성된다.

정답 19 ④ 20 ② 21 ③ 22 ③ 23 ④ 24 ④ 25 ①

26 불임과 관계되는 환경요인으로 가장 거리가 먼 것은?

① 영양　② 광선
③ 토양　④ 병해충

해설
불임성에 대한 환경적 요인에는 양분, 수분, 온도, 광선, 병해충이 있다.

27 교배 모본 선정시 일반적인 고려사항에 포함되지 않는 것은?

① 유전자원의 평가성적을 검토한다.
② 대량증식을 위하여 양친의 조직배양시 재분화능력을 검토한다.
③ 교배 모본으로 사용된 실적을 검토한다.
④ F_1의 잡종강세를 이용하는 경우는 조합능력을 검정하여 교배친을 선정한다.

해설
교배육종의 성패를 좌우하는 교배모본의 선정에 있어 품종의 특성조사성적, 형질의 유전자분석결과, 육종실적을 검토하여 과거 주요품종을 양친 중 한 모본을 선택하여 교배를 통해 조합능력을 검정한다. 과거의 주요품종을 양친 중의 한 모본으로 선택하기에 양친의 유전적 조성 차이가 작아야 한다.

28 유전자원 보존에 관한 설명으로 틀린 것은?

① 유전자원은 가능한 한 원상태대로 보존해야 한다.
② 세대의 경과에 따라 유전자 조성이 달라질 수도 있다.
③ 재식 개채수가 많으면 세대가 경과되는 동안 기회적 변동이 일어날 수 있다.
④ 보존기간 중의 변질을 방지하기 위해 수집한 종자를 필요한 만큼 저장하는 것이 안전하다.

해설
유전자원 보존은 유전자의 다양성이 감소할수 있어 이를 보존하고자 하는 것이다. 그런데 기회적 변동은 소수의 개체를 증식하여 후대의 유전자 구성을 원래의 것과는 달라지게 하는 것으로 유전자원의 보존과는 관련이 멀다.

29 인위 돌연변이 유발을 위하여 코발트를 이용하면 비교적 안정하고 강력한 에너지를 얻을 수 있는 방사선은?

① X선　② γ선
③ 중성자　④ β선

해설
인위 돌연변이 유발을 위하여 γ선(감마선)을 이용하는 것이 비교적 안정적이다.

30 인위적인 교잡에 의해서 양친이 가지고 있는 유전적인 장점만을 취하여 육종하는 것은?

① 조합육종　② 반수체육종
③ 초월육종　④ 도입육종

해설
양친의 우량형질을 신품종에 모아 신품종의 재배적 특성을 종합적으로 향상시키는 것을 조합육종이라 한다.

31 잡종강세를 이용하는 데 구비해야 할 조건으로 옳지 않은 것은?

① 한 번의 교잡으로 많은 종자를 생산할 수 있어야 한다.
② 교잡 조작이 쉬워야 한다.
③ 단위 면적당 재배에 요구되는 종자량이 많아야 한다.
④ 종자를 생산하는 데 필요한 노임을 보상하고도 남음이 있어야 한다.

해설
잡종강세의 경우 단위면적당 요구되는 종자량은 적어야 하며 교잡 조작이 쉬워야 한다.

32 다음 중 양적형질에 관여하는 유전자는?
① 치사유전자 ② 중복유전자
③ 억제유전자 ④ 복수유전자

해설
양적형질은 복수유전자나 폴리진(polygene)계에 의해 지배된다.

33 영양번식 작물의 교배육종 시 선발은 어느 때 하는 것이 가장 좋은가?
① 교배종자 ② F1 세대
③ F4 ④ F7 이후 고정세대

해설
영양번식 작물은 일반적으로 F_1에서 영양계를 선발한다.

34 몇 개의 검정품종(계통)에 새로 육성한 계통을 교잡시켜 얻은 F1의 생산력에 근거하여 일반 조합능력을 검정하는 방법은?
① 톱교잡 검정법 ② 다교잡 검정법
③ 단교잡 검정법 ④ 이면교잡 검정법

해설
톱교배검정(톱교잡검정)은 자유수분하는 품종을 검정친으로 하여 여러 자식계들의 일반조합능력을 검정한다.

35 연속적으로 자가수정한 자식성 집단의 유전적 특성은?
① 동형접합체가 많다.
② 이형접합체가 많다.
③ 돌연변이체가 많다.
④ 배수체가 많다.

해설
연속적으로 자가수정한 자식성 집단은 세대가 진전함에 따라 동형접합체가 증가한다.

36 우수한 변이를 선발하는데 적합한 방법이 아닌 것은?
① 후대검정
② 특성검정
③ 생산력 검정
④ 형질간 상관관계 조사

해설
생산력 검정은 품종의 특성 유지, 개량을 위해 생산력을 검정하는 방법이다.

37 암술과 수술이 서로 다른 개체에서 생기는 것을 무엇이라 하는가?
① 양성화 ② 자웅이주
③ 자웅동주 ④ 자웅등숙

해설
암술과 수술이 서로 다른 개체에서 생기는 것을 자웅이주라 하며 시금치, 아스파라거스 등이 해당된다.

38 벼에서 동화산물의 생산능력과 관련이 가장 적은 것은?
① 엽면적 ② 광합성능력
③ 뿌리활력 ④ 수당 영화수

해설
동화산물 생산능력은 엽면적, 광합성 능력, 수광능률, 뿌리의 활력에 영향을 받는다.

39 계통육종법에서 일반적으로 생산력 검정 예비시험에 들어가는 세대는?
① F3 세대 ② F5 세대
③ F12 세대 ④ F16 세대

해설
계통육종법은 F5 세대부터 생산력 검정 예비시험에 들어갈수 있다.

정답 32 ④ 33 ② 34 ① 35 ① 36 ③ 37 ② 38 ④ 39 ②

40 벼 신품종의 종자증식 체계로 옳은 것은?
① 원원종 - 원종 - 기본식물 - 보급종
② 원종 - 원원종 - 기본식물 - 보급종
③ 원원종 - 원종 - 보급종 - 기본식물
④ 기본식물 - 원원종 - 원종 - 보급종

해설
작물의 종자생산 관리체계는 기본식물, 원원종, 원종, 채종포(보급종), 농가의 순이다.

41 고랭지에서 생산한 씨감자를 이용하는 주요 이유는?
① 수확기를 앞당기기 위해서
② 감자의 바이러스병을 방지하기 위해서
③ 추위에 견디는 힘이 있기 때문에
④ 감자의 꽃이 많이 피어 씨감자로 쓰기 위해서

해설
종자의 퇴화방지 및 바이러스병의 방지를 위해 씨감자는 고랭지에서 생산한 것을 이용한다.

42 멀칭재료를 용도에 맞게 가장 잘 선택한 것은?
① 여름철 지온상승억제 - 볏짚
② 잡초방제 - 투명 플라스틱 필름
③ 과일의 착색 촉진 - 흑색 플라스틱 필름
④ 봄철 파종기 지온 상승 - 알루미늄을 입힌 필름

해설
볏짚을 멀칭하면 여름철 지온상승효과가 나타난다. 투명플라스틱 필름의 경우 지온의 상승, 토양의 건조 방지, 비료의 유실 방지 등의 효과가 있다. 불투명플라스틱의 경우 적색광을 차단하여 잡초의 발생을 억제해준다.

43 생산량이 많은 세계 3대 주요작물은?
① 벼, 두류, 밀
② 벼, 밀, 옥수수
③ 서류, 두류, 옥수수
④ 벼, 서류, 두류

해설
세계의 3대 식용작물은 벼, 밀, 옥수수 이다.

44 난과 식물 중 뿌리를 땅속에 뻗고 자라는 것은?
① 춘란   ② 풍란
③ 덴드로븀   ④ 카틀레야

해설
춘란은 땅에 뿌리를 뻗고 자라는 자생란이다.

45 콩의 10a당 표준 시비량이 4-7-6이라면 7이 나타내는 양분은?
① 인산   ② 질소
③ 규산   ④ 칼륨

해설
통상 시비량은 질소, 인산, 칼륨의 순서이며 7의 경우 인산을 의미한다.

46 다음 중 투명 플라스틱 필름의 멀칭 효과가 아닌 것은?
① 지온상승   ② 잡초 발생 억제
③ 토양 건조 방지   ④ 비료의 유실 방지

해설
잡초 발생을 억제해주는 효과는 불투명플라스틱의 특징이다.

47 다음 중 발아시 호광성 종자 작물로만 짝지어진 것은?
① 호박, 토마토   ② 상추, 담배
③ 토마토, 가지   ④ 벼, 오이

해설
호광성종자에는 담배, 상추, 우엉, 뽕나무, 베고니아, 샐러리 등이 있다.

정답 40 ④ 41 ② 42 ① 43 ② 44 ① 45 ① 46 ② 47 ②

48 농약을 사용하면서 발생하는 약해가 아닌 것은?

① 섞어 쓰기로 인한 약해
② 근접 살포에 의한 약해
③ 동시 사용으로 인한 약해
④ 유효기간 경과로 인한 약해

해설
유효기간의 경과로 인한 약해는 농약을 사용하면서 발생하는 것이 아닌 저장 및 관리 미숙에 의해 발생한 경우이다.

49 식물병의 제1차 전염원 소재로 가장 거리가 먼 것은?

① 토양
② 잡초
③ 화분(꽃가루)
④ 병든 식물의 잔재물

해설
식물병의 1차 전염원 소재에는 병든 조직, 종자, 토양, 공기, 묘목 등이 있다.

50 잡초로 인한 피해가 아닌 것은?

① 방제 비용의 증대
② 작물의 수확량 감소
③ 경지의 이용 효율 감소
④ 철새 등 조류에 의한 피해 증가

해설
잡초가 발생하면 작물의 수량이 감소하고 경지의 이용효율이 감소하게 되며 이를 방제하기 위한 비용이 증가하게 된다. 또한 병해충의 매개 역할을 하고 종자 혼입 및 부착등의 피해도 있다.

51 다음 중 벼를 너무 늦게 수확하거나 건조 중 비를 맞히면 많이 발생하는 쌀의 종류는?

① 복절미(腹切米)
② 금간 쌀(胴割米)
③ 푸른 쌀
④ 심백미(心白米)

해설
금간쌀은 절미라 하며 벼를 너무 늦게 수확하거나 건조 중에 비를 맞을 경우 발생한다.

52 다음 중 벼가 가장 많이 흡수하는 무기성분은?

① 철
② 망간
③ 칼슘
④ 규산

해설
벼는 규산을 많이 흡수하는데 규산이 충분해야 벼가 직립하고 병해충에 저항성이 생긴다.

53 다음 중 적산온도가 가장 높은 작물은?

① 메밀
② 아마
③ 조
④ 벼(만생종)

해설
작물별로 적산온도의 경우 메밀은 1000~1200℃, 감자는 1300~3000℃, 추파맥류는 1700~2300℃, 완두는 2100~2800℃, 콩은 2500~3000℃, 담배는 3200~3600℃ 벼는 3500~4500℃ 정도이다.

54 다음 중 청과물의 장기간 저장방법으로 가장 알맞은 것은?

① 건조저장
② 포장저장
③ 움저장
④ C.A.저장

해설
CA 저장은 대기조성과 다르게 이산화탄소(CO_2)의 농도를 증가시키고 산소(O_2)의 농도를 낮추어 저장물의 호흡을 억제하고 저온 저장하는 방법으로 청과물의 장기간 저장에 적합한 방법이다

55 다음 중 감자의 인공종자의 생산에 대한 설명으로 틀린 것은?

① 바이러스에 감염되지 않은 종자를 생산할 수 없다.
② 열매가 생기지 않는 품종은 종자를 만들 수 없다.
③ 계절에 관계없이 공장에서 종자를 만들어 낼 수 있다.
④ 종자를 생산하기 위해 작물을 밭에 심을 필요가 없다.

해설
감자는 생장점 배양을 통해 씨감자를 만들 수 있다.

56 다음 중 우리나라에서 자급률이 가장 높은 양곡은?

① 벼　　② 밀
③ 콩　　④ 옥수수

해설
국내의 곡물 자급률은 약 23% 정도이며 이중에서 쌀 자급률이 가장 높다.

57 살충제에 대한 해충의 저항성이 발달되는 가장 중요한 요인은?

① 살균제와 살충제를 섞어 뿌리기 때문에
② 같은 약제를 계속해서 뿌리기 때문에
③ 약제를 농도가 진하게 만들어 조금 뿌리기 때문에
④ 약제의 계통이나 주성분이 다른 약제를 바꾸어 뿌리기 때문에

해설
살충제를 연용하여 사용하면 해충의 저항성이 높아질 가능성이 있다.

58 벼 줄무늬잎마름병과 벼 검은줄오갈병을 예방하기 위해 방제해야 하는 해충은?

① 독나방　　② 애멸구
③ 흑명나방　　④ 벼모기붙이

해설
애멸구는 줄무늬잎마름병, 검은줄오갈병 등의 바이러스병을 매개한다.

59 다년생 잡초로만 올바르게 나열한 것은?

① 쑥, 개비름
② 바랭이, 괭이밥
③ 개여뀌, 참소리쟁이
④ 올방개, 너도방동사니

해설
다년생 잡초에는 올방개, 파대가리, 너도방동사니, 가래, 개구리밥, 올미 등이 있다.

60 10a당 질소 10kg을 토양에 요소의 형태로 공급하고자 할 때 실제로 주어야 할 시비량은? (단, 요소의 성분량은 46%로 한다.)

① 11.5kg　　② 21.7kg
③ 32.5kg　　④ 41.0kg

해설
요소의 성분량 46% 기준으로 시비량을 구하면 $\frac{10kg}{0.46} = 21.74\,kg$ 이다.

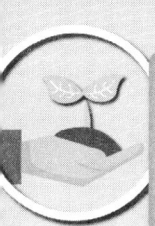

제5회 종자기능사

01 육성한 품종을 세대별로 유지하면서 증식, 보급하는 4단계의 설명으로 틀린 것은?
① 기본식물은 육종가에 의해 생산된 종자이다.
② 원원종은 보급종자의 생산을 위해 증식하는 종자이다.
③ 원종은 원원종에서 생산된 종자이다.
④ 보급종은 원종에서 생산되는 종자이다.

해설
원원종은 기본식물에서 유래된 종자이다.

02 발아검사 결과를 표시하는 방법 중 틀린 것은?
① 불발아 종자 ② 발아정지 종자
③ 비정상발아 종자 ④ 정상발아 종자

해설
발아검사 결과 정상묘, 비정상묘, 불발아종자를 표시한다.

03 화분관이 자라 주공을 통해 배낭속으로 들어가 극핵 및 난핵과 결합하는 과정을 가리키는 것은?
① 수분 ② 화분관신장
③ 단위생식 ④ 수정

해설
정핵이 극핵 및 난핵과 결합하는 과정을 수정이라 한다.

04 종자 전염성 병의 수확 후 방제법이 아닌 것은?
① 소각 처리
② 감염 종자나 이물질의 분리
③ 화학제에 의한 종자의 표면 소독
④ 유기물에 항생제를 혼합하는 방법

해설
종자 전염성 병의 수확 후 종자의 소독, 감염종자 및 이물질의 분리, 유기물의 항생제 혼합, 온탕처리 등이 있다.

05 다음 중 품종검사를 위한 방법이 아닌 것은?
① 종자의 형태적 특성조사
② 전생육검사
③ 유묘의 형태적 특성조사
④ 테트라졸리움 검사

해설
테트라졸리움 검사는 종자의 활력검사 방법이다.

06 다음 중 벼 종자가 저온(0°C 이하)에서 발아하지 못하는 경우의 휴면현상을 무엇이라 하는가?
① 자발휴면 ② 타발휴면
③ 진정휴면 ④ 배휴면

해설
타발적 휴면(외적휴면, 타발휴면)은 발아력을 가진 종자에 수분, 광, 가스, 온도, 등의 외적 조건에 의해 유발되는 휴면이다.

정답 01 ② 02 ② 03 ④ 04 ④ 05 ④ 06 ②

07 동일 품종내에서 유전적 형질이 그 품종 고유의 특성을 갖지 아니한 개체를 무엇이라고 하는가?

① 이형주 ② 이종종자주
③ 이품종주 ④ 품종순도

해설
이형주는 동일 품종 내에서 고유한 특성을 갖지 않은 개체를 말한다. 이러한 개체는 빨리 제거해야 정상적인 식물체에 수분되는 것을 막아 품종의 유전적 순도를 높이거나 유지할 수 있다.

08 종자의 형태에서 외형에 나타나는 특수기관의 설명으로 틀린 것은?

① 종자가 배병 또는 태좌에 붙어 있는 곳을 제라 한다.
② 배주의 한 끝에 있고 종자에서는 발아공이라고 하는 것을 주공이라 한다.
③ 도생배주에서 생긴 종자의 특성으로 종피와 다른 색을 띠며 가는 선이나 또는 홈을 이룬 것을 우류라 한다.
④ 봉선의 가장 끝에 있는 점을 합점이라 한다.

해설
종피와 다른 색을 띠며 가는 선이나 또는 홈을 이룬 것을 봉선이라 한다.

09 인공교배하기 전에 제웅이 필요 없는 작물만으로 나열된 것은?

① 수박, 오이 ② 오이, 토마토
③ 토마토, 벼 ④ 콩, 보리

해설
교배에 앞서 제웅이 필요한 것으로 벼, 보리, 토마토, 가지, 귀리 등이 있으며 교배 전 제웅이 필요 없는 것으로 오이, 호박, 수박 등이 있다.

10 종자의 후숙에 대한 설명으로 맞는 것은?

① 충적처리는 종자를 건조 및 저온조건에서 처리한다.
② 건조로 후숙시는 높은 온도와 습도조건에서 처리한다.
③ 인삼 종자는 후숙기간(1개월 미만)이 짧다.
④ 후숙은 완전한 형태의 종자로 성숙시킨다.

해설
수주일~수개월의 기간을 통해 배를 성숙시켜 완전한 형태의 종자로 만드는 것을 후숙이라 한다.

11 다음 중 우량종자가 갖추어야 할 조건이 아닌 것은?

① 우량한 유전적 형질을 갖춘 것
② 채종 후 오래되지 않고 신선한 것
③ 발아력을 좋게 하려고 오래 저장한 것
④ 충실하고 균일하며 이물질이 없는 것

해설
우량종자의 경우 발아력이 좋은 종자를 선택하며 발아력을 좋게 하기 위한 작업이 들어가지는 않는다.

12 치상 후 일정기간까지의 발아율 혹은 표준발아검사에서 중간발아조사일 까지의 발아율은?

① 발아능 ② 발아세
③ 발아속도 ④ 종자세

해설
발아세는 치상 후 일정기간까지의 발아율 또는 표준발아검사에서 중간발아조사일까지의 발아율을 말한다.

정답 07 ① 08 ③ 09 ① 10 ④ 11 ③ 12 ②

13 종자 휴면양식에 따라 기작이 다른데 설명이 잘못된 것은?

① 자발휴면은 외적 원인에 의하여 휴면한다.
② 배 휴면은 배 자체내의 휴면 문제이다.
③ 종피휴면은 배를 에워싸고 있는 종피에 의하여 휴면이 일어나는 경우이다.
④ 어떤 식물의 종자에서는 두가지 휴면이 동시에 복합적으로 나타나기도 한다.

해설
자발적 휴면(내적휴면)은 외적 조건이 생육에 부적당하지 않을 때, 내적 원인에 의해 유발되는 휴면으로 생리적 휴면, 미숙 배 휴면, 종피 휴면 등이 있으며 종피에 발아억제물질이 많이 함유하여 휴면하는 경우도 포함된다.

14 다음 중 (가), (나), (다)에 가장 알맞은 내용은?

> 쌀의 일반적인 수확적기는 조생종은 출수후 (가)일, 중생종은 출수 후 (나)일, 중만생종은 출수 후 (다)일이면 수확적기에 도달한다.

① 가 : 25~30, 나 : 35~40, 다 : 40~45
② 가 : 25~30, 나 : 40~45, 다 : 45~50
③ 가 : 30~35, 나 : 35~40, 다 : 40~45
④ 가 : 40~45, 나 : 45~50, 다 ; 50~55

해설
벼는 조생종은 출수 후 40~45 일, 중생종은 출수 후 45~50 일, 만생종은 출수 후 50~55 일에 수확하는 것이 가장 좋다.

15 다음 중 종자 소독의 이점과 거리가 먼 것은?

① 종자 오염균의 피해를 막을 수 있다.
② 발아 중에 해충이나 토양 미생물에 의한 피해를 경감시킬 수 있다.
③ 유묘에 대한 병균이나 해충의 피해로부터 침투 보호 작용을 한다.
④ 발아율과 발아세를 향상시킬 수 있다.

해설
종자 소독을 통해 종자의 병해충을 방제할수 있으나 발아율 혹은 발아세에는 영향을 주지 않는다.

16 감자 바이러스 ELISA법으로 검정했을 경우 다음 중 ELISA법이 속하는 검정법은?

① 한천배지 검정   ② 여과지배양 검정
③ 생물학적 검정   ④ 혈청학적 검정

해설
효소결합항체법(ELISA)은 혈청학적 검정법에 해당한다.

17 다음 중 종자의 습윤저온적층 저장을 올바르게 설명한 것은?

① 습윤한 모래에 1 ~ 10°C에서 수주 처리
② 습윤한 진흙에 -5 ~ 0°C에서 수주 처리
③ 습윤한 자루에 10 ~ 15°C에서 수주 처리
④ 습윤한 짚 속에 -5 ~ 0°C에서 수주 처리

해설
배 휴면을 하는 종자는 습윤한 모래에서 0~6°C 조건의 저온에서 수일~수개월 저장하면 휴면이 타파된다.

18 완전화(complete flower)에 대한 설명으로 가장 적합한 것은?

① 암술과 수술이 다른 개체에 있을 경우
② 암술과 수술이 다른 꽃에 있을 경우
③ 꽃이 암술, 수술 및 꽃잎을 가지고 있을 경우
④ 꽃이 암술, 수술, 꽃잎 및 꽃받침을 가지고 있을 경우

해설
꽃잎, 꽃받침, 암술, 수술 등을 모두 갖추고 있는 경우를 완전화라 한다.

19 씨눈에서 분화되는 것이 아닌 것은?

① 어린 눈
② 떡잎
③ 어린뿌리
④ 내종피(內種皮)

해설
배는 유아, 떡잎, 배축, 유근 등으로 구성된다.

20 박과 채소의 일대 잡종 종자생산시 암꽃과 수꽃의 비율로 가장 적합한 것은?

① 1 : 1
② 5 : 1
③ 10 : 1
④ 15 : 1

해설
고추나 수박과 같은 박과채소의 일대잡종 종자 생산을 위한 암꽃과 수꽃의 비율은 10 : 1 이다.

21 검정교배에 대한 설명으로 틀린 것은?

① 양성잡종의 검정교배에서는 형질의 분리비가 1:1:1:1로 나타난다.
② 단성잡종의 검정교배에서는 형질의 분리비가 2:1로 나타난다.
③ 검정교배는 순종인지 잡종인지를 가려내는데 흔히 쓰인다.
④ F1과 열성인자를 가진 어버이를 교잡시키는 방법이다.

해설
단성잡종의 검정교배에서는 형질의 분리비가 1:1로 나타난다.

22 불완전화(不完全花)에 해당하는 것은?

① 꽃받침조각, 꽃잎, 수술, 암술을 다 가지고 있는 꽃이다.
② 벼, 보리, 밀, 목화 등의 식물이 포함된다.
③ 암술과 수술을 같은 꽃 속에 가지고 있는 꽃이다.
④ 같은 꽃 속에 암술과 수술 중 하나가 없는 꽃이다.

해설
꽃잎, 꽃받침, 암술, 수술 중에서 하나라도 갖추지 않은 경우 불완전화라고 한다.

23 자식성 집단의 유전적 특성과 선발에 대한 설명으로 옳은 것은?

① 열성유전자보다 우성유전자를 쉽게 도태시킬 수 있다.
② 열성돌연변이 유전자는 자식성 집단보다 타식성 집단에서 쉽게 제거된다.
③ 타식성 집단에 비해 이형접합체의 빈도가 높다.
④ 오랫동안 자식을 거듭한 자식성 집단의 한 개체에서 나온 배우자는 유전조성이 서로 다르다.

해설
자식성 집단을 자가수정을 계속하면 후대에 유전적으로 순수해지면서 열성유전자보다 우성유전자를 도태시킬 수 있다.

24 F1에서 가장 큰 잡종강세를 기대할 수 있는 일대잡종 종자 생산방식은?

① 단교배
② 복교배
③ 삼원교배
④ 합성품종

해설
단교배(단교잡)은 관여하는 계통이 2개뿐이라 우량조합의 선정이 용이하고 잡종강세 현상이 뚜렷하다.

25 다음 설명하는 유전자는?

두 유전자가 공존할 때 한 유전자가 다른 유전자 보다 상위에 있기 때문에 상대방의 표현을 덮어버리고 자신의 형질만을 나타내는 유전자

① 동의유전자 ② 피복유전자
③ 조건유전자 ④ 호조유전자

해설
피복유전자는 두쌍의 비대립유전자간 한 우성 유전자가 다른 우성유전자의 발현을 막고 자신의 고유 특성만 발현하는 유전자를 말한다.

26 육종의 성과로 볼 수 없는 것은?
① 수량 증대 및 품질의 향상
② 재배지역이나 계절의 제한
③ 기계화 가능성 확대
④ 병해충의 피해 감소

해설
육종에 의해 농작물 재배의 지리적, 계절적 한계를 극복하여 확대시켰다.

27 질적형질에 속하는 것은?
① 키   ② 종피색
③ 가지수 ④ 함유(기름)성분

해설
질적형질은 양적으로 표현할 수 없는 형질로 종피색 등이 해당된다.

28 해당 작물의 도입품종으로 틀린 것은?
① 사과의 후지   ② 복숭아의 유명
③ 벼의 추청   ④ 포도의 거봉

해설
유명은 국내에서 육성한 품종이다.

29 무융합종자형성(無融合種子形成)에 대한 설명으로 틀린 것은?
① 이형접합(헤테로) 상태가 마치 고정된 것처럼 후대로 전해진다.
② 새로운 유전변이를 기대할 수 있다.
③ 유전적으로 이형접합 상태나 다음 세대에서 유전분리가 일어나지 않는다.
④ 유성생식에서와 같이 정상적인 종자가 만들어진다.

해설
무융합종자형성은 무정생식이라 하며 배우자의 융합 없이 배, 종자를 형성하는 것을 말하며 새로운 유전변이를 기대할 수 없다.

30 일반적으로 좁은 의미의 육종 범주로 보기 어려운 것은?
① 품종의 개량
② 신종의 육성
③ 개량된 품종의 상업화
④ 새로운 생물의 창성

해설
개량된 품종의 상업화는 넓은 의미의 육종 범주에 해당한다.

31 다음 중 멘델의 유전법칙에 대한 설명으로 틀린 것은?
① 우성과 열성의 대립유전자가 함께 있을 때 우성형질이 나타난다.
② F_2에서 우성과 열성형질이 일정한 비율로 나타난다.
③ 유전자들이 섞여 있어도 순수성이 유지된다.
④ 두 쌍의 대립형질이 서로 연관되어 유전분리한다.

해설
멘델의 유전법칙의 독립에 법칙에 의거하여 다른 염색체상에 있는 두쌍이나 두쌍 이상의 대립유전자가 간섭받지 않고 후대로 전해진다.

정답 25 ② 26 ② 27 ② 28 ② 29 ② 30 ③ 31 ④

32 배추의 염색체 수는 2n=20이다. 감수분열 이후 염색체 재조합에 의해 형성되는 배우자 종류는 몇 가지인가?

① 2^1=2가지　② 2^2=4가지
③ 2^4=16가지　④ 2^{10}=1024가지

> **해설**
> 배추의 염색체 수는 n=10 이므로 배우자의 종류는 2^{10}=1024 이다.

33 순계분리 육종에 관한 설명으로 옳지 않은 것은?

① 순계집단 내에서 선발한다.
② 순계들의 혼형집단에서 선발한다.
③ 차대 검정을 해야 한다.
④ 육종연한이 비교적 짧다.

> **해설**
> 기본 집단에서 우수한 형질을 가진 개체를 계속 선발하여 우수한 순계를 선발하는 방법으로 자가수정작물에 이용된다.

34 화곡류 작물의 채종재배 시 수확 적기는?

① 유숙기　② 황숙기
③ 갈숙기　④ 고숙기

> **해설**
> 곡물류 성숙과정은 < 유숙기→호숙기→황숙기→완숙기→고숙기 > 이며 채종적기는 황숙기이다.

35 다음 중 선발의 효과가 가장 크게 기대되는 경우는?

① 유전변이가 작고, 환경변이가 클 때
② 유전변이가 크고, 환경변이가 작을 때
③ 유전변이가 크고, 환경변이도 클 때
④ 유전변이가 작고, 환경변이도 작을 때

> **해설**
> 유전력이 높으면 선발효율이 높고, 유전력이 낮으면 환경요인에 의한 영향으로 선발효율이 낮다. 즉 유전변이가 크고 환경변이가 작을 때 선발의 효과가 커진다.

36 품종의 생리적 퇴화의 원인이 되는 것은?

① 돌연변이
② 자연교잡
③ 토양적인 퇴화
④ 이형 유전자형의 분리

> **해설**
> 생리적 퇴화는 품종의 생산지의 환경의 불량이 원인이 되기에 토양적인 퇴화가 한가지 원인이 되겠다.

37 다음 중 자가불화합성인 채소의 원종 유지를 위하여 주로 이용하고 있는 방법은?

① 뇌수분　② 만개수분
③ 혼합수분　④ 타화수분

> **해설**
> 뇌수분은 자가불화합성인 채소의 원종 유지를 위하여 주로 이용하는 방법이다. 뇌수분의 경우 자가수정률이 높은 편이며 양배추, 무 등의 식물에 적합하다.

38 타식성 작물에서 자식 또는 근계교배를 계속하면 그 후대에 가서 현저하게 생활력이 감퇴하는데 이러한 현상을 무엇이라 하는가?

① 동형성의 증가
② 이형성의 증가
③ 잡종강세
④ 근교약세

> **해설**
> 품종의 퇴화 원인에 있는 근교약세의 경우 자식 혹은 근계교배를 계속함에 따라 현저하게 생활력이 감퇴되는 현상으로 자식약세라고도 한다.

정답 32 ④　33 ①　34 ②　35 ②　36 ③　37 ①　38 ④

39 동일 유전자형이 내적, 외적 환경에 따라 형질의 표현이 다른 정도를 무엇이라 하는가?

① 표현형 모사　② 표현도
③ 다면발현　　④ 작용한계

해설
표현도는 같은 유전자형을 가지는 개체들이 서로 다른 몇 가지의 표현형으로 나타나는 빈도를 말한다.

40 다음 중 유전적으로 고정될 수 있는 분산으로 가장 적절한 것은?

① 비대립유전자 상호작용에 의한 분산
② 우성효과에 의한 분산
③ 환경의 작용에 의한 분산
④ 상가적 효과에 의한 분산

해설
유전분산은 하나의 집단에 있어서의 표현형 분산 중에서 개체의 유전적변이에 의하여 생긴 부분을 말하며 상가적 효과에 의한 분산, 유전자 우성효과에 의한 우성분산, 비대립유전자 간의 상호작용에 의한 상위성분산으로 구성된다. 이때 유전적으로 고정될 수 있는 분산은 상가적 효과에 의한 분산이다

41 밤과 낮의 일교차가 심하거나 질소와 붕소 성분이 부족할 때 주로 나타나는 카네이션의 생리장해는?

① 동공화　② 잎말이
③ 언청이　④ 꽃잎말이

해설
언청이(악할)는 카네이션의 봉오리가 불룩해지면서 꽃이 필 때 꽃받침이 터지는 현상으로 낮과 밤의 온도차가 심할 때, 일사량의 급격한 증가와 거름 흡수의 증가로 꽃봉우리의 영양 상태가 좋을 때, 질소와 붕소가 부족할 때 발생한다.

42 노후화된 논 토양에서 용탈에 의하여 주로 결핍 증상이 나타나는 성분으로 바르게 나열된 것은?

① 질소, 인산　② 철, 망간
③ 유기물, 황　④ 염분, 칼륨

해설
노후답은 노후화 현상이 발생한 논토양으로 철분, 망간, 칼슘, 마그네슘 등의 주요 양분이 용탈하여 영양장애 등을 유발하는 것을 말한다.

43 생력화 재배기술의 장점으로 가장 적합한 것은?

① 토지생산성과 노동생산성을 높여 주게 된다.
② 토지생산성만 높여 주고 노동생산성은 낮게 된다.
③ 노동생산성만 높여 주고 토지생산성은 낮게 된다.
④ 토지생산성과 노동생산성을 낮게 하여 준다.

해설
생력재배는 노력을 줄여 농사를 짓는 것으로 본디 목적은 노동력이 부족한 농가의 상황을 개선하기 위한 방법으로 토지생산성 및 노동생산성을 높여준다.

44 벼 수확시 벼베기와 탈곡을 동시에 할 수 있는 기계는?

① 경운기　② 트랙터
③ 바인더　④ 콤바인

해설
콤바인은 다 자란 농작물을 베는 동시에 탈곡이 가능한 기계이다.

45 재배 역사가 가장 오래된 작물은?

① 채소　② 과수
③ 화훼　④ 곡류

해설
곡류에서도 보리와 밀은 인류가 가장 먼저 재배하기 시작한 작물로 역사가 가장 오래되었다.

정답　39 ②　40 ④　41 ③　42 ②　43 ①　44 ④　45 ④

46 가을뿌림 보리를 봄에 파종하여 가꾸었을 때 나타나는 현상은?

① 분얼수가 적어진다.
② 발아율이 낮아진다.
③ 이삭이 나오지 않는다.
④ 줄기가 가늘어져 도복된다.

해설
가을뿌림 보리는 추파맥류라 하며 이를 봄에 파종하면 영양생장만 지속적으로 이루어지면서 이삭이 나오지 않는다.

47 우리나라 주요 작물의 기상생태형에서 감온형에 해당하는 것은?

① 그루콩 ② 올콩
③ 그루조 ④ 가을메밀

해설
감온형 작물로 조생종, 올콩, 봄조, 여름메밀 등이 있다.

48 다음 중 우리나라가 원산지인 작물로만 나열된 것은?

① 벼, 참깨 ② 담배, 감자
③ 감, 인삼 ④ 옥수수, 고구마

해설
우리나라가 원산지인 작물에는 콩, 팥, 녹두, 들깨, 감, 인삼, 머루 등이 있다.

49 우리나라 맥류 포장에 주로 발생하는 광엽 1년생 잡초는?

① 명아주 ② 뚝새풀
③ 괭이밥 ④ 개망초

해설
명아주는 1년생 광엽잡초로 맥류 재배지에 많이 발생한다.

50 다음 중 식용 또는 통조림용으로 알맞은 옥수수 품종은?

① 마치종 ② 경립종
③ 감미종 ④ 폭립종

해설
시중의 통조림의 옥수수의 경우 감미종을 활용하며 다른 품종에 비해 당분이 많아 단옥수수라고도 한다.

51 다음 중 작물의 씨 뿌림 시 고려해야 할 사항과 가장 거리가 먼 것은?

① 기상의 조건 ② 종자 색깔
③ 작물의 종류 ④ 생산물 출하시기

해설
종자의 씨뿌림인 파종에서 작물의 종류, 품종, 재배지역의 기상 및 토양 조건, 출하기 등을 고려해야 한다.

52 다음 중 장일성 식물은?

① 벼 ② 딸기
③ 시금치 ④ 코스모스

해설
보리, 시금치, 상추, 양파, 당근, 감자 등은 장일식물이다.

53 다음 중 공기 중의 농도가 보통 380ppm정도이며, 식물의 광합성 작용에 없어서는 안 되는 성분은?

① 질소 ② 산소
③ 헬륨 ④ 이산화탄소

해설
대기 중의 이산화탄소 농도는 2011년을 기준으로 약 380ppm 정도로 증가했으며 매년 꾸준하게 증가하는 추세이다. 이산화탄소의 경우 물, 햇빛 등과 함께 광합성에 필요한 성분 중 하나이다.

정답 46 ③ 47 ② 48 ③ 49 ① 50 ③ 51 ② 52 ③ 53 ④

54 다음 중 가을보리를 봄에 뿌리면 어떤 현상이 일어나는가?

① 이삭이 늦게 나온다.
② 이삭이 일찍 나온다.
③ 이삭이 나오지 않는다.
④ 수확시기가 늦어진다.

해설
추파맥류를 봄에 파종하면 영양생장만 하기에 이삭이 나오지 않는다.

55 다음 중 잡곡류에 해당하지 않는 것은?

① 조　　　　② 팥
③ 수수　　　④ 옥수수

해설
수수, 옥수수, 메밀, 기장 등이 잡곡류에 해당하고 팥은 두류에 해당한다.

56 다음 중 논에 주로 발생하는 잡초로만 짝지어진 것은?

① 올방개, 가래
② 바랭이, 강아지풀
③ 쑥, 쇠비름
④ 참방도사니, 명아주

해설
논에서 주로 발생하는 논잡초에는 올방개, 올미, 가래, 나도겨풀, 피, 올챙이고랭이 등이 있다.

57 다음 중 육묘의 장점으로 틀린 것은?

① 증수 도모　　② 종자 소비량 증대
③ 조기수확 가능　④ 토지 이용도 증대

해설
육묘를 통해 종자의 소비량을 줄일수 있다.

58 이랑을 세우고 낮은 골에 파종하는 방식은?

① 휴립휴파법　② 이랑재배
③ 평휴법　　　④ 휴립구파법

해설
이랑을 세우고 낮은 골에 파종하는 방법을 휴립구파법이라 하며 맥류의 한해와 동해를 동시에 방지할수 있다.

59 잡초의 생태적 방제방법 중 경합특성 이용법에 해당되지 않은 것은?

① 관배수 조절　② 재식밀도 조절
③ 육묘이식 재배　④ 품종 및 종자 선정

해설
관배수 조절은 잡초의 예방적 방제법에 해당한다.

60 작물의 수량 결정 3요소로 옳은 것은?

① 환경조건, 재배기술, 품종
② 환경조건, 품질, 가격
③ 품질, 농기계설비, 토양조건
④ 기상조건, 토양조건, 경영능력

해설
작물의 수량에 영향을 주는 3요소에는 좋은 환경조건, 우수한 재배기술, 우수한 유전성을 지닌 품종이 있다.

제6회 종자기능사

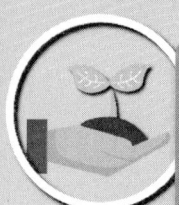

01 다음 중 옥수수종자의 저온피해에 가장 크게 영향을 미치는 요인은?
① 저온에 접한 기간
② 온도
③ 종자의 수분함량
④ 옥수수 포엽의 보호정도

해설
옥수수종자의 경우 수분함량에 의한 저온피해가 크게 나타난다.

02 다음 중 벼 또는 보리에 종자전염하는 병균이 아닌 것은?
① 도열병균   ② 모잘록병균
③ 깨씨무늬병균 ④ 붉은곰팡이병균

해설
모잘록병균은 물이나 토양에 의해 전반된다.

03 생리적으로는 성숙하였지만 형태적으로 미숙한 상태로 모주(母株)로부터 종자가 떨어져 차츰 분화한 다음 완전한 형태의 종자로 성숙하는 것은?
① 후숙(後熟)   ② 2차 휴면
③ 타발휴면   ④ 배(胚)휴면

해설
후숙은 미숙한 상태의 배를 성숙시키는 과정을 말한다.

04 종자보증을 위한 종자 검사항목으로 틀린 것은?
① 품종의 구별성 ② 종자의 발아율
③ 종자의 순도   ④ 종자의 건전도

해설
종자검사의 주요 내용에는 순도검사, 발아검사, 활력검사, 병해검사, 수분검사, 천립중 검사, 건전도 검사 등이 있다.

05 종자발아에 미치는 온도 중 가장 짧은 기간 내에 가장 높은 발아율을 보일 수 있는 온도를 무엇이라 하는가?
① 최고온도   ② 최저온도
③ 평균온도   ④ 최적온도

해설
가장 짧은 기간 내에 가장 높은 발아율을 보일 수 있는 온도는 최적온도이다.

06 곡물과 상추 종자에서 단백질을 다량 함유하고 발아기간 동안 배유를 분해하는 효소를 합성하는 곳은?
① 중배축   ② 호분층
③ 종피   ④ 과피

해설
성숙한 배젖은 호분층에 단백질 성분을 저장한다.

정답 01 ③ 02 ② 03 ① 04 ① 05 ④ 06 ②

07 종자처리 방법 중 건열처리의 주 목적은?

① 어린 식물체의 양분 흡수 촉진
② 종자전염 바이러스 제거
③ 종자의 수분흡수 증대
④ 종자발아에 필요한 대사과정 촉진

해설
건열처리는 종자를 60~80℃ 온도에 일정기간 처리하여 종자에 있는 병원균이나 바이러스를 제거하는 방법이다.

08 종자 휴면의 진정한 의미는?

① 양·수분의 흡수불능으로 생육의 쇠퇴현상이다.
② 발아에 적당한 조건이 갖추어져도 발아하지 않는 상태이다.
③ 일사량 부족으로 인한 휴식현상이다.
④ 차세대의 번식을 위한 양분저장을 위한 휴식현상이다.

해설
휴면은 작물이 일시적으로 생장활동을 멈추는 현상으로 식물이 불리한 환경을 극복하기 위한 수단이다.

09 단위결과를 유기하는 방법인 것은?

① 뇌수분   ② 여교잡
③ 인공수분   ④ 착과제 처리

해설
착과제 처리 목적은 수분 및 수정이 불확실할 때 단위결과를 유기시키는 것이다.

10 1대 잡종 종자를 생산하는데 있어서 제웅하지 않고 풍매 또는 충매에 의한 자연교잡을 이용하는 작물은?

① 양배추   ② 토마토
③ 가지   ④ 귀리

해설
양배추는 자가불화합성을 이용하여 제웅하지 않고 1대 잡종 종자를 생산한다.

11 다음 중 (가), (나), (다)에 알맞은 내용은?

> 대부분의 종자의 발아성과 광과의 관계에서 (가)에서는 휴면이 타파되었지만, (나)에서는 다시 휴면하고, (다)에서는 휴면이 확실하다.

① 가 : 녹색광, 나 : 적색광, 다 : 초적색광
② 가 : 청색광, 나 : 적색광, 다 : 녹색광
③ 가 : 청색광, 나 : 녹색광, 다 : 초적색광
④ 가 : 적색광, 나 : 청색광, 다 : 초적색광

해설
가시광선 파장영역에서 600~700nm 의 적색광 파장영역은 휴면을 타파시킨다. 반대로 청색광(420~500nm)은 휴면을 유도하고 초적색광(720~780nm)에서는 휴면이 발생한다.

12 다음종자소독 중 물리적 방법이 아닌 것은?

① 도말법   ② 냉수침법
③ 적외선 조사   ④ 건열처리

해설
종자소독의 물리적 방법에는 냉수온탕침법, 온도처리, 건열처리, 적외선, 고주파, 방사선 등이 있다.

13 일반적인 종자증식 체계상의 흐름으로 옳은 것은?

① 기본식물 종자 → 보급종 → 원종 → 원원종
② 기본식물 종자 → 원원종 → 원종 → 보급종
③ 원원종 → 원종 → 보급종 → 기본식물 종자
④ 원원종 → 원종 → 기본식물 종자 → 보급종

해설
작물의 종자생산 관리체계는 기본식물, 원원종, 원종, 채종포(보급종), 농가의 순이다.

정답 07 ② 08 ② 09 ④ 10 ① 11 ④ 12 ① 13 ②

14 다음 중 종자의 발아에 관여하는 내적 요인으로 볼 수 없는 것은?

① 온도
② 유전성의 차이
③ 종자의 성숙도
④ 육종에 의한 발아력의 향상

해설
온도는 종자의 발아에 관여하는 외적요인에 해당한다.

15 종자전염병의 검정방법이 아닌 것은?

① 한천배지 검정법 ② 유묘병징 조사법
③ 혈청학적 검정법 ④ 노화촉진 검사법

해설
종자전염병 검정방법
· 배양법 : 한천배지검정, 흡수지 배양검정
· 무배양검정 : 수세검정, 유묘병징조사, 독성검사, 생육검사
· 박테리오파지 검정
· 혈청학적 검정 : 면역이중확산법, 방사형 확산검정법, 형광항체법, 효소결합항체법(ELISA)

16 다음 중 안전저장을 위한 종자의 최대 수분함량이 4.5%인 작물은?

① 벼   ② 고추
③ 귀리   ④ 옥수수

해설
안전저장을 위한 종자 최대수분함량은 대략 벼 15%, 콩 11%, 시금치 9%, 배추 5%, 고추 4.5% 이다.

17 다음 중 일반적으로 교배에 앞서 제웅이 필요 없는 작물은?

① 오이   ② 수수
③ 토마토 ④ 가지

해설
교배에 앞서 제웅이 필요한 것으로 벼, 보리, 토마토, 가지, 귀리 등이 있으며 교배 전 제웅이 필요 없는 것으로 오이, 호박, 수박 등이 있다.

18 종자는 발아에 필요한 양분을 어디에 축척하는가에 따라 배유 종자와 무배유종자로 나뉘는데 다음 중 배유 종자에 해당하는 것은?

① 수박   ② 오이
③ 보리   ④ 배추

해설
배유종자에는 벼, 보리, 밀, 옥수수, 양파, 당근, 토마토 등이 있다.

19 후숙 처리시 주요한 요소로 가장 거리가 먼 것은?

① 종자의 수분함량 ② 광선
③ 온도   ④ 산소

해설
후숙은 휴면하는 종자의 발아를 위한 처리 방법으로 종자의 수분함량, 온도, 산소, 이산화탄소 등이 주요 요소가 된다.

20 육성 내력에 따른 품종의 분류에 속하지 않는 것은?

① 재래품종 ② 추파품종
③ 육성품종 ④ 도입품종

해설
추파품종은 작부체계에 따른 분류에 속한다.

정답 14 ① 15 ④ 16 ② 17 ① 18 ③ 19 ② 20 ②

21 일반적인 육종과정의 순서로 옳은 것은?

① 육종방법 결정→육종목표 설정→우량계통 육성→생산성 검정→신품종 등록
② 육종목표 설정→우량계통 육성→육종방법 결정→신품종 등록→종자증식
③ 육종목표 설정→변이작성→우량계통 육성→지역적응성 검정→신품종등록
④ 육종방법 결정→변이작성→신품종등록→생산성 검정→종자증식

해설

재배식물의 육종과정은 육종목표의 설정, 육종재료 및 육종방법 결정, 변이작성, 반복적 선발을 통해 유망계통 육성, 신품종의 결정 및 국가 기관에 등록, 신품종의 증식 및 보급이다.

22 변이를 감별하는 방법은?

① 타가수정 ② 후대검정
③ 영양번식 ④ 격리

해설

변이의 감별은 후대검정 및 특성검정, 변이의 상관비교 등이 이용된다.

23 여교잡 육종이 성공하기 위한 조건으로 틀린 것은?

① 이전형질의 특성은 폴리진이 관여하는 것이어야 한다.
② 만족할 만한 반복친이 있어야 한다.
③ 이전형질의 특성이 변하지 말아야 한다.
④ 반복친의 특성을 충분히 회복해야 한다.

해설

여교배육종을 위해서는 만족할 만한 반복친이 있어야 하고 이전형질의 특성이 변하지 말아야 하며 반복친의 특성을 충분히 회복해야 한다.

24 식물의 중복수정에 대한 설명으로 틀린 것은?

① 화분의 핵 개수에 관계없이 모든 피자식물의 수정방식이다.
② 2개의 정세포 중 하나는 난핵과 다른 하나는 극핵과 결합한다.
③ 웅핵과 극핵이 결합한 것은 유전물질이 3n 상태이며 배로 발달한다.
④ 수정후 접합자의 세포질은 배낭이 가지고 있던 세포질이다.

해설

피자식물에서 꽃가루가 암술머리에 붙어 수분이 이루어지면 꽃가루가 발아하여 꽃가루관이 뻗어 나와 암술대를 통과하여 배낭으로 들어간다. 꽃가루에 있던 2개의 정핵 중 1개는 난핵과 결합하여 배가 되고 다른 1개는 2개의 극핵과 결합해서 배젖(배유)이 된다.

25 배수체 육종법에 대한 설명으로 틀린 것은?

① 염색체수가 많은 식물에서 더욱 효과적이다.
② 게놈 상태가 AABB인 복이배체는 이질배수체에 속한다.
③ 영양기관을 이용하는 식물이 종실을 이용하는 식물보다 효과적이다.
④ 염색체를 배가시키기 위하여 알칼로이드 물질인 콜히친을 분열이 왕성한 조직에 처리한다.

해설

배수성육종법(배수체육종)은 염색체 수를 늘리거나 줄여 생겨나는 변이를 육종에 이용하는 방법으로 염색체수가 많다고 하여 효과가 높은것은 아니다.

26 순계분리법을 가장 효과적으로 적용할 수 있는 육종재료는?
① 자식성 작물의 재래종
② 타식성 작물의 재래종
③ 자가불화합성이 강한 재래종
④ 웅성불임성이 강한 재래종

해설
순계분리법은 기본 집단에서 우수한 형질을 가진 개체를 계속 선발하여 우수한 순계를 선발하는 방법으로 자가수정작물에 이용된다.

27 벼의 초다수성 품종이 아닌 것은?
① 다산 ② 남천
③ 안다 ④ 안산

해설
국내 벼의 초다수성 품종에는 다산벼, 남천벼, 안다벼 등이 있으며 안산벼는 직파재배적응성 품종이다.

28 F2의 분리비가 15:1로 되는 것은?
① 보족인자 ② 중복인자
③ 동의인자 ④ 억제인자

해설
동일 방향 작용 유전자가 누적효과가 나타나는 경우 중복인자(중복유전자)라 하며 F_2 분리비는 15:1 이다.

29 세포질적 웅성불임성을 이용하는 채종체계에 대한 설명으로 틀린 것은?
① 제웅작업을 생략할 수 있다.
② 노력과 경비를 절감할 수 있다.
③ 연속 여교잡에 의한 핵치환으로 세포질인자만을 집어넣은 불임계통을 만들 수 있다.
④ 세포질적 웅성불임성을 이용하므로 종자 채종량이 많다.

해설
세포질적 웅성불임성의 F_1 은 불임이라 종실을 수확하는 작물에 이용이 어렵다.

30 암술의 구성 기관이 아닌 것은?
① 꽃실 ② 씨방
③ 암술대 ④ 암술머리

해설
꽃실은 수술의 구성 기관에 속한다.

31 형질의 변이와 선발에 대한 설명으로 틀린 것은?
① 형질의 표현은 유전자와 환경과의 상호작용에 의해 나타난다.
② 유전력은 양적형질의 변이를 효과적으로 추정하기 위한 하나의 표본 통계치이다.
③ 연속변이를 보이는 형질 중 폴리진의 영향을 받는 경우 개별 유전자가 작용하는 값이 환경변이보다 크다.
④ 딴꽃가루받이성(타식성) 작물에서 원치 않는 우성유전자를 도태시키는 것보다 원치 않는 열성유전자를 도태시키는 것이 더 어렵다.

해설
폴리진은 연속변이의 원인이 되는 유전자로 각각의 폴리진은 그 작용이 환경변이보다 작고 동일 효과를 가지며 같은 방향으로 작용된다.

32 품종의 변천과 관계가 먼 것은?
① 사람의 기호 ② 일반의 경제사정
③ 농업기계의 발달 ④ 국가의 정치사정

해설
품종은 사람들의 기호 및 경제사정과 농업기구의 발달 정도에 영향을 받아 변화되었다.

33 육종에서 이용될 수 없는 변이는?
① 환경변이 ② 유전변이
③ 돌연변이 ④ 교잡변이

해설
환경변이는 비유전적 원인에 해당되는 변이로 육종에서 이용될 수 없다.

정답 26 ① 27 ④ 28 ② 29 ④ 30 ① 31 ③ 32 ④ 33 ①

34 벼 신품종의 종자증식 체계로 옳은 것은?
① 원원종 - 원종 - 기본식물 - 보급종
② 원종 - 원원종 - 기본식물 - 보급종
③ 원원종 - 원종 - 보급종 - 기본식물
④ 기본식물 - 원원종 - 원종 - 보급종

해설
작물의 종자생산 관리체계는 기본식물, 원원종, 원종, 채종포(보급종), 농가의 순이다.

35 집단선발육종법이 가장 보편적으로 이용되는 것은?
① 자가수정 작물 육종
② 모든 작물의 교배육종
③ 타가수정 작물 육종
④ 영양번식 작물 개량

해설
집단선발법은 개체나 계통의 집단을 대상으로 선발하는 방법으로 타가수정작물에는 기본집단에서 비슷한 우량개체들을 집단선발한다.

36 외국에서 새로 도입하는 식물 및 종자에 감염된 병균과 해충의 침입을 방지하기 위한 것은?
① 고랭지 채종 ② 품종등록
③ 종자증식   ④ 식물검역

해설
식물검역은 식물에 피해를 주는 병해충이 국내에 전파되는 것을 방지하기 위해 수입되는 식물 및 식물성 산물에 병해충을 검사한다.

37 다음은 어떤 작업을 위한 준비과정인가?

> 모본은 꽃봉오리 때 꽃가루 주머니를 따내고 봉지를 씌우며 부본은 꽃이 피기 전에 봉지를 씌운다.

① 암수한꽃 식물의 교잡
② 암수딴꽃 식물의 교잡
③ 암수한꽃 식물의 자가수분
④ 모든 식물의 자식종자 채종

해설
암수한꽃인 자웅동화 식물의 교잡을 위한 방법에 대한 준비과정이다.

38 다음 중 대립유전자가 5쌍일 경우 배우자형의 종류는?
① 2가지   ② 4가지
③ 32가지   ④ 1024가지

해설
n 쌍의 대립유전자는 2^n 만큼의 표현형을 가지기에 5개의 대립유전자가 있으므로 $2^5=32$ 개다

39 원원종포에서 하는 방법으로 개체선발과 계통재배를 통하여 품종의 특성을 유지하는 방법은?
① 개체집단선발법 ② 계통집단선발법
③ 영양번식법   ④ 격리재배법

해설
자가수정식물에 원원종포에서 품종의 특성 유지를 위해 계통집단선발법을 적용한다.

40 자가불화합성 타파를 위하여 꽃봉오리 때 수분해 주는 방법을 무엇이라 하는가?
① 방임수분 ② 개화수분
③ 뇌수분   ④ 노화수분

해설
뇌수분은 억제물질이 생성되기 전인 개화 2~3일 전 꽃봉오리에 수분하는 것으로 자가수정률이 높아 자가불화합성 계통을 유지할 수 있다. 십자화과식물의 채종이 많이 이용된다.

정답 34 ④ 35 ③ 36 ④ 37 ① 38 ③ 39 ② 40 ③

41 일반 채소종자의 보관 조건으로 가장 적절한 것은?

① 온도: 0℃~10℃, 종자수분: 5~10%
② 온도: 0℃~10℃, 종자수분: 40~50%
③ 온도: 10℃~15℃, 종자수분: 15~20%
④ 온도: 20℃~25℃, 종자수분: 50~60%

해설
종자의 장기저장을 위해서는 5℃ 이하의 온도에서 수분함량은 일반종자 5~7%, 유지종자 3~5% 정도이다.

42 생육 습성에 따른 목화의 종류로 적합하지 않은 것은?

① 육지면   ② 적채면
③ 아시아면   ④ 이집트면

해설
적채면은 서리가 내리기 전에 다 핀 송이에서 거둔 목화로 생육 습성에 따른 종류에는 속하지 않는다.

43 봄 화단에 널리 이용되는 일년초 화훼로 나열된 것은?

① 팬지, 데이지
② 맨드라미, 매리골드
③ 샐비어, 일일초
④ 숙근플록스, 한련화

해설
1년생 화훼에는 팬지, 데이지, 금잔화, 과꽃 등이 있다.

44 암발아 종자에 속하는 것은?

① 호박   ② 담배
③ 베고니아   ④ 상추

해설
혐광성종자(암발아종자)에는 호박, 토마토, 고추, 양파, 가지, 오이, 무, 부추 등이 있다.

45 우리나라에서 우박의 피해가 주로 많이 발생하는 시기는?

① 1~2월   ② 3~4월
③ 5~6월   ④ 7~8월

해설
국내의 우박피해가 많은 시기는 5월~6월 날이 더워지는 시기에 발생하며 빗방울이 강한 상승기류에 의해 올라가면서 우박으로 변해 떨어지게 된다.

46 벼의 건답직파재배법 중 평면줄뿌림재배와 휴립줄뿌림 재배를 비교할 때, 평면줄뿌림재배의 유리한 점에 해당하는 것은?

① 출아 및 모생육이 균일하다.
② 출아예측이 가능하다.
③ 파종과 수확작업의 효율이 높다.
④ 초기제초제의 약효가 증진된다.

해설
평면줄뿌림재배의 경우 쇄토, 파종, 복토의 과정이 동시에 이루어지며 수확작업의 효율도 높다.

47 사과 적진병을 예방하기 위한 방법으로 가장 적합한 것은?

① 대목으로 아그배나무를 사용하지 말고 석회를 주어 토양을 개량한다.
② 중간 기주인 향나무를 제거하고 비 온 후 살균제를 살포한다.
③ M26, M9 대목을 이용하며 망간을 충분히 시비한다.
④ 바이러스에 의해 전염하므로 진딧물 제거에 힘쓴다.

해설
사과 적진병은 주로 산성토양에서 발생하기에 석회를 통해 토양의 산도를 개량하여 방제할 수 있다.

48 단일 처리를 하여 개화 시기를 앞당길 수 있는 화초는?
① 국화 ② 장미
③ 매리골드 ④ 카네이션

해설
가을국화는 단일처리하면 개화시기를 앞당길수 있다.

49 다음 중 작물 생육에 가장 적합한 토양 구조는?
① 이상구조 ② 단립(單粒)구조
③ 입단구조 ④ 혼합구조

해설
입단구조는 떼알구조라 하며 식물이 생육하기에 수분 및 공기의 유동에 적합한 구조이다.

50 화곡류 잎의 표피 조직에 침전되어 병에 대한 저항성을 증진시키고 잎을 곧게 지지하는 역할을 하는 원소는?
① 칼륨 ② 인
③ 칼슘 ④ 규소

해설
규소는 화곡류의 저항성을 높이는데 도움을 주는데 벼에 있어 도열병에 대한 저항성을 키워주고 잎을 곧게 지지하도록 도와준다.

51 다음 중 수중에서 종자가 발아를 하지 못하는 작물은?
① 벼 ② 상추
③ 당근 ④ 콩

해설
수중에서 발아하지 못하는 종자로는 밀, 콩, 무, 양배추, 귀리, 가지 등이 있다.

52 광발아 잡초에 해당하는 것은?
① 냉이 ② 별꽃
③ 쇠비름 ④ 광대나물

해설
광발아 종자의 종류로는 바랭이, 쇠비름, 향부자, 강피, 소리쟁이 등이 있다.

53 잡초 방제에 사용하는 생물의 조건으로 옳지 않은 것은?
① 잡초 외 유용식물은 가해하지 않아야 한다.
② 문제시 되는 잡초보다 빠른 번식특성을 지녀야 한다.
③ 새로운 지역에서의 환경과 생물에 대한 적응성과 저항성이 있어야 한다.
④ 산재해 있는 문제 잡초를 선별적으로 찾아다니는 이동성이 적어야 한다.

해설
잡초 방제에 활용하는 생물의 경우 문제 잡초를 선별적으로 찾아다니는 이동성이 넓어야 한다.

54 다음 중 벼의 출수기를 가장 잘 설명한 것은?
① 벼 전체의 꽃이 필 때
② 벼 전체의 70%가 이삭이 팬 날
③ 논 1필지에서 40~50% 이삭이 팬 날
④ 논 1필지에서 80% 이상 이삭이 팬 날

해설
벼의 이삭이 팬 정도에 따라 출수시, 출수기, 수전기로 구분하며 출수기는 총 줄기수의 40~50% 출수한 시기로 한다.

정답 48 ① 49 ③ 50 ④ 51 ④ 52 ③ 53 ④ 54 ③

55 다음 중 뿌리혹박테리아에 의한 질소 공급으로 별도의 질소질 비료를 적게 주어도 되는 작물은?
① 콩　　　② 벼
③ 고추　　④ 호박

해설
콩과작물의 경우 질소고정능력이 있어 질소질 비료를 적게 주어도 된다.

56 다음 중 산성토양에 가장 약한 작물은?
① 호밀　　② 감자
③ 고구마　④ 시금치

해설
산성토양에 약한 작물에는 보리, 콩, 양파, 고추, 가지, 시금치 등이 있다.

57 다음 중 딴 꽃가루받이를 하는 것은?
① 밀　　　② 보리
③ 호밀　　④ 귀리

해설
타가수정을 하는 작물에는 옥수수, 호밀, 메밀, 양파, 시금치 등이 있다.

58 다음 중 생산량이 가장 많은 작물은?
① 콩　　　② 밭벼
③ 호밀　　④ 메밀

해설
국내의 식량작물의 생산량은 미곡이 가장 많고 다음으로 두류, 맥류, 서류 등의 순서이다. 보기 중에서는 두류에 해당하는 콩의 생산량이 가장 많다.

59 다음 중 작물의 수량 삼각형에 해당되지 않는 것은?
① 환경조건　　② 재배기술
③ 품종의 특성　④ 소비자의 기호

해설
작물수량 삼각형은 유전성, 환경조건, 재배기술 3가지에 영향을 받는다.

60 진균에 대한 설명으로 옳은 것은?
① 발달된 균사를 가지고 있다.
② 그람양성균과 그람음성균이 있다.
③ 운동기관으로 편모를 가지고 있다.
④ 효소계가 없으며 생명체 안에서만 증식이 가능하다.

해설
진균은 실모양의 균사체로 발달된 균사를 가지고 있다. 진균의 일부분인 균사는 격막의 유무로 분류되며 외부에 세포벽이 있고 그 성분은 키틴으로 이루어져 있다.

정답 55 ①　56 ④　57 ③　58 ①　59 ④　60 ①

제7회 종자기능사

01 중복수정에 의하여 종자의 씨눈으로 발달하는 것은?
① 웅핵 + 난세포
② 웅핵 + 2개의 극핵
③ 화분관핵 + 난세포
④ 화분관핵 + 2개의 극핵

해설
종자의 씨눈(배, 2n)는 웅핵(정핵,n)과 난핵(n)이 만나 발달한다.

02 종자만이 제1차 전염원이 되는 병해는?
① 벼 도열병
② 벼 선충심고병(잎마름선충병)
③ 벼 흰잎마름병
④ 벼 오갈병

해설
벼 선충심고병은 종자에 의해 전염되는 식물병이다.

03 다음의 작물 중 자연교잡율이 가장 낮은 것은?
① 벼   ② 밀
③ 보리   ④ 가지

해설
작물의 자연교잡율은 보리 0~0.15%, 밀 0.2~0.6%, 벼, 가지 0.2 ~ 1% 정도로 보리가 가장 낮다.

04 발아에 대한 설명으로 틀린 것은?
① 발아율(發芽率)은 파종된 총 종자 수에 대한 발아종자수의 비율이다.
② 발아세(發芽勢)는 정해진 시일 내의 발아율이다.
③ 발아기(發芽期)는 대부분(80% 이상)이 발아한 날이다.
④ 발아시(發芽始)는 발아한 것이 처음 나타난 날이다.

해설
발아기 : 전체 종자수의 약 50% 가 발아한 날

05 저장종자의 수명에 가장 큰 영향을 미치는 환경요인은?
① 온도와 공기   ② 공기와 습도
③ 습도와 온도   ④ 온도와 광선

해설
종자의 수명에 영향을 주는 외적요인에는 상대습도, 온도가 있으며 내적요인에는 유전성, 성숙도, 기계적 손상, 종자의 수분함량 등이 있다.

06 종자는 발아에 필요한 양분을 어디에 축척하는가에 따라 배유 종자와 무배유종자로 나뉘는데 다음 중 배유 종자에 해당하는 것은?
① 수박   ② 오이
③ 보리   ④ 배추

해설
배유종자에는 벼, 보리, 밀, 옥수수, 양파, 당근, 토마토 등이 있다.

정답 01 ① 02 ② 03 ③ 04 ③ 05 ③ 06 ③

07 다음 중 종자의 습윤저온적층 저장을 올바르게 설명한 것은?
① 습윤한 모래에 1 ~ 10°C에서 수주 처리
② 습윤한 진흙에 -5 ~ 0°C에서 수주 처리
③ 습윤한 자루에 10 ~ 15°C에서 수주 처리
④ 습윤한 짚 속에 -5 ~ 0°C에서 수주 처리

해설
배 휴면을 하는 종자는 습윤한 모래에서 0~6°C 조건의 저온에서 수일~수개월 저장하면 휴면이 타파된다.

08 다음 중 벼 종자가 저온(0°C이하)에서 발아하지 못하는 경우의 휴면 현상을 무엇이라 하는가?
① 자발 휴면   ② 타발휴면
③ 진정 휴면   ④ 배휴면

해설
발아력을 가지고 있는 종자에서 저온과 같이 외부조건에 영향으로 발생되는 휴면을 타발휴면이라 한다.

09 다음 중 종자의 발아에 가장 효과가 큰 파장은?
① 550nm   ② 670nm
③ 750nm   ④ 860nm

해설
종자의 발아를 촉진하는 광파장은 적색부분(660~700nm) 이며 660~670nm 파장에서 가장 활성화된다.

10 종자 전염병의 생물학적 방제 방법으로 가장 적합한 것은?
① 종자의 종피를 제거하여 발아를 촉진한다.
② 종자의 종피에 길항미생물을 부착한다.
③ 종자에 코팅(Coating)처리를 한다.
④ 종자에 소독제를 넣어 펠레팅(Pelleting)을 한다.

해설
길항미생물을 통해 병원균의 생육을 억제하는 방법으로 생물학적 방제법에 해당한다.

11 다음 중 진균이 가장 많이 존재하고 있는 주요 부위는?
① 씨껍질   ② 내피
③ 떡잎   ④ 씨젖

해설
종자에 있어 진균이 가장 많은 부위는 종피(씨껍질), 과영, 영 등의 종자 외부층에 존재한다.

12 다음 중 벼 배유의 제일 바깥 세포층을 가리키는 것은?
① 호분층   ② 왕겨
③ 내배유   ④ 씨눈

해설
성숙한 배젖은 바깥쪽 호분층이 존재하며 단백질을 저장한다.

13 층적저장과 가장 가까운 의미를 갖는 것은?
① 발아억제를 위한 건조처리
② 휴면타파를 위한 저온처리
③ 발아율 향상을 위한 후숙처리
④ 발아촉진을 위한 생장조절제 처리

해설
층적처리는 나무상자나 나무통에 습기가 있는 모래 혹은 톱밥과 종자를 층을 만들어 종자를 넣어 저온저장고에 보관한다.

14 식물의 종자를 구성하고 있는 기관은?
① 전분, 단백질, 배유
② 배, 전분, 초엽
③ 종피, 배유, 배
④ 단백질, 종피, 초엽

해설
종자는 종피와 배, 저장양분을 함유한 배유 등으로 구성되어 있다.

정답 07 ① 08 ② 09 ② 10 ② 11 ① 12 ① 13 ② 14 ③

15 무의 채종재배를 위한 포장의 격리거리는 얼마인가?
① 100m 이상 ② 250m 이상
③ 500m 이상 ④ 1000m 이상

해설
무의 채종재배를 위한 포장 격리거리 기준은 1,000m 이다.

16 다음 중 뇌수분을 이용하여 채종하는 작물은?
① 벼 ② 배추
③ 당근 ④ 아스파라거스

해설
뇌수분의 경우 자가수정률이 높은 편이며 양배추, 무 등의 식물에 적합하다.

17 다음 중 무배유 종자에 해당하는 것은?
① 보리 ② 상추
③ 밀 ④ 옥수수

해설
무배유종자에는 콩, 완두, 팥, 녹두, 클로버 등의 콩과 식물 및 수박, 오이, 호박, 상추, 배추 등이 있다.

18 유한화서이면서 작살나무처럼 2차지경 위에 꽃이 피는 것을 무엇이라 하는가?
① 두상화서 ② 유이화서
③ 원추화서 ④ 복집산화서

해설
복집산화서는 2차지경 위에 꽃이 피는 것으로 작살나무 등이 있다.

19 종자의 생성 없이 과실이 자라는 현상은?
① 단위결과 ② 단위생식
③ 무배생식 ④ 영양결과

해설
단위결과는 수정이 되고 종자가 생기지 않아도 과실이 형성되는 경우로 바나나, 수박, 포도, 오이, 감귤류 등에서 나타난다.

20 다음 중 호광성 종자인 것은?
① 토마토 ② 가지
③ 상추 ④ 호박

해설
광발아성 종자는 호광성종자로 상추, 담배, 우엉 등이 있다.

21 다음 (   ) 안에 알맞은 내용으로 나열한 것은?

> 감수분열은 생식모세포가 연속적으로 (㉠)분열하여 완성되고, 제1감수분열은 (㉡)의 염색체수가 (㉢)으로 되는 과정이다.

① ㉠ : 1회, ㉡ : 2n, ㉢ : 2n
② ㉠ : 1회, ㉡ : 2n, ㉢ : n
③ ㉠ : 2회, ㉡ : 2n, ㉢ : 2n
④ ㉠ : 2회, ㉡ : 2n, ㉢ : n

해설
감수분열은 2회 연속 핵분열이 진행되며 제1감수분열은 이형분열이라 하며 염색체 수가 2n에서 n 으로 반으로 줄고 유전물질의 양은 간기에 2배로 늘어나지만 후기에 다시 반으로 줄어들어 원래의 수가 된다.

22 3계(3원) 교잡을 나타낸 방법은?
① (A × B) × C
② AB × BC × CD
③ (A × B) × (C × D)
④ (A × B) × (C × D) × (E × F)

해설
삼계교잡은 단교배 F_1과 어떤 품종과 교배로 (A×B)×C 이다.

23 염색체의 배가 방법이 아닌 것은?

① 절단법
② 춘화처리법
③ 콜히친 처리법
④ 아세나프텐 처리법

해설
생육 초기에 일정기간 인위적 저온처리를 하는 것을 버널리제이션(춘화처리)라고 하며 식물에 인위적인 저온 처리를 통해 화성을 유도한다.

24 멘델의 유전법칙 중 분리의 법칙으로 옳은 것은?

① 대립 유전자는 분리될 수 없다.
② 분리된 인자는 재결합할 수 없다.
③ 독립 유전의 법칙과는 분리되어야 한다.
④ F_2에서는 F_1에 나타나지 않았던 형질이 분리되어 나타난다.

해설
멘델의 제2유전법칙으로 잡종 2세대(F_2)에서 우성과 열성의 두 형질이 일정 비율로 분리된다.

25 신품종의 품종보호 등록에 필요한 구비조건이 아닌 것은?

① 구별성
② 균일성
③ 안정성
④ 유용성

해설
신품종 3대 구비조건은 구별성(Distinctness), 균일성(Uniformity), 안정성(Stability)를 말한다.

26 채소의 1대 잡종 채종시 보통 인공교배에 의하지 않는 것은?

① 수박
② 양파
③ 오이
④ 가지

해설
인공교배에 의하지 않고 웅성불임성을 이용하여 생산하는 작물에는 양파, 당근, 고추 등이 있다.

27 여교잡(Backcross) 육종법에 대한 설명으로 틀린 것은?

① 여러 가지 형질을 동시에 개량하기 어렵다.
② 복합저항성 품종을 육성하는데 비능률적이다.
③ 재래종의 내병성을 이병성인 장려품종에 도입하는 경우에 효과적이다.
④ 게놈이 다른 종·속의 유용유전자를 재배식물에 도입하는 데 유리하다.

해설
여교잡육종법은 양친의 제1대 잡종에 양친 중 한쪽의 유전자형을 가진 개체를 교잡하고 이것을 수세대 반복하여 우량개체를 선발하는 방법으로 복합저항성 품종을 육성하는데 능률적인 방법이다.

28 육종 목표를 세우기 위해 고려해야 할 사항으로 가장 거리가 먼 것은?

① 재래품종의 보급상황, 이들의 결점 및 장점
② 새로운 품종이 보급될 지역의 농민 기술 수준
③ 새로운 품종이 보급될 고장의 자연조건
④ 새로운 품종이 보급될 고장의 경제조건

해설
육종 목표를 세우기 위해서는 현 재배 품종의 장점과 단점, 보급의 상황을 고려하고 재배의 용이성, 소비자 기호, 생산물 품질 향상 등을 목표로 한다. 농민의 기술 수준은 교육을 통해 극복 가능한 부분으로 육종 목표를 세우기 위한 고려 사항은 아니다.

정답 23 ② 24 ④ 25 ④ 26 ② 27 ② 28 ②

29 자식계통(inbred line)의 개량목표로 틀린 것은?

① 자식계통의 생산성이 높아야 한다.
② 일반적으로 조합능력은 낮아야 한다.
③ 품질이 양호하고 가공성이 좋아야 한다.
④ 내병성, 내충성 및 내도복성 등 내재해성이 높아야 한다.

해설
자식계통간 교잡에 의한 육종법에서 자식계통을 육종하고 그 계통의 조합능력을 검정하여 조합능력이 높은 우량 교배조합을 선정하는 과정으로 진행된다.

30 두 품종을 교잡하여 그 후대에 좋은 형질을 가진 개체를 분리 선발하여 고정 시키는 육종 방법은?

① 분리육종법
② 선발육종법
③ 계통육종법
④ 교잡육종법

해설
교잡육종법은 육종의 소재가 되는 변이를 교잡을 통해 얻는 방법이다. 품종간, 종속간 교잡에 의해 유전적 변이를 작성하여 그 중에 우량 계통을 선발하여 신품종으로 육성하는 것이다.

31 변이의 크기는 육종에 매우 중요하다. 변이를 크게 하는 방법으로 가장 많이 이용된 것은?

① 배수체 유기
② 교잡
③ 방사선 돌연변이 유기
④ 유전공학적 기법

해설
변이의 크기는 인위적, 자연적 교배의 정도에 의해 결정되며 교배 및 교잡이 많을수록 변이의 크기가 크게 된다.

32 교배모본 선정 시 고려해야 할 사항이 아닌 것은?

① 유전자원의 평가 성적을 검토한다.
② 유전분석 결과를 활용한다.
③ 교배친으로 사용한 실적을 참고한다.
④ 목적형질 이외에 양친의 유전적 조성의 차이를 크게 한다.

해설
교배육종의 성패를 좌우하는 교배모본의 선정에 있어 품종의 특성조사성적, 형질의 유전자분석결과, 육종실적을 검토하여 과거 주요품종을 양친 중 한 모본을 선택하여 교배를 통해 조합능력을 검정한다. 과거의 주요품종을 양친 중의 한 모본으로 선택하기에 양친의 유전적 조성 차이가 작아야 한다.

33 식물의 진화 과정상 새로운 작물의 형성에 가장 큰 원인이 된 배수체는?

① 복2배체
② 동질4배체
③ 동질3배체
④ 이질3배체

해설
복이배체(복2배체)라 하며 서로 다른 종류의 게놈이 배가되어 배수체를 만든 것이다. 복이배체의 이용성이 높으며 육성초기 높은 불임성을 가진다.

34 자가수정을 계속함으로서 일어나는 자식약세 현상은?

① 타가수정 작물에서 더 많이 일어난다.
② 자가수정 작물에서 더 많이 일어난다.
③ 어느 것이나 구별 없이 심하게 일어난다.
④ 원칙적으로 자가수정 작물에만 국한되어 있는 현상이다.

해설
잡종 F_1에서 나타났던 잡종강세가 자식 혹은 근계교배를 계속함에 따라 현저하게 생활력이 감퇴되는 현상으로 자식약세라 하며 주로 타가수정작물에서 나타난다.

정답 29 ② 30 ④ 31 ② 32 ④ 33 ① 34 ①

35 정역교배의 표현으로 가장 옳은 것은?
① A*B, B*A
② (A*B)*A, (A*B)*B
③ (A*B)*C,(C*A)*B
④ (A*B)*(C*D)

해설
정역교배는 양친의 암수를 바꾸어 교배하는 방법이다.

36 체세포의 염색체가 2n+1인 경우를 무엇이라 하는가?
① 핵형 ② 3염색체 식물
③ 배수체 ④ 3배체

해설
2n+1 의 경우 3염색체라 한다.

37 다음 채소 중 자웅이주(암수 다른 포기)인 것은?
① 호박 ② 시금치
③ 고추 ④ 완두

해설
시금치, 아스파라거스 등은 자웅이주이다.

38 다음 중 품종의 조기 검정법이 아닌 것은?
① 광지역적응성
② 유식물 검정법
③ 화분립 및 종자 검정법
④ 세대촉진과 단축법

해설
품종의 조기 검정법에는 유식물 검정법, 화분립 및 종자 검정법, 초형 및 체형 검정법, 세대 촉진과 단축법이 있다.

39 다음 중 단위생식에 의해서 생긴 종자를 가리키는 것은?
① 단종 ② 위잡종
③ 1대잡종 ④ 종간잡종

해설
단위생식에 의해 발생한 식물이나 종자를 위잡종이라 한다.

40 육종방법의 종류 중 나머지 3개와 다른 육종법은?
① 순계분리법 ② 계통분리법
③ 영양계분리법 ④ 집단육종법

해설
순계분리법, 계통분리법, 영양계분리법은 분리육종법에 속하고 집단육종법은 교잡육종법에 해당된다.

41 고온성 채소는 어느 것인가?
① 배추 ② 딸기
③ 시금치 ④ 토마토

해설
고온성 채소에는 가지, 고추, 토마토, 오이, 호박 등이 있다.

42 산간 지방에서 벼를 재배할 때 가장 피해 받기 쉬운 기상 재해는?
① 안개해 ② 동해
③ 풍해 ④ 냉해

해설
산간 지방은 고위도 지방으로 벼를 재배할 때 냉해를 받기 쉽다.

43 아직 덜 익은 과실을 수확하여 일정 기간 놓아두면 익는데, 이러한 현상을 무엇이라고 하는가?
① 후숙 ② 예냉
③ 도정 ④ 큐어링

해설
미숙한 과실을 수확하고 일정 기간 보관하여 성숙시키는 것을 후숙이라 한다.

정답 35 ① 36 ② 37 ② 38 ① 39 ② 40 ④ 41 ④ 42 ④ 43 ①

44 식물분류학상 무, 갓 등이 속하는 과(科)는?

① 국화과　　② 배추과
③ 백합과　　④ 생강과

해설
배추과에는 양배추, 무, 갓 등이 있다.

45 비가 적게 내리는 건조 지대에서의 재배작물로 가장 적절한 것은?

① 고구마　　② 감자
③ 콩　　　　④ 보리

해설
고구마는 건조지역에서 잘자라는 작물에 속한다.

46 벼의 기계 모내기에 가장 적합한 상토의 pH 범위는?

① 1.0~3.0　　② 4.5~5.5
③ 7.0~9.0　　④ 10.0~11.0

해설
육묘용 상토는 투수성과 보수력을 지니고 부식함량이 높으며 pH 4.5~5.5 가 적합하다.

47 작물의 기원에 대한 설명으로 틀린 것은?

① 잡초인 강아지풀은 돌콩의 야생종이다.
② 인간의 관리에 적응하는 방향으로 순화·진화하여 작물이 발달하였다.
③ 오늘날 재배되고 있는 작물들은 야생식물로부터 순화·발달된 것으로 추정되어진다.
④ 인류가 정주생활을 시작하고 식물의 생활환에 개입하여 그 일부를 관리하면서 시작되었다.

해설
강아지풀은 조의 야생종으로 본다.

48 연탄가스나 노화된 꽃 등에서 발생하는 에틸렌가스 등에 의해 발생되는 카네이션의 생리적 장해는?

① 언청이　　② 꽃잎말이
③ 잎말이　　④ 동공화

해설
언청이(악할)은 카네이션의 봉오리가 불룩해지면서 꽃이 필 때 꽃받침이 터지는 현상으로 낮과 밤의 온도차가 심할 때, 일사량의 급격한 증가와 거름 흡수의 증가로 꽃봉우리의 영양 상태가 좋을 때, 질소와 붕소가 부족할 때 발생한다.

49 벼의 수량 구성 요소와 가장 관계가 적은 것은?

① 출수 비율　　② 한 이삭당 벼알수
③ 벼알무게　　　④ 등숙비율

해설
벼의 수량은 조곡, 현미, 백미의 무게를 나타내며 단위면적당 이삭수, 이삭당 영화수, 등숙비율, 천립중 등 4가지 수량구성요소에 의해 결정된다.

50 다년생 잡초에 해당하는 것은?

① 쇠뜨기　　　② 환삼덩굴
③ 중대가리풀　④ 가을강아지풀

해설
쇠뜨기는 다년생 광엽잡초이다.

51 다음 중 벼의 감수분열기에 저온의 피해를 입으면 어떠한 현상이 일어나는가?

① 분얼 수가 적어진다.
② 꽃피는 시기가 빨라진다.
③ 수확시기가 늦어진다.
④ 쭉정이가 발생한다.

해설
벼는 감수분열기에 이상발육이 초래되어 불임현상이 나타나 불임립, 쭉정이 등이 발생한다.

52 다음 중 토양 경운작업의 효과로 볼 수 없는 것은?

① 물 빠짐과 공기 유통을 원활하게 한다.
② 토양미생물의 활동을 왕성하게 한다.
③ 잡초의 발생을 많게 한다.
④ 토양을 부드럽게 한다.

해설
경운은 토양을 갈아 흙덩이를 부스러뜨리는 작업으로 잡초의 발생이 줄어들고 해충이 박멸하는데 도움이 된다.

53 다음 중 산성 토양에 매우 약하여 석회 사용으로 산도를 교정하고 파종해야하는 작물로만 나열된 것은?

① 콩, 시금치
② 벼, 호밀
③ 밀, 옥수수
④ 감자, 호박

해설
보리, 콩, 양파, 파, 고추, 가지, 시금치 등은 산성토양에 약한 작물이다.

54 다음 중 발아에 미치는 온도에 대한 설명으로 옳은 것은?

① 종자의 발아에 적당한 온도의 범위는 일반적으로 10 ~ 20°C이다.
② 벼의 발아 최저 온도는 5°C 정도이다.
③ 가을에 파종하는 맥류 종자들의 발아 최저 온도는 2°C정도이다.
④ 호박, 오이, 멜론 등의 여름작물의 발아 최저 온도는 10°C 정도이다.

해설
종자가 발아 가능한 최저온도 조건은 0~10°C 정도이며 가을에 파종하는 맥류의 경우 2°C 정도로 낮은 편에 속한다.

55 다음 중 벼를 재배할 때 중간 낙수의 주요 효과와 가장 거리가 먼 것은?

① 무효분얼을 억제시켜 준다.
② 뿌리의 활력을 촉진시켜 준다.
③ 잡초의 발생을 억제시켜 준다.
④ 양분의 흡수가 촉진된다.

해설
벼의 수확전에 물을 빼는 작업을 낙수라고 하는데 이를 통해 뿌리를 건전하게 하고 균형있는 양분흡수가 가능하며 무효분얼을 방지하는 효과가 있다.

56 다음 중 생력재배를 위한 개선 사항으로 옳은 것은?

① 농기계의 활용도를 낮춘다.
② 수확물을 개별 판매 처리한다.
③ 생산, 저장시설 등을 자동화한다.
④ 농기계 등을 개별 구입하여 이용한다.

해설
생력재배는 부족한 노동력을 대처하기 위해 기계화를 하는 것으로 생산 및 저장시설 등을 자동화하는 것이 해당된다.

57 다음 중 추위와 가뭄에 가장 강한 맥류는?

① 밀
② 호밀
③ 보리
④ 귀리

해설
호밀은 생육가능한 최저온도가 1~2°C 정도로 다른 작물에 비해 추위에 강하며 요수량이 적은편이라 가뭄에도 강한 작물이다.

정답 52 ③ 53 ① 54 ③ 55 ③ 56 ③ 57 ②

58 다음 중 4 ~ 6km/h 이하의 바람이 작물의 생육에 미치는 영향에 대한 설명으로 가장 적절한 것은?

① 증산작용이 억제된다.
② 광합성이 저해된다.
③ 풍매화의 가루받이와 결실작용을 좋게 한다.
④ 식물 생육과는 관련이 없다.

해설
연풍의 바람의 세기는 풍속 4~6km/h 정도로 작물에 이로운 영향을 준다. 풍매화의 경우 바람에 의해 수정이 이루어지지에 연풍으로 수정이 잘 이루어진다.

59 다음 중 고대문명 발생지역과 재배식물 기원지와의 관계에서 벼 재배의 기원지는?

① 그리스·이집트 문명지역
② 메소포타미아 문명지역
③ 인도 문명지역
④ 잉카 문명지역

해설
바빌로프는 주요 작물의 재배기원 중심지에 따라 벼는 인도 문명지역(힌두스탄지구)을 기원지로 한다.

60 우리나라에서 재배하는 과수 중 인위적으로 도입되지 않고 예부터 자생하여 온 자생과수로만 나열된 것은?

① 사과, 동양배, 복숭아, 포도
② 동양배, 밤, 자두, 무화과
③ 매실, 감, 사과, 복숭아
④ 대추, 밤, 감, 동양배

해설
국내의 자생 과수에는 대추, 밤, 감, 동양배 등이 있다.

제8회 종자기능사

01 종자의 수분 흡수에 대한 설명으로 옳은 것은?
① 보리의 흡수량은 온도에 따라 차가 적지만 흡수속도는 온도가 낮아짐에 따라 빨라진다.
② 담배종자의 흡수속도는 온도가 높아지면 늦어지며 고온에서는 오히려 빨라진다.
③ 벼 종자의 흡수율 및 흡수속도는 밭벼 > 건도(乾稻) > 논벼 순이다.
④ 종자 흡수량이 최대로 되는 시간은 작물의 종류에 상관 없이 거의 같다.

해설
종자의 수분 흡수는 주변 환경 및 종자의 수분량에 영향을 받는데 밭벼에서 가장 빠르며 건도, 논벼의 순서이다.

02 종자 전염성 병을 수확 전에 방제하는 방법이 아닌 것은?
① 이형 식물체 제거
② 저항성 품종 이용
③ 병든 식물체 제거
④ 퇴화하지 않는 종자 이용

해설
종자 전염성 병을 수확 전에 방제하는 방법으로 이병된 식물체를 제거하는 것이 있으나 이형 식물체의 경우 관련이 없다.

03 바람직한 채종의 요건으로 적합하지 않는 것은?
① 우량 종자를 생산할 수 있을 것
② 값싸게 채종할 수 있을 것
③ 대량생산이 가능할 것
④ 고도의 기술을 요할 것

해설
채종은 우량종자를 생산하고 경제성이 있으며 대량생산이 가능한 것이 좋으며 작업이 단순할수록 좋다.

04 물 속에서도 발아력이 감퇴하지 않는 종자는?
① 밀 ② 벼
③ 무 ④ 콩

해설
수중에서도 발아가 잘되는 것으로 벼, 상추, 당근, 셀러리 등이 있다.

05 종자의 표준발아검사 시 치상 재료가 갖추어야 할 성질이 아닌 것은?
① 반드시 샬레에다 치상하여야 한다.
② 발아하는 유묘에 유독하지 않아야 한다.
③ 병원성의 미생물과 포자가 없어야 한다.
④ 발아를 위해 적당한 투기성과 보습성이 있어야 한다.

해설
종자의 치상 재료에는 샬레, 여과지, 흡습지, 발아지 등이 있다.

정답 01 ③ 02 ① 03 ④ 04 ② 05 ①

06 고추, 무, 레드클로버 종자의 형상은?
① 난형 ② 도란형
③ 방추형 ④ 구형

해설
고추, 무, 레드클로버 종자의 외형은 난형이다.

07 종자의 자엽 부위에 양분을 저장하는 무배유작물로만 나열된 것은?
① 벼, 밀 ② 벼, 옥수수
③ 밀, 보리 ④ 콩, 팥

해설
무배유작물에는 콩, 완두, 팥, 녹두, 클로버 등이 있다.

08 채종재배 시 채종포로서 적당하지 못한 것은?
① 등숙기에 강우량이 많고 습도가 높은 지역
② 토양이 비옥하고 배수가 양호하며 보수력이 좋은 토양
③ 겨울 기온이 온화하고 등숙기에 기온의 교차가 큰 곳
④ 교잡을 방지하기 위하여 다른 품종과 격리된 지역

해설
채종포는 꽃 피는 시기와 종자의 등숙기에 비가 적고 건조한 곳이어야 한다.

09 다음 중 일반적으로 종자의 발아촉진 물질과 가장 거리가 먼 것은?
① Gibberellin ② ABA
③ Cytokinin ④ Auxin

해설
ABA(Abscisic acid)은 대표적인 생장억제물질이다. ABA를 작물에 적용시 낙엽을 촉진, 휴면의 유도, 발아 억제, 화성 촉진, 내건성 증대 등의 효과가 나타난다.

10 종자가 발아하기에 알맞은 내부조건과 환경조건이 되어도 발아하지 않는 상태를 가리키는 것은?
① 미숙 ② 후숙
③ 휴면 ④ 불발아

해설
성숙한 종자가 발아조건이 되어도 발아하지 않을 경우 휴면이라 하며 생육의 일시적 정지상태라 할 수 있다.

11 저장 중 종자가 발아력을 상실하는 원인으로 거리가 먼 것은?
① 수분함량의 감소
② 효소의 활력 저하
③ 원형질단백의 응고
④ 저장양분의 소모

해설
수분함량이 감소할 경우 종자의 발아력은 유지되고 저장 수명이 길어지게 된다.

12 다음 중 호광성 종자가 아닌 것은?
① 상추 ② 우엉
③ 오이 ④ 담배

해설
호광성종자로 상추, 담배, 우엉 등이 있다. 오이는 혐광성 종자에 해당된다.

13 다음 종자 기관 중 종피가 되는 부분은?
① 주심 ② 주피
③ 주병 ④ 배낭

해설
종자의 주피는 종피(씨껍질)이 된다.

정답 06 ① 07 ④ 08 ① 09 ② 10 ③ 11 ① 12 ③ 13 ②

14 직접 발아시험을 하지 않고 배의 환원력으로 종자 발아력을 검사하는 방법은?

① X선 검사법
② 전기전도도 검사법
③ 테트라졸리움 검사법
④ 수분함량 측정법

> **해설**
> 테트라졸리움 검사법은 테트라졸리움 용액을 이용하여 살아 있는 종자 조직의 착색 정도를 통해 종자의 발아력을 검사한다.

15 다음 중 종자의 수명이 가장 긴 종자는?

① 토마토   ② 상추
③ 당근   ④ 고추

> **해설**
> 상추, 당근, 고추는 단명종자이며 토마토는 장명종자로 보기 중에서 종자의 수명이 가장 길다.

16 다음 중 종자의 모양이 방패형인 것은?

① 은행나무   ② 벼
③ 목화   ④ 양파

> **해설**
> 파, 양파, 부추 등은 종자의 모양이 방패형이다.

17 다음 종자소독 중 물리적 방법이 아닌 것은?

① 도말법   ② 냉수침법
③ 적외선 조사 ④ 건열처리

> **해설**
> 종자소독의 물리적 방법에는 냉수온탕침법, 온도처리, 건열처리, 적외선, 고주파, 방사선 등이 있다.

18 감자의 휴면타파를 위해 사용하는 생장조절물질로 가장 적당한 것은?

① 옥신   ② 사이토키닌
③ 지베렐린   ④ 아브시스산

> **해설**
> 지베렐린은 종자의 휴면타파의 효과가 있으며 휴면하지 않는 종자의 경우 발아촉진효과도 나타난다.

19 다음 중 종자의 발아에 관여하는 내적 요인으로 볼 수 없는 것은?

① 온도
② 유전성의 차이
③ 종자의 성숙도
④ 육종에 의한 발아력의 향상

> **해설**
> 온도는 종자의 발아에 관여하는 외적요인에 해당한다.

20 종자 춘화형 작물로만 짝지어진 것은?

① 배추, 양배추   ② 양배추, 당근
③ 양파, 당근   ④ 무, 배추

> **해설**
> 종자춘화형에는 완두, 잠두, 무, 배추 등이 있다.

21 속씨식물 배낭형성과정 중 배낭세포의 핵분열 횟수와 핵의 숫자는 몇 개인가?

① 핵분열 횟수 : 1회, 핵의 숫자 : 2개
② 핵분열 횟수 : 2회, 핵의 숫자 : 4개
③ 핵분열 횟수 : 3회, 핵의 숫자 : 8개
④ 핵분열 횟수 : 4회, 핵의 숫자 : 8개

> **해설**
> 배낭 4분자는 3개는 퇴화하고 1개만 체세포 분열을 3회 하게 되는데 8개의 핵을 가진 대포자가 형성된다.

정답 14 ③ 15 ① 16 ④ 17 ① 18 ③ 19 ① 20 ④ 21 ③

22 순계선발법에서 가장 효율적인 순계선발 대상은?
① F1
② 도입품종
③ 육종조작이 많은 식물
④ 덜 개량된 자식성 식물

해설
순계분리법은 기본 집단에서 우수한 형질을 가진 개체를 계속 선발하여 우수한 순계를 선발하는 방법으로 자가수정작물에 이용되며 덜 개량된 자식성 식물의 경우 효율성이 높다.

23 유전 인자의 연관 관계가 상인(coupling)을 나타내고 있는 것은? (단, B, L은 우성유전자, b, l은 열성 유전자이다.)
① BB, LL   ② bb, ll
③ Bl, bL   ④ BL, bl

해설
상인은 우성유전자와 우성유전자가 연관되거나 열성유전자와 열성유전자가 연관된 경우를 말한다.

24 1개체 1계통법의 장점이 아닌 것은?
① 1개체에서 1립씩만 채종하므로 면적이 적게 들고 많은 조합을 취급할 수 있다.
② 유전력이 낮은 형질이나 다수 인자가 관여하는 형질의 개체선발에 효과적이다.
③ 온실조건에서 세대촉진으로 생육기간을 단축시켜서 육종연한을 줄일 수 있다.
④ 잡종후기세대에 선발하게 되므로 집단 내 호모접합체의 비율이 높아져 유전적으로 고정된 개체의 선발이 유리하다.

해설
1개체 1계통 육종은 집단육종과 계통육종의 이점을 모두 살리는 육종방법으로 초기 집단재배를 해서 유용유전자를 유지할수 있고 육종규모가 작아 온실에서 육종연한을 단축할 수 있다. 유전력이 낮은 형질에 효과적인 방법에는 집단육종법이 있다.

25 작물육종학과 관계없는 것은?
① 작물의 유전변이의 탐구
② 작물의 유전변이의 선택과 고정
③ 신품종의 증식과 보급
④ 보급 품종의 재배법 확립

해설
육종기술은 변이의 탐구와 창성, 변이의 선택과 고정, 신품종의 증식과 보급의 3단계로 구성된다.

26 작물의 1대 잡종(F_1)에서 수확한 종자(F_2)를 재배하여 수확한 종자의 특성이 아닌 것은?
① 유전적으로 순수하다.
② 품질이 떨어진다.
③ 균일성이 떨어진다.
④ 변이가 심하게 일어난다.

해설
잡종 F_1 에서 나타났던 잡종강세가 자식 혹은 근계교배를 계속함에 따라 현저하게 생활력이 감퇴되는 현상을 근교약세한다.

27 웅성불임성이나 자가불화합성을 육성에서 이용하고 있는 이유로 가장 적당한 것은?
① 잡종종자 채종을 쉽게 할 수 있다.
② 잡종강세가 많이 나타난다.
③ 조직배양이 잘 되기 때문이다.
④ 육종기간을 단축할 수 있다.

해설
웅성불임성이나 자가불화합성의 경우 종자의 대량생산이나 잡종종자의 채종에 이용된다.

28 유전인자형이 AaBbCc 일 때, 몇 종류의 배우자를 만들 수 있는가? (단, 독립유전을 적용한다.)
① 2가지   ② 4가지
③ 5가지   ④ 8가지

해설
유전인자형이 Aa, Bb, Cc 의 3쌍의 대립유전자가 있어 $2^3=8$ 의 배우자를 만들 수 있다

정답 22 ④ 23 ④ 24 ② 25 ④ 26 ① 27 ① 28 ④

29 작물 육종에서 자가불화합성의 특성을 이용한 결과와 관계가 가장 적은 것은?

① 자연교잡(natural cross-pollination)에 의해 순도가 높은 종자생산
② 단위결과성이 높은 작물의 씨없는 과실 생산
③ 자가불화합성의 기작을 이용하여 계통이나 개체들의 유연관계 분석
④ 잡종강세를 나타내는 일대잡종의 종자생산

해설
자연교잡에 의해 품종 특성의 퇴화가 발생할 수 있어 순도 높은 종자 생산은 어렵다.

30 자식성 식물의 화기구조 특성으로 틀린 것은?

① 암술과 수술이 한 개체에 있으나 다른 부위에 위치한다.
② 화기가 잘 열리지 않는다.
③ 꽃이 피기 직전 또는 직후에 화분립이 비산한다.
④ 암술머리나 꽃밥이 꽃잎에 의하여 감추어져 있다.

해설
자식성 식물은 양성화로 암술과 수술을 함께 가지고 있다.

31 육종의 대상 형질을 세분화 할 때 질적 특성에 해당하는 것은?

① 초장   ② 화색
③ 분얼수   ④ 성분 함량

해설
질적형질은 양적으로 표현할 수 없는 형질로 꽃의 색 및 종피색 등이 해당된다.

32 형질의 변이와 선발에 대한 설명으로 틀린 것은?

① 형질의 표현은 유전자와 환경과의 상호작용에 의해 나타난다.
② 유전력은 양적형질의 변이를 효과적으로 추정하기 위한 하나의 표본 통계치이다.
③ 연속변이를 보이는 형질 중 폴리진의 영향을 받는 경우 개별 유전자가 작용하는 값이 환경변이보다 크다.
④ 딴꽃가루받이성(타식성) 작물에서 원치 않는 우성유전자를 도태시키는 것보다 원치 않는 열성유전자를 도태시키는 것이 더 어렵다.

해설
폴리진은 연속변이의 원인이 되는 유전자로 각각의 폴리진은 그 작용이 환경변이보다 작고 동일 효과를 가지며 같은 방향으로 작용된다.

33 장려품종에 대한 설명으로 가장 적합한 것은?

① 유전적 특성이 우수한 품종
② 고유한 유전적 특성을 갖는 품종
③ 농업 생산자의 선호도가 높은 품종
④ 우량 품종 중에서 재배가 권장되는 품종

해설
장려품종은 품종 중 재배적 특성이 우수하여 우량 품종 중에서 재배가 권장되는 품종을 말한다.

34 순계분리법을 적용하기에 가장 적합한 작물은?

① 타식성 작물   ② 자식성 작물
③ 영년생 작물   ④ 영양번식 작물

해설
순계분리법은 기본 집단에서 우수한 형질을 가진 개체를 계속 선발하여 우수한 순계를 선발하는 방법으로 자가수정작물에 이용된다.

35 개화기 조절방법이 아닌 것은?
① 파종기에 의한 조절
② 비배법
③ 온실법
④ 제웅법

해설
제웅은 자가수정을 방지하기 위해 꽃망울 상태에서 모계의 수술을 제거해 주는 작업이다.

36 여교배에서 F_1을 자방친으로 사용하는 경우는?
① F_1과 화분친의 개화기가 일치하지 않을 때
② F_1의 세포질에 불량유전자가 포함되어 있을 때
③ F_1불임이 심할 때
④ F_1의 임성이 높을 때

해설
교배로 잡종의 불임성이 높은 경우 F_1 자방친으로 사용하는 편이 효율적이다.

37 꽃망울 끝의 꽃잎을 약과 함께 제거하는 제웅 방법은?
① 환상박피법　② 화판인발법
③ 절영법　　　④ 개영법

해설
제웅법의 하나인 화판인발법은 콩, 자운영 등 꽃망울 끝의 꽃잎을 꽃밥과 함께 뽑아낸다.

38 다음 중 멘델의 유전법칙에 속하지 않는 것은?
① 연관의 법칙　② 지배의 법칙
③ 분리의 법칙　④ 독립의 법칙

해설
멘델의 유전법칙에는 지배의 법칙, 분리의 법칙, 독립의 법칙이 있다.

39 다음 중 질적 형질에 해당 하는 것은?
① 초장　　② 꽃 색깔
③ 개화기　④ 분얼수

해설
질적형질은 양적으로 표현할 수 없는 형질로 꽃의 색깔, 종피색 등이 있다.

40 다음 중 세포질·핵 유전형의 웅성 불임성을 이용하여 일대잡종 종자를 다량으로 생산하는 체계가 확립된 작물은?
① 호밀　② 감자
③ 고추　④ 시금치

해설
양파, 당근, 고추, 토마토, 옥수수 등의 종자생산에는 웅성불임성을 이용한다.

41 다음 중 작물의 수량 삼각형에 해당되지 않는 것은?
① 환경조건　② 재배기술
③ 품종의 특성　④ 소비자의 기호

해설
작물수량 삼각형은 유전성, 환경조건, 재배기술 3가지에 영향을 받는다.

42 다음과 같은 장점을 가진 재배방식은?

- 기계화재배가 가능하다.
- 재배나 관리 작업이 간단하다.
- 다른 재배방식에 비해 수량을 많이 낼 수 있다.

① 홑짓기　② 사이짓기
③ 섞어짓기　④ 번갈아심기

해설
홑짓기는 단작이라 하며 하나의 작물만 재배하는 것으로 재배관리가 간편하고 기계화 재배에 용이하다. 기계화를 통해 다른 재배 방식에 비해 수량을 많이 낼 수 있다.

정답　35 ④　36 ③　37 ②　38 ①　39 ②　40 ③　41 ④　42 ①

43 작물 종자의 발아에 대한 설명으로 옳은 것은?
① 콩과 작물은 대부분 지하발아를 한다.
② 종자의 발아에는 적절한 수분, 산소, 온도가 필요하다.
③ 광선이 발아를 촉진하는 종자에는 토마토, 호박 등이 있다.
④ 발아 할 때는 종자의 호흡이 감소하면서 이산화탄소의 소모가 증가한다.

해설
종자의 발아를 위해서는 적절한 수분, 온도, 산소, 광 등이 필요하다.

44 벼를 담수 직파 재배할 때 가급적 중생종이나 중·만생종을 선택하는데 이와 가장 관계 깊은 벼의 특성은?
① 내랭성   ② 내병성
③ 내충성   ④ 내도복성

해설
담수직파 재배시 도복이 심한 경우가 있어 중생종 혹은 만생종을 선택하여 이를 개선한다.

45 재배 과정에서 노동력을 절감하여 인건비를 낮춤으로써 생산성을 높이는 것이 아닌 것은?
① 자동화 시설
② 농기계의 이용
③ 제초제의 사용 금지
④ 재배경영 방법의 개선

해설
제초제 사용을 통해 노동력을 절감할 수 있다.

46 우리나라 농경지의 작물 재배면적이 큰 것부터 순서대로 올바르게 나열한 것은?
① 벼 > 맥류 > 채소 > 과수
② 벼 > 맥류 > 과수 > 채소
③ 벼 > 채소 > 과수 > 맥류
④ 벼 > 과수 > 채소 > 맥류

해설
농경지 작물의 재배면적은 벼가 가장 크며 채소, 과수, 두류 순이다.

47 핵과(核果)류 과수로만 나열된 것은?
① 복숭아, 자두   ② 사과, 배
③ 포도, 복숭아   ④ 자두, 사과

해설
핵과류에는 자두, 살구, 복숭아, 앵두 등이 있다.

48 곡물 저장고의 온도와 습도의 관리방법으로 가장 적절한 것은?
① 온도는 높게, 습도는 낮게
② 온도는 낮게, 습도는 높게
③ 온도와 습도를 높게
④ 온도와 습도를 낮게

해설
곡물 저장고의 경우 곡물 종자의 수분함량을 낮게 유지하기 위해 온도 15°C 이하, 상대습도 70% 이하 정도로 낮게 관리하는 것이 좋다.

49 토성에 대한 설명으로 틀린 것은?
① 모래흙은 양분의 보유력이 약하다.
② 질흙은 물빠짐이 나쁘고, 토양 공기가 부족하다.
③ 경작지의 토성은 대체로 모래흙과 질흙이 적당하다.
④ 토성이란 토양입자를 크기별로 나누고, 이들의 함유비율에 따라 토양을 분류한 것이다.

해설
경작지 토성은 모래나 진흙으로 편중된 것보다 중간 정도의 사양토가 적합하다.

50 다음 중 작물의 주요온도에서 최저온도가 가장 낮은 것은?
① 귀리
② 옥수수
③ 호밀
④ 담배

해설
작물이 생육가능한 최저온도는 호밀 1~2℃, 귀리 4~5℃, 옥수수 8~10℃, 담배 13~14℃ 정도이다.

51 다음 중 단일식물에 해당하는 것으로만 나열된 것은?
① 샐비어, 콩
② 양귀비, 시금치
③ 양파, 상추
④ 아마, 감자

해설
단일식물에는 콩, 옥수수, 벼, 딸기, 국화, 코스모스, 들깨, 샐비어 등이 있다.

52 다음 중 노후답의 재배대책으로 가장 거리가 먼 것은?
① 조식재배를 한다.
② 저항성 품종을 선택한다.
③ 무황산근 비료를 사용한다.
④ 덧거름 중점의 시비를 한다.

해설
노후답의 재배 대책으로 저항성 품종을 심거나, 조기 재배를 통해 수확이 빠르도록 하여 추락을 완화한다. 무황산근 비료를 시비하여 황화수소의 발생을 줄이도록 한다.

53 월년생 잡초에 해당하는 것은?
① 명아주
② 속속이풀
③ 밭뚝외풀
④ 바람하는지기

해설
월년생 잡초에는 달맞이꽃, 나도냉이, 엉겅퀴, 냉이, 별꽃, 속속이풀 등이 있다.

54 잡초로 인해 예상되는 피해 또는 손실이 아닌 것은?
① 작물의 품질 저하
② 작물의 수확량 감소
③ 해충의 서식처 제공
④ 토양의 물리성 악화

해설
잡초로 토양의 침식 및 유실을 방지하기에 토양의 물리성에 도움을 준다.

55 다음 중 병해충의 방제 방법에 있어 화학적 방제에 속하는 것은?
① 농약 살포
② 돌려짓기
③ 파종기 조절
④ 밭 토양이 일시 담수

해설
농약을 이용하는 것은 화학적 방제법에 속한다.

56 다음 중 1대잡종(F1) 채종시 자가불화합성을 이용하는 대표적인 작물로만 나열된 것은?
① 무, 배추
② 고추, 토마토
③ 오이, 참외
④ 상추, 시금치

해설
자가불화합성을 이용하여 잡종강세를 나타내는 무, 배추 등의 1대 잡종 종자의 대량 생산이 가능하다.

57 다음 중 과실의 수확 후 예냉을 실시하는 가장 큰 목적은?
① 과실의 온도를 높이기 위하여
② 저장, 수송 중 부패를 방지하기 위하여
③ 후숙을 유도하기 위하여
④ 수확물의 취급을 용이하게 하기 위하여

해설
예랭은 수확 직후 청과물의 품질 유지에 좋은 방법으로 호흡량을 줄이고 저장양분의 소모를 감소시킨다.

58 다음 중 종자 저장시 건조제로 쓰이는 것은?

① 염화칼슘 ② NAA
③ 지베렐린 ④ MH-30제

해설
종자의 저장을 위한 건조제에는 실리카겔, 염화칼슘(염화석회), 생석회, 나뭇재 등이 활용된다.

59 다음 중 파종 시기가 가장 빠른 것은?

① 콩 ② 완두
③ 동부 ④ 강낭콩

해설
완두의 파종기는 3~4월 정도로 보기 중에서 가장 빠르다.

60 다음 중 재배를 위한 작물의 선택시 고려해야 할 주요 요소와 가장 거리가 먼 것은?

① 수익성 ② 품질과 수량성
③ 이병성 ④ 생력화

해설
작물의 선택시 작물의 생산성, 수익성, 품질, 생력화 등을 고려해야 한다. 이병성은 병에 걸리기 쉬운 성질을 의미하며 작물 선택시 주요 고려 대상은 아니다.

정답 58 ① 59 ② 60 ③

제9회 종자기능사

01 다음 중 종자의 간이 장기저장 포장재료로써 가장 이상적인 것은?
① 플라스틱 ② 주석통
③ 황마포대 ④ 종이봉투(紙袋)

해설
주석통은 철제용기로 종자의 장기저장을 위한 밀봉 저장법에 적합하다.

02 종자휴면의 원인이 아닌 것은?
① 두꺼운 종피 ② 발아억제물질
③ 배의 미숙   ④ 산소의 공급

해설
산소의 공급은 종자의 휴면을 타파하고 종자의 발아에 도움을 준다.

03 식물은 개화 후 수정이 끝나면 종자로 발달 성숙하는데 화곡류 종자발육 과정에서 알맞은 수확기는?
① 황숙기 ② 유숙기
③ 고숙기 ④ 녹숙기

해설
곡물류의 채종적기는 황숙기이며 십자화과작물(채소류)는 갈숙기에 적기이다.

04 배젖 종자인 것은?
① 해바라기 ② 유채
③ 팥   ④ 밀

해설
벼, 보리, 밀, 옥수수, 양파, 당근, 토마토 등은 배유종자에 해당한다.

05 표본추출 방법 중 종자를 깨끗한 책상 위에 넓고 고르게 편 후 손으로 파이 자르듯이 나누어 임의로 선택하는 방법은?
① 컵방법
② 기계적 방법
③ 균분기 이용 방법
④ 파이방법(pie method)

해설
파이방법은 시료를 4등분하여 대각의 샘플끼리 모아 2개로 합치고 다시 4등분하는 작업을 반복하여 선택하는 방법이다.

06 채종포의 규모를 크게 하는 가장 주된 이유는?
① 소량의 종자 생산을 위하여
② 종자의 품질을 좋게 하기 위하여
③ 농민의 관심을 얻기 위하여
④ 일시에 수익을 높이기 위하여

해설
채종포의 규모가 크면 양질의 우량종자를 얻을 수 있다.

07 종자 발아를 촉진시키는데 널리 이용되고 있으며 미국의 공인종자검사자협회(AOSA)와 국제종자검사협회(ISTA)에서도 추천하고 있는 발아촉진 물질은?
① 옥신   ② 사이토키닌
③ 과산화수소 ④ 질산칼륨

해설
질산칼륨은 발아촉진물질로 발아시험시 0.1~1% 농도로 사용한다.

정답 01 ② 02 ④ 03 ① 04 ④ 05 ④ 06 ② 07 ④

08 종자가 발아하기에 알맞은 내부조건과 환경조건이 되어도 발아하지 않는 상태를 가리키는 것은?

① 미숙   ② 후숙
③ 휴면   ④ 불발아

해설
성숙한 종자가 발아조건이 되어도 발아하지 않을 경우 휴면이라 하며 생육의 일시적 정지상태라 할 수 있다.

09 발아에 대한 설명으로 틀린 것은?

① 발아율(發芽率)은 파종된 총 종자 수에 대한 발아종자수의 비율이다.
② 발아세(發芽勢)는 정해진 시일 내의 발아율이다.
③ 발아기(發芽期)는 대부분(80% 이상)이 발아한 날이다.
④ 발아시(發芽始)는 발아한 것이 처음 나타난 날이다.

해설
발아기 : 전체 종자수의 약 50%가 발아한 날

10 수정후 화분관이 자라 난세포와 결합하기 위하여 들어가는 구멍은?

① 주피   ② 주공
③ 주심   ④ 배낭

해설
주공은 제(배꼽)의 끝에 위치하며 꽃가루의 침입구이다. 수분된 화분은 암술머리에서 발아하여 화주의 유도조직 내로 화분관을 신장하고 화분관이 배주의 주공에 도달하여 정핵이 이동하고 배낭 속에서 정핵과 난핵이 융합하게 된다.

11 종자 전염성 병을 수확 전에 방제하는 방법이 아닌 것은?

① 이형 식물체 제거
② 저항성 품종 이용
③ 병든 식물체 제거
④ 퇴화하지 않는 종자 이용

해설
종자 전염성 병을 수확 전에 방제하는 방법으로 이병된 식물체를 제거하는 것이 있으나 이형 식물체의 경우 관련이 없다.

12 저장종자가 발아력을 잃게 되는 원인으로 옳지 않은 것은?

① 종자 단백질의 변성
② 효소의 활성 증진
③ 호흡에 의한 종자 저장물질 소모
④ 저장 기간 중 저장고 온도와 습도의 상승

해설
저장 종자의 효소의 활성이 증진되면 종자의 발아력이 활성화된다.

13 다음 중 종자의 수명에서 장명종자에 해당하는 것은?

① 클로버   ② 강낭콩
③ 해바라기 ④ 베고니아

해설
장명종자에는 비트, 수박, 호박, 오이, 배추, 가지, 토마토, 알팔파, 클로버 등이 있다.

14 직접 발아시험을 하지 않고 배의 환원력으로 종자 발아력을 검사하는 방법은?

① X선 검사법
② 전기전도도 검사법
③ 테트라졸리움 검사법
④ 수분함량 측정법

해설
테트라졸리움 검사법은 테트라졸리움 용액을 이용하여 살아 있는 종자 조직의 착색 정도를 통해 종자의 발아력을 검사한다.

정답 08 ③ 09 ③ 10 ② 11 ① 12 ② 13 ① 14 ③

15 다음 중 과실이 바로 종자로 취급되고 있는 작물로만 나열된 것은?
① 오이, 고추 ② 고추, 옥수수
③ 옥수수, 벼 ④ 벼, 오이

해설
과실에 해당되나 종자로 취급되는 작물에는 옥수수, 밀, 벼, 귀리 등이 있다.

16 다음 중 호광성 종자가 아닌 것은?
① 상추 ② 우엉
③ 오이 ④ 담배

해설
호광성종자로 상추, 담배, 우엉 등이 있다. 오이는 혐광성 종자에 해당된다.

17 다음 종자 기관 중 종피가 되는 부분은?
① 주심 ② 주피
③ 주병 ④ 배낭

해설
종자의 주피는 종피(씨껍질)가 된다.

18 다음 중 종자의 모양이 방패형인 것은?
① 은행나무 ② 벼
③ 목화 ④ 양파

해설
파, 양파, 부추 등은 종자의 모양이 방패형이다.

19 다음 중 종자발아에 필요한 수분흡수량이 가장 많은 것은?
① 옥수수 ② 벼
③ 콩 ④ 밀

해설
발아에 필요한 종자의 수분 흡수량은 종자무게 대비 벼 23%, 밀 30%, 콩 100% 정도로 콩이 가장 많다.

20 종자의 자엽 부위에 양분을 저장하는 무배유작물로만 나열된 것은?
① 벼, 밀 ② 벼, 옥수수
③ 밀, 보리 ④ 콩, 팥

해설
무배유작물에는 콩, 완두, 팥, 녹두, 클로버 등이 있다.

21 피자식물의 배유(씨젖)는 몇 배체인가?
① 1n ② 2n
③ 3n ④ 4n

해설
피자식물의 배유는 3n으로 형성된다.

22 자기불화합성에 대한 설명으로 틀린 것은?
① 자가불화합성의 정도는 온도·습도 등의 환경조건에 따라 변화되기도 한다.
② 배우자에 의한 불화합성은 코스모스, 해바라기, 사탕무에서 볼 수 있다.
③ 자기불화합성을 유전적으로 보면 배우자 불화합성과 접합체불화합성의 두 가지 형이 있다.
④ 접합체에 의한 불화합성은 생식세포가 생성되는 식물체, 즉 아포체(芽胞體)의 반응에 의해 불화합성이 결정되는 것이다.

해설
배우자에 의한 불화합성은 배우체형 자가불화합성이라 하며 담배, 클로버, 일부 과수류 등에서 관찰된다. 코스모스, 해바라기, 사탕무 등은 포자체형 자가불화합성이 관찰된다.

정답 15 ③ 16 ③ 17 ② 18 ④ 19 ③ 20 ④ 21 ③ 22 ②

23 작물육종의 긍정적 성과로 볼 수 없는 것은?
① 농작물 이용부위의 품질이 크게 향상되었으며 용도별로 가장 알맞은 품질을 가진 품종이 개발되었다.
② 농작물 재배 및 생산의 안정성을 저해하는 환경요인에 대한 내성 또는 저항성을 지닌 품종이 육성되었다.
③ 농경지 이용효율 증진과 합리적인 작부체계 확립이 가능하게 되었다.
④ 재래종 감소, 품종의 획일화로 유전적 취약성이 초래되었다.

해설
재래종 감소 및 품종의 유전적 취약성은 작물육종의 긍정적 성과가 아닌 부정적 내용이다.

24 질적형질과 양적형질에 대한 설명으로 옳은 것은?
① 양적형질은 환경의 영향을 적게 받는다.
② 질적형질은 적은 수(數)의 유전자가 관여하므로 유전현상이 비교적 단순하다.
③ 질적형질은 연속변이를 나타낸다.
④ 양적형질의 대표적인 예로서 꽃색을 들 수 있다.

해설
질적형질은 불연속변이하며 소수의 주동유전자에 의해 지배되어 유전현상이 비교적 단순하다.

25 (A × B) × A 또는 (A × B) × B와 같이 F_1을 양친 중 어느 한쪽 친과 교잡하는 것을 무엇이라 하는가?
① 3원교잡   ② 복교잡
③ 여교잡   ④ 다계교잡

해설
여교잡육종법은 양친의 제1대 잡종에 양친 중 한쪽의 유전자형을 가진 개체를 교잡하고 이것을 수세대 반복하여 우량개체를 선발하는 방법으로 (A×B)×B, (A×B)×A, [(A×B)×B]×B 등의 형식이며 한번 교잡시킨 것을 1회친, 두 번 이상 교잡시킨 것을 반복친이라 한다.

26 세포질·핵유전형의 웅성불임성을 이용하여 일대 잡종 종자를 생산하는 대표적인 작물은?
① 셀러리   ② 상추
③ 고추   ④ 시금치

해설
웅성불임성을 이용하여 핵 유전자와 세포질 요인의 상호작용에 의해 발생하는 것으로 양파, 고추 등에서 관찰 및 활용된다.

27 순계 두 품종 사이의 교배에 의하여 생겨난 F_1 식물체(AaBbCcDdEe)가 생산하는 화분의 종류는? (단, 5개의 유전자는 서로 독립 유전을 한다고 가정함)
① 5개   ② 25개
③ 32개   ④ 64개

해설
n 쌍의 대립유전자는 2^n 만큼의 표현형을 가지기에 5개의 대립유전자가 있으므로 2^5=32 개이다

28 동질배수체 육종을 이용하는 것이 효과적인 경우에 해당하지 않는 것은?
① 염색체 수가 적은 식물에서 더 효과적이다.
② 배수체가 되면 임성이 높아지고 착과성이 좋아진다.
③ 자식성 식물에서보다는 타식성 식물에서 더 효과적이다.
④ 잎과 줄기 등 영양기관을 이용하는 식물에서 더 효과적이다.

해설
동질배수체는 임성이 저하되고 착과성이 감퇴하며 발육이 지연 된다.

정답 23 ④ 24 ② 25 ③ 26 ③ 27 ③ 28 ②

29 품종의 퇴화원인과 관계가 가장 적은 것은?
① 근교강세
② 돌연변이
③ 자연교잡
④ 타 품종의 기계적 혼입

해설
품종의 퇴화 원인에 있는 근교약세의 경우 자식 혹은 근계교배를 계속함에 따라 현저하게 생활력이 감퇴되는 현상으로 자식약세라고도 한다.

30 피자식물의 배유 세포의 핵은 몇 배체인가?
① 1배체 ② 2배체
③ 3배체 ④ 4배체

해설
배유는 3n 으로 3배체이다.

31 농작물 품종의 변천 요인과 관계가 가장 적은 것은?
① 사람의 기호   ② 품종의 분류
③ 경제적인 상황 ④ 농업기계의 발달

해설
품종은 사람들의 기호 및 경제사정과 농업기구의 발달 정도에 영향을 받아 변화되었다.

32 작물육종의 전망으로 틀린 것은?
① 유전자원의 필요성이 증가될 것이다.
② 육종목표가 다양화될 것이다.
③ 형질전환기술의 이용이 적어질 것이다.
④ 신품종 개발에 관한 지적재산권이 보호될 것이다.

해설
형질전환은 외부 유전물질을 세포에 병합하여 유전자 변환을 일으키는 방법으로 유전자원의 필요성이 증가하고 보존하기 위한 노력이 높아짐에 따라 형질전환기술의 이용도 높아질 것이다.

33 채소 채종포로 적당하지 않은 곳은?
① 병해충 발생이 적은 곳
② 개화기와 성숙기에 비가 적은 곳
③ 노지에서 월동이 용이한 곳
④ 자연교잡이 잘 일어나는 곳

해설
채종포는 자연교잡이 잘 일어나지 않고 격리재배가 가능한 곳이어야 한다.

34 한 개의 생식핵으로부터 몇 개의 웅핵이 생성되는가?
① 1개 ② 2개
③ 4개 ④ 8개

해설
꽃가루가 발아하여 핵이 분열하면 화분관핵(n)과 생식핵(n)이 나타나며 생식핵은 분열하여 2개의 정핵(웅핵)이 나타나게 된다.

35 육종 대상 집단에서 유전양식이 비교적 간단하고 선발이 쉬운 변이는?
① 불연속변이 ② 방황변이
③ 연속변이   ④ 양적변이

해설
변이의 연속성에 따라 연속변이, 불연속변이로 분류된다. 불연속변이는 유전양식이 비교적 간단하고 선발이 쉬운 변이이다.

36 집단육종법에 대한 설명으로 틀린 것은?
① 자연선택을 이용할 수 있다.
② 후기세대에서 선발함으로써 형질이 어느 정도 고정되어 정확한 선발이 가능하다.
③ 유전력이 낮은 형질을 대상으로 실시하는 것이 효율적이다.
④ 생산력 검정에 이르기 위한 육성계통의 세대수는 계통육종에 비해 적게 소요된다.

해설
생산력 검정에 이르기 위한 육성계통의 세대수를 보면 집단육종법은 대체적으로 육성계통의 세대수가 다른 육종법에 비해 많이 소요된다. 일반적으로 계통육종법은 F_3 세대부터, 집단육종법은 $F_6 \sim F_7$ 세대이다.

37 다수성은 재배작물의 육종 목표가 된다. 다음 중 벼에서 다수성에 관여하는 조건과 거리가 가장 먼 내용은?
① 초형이 직립이다.
② 엽면적지수가 증가 되어도 수광 상태가 좋다.
③ 거름을 많이 주어도 도복 되지 않는다.
④ 감광성이 낮고 감온성이 높다.

해설
벼의 다수성은 다수확 생산능력에 관한 특성으로 감광성과 감온성은 특정 환경조건에 감응하여 개화가 촉진되는 것으로 다수성과는 관련이 적다

38 다음 중 2종의 대립유전자가 같은 방향으로 작용하면 우성 유전자 사이에는 누적 효과가 없고, A,B의 표현형은 같지만 이중 열성인 aabb만은 다른 열성 형질을 나타내는 유전자는?
① 억제 유전자 ② 복수 유전자
③ 중복 유전자 ④ 보족 유전자

해설
동일 방향 작용 유전자가 누적효과가 나타나는 경우 복수유전자, 누적효과가 없는 경우 중복유전자라 한다.

39 다음 중 우리나라 벼의 종자 증식 체계로 옳은 것은?
① 원원종 - 원종 - 기본식물 - 보급종
② 원종 - 원원종 - 기본식물 - 보급종
③ 원원종 - 원종 - 보급종 - 기본식물
④ 기본식물 - 원원종 - 원종 - 보급종

해설
작물의 종자생산 관리체계는 기본식물, 원원종, 원종, 채종포(보급종), 농가의 순이다.

40 다음 중 작물의 교배육종법이 아닌 것은?
① 동질배수체 이용 ② 품종간 교배
③ 종속간 교배   ④ F1의 이용

해설
교잡육종법은 육종의 소재가 되는 변이를 교잡을 통해 얻는 방법으로 품종간, 종속간 교배 및 1대 잡종을 이용한다. 동질배수체의 경우 배수성육종법에 속하며 종내에 게놈의 증가로 생긴 배수성을 이용하는 방법이다.

41 생물적 방제가 아닌 것은?
① BT균을 이용하여 솔나방을 방제한다.
② 트랩을 설치하여 바퀴를 방제한다.
③ 거미를 이용하여 벼멸구를 방제한다.
④ 먹좀벌을 이용하여 솔잎혹파리를 방제한다.

해설
트랩을 설치하는 것은 기계적 방제법에 해당한다.

정답 36 ④ 37 ④ 38 ③ 39 ④ 40 ① 41 ②

42 다음 중 논에 주로 발생하는 잡초로만 짝지어진 것은?
① 올방개, 가래
② 바랭이, 강아지풀
③ 쑥, 쇠비름
④ 참방동사니, 명아주

해설
논에서 주로 발생하는 논잡초에는 올방개, 올미, 가래, 나도겨풀, 피, 올챙이고랭이 등이 있다.

43 벼의 생육 최저 온도로 가장 적합한 것은?
① 0 ~ 4℃   ② 5 ~ 8℃
③ 9 ~ 14℃   ④ 20 ~ 25℃

해설
벼의 생육 최저온도는 10~12℃ 이다.

44 산성토양에서도 잘 생육하는 화훼류는?
① 과꽃, 백일홍
② 철쭉, 치자
③ 국화, 카네이션
④ 제라늄, 시네라리아

해설
철쭉, 치자, 베고니아 등은 산성토양에서 잘 생육하는 화훼류이다.

45 좋은 품종의 선택시 고려해야 할 사항과 가장 거리가 먼 것은?
① 기호성이 큰 품종
② 연차변이가 큰 품종
③ 해당 지방의 장려품종
④ 재해에 대한 저항성이 높은 품종

해설
우수한 품종을 선택할 경우 그 특성이 균일해야 하기에 연차변이가 큰 품종은 피해야 한다.

46 만생종 벼의 꽃눈 분화 조건은?
① 고온성   ② 저온성
③ 단일성   ④ 장일성

해설
만생종 벼는 감광형으로 단일조건에 감응하여 꽃눈의 분화가 촉진된다.

47 농약을 100배로 희석하여 단위면적당 200L를 살포하고자 한다. 농약 소요량은 얼마인가?
① 1000mL   ② 2000mL
③ 3000mL   ④ 4000mL

해설
$$소요약량 = \frac{단위면적당사용량}{소요희석배수}$$
$$= \frac{200}{100} = 2L = 2,000ml$$

48 파종 후 복토를 해야 발아가 잘 되는 종자는?
① 파   ② 상추
③ 우엉   ④ 피튜니아

해설
파는 0.5cm 이하의 깊이로 흙을 덮어 주어야 발아가 잘된다.

49 사과품종에 있어 수분수 품종으로 적합하지 않은 것은?
① 후지   ② 쓰가루
③ 화홍   ④ 조나골드

해설
조나골드는 3배체 품종으로 임성이 좋지 않아 수분수로 활용하기 부적합하다.

50 본 논의 면적이 100a인 농가에서 기계이앙 치묘육묘를 하려고 할 때 종자와 육묘상자는 일반적으로 어느 정도 준비하여야 하는가?

① 종자 15~20kg, 육묘상자 100~120개
② 종자 25~30kg, 육묘상자 150~180개
③ 종자 40~45kg, 육묘상자 200~220개
④ 종자 60~70kg, 육묘상자 350~400개

해설
보통의 육묘상자에서 어린묘(치묘)는 200~220g 정도 투입되며 재배면적 10a 당 소요되는 파종육묘상자는 20개 정도가 필요하다. 중립종 육묘 기준 200g×20개 = 4000g = 4.0kg 이므로 100a(1ha) 기준 약 40kg 이 소요되며 육묘상자는 200개 정도가 필요하다

51 다음 설명하는 수확 후 처리 방법은?

> 고구마를 수확한 후 32~33°C의 온도와 90~95%의 습도 조건에 며칠 동안 두면 상처와 병반부가 아물고 당분이 증가하여 저장성이 좋아진다.

① 건조　　② 예냉
③ 후숙　　④ 큐어링

해설
큐어링은 고구마, 감자, 양파 등에 상처가 발생한 경우 상처를 아물게 하거나 코르크층을 형성시켜 수분의 증발을 줄이고 미생물의 침입을 예방하는 방법이다. 고구마는 수확 후 1주일 이내 온도 30~33°C, 습도 85~90% 조건에서 4~5일 정도 큐어링 후 열을 방출시키고 저장하면 상처가 아물게 된다.

52 재배 환경이 과실의 저장력에 미치는 영향으로 틀린 것은?

① 북부지방에서 생산된 과실은 남부지방에서 생산된 과실보다 저장력이 강하다.
② 습지에서 생산된 과실은 건조지에서 생산된 과실보다 저장력이 강하다.
③ 질소질 비료를 많이 준 과실은 적게 준 과실보다 저장력이 떨어진다.
④ 만생종의 경우는 늦게 수확한 품질도 좋고 착색도 두드러지게 향상된다.

해설
일반적으로 건조지에서 생산된 과실이 습지에서 생산된 과실보다 저장력이 강하다.

53 다음 중 C_3 식물에 해당하는 것으로만 나열된 것은?

① 옥수수, 수수　　② 기장, 사탕수수
③ 명아주, 진주조　　④ 보리, 밀

해설
광합성효율이 높은 식물을 C_4 식물이며 작물 중에서는 옥수수, 수수, 사탕수수 등의 열대 화본식물이 해당된다. 광합성효율이 C_4 보다 낮은 C_3 작물에는 벼, 밀, 보리, 사탕무 등이 있다

54 다음 중 작물의 적산온도가 가장 낮은 것은?

① 벼　　② 메밀
③ 담배　　④ 조

해설
작물별로 적산온도의 경우 메밀은 1000~1200°C, 추파맥류는 1700~2300°C, 담배는 3200~3600°C 벼는 3500~4500°C 정도이다.

정답 50 ③ 51 ④ 52 ② 53 ④ 54 ②

55 다음 중 작물의 기원지가 중국지역에 해당하는 것으로만 나열된 것은?

① 감자, 땅콩, 담배
② 조, 피, 메밀
③ 토마토, 고추, 수수
④ 수박, 참외, 호밀

해설
바빌로프의 작물의 기원지가 중국지역인 것으로 피, 메밀, 무, 오이, 상추, 배, 복숭아 등이 있다.

56 농약의 살포 방법 중 미스트법에 대한 설명으로 옳지 않은 것은?

① 살포 시간 및 인력 비용 등을 절감한다.
② 살포액의 농도를 낮게 하고 많은 양을 살포한다.
③ 살포액의 미립화로 목표물에 균일하게 부착시킨다.
④ 분사 형식은 노즐에 압축공기를 같이 주입하는 유기분사 방식이다.

해설
미스트법은 미스트기로 만든 미립자를 살포하는 방법으로 분무법과 비교하여 살포량은 적지만 농도가 높고 입자가 작으며 농도는 약 2배 정도로 높다.

57 다음 중 벼를 싹틔울 때 가장 알맞은 싹의 크기는?

① 2mm   ② 5mm
③ 2cm   ④ 5cm

해설
벼는 2mm 정도 싹이 70% 이상 튼 것을 확인하고 파종을 한다.

58 다음 중 오이재배에서 하우스 내에 묘를 정식한 후 초기에는 터널을 설치하여 가온·보온 관리하고, 후기에는 무가온 또는 피복을 제거한 자연 상태로 재배하여 4월 중순부터 수확하는 재배법은?

① 촉성재배   ② 반촉성재배
③ 조숙재배   ④ 억제재배

해설
반촉성재배는 보통재배와 촉성재배의 중간이 되는 재배법으로 4월쯤부터 수확하는 방법이다.

59 다음 중 벼의 줄기 속을 갉아먹는 해충은?

① 벼멸구   ② 이화명나방
③ 흑명나방   ④ 벼물바구미

해설
이화명나방은 벼, 기장 등을 가해하며 줄기 속을 가해하고 대부분 줄기 속에서 월동한다.

60 다음 중 메밀의 재배적 특성에 대한 설명으로 옳은 것은?

① 서늘한 기후 지역보다 따뜻한 평야 지대가 재배에 적합하다.
② 오랜 예전부터 우리의 주곡으로 이용되어 왔다.
③ 가뭄에 강하고 생육기간이 짧아서 구황작물로 가치가 있다.
④ 흡비력이 강하므로 많은 화학비료를 써서 재배한다.

해설
메밀은 불리한 환경에 수확량이 상당한 작물로서 구황작물이라 하는데 흉년과 같은 가뭄에 강하다.

정답 55 ② 56 ② 57 ① 58 ② 59 ② 60 ③

제10회 종자기능사

01 종자의 형성과정에서 종자와 과실로 발달하는 조직은?
① 체세포 조직 ② 통도 조직
③ 영양분열 조직 ④ 생식분열 조직

해설
종자와 과실은 생식기관에서 발달한다.

02 종자의 형태에서 형상이 능각형에 해당하는 것으로만 나열된 것은?
① 보리, 작약 ② 메밀, 삼
③ 모시풀, 참나무 ④ 배추, 양귀비

해설
종자의 형상은 타원형, 구형, 능각형 등 다양한 형태로 분류되며 능각형에는 메밀과 삼이 있다.

03 다음 중 암발아성 종자에 해당하는 것으로만 나열된 것은?
① 양파, 오이 ② 베고니아, 갓
③ 명아주, 담배 ④ 차조기, 우엉

해설
암발아성 종자(혐광성종자)에는 호박, 토마토, 고추, 양파, 가지, 오이, 무, 부추 등이 있다.

04 종자 발아시 지질 대사 분해에 관여하는 효소는?
① α-amylase ② β-amylase
③ lipase ④ peptidase

해설
종자발아에서 지질대사 분해는 리파아제(lipase)에 의해 지방산, 글리세롤로 분해된다.

05 작물의 채종 체계 중 마지막 채종단계는?
① 보급종 ② 원종
③ 원원종 ④ 생산종

해설
작물의 종자생산 관리체계는 기본식물, 원원종, 원종, 채종포(보급종), 농가의 순서로 보급종이 원종이나 원원종에서 1세대 증식하여 농가로 보급된다.

06 영양번식에 의하여 종묘를 생산하는 작물은?
① 배추 ② 무
③ 수박 ④ 마늘

해설
마늘은 비늘줄기(인경)를 통해 영양번식한다.

07 생화학적 검사의 일종으로 경우에 따라서는 수개월씩 걸리는 발아검사보다 종자의 발아능력을 빨리 알 수 있어서 간이검정법 또는 quick test라고도 불리는 검사는?
① 테트라졸리움검사
② 아밀라제검사
③ 촉진검사
④ 포마존검사

해설
테트라졸리움(테트라졸륨)검사는 종자의 활력을 신속하게 검사할수 있으며 붉은색 계통을 뜨면 종자의 활력이 있다고 평가한다.

정답 01 ④ 02 ② 03 ① 04 ③ 05 ① 06 ④ 07 ①

08 수분함량이 15.0%인 밀 종자의 평형습도가 상대습도 75%일 경우, 상대습도가 80%인 창고에서 보관한다면 밀의 수분함량은 어떻게 변화할 것인가? (단, 온도 및 종자의 성숙도는 무시한다.)
① 일정하다.
② 증가한다.
③ 감소한다.
④ 증가하다가 감소한다.

해설
상대습도가 증가하게 되면 종자의 수분함량도 증가하게 된다.

09 종자가 수분을 흡수하는 과정 중에 일어나는 현상으로 틀린 것은?
① 종자의 흡수는 물의 침윤과 삼투에 의한다.
② 종자가 물을 흡수하는 상태는 종피의 성질과 세포벽의 성질이 작용한다.
③ 식물의 종자를 일시에 발아시키고자 할 때에는 침종을 하는데, 침수시 스며든 물은 종자 내에서 가수분해를 돕고 단당류가 발아에 이용될 수 있도록 돕는다.
④ 저장양분인 전분·지방·단백질 등은 형태의 변화 없이 조직 내에서 이용된다.

해설
저장양분인 전분·지방·단백질 등은 효소에 의해 가수분해되어 분자량이 적은 가용성물질로 변화되어 사용된다.

10 1대 잡종 종자를 생산하는데 있어서 제웅하지 않고 풍매 또는 충매에 의한 자연교잡을 이용하는 작물은?
① 양배추   ② 토마토
③ 가지   ④ 귀리

해설
양배추는 자가불화합성을 이용하여 제웅하지 않고 1대 잡종 종자를 생산한다.

11 영양기관을 이용한 영양번식법을 실시하는 이유로 가장 옳은 것은?
① 일시에 번식이 가능하기 때문에
② 파종 또는 이식작업이 편리하여 노동력이 절약되기 때문에
③ 우량한 유전질의 영속적인 유지를 위하여
④ 종자가 크게 절약되기 때문에

해설
영양번식의 경우 모체와 유전적으로 완전히 동일한 개체를 얻을수 있으며 초기생장이 좋다는 장점이 있다. 모체와 유전적으로 완전히 동일하기에 우량한 유전질의 유지가 가능하다.

12 다음 중 유한화서이면서, 단정화서에 해당하는 것은?
① 쥐똥나무   ② 목련
③ 붉은오리나무 ④ 사람주나무

해설
단정화서는 화서축의 선단에 1개의 꽃을 피우는 종류로 목련, 장미, 튤립 등이 있다.

13 배 휴면을 하는 종자의 경우 물리적 휴면타파법으로 가장 효과적인 것은?
① 저온 습윤 처리   ② 고온 습윤 처리
③ 저온 건조 처리   ④ 고온 건조 처리

해설
배 휴면을 하는 종자는 0~6℃ 조건의 저온에서 수일~수개월 저장하면 휴면이 타파된다. 이때 층적법과 같이 습윤 조건에 함께 처리할 경우 가장 효과적이다.

정답 08 ② 09 ④ 10 ① 11 ③ 12 ② 13 ①

14 다음 중 오이의 암꽃발달에 가장 유리한 조건은?

① 13℃ 정도의 야간저온과 8시간 정도의 단일조건
② 18℃ 정도의 야간저온과 10시간 정도의 단일조건
③ 27℃ 정도의 주간온도와 14시간 정도의 장일조건
④ 32℃ 정도의 주간온도와 15시간 정도의 장일조건

해설
오이는 저온 단일 조건에서 암꽃의 발달에 유리하다. 보기 1번의 조건이 저온의 단일 조건에 가장 부합된다.

15 종자 휴면의 분류에서 종피가 원인이 되어 일어나는 휴면은 어디에 속하는가?

① 자발휴면 ② 타발휴면
③ 2차 휴면 ④ 강제휴면

해설
자발휴면은 내적 원인에 의해 유발되는 휴면으로 종피에 의한 휴면이 여기에 해당된다.

16 종자 기관으로 다음 중 영양분을 가장 많이 저장하고 있는 기관은?

① 배축   ② 배유
③ 종피   ④ 배

해설
배유는 세포분열을 거듭하면서 많은 저장물질이 축적되어 있다.

17 종자보증을 위한 종자 검사 항목으로 틀린 것은?

① 종자의 구별성
② 종자의 발아율
③ 종자의 순도
④ 종자의 건전도

해설
종자보증을 위한 검사 항목으로 순도, 발아율, 건전도 등에 대한 검사를 받도록 한다.

18 일반적으로 종자에서 발생하는 전염병 중 가장 많은 질병을 일으키는 병원은?

① 바이러스 ② 세균
③ 진균   ④ 선충

해설
종자에 가장 많은 식물병을 일으키는 병원은 진균이며 가장 많이 존재하는 부위는 종피, 과영, 영 등이다.

19 식물학상 종자의 정의로 가장 적합한 것은

① 열매 안에 들어 있는 성숙한 배를 말한다.
② 열매 안에 들어 있는 성숙한 배주를 말한다.
③ 자방 안에 들어 있는 미성숙한 배를 말한다.
④ 자방 안에 들어 있는 성숙한 배를 말한다.

해설
식물학상 종자는 배주가 수정하여 자란 것으로 열매 안에 성숙한 배주를 말한다.

20 콩과작물의 종자가 배병 또는 태좌에 붙어 있던 자리는?

① 주공(발아공) ② 봉선
③ 합점   ④ 제

해설
제는 종자의 배병이나 태좌에 붙어 있는 흔적이다.

21 해당 작물의 도입품종으로 틀린 것은?
① 사과의 후지   ② 복숭아의 유명
③ 벼의 추청   ④ 포도의 거봉

해설
유명은 국내에서 육성한 품종이다.

22 육종에서 이용될 수 없는 변이는?
① 환경변이   ② 유전변이
③ 돌연변이   ④ 교잡변이

해설
환경변이는 비유전적 원인에 해당되는 변이로 육종에서 이용될수 없다.

23 무융합종자형성(無融合種子形成)에 대한 설명으로 틀린 것은?
① 이형접합(헤테로) 상태가 마치 고정된 것처럼 후대로 전해진다.
② 새로운 유전변이를 기대할 수 있다.
③ 유전적으로 이형접합 상태이나 다음 세대에서 유전분리가 일어나지 않는다.
④ 유성생식에서와 같이 정상적인 종자가 만들어진다.

해설
무융합종자형성은 무정생식이라 하며 배우자의 융합이 없이 배, 종자를 형성하는 것을 말하며 새로운 유전변이를 기대할 수 없다.

24 품종의 변천과 관계가 먼 것은?
① 사람의 기호   ② 일반의 경제사정
③ 농업기계의 발달 ④ 국가의 정치사정

해설
품종은 사람들의 기호 및 경제사정과 농업기구의 발달 정도에 영향을 받아 변화되었다.

25 교배 모본 선정시 일반적인 고려사항에 포함되지 않는 것은?
① 유전자원의 평가성적을 검토한다.
② 대량증식을 위하여 양친의 조직배양시 재분화능력을 검토한다.
③ 교배 모본으로 사용된 실적을 검토한다.
④ F_1의 잡종강세를 이용하는 경우는 조합능력을 검정하여 교배친을 선정한다.

해설
교배육종의 성패를 좌우하는 교배모본의 선정에 있어 품종의 특성조사성적, 형질의 유전자분석결과, 육종실적을 검토하여 과거 주요품종을 양친 중 한 모본을 선택하여 교배를 통해 조합능력을 검정한다. 과거의 주요품종을 양친 중의 한 모본으로 선택하기에 양친의 유전적 조성 차이가 작아야 한다.

26 다음 중 멘델의 유전법칙에 대한 설명으로 틀린 것은?
① 우성과 열성의 대립유전자가 함께 있을 때 우성형질이 나타난다.
② F2에서 우성과 열성형질이 일정한 비율로 나타난다.
③ 유전자들이 섞여 있어도 순수성이 유지된다.
④ 두 쌍의 대립형질이 서로 연관되어 유전분리한다.

해설
멘델의 유전법칙의 독립에 법칙에 의거하여 다른 염색체상에 있는 두쌍이나 두쌍 이상의 대립유전자가 간섭받지 않고 후대로 전해진다.

27 벼의 초다수성 품종이 아닌 것은?
① 다산   ② 남천
③ 안다   ④ 안산

해설
국내 벼의 초다수성 품종에는 다산벼, 남천벼, 안다벼 등이 있으며 안산벼는 직파재배적응성 품종이다.

정답 21 ② 22 ① 23 ② 24 ④ 25 ② 26 ④ 27 ④

28 돌연변이육종에 고려해야 할 사항으로 가장 적절하지 않은 것은?

① 현실적인 육종규모를 설정한다.
② 주로 양적 형질을 육종목표로 설정한다.
③ 효과적인 돌연변이 유발원을 선택한다.
④ M_1 및 그 이후 세대의 효율적 육종방법을 설정한다.

해설
돌연변이육종은 인위적 돌연변이를 통해 만들어진 유용한 형질을 이용하는 육종법이다.

29 다음 중 복교잡을 나타낸 것으로 가장 옳은 것은?

① A×B의 F_1에 B를 교잡
② (A×B)×(C×D)
③ (A×B)×C
④ A×B

해설
복교잡은 두 개의 단교배로 F_1끼리 교배하며 [(A×B)×(C×D)] 이다

30 다음 중 영양번식과 가장 관련이 있는 것은?

① 유성생식 ② 무성생식
③ 감수분열 ④ 타가수정

해설
무성생식은 배우자가 수정을 하지 않고 개체를 증식시키는 방법으로 단위생식, 영양생식이 여기에 해당된다.

31 씨감자를 고랭지에 재배하는 주된 이유는?

① 자연교잡 방지 ② 병리적 퇴화 방지
③ 돌연변이 방지 ④ 유전적 퇴화 방지

해설
감자 등과 같은 영양번식성 작물이 바이러스병에 의해 퇴화되는 것을 방지하기 위해 고랭지 재배를 한다.

32 자식성 작물에서 가장 널리 쓰이는 분리육종법은?

① 순계분리법 ② 계통분리법
③ 모계선발법 ④ 영양계선발법

해설
순계분리법은 기본 집단에서 우수한 형질을 가진 개체를 계속 선발하여 우수한 순계를 선발하는 방법으로 자가수정작물에 이용된다.

33 아조변이에 대한 설명으로 옳지 않은 것은?

① 환경에 의한 일시적 변이이다.
② 체세포적인 변이이다.
③ 과수류 육종에 적합하다.
④ 감귤류에 자연변이가 많다.

해설
아조변이는 돌연변이의 일종으로 일시적 변이에는 해당되지 않는다.

34 잡종에 양친 중 한쪽 친을 반복적으로 교배하는 방식은?

① 3원교배 ② 여교배
③ 복교배 ④ 다계교배

해설
여교잡육종법은 양친의 제1대 잡종에 양친 중 한쪽의 유전자형을 가진 개체를 교잡하고 이것을 수세대 반복하여 우량개체를 선발하는 방법이다.

35 변이의 선택과 고정단계의 설명으로 틀린 것은?

① 변이를 정밀하게 감정하기 위해서는 개체선발을 한다.
② 양적형질에 대해서는 주로 개체별 감정 후 개체선발을 많이 한다.
③ 노력과 경비를 절감하기 위해서 일정한 개체의 집단을 대상으로 선발한다.
④ 자가수정작물은 주로 개체별 감정을 한다.

해설
유전력이 낮은 양적형질은 개체 선발 효과가 적다.

36 채종재배에 관한 설명 중 틀린 것은?
① 자가불화합성은 양파·옥수수·당근·고추 등의 F_1 채종에 활용되고 있다.
② 타식성 작물은 격리 재배하는 것이 좋다.
③ 타식성 작물의 방임수분 품종은 선발과 채종조작의 경우 어느 정도 잡종성을 유지할 수 있도록 해야 한다.
④ 자식성 작물은 자연교잡에 의한 품종퇴화 위험이 적어 채종이 비교적 용이하다.

해설
자가불화합성에는 배추, 양배추, 무 등이 활용되며 보기의 양파, 옥수수, 당근, 고추 등은 웅성불임성을 이용한다.

37 영양번식을 하는 작물에서 주로 이용되는 조합능력 검정 방법은?
① 3계 교배 검정법 ② 다교배 검정법
③ Top 교배 검정법 ④ 단교배 검정법

해설
다교배검정은 다년생 영양번식작물에 사용하는 방법으로 검정하려는 영양계를 자식하지 않고 그대로 일정 검정친에 수분시켜 능력을 검정한다.

38 유전적 원인에 의한 불임성이 아닌 것은?
① 웅성 불임성 ② 자성 불임성
③ 배우자 불임성 ④ 순환적 불임성

해설
순환적 불임성은 환경적 원인에 의한 불임성으로 환경 조건이 개선되면 극복이 가능하다.

39 벼와 밀의 녹색혁명에 가장 크게 기여한 재배적 특성은?
① 내충성 ② 내냉성
③ 내습성 ④ 내도복성

해설
벼와 밀의 경우 내도복성의 개선을 통해 비, 바람 등의 외부적 요인에 의해 넘어지지 않도록 하면서 녹색혁명에 큰 기여를 하게 되었다.

40 자가불화합성을 이용하여 F1(일대잡종)을 채종하는 작물은?
① 밀 ② 오이
③ 배추 ④ 국화

해설
잡종강세를 나타내는 작물의 1대잡종(F_1) 종자를 대량 생산할 수 있어 국내의 경우 무, 배추, 양배추 종자 생산에 이용된다.

41 다음 중 맥류와 관련된 설명으로 틀린 것은?
① 맥류의 꽃은 모두 안껍질과 겉껍질에 싸여 있다.
② 1개의 암술과 4개의 수술 및 2쌍의 비늘껍질로 되어 있다.
③ 맥류는 씨를 뿌린 후 8~12일이 지나면 발아하며, 본잎이 2장 될 때까지를 '아생기'라 한다.
④ 맥류의 파성은 춘파형, 추파형, 양절형으로 구분한다.

해설
맥류는 1개의 암술과 3개의 수술로 되어 있다.

42 주로 논에서 발생하는 잡초는?
① 알방동사니 ② 강아지풀
③ 바랭이 ④ 쇠비름

해설
논에서 발생하는 논잡초에는 알방동사니, 피, 너도방동사니, 올미, 올방개 등이 있다.

43 일반적으로 파종시기가 3월 하순 ~ 4월 상순까지 파종하는 콩과작물은?
① 콩 ② 동부
③ 완두 ④ 강낭콩

해설
완두의 파종기는 중부지방 기준 3월~4월이다.

44 벼를 너무 늦게 수확하거나 건조 중 비에 젖으면 많이 발생하는 쌀의 종류는?
① 복절미 ② 금간쌀
③ 푸른 쌀 ④ 심택미

해설
금간쌀은 절미라 하며 벼를 너무 늦게 수확하거나 건조 중에 비를 맞을 경우 발생한다.

45 벼의 기계 이앙 모를 육묘할 때 모판흙의 pH가 5.6 이상이 되면 어떤 현상이 일어나기 쉬운가?
① 웃자라기 쉽다.
② 발아율이 떨어진다.
③ 싹틈이 늦어진다.
④ 모잘록병이 발생하기 쉽다.

해설
육묘시 토양의 pH가 높을 경우 모잘록병이 발생하기 쉽다.

46 상록 과수에 속하는 것은?
① 비파 ② 호두
③ 매실 ④ 참다래

해설
감귤, 비파는 상록과수에 해당한다.

47 생물적 방제가 아닌 것은?
① BT균을 이용하여 솔나방을 방제한다.
② 트랩을 설치하여 바퀴를 방제한다.
③ 거미를 이용하여 벼멸구를 방제한다.
④ 먹좀벌을 이용하여 솔잎혹파리를 방제한다.

해설
트랩을 설치하는 것은 기계적 방제법에 해당한다.

48 동·상해의 피해를 줄이기 위한 응급대책이 아닌 것은?
① 연소법 ② 피복법
③ 살수빙결법 ④ 경화법

해설
동상해의 응급대책에는 관개법, 송풍법, 발연법, 피복법, 연소법, 살수빙결법 등이 있다.

49 우리나라 전역에 발생하고 있는 주요 논 잡초로 방동사니과의 영양번식성 다년생 잡초는?
① 알방동사니 ② 올방개
③ 물달개비 ④ 강피

해설
올방개는 우리나라 전역에 발생하는 논잡초로 논에서도 점유율이 높은 우점잡초로 분류된다. 올방개는 다년생 방동사니과 잡초로 영양번식을 한다.

50 다음 작물 중 땅속줄기(地下莖)를 종묘로 이용하는 것은?
① 생강 ② 토란
③ 마늘 ④ 마

해설
땅속줄기(지하경)을 이용하는 것으로 생강, 연, 박하, 호프 등이 있다.

51 종자 저온 춘화처리의 과정과 효과가 맞지 않는 것은?
① 산소의 공급이 필요하다.
② 종자가 건조하지 말아야한다.
③ 광에 노출시키지 않아야 한다.
④ 생장점에 탄수화물이 공급되어야 한다.

해설
춘화처리과정에서 산소의 공급이 필수적이며 광의 유무와 관련이 없다.

52 딴 꽃가루받이(타가수분)를 하는 작물은?
① 벼   ② 밀
③ 보리   ④ 옥수수

해설
옥수수, 메밀, 시금치 등은 타가수분을 한다.

53 우리나라에서 가장 많은 재배 면적을 차지하는 작물은?
① 맥류   ② 두류
③ 벼   ④ 잡곡류

해설
농경지 작물의 재배면적은 벼가 가장 크며 채소, 과수, 두류 순이다.

54 멀칭재배의 효과로 틀린 것은?
① 지온을 상승시킨다.
② 수분 증발을 촉진시킨다.
③ 잡초의 발생을 줄여 준다.
④ 토양 입자의 유실을 막아 준다.

해설
멀칭재배를 통해 수분 증발을 억제한다.

55 맥주용 보리에서 좋은 맥아(麥芽)의 조건에 해당하지 않는 것은?
① 발아력이 강하고 균일한 것이 좋다.
② 종실이 굵은 것이 좋다.
③ 단백질 함량이 많은 것이 좋다.
④ 곡피가 얇은 것이 좋다.

해설
맥주용 보리의 맥아가 단백질 함량이 높으면 맥즙수량이 저하되어 품질이 좋지 않다.

56 벼의 만생종은 출수 후 며칠 만에 수확하는 것이 가장 좋은가?
① 35~40일   ② 40~45일
③ 45~50일   ④ 50~55일

해설
벼는 조생종은 출수 후 40~45 일, 중생종은 출수 후 45~50 일, 만생종은 출수 후 50~55 일에 수확하는 것이 가장 좋다.

57 벼 재배 시 물을 가장 얕게 대 주어야 하는 시기는?
① 수잉기
② 출수 개화기
③ 황숙기 말기
④ 모낸 직후부터 착근기까지

해설
황숙기 말기에서 완숙기까지는 물을 얕게 대주도록 한다.

58 잡초로 인한 피해의 형태가 아닌 것은?
① 작물의 수확량 감소
② 경지의 이용 효율 감소
③ 조류(鳥類)에 의한 피해 증가
④ 해충과 병의 방제에 드는 비용 증대

해설
잡초는 야생동물에게 먹이 및 서식처를 제공하는 장점이 있다.

59 각종 피해로부터 작물을 보호하기 위한 방법으로 틀린 것은?
① 재배방법의 개선
② 다비밀식재배
③ 저항성품종의 육성
④ 병해충의 발생예찰

해설
다비 밀식 재배를 하게 되면 작물의 도복이 일어나 병해충에 피해를 받게 된다.

정답 52 ④ 53 ③ 54 ② 55 ③ 56 ④ 57 ③ 58 ③ 59 ②

60 토양구조에 관한 설명으로 옳은 것은?

① 식물이 가장 잘 자라는 구조는 이상구조이다.
② 단립(單粒)구조는 점토질 토양에서 많이 볼 수 있다.
③ 수분과 양분의 보유력이 가장 큰 구조는 입단구조이다.
④ 이상구조는 대공극이 많고 소공극이 적다.

해설

입단구조는 여러 입자들이 하나의 단체를 만들고 단체끼리 모여 입단을 만드는 구조로 통기성이 좋고 적정량의 수분을 보유한다.

PART 5

종자생산작업

PART 01 > 종자생산작업

01 종자의 식별하기

(1) 종자 사진

벼	보리	밀
귀리	무	배추
녹두	팥	완두
조	참깨	들깨
수수	메밀	고추

가지	오이	참외
쑥갓	당근	토마토
양파	근대	파슬리
셀러리	샐비어	나팔꽃
봉선화	백일홍	해바라기

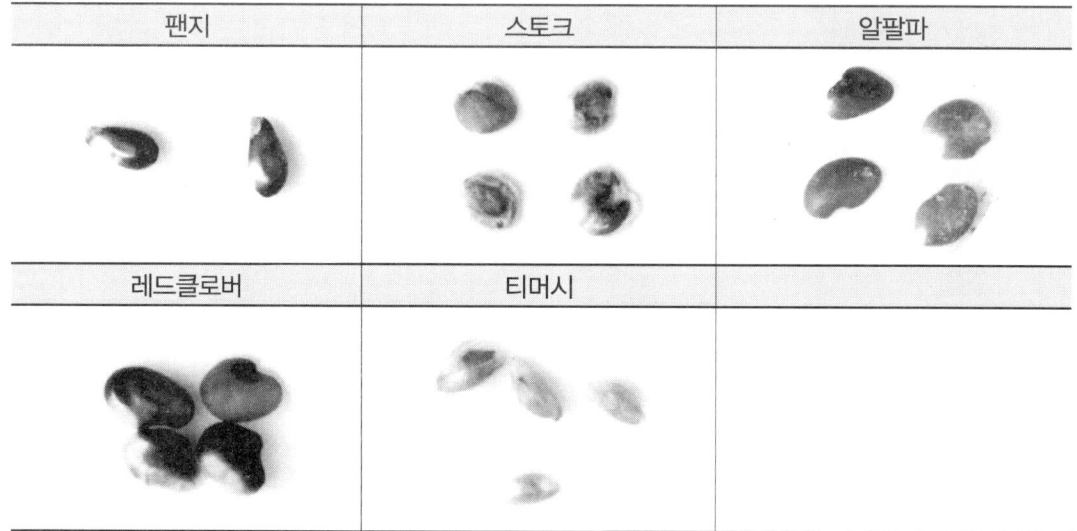

(2) 화서

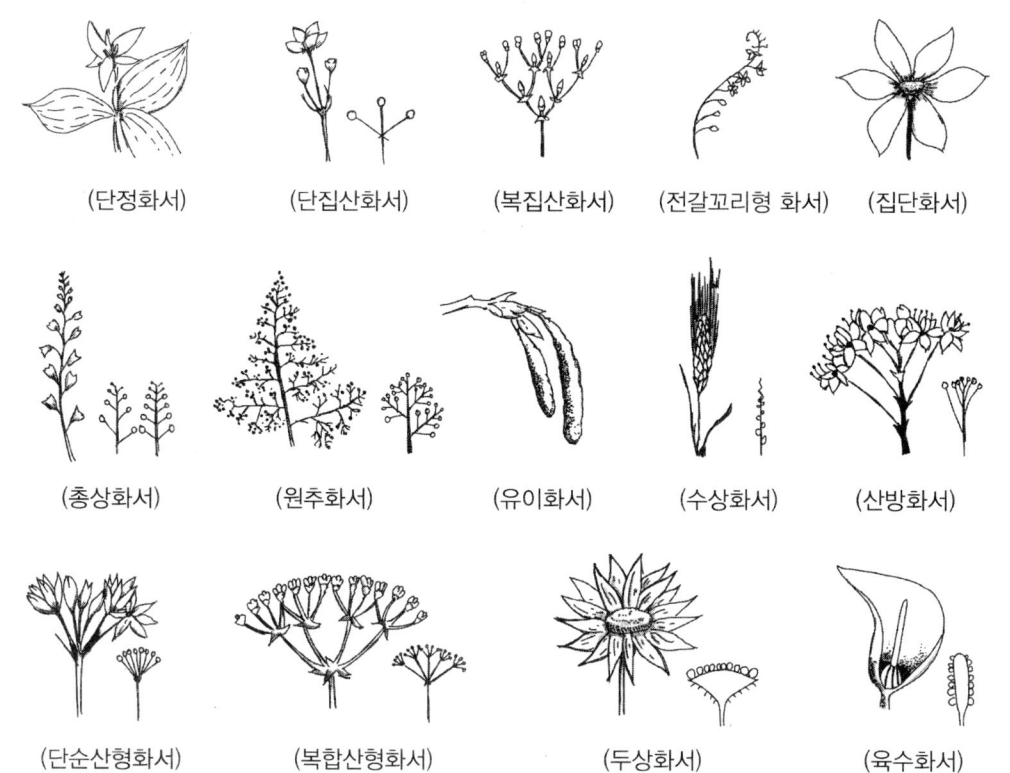

(3) 종자의 구조

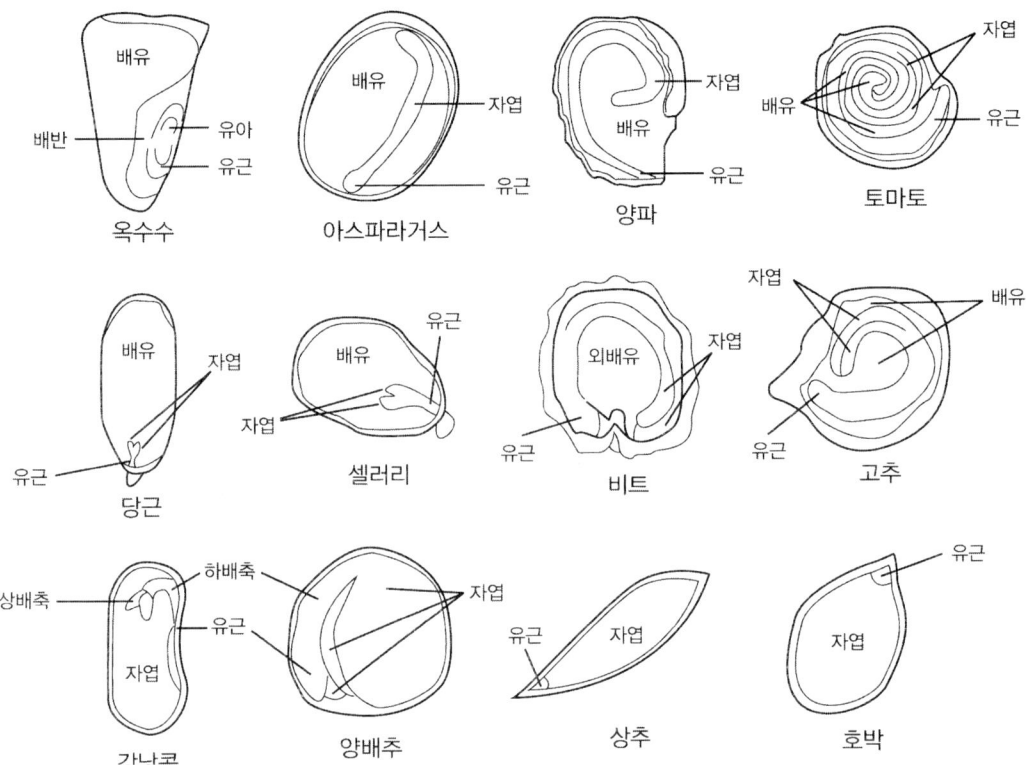

02 작물병해충의 식별하기

1. 식물작물 해충

(1) 이화명나방

① 나비목의 명나방과로 기주는 벼, 기장, 사탕수수 등 이다.
② 1년에 2회 발생하고 노숙유충으로 월동하며 5월에 우화하여 무리를 지어 살다가 바람 등의 외부 조건에 의해 분산된다. 2회 성충은 노숙유충이 줄기 하단부로 내려와 번데기가 되며 8월쯤 우화가 시작된다. 단 추운지방의 함경도의 경우 1년에 1회 발생하기도 한다.
③ 월동은 볏짚 줄기 속에 대부분 월동하고 벼 그루터기에도 일부 월동한다.
④ 1세대는 잎 뒷면에서 부화한 유충이 잎집으로 이동해 볏대 속에 구멍을 뚫고 피해를 주는데 한 마리의 유충이 여러 잎을 가해하여 피해가 큰편이다. 2세대는 유충이 줄기 속을 가해하여 이삭줄기 전체가 하얗게 말라 죽는 백수 현상이 일어난다.
⑤ 성충은 길이가 약 12mm 이며 황회백색의 나방으로 외연에 7개의 흑색 점이 있으며 뒷날개는 백색인 것이 특징이다.
⑥ 방제를 위해서는 유아 등에 잡히는 예찰 정보를 참고하며 1화기, 2화기에 약제를 살포한다.

(2) 멸강나방

① 나비목의 밤나방과로 기주는 벼, 보리, 밀, 조 등의 화본과 식물이다.
② 유충이 식물의 잎과 줄기를 가해하는데 6월쯤 부화하여 낮에는 토양이나 대취층에 숨고 야간에 식해한다. 또한 유충이 벼의 잎을 엽초만 남기고 폭식하는 다식성 해충이다.
③ 성충은 15~20mm 정도이고 앞날개는 회갈색, 중앙에 1개의 흰 얼룩무늬 사선이 있으며 뒷날개는 회색빛에 광택이 있다.
④ 방제를 위해 주로 약제를 살포하며 오후 늦게나 저녁에 살포하는 것이 효과적이다.

(3) 흑명나방

① 나비목의 명나방과로 기주는 벼, 밀, 보리 등이 있다.
② 1년에 3회 발생하며 유충이나 번데기로 벼잎, 벼줄기, 잡초 사이에 고치속에서 월동한다.
③ 유충이 한 개의 잎을 세로로 말아 몇 군데를 철하고 그 속에서 식해를 하여 출수가 고르지 못하고 등숙도 늦어지는 피해가 발생한다.

④ 어린유충을 대상으로 즉시 전용약제를 살포하는 것이 효과적이며 매년 비래시기나 횟수에 따라 달라 예찰정보에 따라 방제가 이루어진다. 예를 들어 발생이 적고 비래시기가 늦은 경우 1회 방제로 충분하나 비래시기가 빠르고 비래량이 많은 경우 7~10일 간격으로 2~3회 방제를 한다.

(4) 벼잎벌레

① 딱정벌레목의 잎벌레과로 대표기주는 벼이며 줄풀도 기주가 된다.
② 1년에 1회 발생하고 논부근이나 숲의 잡초사이에서 성충으로 월동을 한다.
③ 어른벌레, 애벌레가 잎을 식해하고 애벌레의 피해가 더 심한 편이며 피해를 받게 되면 초기생육이 불량해진다.
④ 성충의 크기는 암컷이 4.8mm, 수컷이 4.2mm 정도이며 청담색의 잎벌레로 앞가슴의 황갈색을 띤다. 노숙유충은 등에 배설물을 얹고 있어 작은 흙덩이처럼 보인다.
⑤ 전문약제를 사용하며 부화최성기나 산란초성기에 살포하는 것이 효과적이다.

(5) 벼물바구미

① 딱정벌레목의 바구미과로 대표기주는 벼, 돌피 등이 있다.
② 1년에 1회 발생하는 것으로 추정되며 성충으로 논뚝 잡초나 산기슭 나뭇잎 아래에서 월동한다.
③ 월동이 끝난 성충이 5월쯤 물속잎집에 1개씩 알을 산란하고 알에서 깨어난 유충은 3번의 허물을 벗고 7월쯤 흙집을 만들어 뿌리에 붙어 번데기가 된다.
④ 성충이 잎에 피해를 주면 흰색으로 나타나고 유충은 흙속으로 파고들어가 기생을 한다. 유충이 성충보다 섭식량이 많아 더 큰 피해를 주게 된다.
⑤ 모내는 시기와 비슷하게 성충이 피해를 주고 산란을 하기에 육묘상자에 약제를 처리하는 것이 효과적이다. 육묘상 처리는 이앙 당일이나 하루전에 처리하도록 한다.

(6) 벼멸구

① 노린재목의 멸구과로 대표기주는 벼, 옥수수, 바랭이 등이 있다.
② 동남아 지역의 경우 년 10회 발생하나 국내의 경우 월동이 안되고 6~7월 저기압 통과시 비래하여 3~4세대를 경과하는데 성충의 수명이 22~30일, 난기간은 6~10일, 약충기간은 18~23일이 소요되며 한 마리가 약 200~300개 정도의 알을 산란한다. 국내에서는 장마가 빨리 시작되면 비래되는 시기도 빨라진다.
③ 벼를 직접 가해 흡즙하며 벼의 광합성량이 저하되어 피해를 주게 된다.
④ 벼멸구는 해외에서 비래하는 해충으로 매년 발생량 및 피해의 정도가 상이하다. 그래서

매년 비래시기, 발생량 등을 파악하여 전문약제의 살포량과 시기를 결정하는데 주로 1차 방제는 7~8월, 2차 방제는 8월 하순에 실시한다.

(7) 흰등멸구

① 매미목의 멸구과로 대표기주로 벼, 밀, 보리, 옥수수, 사탕수수, 조와 벼과 잡초 등이 있다. 대체적으로 벼멸구와 같은 지역에 분포한다.
② 국내에서는 월동하지 못하며 벼멸구와 같이 장마에 외국에서 비래하여 발생한다.
③ 비래시기에 따라 발생횟수가 상이하여 대체로 수회 발생한다.
④ 성충 및 약충이 볏대를 흡즙하면 누렇게 변색되어 생육에 지장을 받아 심하면 고사하기도 한다.
⑤ 벼멸구와 마찬가지로 7~8월 예찰정보를 통해 약제시기와 살포량을 결정하며 대체적으로 8월에 약제를 살포하며 해안지역이나 남부지방의 경우 멸구의 증식이 빠른 지역은 8~9월에 한번더 약제처리를 하기도 한다.

(8) 애멸구

① 매미목의 멸구과로 대표기주는 벼, 밀, 보리, 조, 옥수수 이외에도 바랭이, 새풀, 줄풀 등의 벼과잡초로 기주 범위가 매우 넓은 편이다.
② 담황색의 검은반점이 있으며 수컷의 배면은 흑색이다. 머리의 돌출부는 장방형이고 날개는 연한 황갈색을 띠고 있다.
③ 1년에 5회 정도 발생하며 4월, 6월, 7월, 8월, 9월에 각각한번씩 발생하고 4령 약충이 논둑의 잡초 사이에 월동한다.
④ 벼를 직접 흡즙가해하나 큰 피해를 주지 않는다. 그러나 출수기에 이삭을 흡즙하여 임실율이 떨어지고 그을음병을 유발한다. 이러한 피해 이외에도 줄무늬잎마름병, 검은줄오갈병 등의 바이러스병을 매개한다.
⑤ 방제를 위해 자주 발생하는 곳은 내병, 내충성품종을 재배하고 약제는 2회 성충 및 약충때 처리하는 것이 효율적이다.

(9) 끝동매미충

① 매미목 매미충과로 대표기주는 벼, 독새풀, 보리, 밀, 조와 기타 벼과 잡초 등이 있다.
② 1년에 4회 발생하고 4령 약충이 남향의 휴반 잡초나 산기슭 등지에 월동한다. 주로 4월, 5~6월, 7월, 8월에 각각 한번씩 발생한다. 난기간은 16~20일 정도고 성충 산란기간은 평균 30일 정도이다.
③ 국내 남부지방에서는 오갈병을 매개하는 매개충이며 출수기에 직접 이삭을 가해하여

임실율이 저하되고 그을음병을 유발한다.
④ 방제를 위해 2세대 약충때는 바이러스를 전반시키기에 약제처리를 하며, 3세대 에는 이삭을 가해하기에 약제처리를 실시한다.

(10) 벼줄기굴파리

① 파리목 노랑굴파리과로서 대표기주로 벼, 보리 등이 있다.
② 1년에 3회 발생하며 1회 발생최성기는 5월, 2회 성충은 7월, 3회 성충은 9월쯤이다.
③ 성충의 수명은 1회때 15일, 2회때 8일, 3회때 22일 정도 생존하며 온도가 높을수록 수명이 짧아진다.
④ 부화된 유충이 생장점 부근이로 이동하여 어린잎을 식해하고 피해를 받을 경우 황색으로 변색되어 말라죽거나 위축된다.
⑤ 주로 벼의 조기재배로 인하여 발생하게 된다.
⑥ 방제를 위해 전문약제를 이용하여 1화기인 5월이나 2화기인 7월쯤에 처리하도록 한다.

(11) 벼애잎굴파리

① 파리목의 애잎굴파리과로 대표기주는 벼, 둑새풀 등이 있다.
② 1년에 7~8회 정도 발생하며 벼과잡초의 잎 속에 번데기 형태로 월동한다.
③ 주로 물위에 늘어진 잎에 알을 산란하며 유충은 5~6월쯤 1회 발생하고 유충이 늘어진 잎을 굴을 파는듯한 형태의 피해를 준다.
④ 방제를 위해서는 이앙 후 늘어진 잎에 산란하는 습성을 이용하여 발병 초기 전문약제를 살포하도록 한다.

(12) 먹노린재

① 노린재목 노린재과로 대표기주는 벼, 맥류, 옥수수 등이 있다.
② 1년에 1회 발생하고 성충이 양지바른 산지의 돌아래, 낙엽아래 등에서 월동한다.
③ 노린재는 성충과 약충은 주둥이를 벼줄기에 꽂고 흡즙하기에 벼의 하엽부터 적색으로 변색되면서 고사한다.
④ 유령충에 내성이 약한편이라 이시기에 약제를 살포하여 방제한다.

2. 맥류 및 기타 작물 해충

(1) 보리굴파리

① 파리목의 잎굴파리과로 대표기주는 보리, 밀, 조 벼과 잡초 등이 있다.
② 1년에 2~3회 정도 발생하며 땅 속에서 번데기로 월동해 5월경 우화한다. 우화 성충은 잎 조직표면에 상처를 내어 알을 산란한다.
③ 부화 유충은 잎 끝에서 아래쪽으로 식해하며 표피만 남기며 피해부는 백색에서 갈색으로 변색된다.
④ 방제를 위해 성충이 발생 최성기때 약제를 살포한다.

(2) 보리수염진딧물

① 노린재목 진딧물과로서 대표기주는 보리, 벼, 호밀, 밀, 바랭이, 으름덩굴 등이 있다.
② 알 형태로 월동하며 성충과 유충이 잎의 뒷면에서 즙액을 빨아먹고 이삭이 나오면 밀도가 높아져 종자가 잘 여물지 못하고 고사하기도 한다.
③ 1년에 수회 발생하고 보리의 밑부분에서 알로 월동한다.

(3) 조명나방

① 나비목의 명나방과로 대표 기주는 옥수수, 조, 수수 등 기주 범위가 넓은편이다.
② 1년에 2~3회 발생하며 기주식물의 줄기 속에 유충으로 월동한다. 6월쯤 1회 성충이 발생하고 7~8월에 2회~3회 성충이 발생한다.
③ 6월쯤 성충이 알을 산란하고 부화한 유충은 잎을 가해한다. 잡식성 해충이나 주로 옥수수를 가해하는 편이다.
④ 방제를 위해 성충이 최대로 발생하는 시점 일주일 후 약제를 살포하고 성충의 밀도가 높다고 판단될 경우 3일후, 10일후 2번 살포한다.

(4) 콩잎말이명나방

① 나비목 명나방과로 대표기주는 콩, 강낭콩, 까치콩 등이 있다.
② 1년에 2~3회 정도 발생하며 1회 발생은 6월, 7~8월에 2회, 9월에 3회째 발생한다.
③ 유충은 권엽속에서 잎을 식해하며 그 속에서 번데기가 된다.
④ 유충 형태로 야산이나 수확후 남은 콩잎 속에서 월동을 한다.
⑤ 알이 부화하는 시기에 약제를 살포하는 것이 효과적이기에 부화 최성기인 7~8월쯤 한다.

(5) 콩나방

① 나비목의 잎말이나방과로 기주로는 콩, 칡 등이 있다.
② 1년에 1회 발생하고 땅속의 고치안에서 성장한 유충으로 월동하여 8월경 우화한다.
③ 유충은 콩의 어린 꼬투리를 가해하여 종실까지 피해를 주는데 가해초기에는 발견이 어렵다.
④ 방제를 위해 8월쯤 약제를 사용하거나 3년이상 이어짓기를 피하고 돌려짓기의 방법을 적용한다.

(6) 감자나방

① 나비목의 뿔나방과로 감자, 담배, 가지, 토마토 등의 가지과 식물에 피해를 준다.
② 1년에 6~8회 정도 발생하며 유충형태로 월동하고 때로는 번데기로도 월동을 한다.
③ 유충이 잎과 줄기를 가해하고 덩이줄기를 가해할 경우 배설물을 외부로 내보내기에 발견이 쉬운 편이다.
④ 수확전에 약제를 뿌려 산란을 막고 피해잎은 섞이지 않도록 주의한다.

(7) 콩시스트선충

① 선충류의 혹선충과로 기주는 콩, 팥 등이다.
② 알이나 유충형태로 월동한다.
③ 부화한 2기 유충은 어린뿌리를 가해하고 뿌리 내에서 3회 탈피한 후 성충이 된다.
④ 암컷 성충은 뿌리 조직내에서 양분을 섭취하며 수컷 성충은 처음에 뿌리에서 탈출하나 이후 암컷이 분비하는 성페로몬에 유인되게 된다.
⑤ 콩시스트선충에의해 뿌리에 피해를 받아 잎이 황변하고 잔뿌리의 발육이 불량해진다.
⑥ 콩과 이외의 작물을 3-4년 단위로 윤작하거나 저항성 품종을 이용한다. 약제의 경우 토양훈증제를 이용하나 처리 비용이 많이 드는 단점이 있다.

(8) 왕됫박벌레붙이

① 딱정벌레목의 무당벌레과로 감자, 가지, 고추 등을 기주로 삼는다.
② 성충과 유충이 감자나 가지과 식물의 잎을 가해하며 차후 잎맥만 그물형태로 남게 된다.
③ 1년에 3회 발생하고 성충으로 월동한다. 월동중에는 이른봄 낮에 감자의 잎에 피해를 주고 밤에는 다시 월동장소로 숨는다.

(9) 방아벌레

① 딱정벌레목의 방아벌레과로 주로 감자와 고구마 등에 피해를 준다.
② 유충이 땅속에서 식물의 줄기나 뿌리에 피해를 준다. 유충은 감자를 가해하여 구멍을 만들며 파종한 씨감자는 생육이 불량해진다.
③ 성충은 5월경 교미를 통해 산란을 하고 유충은 땅속에서 2~3년 정도의 활동 기간을 가진다. 이후 식물을 가해하고 유충은 번데기가 되어 가을에 성충이 된 후 월동하고 다음해 탈출하여 활동을 한다.

3. 원예작물 해충 - 잎을 가해

(1) 배추흰나비

① 나비목의 흰나비과로 대표기주는 무, 배추, 양배추 등이 있다.
② 1년에 4~5회 정도 발생하며 채소의 잎을 가해하며 피해를 받을 경우 잎이 둥글게 말리는 결구를 하지 못하게 된다.
③ 기주에서 번데기로 월동하고 이른봄 기주의 잎 뒷면에서 산란하여 부화유충으로 잎을 가해하게 된다.
④ 주로 봄, 가을 시기에 피해가 심하게 나타나며 여름에는 장마 등으로 발생량이 적어진다.
⑤ 배추흰나비는 주광성은 없으며 주로 주화성의 성질을 가진다.

(2) 도둑나방

① 나비목의 밤나방과로 대표기주는 오이, 당근, 양파 등으로 기주범위가 넓은 편이다.
② 1년에 2회 발생하고 번데기가 땅속에서 월동하고 차후 성충은 잎 뒷면에 알을 산란한다.
③ 유충이 기주의 잎을 옆맥만 남기고 식해하며 잡식성이라 기주범위가 넓다.

(3) 배추좀나방

① 나비목의 좀나방과로 대표기주는 무, 배추, 양배추 등이 있다.
② 1년에 수회 발생하고 성충, 유충, 번데기로 월동한다.
③ 유충이 채소의 잎을 가해하고 부화유충은 엽육만 식해하는데 특히 여름과 가을에 피해가 심하게 나타난다.

(4) 배추순나방

① 나비목의 명나방과로 대표기주는 무, 배추, 담배 등이 있다.
② 1년에 2~3회 정도 발생하고 번데기로 월동한다. 성충이 기주의 어린줄기에 주로

산란한다.

③ 부화유충이 잎의 표면을 가해하고 생장점까지 피해가 확산된다.

(5) 무잎벌레

① 딱정벌레목의 잎벌레과로 대표기주는 무, 배추 등이 있다.
② 1년에 2~3회 정도 발생하고 성충이 잡초에서 월동한다.
③ 성충은 날개가 있으나 날지 못하는 특징이 있으며 성충과 유충은 기주식물의 잎을 가해한다. 심할 경우 생육에 지장을 받게 된다.

(6) 담배거세미나방

① 나비목의 밤나방과로 대표기주는 무, 배추, 고추, 토마토, 양파 등으로 기주범위가 넓다.
② 1년에 4~5회 정도 발생하고 유충이나 번데기로 월동한다. 발생시 특히 8월에 4화기의 경우 성충의 수가 가장 많다.
③ 유충은 기주식물의 줄기, 잎을 가해하고 반점이 발생한다.
④ 방제를 위해서 유충발생기에 약제를 살포하고 주위에 잡초를 제거한다.
⑤ 포식성 천적 혹은 기생성 천적을 이용하에 방제한다.

(7) 아메리카잎굴파리

① 파리목의 굴파리과로 대표기주는 수박, 참외, 오이, 토마토 등이 있다.
② 시설내에서는 1년에 15회 이상 자주 발생하고 번데기로 월동한다. 성충은 300개정도의 알을 잎 뒷면에 산란한다.
③ 유충은 잎을 식해하는데 피해부위에 흰색의 줄 모양이 생기고 피해가 심할 경우 고사한다. 성충은 산란관으로 잎에 상처를 내어 즙액을 빨아먹으며 흰색의 작은반점이 발생한다.

(8) 배추벼룩잎벌레

① 딱정벌레목의 잎벌레과로 대표기주는 무, 배추, 오이 등이 있다.
② 1년에 4~5회 정도 발생하고 성충이 잡초나 땅속에서 월동한다.
③ 주로 땅속에 산란하고 부화유충도 땅속으로 들어가 뿌리를 가해하고 성충은 잎을 가해한다.

(9) 오이잎벌레

① 딱정벌레목 잎벌레과로 대표기주는 오이, 참외, 호박, 수박 등이 있다.
② 1년에 1회 발생하고 성충으로 뿌리, 흙속 및 따듯한 곳에서 월동한다. 성충은 5월쯤 땅속에 산란한다.
③ 부화한 유충은 잔뿌리를 가해하다가 점차 굵은 뿌리를 가해하여 성충은 잎을 가해하여 생육에 지장을 주게 된다.

4. 원예작물 해충 - 흡즙 및 바이러스 매개충

(1) 복숭아혹진딧물

① 매미목의 진딧물과로 여름 대표기주는 무, 배추, 오이, 수박 등이며 겨울 대표기주는 복숭아나무, 자두나무, 벚나무 등이 있다.
② 무시충은 암컷이 난형이고 담록색, 담홍색의 형이 있으며 기온이 낮을 경우 담홍색의 개체가 다량 발생한다.
③ 유시충은 암컷의 머리와 가슴이 흑색이고 배의 등쪽에 흑색 반점이 있다.
④ 1년에 수회(9~23회) 발생하고 복숭아나무 겨울눈 기부에서 알로 월동한다.
⑤ 부화한 약충은 겨울기주 어린 잎의 즙액을 흡즙하고 신초에 피해를 준다. 5월쯤부터는 유시충이 나와 여름기주에 피해를 준다.
⑥ 감자 잎말이병 및 각종 바이러스의 매개충이기도 하다.

(2) 목화진딧물

① 매미목의 진딧물과로 여름기주는 고추, 오이, 수박, 토마토 등, 겨울기주는 무궁화나무, 석류나무 등이 있다.
② 성충과 약충이 이른봄에 잎과 어린 가지에 기생해 수액을 빨아 먹어 수세가 약화된다.
③ 1년에 수회(7회~30회) 발생하고 알로 월동하고 늦봄에 유시충으로 나와 여름기주로 이동한다.
④ 무시충은 머리와 눈이 검고 몸의 색은 계절에 따라 변한다. 유시충은 머리와 눈이 흑색으로 가슴이 흑록색이다.

(3) 온실가루이

① 매미목 가루이과로 기주는 오이, 토마토, 딸기 등이 있다.
② 1년에 10회 이상 발생하며 보통은 월동이 어려우나 시설 내에서는 간간히 월동을

한다.

③ 성충이 어린잎에 알을 낳으며 150~300개 정도 산란한다.

④ 약충과 성충이 기주식물의 잎에서 즙액을 빨아 먹어 생장을 방해해 심하면 고사한다.

(4) 담배가루이

① 매미목 가루이과로 기주는 토마토, 파프리카, 가지 등이 있다.

② 1년에 3~4회 정도 발생하는데 시설 내에서는 10회 이상도 발생한다.

③ 약충과 성충이 식물의 잎의 즙액을 빨아 먹고 배설물에 의해 그을음병이 발생하기도 하며 토마토황화잎말림바이러스와 같은 바이러스의 매개충이 된다.

5. 원예작물 해충 - 토양 해충

(1) 숯검은밤나방

① 나비목의 밤나방과로 기주는 고추, 토마토, 가지, 담배 등이 있다.

② 1년에 1회 발생하고 최성기는 9월이며 유충으로 월동한다.

③ 땅속에 유충이 식물의 지제부를 가해하여 피해를 입힌다. 부화유충은 지상부를 식해하나 3령 이후에는 땅속에 숨어 있다가 밤에만 가해를 한다.

(2) 거세미나방

① 나비목 밤나방과로 기주는 무, 배추, 당근, 담배 등 기주범위가 넓은 편이다.

② 1년에 2회 발생하고 유충으로 땅속에 월동한다.

③ 3~4령기 월동유충은 지표에 가까운 줄기와 잎을 식해하는데 4령기 이후 밤에 주로 가해하며 주광성이나 주화성이 강한 편이다.

(3) 땅강아지

① 메뚜기목 땅강아지과로 기주는 채소류, 맥류, 파류 등이 있다.

② 1년에 1회 발생하고 성충으로 땅 속에서 월동한다.

③ 유충은 4번의 탈피를 통해 성충이 되고 그사이에 식물의 뿌리부를 가해한다.

(4) 고자리파리

① 파리목의 꽃파리과로 기주는 양파, 파, 마늘 부추 등이 있다.

② 1년에 3회 가을에 발생한 번데기로 월동하고 4월쯤 우화한다.

③ 유충이 뿌리 부분을 가해하고 이후 줄기까지 가해하여 식물을 고사시킨다. 유충이

가해한 뿌리부분은 부패하는 피해가 발생하기도 한다.

(5) 작은뿌리파리

① 파리목 검정날개버섯파리과로 기주는 오이, 고추, 파프리카 등이 있다.
② 시설내에서 수회 발생하며 1달에 2회 정도 가능하며 유충은 4령까지 있다.
③ 유충이 식물의 지제부와 뿌리를 가해하여 시들음 증상이 나타난다.

(6) 뿌리응애

① 응매목 가루응애과로 기주는 마늘, 양파, 백합 등이 있다.
② 1년에 수회(10회 정도) 발생하며 성충이나 약충으로 땅속에 주로 월동한다.
③ 고온다습한 환경에 다량 번식하고 성충이나 약충이 식물의 뿌리 혹은 지하부를 가해한다. 또한 가해 부위로 토양병원균이 침입하기도 한다.

(7) 뿌리혹선충류

① 뿌리혹선충과로 기주는 배추, 상추, 오이, 고추, 딸기 등이 있다.
② 알에서 깨어난 2령 유충이 기주에 침입하고 3번의 탈피를 거친후 성충이 된다.
③ 뿌리속의 양분을 흡즙하여 그 주위 세포가 비대해져 혹을 형성하게 된다.
④ 국내에 많이 분포하는 당근뿌리혹선충은 작고 둥근혹을 생성하며 그 혹에서 잔뿌리가 발생한다. 고구마뿌리혹선충은 길고 큰 염주모양의 혹을 만든다.

6. 원예작물 해충 - 과실 해충

(1) 담배나방

① 나비목 밤나방과로 기주는 고추, 담배, 토마토 등이 있다.
② 1년에 3회 발생하고 시설내에서는 연중 발생하며 번데기로 땅속에 월동한다.
③ 알기간은 3~5일, 유충기간은 20~30일 정도이며 피해는 8~9월에 가장 많이 발생한다.
④ 고추에 가장 큰 피해를 주는 해충이며 부화유충이 어린 과실이나 새 잎을 가해한다. 유충이 성장하여 과실을 파고 들어 피해를 준다.

(2) 피밤나방

① 나비목의 밤나방과로 기주는 파, 양파, 참외, 수박, 토마토, 고추 등이 있다.
② 1년에 4~5회 발생하고 시설내에서는 연중 발생한다.
③ 부화유충이 표피를 가해하고 과실을 구멍을 뚫는다.

7. 과수 해충

(1) 잎 가해 해충

① 사과잎말이나방
  ㉠ 나비목 잎말이나방과로 사과나무, 배나무, 자두나무 등이 기주이다.
  ㉡ 1년에 3회 발생하고 어린 유충이 잎이나 나무껍질 속에서 월동한다.
  ㉢ 1화기 유충이 식물의 잎을 말아 엽육을 가해하고 2화기 유충은 잎과 과실의 표면도 가해한다.

② 사과순나방
  ㉠ 나비목 잎말이나방과 기주는 사과나무, 배나무 등이다.
  ㉡ 성충이 1년 2회 발생하고 유충으로 월동한다.
  ㉢ 유충은 주로 기주의 잎을 가해한다.

③ 사과굴나방
  ㉠ 나비목 가는나방과로 기주는 사과나무, 자두나무, 벚나무, 배나무, 복숭아나무 등이 있다.
  ㉡ 유충이 잎의 엽육 안으로 식해를 하는 잠엽성 해충에 속하고 식해가 심할 경우 잎의 뒷면으로 말려 낙엽된다.
  ㉢ 1년에 5~6회 발생하고 번데기로 잎에 월동한다.

④ 복숭아굴나방
  ㉠ 나비목의 굴나방과로 기주는 복숭아나무, 벚나무 등이 있다.
  ㉡ 1년에 7회 발생하고 성충이 지피물의 아래 월동한다.
  ㉢ 유충이 잎의 잎살을 가해하고 잠입한 흔적이 마치 소용돌이와 같이 남는다.

(2) 흡즙성 해충

① 사과혹진딧물
  ㉠ 매미목의 진딧물과로 기주는 사과나무가 있다.
  ㉡ 어린잎 가해서 잎이 앞뒤로 말리나 전개된 잎을 가해할 때는 뒤쪽을 향해 세로로 말려 그 속에서 무리를 만들어 가해한다.
  ㉢ 1년에 10회 정도 발생하고 겨울눈 기부나 가지에서 알로 월동한다.

② 사과응애
  ㉠ 응애목 응애과로 기주는 사과나무, 배나무 등이다.
  ㉡ 1년에 7~8회 발생하고 알로 겨울눈, 수간에서 월동한다.
  ㉢ 잎을 흡즙 가해하고 가해시 회색반점이 나타나며 조기낙엽되기도 한다. 이동시에는 실을 만들어 바람을 이용하여 이동한다.

③ 점박이응애
  ㉠ 응애목에 응애과로 기주는 사과나무, 복숭아나무, 토마토 등 범위가 넓은 편이다.
  ㉡ 1년에 10회 발생하고 성충이 낙엽, 잡초 아래에서 월동을 한다.
  ㉢ 성충이나 약충이 잎에 기생하여 즙액을 빨아 먹으며 흡즙한 곳은 바늘 자국과 같은 흰 점이 발생한다.

④ 꼬마배나무이
  ㉠ 매미목의 나무이과로 기주는 배나무, 사과나무이다.
  ㉡ 1년에 1회 발생하고 주로 과수원 부근의 잡초에서 성충으로 월동한다.
  ㉢ 약충과 성충이 모두 신초, 과실, 어린 잎 등을 흡즙하여 성장에 방해를 주거나 심할 경우 잎이 마르며 배설물로 인하여 그을음병이 발생하기도 한다.

[3] 줄기, 가지 가해 해충

① 사과하늘소
  ㉠ 딱정벌레목의 하늘소과로 기주는 사과나무, 복숭아나무, 배나무 등이 있다.
  ㉡ 2년에 1회 발생하고 유충으로 산란한 부위 근처에서 월동한다.
  ㉢ 유충은 목질부를 가해하여 갱도를 만들고 그곳에 배설물을 배출한다.

② 포도호랑하늘소
  ㉠ 딱정벌레목의 하늘소과로 기주는 포도나무이다.
  ㉡ 1년에 1회 발생하고 포도나무 가지 아래의 얕은 곳에 유충으로 월동한다.
  ㉢ 유충이 목질부를 가해하고 배설물을 외부로 배출하지 않아 외관상 발견이 어렵다.

[4] 과실 가해 해충

① 복숭아심식나방
  ㉠ 나비목의 심식나방과로 기주는 사과나무, 복숭아나무, 자두나무, 살구나무 등이다.
  ㉡ 성충은 암갈색이나 황갈색을 띠며 앞날개에 검은 점무늬가 있다.
  ㉢ 1년에 2회 발생하고 일부는 3회 발생하기도 한다. 노숙유충이 겨울고치를 짓고

그 속에서 월동을 한다.
ㄹ) 과실을 직접 가해하여 피해를 주며 내부를 무분별하게 가해하기에 과실이 다소 기형의 형태를 띠기도 한다.

② 복숭아순나방
ㄱ) 나비목의 잎말이나방과로 기주는 사과나무, 복숭아나무, 배나무, 살구나무 등이다.
ㄴ) 1년에 4~5회 정도 발생하고 노숙유충이 조피의 틈이나 남아있는 봉지 등에 고치를 만들어 월동한다.
ㄷ) 유충은 신초의 선단부를 가해하고 과실까지 피해를 주며 배설물을 남기기에 유관상 식별이 가능하다.

③ 복숭아명나방
ㄱ) 나비목의 명나방과로 기주로는 사과나무, 복숭아나무, 자두나무, 살구나무 등이 있다.
ㄴ) 1년에 2회 발생하고 성숙한 유충은 고치속에서 월동한다.
ㄷ) 유충이 과실을 가해하여 큰 구멍을 만들고 적갈색의 굵은 똥과 즙액을 배출하여 유관상 식별이 가능하다.

④ 콩가루벌레
ㄱ) 매미목 뿌리혹벌레과로 기주는 배나무이다.
ㄴ) 1년에 6~10회 발생하고 알로 껍질 아래에서 월동한다.
ㄷ) 약충과 성충이 봉지를 씌운 과실을 가해하고 가해한 과실을 면이 콩가루를 뿌려 놓은 듯한 형상을 하고 있다. 가해한 부위로 검은무늬병이 침입하여 과실을 썩게 한다.

⑤ 가루깍지벌레
ㄱ) 매미목의 가루깍지벌레과로 기주는 사과나무, 배나무, 감나무, 복숭아나무 등이다
ㄴ) 1년에 3회 발생하고 알로 나무껍질 아래 등에서 월동한다.
ㄷ) 부화약충이 과실의 즙액을 흡습하고 가해한 부위는 골과 같이 파고 들어가 기형의 과실형태를 가지게 된다. 배설물로 인하여 그을음병이 유발되기도 한다.
ㄹ) 가루깍지벌레의 방제를 위해 월동처를 제거하거나 무당벌레와 같은 포식성 천적을 이용한다. 늦가을에는 기계유 유제를 살포하면 방제 효과가 나타난다.

⑥ 꽃노랑총채벌레
ㄱ) 총채벌레목의 총채벌레과로 기주는 복숭아나무, 감귤나무, 딸기 등이다.

ⓒ 1년에 5~6회 발생하고 성충이 지표면이나 나무껍질의 속에서 월동한다.

ⓒ 기주의 잎과 꽃을 가해하며 피해를 입은 잎은 은백색 반점이 다량 발생하게 된다. 꽃에는 얼룩 반점이 생긴다.

8. 벼 병해

(1) 벼 도열병

① 병원은 진균으로 *Pyricularia oryzae* 이다.
② 분생포자는 2개의 격막이 있고 격막부는 약간 잘록하고 무색을 띠는 것이 특징이다
③ 갈색의 방추형 병반이 나타난다.
④ 벼 도열병은 비가 자주 내리거나 온도가 낮고 습도가 높을 경우, 바람이 강하게 불 경우, 토양온도가 낮을 경우, 토양수분이 적을 경우, 질소질 비료가 과할 경우, 모내기가 늦을 경우에 발병한다.
⑤ 벼도열병균의 레이스 구분시 12개 판별품종에 접종해 병반형에 따라 T품종(인도), C품종(중국), N품종(일본) 등으로 분류한다.
⑥ 방제법
• 종자를 소독하고 저항성 품종을 재배한다.
• 질소질 비료의 과용을 피한다. 규소질 비료의 경우 도열병균에 저항성이 강하므로 필요시 사용하도록 한다.

(2) 벼 잎집무늬마름병(잎집얼룩병)

① 병원은 진균으로 *Pellicularia sasaki* 이다.
② 병원균은 균핵 상태로 땅위에서 월동하고 봄에 물위로 올라와 전염을 시작하며 식물체의 각피를 뚫고 침입한다.
③ 분얼기 이후에 고온 다습한 8~9월쯤 주로 발생한다.
④ 식물이 병에 걸릴 경우 잎집의 표면에 암회색의 부정형 점무늬가 발생하여 잎에 퍼지기 시작한다.
⑤ 방제법
• 모내기 전 써레질 후 균핵을 제거한다.
• 밀식을 피하도록 한다.
• 질소질 비료의 과용을 피하고 칼륨질 비료를 사용한다.
• 추비로 볏짚을 사용할 경우 완전히 썩혀 사용하는 것이 좋다.

(3) 벼 깨씨무늬병

① 병원은 진균으로 *Cochliobolus miyabeanus* 이다.
② 포자나 균사의 형태로 병든 볏짚이나 볍씨에 월동하여 다음해 전염된다.
③ 7~8월 장마기에 고온 다습한 환경에서 많이 발생, 양분이 부족하거나 산성토양에서도 심하게 발생한다.
④ 잎에 암갈색 타원형의 작은 병반이 발생한다.
⑤ 방제법
· 종자를 소독하거나 저항성 품종을 재배한다.
· 토양의 상태를 개선하기 위해 질소질 비료를 알거름으로 준다.

(4) 벼 키다리병

① 병원은 진균으로 *Gibberella fujikuroi* 이다.
② 벼 키다리병의 완전세대를 *Gibberella fujikuroi*, 불완전세대를 *Fusarium moniliforme* 이다.
③ 초승달 모양의 분생포자와 자낭각을 만들며 월동은 분생포자 형태로 종자표면에서 이루어져 다음해 1차전염원이 된다.
④ 주로 고온에서 잘 발생해 종자를 통해 감염되며 감염된 종자는 병원균에서 나오는 지베렐린에 의해 도장되거나 심할 경우 발아 시 고사한다.
⑤ 방제법
· 감염 초기에 발견한 경우 소각하도록 한다.
· 저항성 품종 및 건전한 종자를 선택한다.
· 종자를 소독하고 기계 탈곡한 종자는 사용이 어렵다.

(5) 벼 이삭누룩병

① 진균인 *Ustilaginoidea virens* 에 의해 발생한다.
② 이삭누룩병은 일명 풍년병으로 하여 벼의 작황이 좋은 경우 주로 발생한다.
③ 벼 알의 표면에 황록색의 누룩이 형성되는 경우를 말하며 육안으로 관찰이 가능하다.
④ 저온다습, 일조의 부족, 강우일수 등의 환경조건에 의해 발생량에 많은 영향을 준다.
⑤ 방제법
· 발생된 이삭은 제거하도록 한다.
· 질소질 비료의 과용을 삼가고 특히 만기 추비는 발병을 조장하기에 주의한다.

・발병된 포장의 볍씨는 종자로 사용하지 않는다.

(6) 벼 모썩음병

① 벼 모썩음병은 *Pythium* spp, *Achlya* spp 인 진균에 의해 발생한다.
② 병원균은 상처를 볍씨의 상처를 통해 침입하고 난포자 형태로 토양에서 월동한다.
③ 방제법
   ・약제로 종자를 소독한다.
   ・건전한 종자를 사용한다.
   ・지나친 조파를 삼간다.
   ・못자리에서 볍씨가 발아시 기온이 낮을 때 잘 발생하기에 햇빛이 잘 들고 수온이 높은 곳으로 선택한다.

(7) 벼 흰잎마름병

① 세균인 *Xanthomonas oryzae* 에 의해 발생한다.
② 세균이 수공이나 상처를 통해 침입하며 도관에서 증식하는 것이 특징이다.
③ 그람음성 간균으로 배지에서 노란색의 둥글고 매끄러운 콜로이드를 형성한다.
④ 배수가 나쁘고 습한 곳에서 주로 발생하며 강우가 많은 여름철 주로 발생한다.
⑤ 방제법
   ・논둑이나 수로의 잡초를 제거하고 배수로를 정비한다.
   ・상습 발생지의 경우 저항성 품종(겨풀, 줄풀 등)을 심도록 한다.
   ・질소질 비료의 과용을 피하고 칼륨, 규산질 비료를 적정량 사용한다.

(8) 벼 세균성알마름병

① 세균인 *Burkholderia glumae* 에 의해 발생한다.
② 벼알의 기공으로 침입하여 유조직인 세포간극에서 증식하며 종자에서 월동한다.
③ 이삭이 마르거나 썩으며 벼알의 경우 담황갈색이나 청백색으로 변한다.
④ 여름에 비와 폭우등의 환경에서 많이 발생한다.
⑤ 방제법
   ・7월부터 집중 호우 등으로 발병환경이 조성되면 1주 간격으로 3회 정도로 방제약제를 뿌려준다.
   ・고온다습한 환경을 피하고 질소질 비료의 과용을 삼가한다.

(9) 벼 줄무늬잎마름병

① 병원은 바이러스로 *Rice stripe virus* 이다.

② 매개충은 애멸구에 의해 전염되는데 애멸구는 1년에 4~5회 정도 발생한다.

③ 발병시 병징은 어린 벼가 새 잎이 나올 때 속잎이 노랗게 되어 전개되지 못한다. 전개되더라도 황록색의 세로줄이 나타나며 이삭이 출수되지 않는다.

④ 방제법
- 발생시 치료하기가 어려워 논두렁의 잡초를 태워 매개충인 애멸구를 제거해야 한다.
- 저항성 품종을 재배하고 질소질 비료의 과용을 금한다.

(10) 벼 오갈병

① 바이러스인 *rice dwaf virus* 에 의해서 발생한다.

② 매개충인 매미충(끝동매미충, 번개매미충)에 의해 전염된다.

③ 바이러스는 매개충 체내에서 월동하며 보독충은 잡초, 밀밭 등 유충 혹은 성충의 형태로 월동한다.

④ 잎은 진녹색으로 변하고 백색의 반점이 나타난다.

⑤ 방제법
- 논둑의 잡초를 제거하고 못자리 말기에는 살충제를 뿌려 매개충을 구제한다.
- 질소질 비료의 과용을 피한다.
- 저항성 품종을 재배하고 병든 식물체는 제거한다.

(11) 벼검은줄무늬오갈병

① 바이러스인 *Rice black streaked dwarf virus* 에 의해 발생한다.

② 애멸구에 의해 매개되는데 애멸구는 유충 형태로 월동한다. 보독충은 잡초, 밀밭 등에서 약충의 형태로 월동한다.

③ 방제법
- 봄에 논에 근접된 잡초를 태워 매개충을 구제한다.
- 적기보다 늦게 모내기를 하거나 질소질 비료의 과용을 피하도록 한다.
- 병든 식물체의 경우 제거하도록 한다.

9. 맥류 및 기타 작물의 병해

(1) 보리·밀 겉깜부기병
① 병원으로 보리는 *Ustilago nuda*, 밀은 *Ustilago tritici*, 진균인 담자균류이다.
② 공중습도가 높고 기온이 서늘한 환경에서 감염이 잘 된다.
③ 보리의 씨알이 발생하고 초기 얇은 막으로 덮여져 있다가 파열하여 바람으로 암갈색의 가루인 후막포자가 비산한다.
④ 방제법
 • 병든 이삭의 경우 깜부기가 전염되기 전에 소각한다.
 • 약제를 통해 종자를 소독 처리한다.

(2) 보리속깜부기병
① 병원은 진균(담자균류) *Ustilago hordei* 에 의해 발생한다.
② 병원균의 발육과정은 겉깜부기병균과 유사하다
③ 병징으로 병에 걸린 씨알은 백색 피막에 쌓여 있고 수확할 때 흑색분말이 비산하지 않지만 탈곡할 경우 후막포자가 흩어진다.
④ 방제법
 • 병든 이삭은 깜부기가 퍼지기전 제거하여 소각한다.
 • 탈곡시 병든 이삭은 분류하도록 한다.
 • 저항성 품종을 재배한다.

(3) 맥류 줄기녹병
① 병원은 진균(담자균류)로 *Puccinia graminis* 에 의해 발생한다.
② 맥류 줄기녹병의 중간기주는 매자나무이다.
③ 병원균은 이종기생성으로 매자나무에서 녹병포자와 녹포자를 만들고 맥류에서 여름포자와 겨울포자퇴를 만든다. 여기에서 1차 전염원이 되는 포자는 여름포자가 된다.

(4) 맥류 흰가루병
① 진균(자낭균류) *Erysiphe graminis* 에 의해 발생한다.
② 병든 잎에서 균사나 자낭각으로 월동하고 차후 1차 전염원이 된다. 2차 전염원은 바람에 의해 분생포자가 각피로 전반되어 침입한다.
③ 통풍이 불량하고 습도가 높은 환경에 많이 발생하고 특히 여름에 서늘하고 흐릴

경우 발생한다.

④ 방제법
- 통풍을 좋게 하고 습한 포장은 피하도록 한다.
- 배수가 원활하게 하고 발병초기 약제를 살포한다.
- 질소질 비료의 과용을 피한다.

(5) 맥류 붉은곰팡이병

① 진균(자낭균류)인 *Gibberella zeae* 에 의해 발생한다.
② 병든 종자나 밀짚에서 분생포자, 균사, 자낭포자로 월동한다.
③ 따뜻하고 습기가 많은 지대에서 주로 많이 발생한다. 비가 올 때는 분생포자가 빗물에 의해 튀어 확산하다가 바람에 의해 전반된다.
④ 감염된 보리, 밀 등을 섭취한 사람, 동물 등은 심한 중독 증상을 일으키기도 한다.

(6) 호밀 맥각병

① 병원은 진균(자낭균류)인 *Claviceps purpurea* 이다.
② 균핵은 땅에서 월동하고 다음해 자실체를 형성한다. 또한 병원균이 균핵 형태로 종자와 섞여 있다 전염되기도 한다.
③ 자낭포자가 바람에 의해 기주식물의 자방을 침해하고 분생포자가 곤충에 의해 다른 꽃으로 전염된다.

(7) 콩 탄저병

① 병원은 진균(자낭균류)의 *Colletotrichum truncatum* 이다.
② 병원균은 균사 형태로 종자에서 월동한다.
③ 습한 조건이 오래되면 많이 발생량이 많아진다.

(8) 콩 자줏비무늬병

① 병원은 진균(불완전균류)인 *Cercospora kikuchii* 이다.
② 병원균은 균사가 병든 종자, 식물 등에서 월동한다.
③ 감염시 만들어진 포자는 바람이나 빗방울에 의해 전염된다.

(9) 담배역병

① 병원은 진균(조균류)인 *Phytophthora parasitica* 이다.
② 병원균은 땅속에서 난포자로 월동하고 차후 분생포자를 형성한다.

③ 포자는 바람에 의해 전염되어 기주에 침입한다.

(10) 콩 세균성점무늬병

① 병원은 세균으로 *Pseudomanans glycinea* 이다.
② 병원균은 식물의 기공을 통해 침입하고 종자전염을 한다.
③ 비가 많은 저온 다습한 환경에서 잘 발생한다.

(11) 담배 불마름병

① 병원은 세균인 *Pseudomonas tobaci* 이다.
② 그람음성 간균으로 배지에서 노란색의 둥글고 매끄러운 콜로이드를 형성한다.
③ 생육말기에 주로 발생하고 장마 등의 환경조건에서 많은 전염이 이루어진다.
④ 종자 및 토양을 소독하고 윤작하여 방제한다.

(12) 담배 모자이크병

① 병원은 바이러스인 *Tobacco mosaic virus* 이다.
② 토양의 병든 잔재 혹은 종자의 표면에 월동한다.
③ 감염시 식물의 잎은 진하고 엷은 녹색의 모자이크를 이루며 오그라 들게 된다.
④ 고추, 오이, 담배 등을 포함한 꽃 잡초에서도 모자이크 병이 발생한다.
⑤ 주로 농기구 및 기계적 접촉에 의해 전염된다.

10. 서류 병해

(1) 감자 역병

① 병원은 진균(조균류)으로 *Phytophthora infestans* 이다.
② 병원균은 균사로 흙속이나 병든 감자, 씨감자에서 월동한다.
③ 병원균은 온도가 낮을 경우 유주자가 형성되고 높을 경우 직접 발아하여 기공이나 각피를 통해 침입한다.
④ 바람, 관개수, 씨감자에 의해 전염된다.
⑤ 20℃ 내외의 습기가 많은 냉한 시기에 많이 발생한다.
⑥ 방제를 위해 발병지는 다른 작물과 윤작을 하고 수확 때는 괴경에 상처가 발생되지 않도록 한다.
⑦ 1845년에 아일랜드에 감자역병이 발생하여 100만명이 사망하는 역사적 사건이 있다.

(2) 고구마 무름병

① 병원은 진균으로 *Rhizopus stolonifer* 이다.
② 주로 저장 혹은 수송 중 상처가 발생하고 온도가 낮을 경우 발생한다. 반대로 온도가 높을 경우 고구마의 상처 치유가 빨리 되기에 무름병의 발생이 적어진다.
③ 상처주위로 백색의 균사가 발생하고 그 위에 흑색 포자낭이 생긴다.
④ 방제를 위해 수확시 상처가 발생하지 않도록 하며 수확을 하고 나서 큐어링 처리후 저장한다. 큐어링 조건은 온도 30~33°C, 습도 90% 조건으로 5일간 실시한다.

(3) 고구마 검은무늬병

① 병원은 진균으로 *Ceratostomella fimbriata* 이다.
② 병원균은 균사로 땅속에서 주로 월동한다.
③ 상처를 통해 침입하며 저장고나 기구 등을 통해 전염된다.
④ 저장 중인 씨고구마에서 가장 큰 피해가 나타나며 10°C 이하, 30°C 이상에서는 감염되지 않는다.
⑤ 방제 방법으로 윤작을 하고 매개충을 구제하도록 한다.

(4) 감자더뎅이병

① 병원은 세균인 *Streptomyces scabies* 이다.
② 병든 씨감자와 흙속에서 월동하고 바람이나 물, 오염된 흙에 의해 전염된다.
③ 전염시 피목, 기공, 상처 등 각피를 뚫고 침입한다.
④ 25°C 정도의 토양이 건조하고 알칼리성 토양에서 많이 발생한다.
⑤ 방제를 위해 토양의 습도를 유지하고 토양산도를 pH 5.2 이하로 낮춘다. 연작을 피하고 비기주 식물로 돌려짓기를 하며 다량의 미숙퇴비도 피하도록 한다.

(5) 감자둘레썩음병

① 병원은 세균인 *Clavibacter michiganense* 이다.
② 그람양성 간균으로 편모가 없어 운동성이 없다.
③ 감염된 씨감자에서 월동하며 씨감자 혹은 농기구를 통해 전염된다.
④ 전신병으로 지상부나 괴경에서 병징이 나타난다.

(6) 감자 잎말림병

① 감자 잎말림바이러스병의 병원은 바이러스인 *Potato Leaf Roll Virus*(PLRV)이다.
② 매개충인 복숭아혹진딧물, 감자수염진딧물에 의해 전염된다.

③ 감자 바이러스병 종류

병명	전염
PVY(Potato virus Y)	충매전염(복숭아혹진딧물), 즙액전염, 접촉전염
PVX(Potato virus X)	즙액전염, 접촉전염
PVM(Potato virus M-mosaic)	carlavirus 군에 속하는 바이러스병으로 최근 감자 채종지
PVS(Potato virus S-mosaic)	대에서 산발적으로 발생
PMTV(Potato mop-top virus)	곰팡이와 토양선충에 의해 매개되는 두 입자로 구성된
TRV(Tobacco rattle virus)	바이러스

11. 채소 병해

(1) 가지 풋마름병

① 병원은 세균으로 *Ralstonia solanacerum* 이다.
② 병원균은 병든 식물의 잔재에 월동한다.
③ 식물의 상처 부위를 통해 침입하며 병원균은 농기구, 곤충 등에 의해 전반된다.
④ 고온 다습한 여름철에 주로 발생하며 특히 여름철 산성토양인 경우 더욱 심하다.
⑤ 뿌리에 주로 발생해 전신으로 퍼지는 전신병이다.
⑥ 방제법으로 토양을 소독하고 배수가 원활하도록 해준다.

(2) 오이 풋마름병

① 병원은 세균으로 *Erwinia tracheiphila* 이다.
② 오이 풋마름병은 대표 기주로 오이, 멜론, 호박이 있다.
③ 오이 잎벌레가 성충으로 월동하고 이후 식물을 가해하여 상처를 통해 침입한다.
④ 매개충은 딱정벌레류인 오이잎벌레이다.

(3) 채소 세균성무름병

① 병원은 세균으로 *Erwinia carotavora* 이다.
② 채소 세균성무름병의 대표 기주로 고추, 배추, 토마토, 참외 등이 있다.
③ 습도가 높고 온도가 높은 여름철에 자주 발생한다.
④ 배추에 발생시 흰썩음병이라 하며 발생시 식물의 표면에 반점이 생기면서 병든 부위로 변형이 생기고 악취가 난다.
⑤ 병원균이 토양에서 월동하며 이를 방제하기 위해 토양을 소독한다.

(4) 고추, 사과 탄저병

① 병원은 진균으로 *Glomerella cingulata* 이다.
② 병원균은 균사, 분생포자, 자낭각이 열매나 가지에 월동한다.
③ 전반은 빗물, 바람, 매개충에 의해 전염된다.
④ 주로 고온다습한 환경에 많이 발생한다.

(5) 균핵병

① 병원은 진균으로 *Sclerotinia sclerotiorum* 이다.
② 대표기주로 오이, 감자, 배추, 토마토, 콩 등이 있다.
③ 균핵이 식물이나 토양에 월동하고 다음해 자낭반이나 자낭포자를 형성한다. 병원균의 경우 주로 줄기나 가지의 분지점에 침입한다.
④ 감염된 식물은 소각하고 재배시설의 온도를 20℃ 이상으로 유지한다.

(6) 오이류 흰가루병

① 병원은 진균으로 *Sphaerotheca fuliginea* 이다.
② 대표기주로 오이, 참외, 호박 등이 있다.
③ 병원균은 자낭구가 감염조직에 월동후 자낭포자로 방출한다. 이후 감염된 잎에서 분생포자가 바람에 의해 전반된다.
④ 흰가루병은 생육말기에 자주 발생하며 통풍이 불량하고 다습한 환경에서 발생이 증가한다.

(7) 수박탄저병

① 병원은 진균으로 *Colletotrichum lagenarium* 이다.
② 대표기주는 수박, 오이, 멜론 등이다.
③ 병원균은 균사, 분생포자가 감염부위나 종자에 월동한다. 바람, 곤충, 빗물에 의해 전반되며 2차 전염을 야기한다.
④ 방제법으로 종자를 소독하거나 감염된 식물을 제거하고 윤작한다.

(8) 오이류 덩굴쪼김병

① 병원은 진균으로 *Fusarium oxysporum* 이다.
② 대표기주는 수박, 오이, 참외 등이다.
③ 병원균은 균사, 후막포자가 땅속에서 월동하며 이후 뿌리의 각피를 뚫고 침입한다.
④ 방제를 위해 종자 및 토양을 소독한다. 감염된 식물은 소각하고 과습을 방지하도록

한다.

(9) 토마토 시들음병

① 병원은 진균으로 *Fusarium oxysporum* 이다.
② 기주는 토마토이다.
③ 재배지에서 주로 발생한다.
④ 방제를 위해 종자 및 토양을 소독한다. 감염된 식물은 소각하고 과습을 방지하도록 한다.

(10) 잿빛 곰팡이병

① 병원은 진균으로 *Botrytis cinerea* 이다.
② 대표기주는 딸기, 토마토, 사과, 포도, 오이 등이다.
③ 병원균은 균핵, 분생포자가 감염식물, 토양에서 월동한다.
④ 15~20℃ 정도에 다습한 조건에 자주 발생한다.
⑤ 방제를 위해 재배지의 경우 습도관리에 유의하고 밀식하거나 과다 시비하지 않는다.
⑥ 작물의 잎이 지나치게 무성하지 않도록 하며 초기 발생 전에 약제를 살포한다.

(11) 토마토 잎곰팡이병

① 병원은 진균으로 *Fulvia fulva* 이다.
② 대표기주는 토마토이다.
③ 균사덩이가 종자의 표면에 월동하며 온실내에서 기공을 통해 침입한다.
④ 재배지에서 습도 80% 이상의 다습하고 통풍이 불량할 경우 다량 발생한다.
⑤ 방제를 위해 종자를 소독하고 윤작을 한다. 환기 및 배수를 통해 습도를 유지하고 감염된 식물은 제거하도록 한다.

(12) 고추 역병

① 병원은 진균으로 *Phytophthora capsici* 이다.
② 대표기주로 토마토, 가지, 고추, 수박 등이 있다.
③ 병원균은 난포자가 토양에서 월동하고 토양 및 물을 통해 전염된다.
④ 장마기간에 기온이 낮고 습도가 높은 조건에서 많이 발생한다.

(13) 오이 노균병

① 병원은 진균으로 *Pseudoperonospora cubensis* 이다.

② 대표기주로 오이, 수박, 참외 등이 있다.
③ 분생포자가 토양에서 월동하고 이후 발아하면 유주자가 형성되어 물에 의해 전반되어 기공으로 침입하며 병반은 수침상을 띤다.
④ 박과작물 재배시 가장 많이 발생되는 병으로 질소질 성분이 부족하고 장마철에 가장 심하게 나타난다.
⑤ 진균에 의해 담황색의 작은 반점이 발생하고 점점 확장되어 담갈색의 병반이 형성된다. 병반 뒷면은 회색 곰팡이인 분생포자가 생성된다.

(14) 무·배추 노균병

① 병원은 진균으로 *Peronospora brassicae* 이다.
② 대표기주는 무, 배추 등이다.
③ 병원균이 분생포자를 만들어 잎에 균사나 난포자로 월동한다.
④ 기온이 낮고 비가 많은 저온다습한 지역에서 많이 발생한다.

(15) 무·배추 무사마귀병

① 병원은 점균으로 *Plasmodiophora brassicae* 이다.
② 대표기주로 양배추, 무, 배추 등이 있다.
③ 병원균은 휴면포자로 토양에서 월동한다. 휴면포자가 발아하여 유주자를 형성하고 뿌리에 침입하며 침해받은 부위가 비정상적으로 비대해진다.
④ 산성토양이며 다습한 경우 많이 발생하나 보수력이 낮거나 알칼리성 토양에서는 거의 발육하지 않는다. 방제를 위해 알칼리성 토양으로 조절하기도 한다.

12. 과수 병해

(1) 사과나무 갈색무늬병
① 병원은 진균으로 *Diplocarpon mali* 이다.
② 대표기주는 사과나무이다.
③ 균사나 자낭포자가 병든 잎에서 월동하고 바람에 의해 전반되어 각피를 뚫고 침입한다.
④ 주로 여름철에 많이 발생하며 감염시 사과나무의 낙엽이 심하게 나타난다.

(2) 사과나무 부란병
① 병원은 진균이고 *Valsa ceratosperma* 이다.
② 대표기주는 사과나무이다.
③ 병포자, 자낭포자가 병든가지에 월동하고 포자의 경우 빗물, 곤충 등에 의해 전반되어 식물의 상처로 침입한다. 감염 부위는 주로 줄기이며 수침상 병무늬가 생기고 알코올 냄새가 나는 것으로 판별이 가능하다.
④ 방제를 위해 상처난 부위는 도포제를 발라 예방하도록 한다.

(3) 사과나무 검은별무늬병
① 병원은 진균으로 사과의 경우 *Venturia inaequalis*, 배의 경우 *Venturia nashicola* 이다.
② 균사나 분생포자가 병든잎이나 가지에 월동한다.
③ 자낭포자는 빗물과 바람에 의해 전파된다.
④ 포자는 발아시 각피를 통해 침입한다.
⑤ 분생포자는 고온에서는 발아하지 않아 비가 오는 시원한 환경에서 주로 발생되며 5월~6월경이 가장 심하다.

(4) 복숭아나무잎오갈병
① 병원은 진균으로 *Taphrina deformans* 이다.
② 대표기주는 복숭아나무이다.
③ 나무줄기나 눈위에서 월동하고 빗물에 의해 전반된다. 전반시 어린 잎의 각피를 뚫고 침입한다.
④ 발생시 잎이 붉은색을 띠면서 부풀어 오르고 이때 병반이 발생한다. 발생한 병반은 주름지고 오르라는 현상이 나타나고 병든 잎 앞면에는 회백색의 가루인 자낭이 생기고 병든 잎은 흑갈색으로 변한다.
⑤ 방제를 위해 감염된 잎은 소각하고 동해를 피한다.

(5) 포도나무 새눈무늬병

① 병원은 진균(자낭균류)로 *Elsinoe ampelina* 이다.
② 병원균은 균사의 형태로 덩굴 혹은 열매에 월동한다.
③ 분생포자는 비바람에 의해 전반되고 신초, 꽃밥 등의 각피를 뚫고 침입한다.
④ 6월쯤 기온이 낮고 비가 많이 올 경우 다량 발생한다.

(6) 배나무 붉은별무늬병

① 병원은 진균으로 *Gymnosporangium haraeanum* 이다.
② 대표기주는 사과나무, 배나무이며 중간기주는 향나무이다.
③ 중간기주인 향나무와 기주교대를 하는 순활물기생균이다.
④ 배나무붉은별무늬병은 2차 전염원을 형성하지 않고 배나무 잎에 녹병포자와 녹포를 형성한다.
⑤ 겨울포자, 소생자, 녹병포자, 녹포자를 형성하나 여름포자는 형성하지 않는다.
⑥ 강우나 바람에 의해 주로 전반된다.

(7) 배나무 검은무늬병

① 병원은 진균으로 *Alternaria kikuchiana* 이다.
② 대표기주는 배나무이다.
③ 균사가 병든 잎이나 가지에 월동하고 봄에 분생포자가 형성된다.
④ 분생포자는 바람, 비에 의해 이동하며 식물의 각피, 피목, 기공을 통해 침입한다.

(8) 배나무 화상병

① 병원은 세균으로 *Erwinia amylovora* 이다.
② 1878년 최초로 발견된 세균성 식물병이다.
③ 습도가 높을 경우 많이 발생하며 바람, 곤충 등에 의해 전반되어 식물의 기공, 상처, 피목을 통해 침입한다.
④ 감염된 가지는 잘라 소각하고 옥시테트라사이클린계 항생제를 이용한다.

(9) 복숭아나무 세균성구멍병

① 병원은 세균으로 *Xanthomonas campestris* 이다.
② 대표기주로 복숭아, 자두, 살구 등이 있다.
③ 가지의 병환부에서 월동하고 비바람에 의해 전반되어 상처나 기공으로 침입한다.
④ 비바람이 심한 여름철에 주로 발생한다.

03 번식 작업하기

1. 파종

(1) 파종시기

① 파종시기는 파종된 종자가 발아가기 위해 종자의 종류, 온도, 환경 등의 발아조건을 고려하여 결정하게 된다.
② 작물의 종류에 따라 추파, 춘파를 결정하고 지역에 따라 달라지는데 고랭지의 경우 늦봄에 실시한다.
③ 작부방법이나 특정 재해 시기, 토양의 상태, 출하기도 파종시기에 영향을 준다.
④ 감온형 벼 품종은 조파조식하는 것이 좋고 추파맥류는 추파성이 높은 품종은 조파한다.
⑤ 월동작물은 추파하고 여름작물은 춘파한다.

(2) 파종양식

산파(흩어뿌림)	포장 전면에 종자를 흩어 뿌리는 방법
조파(줄뿌림)	종자를 줄지어 뿌리는 방법
점파(점뿌림)	일정 간격으로 종자를 수 개씩 파종하는 방법
적파	점파와 유사하나 한곳에 여러개의 종자를 파종하는 방법

(3) 파종량

① 파종량은 작물의 종류 및 품종, 종자 크기, 재배지, 토양의 조건, 시비, 종자 상태를 고려하여 결정한다.
② 온도가 낮은 지역의 경우 파종량을 늘리도록 한다.
③ 토양 조건이 좋지 않거나 시비량이 적은 경우 파종량을 늘린다.
④ 발아력이 낮거나 파종기가 늦을 경우 파종량을 늘린다.

(4) 복토

① 복토는 흙덮기로서 작물의 종자를 파종한 후 흙을 덮어 주는 작업이다.
② 작물별로 복토의 깊이에 차이가 있으며 기준은 다음과 같다.

깊이 기준(cm)	작물 종류
종자가 보이지 않을 정도	소립목초종자, 파, 양파, 당근, 상추, 담배, 유채
0.5~1	순무, 배추, 양배추, 가지, 고추, 토마토, 오이
1.5~2	조, 기장, 수수, 무, 시금치, 수박, 호박
2.5~3	밀, 호밀, 귀리
3.5~4	콩, 팥, 완두, 잠두, 옥수수, 강낭콩
5~9	감자, 생강, 토란, 글라디올러스
10 이상	나리, 튤립, 수선, 히아신스

2. 이식

(1) 이식의 종류

① 조식은 골에 줄지어 이식하는 방법이다.
② 점식은 포기를 일정한 간격을 두고 띄어서 점점이 이식하는 방법이다.
③ 혈식은 포기를 많이 띄어서 구덩이를 파고 이식하는 방법이다.
④ 난식은 일정한 질서 없이 점점이 이식하는 방법이다.

(2) 이식시기

① 과수와 다년생 목본식물은 싹이 움트기 전에 춘식하거나 낙엽이 진 뒤 추식한다.
② 일반작물은 파종기에 영향을 주는 요인에 의해 이식기가 결정된다.

(3) 이식방법

① 작물에 따라 이식방법은 다양하다. 벼의 경우 기온이 15°C 전후 이식해야 하며 일찍 하는 것이 좋다. 논의 써레질이 종료되면 바로 하게 되며 줄모로 심어야 고르게 자랄수 있다.
② 채소, 화초는 식상을 피하고 잘 자라게 하고자 쇄토작업을 통해 흙을 부드럽게 갈아두어야 한다. 이식후에는 뿌리를 내리는데 시간이 걸려 물을 주고 덮개를 해주어 증발을 막아준다.

(4) 이식효과

장점	단점
① 이식을 실시하면 줄기나 잎의 웃자람을 억제할 수 있다. ② 이식 작업시 뿌리가 잘려 새로운 뿌리가 발생되 생육이 좋아진다. ③ 생육이 어느 정도 진행되어 병해충에 피해가 감소된다. ④ 수목의 경우 개화를 촉진시킬 수 있다.	① 무, 당근 등 직근류는 뿌리가 손상될 경우 상품성이 저하되기도 한다. ② 수박, 참외는 뿌리가 손상시 발육이 저하된다. ③ 작물에 따라 이식이 해가 되는 경우가 있다.

3. 성형(Plug) 묘 작업

① 플러그육묘는 공정육묘라 하며 육묘의 생력화, 효율화를 목적으로 한다.
② 플러그 트레이에 종자를 파종하여 만든 묘이다.
③ 상토의 조제, 종자파종, 물주기 등의 작업을 자동화된 시설을 이용하여 균일한 규격의 묘를 생산할 수 있다.
④ 플러그 육묘의 장점은 다음과 같다.
　㉠ 집중관리가 용이하다.
　㉡ 육묘기간을 단축할 수 있다.
　㉢ 묘가 균일하고 이식작업에 상처가 줄어든다.
　㉣ 묘의 생장속도가 빠르다.
　㉤ 묘의 수송 및 취급이 용이하다.
　㉥ 공간 이용효율이 좋고 노동력이 적게든다.

4. 조직배양

(1) 조직배양

① 식물의 일부 조직을 무균적으로 배양하여 조직 자체를 증식생장하며 각종 조직 및 기관의 분화 발들을 통해 개체를 육성하는 방법이다.
② 조직배양의 재료는 단세포, 영양기관, 생식기관, 생장점, 전체 식물 등이 있다.
③ 증식을 목적으로 조직배양을 하는 작업순서는 작물선정을 시작으로 배양방법 및 배지 결정, 살균, 치상, 배양, 경화, 이식의 과정을 거치게 된다.
④ 배양된 식물체를 경화시켜 이식한 후에는 바이러스 감염 여부를 조사한다.
⑤ 조직배양을 통해 바이러스나 병균이 없는 식물 개체를 얻을 수 있으며 유전적으로

특이한 새로운 특성을 가진 식물체를 분리할 수 있다.
⑥ 어떤 식물체를 단시간 내 대량으로 번식할 수 있으며 좁은 면적에 많은 종류와 품종을 보유할 수 있어 유전자은행 역할을 한다.
⑦ 식물은 하나의 기관이나 조직, 세포하나라도 적정 조건이 되면 모체와 동일한 유전형질을 갖는 완전한 식물체로 발달하는 전체형성능(전능성, totipotency)이라는 재생능력을 갖는다.

(2) 무병주 생산

① 무병주
  ㉠ 무병주는 생장점 배양으로 얻을 수 있는 영양 번식체로서, 조직 특히 도관 내에 있던 바이러스 따위의 병원체가 제거된 것이다.
  ㉡ 무병주 생산은 바이러스가 없는 상태의 작물을 생산하는 것이다.

② 생장점 배양
  ㉠ 생장점 배양은 바이러스 무병주 생산에 효과적으로 이용되는 방법이다. 바이러스병은 직접 방제가 어려워 무병주 생산을 통해 극복이 가능하다 .
  ㉡ 생장점 배양을 무병주를 얻는 것은 생장점에 바이러스가 없거나 극히 적기 때문이다.
  ㉢ 생장점 배양은 딸기, 감자, 마늘, 아스파라거스, 난 등에 이용된다.

③ 배주배양 및 자방배양
  ㉠ 수분 후 수정은 되지만 성숙한 종자가 얻어지지 않는 경우 퇴화하기 전에 배, 배주, 자방 등을 배양하여 잡종식물을 얻을 수 있다.
  ㉡ 수정 후 융합된 배가 정상적으로 자라지 못하고 퇴화되는 원인은 보통 배유가 먼저 퇴화되어 배에 영양공급이 불충분해지기 때문이다.
  ㉢ 자방배양의 경우 화기의 일부분이 발달하지 않은 상태의 자방을 채취하여 인공적으로 배양한다.
  ㉣ 종, 속간 교배는 서로 다른 게놈끼리 교배하는 것으로 교잡종자를 얻기 어렵다.

④ 약배양 및 화분배양
  ㉠ 약배양은 화분이 들어 있는 약을 식물체에 분리하여 배양하고 화분배양은 약에서 체세포 조직을 제거하여 소포자만을 분리 배양한다.
  ㉡ 약배양 및 화분배양은 반수체를 육성하여 육종 연한을 단축시킬수 있으며 담배, 벼 등의 작물에 적용 가능하다.

⑤ 원형질체 융합
　㉠ 원형질체 융합은 교잡에 의해 수정이 되지 않아 종자를 얻을 수 없는 식물을 대상으로 하여 원형질체를 융합하여 체세포 잡종을 얻는 방법이다.
　㉡ 교배가 불가능한 두 식물의 원형질체를 나출시켜 한 곳에 모아 자극을 통해 두 종류의 원형질체가 융합하게 하고 융합된 원형질체를 배양하여 캘러스를 형성하여 식물체를 유도한다.

5. 영양번식(삽목, 접목, 분주, 분구 등)

(1) 영양번식의 뜻과 이점
① 영양번식은 채종이 곤란한 작물에 적용하면 유리하다.
② 우량한 상태의 유전형질을 유지할 수 있다.
③ 종자번식보다 생육이 왕성하고 짧은 기간 내에 수확이 가능하고 수량도 증가한다.
④ 접목의 경우 환경에 대한 적응성, 병해충에 대한 저항력이 증가한다.
⑤ 영양번식에 유리한 작물로 감자, 고구마 등이 있다.

(2) 영양번식의 종류
① 작물에 적용하는 영양번식 방법에는 분주, 삽목, 취목, 접목 등이 있다.
② 분주 : 뿌리가 달린채로 분리하여 번식시키는 방법으로 분주 시기에 따라 화아분화, 개화시기가 결정되기도 한다.
③ 삽목 : 모체에서 분리한 영양체의 일부를 삽상에 심어 뿌리를 내리게 하여 독립개체로 번식시키는 방법이다. 삽목의 부위에 따라 엽삽, 근삽, 지삽으로 분류한다.
④ 취목 : 식물의 가지나 줄기를 모체에서 분리하지 않고 흙에 묻거나 암흑상태에 습기와 공기 조건을 맞추어 주면 발근이 되어 이 발근된 부위를 독립적으로 번식시키는 방법이다.
⑤ 접목 : 접목은 두가지 식물의 형성층 부위를 밀착시켜 접합하도록 하는 방법으로 정부가 되는 부분을 접수, 기부가 되는 부분을 대목이라 한다.

(3) 취목
① 나무의 가지 일부분의 껍질을 벗겨 땅속에 묻어 뿌리를 내리는 방법으로 삽목이 어려운 경우 대체하는 방법이다.
② 취목은 방법에 따라 다음과 같이 분류된다.

종류	특징
단순취목 (선취법)	가지를 굽혀서 땅속에 묻고 자기의 선단을 지상으로 나오게 하는 방법이다.
공중취목 (고취법)	가지나 줄기의 일부에 상처를 주고 그 자리에 수태 혹은 황토로 싸서 건조하지 않도록 해주며 물을 주어 적당한 습도 조건에 유지하여 발근하는 방법으로 관상수목에 적용시 높은 곳에서 발근시킨다.
단부취목	가지를 굽혀 땅속에 묻어 지상으로 굴곡한 후 성장시켜 분주하는 방법이다.
매간취목	나무의 전체를 평면으로 묻어 새가지를 나오게 하고 이후 가지 밑에서 뿌리가 나오면 절단하여 새 개체를 만드는 방법이다.
파상취목	가지를 여러번 파상적으로 굽혀 굴곡시켜 번식하는 방법이다.
맹아지 취목	나무의 줄기를 지면 부근에서 절단하고 성토하여 그곳에서 새로운 가지의 밑부분에서 뿌리가 나오게 하는 방법이다.

(4) 접목육묘

① 접목육묘는 오이, 수박, 멜론, 가지, 토마토 등의 작물에 토양병해충의 피해를 예방하고 양분의 흡수를 증대시키기 위해 이용된다.
② 접목육묘에 있어 대목은 내병성, 내습성에 대한 친화력이 강해야 한다.
③ 접목육묘에서 초세조절을 잘못하면 기형과의 발생이 증가하고 당도가 낮아진다.
④ 접목 방법에는 주로 할접(쪼개접), 호접(맞접), 삽접(꽂이접)이 이용된다.
⑤ 작물의 종류에 따라 적합한 접목방법을 선택하며 오이는 맞접, 수박은 꽂이접을 적용한다.

(5) 영양기관

① 종묘로 이용되는 영양기관에는 눈, 잎, 줄기 등이 활용된다.
② 눈의 경우 마, 포도나무 등에 적합하며 잎은 베고니아 등이 대표적이다.
③ 줄기의 경우 다음과 같이 분류된다.
　㉠ 덩이줄기(괴경) : 감자, 토란, 돼지감자 등
　㉡ 알줄기(구경) : 글라디올러스, 프라이자 등
　㉢ 비늘줄기(인경) : 마늘, 양파 등
　㉣ 땅속줄기(지하경) : 생강, 연, 박하, 호프 등

04 육종과 채종작업 하기

1. 인공수분

① 인공수분은 인공적으로 꽃가루를 암술머리에 묻혀주는 방법이다.
② 수분수는 화합성이 높고 완전한 꽃가루를 많이 생산하고 주품종과 개화기가 일치한 것이 좋다.
③ 인공수분의 경우 수박, 오이, 호박, 참외 등과 같은 박과채소나 일부 작물에서 이용되고 있다.
④ 교배에 앞서 제웅이 필요한 것으로 벼, 보리, 토마토, 가지, 귀리 등이 있으며 교배 전 제웅이 필요 없는 것으로 오이, 호박, 수박 등이 있다. 제웅 후 충매에 의한 자연교잡에는 토마토, 오이 등이 있다.

2. 채종작업

(1) 채종지의 조건

① 기후
  ㉠ 강우량이 많으면 임실률이 떨어지기에 강우량 및 습도가 적당해야 한다. 양파의 경우 공중습도가 높은 경우 수정이 잘 안되기에 강우가 적은 곳을 채종지로 선택하기도 한다.
  ㉡ 개화기에는 다소 건조한 것이 좋다.
  ㉢ 온도가 너무 높은 곳은 꽃가루가 건조하여 임실률이 떨어진다.
  ㉣ 겨울에는 기온이 온화하고 등숙기에 기온의 교차가 큰 곳이 좋다.

② 토양 및 포장
  ㉠ 토양의 경우 유기질이 풍부한 식양토~사양토가 적당하다.
  ㉡ 배수가 양호하고 지력이 좋은 곳을 선정한다.
  ㉢ 토양의 산도는 중성이 좋으며 pH가 낮을 경우 석회를 이용하여 pH 6~7 정도로 조절해준다.
  ㉣ 토양병원균 및 토양 해충의 발생밀도가 낮은 곳을 선정한다.
  ㉤ 유해잡초 발생지는 피하도록 한다.

(2) 채종포의 관리

① 채종지 선정
  ㉠ 채종재배는 작물별로 적절한 집단채종포를 선정해야 한다.
  ㉡ 종자의 퇴화 방지를 위해 씨감자는 고랭지에서, 옥수수 및 십자화과작물 등과 같은 타가수정을 원칙으로 하는 작물은 유전적 퇴화 방지를 위해 섬이나 산간지에서 인위적 격절이 필요하다.
  ㉢ 벼, 맥류 등의 화본과작물은 과도한 비옥지 및 척박지 토양은 피하도록 한다.
  ㉣ 채종포 관리에 있어 가장 우선적으로 고려해야 할 사항은 자연적 교잡과 이품종 혼입에 대한 방지이다.
  ㉤ 겨울 기온이 온화하며 등숙기에 기온의 교차가 큰 곳을 선정한다.
  ㉥ 채종포는 꽃 피는 시기와 종자의 등숙기에 비가 적고 건조한 곳이어야 한다.

② 종자의 처리
  ㉠ 채종재배에 공용할 종자는 원종포 등에서 생산 관리된 우량종자를 선택한다.
  ㉡ 생리적 퇴화 방지를 위해 선종과 종자소독 등 필요한 처리를 하고 파종하도록 한다.
  ㉢ 감자는 바이러스 병 등과 같은 전염 방지를 위해 바이러스 검정법을 적용하도록 한다.

③ 파종과 정식
  ㉠ 파종은 주로 조파(줄뿌림)으로 한다. 조파는 종자의 소요량이 적고 고르게 파종할수 있어 이형주를 제거하거나 관찰할 경우 통로로도 이용할수 있다.
  ㉡ 파종기는 지역 및 품종에 따라 조정하되 너무 빠르거나 늦지 않도록 한다.
  ㉢ 파종 시에는 종자열의 간격을 유지하고 단위면적당 파종량을 조절한다.
  ㉣ 재식밀도는 토성, 비옥도, 가용수분 함량 등을 고려하여 결정하며 밀식보다는 소식하여 충실한 종자를 생산하도록 한다.

④ 격리재배
  ㉠ 채종재배는 다른 품종과의 교잡으로 퇴화의 가능성이 있기에 품종특성 유지를 고려한다면 다른 품종과 채종포장과의 격리를 해야 한다.
  ㉡ 격리거리는 작물별에 차이가 포장 검사 및 종자검사의 검사기준에 의거한다.

작물	포장격리
벼, 겉보리, 쌀보리, 맥주보리, 밀, 콩, 고구마, 팥, 땅콩, 녹두	· 원원종포·원종포는 이품종으로부터 3m이상 격리되어야 하고, 채종포는 이품종으로부터 1m이상 격리되어야 한다. 다만, 각 포장과 이품종이 논둑등으로 구획되어 있는 경우에는 그러하지 아니하다.
옥수수	· 원원종, 원종의 자식계통 및 채종용 단교잡종 : 원원종, 원종의 자식계통은 이품종으로부터 300m 이상, 채종용 단교잡종은 200m 이상 격리되어야 한다. 다만, 건물 또는 산림 등의 보호물이 있을 때는 200m 로 단축할 수 있다. · 복교잡종, 삼계교잡종 : 이품종 또는 유사품종으로부터 200m 이상 격리되어야 한다
감자	· 원원종포 : 불합격포장, 비채종포장으로부터 50m 이상 격리되어야 한다. · 원종포 : 불합격포장, 비채종포장으로부터 20m 이상 격리되어야 한다. · 채종포 : 비채종포장으로부터 5m이상 격리되어야 한다. · 십자화과, 가지과, 장미과, 복숭아나무, 무궁화나무, 기타 숙주로부터 10m 이상 격리되어야 한다. · 다른 채종단계의 포장으로부터 1m이상 격리되어야 한다. · 망실재배를 하는 원원종포·원종포 또는 채종포의 경우에는 격리거리를 포장격리기준의 10분 1로 단축할 수 있다.
참깨	· 이품종으로부터 500m 이상 격리되어야 한다. 다만, 동일 종피색 품종간의 격리거리는 5m 이상으로 하며, 망실재배시에는 격리거리를 적용하지 아니 한다.
들깨	· 이품종으로부터 5m 이상 격리되어야 한다.
유채	· 원원종은 망실재배를 원칙으로 하며, 이때 격리거리는 필요없다. · 원종, 보급종은 이품종으로부터 1,000m 이상 격리되어야 한다. 다만, 산림 등 보호물이 있을 때에는 500m 까지 단축할 수 있다.
화훼 구근류	· 불합격 포장, 다른 구근류 재배포장으로부터 20m 이상 격리되어야 한다. 다만, 망실재배를 하는 포장의 경우에는 10분의 1로 단축할 수 있다.

ⓒ 채소작물의 포장격리 기준은 다음의 내용에 따른다.

작물명	격리거리(m)	포장 내지 식물로부터 격리되어야 하는 것
무	1,000	① ②
배추	1,000	① ②
양배추	1,000	① ②
고추	500	① ②
토마토	300	① ②
오이	1,000	① ②
참외	1,000	① ②
수박	1,000	① ②
호박(박)	1,000	① ②
파	1,000	① ②
양파	1,000	① ② ③
당근	1,000	① ②
상추	60	① ②
시금치	1,000	① ②

① 같은 종의 다른 품종
② 바람이나 곤충에 의해 전파된 치명적인 특정병 또는 기타병에 감염된 같은 작물이나 다른 숙주식물
③ 교잡양파 양친계통 : ① ②로부터 1,600m
　위의 격리거리 요건은 다른 종자작물과 종자포장에서 같은 시기에 개화하는 채소 생산작물에 적용된다. 종자포장내지 단지가 자연적 또는 인위적인 방어물로 불필요한 화분립원과 종자전파성 질병을 충분히 방어할 수 있고 다른 작물에 의한 수분이 불가능 할 때는 무시한다.
(예, "온실재배, 교배모본에 인위적 교배장치를 한 재배"등)

⑤ **시비와 관개**
　㉠ 채종재배는 종자에 충실하기 위해 질소과용을 피하고 인산 및 칼륨을 충분히 공급한다.
　㉡ 채종재배 시 질소의 공급을 일찍 끊게 되면 개화 및 채종기가 빨라진다.
　㉢ 퇴비는 토성에 따라 충분히 부숙된 퇴비를 사용하도록 한다.
　㉣ 채종포가 건조하면 발아 및 유묘 출현이 불량하기에 충분히 물을 공급한다.
　㉤ 충분한 양분이 공급되지 못할 경우 신장 억제 및 꽃가루의 생산능력이 떨어지게 된다.
　　• 무, 배추, 양배추 등은 붕소가 결핍되면 화주가 돌출되고 개화가 불균일하게 된다.
　　• 완두, 옥수수, 멜론 등은 몰리브덴이 부족할 경우 꽃가루 생산능력이 떨어진다.

ⓗ 토양이 비옥하고 배수가 양호하며 보수력이 좋은 토양이 좋다.
⑥ 결실 조절
　　　㉠ 한 그루에 너무 많은 열매가 있으면 충분한 양분 공급이 어려워 생산된 종자의 활력이 떨어지고 수명이 짧다. 이러한 경우 적심, 적과, 가지치기 등을 통해 결실량을 조절하여 종자에 충분한 양분이 공급되도록 유도한다.
　　　㉡ 가능하면 균등하게 성숙시켜 수확기간을 단축하도록 한다.
　　　㉢ 적심은 성장과 결실을 조절하기 위하여 식물의 눈이나 생장점을 따 내는 작업으로 순따기 혹은 순지르기라고 한다. 과채류, 두류 등에 실시하기 좋으며 담배, 상추 등의 작물에 적용할 수 있다.

⑦ 이형주 제거
　　　㉠ 이형주는 동일 품종 내에서 고유한 특성을 갖지 않은 개체를 말한다. 이러한 개체는 빨리 제거해야 정상적인 식물체에 수분되는 것을 막아 품종의 유전적 순도를 높이거나 유지할 수 있다.
　　　㉡ 이형주는 출수개화기나 성숙기에 걸쳐 제거하도록 한다.

3. 종자의 저장

(1) 종자 저장

① 종자 저장은 호흡작용을 억제하여 종자의 활력을 유지하는 것이며 가장 중요한 외적요인은 온도와 상대습도이며 내적요인은 수분함량이다.
② 종자의 저장을 위한 건조제에는 실리카겔, 염화칼슘(염화석회), 생석회, 나뭇재 등이 활용된다.
③ 장기 보관용 종자 저장고의 습도는 20~30% 정도에서 저장할 때 종자의 수명이 가장 길어진다.
④ 종자 저장을 위해 사용되는 훈증제는 알루미늄포스파이드 훈증제, 메틸브로마이드 훈증제 등이 종자 소독 후 저장하는데 활용된다.
⑤ 종자 저장시 철제용기가 종이재료 용기보다 종자의 안전저장에 유리한 이유는 철제용기가 수분의 함량을 유지시키는데 가장 효과적이기 때문이다. 캔과 같은 알루미늄 철제용기는 수분함량을 5% 수준으로 유지시킨다.
⑥ 저장종자의 발아력 상실 원인은 다음과 같다.
　　　㉠ 종자 단백질의 변성

ⓒ 호흡에 의한 종자의 저장물질의 소모
ⓓ 저장기간 동안 저장고 온도 및 습도의 상승 혹은 급격한 변화

⑦ 종자 저장시 수분의 함량이 많을 경우 나타나는 문제점은 다음과 같다.
  ㉠ 저장 중 양분의 손실이 발생한다.
  ㉡ 호흡의 증가로 종자 사멸 및 발아 곤란하다.
  ㉢ 곰팡이가 번식한다.
  ㉣ 곤충의 번식장소가 되기도 한다.
  ㉤ 종자의 기계적 피해가 발생한다.

(2) 종자의 저장방법과 설비

① 종자의 저장방법
  ㉠ 건조저장법
    • 수분함량 12~14% 이하로 건조시켜 저장하도록 한다.
    • 건조한 종자를 저온, 저습, 밀폐된 상태로 저장하면 수명이 연장된다.
  ㉡ 상온저장법
    • 상온저장법은 실온저장법이라 하며 종자를 건조시켜 용기에 담아 0~10℃ 정도의 실온에서 보관하는 방법이다.
    • 기온과 습도를 낮게 유지하는 것이 좋고 가을에서 이듬해 봄까지 저장한다
    • 장기간 저장하는 방법으로는 적합하지 않다.
  ㉢ 밀봉(저온)저장법
    • 종자를 건조시키고 탈기하여 진공상태로 밀봉시켜 냉장고와 같은 저장소에 보관하는 방법이다.
    • 함수율 5~7% 이하로 유지한 종자를 밀봉용기에 보관하는데 실리카겔과 같은 건조제와 황산칼륨과 같은 활력억제제를 종자 무게의 10% 정도 함께 넣어 보관하면 효과가 극대화 된다.
    • 수년~수십년까지 발아력을 유지할 수 있다.

05 종자의 검사하기

※ 상세내용은 1단원 종사검사 참고

1. 시료추출

① 소집단의 구성
- 작물별, 생산자별, 품종별, 품위별로 편성하되 소집단(lot)의 크기는 제시된 소집단의 최대중량을 기준하여 5% 허용범위를 넘지 않아야 하며, 감자 등 서류작물은 최대 40톤 단위로 한다.
- 과수 원종 및 모수는 묘목 한 주를 한 개의 소집단으로 한다. 보급종은 과종별·생산자별·품종별·품위별로 편성하되 소집단 크기가 10,000주를 초과하지 않아야 한다.
- 소집단은 시료추출과 검사표시가 용이하도록 적재되어야 한다.
- 소집단의 시료채취는 대표성이 있어야 하며 그 시료의 품위가 확연히 불균일할 때에는 시료채취를 거부하여야 한다. 다만, 검사신청자가 희망할 경우 품위별로 소집단을 다시 편성하게 한 후 시료를 채취할 수 있다. 채취된 시료는 혼합, 교반하여 균일하게 한다.

② 포장(용기)검사
소집단의 포장재, 포장상태, 표시사항 등의 적정여부를 검사한다.

③ 중량검사
- 중량검사는 임의추출 방법에 의하되 소집단별 실 중량의 조사수량과 비율은 다음과 같다. 단, 포장재 중량이 균일한 것은 일정량의 포장재를 계량하여 포장재 평균 중량으로 실 중량을 추정할 수 있다.

소집단 크기	100대 까지	101~500대	501대 이상
조사수량 또는 비율	5대 이상	5% 이상	3% 이상 (최소 25대 이상)

④ 시료 추출
  ㉠ 시료채취는 수검자 입회하에 시료채취원이 행한다.
  ㉡ 시료 추출 밀도 및 추출량
  소집단별 1차시료 추출은 다음 기준에 따르며, 합성시료의 양은 제출시료의 최소 중량 이상이어야 한다. 단, 고가품 종자이거나 이종종자 등을 판정하지 않는 경우에는 그러하지 아니할 수 있다.

2. 순도분석

① 순도분석의 목적은 시료의 구성요소(정립, 이종종자, 이물)를 중량백분율로 산출하여 소집단 전체의 구성요소를 추정하고, 품종의 동일성과 종자에 섞여 있는 이물질을 확인하는데 있다.

② 검사시료는 정립, 이종종자, 이물의 세 부분으로 구분하고 각 부분의 비율은 무게로 정한다. 가능한 모든 종자의 종과 각 이물의 종류를 동정하여야 하며 필요하면 이들 각각에 대한 중량의 백분율을 산출하여야 한다.

③ 순도검사는 검사에 사용된 종자의 총무게에 대한 정립의 무게 비율을 통해 순량율을 구한다.

$$순량률(\%) = \frac{순정종자량(g)}{작업량(g)} \times 100$$

④ 각 항목의 무게를 합한 총중량을 원래의 중량과 비교하여 증감 여부를 확인하고 원래의 중량에서 5% 이상 차이가 있을 때는 재분석을 실시하고 그 결과를 분석치로 사용한다.

⑤ 각 항목의 중량 비율은 소수점 아래 1자리로 한다. 비율은 원래의 중량이 아닌 구성요소의 무게를 합한 총중량을 기준으로 해야 한다. 정립이 아닌 다른 특정 식물종이나 특정 이물의 백분율은 요청 받은 것이 아니면 계산할 필요가 없다.

3. 발아검사

① 발아검정의 궁극적인 목적은 종자집단의 최대 발아능력을 판정함으로써 포장 출현율에 대한 정보를 얻고, 또한 다른 소집단간의 품질을 비교할 수 있게 하는 데 있다.

② 발아란 알맞은 토양조건에서 장차 완전한 식물로 생장할 수 있는지의 여부를 보여주는 유묘 단계까지 필수구조들이 출현하고 발달된 것을 말한다.

③ 묘의 분류는 다음과 같이 분류된다.
  ㉠ 정상묘
    정상묘는 질 좋은 흙과, 적당한 수분, 온도, 광의 조건에서 식물로 계속 자랄 수 있는 능력을 보이는 것으로 다음과 같이 구분된다.
    - 완전묘 : 모든 필수 구조가 잘 발달하고 무병하며 균형이 완전한 묘
    - 경 결함묘 : 완전묘와 비교하여 균형 있게 발달하고 다른 조건도 만족할 만한 묘이지만 필수구조에 가벼운 결함이 있는 묘
    - 2차 감염묘 : 완전묘, 경결함 묘로서 종자 자체의 전염이 아닌 외부의 다른 원인으로 진균이나 세균의 감염을 받은 묘

㉡ 비 정상묘(Abnormal Seedlings)

적당한 수분, 온도, 광과 좋은 토양에서 정상 식물로 자랄 수 있는 가능성이 없는 묘로 다음의 것을 포함할 수 있다.

- 피해묘 : 어떤 필수 구조가 없거나 균형 있는 성장을 기대할 수 없는 심한 장해를 받은 묘
- 모양을 갖추지 못 했거나(기형) 또는 부정형묘 : 약하게 생장했거나 생리적인 손상 또는 필수구조가 형을 갖추지 못 했거나 균형을 잃은 묘
- 부패묘 : 필수구조가 종자 자체로부터 감염되어 발병 또는 부패로 정상 발달이 어려운 묘

㉢ 복수 발아종자 단위(Multigerm seed units)

- 한 개의 종자 중에서 두 개 이상의 묘가 나오는 것을 말한다.
- 진실종자가 두 개이상 들어있는 단위
  [예. 복수발아종자인 오차드그라스, 페스큐, 귀리, 분리되지 않은 산형과의 분열과, 근대, 사탕무의 화방(cluster) 등]
- 두개 이상의 배가 들어있는 진실종자
  [어떤 종(복배) 또는 예외적인 다른 종(쌍둥이)에서 정상적으로 일어나고 쌍둥이는 보통 묘의 하나가 약하고 길쭉하나 간혹 둘 다 정상크기에 가까울 때도 있다.]
- 융합배(간혹 한 종자에서 함께 붙은 두 개의 묘가 나온다)

㉦ 불발아 종자

시험기간이 끝나도 발아하지 않는 종자로 다음과 같이 구분된다.

- 경실종자 : 물을 흡수하지 못하여 시험기간이 끝나도 단단하게 남은 종자
- 신선종자 : 경실이 아닌 종자로 주어진 조건에서 발아하지는 못하였으나 깨끗하고 건실하여 확실히 활력이 있는 종자
- 죽은종자 : 경실 종자도 신선종자도 아니면서 시험기간이 끝나도 묘의 어느 부분도 출현하지 않은 종자
- 기타범주 : 종자 속이 비었거나 발아하지 않은 종자로 자세한 범주는 별표 5의 분류에 따른다.

④ 정립종자 중에서 무작위로 100입씩 반복하여 400입을 추출하여 일정한 공간과 알맞은 간격을 유지하여 젖은 배지 위에 놓는다. 반복은 종자크기와 종자 사이의 간격 유지에 따라 50 또는 25입인 준 반복으로 나눌 수 있다. 복수발아종자는 분리하지 않으며 단일종자로 취급한다.

⑤ 다음과 같은 상황으로 판단될 때는 통보를 보류하고 동일한 방법 또는 다른 지정된

방법으로 재시험을 해야 한다.
- 휴면으로 여겨질 때(신선종자)
- 시험결과가 독물질이나 진균, 세균의 번식으로 신빙성이 없을 때
- 상당수의 묘에 대해 정확한 평가를 하기 어려울 때
- 시험조건, 묘평가, 계산에 확실한 잘못이 있을 때
- 100입씩 반복간 차이가 최대허용오차를 넘을 때

4. 수분함량검사

① 수분함량은 이 규정에 따라 건조할 때 중량상의 감량을 말하며 원래 시료의 중량에 대한 백분율로 나타낸다.
② 수분을 측정하는 데는 분쇄기, 항온기, 수분측정관 및 데시케이터 등 부속품, 분석용 저울, 체, 간이 수분측정기가 필요하다
③ 주의사항
- 측정은 시료 접수 후 가능한 한 빨리 시작해야 한다.
- 측정하는 동안 시료의 노출을 가급적 피해야 하며 분쇄가 필수적이 아닌 종은 시료가 접수된 상태의 용기에서 꺼내어 건조용기에 집어넣을 때까지 2분 이상을 경과해서는 안 된다.

④ 분쇄가 필수적인 종에는 귀리, 콩, 땅콩, 메밀, 목화, 보리, 벼, 밀, 옥수수, 피마자, 호밀, 기장, 수수, 수단그라스, 벳지, 수박, 팥이 있다
⑤ 곱게 마쇄하여야 하는 종은 분쇄된 것이 0.50mm 그물체를 최소한 50%통과하고 남는 것이 1.00mm 그물체 위에 10% 이하이어야 한다.

5. 천립중 검사

① 천립중은 완숙한 종자 1,000립의 중량으로 나타내는 방법이다.
② 정립종자에서 종자 수를 세고 계량하여 천립중을 계산한다.
③ 검사시료로부터 무작위로 100입씩 추출한 여덟 개의 반복을 손 또는 계수기를 사용하여 계수 한다.

6. 종자 활력검사

① 일반적으로 종자의 활력(특히 휴면성)을 신속하게 평가하고 발아시험 종료시 높은 휴면율을 보이는 특수시료의 경우 개개의 휴면종자나 검사시료의 활력을 판정하며, 신속한 발아능력의 판정이 필요한 경우 국내용 종자 수매 검사시 발아율 조사를

대신할 수 있다.
② TZ 검정은 종자의 활력을 신속하게 평가할 수 있는 생화학적 검정방법으로, 수확 후 얼마 지나지 않은 종자를 심은 경우, 해당 종자가 심한 휴면상태에 있는 경우, 발아가 느리게 출현하는 경우에 종자의 발아 잠재력을 신속하게 평가할 필요가 있는 경우에 사용 가능하다.
③ 0.1~1.0%의 테트라졸리움(이하 "TZ"라 한다)용액을 사용한다. 사용하는 증류수가 pH 6.5~7.5범위가 아닐 때는 아래와 같이 완충시켜야 한다.
④ 검사는 100입씩 4반복으로 하는데 정립종자에서 무작위로 추출하거나 발아시험 종료 시에 나온 하나의 휴면종자로 한다.
⑤ 종자의 조제와 처리는 다음의 방법에 따른다.
- 종자는 TZ용액의 침투를 촉진하기 위하여 전처리를 한다.
- 전처리 한 종자 또는 배 부위를 규정된 시간과 온도로 TZ용액에 완전히 담근다.
- 규정된 시간이 지나면 용액은 버리고 종자를 물에 행군 후 조사한다.
- 각 종자의 조사는 염색상태와 조직의 건전도에 따라 활력과 비활력으로 평가한다.
- 일반적으로 활력 종자의 조직은 호흡으로 생긴 탈수소효소가 산화상태의 테트라졸륨과 결합하면 붉은색 계통을 띄게 된다.

PART 6
필답형 복원문제

2021 제1회 종자기능사

01 아래 종자 사진을 보고 해당 작물 이름을 적으시오.

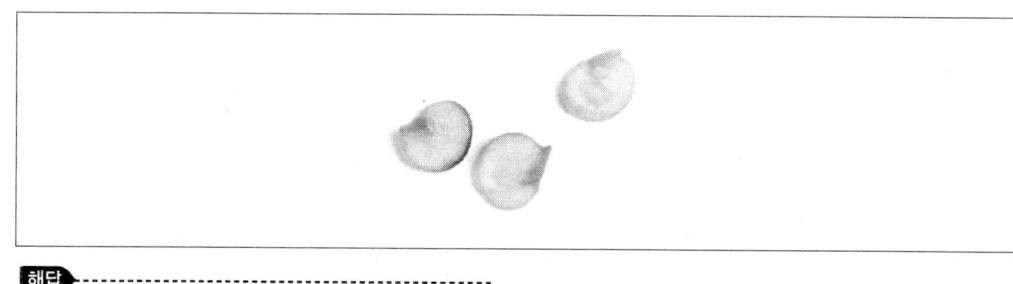

> **해답**
> 고추

02 채소류 중 호박과 수박의 식물학적 과를 쓰시오.

> **해답**
> 박과

> □ 참고
> - 명아주과 : 근대, 시금치, 비트
> - 십자화과 : 양배추, 배추, 무
> - 아욱과 : 아욱, 오크라
> - 산형화과 : 셀러리, 미나리, 당근
> - 박과 : 수박, 오이, 참외, 호박
> - 국화과 : 상추, 우엉, 쑥갓

03 종자의 발아과정을 적으시오.

> **해답**
> 수분 흡수, 효소 활성, 배의 생장, 과피의 파열, 유묘의 출아

04 테이프 종자의 정의를 적으시오.

해답

종이, 기타 분해가 가능한 재료를 이용하여 만들어진 테이프 형식의 띠에 종자를 1립이나 몇 립을 넣어 한 줄로 배치하는 것을 말한다.

05 미세종자 파종 시 미세종자와 모래의 혼합 비율을 적으시오.

해답

미세종자 : 모래 = 1 : 20

06 육묘용 상토의 조건 2가지를 적으시오.

해답

- 통기성, 투수성, 보수력이 있어야 한다.
- 토양의 산도가 4.5 ~ 5.5 정도이어야 한다.
- 병원균 및 잡초 종자가 없어야 한다.

07 육묘장의 구비조건 3가지를 적으시오.

해답

- 그늘이 들지 않아야 한다.
- 북서쪽이 막히고 남향이어야 한다.
- 관리가 용이해야 한다.
- 바람을 타지 않아야 한다.
- 지하수위가 낮아야 한다.

08 아래 보기 중에서 호박의 제1회 가식기를 고르시오.

떡잎 때, 본입 2~3장일 때, 본입 4~5장일 때

해답

떡잎 때

□ 참고
호박의 가식기
- 1회 : 떡잎 때
- 2회 : 본입 2~3장
- 3회 : 본입 4~5장

09 아래 보기에서 팬지의 제1회 가식기를 고르시오.

> 본입 1~2장일 때 , 본입 3~4장일 때 , 본입 7~8장일 때

해답
본입 3~4장일 때

> □ **참고**
> • 1회 : 본입 3~4장
> • 2회 : 본입 7~8장

10 화훼류를 접목하는 목적 2가지를 적으시오.

해답
• 종자로 번식이 어려운 식물의 번식에 용이하다.
• 모본의 유전적 형질을 그대로 이어 받는다.
• 화목류의 경우 개화와 결실이 빨라진다.

11 사과나무 깎기접을 할 때 유의사항 2가지를 적으시오.

해답
• 예리한 칼로 한번에 잘라야 한다.
• 절단면의 건조를 막아야 한다.
• 대목과 접수의 형성층을 맞추어야 한다.
• 극성이 틀리지 않아야 한다.
• 접목 친화성이 있어야 한다.

12 박과채소의 접붙이기 순서에서 (   ) 에 알맞은 말을 적으시오.

> • 대목의 (①) 을 제거한다.
> • 떡잎 밑 2cm 부위에서 위쪽에서 아래쪽으로 (②)의 1/2 ~ 2/3 정도까지 비스듬히 내려 벤다.
> • 접수의 줄기는 대목의 자른 부위와 같은 부위에서 (②)의 1/2 ~ 2/3 정도 비스듬히 올려 벤다.
> • 대목의 접수의 (③) 부분이 밀착되도록 맞추어 끼운다.

해답
① 생장점
② 줄기 지름
③ 벤 자리

13 가지 잿빛곰팡이병의 방제법 3가지를 적으시오.

해답
- 시설재배의 경우 온도를 높이고 습도를 낮추도록 조절한다.
- 잎이 지나치게 무성하지 않도록 하며 과다 시비하지 않는다.
- 발생 전 혹은 초기에 약제를 살포한다.

14 감자에 발생한 오이총채벌레 방제법 3가지를 적으시오.

해답
- 건전한 묘를 사용한다.
- 토양소독을 통해 번데기를 방제한다.
- 약충이나 성충은 약제를 살포한다.
- 끈끈이 설치를 통해 방제한다.

15 다음 작물의 적합한 수확시기를 고르시오.

- 고구마 : 7월, 10월 초·중순, 12월 중
- 단옥수수 : 수염나기 27일전, 수염나고 30일 후, 수염나고 50일 후

해답
- 고구마 : 10월 초·중순
- 단옥수수 : 수염나고 30일 후

16 MA 저장에 대해 설명하시오.

해답

MA 저장은 고분자 필름으로 호흡하는 산물을 밀봉하여 포장 내 산소와 이산화탄소 농도를 바꾸는 기술로 숙성 및 노화 지연, 증산이 빠른 엽채류, 과채류에서 나타나는 수분손실 억제 효과, 에틸렌 민감도 감축, 저온장해 등 수확 후 생리적 장해의 억제 등이 있다.

17 클린벤치에 대해 설명하시오.

해답

클린벤치는 무균작업 실험대로서 실험대 공간에 분진이나 포자 등이 들어가지 않도록 깨끗한 공기로 채우는 장치이다.

18 종자의 수분검사 시 사용하는 장치 및 장비를 쓰시오.

해답

분쇄기, 항온기, 수분측정관, 저울, 체, 간이수분측정기.

> □ 참고
> 수분을 측정하는 데는 분쇄기, 항온기, 수분측정관 및 데시케이터 등 부속품, 분석용 저울, 체, 간이 수분측정기가 필요하다.

19 아래 (　　　) 에 알맞은 기준을 적으시오.

> 종자 수분검사 시 0.5mm, (　　), 4.0mm 목의 철제 그물체가 필요하다

해답

1.0 mm

20 클린벤치 소독 방법에 대해 적으시오.

해답

클린벤치의 살균등을 켜두어 자외선을 이용하여 소독하게 된다.

2021 제2회 종자기능사

01 아래 그림을 보고 화서의 명칭을 쓰시오

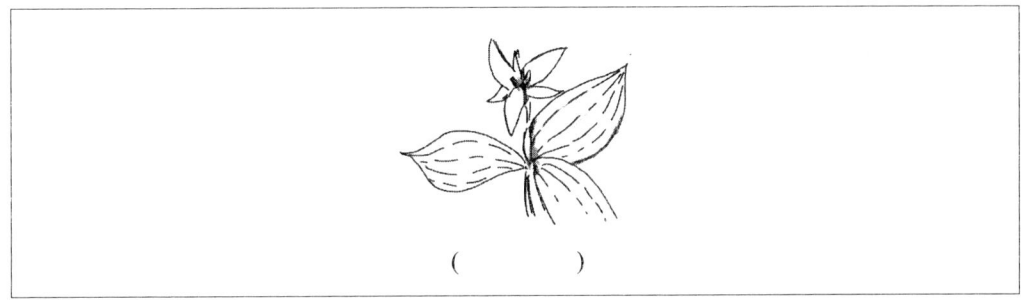
( )

해답
단정화서

02 화훼류 접목 단점 3가지를 적으시오

해답
- 일시에 다량의 묘 생산이 어렵다.
- 바이러스 감염 위험이 있다.
- 수송과 저장에 많은 노력이 필요하다.

03 꺾꽂이 장점 3가지를 적으시오

해답
- 모체의 형질을 그대로 유지할 수 있다.
- 개화 및 결실이 촉진된다.
- 동일 품종의 일시적 대량생산이 가능하다.

04 줄뿌림에 대해 설명하시오

해답
조파라 하며 종자를 줄지어 뿌리는 방법이다.

05 관행육묘와 비교하여 플러그 육묘의 장점 3가지를 적으시오.

해답
- 집중관리가 용이하다.
- 육묘기간이 단축된다.
- 기계정식이 용이하다.
- 취급 및 운반이 용이하다.
- 정식 후 활착이 빠르다.

06 갓 모자이크병 방제법 2가지를 적으시오.

해답
- 이병주를 제거한다.
- 진딧물에 의해 전반되기에 진딧물을 방제한다.
- 전염원인 십자화과 잡초를 제거한다.

07 종자 선택의 고려사항 3가지를 적으시오.

해답
균일성, 우수성, 영속성

08 발아율을 계산하시오.

- 파종 종자 수 : 100개
- 발아 종자 수 : 30개

해답

$$발아율 = \frac{발아입수}{총 종자입수} \times 100 = \frac{30}{100} \times 100 = 30(\%)$$

09 고구마에 피해를 주는 담배거세미나방 방제법 2가지를 적으시오.

해답
- 유충발생기에 전문약제를 살포한다.
- 포식성, 기생성 천적을 활용한다.

10 순도분석의 목적을 적으시오.

> **해답**
> 순도분석의 목적은 시료의 구성요소(정립, 이종종자, 이물)를 중량백분율로 산출하여 소집단 전체의 구성요소를 추정하고, 품종의 동일성과 종자에 섞여 있는 이물질을 확인하는데 있다.

11 펠릿 종자를 만드는 방법을 적으시오.

> **해답**
> 종자를 점토로 코팅하고 둥근 모양으로 만드는데 첨가물을 포함할 수 있다.

12 수박 접목 시 주의사항 2가지를 적으시오

> **해답**
> - 접수가 시들지 않게 뿌리를 물에 담가두어야 한다.
> - 사용하는 칼이 오염되지 않아야 한다.
> - 바람이 없고 고온 다습한 곳에서 접목한다.

13 아래 보기의 ( ) 에 적합한 말을 적으시오

> 배양할 식물체가 들어 있는 용기와 계대할 배양용기의 일부를 (①) 에탄올로 분무하여 소독하고 클린벤치에 넣는다. 핀셋과 메스는 (②)로 (③) 하고 거치대에서 냉각시킨다.

> **해답**
> ① 70%
> ② 알코올램프
> ③ 화염소독

14 제시된 옥수수 소집단의 최대중량과 순도검사 시 시료의 최소중량을 쓰시오.

소집단의 최대중량	시료의 최소중량			
	제출시료	순도검사	이종계수용	수분검정용
톤	g	g	g	g
①	1,000	②	1,000	100

> **해답**
> ① 40톤
> ② 900g

15 채소류에서 가지와 토마토의 식물학적 과를 쓰시오

> 해답

가지과

16 아래 보기의 작물과 안전저장을 위한 종자의 최대수분함량을 연결하시오

	시금치	5.7%
	가지	6.3%
	토마토	7.8%

> 해답

시금치 → 7.8%
가지 → 6.3%
토마토 → 5.7%

17 아래 보기의 작물과 수확적기 수분함량을 연결하시오

	옥수수	14%
	벼, 보리	16~19%
	귀리	17~23%
	밀	19~21%
	콩	20~25%

> 해답

옥수수 → 20~25%
벼, 보리 → 17~23%
귀리 → 19~21%
밀 → 16~19%
콩 → 14%

18 육묘용 비료의 조건 3가지를 적으시오.

> 해답

- 통기성, 보수성, 흡수력, 투수성 등의 물리적 성질이 좋아야 한다.
- 값이 저렴하고 취급이 용이하며 활착성이 우수해야 한다.
- 입자가 고르고 출아상태가 안정적이어야 한다.

19 종자의 수분검사 시 사용하는 장치 및 장비를 쓰시오

해답

분쇄기, 항온기, 수분측정관, 저울, 체, 간이수분측정기

20 다음 종자의 구조를 보고 보기에서 알맞은 용어를 골라 적으시오

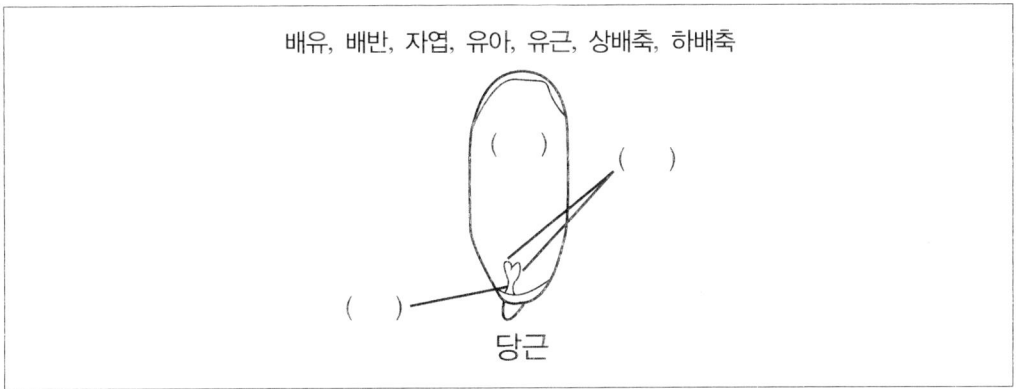

해답

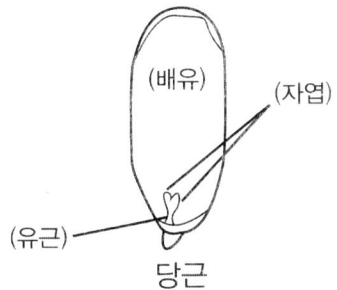

2021 제3회 종자기능사

01 다음 보기에 작물종자를 호광성, 혐광성으로 분류하여 적으시오

> 담배, 호박, 고추, 상추, 가지, 갓

해답
- 호광성 : 담배, 상추, 갓
- 혐광성 : 호박, 고추, 가지

02 아래 그림의 화서 종류를 적으시오

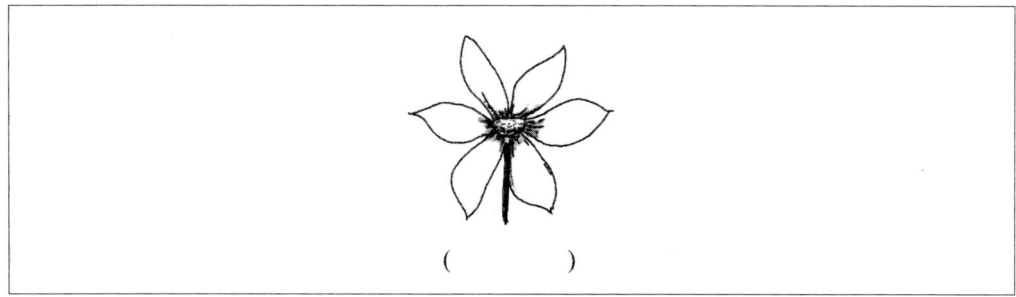

(   )

해답
집단화서

03 배 가루깍지벌레 방제법 2가지를 적으시오

해답
- 월동처를 제거한다.
- 늦가을에 기계유 유제를 살포한다.
- 무당벌레 같은 천적을 이용한다.

04 줄뿌림에 대해 설명하시오

해답
조파라 하며 종자를 줄지어 뿌리는 방법이다.

05 제시된 벼 소집단의 최대중량과 순도검사 시 시료의 최소중량을 쓰시오.

소집단의 최대중량	시료의 최소중량			
	제출시료	순도검사	이종계수용	수분검정용
톤	g	g	g	g
①	②	③	④	⑤

해답

① 30 ② 700 ③ 70 ④ 700 ⑤ 100

06 발아율을 계산하시오.

- 파종 종자 수 : 100개
- 발아 종자 수 : 20개

해답

$$발아율 = \frac{발아입수}{총 종자입수} \times 100 = \frac{20}{100} \times 100 = 20(\%)$$

07 관행육묘와 비교하여 플러그 육묘의 장점 3가지를 적으시오.

해답

- 집중관리가 용이하다.
- 육묘기간이 단축된다.
- 기계정식이 용이하다.
- 취급 및 운반이 용이하다.
- 정식 후 활착이 빠르다.

08 다음 아래 용어에 대해 설명하시오.

평휴법, 성휴법, 휴립법

해답

- 평휴법 : 이랑을 평평하게 하여 이랑과 고랑 높이를 같게 하는 방법
- 성휴법 : 이랑을 보통보다 넓고 크게 하는 방법
- 휴립법 : 이랑을 세워 고랑이 낮게 하는 방법

09 아래 용어에 대해 설명하시오.

> 적아 , 적엽

해답
- 적아 : 눈이 트려고 할 때 필요하지 않은 눈을 손끝으로 따주는 것을 말한다.
- 적엽 : 하부에 낡은 잎을 따서 통풍 및 통광의 효과가 나타나도록 한다.

10 수분검사 장비 중 분쇄기의 조건을 적으시오.

해답
- 비흡수성 물질로 만들어야 한다.
- 분쇄작업 시 열이 나지 않아야 한다.
- 제시한 입도를 얻을 수 있도록 조절 가능해야 한다.

11 다음 미세종자 파종에 대한 내용이다. ( ) 에 알맞은 말을 적으시오.

> 미세종자는 흙덮기를 (①) 신문지로 덮어 햇빛과 습도를 조절한다. (②) 는 물을 밑으로 흡수시키는 관수법으로 물통에 물을 받은 다음 그 위에 파종상자를 놓아 관수한다.

해답
① 하지 않거나 가볍게 눌러주고
② 저면관수

12 고구마 더뎅이병 방제법 2가지를 적으시오.

해답
- 토양산도를 pH 5.2 이하로 낮춘다.
- 연작을 피한다.
- 다량의 미숙퇴비를 피하도록 한다.

13 수박 접붙이기 장점 3가지를 적으시오.

해답
- 토양전염병을 방제할 수 있다.
- 양분과 수분의 흡수력이 증대된다.
- 이식성이 향상된다.

14 순도분석의 목적을 적으시오.

해답

순도분석의 목적은 시료의 구성요소(정립, 이종종자, 이물)를 중량백분율로 산출하여 소집단 전체의 구성요소를 추정하고, 품종의 동일성과 종자에 섞여 있는 이물질을 확인하는데 있다.

15 아래 보기의 ( ) 에 적합한 말을 적으시오.

> 배양할 식물체가 들어 있는 용기와 계대할 배양용기의 일부를 (①) 에탄올로 분무하여 소독하고 클린벤치에 넣는다. 핀셋과 메스는 (②)로 (③) 하고 거치대에서 냉각시킨다.

해답

① 70%
② 알코올램프
③ 화염소독

16 다음 종자의 구조를 보고 보기에서 알맞은 용어를 골라 적으시오.

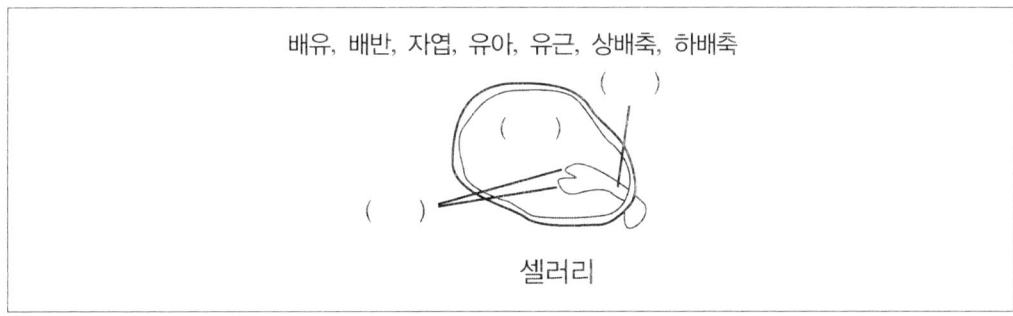

해답

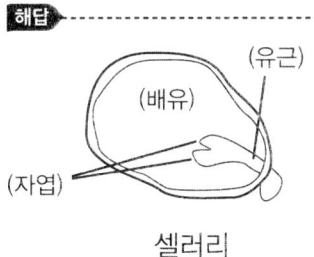

2022 제1회 종자기능사

01 종자 100개를 파종하여 40개의 종자가 발아하였다. 이 경우 발아율을 구하시오.

해답

$$발아율 = \frac{발아입수}{총종자입수} \times 100 = \frac{40}{100} \times 100 = 40(\%)$$

02 다음은 셀러리 종자 그림이다. 빈칸을 채우시오.

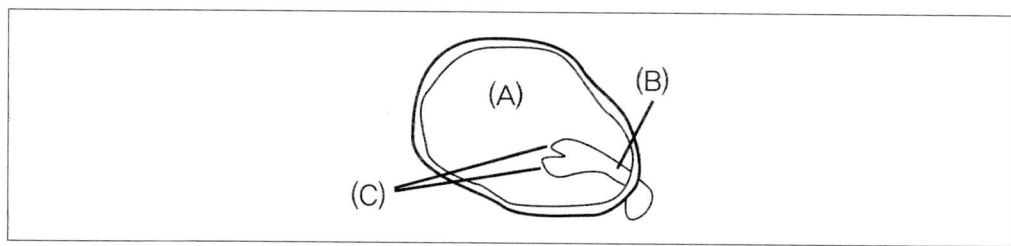

해답

A : 배유, B : 유근, C : 자엽

03 아래 그림의 화서 종류를 적으시오.

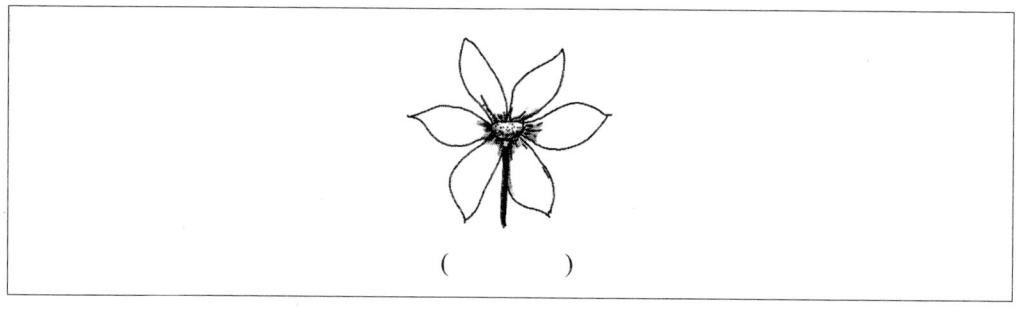

( )

해답

집단화서

04 과수나무 접목의 장점 5가지를 적으시오.

해답
- 새로운 품종의 증식에 유리하다.
- 결과 연령을 앞당길 수 있다.
- 모수의 우수한 특성을 유지할 수 있다.
- 병해충에 대한 저항성이 증가한다.
- 고접으로 노목의 품종 갱신이 가능하다.

05 줄뿌림에 대해 설명하시오.

해답
조파라 하며 종자를 줄지어 뿌리는 방법이다.

06 우량종자의 구비조건 5가지를 적으시오.

해답
① 우량품종에 속하는 종자
② 유전적으로 순수한 종자
③ 충실하게 발달하고 생리적으로 안정된 종자
④ 병해충에 감염되지 않은 종자
⑤ 발아력이 건전한 종자

07 아래 보기의 내용에서 배양실의 실험환경으로 적합한 것을 고르시오.

< 보기 >
◎ 배양실의 온도는 (20 ~ 25℃ / 40 ~ 45℃) 이다.
◎ 배양실의 습도는 (20 ~ 30% / 70 ~ 80%) 이다.

해답
배양실의 온도는 20~25℃, 습도는 60~80%를 유지시키는 것이 이상적이다.

08 수분검사 장비 중 분쇄기의 조건 2가지를 적으시오.

해답
- 비흡수성 물질로 만들어야 한다.
- 분쇄작업 시 열이 나지 않아야 한다.
- 제시한 입도를 얻을 수 있도록 조절 가능해야 한다.

09 수박, 오이, 참외, 호박의 식물학적 과를 적으시오.

> **해답**
> 박과

10 아래 보기 중 종자의 수명에 따른 단명종자와 장명종자를 구분하여 적으시오.

< 보기 >
고추, 옥수수, 가지, 수박

> **해답**
> - 단명종자 : 고추, 옥수수
> - 장명종자 : 수박, 가지

11 휴립휴파법과 휴립구파법의 정의를 적으시오.

> **해답**
> - 휴립휴파법 : 이랑을 세우고 이랑에 파종하는 방법이다.
> - 휴립구파법 : 이랑을 세우고 낮은 골에 파종하는 방법이다.

12 아래 내용은 묘목의 가식시기에 대한 설명이다. 옳은 것을 고르시오.

◎ 박과는 (떡잎일 때/본잎이 2~3장 일 때)가식하면 발근이 떨어진다.
◎ 가지과는 떡잎일 때와 (본잎이 2~3장일 때/본잎이 5~6장 일 때)가식하면 발근이 떨어진다.

> **해답**
> - 박과는 본잎이 2~3장 일 때 가식하면 발근이 떨어진다.
> - 가지과는 떡잎일 때와 본잎이 5~6장 일 때 가식하면 발근이 떨어진다.

13 가지 작물의 역병의 방제 방법 3가지를 적으시오.

> **해답**
> - 내병성 품종을 재배한다.
> - 답전윤환을 한다.
> - 병든 작물의 경우 제거한다.

14 고추 목화진딧물 방제방법 3가지를 쓰시오.

해답
- 살충제를 살포한다.
- 시설재배의 경우 발생초기 천적을 활용한다.
- 토양소독을 통해 유충 알을 제거한다.
- 피해가 발생한 작물은 제거 및 소각하도록 한다.

15 아래 보기에서 파종 시 복토를 10cm 이상 하는 것을 고르시오.

<보기>
양파, 나리, 파, 담배, 수수, 옥수수, 수선

해답
나리, 수선

16 사과나무 깎기접을 할 때 유의사항을 아래 빈칸을 채우시오.

◎ 대목과 접수의 (㉠)을 잘 맞도록 하고 접목 테이프로 감아준다.
◎ 접목을 실시 한 후 (㉡)에 도포제를 발라준다.

해답
㉠ 형성층
㉡ 절단면

17 종자의 순도분석시 정립에 포함되는 2가지를 적으시오.

해답
- 미숙립, 발아립, 주름진립, 소립
- 원래 크기의 1/2보다 큰 종자 쇄립
- 병해립(맥각병해립, 균핵병해립, 깜부기병해립 및 선충에 의한 충영립은 제외)

18 경실종자의 휴면타파를 위한 적합한 방법 3가지를 적으시오.

해답
종피파상법, 황산처리법, 건열처리법, 진탕처리법

19 아래 보기의 내용을 보고 적합한 수확시기를 고르시오.

> ◎ 단옥수수는 (수염이 난 후 27일 후 / 수염이 난 후 50일 후)에 수확한다.
> ◎ 콩은 꽃이 피고 (10일 후 / 60일 후)수확한다.

해답
- 단옥수수는 수염이 난 후 27일 후에 수확한다.
- 콩은 꽃이 피고 60일 후 수확한다.

20 종자검사에서 시료를 추출하는 목적을 적으시오.

해답
종자검사에서 균일하고 정확한 결과를 얻기 위해서 1차, 합성, 제출시료의 추출을 실시한다.

2022 제2회 종자기능사

01 아래 그림의 화서 종류를 적으시오.

해답
총상화서

02 감자의 무름병 방제방법 3가지를 적으시오.

해답
- 병든 조직은 빨리 제거하여 전염원을 줄이도록 한다.
- 배수와 통풍이 잘되는 곳에서 재배하도록 한다.
- 비가 온 직후에는 수확하지 않도록 한다.
- 벼과나 콩과 작물로 돌려짓기를 한다.

03 예냉의 대하여 설명하시오.

해답
고온상태에 수확된 청과물을 수확 직후 적당한 품온까지 냉각하여 과실자체의 호흡량, 성분이나 물성의 변화를 억제하여 품질을 유지할 수 있는 냉각작업을 예랭(예냉)이라 한다.

04 아메리카잎굴파리 방제법 2가지를 적으시오.

해답
- 천적인 기생벌류를 이용한다.
- 시설재배지는 방충망을 설치하여 성충의 유입을 막는다.
- 유충의 피해가 없는 건전한 묘를 정식한다.

05 과수나무 접목의 장점 3가지를 적으시오.

해답
- 새로운 품종의 증식에 유리하다.
- 결과 연령을 앞당길 수 있다.
- 모수의 우수한 특성을 유지할 수 있다.
- 병해충에 대한 저항성이 증가한다.
- 고접으로 노목의 품종 갱신이 가능하다.

06 층적 저장법의 방법에 대해 적으시오.

해답
나무상자나 나무통에 습기가 있는 모래 혹은 톱밥과 종자를 층을 만들어 종자를 넣어 저온저장고에 보관한다.

07 조직배양의 목적 3가지를 적으시오.

해답
- 육종연한 단축
- 무병주의 생산
- 대량급속 생산

08 녹두 소집단의 최대중량이 30톤일 경우 시료의 최소중량에서 이종종자의 양을 적으시오.

해답
1000 g

09 산파뿌림에 대하여 적으시오.

해답
포장 전면에 종자를 흩어 뿌리는 방법이다.

10 아래 미세종자 파종법의 설명의 빈칸을 채우시오.

◎ 왕 모래(펄라이트)를 (㉠) 정도 채우고 자로 평평하게 고른다.
◎ 파종 상토를 (㉡) 정도 채우고 표면을 자로 평평하게 고른다.
◎ 미세종자와 모래를 (㉢) 으로 혼합하여 1차에 80%를 뿌리고, 남은 20%를 빈곳에 뿌린다.

해답

㉠ 1/5
㉡ 4/5
㉢ 1:20

11 순도분석시 사용하는 저울의 단위를 적으시오.

해답

g (그램)

12 아래 종자의 해당 과를 적으시오.

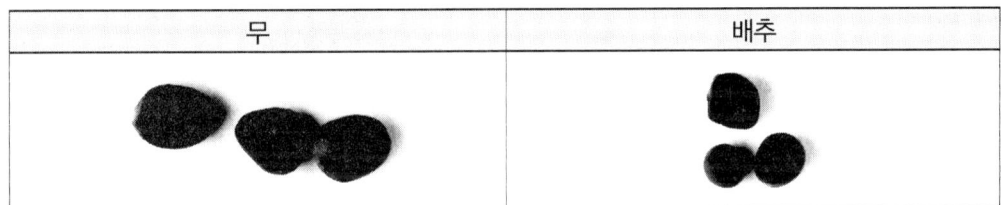

해답

십자화과

13 아래 아스파라거스 종자에서 배유, 자엽, 유근을 적으시오.

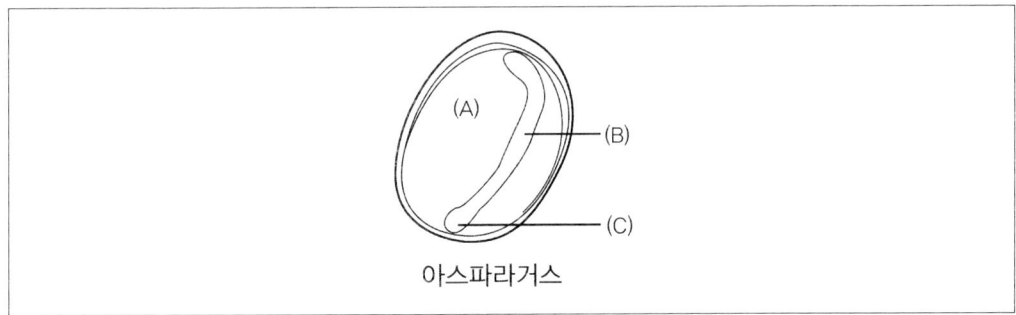

해답

A - 배유, B - 자엽, C - 유근

14 아래 화본과 및 십자화과의 수확적기를 고르시오.

> ㉠ 화본과의 수확적기는 (유숙기, 황숙기, 고숙기) 이다.
> ㉡ 십자화과의 수확적기는 (백숙기, 갈숙기, 고숙기) 이다.

해답
㉠ 황숙기, ㉡ 갈숙기

15 수박 접목 시 주의사항 2가지를 적으시오.

해답
- 접수가 시들지 않게 뿌리를 물에 담가두어야 한다.
- 사용하는 칼이 오염되지 않아야 한다.
- 바람이 없고 고온 다습한 곳에서 접목한다.

16 발아율의 공식을 적으시오.

해답

$$발아율 = \frac{발아입수}{총종자입수} \times 100$$

17 농약의 구비조건 3가지를 적으시오.

해답
① 농약은 살균, 살충력이 강해야 하며 적은양으로 효과가 있어야 한다.
② 작물 및 사람, 가축에 해가 없어야 하고 오랜 시간 잔류하거나 생물에 축적되지 않아야 한다.
③ 사용법이 간단해야 한다.
④ 품질이 균일하고 지속적이어야 하며 외부환경 변화에도 변질되지 않아야 한다.
⑤ 가격이 저렴하고 구입이 용이해야 한다.

18 아래의 보기 중에서 박과와 가지과의 1차 가식기를 고르시오.

> ◎ 박과채소의 1차 가식기는 (떡잎 때 / 본잎 2~3장일 때 / 본잎 4~5장일 때) 이다.
> ◎ 가지과의 1차 가식기는 (떡잎 때 / 본잎 2~3장일 때 / 본잎 5~6장일 때) 이다.

해답
◎ 박과채소의 1차 가식기는 떡잎 때 이다.
◎ 가지과의 1차 가식기는 본잎 2~3장일 때 이다.

19 우량종자의 구비조건 5가지를 적으시오.

해답
① 우량품종에 속하는 종자
② 유전적으로 순수한 종자
③ 충실하게 발달하고 생리적으로 안정된 종자
④ 병해충에 감염되지 않은 종자
⑤ 발아력이 건전한 종자

20 순도분석시 거칠거칠한 종자의 단위를 적으시오.

해답
거칠거칠한 단위란 다음의 구조와 조직을 가진 단위를 말한다.
① 서로 부착되어 있거나 다른 물체에 부착되기 쉬운 것.
② 타 종자를 붙이거나 타 종자에 붙기 쉬운 것.
③ 정선, 혼합 또는 시료채취 등이 용이하지 않은 것. 거칠거칠한 구조물.
만약, 시료가 chaffy구조를 한 것이 시료량의 1/3이상 일때 chaffy로 본다.

제3회 종자기능사 (2022)

01 아래 그림의 화서 명칭을 적으시오.

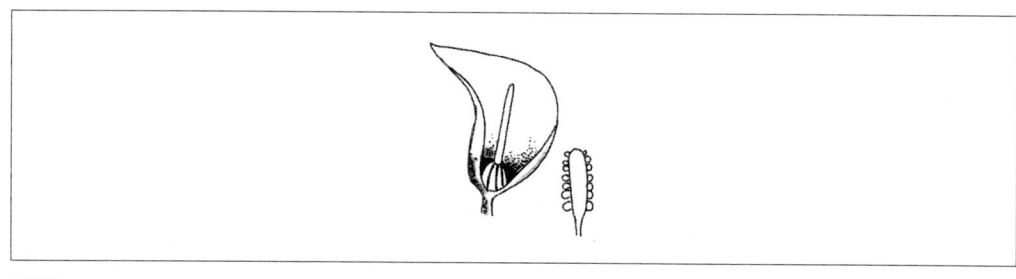

해답
육수화서

02 아래는 미세종자의 파종 순서이다. 괄호에 적합한 것을 채우시오.

① 파종상자 아래 (㉠) 깔아준다.
② 왕모래를 1/5 정도 채운다.
③ 파종 상토를 4/5 정도 채워준다.
④ 미세종자는 모래의 (㉡) 비율로 혼합하여 파종한다.

해답
㉠ 망사
㉡ 1 : 20

03 브로콜리와 무가 해당되는 식물학적 과를 적으시오.

해답
십자화과

04 줄뿌림(조파)에 대해 설명하시오.

해답
조파는 뿌림골을 만들어 종자를 줄지어 뿌리는 방법이다.

05 아래는 종자검사요령에서 밀 시료의 최소 중량의 표이다. 빈칸에 적합한 중량을 적으시오.

1. 작물	2. 소집단의 최대중량	시료의 최소 중량			
		3.제출시료	4.순도검사	5.이종계수용	6.수분검정용
	톤	g	g	g	g
밀	㉠	㉡	㉢	㉣	㉤

해답

㉠ 30 ㉡ 1000 ㉢ 120 ㉣ 1000 ㉤ 100

06 육묘장의 구비조건 3가지를 적으시오.

해답

- 그늘이 들지 않아야 한다.
- 북서쪽이 막히고 남향이어야 한다.
- 관리가 용이해야 한다.
- 바람을 타지 않아야 한다.
- 지하수위가 낮아야 한다.

07 경실종자의 휴면타파 방법 5가지를 적으시오.

해답

종피파상법, 황산처리법, 저온처리법, 건열 및 습열처리, 침지법

08 발아율을 계산하시오.

◎ 파종 종자 수 : 100개
◎ 발아 종자 수 : 75개

해답

$$발아율 = \frac{발아입수}{총 종자입수} \times 100 = \frac{75}{100} \times 100 = 75(\%)$$

09 아래 보기에서 파종 시 복토를 5~9cm 하는 것을 모두 고르시오.

> <보기>
> 감자, 순무, 배추, 생강, 시금치, 가지

해답
감자, 생강

10 아래 보기의 (   )에 적합한 말을 적으시오.

> 배양할 식물체가 들어 있는 용기와 계대할 배양용기의 일부를 (①) 에탄올로 분무하여 소독하고 클린벤치에 넣는다. 핀셋과 메스는 (②)로 (③) 하고 거치대에서 냉각시킨다.

해답
① 70%
② 알코올램프
③ 화염소독

11 수분검사 장비 중 분쇄기의 조건 2가지를 적으시오.

해답
- 비흡수성 물질로 만들어야 한다.
- 분쇄작업 시 열이 나지 않아야 한다.
- 제시한 입도를 얻을 수 있도록 조절 가능해야 한다.

12 딸기, 무화과의 과실은 어디에 속하는지 고르시오.

> (인과류 / 준인과류 / 핵과류 / 장과류 / 각과류)

해답
장과류

13 수박 접붙이기 장점 3가지를 적으시오.

해답
- 토양전염병을 방제할 수 있다.
- 양분과 수분의 흡수력이 증대된다.
- 이식성이 향상된다.

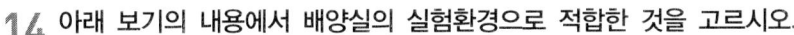

14 아래 보기의 내용에서 배양실의 실험환경으로 적합한 것을 고르시오.

< 보기 >
◎ 배양실의 온도는 (20 ~ 25°C / 40 ~ 45°C / 65 ~ 70°C) 이다
◎ 배양실의 습도는 (20 ~ 30% / 40 ~ 50% / 70 ~ 80%) 이다

해답
배양실의 온도는 20~25°C, 습도는 60~80%를 유지시키는 것이 이상적이다.

15 고구마 푸른곰팡이의 방제 방법 2가지를 적으시오.

해답
- 고구마에 상처가 생기지 않도록 주의한다.
- 저장 시 병든 고구마가 건전한 고구마와 섞이지 않도록 선별한다.

16 적심과 환상박피에 대해 설명하시오.

해답
- 적심 : 적심은 식물의 눈이나 생장점을 따 내는 작업을 말한다.
- 환상박피 : 과수 등 원줄기의 수피를 인피 부위 깊이까지 고리 모양으로 벗겨내는 작업을 말한다.

17 아래 보기의 작물의 안정적인 저장을 위한 종자의 최대수분함량을 고르시오.

◎ 시금치 (7.8% / 14.6% / 26.3%)
◎ 가지 (6.3% / 18.6% / 36.5%)
◎ 토마토 (5.7% / 8.6% / 16.6%)

해답
시금치 → 7.8%
가지 → 6.3%
토마토 → 5.7%

18 순도분석의 목적을 적으시오.

해답
순도분석의 목적은 시료의 구성요소(정립, 이종종자, 이물)를 중량백분율로 산출하여 소집단 전체의 구성요소를 추정하고, 품종의 동일성과 종자에 섞여 있는 이물질을 확인하는데 있다.

19 아래 양배추 종자의 그림에 빈칸에 명칭을 적으시오.

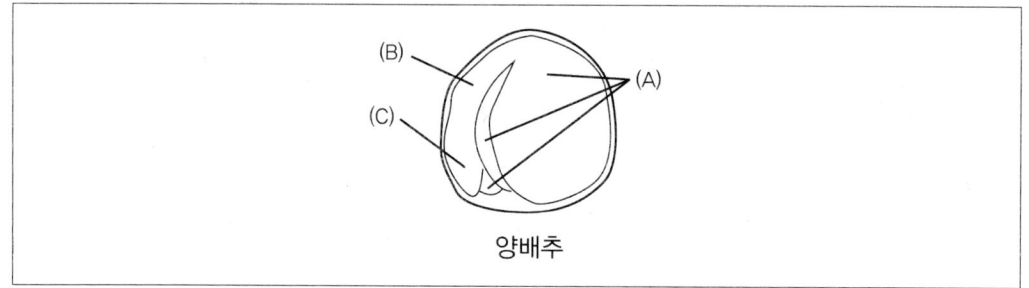

해답

A : 자엽, B : 하배축, C : 유근

20 사과나무 깎기접을 할 때 유의사항 2가지를 적으시오.

해답

- 예리한 칼로 한 번에 잘라야 한다.
- 절단면의 건조를 막아야 한다.
- 대목과 접수의 형성층을 맞추어야 한다.
- 극성이 틀리지 않아야 한다.
- 접목 친화성이 있어야 한다.

2023 제1회 종자기능사

01 아래 보기의 작물의 안전 저장을 최대 수분 함량을 기준을 고르시오

> ◎ 시금치 (8% / 30% / 35%)
> ◎ 토마토 (5.5% / 50% / 60%)

해답
- 시금치 8%
- 토마토 5.5%

02 아래 보기의 내용을 보고 적합한 수확시기를 고르시오

> ◎ 단옥수수는 (수염이 난 후 27일 후 / 수염이 난 후 50일 후)에 수확한다.
> ◎ 콩은 꽃이 피고 (10일 후 / 40일 후)수확한다.

해답
- 단옥수수는 수염이 난 후 27일 후에 수확한다.
- 콩은 꽃이 피고 40일 후 수확한다.

03 육묘시설의 설치 장소의 조건 5가지를 적으시오

해답
- 농업용수를 쉽게 확보 및 공급할 수 있는 곳으로 한다.
- 전기 및 통신 등 기반시설이 구축된 곳으로 한다.
- 병해충의 발생이 적은 곳이어야 한다.
- 타종자와 교잡의 가능성이 적은 곳이어야 한다.
- 토양의 산도가 중성에 가까운 곳이어야 한다.

04 경실종자의 휴면타파를 위한 적합한 방법 3가지를 적으시오

해답
종피파상법, 황산처리법, 건열처리법, 진탕처리법

05 과수나무 접목의 장점 5가지를 적으시오

해답
- 새로운 품종의 증식에 유리하다.
- 결과 연령을 앞당길 수 있다.
- 모수의 우수한 특성을 유지할 수 있다.
- 병해충에 대한 저항성이 증가한다.
- 고접으로 노목의 품종 갱신이 가능하다.

06 다음 보기에 작물종자를 호광성, 혐광성으로 분류하여 적으시오

◎ 담배, 호박, 고추, 상추, 가지, 갓

해답
- 호광성 : 담배, 상추, 갓
- 혐광성 : 호박, 고추, 가지

07 다음 미세종자 파종에 대한 내용이다. ( ) 에 알맞은 말을 적으시오

◎ 미세종자는 흙덮기를 (①) 신문지로 덮어 햇빛과 습도를 조절한다. (②) 는 물을 밑으로 흡수시키는 관수법으로 물통에 물을 받은 다음 그 위에 파종상자를 놓아 관수한다.

해답
① 하지 않거나 가볍게 눌러주고
② 저면관수

08 아래 보기 중 종자의 수명에 따른 단명종자와 장명종자를 구분하여 적으시오

< 보기 >
고추, 옥수수, 가지, 수박

해답
- 단명종자 : 고추, 옥수수
- 장명종자 : 수박, 가지

09 줄뿌림(조파)에 대해 설명하시오

해답

조파는 뿌림골을 만들어 종자를 줄지어 뿌리는 방법이다.

10 아래 양파 종자의 그림에 빈칸에 명칭을 적으시오

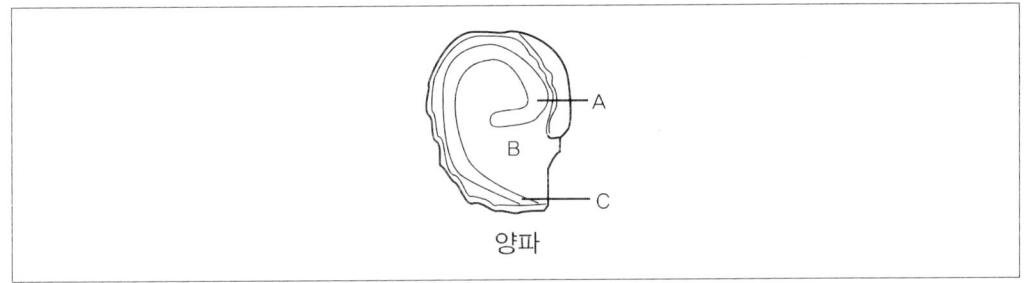

양파

해답

A : 자엽, B : 배유, C : 유근

11 종자 100개를 파종하여 60개의 종자가 발아하였다. 이 경우 발아율을 구하시오

해답

$$발아율 = \frac{발아입수}{총 종자입수} \times 100 = \frac{60}{100} \times 100 = 60(\%)$$

12 갓 모자이크병 방제법 2가지를 적으시오

해답

- 이병주를 제거한다.
- 진딧물에 의해 전반되기에 진딧물을 방제한다.
- 전염원인 십자화과 잡초를 제거한다.

13 고추 목화진딧물 방제방법 3가지를 쓰시오

해답

- 살충제를 살포한다.
- 시설재배의 경우 발생초기 천적을 활용한다.
- 토양소독을 통해 유충 알을 제거한다.
- 피해가 발생한 작물은 제거 및 소각하도록 한다.

14 아래 보기의 (　　　) 에 적합한 말을 적으시오

> 배양할 식물체가 들어 있는 용기와 계대할 배양용기의 일부를 (①) 에탄올로 분무하여 소독하고 클린벤치에 넣는다. 핀셋과 메스는 (②)로 (③) 하고 거치대에서 냉각시킨다.

해답
① 70%
② 알코올램프
③ 화염소독

15 종자의 수분검사 시 사용하는 장비 3가지를 적으시오.

해답
분쇄기, 항온기, 수분측정관, 저울, 체, 간이수분측정기

16 제시된 배추의 소집단과 시료의 중량이다. 빈칸을 채우시오.

소집단의 최대중량	시료의 최소중량			
	제출시료	순도검사	이종계수용	수분검정용
톤	g	g	g	g
①	②	③	④	⑤

해답
① 10　② 70　③ 7　④ 70　⑤ 50

17 꺾꽂이 장점 3가지를 적으시오.

해답
• 모체의 형질을 그대로 유지할 수 있다.
• 개화 및 결실이 촉진된다.
• 동일 품종의 일시적 대량생산이 가능하다.

18 아래 그림을 보고 화서의 명칭을 쓰시오.

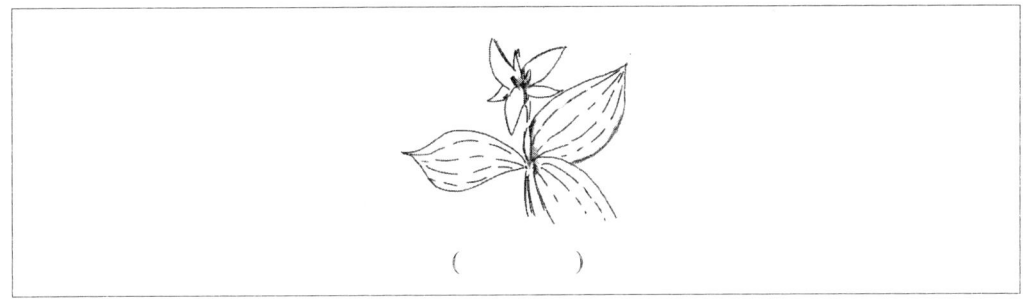

( )

> **해답**
>
> 단정화서

19 브로콜리와 무가 해당되는 식물학적 과를 적으시오.

> **해답**
>
> 십자화과

20 사과나무 깎기접을 할 때 유의사항 2가지를 적으시오.

> **해답**
>
> - 예리한 칼로 한 번에 잘라야 한다.
> - 절단면의 건조를 막아야 한다.
> - 대목과 접수의 형성층을 맞추어야 한다.
> - 극성이 틀리지 않아야 한다.
> - 접목 친화성이 있어야 한다.

2023 제2회 종자기능사

01 아래는 계대배양에 대한 내용이다 적합한 내용을 고르시오.

> 배양할 식물체가 들어 있는 용기와 계대할 배양용기의 일부를 (70% / 80% / 100%) 에탄올로 분무하여 소독을 하고 클린벤치에 넣는다. 배양 시 자외선등은 (끈다 / 켠다). 그리고 치상 전 핀셋과 메스는 (화염 / 콜히친)을 이용하여 소독하도록 한다.

해답

70% / 끈다 / 화염

02 아래 보기의 작물의 안전 저장을 최대 수분 함량을 기준을 고르시오

> ◎ 가지 (0.5% / 6% / 20%)
> ◎ 토마토 (1% / 5.5% / 30%)

해답

- 가지 6%
- 토마토 5.5%

03 점파(점뿌림)에 대해 설명하시오

해답

점파는 일정 간격으로 종자를 수 개씩 파종하는 방법이다.

04 아래 보기에서 파종 시 복토 기준이 1.5~2cm 인 것을 고르시오(단, 모두 골라야 정답 처리함)

> <보기>
> 조, 히아신스, 기장, 수선, 생강

해답

조, 기장

05 채소류 중 호박과 수박의 식물학적 과를 쓰시오

해답
박과

06 딸기의 과실은 어디에 속하는지 고르시오

(인과류 / 준인과류 / 핵과류 / 장과류 / 각과류)

해답
장과류

07 종자 100개를 파종하여 70개의 종자가 발아하였다. 이 경우 발아율을 구하시오

해답

$$발아율 = \frac{발아입수}{총종자입수} \times 100 = \frac{70}{100} \times 100 = 70(\%)$$

08 아래 내용은 묘목의 가식시기에 대한 설명이다. 옳은 것을 고르시오

◎ 박과는 (떡잎일 때/본잎이 2~3장 일 때)가식하면 발근이 떨어진다.
◎ 가지과는 떡잎일 때와 (본잎이 2~3장일 때/본잎이 5~6장 일 때)가식하면 발근이 떨어진다.

해답
- 박과는 본잎이 2~3장 일 때 가식하면 발근이 떨어진다.
- 가지과는 떡잎일 때와 본잎이 5~6장 일 때 가식하면 발근이 떨어진다.

09 배 가루깍지벌레 방제법 2가지를 적으시오

해답
- 월동처를 제거한다.
- 늦가을에 기계유 유제를 살포한다.
- 무당벌레 같은 천적을 이용한다.

10 고구마 푸른곰팡이의 방제 방법 2가지를 적으시오

해답
- 고구마에 상처가 생기지 않도록 주의한다.
- 저장시 병든 고구마가 건전한 고구마와 섞이지 않도록 선별한다.

11 박과채소의 접붙이기 순서에서 ( ) 에 알맞은 말을 적으시오.

◎ 대목의 (①) 을 제거한다.
◎ 떡잎 밑 2cm 부위에서 위쪽에서 아래쪽으로 (②)의 1/2 ~ 2/3 정도까지 비스듬히 내려 벤다.
◎ 접수의 줄기는 대목의 자른 부위와 같은 부위에서 (②)의 1/2 ~ 2/3 정도 비스듬히 올려 벤다.
◎ 대목의 접수의 (③) 부분이 밀착되도록 맞추어 끼운다.

해답
① 생장점
② 줄기 지름
③ 벤 자리

12 조직배양의 목적 3가지를 적으시오

해답
- 육종연한 단축
- 무병주의 생산
- 대량급속 생산

13 우량종자의 구비조건 5가지를 적으시오

해답
① 우량품종에 속하는 종자
② 유전적으로 순수한 종자
③ 충실하게 발달하고 생리적으로 안정된 종자
④ 병해충에 감염되지 않은 종자
⑤ 발아력이 건전한 종자

14 육묘용 비료의 조건 3가지

해답
- 통기성, 보수성, 흡수력, 투수성 등의 물리적 성질이 좋아야 한다.
- 값이 저렴하고 취급이 용이하며 활착성이 우수해야 한다.
- 입자가 고르고 출아상태가 안정적이어야 한다.

15 예냉에 대하여 설명하시오

해답
고온상태에 수확된 청과물을 수확 직후 적당한 품온까지 냉각하여 과실자체의 호흡량, 성분이나 물성의 변화를 억제하여 품질을 유지할수 있는 냉각작업을 예랭(예냉)이라 한다.

16 수분검사 장비 중 분쇄기의 조건 2가지를 적으시오

해답
- 비흡수성 물질로 만들어야 한다.
- 분쇄작업 시 열이 나지 않아야 한다.
- 제시한 입도를 얻을 수 있도록 조절 가능해야 한다.

17 육묘장의 구비조건 5가지를 적으시오

해답
- 그늘이 들지 않아야 한다.
- 북서쪽이 막히고 남향이어야 한다.
- 관리가 용이해야 한다.
- 바람을 타지 않아야 한다.
- 지하수위가 낮아야 한다.

18 다음은 셀러리 종자 그림이다. 빈칸을 채우시오

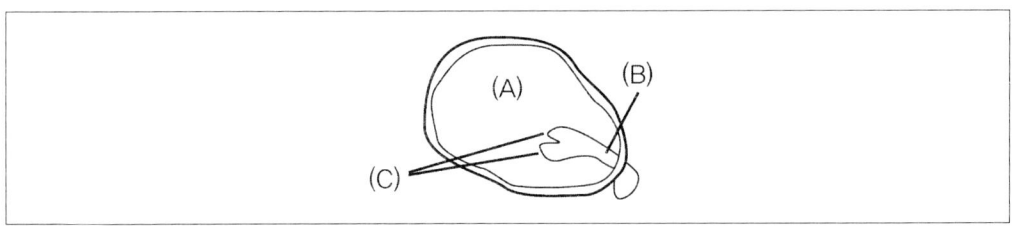

해답
A: 배유, B: 유근, C: 자엽

19 아래 그림의 화서 종류를 적으시오

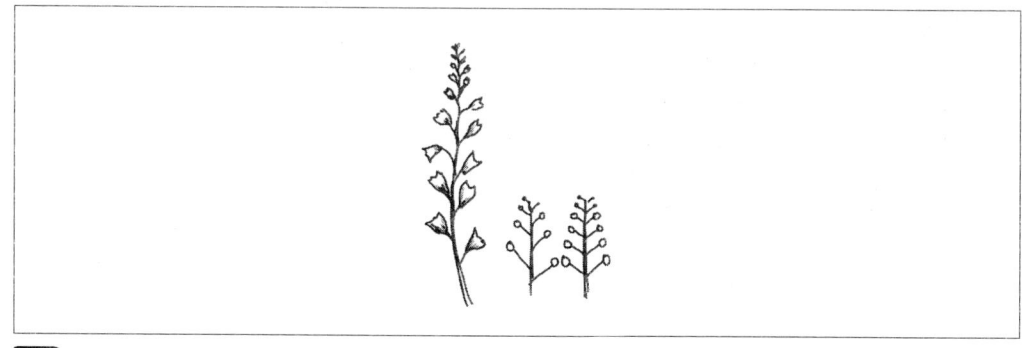

해답
총상화서

20 종자의 순도 검사에서 상추가 정립일 경우 정립종자의 정의 3가지를 적으시오

해답
- 부리가 있거나 없고, 관모가 있거나 없으며 종자가 들어 있음이 확실한 수과
- 종자가 확실히 들어 있고 크기가 원형의 절반이 넘는 수과편
- 과피나 외종피가 일부 혹은 전부 제거된 종자
- 과피나 외종피가 일부 혹은 전부 제거되고 원형의 절반이 넘는 크기의 종자편

2023 제3회 종자기능사

01 아래 그림을 보고 화서의 명칭을 고르시오.

<보기>
단정화서, 집단화서, 총상화서, 유이화서, 수상화서, 두상화서, 원추화서, 육수화서

( )

해답
단정화서

02 아래 종자처리기술에 대한 설명을 보고 빈칸을 채우시오

◎ 대기를 통제하여 식물의 생리를 조절하는 방법으로 이산화탄소와 질소를 주입하는 실용화된 종자저장기술을 ( ) 이라 한다.

해답
CA 저장

03 아래 내용을 보고 모종의 1차 가식시기를 고르시오

◎ 팬지는 본잎이 (2~3장 / 5~6장) 일 때
◎ 피튜니아는 본잎이 (2~3장 / 8~9장) 일 때

해답
2~3장 / 2~3장

04 아래 작부체계 방식의 정의를 적으시오

◎ 답전윤환 :
◎ 간작 :

해답
- 답전윤환 : 답전윤환은 논상태와 밭상태로 몇 해씩 돌려가면서 벼와 작물을 재배하는 방식을 말한다
- 간작 : 한가지 작물이 생육하고 있는 조간에 다른 작물을 재배하는 방법이다

05 아래는 사과나무 깎기접에 대한 설명이다. 내용을 보고 빈칸에 적합한 것을 고르시오

◎ 접수는 대목보다 (작아야 한다 / 커야 한다)
◎ 대목과 접수는 (가지 / 형성층)이 일치해야 한다.

해답
- 접수는 대목보다 작아야 한다.
- 대목과 접수는 형성층이 일치해야 한다.

06 다음 보기 중 10cm 이상 복토해야 하는 것을 모두 고르시오

< 보기 >
나리, 양파, 수선, 상추, 당근, 파

해답
나리, 수선

07 배추와 양배추의 해당과를 적으시오

해답
십자화과

08 다음 보기의 빈칸을 채우시오

◎ 계대배양 테이블은 알코올 70%로 소독하고 (㉠)등으로 소독한다. 배양병 입구와 뚜껑은 (㉡)으로 소독한다.

해답
㉠ 자외선
㉡ 차아염소산나트륨

09 종자 100개를 파종하여 55개의 종자가 발아하였다. 이 경우 발아율을 구하시오

해답

발아율 = $\dfrac{발아입수}{총종자입수} \times 100 = \dfrac{55}{100} \times 100 = 55(\%)$

10 아래 파종 방법에 대해 설명하시오

◎ 산파 :
◎ 조파 :

해답
- 산파 : 포장 전면에 종자를 흩어 뿌리는 방법이다
- 조파 : 조파는 뿌림골을 만들어 종자를 줄지어 뿌리는 방법이다

11 아래 보기 중에서 화학적 산성비료의 종류 2가지를 모두 적으시오

< 보기 >
과인산석회, 중과인산석회, 석회질소, 용성인비

해답
과인산석회, 중과인산석회

12 종자의 순도검사시 메밀이 정립일 때 정립종자의 정의 2가지를 적으시오

해답
- 이종종자를 제외한 종자
- 잡초종자 및 이물을 제외한 종자

13 공정육묘(플러그육묘)의 장점 3가지를 적으시오

해답
- 집중관리가 용이하다.
- 육묘기간이 단축된다.
- 기계정식이 용이하다.
- 취급 및 운반이 용이하다.
- 정식 후 활착이 빠르다.

14 꽃양배추 시들음병의 방제법 2가지를 적으시오

해답
- 병든 식물체를 제거한다.
- 저항성 품종으로 재배한다.

15 조직배양의 정의를 적으시오

해답
식물의 일부 조직을 무균으로 배양하여 조직 자체의 증식생장, 각종 조직 및 기관의 분화 발달에 의해 완전한 개체로 육성하는 방법을 조직배양이라 한다.

16 다음은 종자의 수분의 측정에 관한 내용이다. 빈칸을 채우시오

◎ 곱게 마쇄하여야 하는 종은 분쇄된 것이 0.50mm 그물체를 최소한 (㉠)% 통과하고 남는 것이 1.00mm 그물체 위에 10% 이하이어야 한다.

◎ 수목종자나 경실 수목 종자와 같은 대립종자는 절단을 위하여 외과용 메스 또는 날의 길이가 최소 (㉡)cm 되는 전지가위 등을 사용해야 한다.

해답
㉠ 50
㉡ 4

17 아래 보기에서 호두, 밤 등이 속한 종류를 고르시오

< 보기 >
인과류 / 준인과류 / 핵과류 / 장과류 / 견과류

해답
견과류

18 고추 목화진딧물 방제방법 3가지를 쓰시오

해답
- 살충제를 살포한다.
- 시설재배의 경우 발생초기 천적을 활용한다.
- 토양소독을 통해 유충 알을 제거한다.
- 피해가 발생한 작물은 제거 및 소각하도록 한다.

19 아래 고추 종자의 그림을 보고 표시된 부위의 명칭을 적으시오

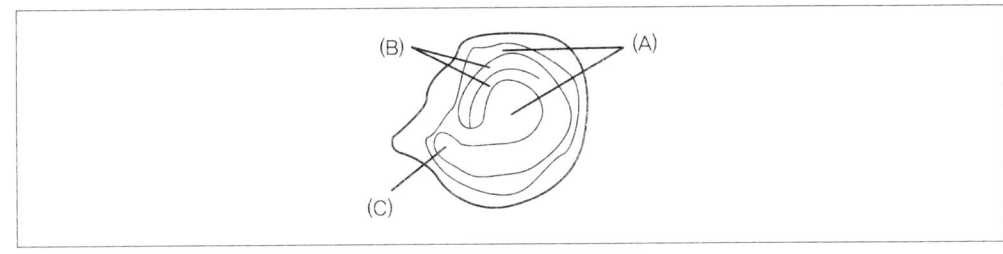

해답

A: 배유 , B: 자엽 , C: 유근

20 작물수량을 극대화하기 위한 3가지 요인 중 2가지를 적으시오(단, 예시의 답은 인정하지 않는다)

< 예시 : 재배환경 >

해답

유전성, 재배기술

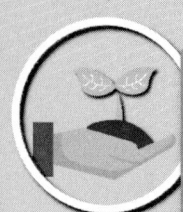

2024 제1회 종자기능사

01 종자의 순도검사시 쑥갓이 정립일 때 정립종자의 정의 2가지를 적으시오.

해답
- 이종종자를 제외한 종자
- 잡초종자 및 이물을 제외한 종자

02 복토 및 골타기의 정의를 적으시오.

해답
- 복토 : 흙덮기로 작물의 종자를 파종한 후 흙을 덮어주는 작업이다.
- 골타기 : 논이나 밭의 가장자리 경계에 두둑 만드는 작업이다.

03 종자의 층적저장방법에 대해 설명하시오.

해답
나무상자나 나무통에 습기가 있는 모래 혹은 톱밥과 종자의 층층이 쌓아 저장하는 방법으로 휴면타파, 발아억제물질 제거 등의 다양한 효과가 있다.

04 답전윤환의 정의를 적으시오.

해답
답전윤환은 논상태와 밭상태를 몇 해씩 돌려가면서 벼와 작물을 재배하는 방식을 말한다.

05 아래 양배추 종자의 그림에 빈칸에 명칭을 적으시오.

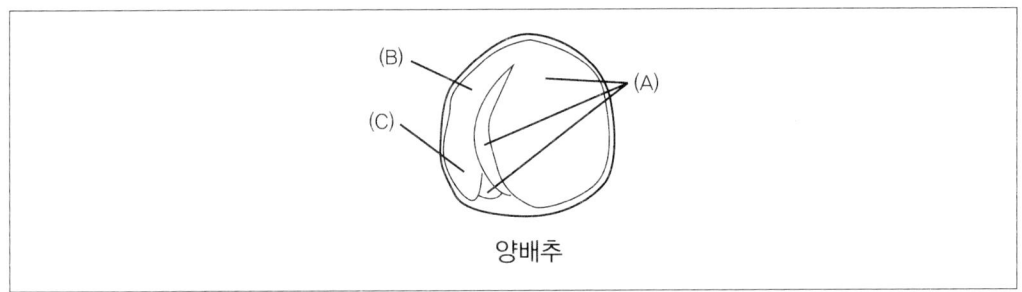

해답

A : 자엽, B : 하배축, C : 유근

06 발아율을 계산하시오.

◎ 파종 종자 수 : 100개
◎ 발아 종자 수 : 67개

해답

$$발아율 = \frac{발아입수}{총종자입수} \times 100 = \frac{67}{100} \times 100 = 67(\%)$$

07 밀감이 속하는 것을 고르시오.

(인과류 / 준인과류 / 핵과류 / 장과류 / 각과류)

해답

준인과류

08 다음은 수분측정장비에 대한 내용이다. 빈칸에 적합한 것을 적으시오.

◎ 분쇄기는 (㉠) 물질로 만들어 져야 한다.
◎ 분석용 저울은 (㉡)g 단위까지 측정할 수 있어야 한다.

해답

㉠ 비흡수성
㉡ 0.001

09 다음은 배나무 깎기접의 과정이다. 빈칸에 적합한 말을 적으시오.

> ◎ 대목과 접수의 (㉠)을 맞춰야 한다.
> ◎ (㉡)은 밀납, 발코트 등을 발라 건조를 막는다.

해답
㉠ 형성층
㉡ 절단면

10 배 깍지벌레의 방제법 2가지를 적으시오.

해답
· 주변 낙엽을 제거하거나 경운작업으로 땅속에 매몰한다.
· 석회유황합제를 살포한다.
· 월동충을 제거한다.

11 가지 작물의 역병의 방제 방법 3가지를 적으시오.

해답
· 내병성 품종을 재배한다.
· 답전윤환을 한다.
· 병든 작물의 경우 제거한다.

12 우량종자의 구비조건 5가지를 적으시오.

해답
① 우량품종에 속하는 종자
② 유전적으로 순수한 종자
③ 충실하게 발달하고 생리적으로 안정된 종자
④ 병해충에 감염되지 않은 종자
⑤ 발아력이 건전한 종자

13 아래 보기의 내용에서 배양실의 실험환경으로 적합한 것을 고르시오.

< 보기 >
◎ 배양실의 온도는 (20 ~ 25℃ / 40 ~ 45℃ / 65 ~ 70℃) 이다.
◎ 배양실의 습도는 (20 ~ 30% / 40 ~ 50% / 70 ~ 80%) 이다.

해답
배양실의 온도는 20~25℃, 습도는 60~80% 를 유지시키는 것이 이상적이다.

14 아래 그림을 보고 화서의 명칭을 쓰시오.

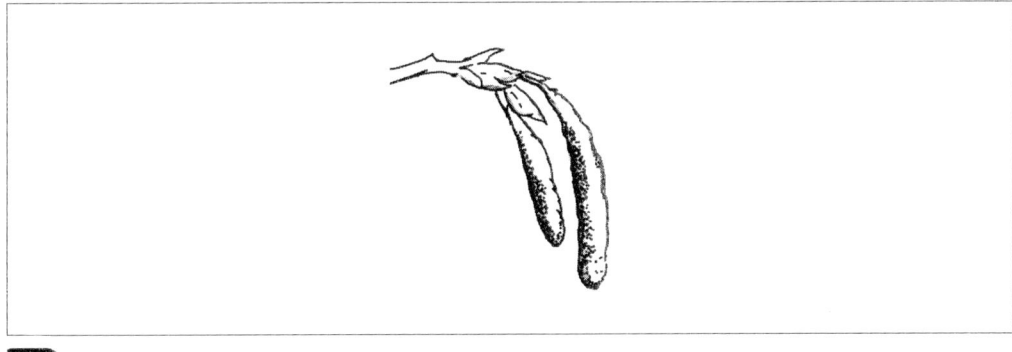

해답
유이화서

15 아래 보기 중에서 파종시 복토를 1.5~2cm 하는 것을 모두 고르시오.

<보기>
글라디올러스, 나리, 시금치, 수박, 무

해답
수박, 무, 시금치

16 수박과 호박의 식물학적 과를 적으시오.

해답
박과

17 아래 설명에 보고 빈칸을 채우시오.

◎ (㉠) : 작물의 수확시 발생한 상처를 아물게 하거나 코르크층을 형성시켜 수분의 증발을 줄이고 미생물의 침입을 예방하는 방법이다.
◎ (㉡) : 고온상태에 수확된 청과물을 수확 직후 적당한 품온까지 냉각하여 호흡량을 줄여 물성의 변화를 억제하여 품질을 유지하는 작업이다.

해답

㉠ 큐어링 ㉡ 예냉

18 아래 단어에 대해 설명하시오.

◎ 선취법
◎ 녹지삽

해답

- 선취법 : 가지를 굽혀서 땅속에 묻고 선단을 지상으로 나오게 하는 번식법이다.
- 녹지삽 : 당년생의 초본녹지를 5~6월에 삽목한다.

19 다음은 쌀의 안전저장 지표에 대한 내용이다. 빈칸에 알맞은 말을 적으시오.

◎ 발아율은 (㉠)% 이상이다.
◎ 나쁜 냄새가 없어야 한다.
◎ 지방산가 (㉡) KOH/100g 이하이다.
◎ 호흡에 의한 건물중량 손실률이 (㉢)% 이하이다.

해답

㉠ 80
㉡ 20mg
㉢ 0.5

20 아래 보기에서 동물성 비료 3가지를 고르시오.

< 보기 >
구비, 퇴비, 어분, 골분, 깻묵, 계분

해답

어분, 골분, 계분

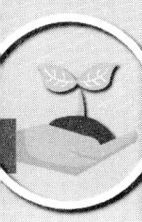

제2회 종자기능사

01 발아율을 계산하시오.

> ◎ 파종 종자 수 : 100개
> ◎ 발아 종자 수 : 77개

해답

$$발아율 = \frac{발아입수}{총종자입수} \times 100 = \frac{77}{100} \times 100 = 77(\%)$$

02 분주와 단아삽의 정의를 적으시오.

해답
- 분주 : 모식물에서 발생하는 흡지를 뿌리가 달린 채로 분리하여 번식하는 방법
- 단아삽 : 눈 하나만을 가진 줄기를 삽목으로 하는 방법

03 수분측정을 위한 장비 중에서 분쇄기의 조건 2가지를 적으시오.

해답
- 비흡수성 물질로 만들어져야 한다.
- 분쇄기는 가루가 되는 종자가 분쇄되는 동안 주변공기로부터 보호되도록 만들어져야 한다.

04 종자의 순도분석에서 시금치의 정립종자 정의 3가지를 적으시오.

해답
- 확실히 종자가 들어있는 수과로 화피가 붙어 있거나 없는 것
- 종자가 들어 있음이 확실하고 원형의 1/2 보다는 큰 수과편
- 과피나 외종피의 일부 또는 전부가 벗겨진 종자
- 과피나 외종피의 일부 또는 전부가 벗겨지고 원형의 1/2 보다는 큰 종자편

05 가지 잎곰팡이병의 방제 방법 2가지를 적으시오.

> 해답
> - 종자를 소독한다.
> - 환기 및 배수를 철저히 한다.

06 고추 목화진딧물 방제 방법 3가지를 적으시오.

> 해답
> - 살충제를 살포한다.
> - 시설재배의 경우 발생초기 천적을 활용한다.
> - 토양소독을 통해 유충 알을 제거한다.
> - 피해가 발생한 작물은 제거 및 소각하도록 한다.

07 휴한농업의 정의를 적으시오.

> 해답
> 연작을 하면 지력이 감퇴하기에 지력 회복을 위해 일정기간 작물을 쉬었다가 재배하는 방법

08 다음은 셀러리 종자 그림이다. 빈칸을 채우시오.

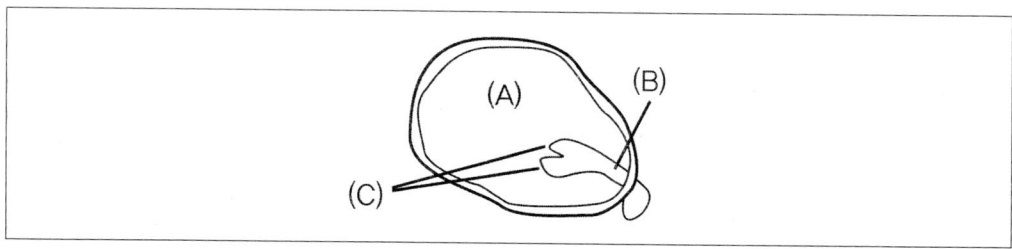

> 해답
> A : 배유, B : 유근, C : 자엽

09 아래 그림을 보고 화서의 명칭을 쓰시오.

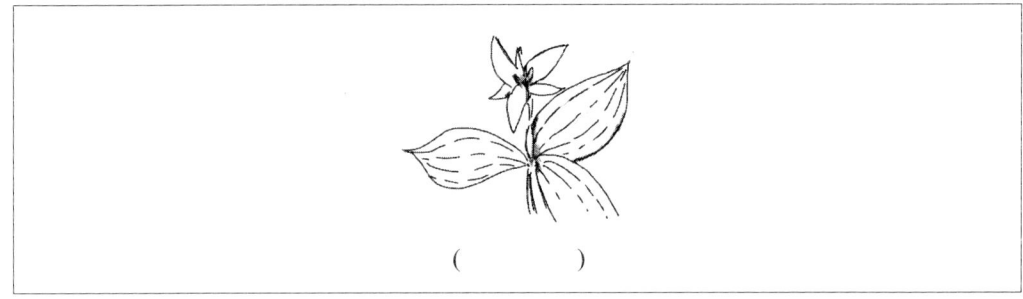

(   )

> **해답**
>
> 단정화서

10 육묘시설의 설치 장소의 조건 5가지를 적으시오.

> **해답**
>
> • 농업용수를 쉽게 확보 및 공급할수 있는 곳으로 한다.
> • 전기 및 통신 등 기반시설이 구축된 곳으로 한다.
> • 병해충의 발생이 적은 곳이어야 한다.
> • 타종자와 교잡의 가능성이 적은 곳이어야 한다.
> • 토양의 산도가 중성에 가까운 곳이어야 한다.

11 다음은 작물별 안전저장 조건에 대한 내용이다. 빈칸을 채우시오.

◎ 고구마는 저장전처리로 반드시 (㉠)을 해야 한다.
◎ 바나나는 열대작물이므로 13℃ 이하에서는 (㉡)를 입는다.

> **해답**
>
> ㉠ 큐어링
> ㉡ 냉해

12 가식과 이식의 정의를 적으시오.

> **해답**
>
> • 가식 : 정식할 때까지 잠정적으로 이식해 두는 것
> • 이식 : 작물을 옮겨 심는 것

13 다음은 조직배양 기구인 고압증기멸균기에 대한 내용이다. 알맞은 것을 고르시오.

◎ 고압증기멸균기(autoclave)는 고압의 수증기를 이용하여 멸균하는 장비로 압력은
㉠(0.1 / 1.2 / 50)psi, 온도는 ㉡(100 / 121 / 500)℃ 조건에서 15~30분 실시한다.

해답
㉠ 1.2
㉡ 121

14 아래 보기에서 단명종자를 모두 고르시오.

< 보기 >
수박, 당근, 가지, 파, 토마토

해답
당근, 파

15 아래 종자의 해당 과를 적으시오.

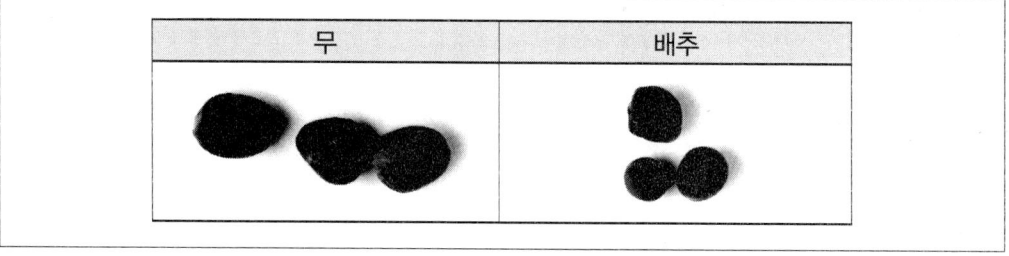

해답
십자화과

16 무화과의 과실은 어디에 속하는지 고르시오.

< 보기 >
(인과류 / 준인과류 / 핵과류 / 장과류 / 각과류)

해답
장과류

17 사과나무 깎기접을 할 때 유의사항을 아래 빈칸을 채우시오.

◎ 대목과 접수의 (㉠)을 잘 맞도록 하고 접목 테이프로 감아준다.
◎ 접목을 실시 한 후 (㉡)에 도포제를 발라준다.

해답
㉠ 형성층
㉡ 절단면

18 화학적 반응에 따른 비료 중에서 산성비료에 해당하는 것을 아래 보기에서 모두 고르시오.

< 보기 >
과인산석회, 염화칼륨, 염화암모늄, 용성인비

해답
과인산석회, 염화암모늄

19 아래 보기에서 파종 시 복토를 5~9cm 하는 것을 모두 고르시오.

<보기>
감자, 나리, 생강, 옥수수, 시금치

해답
감자, 생강

20 다음은 작물의 수확 후 처리에 대한 내용이다. 빈칸을 채우시오.

◎ 예냉에서 (㉠)은 상자 양쪽에 구멍을 뚫어 압력을 통해 바람을 강제적으로 통풍시키는 방법이다.
◎ (㉡)은 원예작물을 저장 전에 상온에서 일정기간 표피를 건조시켜 저장하는 방법이다.

해답
㉠ 강제통풍식
㉡ 예건

2024 제3회 종자기능사

01 아래 그림을 보고 화서의 명칭을 쓰시오.

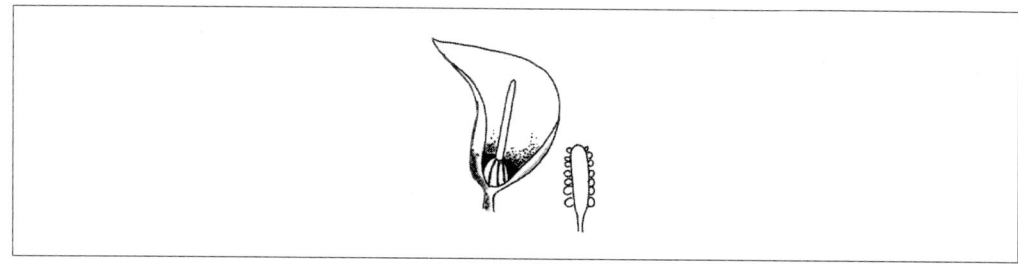

해답

육수화서

02 아래 양파 종자의 그림에 빈칸에 명칭을 적으시오.

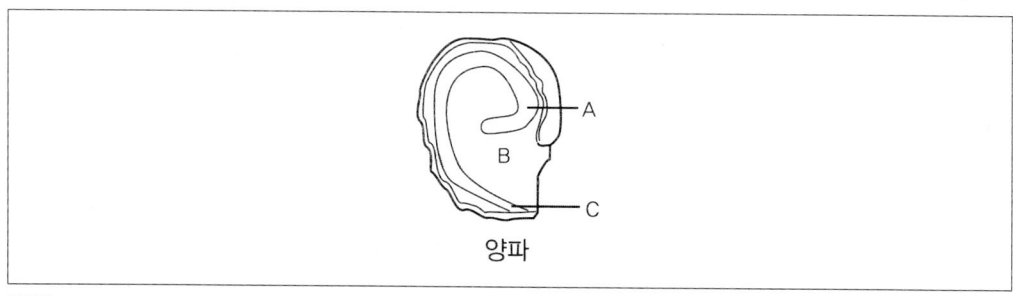

해답

A : 자엽, B : 배유, C : 유근

03 종자 100개를 파종하여 65개의 종자가 발아하였다. 이 경우 발아율을 구하시오.

해답

$$발아율 = \frac{발아입수}{총종자입수} \times 100 = \frac{65}{100} \times 100 = 65(\%)$$

04 고구마 푸른곰팡이의 방제 방법 2가지를 적으시오.

해답
- 고구마에 상처가 생기지 않도록 주의한다.
- 저장 시 병든 고구마가 건전한 고구마와 섞이지 않도록 선별한다.

05 아메리카잎굴파리 방제법 2가지를 적으시오.

해답
- 천적인 기생벌류를 이용한다.
- 시설재배지는 방충망을 설치하여 성충의 유입을 막는다.
- 유충의 피해가 없는 건전한 묘를 정식한다.

06 앵두의 과실은 어디에 속하는지 고르시오.

(인과류 / 준인과류 / 핵과류 / 장과류 / 각과류)

해답
핵과류

07 아래 보기는 화학적 반응에 따른 비료이다. 보기에서 염기성 비료 2가지를 고르시오

< 보기 >
과인산석회 / 중과인산석회 / 석회질소 / 용성인비

해답
석회질소, 용성인비

08 최아 및 종자프라이밍의 정의를 적으시오.

해답
- 최아 : 발육 및 생육을 촉진할 목적으로 종자의 싹을 틔워 파종하는 방법
- 종자프라이밍 : 일정 조건에서 종자에 삼투압 용액이나 화합물을 흡수시켜 종자 내 대사작용이 진행되지만 발아하지 않도록 처리하는 기술로 발아 촉진과 발아 후 생육 촉진을 목적으로 한다.

09 아래의 작물 중에서 복토의 깊이가 0.5~1cm 기준의 작물을 고르시오

<보기>
생강, 잠두, 나리, 고추, 토마토, 수선

해답

고추, 토마토

10 아래 보기의 작물 중에서 장명종자를 모두 고르시오

< 보기 >
양파   당근   클로버   토마토   상추   파   가지

해답

클로버, 토마토, 가지

11 다음은 종자의 순도검사에 대한 내용이다. 콩이 정립일 경우 아래 '라' 항목에 해당되는 2가지를 적으시오.

가. 미숙립, 발아립, 주름진립, 소립
나. 원래크기의 1/2 이상인 종자쇄립
다. 병해립(맥각병해립, 균핵병해립, 깜부기병해립 및 선충에 의한 충영립을 제외한다)
라. (   )
    (   )

해답

- 이종종자를 제외한 종자
- 잡초종자 및 이물을 제외한 종자

12 배휴면과 경실종자의 정의를 쓰시오.

해답

- 배휴면 : 종자의 휴면 원인이 배인 경우 배휴면이라 한다.
- 경실종자 : 씨껍질이 물의 투과를 방해하여 장기간 발아하지 못하는 종자를 경실종자라 한다.

13 아래 내용을 보고 빈칸에 적합한 것을 고르시오

◎ 종자의 건열소독에서 수분은 ㉠(5% / 25% / 30%), 온도 75°C에서, ㉡(3일 / 10일) 동그라미 치시오.

해답
㉠ 5%
㉡ 3일

14 신초삽과 파상취목법의 정의를 쓰시오.

해답
- 신초삽 : 인과류, 핵과류 등에서 1년 미만의 새가지를 삽목하는 것
- 파상취목법 : 가지를 여러번 물결모양으로 여러번 굽혀 굴곡시켜 번식하는 방법

15 다음은 강제통풍식과 진공예냉식에 대한 설명이다. 괄호 안에 빈칸을 채우시오

◎ 예냉에서 강제통풍식은 상자 양쪽에 구멍을 뚫어 압력을 통해 바람을 강제적으로 통풍시켜 급격하게 (㉠)시킨다.
◎ 진공예냉식은 상자에 넣은 상태에서 진공상태로 만들어 (㉡)을 이용하는 방법이다.

해답
㉠ 냉각
㉡ 기화열

16 다음은 작물별 안전저장 조건에 대한 내용이다. 적합한 것을 고르시오

◎ 대부분의 과실은 온도 5°C, 상대습도 ㉠(37% / 57% / 83%) 에 저장하는 것이 알맞다.
◎ 쌀의 안전저장 조건은 온도 ㉡(5°C / 15°C), 상대습도 70% 이다.

해답
㉠ 83%
㉡ 15°C

17 종자의 수분함량 검사의 분쇄 과정에 대한 내용이다. 빈칸을 채우시오

> ◎ 곱게 마쇄하여야 하는 종은 분쇄된 것이 0.50mm 그물체를 최소한 (㉠)%통과하고 남는 것이 1.00mm 그물체 위에 10% 이하이어야 한다.
> ◎ 거칠게 마쇄하여야 하는 종은 4.00mm 그물체를 최소한 50%는 통과하고 2.00mm 체 위에 (㉡)% 이상 남아야 한다.

해답
㉠ 50
㉡ 55

18 토마토와 파프리카의 식물학적 과를 적으시오

해답
가지과

19 아래 내용을 보고 적합한 것을 고르시오

> ◎ 선인장의 접목에서 접수와 대목의 ㉠(유관속 / 기공)을 맞추고 온도는 ㉡(28°C / 43°C)를 유지한다.

해답
㉠ 유관속
㉡ 28°C

2025 제1회 종자기능사

01 다음 미세종자 파종에 대한 내용이다. ( )에 알맞은 말을 적으시오

◎ 미세종자는 흙덮기를 (①) 신문지로 덮어 햇빛과 습도를 조절한다. (②)는 물을 밑으로 흡수시키는 관수법으로 물통에 물을 받은 다음 그 위에 파종상자를 놓아 관수한다.

해답
① 하지 않거나 가볍게 눌러주고
② 저면관수

02 아래 보기에서 파종 시 복토를 10cm 이상 하는 것을 고르시오

<보기>
양파, 나리, 파, 담배, 수수, 옥수수, 수선

해답
나리, 수선

03 아래 양파 종자의 그림에 빈칸에 명칭을 적으시오

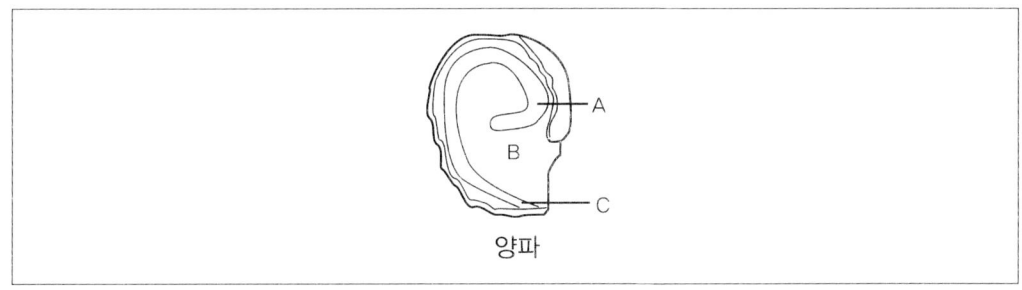

양파

해답
A : 자엽, B : 배유, C : 유근

04 배추와 양배추의 해당과를 적으시오

해답

십자화과

05 아래 용어에 대해 설명하시오

◎ 적아
◎ 적엽

해답

- 적아 : 눈이 트려고 할 때 필요하지 않은 눈을 손끝으로 따주는 것을 말한다.
- 적엽 : 하부에 낡은 잎을 따서 통풍 및 통광의 효과가 나타나도록 한다.

06 다음은 작물의 안전저장 수분함량에 대한 내용이다. 적합한 기준을 고르시오

㉠ 시금치 : (1.5% / 7.5% / 15.0%)
㉡ 가지 : (0.5% / 6.0% / 20.0%)
㉢ 토마토 : (1.0% / 5.5% / 30.0%)

해답

㉠ 시금치 : 7.5%
㉡ 가지 : 6.0%
㉢ 토마토 : 5.5%

07 복숭아, 자두는 과실의 형태적 분류에서 어디에 해당되는지 아래에서 고르시오

[보기]
(인과류 / 핵과류 / 장과류 / 각과류)

해답

핵과류

08 고구마에 피해를 주는 담배거세미나방 방제법 2가지를 적으시오

해답

- 유충발생기에 전문약제를 살포한다.
- 포식성, 기생성 천적을 활용한다.

09 고구마 더뎅이병 방제법 2가지를 적으시오

해답
- 토양산도를 pH 5.2 이하로 낮춘다.
- 연작을 피한다.
- 다량의 미숙퇴비를 피하도록 한다.

10 수박 접목 시 주의사항 2가지를 적으시오(단, 안전사고 등의 내용은 제외)

해답
- 접수가 시들지 않게 뿌리를 물에 담가두어야 한다.
- 사용하는 칼이 오염되지 않아야 한다.
- 바람이 없고 고온 다습한 곳에서 접목한다.

11 아래 그림을 보고 화서의 명칭을 쓰시오

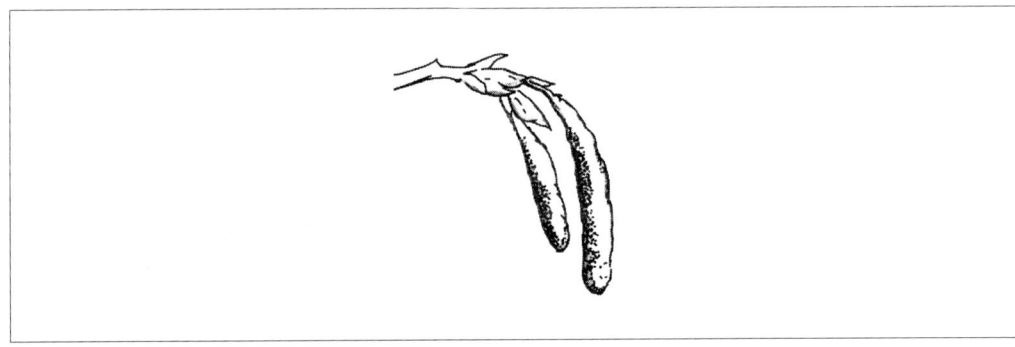

해답
유이화서

12 발아율을 계산하시오

◎ 파종 종자 수 : 100개
◎ 발아 종자 수 : 82개

해답

$$발아율 = \frac{발아입수}{총 종자입수} \times 100 = \frac{82}{100} \times 100 = 82(\%)$$

13 펠릿 종자를 만드는 방법을 적으시오

해답

종자를 점토로 코팅하고 둥근 모양으로 만드는데 첨가물을 포함할 수 있다.

14 순도분석의 목적을 적으시오

해답

순도분석의 목적은 시료의 구성요소(정립, 이종종자, 이물)를 중량백분율로 산출하여 소집단 전체의 구성요소를 추정하고, 품종의 동일성과 종자에 섞여 있는 이물질을 확인하는데 있다.

15 아래 보기 중 종자의 수명에 따른 단명종자와 장명종자를 구분하여 적으시오

< 보기 >
고추, 옥수수, 가지, 수박

해답

- 단명종자 : 고추, 옥수수
- 장명종자 : 수박, 가지

16 아래 보기의 내용에서 배양실의 실험환경으로 적합한 것을 고르시오

< 보기 >
◎ 배양실의 온도는 ㉠(20 ~ 25°C / 40 ~ 45°C / 65 ~ 70°C) 이다.
◎ 배양실의 습도는 ㉡(20 ~ 30% / 40 ~ 50% / 70 ~ 80%) 이다.

해답

㉠ 20 ~ 25°C
㉡ 70 ~ 80%

17 아래는 수분측정을 위한 체의 조건이다. 적합한 기준을 적으시오

◎ 0.50mm, (   )mm, 4.00mm 목의 철제 그물체가 필요하다.

해답

1.00

18 적심과 환상박피에 대해 설명하시오

해답
- 적심 : 적심은 식물의 눈이나 생장점을 따 내는 작업을 말한다.
- 환상박피 : 과수 등 원줄기의 수피를 인피 부위 깊이 까지 고리 모양으로 벗겨내는 작업을 말한다.

19 작휴방법 중에서 평휴법과 휴립구파법에 대해 설명하시오

해답
- 평휴법 : 이랑을 평평하게 하여 이랑과 고랑 높이를 같게 하는 방법이다.
- 휴립구파법 : 이랑을 세우고 낮은 골에 파종하는 방법이다.

20 MA 저장에 대해 설명하시오

해답

MA 저장은 고분자 필름으로 호흡하는 산물을 밀봉하여 포장 내 산소와 이산화탄소 농도를 바꾸는 기술로 숙성 및 노화 지연, 증산이 빠른 엽채류, 과채류에서 나타나는 수분손실 억제 효과, 에틸렌 민감도 감축, 저온장해 등 수확 후 생리적 장해의 억제 등이 있다.

제2회 종자기능사

01 아래 그림을 보고 화서의 명칭을 쓰시오

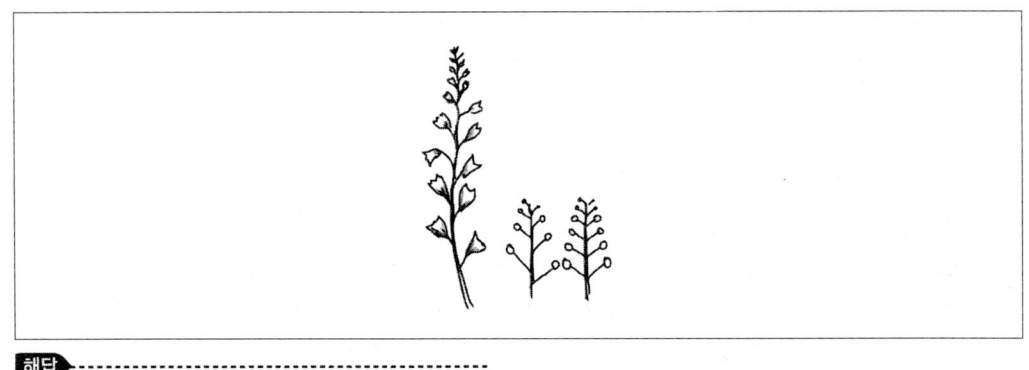

해답

총상화서

02 아래는 종자검사요령에서 벼 시료의 최소 중량의 표이다. 빈칸에 적합한 중량을 적으시오

작물	시료의 최소 중량			
	제출시료	순도검사	이종계수용	수분검정용
	g	g	g	g
벼	㉠	70	700	100

해답

㉠ 700

03 수박 접목에 대한 내용이다. 빈칸을 채우시오.

◎ 대목과 접수의 (㉠)을 서로 밀착시키고 대목의 제조시 (㉡)을 제거한다.

해답
㉠ 형성층
㉡ 생장점

04 채소류에서 가지와 토마토의 식물학적 과를 쓰시오

해답
가지과

05 농약의 구비조건 3가지를 적으시오

해답
① 농약은 살균, 살충력이 강해야 하며 적은양으로 효과가 있어야 한다.
② 작물 및 사람, 가축에 해가 없어야 하고 오랜 시간 잔류하거나 생물에 축적되지 않아야 한다.
③ 사용법이 간단해야 한다.
④ 품질이 균일하고 지속적이어야 하며 외부환경 변화에도 변질되지 않아야 한다.
⑤ 가격이 저렴하고 구입이 용이해야 한다.

06 종자 선택시 고려사항 3가지를 적으시오

해답
우수성, 영속성, 균일성

07 예냉의 대하여 설명하시오

해답
고온 상태에 수확된 청과물을 수확 직후 적당한 품온까지 냉각하여 과실자체의 호흡량, 성분이나 물성의 변화를 억제하여 품질을 유지할 수 있는 냉각작업을 예랭(예냉)이라 한다.

08 갓 모자이크병 방제법 2가지를 적으시오

해답
- 이병주를 제거한다.
- 진딧물에 의해 전반되기에 진딧물을 방제한다.
- 전염원인 십자화과 잡초를 제거한다.

09 감자에 발생한 오이총채벌레 방제법 3가지를 적으시오

해답
- 건전한 묘를 사용한다.
- 토양소독을 통해 번데기를 방제한다.
- 약충이나 성충은 약제를 살포한다.
- 끈끈이 설치를 통해 방제한다.

10 발아율의 공식을 적으시오

해답

$$발아율 = \frac{발아입수}{총 종자입수} \times 100$$

11 아래 보기에서 파종 시 복토를 5~9cm 하는 것을 모두 고르시오

<보기>
감자, 순무, 배추, 생강, 시금치, 가지

해답
감자, 생강

12 종자의 순도분석시 정립에 포함되는 2가지를 적으시오

해답
- 미숙립, 발아립, 주름진립, 소립
- 원래 크기의 1/2보다 큰 종자 쇄립
- 병해립(맥각병해립, 균핵병해립, 깜부기병해립 및 선충에 의한 충영립은 제외)

13 공정육묘 장점 3가지 적으시오

해답
- 육묘기간이 단축된다.
- 묘의 대량생산이 가능하다.
- 기계화로 생산비가 절감된다.
- 집중관리가 용이하다.
- 정식 후 활착이 빠르다.

14 아래 보기의 내용을 보고 적합한 수확시기를 고르시오.

◎ 단옥수수는 (수염이 난 후 27일 후 / 수염이 난 후 50일 후)에 수확한다.
◎ 콩은 꽃이 피고 (10일 후 / 60일 후)수확한다.

해답
- 단옥수수는 수염이 난 후 27일 후에 수확한다.
- 콩은 꽃이 피고 60일 후 수확한다.

15 아래 당근 종자의 그림에 빈칸에 명칭을 적으시오

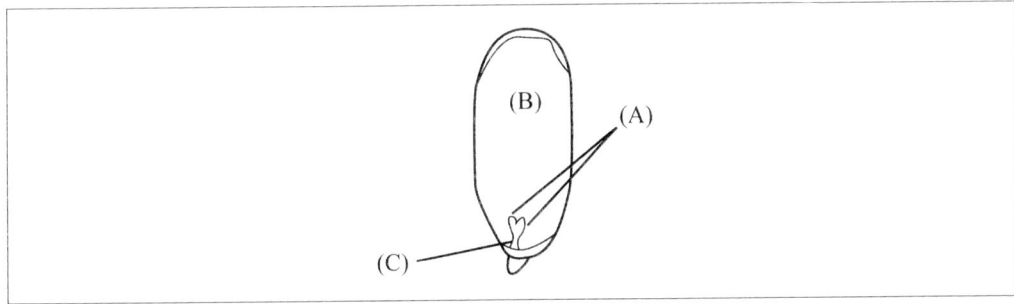

해답
A : 자엽, B : 배유, C : 유근

16 테이프 종자의 정의를 적으시오

해답
종이, 기타 분해가 가능한 재료를 이용하여 만들어진 테이프 형식의 띠에 종자를 1립이나 몇 립을 넣어 한 줄로 배치하는 것을 말한다.

17 조파에 대해 설명하시오

> **해답**
> 조파는 뿌림골을 만들어 종자를 줄지어 뿌리는 방법이다.

18 아래는 계대배양에 대한 내용이다. 적합한 내용을 고르시오

> 배양할 식물체가 들어 있는 용기와 계대할 배양용기의 일부를 ㉠(70% / 80% / 100%) 에탄올로 분무하여 소독을 하고 클린벤치에 넣는다. 배양 시 ㉡(자외선등 / 적외선등)은 끈다. 그리고 치상 전 핀셋과 메스는 ㉢(화염 / 콜히친)을 이용하여 소독하도록 한다.

> **해답**
> 70% / 자외선등 / 화염

19 아래 용어의 정의를 적으시오

> ◎ 절상 :
> ◎ 제얼 :

> **해답**
> · 절상 : 과수와 같은 나무의 눈이나 가지 바로 위에 가로로 칼금을 내어 눈이나 가지의 발육을 촉진하는 일
> · 제얼 : 한 포기로부터 여러 개의 싹이 나올 경우 그 중 충실한 것을 몇 개 남기고 나머지는 제거하는 작업을 제얼이라 한다.

20 아래 내용을 보고 모종의 1차 가식시기를 고르시오

> ㉠ 팬지는 (본잎이 3~4장 / 본잎이 5~6장 / 본잎이 8~10장) 일 때
> ㉡ 호박은 (떡잎 때 / 본입 2~3장 / 본입 4~5장) 일 때

> **해답**
> ㉠ 본잎이 3~4장
> ㉡ 떡잎 때

2025 제3회 종자기능사

01 육묘용 비료의 조건 3가지를 적으시오

> **해답**
> - 통기성, 보수성, 흡수력, 투수성 등의 물리적 성질이 좋아야 한다.
> - 값이 저렴하고 취급이 용이하며 활착성이 우수해야 한다.
> - 입자가 고르고 출아상태가 안정적이어야 한다.

02 다음 용어의 정의를 적으시오

◎ 단교배
◎ 검정교배

> **해답**
> - 단교배 : 두 개 품종 또는 두 개 계통간의 교배이다.
> - 검정교배 : 검정교배는 어떤 개체의 유전자형이나 배우자분리를 알고자 열성인 개체와 교배하는 것을 말한다.

03 다음 용어의 정의를 적으시오

◎ 조직배양
◎ 전체형성능

> **해답**
> - 조직배양 : 식물의 일부 조직을 무균으로 배양하여 조직 자체의 증식생장, 각종 조직 및 기관의 분화 발달에 의해 완전한 개체로 육성하는 방법을 조직배양이라 한다
> - 전체형성능 : 식물은 하나의 기관이나 조직이 적정 조건이 되면 모체와 동일한 유전형질을 갖는 완전한 식물체로 발달하는 재생능력을 갖는데 이를 전체형성능이라 한다

04 토마토와 가지의 식물학적 과를 적으시오

> **해답**
> 가지과

05 생물학적 방제법에 관련된 '교차보호'에 대한 정의를 적으시오

> **해답**
> 병원성이 약화된 식물바이러스가 침입한 기주에서 병원성이 더욱 강한 바이러스에 의해 병의 확산이 억제되는 현상을 교차보호라 한다.

06 다음은 셀러리 종자 그림이다. 빈칸을 채우시오

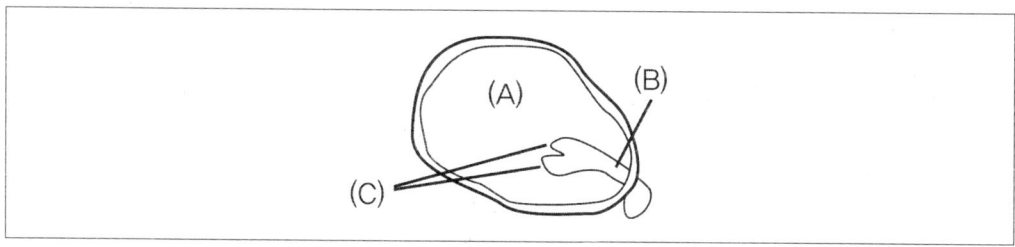

> **해답**
> A : 배유, B : 유근, C : 자엽

07 종자 100개를 파종하여 64개의 종자가 발아하였다. 이 경우 발아율을 구하시오

> **해답**
> 발아율 = $\dfrac{발아입수}{총 종자입수} \times 100 = \dfrac{64}{100} \times 100 = 64(\%)$

08 아래 내용은 묘목의 가식시기에 대한 설명이다. 옳은 것을 고르시오

> ◎ 박과는 (떡잎일 때/본잎이 2~3장 일 때)가식하면 발근이 떨어진다.
> ◎ 가지과는 떡잎일 때와 (본잎이 2~3장일 때/본잎이 5~6장 일 때)가식하면 발근이 떨어진다.

> **해답**
> • 박과는 본잎이 2~3장 일 때 가식하면 발근이 떨어진다.
> • 가지과는 떡잎일 때와 본잎이 5~6장 일때 가식하면 발근이 떨어진다.

09 아래 그림을 보고 화서의 명칭을 쓰시오

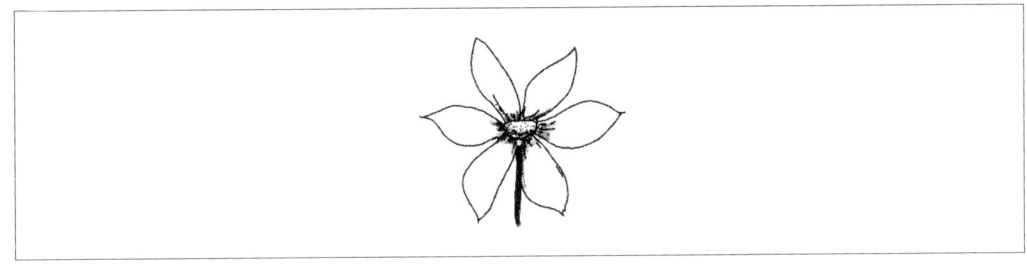

해답
집단화서

10 가지의 아메리카잎굴파리 방제법 2가지를 적으시오

해답
- 천적인 기생벌류를 이용한다.
- 시설재배지는 방충망을 설치하여 성충의 유입을 막는다.
- 유충의 피해가 없는 건전한 묘를 정식한다.

11 고구마 더뎅이병 방제법 2가지를 적으시오

해답
- 토양산도를 pH 5.2 이하로 낮춘다.
- 연작을 피한다.
- 다량의 미숙퇴비를 피하도록 한다.

12 아래 보기의 작물과 안정저장을 위한 종자의 최대수분함량을 연결하시오

시금치	5.7%
가지	6.3%
토마토	7.8%

해답
시금치 → 7.8%
가지 → 6.3%
토마토 → 5.7%

13 아래는 종자검사요령에서 녹두 시료의 최소 중량의 표이다. 빈칸에 적합한 중량을 적으시오

작 물	소집단의 최대중량	시료의 최소 중량			
		제출시료	순도검사	이종계수용	수분검정용
	톤	g	g	g	g
녹두	㉠	㉡	㉢	㉣	㉤

해답
- ㉠ 30
- ㉡ 1000
- ㉢ 120
- ㉣ 1000
- ㉤ 50

14 공정육묘 장점 2가지 적으시오

해답
- 육묘기간이 단축된다.
- 묘의 대량생산이 가능하다.

15 사과나무 깎기접을 할 때 유의사항 2가지를 적으시오

해답
- 예리한 칼로 한 번에 잘라야 한다.
- 절단면의 건조를 막아야 한다.
- 대목과 접수의 형성층을 맞추어야 한다.

16 종자의 순도검사시 상추가 정립일 때 정립종자의 정의 2가지를 적으시오

해답
- 이종종자를 제외한 종자
- 잡초종자 및 이물을 제외한 종자

17 줄뿌림에 대해 설명하시오

해답
조파라 하며 종자를 줄지어 뿌리는 방법이다.

18 국립종자원에서 종자보증을 위한 종자검사절차를 아래 보기를 보고 순서대로 나열하시오

< 보기 >
중량검사 / 시료추출 / 포장검사 / 실내검사

해답
포장검사, 중량검사, 시료추출, 실내검사

□ 참고
국립종자원 종자검사절차
검사신청 → 소집단 → 포장검사 → 중량검사 → 시료추출 → 실내검사 → 검사결과 판정 → 검사표기 → 검사결과 처리

19 다음 설명 중 빈칸을 채우시오

◎ 가식 후 1~2일에는 (㉠)을 해주고, 2~3일 이후에는 생육적온보다 온도를 1~2도 (㉡) 해준다.

해답
㉠ 차광
㉡ 낮게

20 해충의 생물학적 방제법 중 천적을 이용하는 방법 2가지를 적으시오

해답
· 포식성 천적 이용
· 기생성 천적 이용

올배움BOOK 이러닝 강의 및 교재내용 문의

올배움 홈페이지 www.kisa.co.kr 에 방문하시면 본 교재의 저자직강 강의를 통하여 자격증 단기합격을 할 수 있습니다.
또한 본 교재의 정오표는 올배움 홈페이지를 통해 확인이 가능하며 그 밖의 다른 의견 및 오탈자를 제보해주시면 더 좋은 강의와 교재로 보답하겠습니다.

www.kisa.co.kr

1544-8509 카톡 ID : kisa

올배움BOOK 홈페이지 바로가기 >

종자기능사 필기·실기

1판1쇄 발행	2023년 1월 10일	2판1쇄 발행	2024년 1월 10일
3판1쇄 발행	2025년 1월 10일	4판1쇄 발행	2026년 1월 10일

지 은 이 • 권 현 준
펴 낸 이 • 이 정 훈
펴 낸 곳 • 올배움
주　　소 • 서울시 금천구 가산디지털1로 168 B동 B105(가산동, 우림라이온스밸리)
전　　화 • 1544-8509 / FAX 0505-909-0777
홈페이지 • www.kisa.co.kr

법인등록번호 • 110111-5784750
I S B N • 979-11-6517-180-3 (13520)

정가 25,000원

이 책에서 내용의 일부 또는 도해를 다음과 같은 행위자들이 사전 승인없이 인용할 경우에는 저작권법 제93조 「손해배상청구권」에 적용 받습니다.
① 단순히 공부할 목적으로 부분 또는 전체를 복제하여 사용하는 학생 또는 복사업자
② 공공기관 및 사설교육기관(학원, 인정직업학교), 단체 등에서 영리를 목적으로 복제·배포하는 대표, 또는 당해 교육자
③ 디스크 복사 및 기타 정보 재생 시스템을 이용하여 사용하는 자

※ 파본은 구입하신 서점에서 교환해 드립니다.